VEKTOR- UND AFFINOR-ANALYSIS

VON

DR. ALFRED LOTZE

A. PL. PROFESSOR DER MATHEMATIK
AN DER TECHNISCHEN HOCHSCHULE
IN STUTTGART

VERLAG VON R. OLDENBOURG
MÜNCHEN 1950

Alfred Lotze, geb. 7.12.1882 in Stuttgart, Dr. rer. nat. Universität Tübingen 1920, von 1906—1936 im höheren württemb. Schuldienst, daneben seit 1924 als Privatdozent, seit 1930 als a. o. (a. pl.) Professor der Mathematik an der Techn. Hochschule in Stuttgart.

Satz: Oswald Schmid GmbH., Leipzig
Druck und Buchbinderarbeiten: R. Oldenbourg, Graphische Betriebe G.m.b.H., München

EINLEITUNG

Die Vektor- und Affinorrechnung bildet ein wichtiges Teilgebiet des „geometrischen Kalküls". Der letztere beruht auf dem schon von Leibniz gefaßten Grundgedanken, die Vorteile der analytischen und der synthetischen Methode der Geometrie zu vereinigen und gleichzeitig ihre Nachteile zu vermeiden, indem man die geometrischen Grundgebilde selbst als Größen neuer (höherer) Art der Rechnung unterwirft. Die erste umfassende Verwirklichung fand dieser Gedanke 1844 in der Ausdehnungslehre Hermann Graßmanns, welche nicht nur mit Vektoren, sondern auch mit Punkten, Geraden, Ebenen und anderen „geometrischen Größen" zu rechnen lehrt. Dieselbe umfaßt als wichtigen Sonderfall auch die Vektor- und Affinorrechnung, die sich im Verlauf eines Jahrhunderts zu einem mächtigen Werkzeug für weite Gebiete der Geometrie und Physik entwickelt hat.

Als Besonderheiten der vorliegenden Darstellung seien hier nur genannt:

1. Der *Fundamentalsatz der Vektoralgebra* in § 3, der in Verbindung mit der Einführung der reziproken Basis (in § 5 und § 17) den einfachsten Weg eröffnet zur *Invariantenbildung* in der Vektor- und Affinorrechnung und überall zu vereinfachten Beweisen führt.

2. Die Zusammenfassung der „Zerlegungsformeln" für mehrfache Vektorprodukte in einem „*allgemeinen Entwicklungssatz*" in § 4.

3. Die unmittelbare Definition der *Differentialoperationen als vektorielle Verjüngungen* in § 8, welche ohne weiteres auch für krummlinige Koordinaten gilt, die einheitliche Gewinnung aller zugehörigen *Zerlegungsformeln durch einfache Differentiation* in § 10 bis § 12, die Einreihung aller bekannten *Integralsätze* in die Satzgruppe von Stokes-Gauß-Green und ihre *Ausdehnung auf das Affinorfeld* in § 13.

4. Die *Übertragung* dieser Differentialoperationen und Integralsätze *auf die krumme Fläche* als zweidimensionales Beispiel einer gekrümmten Mannigfaltigkeit in § 25/26.

5. Die *vierdimensionale Verallgemeinerung der Vektor- und Affinorrechnung* in § 49 und ihre *Anwendung auf die Elektrodynamik der speziellen Relativitätstheorie* in § 50.

INHALT

KAPITEL IV: ANWENDUNG AUF MECHANIK

1. Teil: Allgemeine Mechanik

2. Teil: Mechanik deformierbarer Körper

A. Elastische Medien

B. Flüssige Medien

KAPITEL V: ANWENDUNG AUF DAS ELEKTROMAGNETISCHE FELD

ANHANG

BEZEICHNUNGEN

1. *Zahl*größen durch lateinische oder griechische Buchstaben.
2. *Vektoren* durch deutsche Buchstaben, manchmal auch: $\overrightarrow{AB}$ = Vektor von Punkt A nach Punkt B.
3. Zahlwerte von Vektoren durch mod (= modulus), z. B. mod $\mathfrak{v}$.
4. *Lineatoren,* insbesondere *Affinoren,* durch große, fette, deutsche Buchstaben.
5. *Größen beliebiger Art* durch große lateinische Buchstaben, ebenso Punkte, z. B. O, P.
6. *Innere Produkte* durch |, z. B. $\mathfrak{x}\,|\,\mathfrak{y}$; $\boldsymbol{\mathfrak{A}}\,|\,\boldsymbol{\mathfrak{B}}$.
7. *Volumprodukte* durch runde Klammern, z. B. $(\mathfrak{u}\,\mathfrak{v}\,\mathfrak{w})$.
8. *Vektorprodukte* durch eckige Klammern, z. B. $[\mathfrak{u}\,\mathfrak{v}]$, ebenso *vektorielle Einsetzprodukte,* z. B. $[\boldsymbol{\mathfrak{B}}\,\mathfrak{x}]$, und *äußere Affinorprodukte,* z. B. $[\boldsymbol{\mathfrak{U}}\,\boldsymbol{\mathfrak{B}}]$.
9. *Dyadische* Produkte durch Kommas, z. B. $\mathfrak{e}_i, \mathfrak{v}_i$.
10. Produkte *beliebiger* Art durch $\circ$ (lies „Ring"), z. B. $U \circ V$, oder auch durch $*$ (lies „Stern"), z. B. $(U \circ V) * X$.

KAPITEL I

VEKTOR- UND AFFINOR-ALGEBRA

§ 1. Geometrische Addition von Vektoren und ihre Multiplikation mit Zahlen

Eine geometrische Größe, als deren wesentliche Merkmale ein Zahlwert (eine Länge) und eine Richtung von bestimmtem Sinn gelten sollen, sei ein *Vektor* genannt. Sie wird graphisch meist durch einen Pfeil wiedergegeben, dessen Länge, Richtung und Sinn mit denen des Vektors identisch sind. Parallele Pfeile von gleicher Länge und gleichem Richtungssinn stellen demnach alle denselben Vektor dar. Solche Vektoren traten nun in der Mechanik schon lange als Geschwindigkeits- und Kraftvektoren auf. Die bekannte Zusammensetzung derselben nach der Parallelogramm- oder allgemeiner Polygonregel führte etwa um die Wende vom 18. zum 19. Jahrhundert zum Begriff der *geometrischen Addition solcher Vektoren,* die sich folgendermaßen definieren läßt: Gegeben seien die Vektoren $\mathfrak{v}_i$. Wir fügen sie derart aneinander, daß an die Spitze des ersten der Fuß des zweiten sich anschließt usf. Der Vektor, gezogen vom Fuß des ersten zur Spitze des letzten, stellt dann ihre geometrische Summe dar. Dieselbe ist unabhängig von der Reihenfolge der Vektoren $\mathfrak{v}_i$ und ihrer Zusammenfassung zu Teilsummen, d. h.

„*die geometrische Addition von Vektoren ist kommutativ und assoziativ*".

Projiziert man nämlich die Vektoren $\mathfrak{v}_i$ parallel den Koordinatenebenen auf die Achsen eines beliebigen rechtwinkligen oder schiefwinkligen Koordinatensystems und bezeichnet die Längen der Parallelprojektionen von $\mathfrak{v}_i$ mit x_i, y_i und z_i, so sind bekanntlich die Projektionen des Summenvektors $\mathfrak{s} = \sum_i \mathfrak{v}_i$ gegeben durch $\sum x_i$, $\sum y_i$ und $\sum z_i$. Wegen der Kommutativität und Assoziativität dieser *Zahl*summen gilt dann offenbar dasselbe für die Vektorsumme $\mathfrak{s} = \sum \mathfrak{v}_i$; denn beliebige Änderung der Reihenfolge der Summanden und beliebige Zusammenfassung zu Teilsummen bewirken nur dasselbe für die Zahlsummen $\sum x_i$, $\sum y_i$, $\sum z_i$ und haben also keinen Einfluß auf das Gesamtresultat.

Insbesondere hat der Vektor $n\mathfrak{v}$, d. h. die Summe von n gleichen Vektoren $\mathfrak{v}$, die n-fache Länge des Vektors $\mathfrak{v}$, unter Festhaltung des Richtungssinns. Auch für eine *beliebige* reelle Zahl n verstehen wir deshalb unter dem Vektor $n\mathfrak{v}$ den zu $\mathfrak{v}$ parallelen Vektor von n-facher Länge, jedoch unter gleichzeitiger Umkehrung des Richtungssinns, falls n negativ ist. Damit wird zugleich die Subtraktion von Vektoren auf die Addition von Vektoren gleicher Länge, aber mit umgekehrtem Richtungssinn, zurückgeführt.

Bildet der Vektor $\mathfrak{a}+\mathfrak{b}$ mit den Vektoren $\mathfrak{a}$ und $\mathfrak{b}$ die Winkel φ und ψ, so ist für $\mathrm{mod}\,\mathfrak{a} = x$ und $\mathrm{mod}\,\mathfrak{b} = y$ nach dem Sinussatz der ebenen Trigonometrie stets $\frac{\sin\varphi}{\sin\psi} = \frac{y}{x}$. Allgemeiner bestimmt für $\mathrm{mod}\,\mathfrak{a} = \mathrm{mod}\,\mathfrak{b} = +1$ der Vektor $\mathfrak{v} = x\mathfrak{a} + y\mathfrak{b}$ für positive oder negative Werte x und y *mit* Vorzeichen das Sinusteilverhältnis $\frac{\sin(\widehat{\mathfrak{a}\mathfrak{v}})}{\sin(\widehat{\mathfrak{v}\mathfrak{b}})} = \frac{y}{x}$, wobei die Winkel im Drehsinn von $\mathfrak{a}$ gegen $\mathfrak{b}$ als positiv zu rechnen sind. Dieses Sinusteilverhältnis bleibt offenbar dasselbe für den entgegengesetzt gerichteten Vektor $-\mathfrak{v}$.

Weiter läßt sich nunmehr jeder Vektor auch auffassen als geometrische Summe seiner „Komponenten" nach den drei Achsen eines Koordinatensystems. Bezeichnen also $\mathfrak{e}_1$, $\mathfrak{e}_2$ und $\mathfrak{e}_3$ drei beliebige Vektoren in Richtung der positiven Koordinatenachsen, so ist irgendein Vektor $\mathfrak{v}$ darstellbar in der Form:

(1) $$\mathfrak{v} = x_1\mathfrak{e}_1 + x_2\mathfrak{e}_2 + x_3\mathfrak{e}_3 = \sum_1^3 x_i\mathfrak{e}_i.$$

Er erscheint hierdurch „*abgeleitet*" aus 3 beliebigen, nicht derselben Ebene parallelen Vektoren als „*Einheiten*" des räumlichen Vektorfelds. Insbesondere drei solche zueinander gegenseitig *rechtwinklige* Einheiten $\mathfrak{e}_i$, je von der Länge „*eins*", welche ein *Rechtssystem* bilden, seien künftig stets eine „*kartesische Basis*" genannt. Sind weiter mehrere Vektoren in der Form (1) dargestellt:

$$\mathfrak{x} = \sum_1^3 x_i\mathfrak{e}_i;\quad \mathfrak{y} = \sum_1^3 y_i\mathfrak{e}_i;\quad \mathfrak{z} = \sum_1^3 z_i\mathfrak{e}_i;\quad \cdots$$

so erscheint ihre Summe in der Form

(2) $$\mathfrak{x} + \mathfrak{y} + \mathfrak{z} + \cdots = \sum_1^3 (x_i + y_i + z_i + \cdots)\,\mathfrak{e}_i.$$

Nach dem Proportional- oder Strahlensatz der Elementargeometrie ergibt sich endlich sofort, daß für die Multiplikation einer Vektorsumme mit einer reellen Zahl n das *distributive* Gesetz

(3) $$n(\mathfrak{v}_1 + \mathfrak{v}_2 + \cdots) = n\mathfrak{v}_1 + n\mathfrak{v}_2 + \cdots$$

zu Recht besteht.

Das Bisherige gibt bereits Anlaß zur Einführung des Begriffs der *linearen Abhängigkeit* von Vektoren: Besteht nämlich zwischen mehreren Vektoren eine Beziehung der Form

(4) $$\sum_1^n p_i\mathfrak{v}_i = 0,$$

ohne daß alle p_i einzeln verschwinden, so werden dieselben „linear abhängig" genannt. Ist insbesondere

$$p_1\mathfrak{v}_1 + p_2\mathfrak{v}_2 = 0 \quad \text{oder} \quad p_2\mathfrak{v}_2 = -p_1\mathfrak{v}_1,$$

so sind die beiden Vektoren $\mathfrak{v}_1$ und $\mathfrak{v}_2$ *parallel*. Ist entsprechend

$$\sum_1^3 p_i \mathfrak{v}_i = 0 \quad \text{oder} \quad p_3 \mathfrak{v}_3 = -(p_1 \mathfrak{v}_1 + p_2 \mathfrak{v}_2),$$

so sind die drei Vektoren $\mathfrak{v}_1$, $\mathfrak{v}_2$, $\mathfrak{v}_3$ offenbar derselben Ebene parallel oder „*komplanar*". Für drei nicht komplanare Vektoren $\mathfrak{a}_i$ kann daher der Summenvektor $\mathfrak{v} = \sum_1^3 x_i \mathfrak{a}_i$ nur verschwinden, wenn alle drei Werte x_i einzeln gleich Null sind. Man nennt dann $\mathfrak{v}$ einen „*Nullvektor*". Dagegen sind vier oder mehr Vektoren stets linear abhängig. Denn entweder sind bereits $\mathfrak{v}_1$, $\mathfrak{v}_2$ und $\mathfrak{v}_3$ linear abhängig, dann ist eben in $\sum_1^4 p_i \mathfrak{v}_i = 0$ der Koeffizient $p_4 = 0$. Oder $\mathfrak{v}_1$, $\mathfrak{v}_2$, $\mathfrak{v}_3$ sind linear unabhängig, also nicht komplanar. Dann kann man sie als „Basisvektoren" eines Koordinatensystems wählen und $\mathfrak{v}_4$ auf die Form bringen: $\mathfrak{v}_4 = \sum_1^3 \lambda_i \mathfrak{v}_i$, woraus sogleich die lineare Abhängigkeit

(5) $$\mathfrak{v}_4 - \sum_1^3 \lambda_i \mathfrak{v}_i = 0$$

resultiert.

Anwendung: 1. Betrachtet man unter Wahl eines bestimmten Umlaufssinns die drei Seiten eines Dreiecks als Vektoren $\mathfrak{a}$, $\mathfrak{b}$, $\mathfrak{c}$, so ist stets $\mathfrak{a} + \mathfrak{b} + \mathfrak{c} = 0$. Seine *Schwerlinien* als Vektoren sind dann durch

$$\mathfrak{t}_a = \mathfrak{c} + \frac{\mathfrak{a}}{2}; \quad \mathfrak{t}_b = \mathfrak{a} + \frac{\mathfrak{b}}{2}; \quad \mathfrak{t}_c = \mathfrak{b} + \frac{\mathfrak{c}}{2}$$

dargestellt. Es ist deshalb auch

$$\mathfrak{t}_a + \mathfrak{t}_b + \mathfrak{t}_c = \frac{3}{2}(\mathfrak{a} + \mathfrak{b} + \mathfrak{c}) = 0$$

bzw.

(6) $$\frac{2}{3}\mathfrak{t}_a + \frac{2}{3}\mathfrak{t}_b + \frac{2}{3}\mathfrak{t}_c = 0.$$

Dem entspricht in der *Statik* der Satz:

„Wirken im Schwerpunkt eines Dreiecks drei Kräfte, die nach Größe und Richtung gegeben sind durch die Strecken vom Schwerpunkt nach den drei Ecken des Dreiecks, so sind dieselben im Gleichgewicht."

2. In der Vektorrechnung wird die Lage von Punkten P_i meist durch den von einem festen Ursprung O nach diesen Punkten gezogenen *Ortsvektor* $\mathfrak{r}_i$ festgelegt. Befinden sich nun in P_1 und P_2 zwei Massen m_1 und m_2, so findet man für den Ortsvektor $\mathfrak{s}$ des zugehörigen Massenmittelpunktes S die Beziehung

(7) $$\mathfrak{s} = \mathfrak{r}_1 + \frac{m_2}{m_1 + m_2}(\mathfrak{r}_2 - \mathfrak{r}_1) = \frac{m_1 \mathfrak{r}_1 + m_2 \mathfrak{r}_2}{m_1 + m_2}$$

oder

(7′) $$(m_1 + m_2)\mathfrak{s} = m_1 \mathfrak{r}_2 + m_2 \mathfrak{r}_2,$$

denn der Schwerpunkt S teilt ja die Strecke von P_1 nach P_2 im Verhältnis $m_2 : m_1$. Wiederholte Anwendung dieses Verfahrens liefert dann für den Massenmittelpunkt (Schwerpunkt) beliebig vieler Massenpunkte entsprechend

(8) $$\Big(\sum_i m_i\Big)\mathfrak{s} = \sum_i m_i \mathfrak{r}_i .$$

Insbesondere für $n = 3$ besagt dann die Gleichung

(9) $$\left\{\begin{aligned} \Big(\sum_1^3 m_i\Big)\mathfrak{s} &= m_1\mathfrak{r}_1 + (m_2\mathfrak{r}_2 + m_3\mathfrak{r}_3) = m_1\mathfrak{r}_1 + (m_2 + m_3)\mathfrak{s}_1 \\ \text{oder } &= m_2\mathfrak{r}_2 + (m_3\mathfrak{r}_3 + m_1\mathfrak{r}_1) = m_2\mathfrak{r}_2 + (m_3 + m_1)\mathfrak{s}_2 \\ \text{oder } &= m_3\mathfrak{r}_3 + (m_1\mathfrak{r}_1 + m_2\mathfrak{r}_2) = m_3\mathfrak{r}_3 + (m_1 + m_2)\mathfrak{s}_3 \end{aligned}\right.$$

unter anderem:

Der Schwerpunkt von 3 Massen in den Ecken eines beliebigen Dreiecks ist der Schnittpunkt der Verbindungslinien der 3 Ecken mit 3 Punkten auf den Gegenseiten, welche die letzteren teilen in den Verhältnissen $m_3 : m_2$, $m_1 : m_3$ und $m_2 : m_1$, deren Produkt also gleich 1 wird. Damit ist aber der *Satz des Ceva* ausgedrückt. Darüber hinaus zeigt die zweite Formulierung der rechten Seiten von Gl. (9): Die genannten Verbindungslinien teilen einander gegenseitig in den Verhältnissen $(m_2 + m_3) : m_1$, $(m_3 + m_1) : m_2$ und $(m_1 + m_2) : m_3$.

3. Eine Gerade (Ebene) schneide ferner die Seiten eines geschlossenen ebenen (räumlichen) Polygons mit den Ortsvektoren $\mathfrak{r}_i$ nach den Ecken P_i in den Punkten X_k mit den Ortsvektoren $\mathfrak{x}_k$. Für $k = 1$ bis $k = n - 1$ sind dann die letzteren nach oben Gl. (7′) sicher darstellbar in den Formen:

(10) $$\left\{\begin{aligned} (x_1 - x_2)\mathfrak{x}_1 &= x_1\mathfrak{r}_1 - x_2\mathfrak{r}_2 \\ (x_2 - x_3)\mathfrak{x}_2 &= x_2\mathfrak{r}_2 - x_3\mathfrak{r}_3 \\ \vdots \qquad & \qquad \vdots \\ (x_{n-1} - x_n)\mathfrak{x}_{n-1} &= x_{n-1}\mathfrak{r}_{n-1} - x_n\mathfrak{r}_n, \end{aligned}\right.$$

woraus für $(x_1 - x_n)\mathfrak{s} = (x_1 - x_2)\mathfrak{x}_1 + \cdots + (x_{n-1} - x_n)\mathfrak{x}_{n-1}$ durch Addition folgt:

(11) $$(x_1 - x_n)\mathfrak{s} = -x_n\mathfrak{r}_n + x_1\mathfrak{r}_1 .$$

Nun liegt aber der Punkt mit Ortsvektor $\mathfrak{s}$ sicher auf der gegebenen Schnittgeraden (-ebene) und nach Gl. (11) zugleich auf der letzten Seite des Polygons. Daher wird das Produkt der n Teilverhältnisse, welche die Schnittgerade (-ebene) mit den Polygonseiten bestimmt, *mit* Vorzeichen:

(12) $$p = \left(\frac{-x_2}{x_1}\right)\left(\frac{-x_3}{x_2}\right)\cdots\left(\frac{x_1}{-x_n}\right) = (-1)^n .$$

Dieser *Transversalensatz von Carnot* (1806) reduziert sich für $n = 3$ auf den bekannten *Satz des Menelaus,* den letzterer schon im 1. Jahrhundert nach Chr. gefunden hat.

4. Wie schon auf S. 8 erwähnt, beruht die Distributivität der Multiplikation einer Vektorsumme mit einer reellen Zahl auf der Gültigkeit der Proportionalsätze der Elementargeometrie. Umgekehrt werden diese Sätze leicht durch Anwendung des distributiven Gesetzes verifiziert: Ein Winkel werde von 2 *Parallelen* geschnitten und deren Abschnitte *zwischen* den Winkelschenkeln seien, als Vektoren betrachtet, $\mathfrak{p}_1$ und $\mathfrak{p}_2$. Dann ist nach Voraussetzung $\mathfrak{p}_2 = \lambda \mathfrak{p}_1$. Bestimmen nun die Parallelen auf dem ersten Winkelschenkel die von der Spitze aus gemessenen Abschnitte (Vektoren) $\mathfrak{u}_1$ und $\mathfrak{u}_2$ und auf dem zweiten Winkelschenkel entsprechend die Abschnitte (Vektoren) $\mathfrak{v}_1$ und $\mathfrak{v}_2$, so ist

$$\mathfrak{p}_1 = \mathfrak{v}_1 - \mathfrak{u}_1$$
$$\mathfrak{p}_2 = \mathfrak{v}_2 - \mathfrak{u}_2 = \lambda(\mathfrak{v}_1 - \mathfrak{u}_1)$$

oder

$$(\mathfrak{v}_2 - \lambda \mathfrak{v}_1) - (\mathfrak{u}_2 - \lambda \mathfrak{u}_1) = 0. \tag{13}$$

Da nun die beiden Vektoren $\mathfrak{u}_2 - \lambda \mathfrak{u}_1$ und $\mathfrak{v}_2 - \lambda \mathfrak{v}_1$ den Winkelschenkeln parallel sind, können sie nicht linear abhängig sein und müssen deshalb *einzeln* verschwinden. Daher ist notwendig

$$\mathfrak{u}_2 = \lambda \mathfrak{u}_1; \quad \mathfrak{v}_2 = \lambda \mathfrak{v}_1 \tag{14}$$

und damit sind, zusammen mit der Voraussetzung $\mathfrak{p}_2 = \lambda \mathfrak{p}_1$, wieder die beiden Proportionalsätze zum Ausdruck gebracht.

5. Es seien $\mathfrak{a}, \mathfrak{b}, \mathfrak{c}$ die drei linear unabhängigen Einheitsvektoren vom Mittelpunkt O einer Kugel mit Radius „eins" nach den Ecken des beliebigen sphärischen Dreiecks ABC. Für beliebige Koeffizienten x, y, z trifft dann der Vektor

$$\mathfrak{s} = (x\mathfrak{a} + y\mathfrak{b}) + z\mathfrak{c} = (y\mathfrak{b} + z\mathfrak{c}) + x\mathfrak{a} = (z\mathfrak{c} + x\mathfrak{a}) + y\mathfrak{b}$$

die Kugel in einem Punkt P ganz allgemeiner Lage und die Vektoren $\mathfrak{u} = y\mathfrak{b} + z\mathfrak{c}$, $\mathfrak{v} = z\mathfrak{c} + x\mathfrak{a}$, $\mathfrak{w} = x\mathfrak{a} + y\mathfrak{b}$ gehen dabei durch die Schnittpunkte U, V, W der Großkreisbögen AP, BP und CP mit den Dreiecksseiten BC, CA und AB. Nach S. 8 ist dann (auch für die *Gegen*punkte zu U, V, W)

$$\frac{\sin BU}{\sin UC} = \frac{z}{y}, \quad \frac{\sin CV}{\sin VA} = \frac{x}{z}, \quad \frac{\sin AW}{\sin WB} = \frac{y}{x}$$

und somit wird stets

$$\frac{\sin BU}{\sin UC} \cdot \frac{\sin CV}{\sin VA} \cdot \frac{\sin AW}{\sin WB} = +1, \tag{15}$$

in welcher Gleichung der *Satz des Ceva für das sphärische Dreieck* ausgesprochen wird.

6. Ein beliebiger Großkreis schneide ferner BC in X, CA in Y und AB in Z (und natürlich in deren Gegenpolen). Vektoren vom Kugelmittelpunkt durch X und Y sind dann sicher von der Form

$$\mathfrak{x} = y\mathfrak{b} + z\mathfrak{c}, \quad \mathfrak{y} = z\mathfrak{c} + x\mathfrak{a}.$$

Dann aber ist $\mathfrak{x} - \mathfrak{y} = -x\mathfrak{a} + y\mathfrak{b}$ sicher ein Vektor vom Kugelmittelpunkt durch den Schnittpunkt der Großkreisbögen XY und AB, d. h. durch den Punkt Z. Weil dabei jedoch

$$\frac{\sin BX}{\sin XC} = \frac{z}{y}, \quad \frac{\sin CY}{\sin YA} = \frac{x}{z}, \quad \frac{\sin AZ}{\sin ZB} = \frac{y}{-x},$$

so folgt

$$\frac{\sin BX}{\sin XC} \cdot \frac{\sin CY}{\sin YA} \cdot \frac{\sin AZ}{\sin ZB} = -1, \tag{16}$$

und dies ist der *Satz des Menelaus für das sphärische Dreieck* ABC (vgl. S. 24/25).

§ 2. *Geometrische Multiplikation von Vektoren*

Wie sich ergab, gelten für die Addition und Subtraktion von Vektoren, sowie für ihre Multiplikation mit (reellen) Zahlen, dieselben Verknüpfungsgesetze, welche auch in der gewöhnlichen Arithmetik gültig sind. Dagegen zeigte sich bald, daß für die gegenseitige Multiplikation von Vektoren nicht immer *alle* Verknüpfungsgesetze der arithmetischen Multiplikation anwendbar sind. Als wesentlich für jegliche Art von Multiplikation erkannten aber bereits *H. Grassmann* und *Hamilton* das sogenannte *distributive Gesetz*, das für *Zahl*größen in der bekannten Regel für die Multiplikation von Summen

$$\left(\sum_i x_i\right)\left(\sum_k y_k\right) = \sum_{i,k} x_i y_k \tag{1}$$

ausgesprochen wird. Wir fordern daher, zunächst rein formal, auch für die gegenseitige geometrische Multiplikation von Vektoren oder von sonstigen geometrischen Größen die Gültigkeit des distributiven Gesetzes, z. B.

$$\left(\sum_i \mathfrak{x}_i\right)\left(\sum_k \mathfrak{y}_k\right) = \sum_{i,k} \mathfrak{x}_i \mathfrak{y}_k \tag{2}$$

oder

$$\left(\sum_h \mathfrak{x}_h\right)\left(\sum_i \mathfrak{y}_i\right)\left(\sum_k \mathfrak{z}_k\right) = \sum_{h,i,k} \mathfrak{x}_h \mathfrak{y}_i \mathfrak{z}_k. \tag{3}$$

Als grundlegend für die Vektorrechnung erwiesen sich nun vor allem 2 verschiedene Arten solcher geometrischer Produkte, nämlich das sogenannte *innere* oder *skalare* Produkt und das *äußere* bzw. das *Vektor*produkt.

1. *Das innere Produkt:*

Verschiebt eine konstante Kraft k ihren Angriffspunkt um die Strecke s, so leistet sie dabei eine Arbeit A, welche bekanntlich durch den (positiven oder negativen) Wert

$$A = k \cdot s \cdot \cos(\widehat{ks}) \tag{4}$$

angegeben wird. Betrachtet man nun diese Kraft nach Größe *und* Richtung als Vektor $\mathfrak{k}$ und ebenso die Verschiebungsstrecke als Vektor $\mathfrak{s}$, so ist offenbar die Arbeit A eine eindeutige Funktion von $\mathfrak{k}$ und $\mathfrak{s}$, die wir symbolisch darstellen durch die Gleichung $A = \mathfrak{k} | \mathfrak{s}$, und da nun $\cos(\widehat{\mathfrak{k}\mathfrak{s}}) = \cos(\widehat{\mathfrak{s}\mathfrak{k}})$, so ist auch

$$A = \mathfrak{k} | \mathfrak{s} = \mathfrak{s} | \mathfrak{k} = k \cdot s \cdot \cos(\widehat{\mathfrak{k}\mathfrak{s}}). \tag{5}$$

Ganz unabhängig von der ursprünglichen physikalischen Deutung dieses Ausdrucks nennen wir nun $\mathfrak{k} | \mathfrak{s}$ das innere Produkt der zwei Vektoren $\mathfrak{k}$ und $\mathfrak{s}$ und erkennen nach Gl. (5):

das innere Produkt zweier Vektoren ist kommutativ.

Es ist gleich der Länge des einen Vektors, multipliziert mit der Länge der senkrechten Projektion des andern Vektors auf die Richtung des ersteren. Sein Vorzeichen ist positiv oder negativ, je nachdem die Projektion des zweiten Vektors auf die Richtung des ersten mit diesem gleich oder entgegengesetzt gerichtet ist. Insbesondere besagt die Gleichung

$$\mathfrak{k} | \mathfrak{s} = 0, \tag{6}$$

daß die beiden Vektoren zueinander *senkrecht* sind. Dabei dient das Zeichen „|“ einfach als Zeichen dieser inneren Multiplikation, und definitionsgemäß ist das innere Produkt stets auf *zwei* Faktoren beschränkt. Weil nun die Projektion einer Vektorsumme auf irgendeine Richtung immer gleich der Summe der Projektionen der einzelnen Vektoren auf diese Richtung ist, so ergibt sich unmittelbar, daß auch

$$(\mathfrak{a} + \mathfrak{b} + \mathfrak{c} + \cdots) | \mathfrak{v} = \mathfrak{a} | \mathfrak{v} + \mathfrak{b} | \mathfrak{v} + \mathfrak{c} | \mathfrak{v} + \cdots$$

wird. Ebenso, wenn man den rechten Faktor statt des linken in Summanden zerlegt. Daher gilt allgemein das distributive Gesetz:

$$\left(\sum_i \mathfrak{u}_i\right) \Big| \left(\sum_k \mathfrak{v}_k\right) = \sum_{i,k} \mathfrak{u}_i | \mathfrak{v}_k, \tag{7}$$

womit nachträglich auch die Benennung der Funktion $\mathfrak{u} | \mathfrak{v}$ als eines „*Produkts*“ gerechtfertigt wird. Der Name *inneres* Produkt soll endlich darauf hinweisen, daß für zwei Vektoren gegebener Länge sein Wert am größten wird, wenn die Faktoren „ineinander“ liegen, d. h. von derselben Richtung sind. Endlich gilt offenbar die Beziehung:

$$\lambda(\mathfrak{u} | \mathfrak{v}) = (\lambda \mathfrak{u}) | \mathfrak{v} = \mathfrak{u} | (\lambda \mathfrak{v}), \tag{8}$$

d. h. die Multiplikation des inneren Produkts mit einer Zahlgröße λ ist „*assoziativ*". Wir illustrieren den neuen Begriff durch Anwendung auf einige *Beispiele aus der Elementargeometrie*:

a) Ist $\mathfrak{a} = \mathfrak{b} + \mathfrak{c}$, so lassen sich diese 3 Vektoren deuten als Seitenvektoren eines beliebigen Dreiecks mit den Seitenlängen $a = \operatorname{mod} \mathfrak{a}$, $b = \operatorname{mod} \mathfrak{b}$, $c = \operatorname{mod} \mathfrak{c}$. Alsdann ist aber

(9) $$\mathfrak{a}|\mathfrak{a} = (\mathfrak{b} + \mathfrak{c})|(\mathfrak{b} + \mathfrak{c}) = \mathfrak{b}|\mathfrak{b} + 2\mathfrak{b}|\mathfrak{c} + \mathfrak{c}|\mathfrak{c}$$

oder numerisch gedeutet

(9′) $$a^2 = b^2 + c^2 + 2bc\cos\alpha',$$

wobei α' der *Außen*winkel des Dreiecks an der Ecke A ist.

Folglich enthält die Gl. (9) bereits den *Cosinussatz* der ebenen Trigonometrie, der sich für rechtwinklige Dreiecke, d. h. für $\mathfrak{b}|\mathfrak{c} = 0$, auf den *Satz des Pythagoras* reduziert.

b) Bezieht man irgend zwei Vektoren $\mathfrak{x}$ und $\mathfrak{y}$ auf eine beliebige Basis $\mathfrak{a}_1, \mathfrak{a}_2, \mathfrak{a}_3$:

$$\mathfrak{x} = \sum_1^3 x_i \mathfrak{a}_i, \quad \mathfrak{y} = \sum_1^3 y_k \mathfrak{a}_k,$$

so folgt, für $\mathfrak{a}_i|\mathfrak{a}_k = g_{ik}$,

(10) $$\mathfrak{x}|\mathfrak{y} = \sum_{i,k} x_i y_k \mathfrak{a}_i|\mathfrak{a}_k = \sum_{i,k} g_{ik} x_i y_k.$$

Insbesondere für eine *kartesische* Basis wird, wegen $\mathfrak{e}_i|\mathfrak{e}_i = +1$ und $\mathfrak{e}_i|\mathfrak{e}_k = 0$,

(11) $$\mathfrak{x}|\mathfrak{y} = \sum_1^3 x_i y_i, \quad \mathfrak{x}|\mathfrak{x} = \sum_1^3 x_i^2$$ (11′)

als bekannte Koordinatenausdrücke für das innere Produkt, bzw. innere Quadrat, und für $\operatorname{mod}\mathfrak{x} = \operatorname{mod}\mathfrak{y} = +1$ wird (11)

(12) $$\cos(\widehat{\mathfrak{x}\,\mathfrak{y}}) = \cos\alpha_1\cos\beta_1 + \cos\alpha_2\cos\beta_2 + \cos\alpha_3\cos\beta_3,$$

wobei die α_i und β_i die Winkel von $\mathfrak{x}$ und $\mathfrak{y}$ mit den Basisvektoren $\mathfrak{e}_i$ sind.

c) Im Halbkreis über Durchmesser $AB = 2\mathfrak{a}$ sei $\mathfrak{r}$ der Ortsvektor des beliebigen Kreispunktes P aus dem Mittelpunkt O als Ursprung. Dann ist $AP = \mathfrak{r} + \mathfrak{a}$ und $BP = \mathfrak{r} - \mathfrak{a}$, und somit wird

(13) $$\overrightarrow{AP}\,|\,\overrightarrow{BP} = (\mathfrak{r} + \mathfrak{a})\,|\,(\mathfrak{r} - \mathfrak{a}) = \mathfrak{r}\,|\,\mathfrak{r} - \mathfrak{a}\,|\,\mathfrak{a} = 0,$$

womit der *Satz des Thales* bewiesen ist.

Ebenso zeigt für eine *Raute* mit den Seitenvektoren $\mathfrak{a}$ und $\mathfrak{b}$ also $\mathfrak{a}|\mathfrak{a} = \mathfrak{b}|\mathfrak{b}$, die Formel

(14) $$(\mathfrak{a} + \mathfrak{b})\,|\,(\mathfrak{a} - \mathfrak{b}) = \mathfrak{a}\,|\,\mathfrak{a} - \mathfrak{b}\,|\,\mathfrak{b} = 0,$$

daß ihre Diagonalen $\mathfrak{a} + \mathfrak{b}$ und $\mathfrak{a} - \mathfrak{b}$ zueinander senkrecht sind.

d) Im *rechtwinkligen* Dreieck ABC mit Höhe AH sei $\overrightarrow{BC} = \mathfrak{a}$, $\overrightarrow{BA} = \mathfrak{c}$, $\overrightarrow{AC} = \mathfrak{b}$, also $\mathfrak{a} = \mathfrak{b} + \mathfrak{c}$ und $\mathfrak{b}\,|\,\mathfrak{c} = 0$, ferner $\overrightarrow{BH} = \mathfrak{q}$, $HC = \mathfrak{p}$ und $\overrightarrow{HA} = \mathfrak{h}$. Dann ist, für $a = \mathrm{mod}\,\mathfrak{a}$, usw.:

$$\mathfrak{b}\,|\,\mathfrak{a} = \mathfrak{b}\,|\,(\mathfrak{b} + \mathfrak{c}) = \mathfrak{b}\,|\,\mathfrak{b} + \mathfrak{b}\,|\,\mathfrak{c} = \mathfrak{b}\,|\,\mathfrak{b} \tag{15}$$

oder numerisch gedeutet: (15′) $ap = b^2$ (= *Kathetensatz des Euklid*). Sodann, wegen $\mathfrak{p}\,|\,\mathfrak{h} = \mathfrak{q}\,|\,\mathfrak{h} = 0$,

$$0 = \mathfrak{b}\,|\,\mathfrak{c} = (\mathfrak{q} + \mathfrak{h})\,|\,(-\mathfrak{h} + \mathfrak{p}) = \mathfrak{p}\,|\,\mathfrak{q} - \mathfrak{h}\,|\,\mathfrak{h} \tag{16}$$

also numerisch gedeutet: (16′) $pq = h^2$ (= *Höhensatz*).

e) Es sei H der Schnittpunkt der beiden Höhen AF und BG in einem Dreieck ABC mit den Seitenvektoren $\overrightarrow{BC} = \mathfrak{a}$, $\overrightarrow{CA} = \mathfrak{b}$ und $\overrightarrow{AB} = \mathfrak{c}$. Ferner sei $\overrightarrow{HA} = \mathfrak{p}$, $\overrightarrow{HB} = \mathfrak{q}$ und $HC = \mathfrak{r}$. Dann ist nach Voraussetzung $\mathfrak{p}\,|\,\mathfrak{a} = \mathfrak{q}\,|\,\mathfrak{b} = 0$ sowie $\mathfrak{r} - \mathfrak{q} = \mathfrak{a}$, $\mathfrak{p} - \mathfrak{r} = \mathfrak{b}$ und $\mathfrak{q} - \mathfrak{p} = \mathfrak{c}$. Somit ist auch $\mathfrak{p}\,|\,(\mathfrak{r} - \mathfrak{q}) = 0$ bzw. $\mathfrak{q}\,|\,(\mathfrak{p} - \mathfrak{r}) = 0$ und also $\mathfrak{p}\,|\,\mathfrak{r} = \mathfrak{p}\,|\,\mathfrak{q} = \mathfrak{q}\,|\,\mathfrak{r}$, woraus auch

$$(\mathfrak{q} - \mathfrak{p})\,|\,\mathfrak{r} = \mathfrak{c}\,|\,\mathfrak{r} = 0 \tag{17}$$

folgt. D. h. aber

Die drei Höhen eines beliebigen Dreiecks schneiden sich in einem Punkt.

f) Für eine beliebige ebene kartesische Basis $\mathfrak{e}_1, \mathfrak{e}_2$ seien

$$\mathfrak{a} = \cos\alpha\,\mathfrak{e}_1 + \sin\alpha\,\mathfrak{e}_2; \quad \mathfrak{b} = \cos\beta\,\mathfrak{e}_1 + \sin\beta\,\mathfrak{e}_2$$

zwei beliebige *Einheits*vektoren der Ebene mit den Richtungswinkeln α und β. Man findet damit sofort, wegen $\mathfrak{e}_i\,|\,\mathfrak{e}_i = +1$ und $\mathfrak{e}_1\,|\,\mathfrak{e}_2 = 0$:

$$\cos(\beta - \alpha) = \mathfrak{a}\,|\,\mathfrak{b} = \cos\alpha\,\cos\beta + \sin\alpha\,\sin\beta \tag{18}$$

und für ein negatives $\alpha = -\alpha'$:

$$\cos(\beta + \alpha') = \cos\alpha'\,\cos\beta - \sin\alpha'\,\sin\beta, \tag{18′}$$

worin das Additions-(Subtraktions-)Theorem für die Kosinusfunktion ausgesprochen wird.

2. *Das äußere oder Volumprodukt dreier Vektoren:*

Durch drei von einem beliebigen Punkt O aus gezogene Vektoren $\mathfrak{x}$, $\mathfrak{y}$ und $\mathfrak{z}$ wird in bekannter Weise eindeutig ein Parallelflach festgelegt. Wir *definieren* nun das äußere Produkt oder Volumprodukt $(\mathfrak{x}\mathfrak{y}\mathfrak{z})$ der drei Vektoren als einen Skalar *mit* Vorzeichen, nämlich als das *Volum* des durch die drei Vektoren bestimmten Parallelflachs, und zwar mit dem Vorzeichen + oder —, je nachdem die Vektoren $\mathfrak{x}$, $\mathfrak{y}$ und $\mathfrak{z}$ gegeneinander orientiert sind wie die positiven Achsen eines (recht- oder schiefwinkligen) rechtshändigen Koordinatensystems oder nicht. Aus dieser Definition folgt unmittelbar: Das Volumprodukt dreier Vektoren wechselt sein Vorzeichen, so oft man irgend zwei Faktoren desselben vertauscht, oder: „*Das Volumprodukt ist alternativ.*" Es verschwindet ferner stets für irgend drei *komplanare*, d. h. derselben Ebene parallele Vektoren $\mathfrak{x}$, $\mathfrak{y}$, $\mathfrak{z}$. Weiter ist stets

(19) $$\lambda(\mathfrak{a}\mathfrak{b}\mathfrak{c}) = (\lambda\mathfrak{a}\cdot\mathfrak{b}\mathfrak{c}) = (\mathfrak{a}\cdot\lambda\mathfrak{b}\cdot\mathfrak{c}) = (\mathfrak{a}\mathfrak{b}\cdot\lambda\mathfrak{c}),$$

d. h. die Multiplikation des Volumprodukts mit einer Zahlgröße λ ist *assoziativ*, wie sich unmittelbar aus seiner geometrischen Bedeutung ergibt.

Für zwei Volumprodukte $(\mathfrak{x}_1\,\mathfrak{y}\,\mathfrak{z})$ und $(\mathfrak{x}_2\,\mathfrak{y}\,\mathfrak{z})$ gilt bei gleichsinniger oder ungleichsinniger Orientierung ihrer Faktoren stets die Beziehung

(20) $$(\mathfrak{x}_1\,\mathfrak{y}\,\mathfrak{z}) + (\mathfrak{x}_2\,\mathfrak{y}\,\mathfrak{z}) = ((\mathfrak{x}_1+\mathfrak{x}_2)\,\mathfrak{y}\,\mathfrak{z}).$$

Es folgt dies unmittelbar aus dem Satz der Elementargeometrie, daß der absolute Betrag eines Parallelflachvolums immer durch das Produkt seiner Grundfläche mit der dazugehörigen Höhe des Körpers gegeben ist. Da man nun auf Grund des alternativen Gesetzes jeden Faktor eines Volumprodukts an die erste Stelle desselben bringen kann, so ist dasselbe distributiv zur Addition, nicht nur bei additiver Zerlegung des ersten, sondern auch des zweiten oder dritten Faktors desselben, und bei konsekutiver Anwendung auf alle drei Faktoren ergibt sich schließlich die allgemeine Gültigkeit des distributiven Gesetzes

(21) $$\left(\left(\sum_h \mathfrak{x}_h\right)\left(\sum_i \mathfrak{y}_i\right)\left(\sum_k \mathfrak{z}_k\right)\right) = \sum_{h,i,k} (\mathfrak{x}_h\mathfrak{y}_i\mathfrak{z}_k).$$

Das Bestehen dieses Gesetzes rechtfertigt zugleich nachträglich den Namen „Produkt" für den Skalar $(\mathfrak{x}\,\mathfrak{y}\,\mathfrak{z})$.

Ist insbesondere für eine beliebige Basis $\mathfrak{a}_1$, $\mathfrak{a}_2$, $\mathfrak{a}_3$

$$\mathfrak{x} = \sum_1^3 x_h\mathfrak{a}_h, \quad \mathfrak{y} = \sum_1^3 y_i\mathfrak{a}_i, \quad \mathfrak{z} = \sum_1^3 z_k\mathfrak{a}_k,$$

so folgt

$$(\mathfrak{x}\mathfrak{y}\mathfrak{z}) = \sum_{h,i,k} x_h y_i z_k\, \mathfrak{a}_h\mathfrak{a}_i\mathfrak{a}_k.$$

Dabei verschwinden aber alle Volumprodukte der Einheiten mit zwei oder drei gleichen Faktoren, und für alle übrigen ist

$$(\mathfrak{a}_h\mathfrak{a}_i\mathfrak{a}_k) = \pm(\mathfrak{a}_1\mathfrak{a}_2\mathfrak{a}_3),$$

je nachdem die Reihenfolge h, i, k aus der ursprünglichen Folge 1, 2, 3 durch eine gerade oder ungerade Anzahl von Umstellungen hervorgegangen ist. Es wird deshalb nach der bekannten Definition der Determinanten

(22) $$(\mathfrak{x}\mathfrak{y}\mathfrak{z}) = \begin{vmatrix} x_1 & x_2 & x_3 \\ y_1 & y_2 & y_3 \\ z_1 & z_2 & z_3 \end{vmatrix} (\mathfrak{a}_1\mathfrak{a}_2\mathfrak{a}_3).$$

Für eine kartesische Basis wird zudem $(\mathfrak{e}_1 \mathfrak{e}_2 \mathfrak{e}_3) = +1$. Alsdann ist, *mit* Vorzeichen

$$(22') \qquad (\mathfrak{x}\mathfrak{y}\mathfrak{z}) = \begin{vmatrix} x_1 & x_2 & x_3 \\ y_1 & y_2 & y_3 \\ z_1 & z_2 & z_3 \end{vmatrix}.$$

3. Das Vektorprodukt zweier Vektoren:

Zwei beliebige Vektoren $\mathfrak{a}$ und $\mathfrak{b}$ bestimmen zunächst eindeutig eine *Plangröße* oder einen *Bivektor*, d. h. ein Parallelogramm mit bestimmter „Stellung" im Raum sowie bestimmter Fläche und bestimmtem Umlaufssinn. Dieser Plangröße läßt sich weiter eindeutig wieder ein Vektor $\mathfrak{p}$ zuordnen, der auf der Plangröße senkrecht steht, dessen Länge so viel *Längen*einheiten besitzt wie die Plangröße *Flächen*einheiten und welcher mit $\mathfrak{a}$ und $\mathfrak{b}$ zusammen die positiven Achsenrichtungen eines rechtshändigen Koordinatensystems bestimmt. Wir nennen diesen Vektor $\mathfrak{p}$ das „*Vektorprodukt*" aus $\mathfrak{a}$ und $\mathfrak{b}$ und kennzeichnen dasselbe stets durch eine *eckige* Klammer:

$$(23) \qquad \mathfrak{p} = [\mathfrak{a}\mathfrak{b}].$$

Nach dieser Definition ist auch das Vektorprodukt *alternativ*, d. h. es ist

$$(24) \qquad [\mathfrak{a}\mathfrak{b}] = -[\mathfrak{b}\mathfrak{a}] \text{ und insbesondere } [\mathfrak{a}\mathfrak{a}] = 0.$$

Sodann ist geometrisch sofort klar, daß für *drei* Vektoren $\mathfrak{a}$, $\mathfrak{b}$, $\mathfrak{c}$ stets gilt

$$(25) \qquad [\mathfrak{a}\mathfrak{b}]\,|\,\mathfrak{c} = (\mathfrak{a}\mathfrak{b}\mathfrak{c}).$$

Ein solches *inneres* Produkt, dessen einer Faktor selbst wieder ein *Vektorprodukt* ist, wird auch *gemischtes* Produkt der drei *Vektor*faktoren genannt. Wegen

$$(26) \qquad (\mathfrak{a}\mathfrak{b}\mathfrak{c}) = (\mathfrak{b}\mathfrak{c}\mathfrak{a}) = (\mathfrak{c}\mathfrak{a}\mathfrak{b}) = -(\mathfrak{b}\mathfrak{a}\mathfrak{c}) = -(\mathfrak{c}\mathfrak{b}\mathfrak{a}) = -(\mathfrak{a}\mathfrak{c}\mathfrak{b})$$

gilt auch für solche gemischte Produkte

$$(27) \qquad [\mathfrak{a}\mathfrak{b}]\,|\,\mathfrak{c} = [\mathfrak{b}\mathfrak{c}]\,|\,\mathfrak{a} = [\mathfrak{c}\mathfrak{a}]\,|\,\mathfrak{b} = -[\mathfrak{b}\mathfrak{a}]\,|\,\mathfrak{c} = -[\mathfrak{c}\mathfrak{b}]\,|\,\mathfrak{a} = -[\mathfrak{a}\mathfrak{c}]\,|\,\mathfrak{b},$$

wobei natürlich noch die Faktoren der inneren Produkte unter sich vertauschbar sind, so daß z. B. stets auch

$$(28) \qquad [\mathfrak{a}\mathfrak{b}]\,|\,\mathfrak{c} = [\mathfrak{b}\mathfrak{c}]\,|\,\mathfrak{a} = \mathfrak{a}\,|\,[\mathfrak{b}\mathfrak{c}]$$

wird. In diesen Gleichungen (26)—(28) sind die sogenannten *Vertauschungssätze* dargestellt.

Es ist nun infolge der Distributivität des inneren und des Volumprodukts

$$\begin{aligned}[(\mathfrak{a}_1 + \mathfrak{a}_2)\,\mathfrak{b}]\,|\,\mathfrak{c} &= ((\mathfrak{a}_1 + \mathfrak{a}_2)\,\mathfrak{b}\mathfrak{c}) = (\mathfrak{a}_1\mathfrak{b}\mathfrak{c}) + (\mathfrak{a}_2\mathfrak{b}\mathfrak{c}) \\ &= [\mathfrak{a}_1\mathfrak{b}]\,|\,\mathfrak{c} + [\mathfrak{a}_2\mathfrak{b}]\,|\,\mathfrak{c} = \{[\mathfrak{a}_1\mathfrak{b}] + [\mathfrak{a}_2\mathfrak{b}]\}\,|\,\mathfrak{c},\end{aligned}$$

und zwar für *jeden Vektor* $\mathfrak{c}$. Somit ist notwendig immer auch

$$[(\mathfrak{a}_1 + \mathfrak{a}_2)\,\mathfrak{b}] = [\mathfrak{a}_1\mathfrak{b}] + [\mathfrak{a}_2\mathfrak{b}] \tag{29}$$

und Entsprechendes gilt für mehr als zwei Summanden $\mathfrak{a}_i$ oder wenn man ebenso $\mathfrak{b} = \sum_k \mathfrak{b}_k$ in Summanden $\mathfrak{b}_k$ zerlegt. Das heißt aber: Auch der Ausdruck $[\mathfrak{a}\mathfrak{b}]$ gehorcht dem distributiven Gesetz und wird deshalb mit Recht ein „Produkt" genannt. Für $\mathfrak{x} = \sum_1^3 x_i \mathfrak{a}_i$ und $\mathfrak{y} = \sum_1^3 y_k \mathfrak{a}_k$ wird damit endlich

$$[\mathfrak{x}\mathfrak{y}] = \sum_{i,k} x_i y_k [\mathfrak{a}_i \mathfrak{a}_k], \quad \text{mit } [\mathfrak{a}_i\mathfrak{a}_k] = -[\mathfrak{a}_k\mathfrak{a}_i], \tag{30}$$

und da für eine *kartesische* Basis

$$[\mathfrak{e}_2\mathfrak{e}_3] = \mathfrak{e}_1, \quad [\mathfrak{e}_3\mathfrak{e}_1] = \mathfrak{e}_2, \quad [\mathfrak{e}_1\mathfrak{e}_2] = \mathfrak{e}_3$$

wird, so ist in diesem Falle auch

$$[\mathfrak{x}\mathfrak{y}] = \begin{vmatrix} x_2 & x_3 \\ y_2 & y_3 \end{vmatrix} \mathfrak{e}_1 + \begin{vmatrix} x_3 & x_1 \\ y_3 & y_1 \end{vmatrix} \mathfrak{e}_2 + \begin{vmatrix} x_1 & x_2 \\ y_1 & y_2 \end{vmatrix} \mathfrak{e}_3. \tag{31}$$

Die rechts auftretenden Determinanten sind numerisch gleich den senkrechten Projektionen der Fläche des von $\mathfrak{x}$ und $\mathfrak{y}$ gebildeten Parallelogramms auf die Koordinatenebenen. Ihr Vorzeichen ist positiv oder negativ, je nachdem der Umlaufssinn dieser Projektionen mit demjenigen der Plangrößen $\mathfrak{e}_2\mathfrak{e}_3$ bzw. $\mathfrak{e}_3\mathfrak{e}_1$ oder $\mathfrak{e}_1\mathfrak{e}_2$ übereinstimmt oder nicht.

Im Falle der *ebenen* Geometrie treten nur Vektoren parallel zu dieser Ebene auf. Dabei liege diese Ebene senkrecht zu $\mathfrak{e}_3$. Alsdann reduziert sich die Gl. (31) auf

$$[\mathfrak{x}\mathfrak{y}] = \begin{vmatrix} x_1 & x_2 \\ y_1 & y_2 \end{vmatrix} \mathfrak{e}_3. \tag{32}$$

Man betrachtet dann oft, unter Weglassung der eckigen Klammer, das äußere Produkt als *Flächenprodukt*, d. h. als Skalar mit Vorzeichen

$$\mathfrak{x}\mathfrak{y} = \begin{vmatrix} x_1 & x_2 \\ y_1 & y_2 \end{vmatrix}. \tag{32'}$$

Beispiele bietet in reicher Fülle wieder die Elementargeometrie:

a) Sind wieder $\mathfrak{a}$, $\mathfrak{b}$, $\mathfrak{c}$ die Seitenvektoren eines Dreiecks, genommen in demselben Umlaufssinn, so führt die Beziehung

$$\mathfrak{b}\mathfrak{c} = \mathfrak{c}\mathfrak{a} = \mathfrak{a}\mathfrak{b} \tag{33}$$

numerisch gedeutet unmittelbar zu $bc \sin\alpha = ca \sin\beta = ab \sin\gamma$, d. h. zum *Sinussatz* der ebenen Trigonometrie.

b) Weiter folgt bei kartesischer Basis $\mathfrak{e}_1, \mathfrak{e}_2$ für zwei *Einheits*vektoren

$$\mathfrak{a} = \cos\alpha\, \mathfrak{e}_1 + \sin\alpha\, \mathfrak{e}_2 \quad \text{und} \quad \mathfrak{b} = \cos\beta\, \mathfrak{e}_1 + \sin\beta\, \mathfrak{e}_2,$$

wegen $\mathfrak{e}_i \mathfrak{e}_i = 0$ und $\mathfrak{e}_1 \mathfrak{e}_2 = +1$,

$$\mathfrak{a}\mathfrak{b} = \sin(\beta - \alpha) = \cos\alpha \sin\beta - \sin\alpha \cos\beta \tag{34}$$

und für ein negatives $\alpha = -\alpha'$

$$\mathfrak{a}\mathfrak{b} = \sin(\beta + \alpha') = \cos\alpha' \sin\beta + \sin\alpha' \cos\beta, \tag{34'}$$

also das *Sinus-Additions- bzw. Subtraktionstheorem.*

c) Endlich spricht das distributive Gesetz: $(\mathfrak{a} + \mathfrak{b})\mathfrak{c} = \mathfrak{a}\mathfrak{c} + \mathfrak{b}\mathfrak{c}$, gegebenenfalls verbunden mit „*linealer Änderung*", d. h. in der Form

$$(\mathfrak{a} + \mathfrak{b})\mathfrak{c} = \mathfrak{a}(\mathfrak{c} + \lambda\mathfrak{a}) + \mathfrak{b}(\mathfrak{c} + \mu\mathfrak{b}), \tag{35}$$

einen bekannten *Satz von Pappus* über Flächenverwandlung von Parallelogrammen aus.

d) Wir bilden noch im *Raum* für ein beliebiges Tetraeder mit den Kantenvektoren $\mathfrak{a}$, $\mathfrak{b}$, $\mathfrak{c}$ aus Ecke O und den Vektoren ihrer *Gegen*kanten $\mathfrak{b}-\mathfrak{c}$, $\mathfrak{c}-\mathfrak{a}$, $\mathfrak{a}-\mathfrak{b}$ die nach außen gerichteten *Normalvektoren* $\mathfrak{f}_i$ *der Seitenflächen*, deren Zahlwerte gleich ihren Flächeninhalten sind. Wir erhalten dann als *ihre geometrische Summe:*

$$\left\{\begin{aligned} \sum_1^4 \mathfrak{f}_i &= \frac{1}{2}\{[\mathfrak{a}\mathfrak{c}] + [\mathfrak{b}\mathfrak{a}] + [\mathfrak{c}\mathfrak{b}] + [(\mathfrak{a} - \mathfrak{b})\,(\mathfrak{b} - \mathfrak{c})]\} \\ &= \frac{1}{2}\{[\mathfrak{a}\mathfrak{c}] + [\mathfrak{b}\mathfrak{a}] + [\mathfrak{c}\mathfrak{b}] + [\mathfrak{a}\mathfrak{b}] - [\mathfrak{a}\mathfrak{c}] + [\mathfrak{b}\mathfrak{c}]\} = 0. \end{aligned}\right. \tag{36}$$

Man folgert hieraus unmittelbar, daß auch für ein geschlossenes *Polyeder* die Vektorsumme der nach außen gerichteten Normalenvektoren der Seitenflächen verschwindet, wenn der numerische Wert dieser Normalenvektoren gleich dem der zugehörigen Flächeninhalte der Seitenflächen ist.

§ 3. Tensoren. Fundamentalsatz der Vektoralgebra

Wir verstehen unter einem „*Tensor*" jeden Ausdruck der Vektorrechnung, der linear und homogen in einem oder in mehreren Vektoren ist. Solche Tensoren sind z. B.

$$(\mathfrak{a}\,|\,\mathfrak{x})\,\mathfrak{b} - (\mathfrak{b}\,|\,\mathfrak{x})\,\mathfrak{a} \tag{1}$$

$$(\mathfrak{b}\,|\,\mathfrak{c})\,\mathfrak{a} + (\mathfrak{c}\,|\,\mathfrak{a})\,\mathfrak{b} + (\mathfrak{a}\,|\,\mathfrak{b})\,\mathfrak{c} \tag{2}$$

$$(\mathfrak{x}\,\mathfrak{a}_2\,\mathfrak{a}_3)\,\mathfrak{a}_1 + (\mathfrak{x}\,\mathfrak{a}_3\,\mathfrak{a}_1)\,\mathfrak{a}_2 + (\mathfrak{x}\,\mathfrak{a}_1\,\mathfrak{a}_2)\,\mathfrak{a}_3 \tag{3}$$

und zur Zerlegung der in ihm linear und homogen auftretenden Vektoren in Summanden ist offenbar jeder solche Tensor distributiv. Der Tensor (1) wechselt nun sein Vorzeichen, wenn man in ihm $\mathfrak{a}$ und $\mathfrak{b}$ vertauscht, ebenso der

Tensor (3) bei Vertauschung von je zwei der drei Vektoren $\mathfrak{a}_i$. Diese Tensoren sind also zudem noch *alternativ* in $\mathfrak{a}$ und $\mathfrak{b}$ bzw. in $\mathfrak{a}_1, \mathfrak{a}_2, \mathfrak{a}_3$. Für solche alternative Tensoren gilt nun der „*Fundamentalsatz der Vektoralgebra*":

Ist ein Tensor in zwei oder drei Vektoren alternativ, so ist er lediglich eine lineare homogene Funktion ihres Vektorprodukts bzw. ihres Volumprodukts.

1. Ist nämlich zunächst der Tensor $T = T(\mathfrak{x}, \mathfrak{y})$ alternativ in $\mathfrak{x}$ und $\mathfrak{y}$, so ist für $\mathfrak{x} = \sum_1^3 x_i \mathfrak{a}_i$ und $\mathfrak{y} = \sum_1^3 y_k \mathfrak{a}_k$ einerseits:

$$[\mathfrak{x}\mathfrak{y}] = \sum_{i,k} x_i y_k [\mathfrak{a}_i \mathfrak{a}_k] = \begin{vmatrix} x_2 & x_3 \\ y_2 & y_3 \end{vmatrix} [\mathfrak{a}_2 \mathfrak{a}_3] + \begin{vmatrix} x_3 & x_1 \\ y_3 & y_1 \end{vmatrix} [\mathfrak{a}_3 \mathfrak{a}_1] + \begin{vmatrix} x_1 & x_2 \\ y_1 & y_2 \end{vmatrix} [\mathfrak{a}_1 \mathfrak{a}_2]$$

und somit für $(\mathfrak{a}_1 \mathfrak{a}_2 \mathfrak{a}_3) = a \neq 0$

$$\begin{vmatrix} x_2 & x_3 \\ y_2 & y_3 \end{vmatrix} = \frac{[\mathfrak{x}\mathfrak{y}] | \mathfrak{a}_1}{a}, \quad \begin{vmatrix} x_3 & x_1 \\ y_3 & y_1 \end{vmatrix} = \frac{[\mathfrak{x}\mathfrak{y}] | \mathfrak{a}_2}{a}, \quad \begin{vmatrix} x_1 & x_2 \\ y_1 & y_2 \end{vmatrix} = \frac{[\mathfrak{x}\mathfrak{y}] | \mathfrak{a}_3}{a}.$$

Andrerseits wird für $T(\mathfrak{a}_i, \mathfrak{a}_k) = T_{ik}$:

$$(4) \quad \begin{cases} T(\mathfrak{x}, \mathfrak{y}) = \sum_{i,k} x_i y_k T_{ik} = \begin{vmatrix} x_2 & x_3 \\ y_2 & y_3 \end{vmatrix} T_{23} + \begin{vmatrix} x_3 & x_1 \\ y_3 & y_1 \end{vmatrix} T_{31} + \begin{vmatrix} x_1 & x_2 \\ y_1 & y_2 \end{vmatrix} T_{12} \\ \quad = \frac{[\mathfrak{x}\mathfrak{y}] | \mathfrak{a}_1}{a} T_{23} + \frac{[\mathfrak{x}\mathfrak{y}] | \mathfrak{a}_2}{a} T_{31} + \frac{[\mathfrak{x}\mathfrak{y}] | \mathfrak{a}_3}{a} T_{12} \end{cases}$$

eine lineare homogene Funktion von $[\mathfrak{x}\mathfrak{y}]$.

2. Ist sodann der Tensor $T(\mathfrak{x}, \mathfrak{y}, \mathfrak{z})$ in den *drei* Vektoren $\mathfrak{x}, \mathfrak{y}, \mathfrak{z}$ alternativ, so ist nach S. 16, Gl. (22) für jede Basis $\mathfrak{a}_1, \mathfrak{a}_2, \mathfrak{a}_3$:

$$\begin{vmatrix} x_1 & x_2 & x_3 \\ y_1 & y_2 & y_3 \\ z_1 & z_2 & z_3 \end{vmatrix} = \frac{(\mathfrak{x}\mathfrak{y}\mathfrak{z})}{(\mathfrak{a}_1 \mathfrak{a}_2 \mathfrak{a}_3)}$$

und damit

$$(5) \quad T(\mathfrak{x}, \mathfrak{y}, \mathfrak{z}) = \sum_{h,i,k} x_h y_i z_k T(\mathfrak{a}_h, \mathfrak{a}_i, \mathfrak{a}_k) = \begin{vmatrix} x_1 & x_2 & x_3 \\ y_1 & y_2 & y_3 \\ z_1 & z_2 & z_3 \end{vmatrix} T(\mathfrak{a}_1, \mathfrak{a}_2, \mathfrak{a}_3) = \frac{T(\mathfrak{a}_1, \mathfrak{a}_2, \mathfrak{a}_3)}{(\mathfrak{a}_1, \mathfrak{a}_2, \mathfrak{a}_3)} \cdot (\mathfrak{x}\mathfrak{y}\mathfrak{z})$$

eine homogene lineare Funktion von $(\mathfrak{x}\mathfrak{y}\mathfrak{z})$. Insbesondere ist also der Wert

$$(5') \quad \frac{T(\mathfrak{x}, \mathfrak{y}, \mathfrak{z})}{(\mathfrak{x}\mathfrak{y}\mathfrak{z})} = \frac{T(\mathfrak{a}_1, \mathfrak{a}_2, \mathfrak{a}_3)}{(\mathfrak{a}_1 \mathfrak{a}_2 \mathfrak{a}_3)}$$

absolut invariant.

3. *Sonderfall:* Es sei $T(\mathfrak{x}, \mathfrak{y})$ ein ganz beliebiger Tensor, homogen und linear in $\mathfrak{x}$ und $\mathfrak{y}$. Für irgend drei Vektoren $\mathfrak{a}_1, \mathfrak{a}_2, \mathfrak{a}_3$, deren Volumprodukt a nicht

verschwindet, bilden wir nun den Tensor $T(\mathfrak{a}_1, [\mathfrak{a}_2\mathfrak{a}_3]) + T(\mathfrak{a}_2, [\mathfrak{a}_3\mathfrak{a}_1]) + T(\mathfrak{a}_3, [\mathfrak{a}_1\mathfrak{a}_2])$. Dieser ist nun in den $\mathfrak{a}_i$ nicht nur homogen und linear, sondern auch alternativ und folglich lediglich eine homogene lineare Funktion von $(\mathfrak{a}_1\mathfrak{a}_2\mathfrak{a}_3) = a$. Daher ist weiter

$$(6) \qquad J = T\left(\mathfrak{a}_1, \frac{[\mathfrak{a}_2\mathfrak{a}_3]}{a}\right) + T\left(\mathfrak{a}_2, \frac{[\mathfrak{a}_3\mathfrak{a}_1]}{a}\right) + T\left(\mathfrak{a}_3, \frac{[\mathfrak{a}_1\mathfrak{a}_2]}{a}\right)$$

eine *absolute*, von der Wahl der $\mathfrak{a}_i$ völlig unabhängige *Invariante* von T. Damit ist der wichtigste Weg zur Invariantenbildung in der Vektorrechnung aufgezeigt. Durch die Vektoren $\mathfrak{a}^1 = \frac{[\mathfrak{a}_2\mathfrak{a}_3]}{a}$, $\mathfrak{a}^2 = \frac{[\mathfrak{a}_3\mathfrak{a}_1]}{a}$, $\mathfrak{a}^3 = \frac{[\mathfrak{a}_1\mathfrak{a}_2]}{a}$ wird zugleich die zu den $\mathfrak{a}_i$ „*reziproke Basis*" der $\mathfrak{a}^i$ definiert, von der in § 5 weiter die Rede ist.

§ 4. *Zerlegungsformeln*

1. Auf S. 17 fanden wir bereits neben der alternativen Eigenschaft des Volumprodukts den wichtigen Vertauschungssatz

$$(1) \qquad (\mathfrak{a}\mathfrak{b}\mathfrak{c}) = [\mathfrak{a}\mathfrak{b}]\,|\,\mathfrak{c} = \mathfrak{a}\,|\,[\mathfrak{b}\mathfrak{c}].$$

2. Für eine beliebige Vektorbasis $\mathfrak{a}_1, \mathfrak{a}_2, \mathfrak{a}_3$ sei wieder

$$a = (\mathfrak{a}_1\mathfrak{a}_2\mathfrak{a}_3) \neq 0.$$

Dann ist der Tensor

$$T = \begin{vmatrix} \mathfrak{a}_2|\mathfrak{x} & \mathfrak{a}_3|\mathfrak{x} \\ \mathfrak{a}_2|\mathfrak{y} & \mathfrak{a}_3|\mathfrak{y} \end{vmatrix} \mathfrak{a}_1 + \begin{vmatrix} \mathfrak{a}_3|\mathfrak{x} & \mathfrak{a}_1|\mathfrak{x} \\ \mathfrak{a}_3|\mathfrak{y} & \mathfrak{a}_1|\mathfrak{y} \end{vmatrix} \mathfrak{a}_2 + \begin{vmatrix} \mathfrak{a}_1|\mathfrak{x} & \mathfrak{a}_2|\mathfrak{x} \\ \mathfrak{a}_1|\mathfrak{y} & \mathfrak{a}_2|\mathfrak{y} \end{vmatrix} \mathfrak{a}_3$$

homogen, linear und alternativ in den Vektoren $\mathfrak{a}_1, \mathfrak{a}_2, \mathfrak{a}_3$, und nach dem „Fundamentalsatz" ist folglich

$$(2) \qquad F(\mathfrak{x}, \mathfrak{y}) = \frac{T}{a} = \frac{1}{a}\left\{\begin{vmatrix} \mathfrak{a}_2|\mathfrak{x} & \mathfrak{a}_3|\mathfrak{x} \\ \mathfrak{a}_2|\mathfrak{y} & \mathfrak{a}_3|\mathfrak{y} \end{vmatrix} \mathfrak{a}_1 + \begin{vmatrix} \mathfrak{a}_3|\mathfrak{x} & \mathfrak{a}_1|\mathfrak{x} \\ \mathfrak{a}_3|\mathfrak{y} & \mathfrak{a}_1|\mathfrak{y} \end{vmatrix} \mathfrak{a}_2 + \begin{vmatrix} \mathfrak{a}_1|\mathfrak{x} & \mathfrak{a}_2|\mathfrak{x} \\ \mathfrak{a}_1|\mathfrak{y} & \mathfrak{a}_2|\mathfrak{y} \end{vmatrix} \mathfrak{a}_3\right\}$$

eine *basisinvariante* Funktion von $\mathfrak{x}$ und $\mathfrak{y}$ *allein*. Dieselbe ist aber auch in $\mathfrak{x}$ und $\mathfrak{y}$ homogen, linear und alternativ und definiert somit ein basisinvariantes alternatives *Produkt* von $\mathfrak{x}$ und $\mathfrak{y}$. Zu seiner *Deutung* wählen wir nun $\mathfrak{a}_1 = \mathfrak{x}$, $\mathfrak{a}_2 = \mathfrak{y}$ und $\mathfrak{a}_3$ als *Einheits*vektor senkrecht zu $\mathfrak{x}$ und $\mathfrak{y}$, derart, daß $a = (\mathfrak{x}\mathfrak{y}\mathfrak{a}_3)$ positiv wird. Alsdann reduziert sich Gl. (2) für $x = \operatorname{mod}\mathfrak{x}$, $y = \operatorname{mod}\mathfrak{y}$ und $\varphi = \sphericalangle(\mathfrak{x}\mathfrak{y})$ sofort auf

$$(2') \qquad F(\mathfrak{x}, \mathfrak{y}) = \frac{1}{(\mathfrak{x}\mathfrak{y}\mathfrak{a}_3)} \begin{vmatrix} \mathfrak{x}|\mathfrak{x} & \mathfrak{y}|\mathfrak{x} \\ \mathfrak{x}|\mathfrak{y} & \mathfrak{y}|\mathfrak{y} \end{vmatrix} \mathfrak{a}_3 = \frac{x^2y^2(1-\cos^2\varphi)}{xy\sin\varphi}\mathfrak{a}_3 = [\mathfrak{x}\mathfrak{y}].$$

Die durch Gl. (2) eingeführte basisinvariante Funktion $F(\mathfrak{x}, \mathfrak{y})$ ist folglich allgemein identisch mit dem bereits eingeführten *Vektorprodukt* $[\mathfrak{x}\mathfrak{y}]$ und beweist als in $\mathfrak{x}$ und $\mathfrak{y}$ homogene Bilinearform erneut dessen Distributivität zur Addition. Sie liefert ferner seine Zerlegung in Komponenten nach den Richtungen einer beliebigen allgemeinen Basis $\mathfrak{a}_1, \mathfrak{a}_2, \mathfrak{a}_3$. Wir nennen deshalb die Gl. (2) den *allgemeinen Entwicklungssatz* für das Vektorprodukt $[\mathfrak{x}\mathfrak{y}]$.

Für eine *kartesische* Basis $\mathfrak{a}_i = \mathfrak{e}_i$ wird $a = (\mathfrak{a}_1\mathfrak{a}_2\mathfrak{a}_3) = +1$, $\mathfrak{x}|\mathfrak{a}_i = x_i$, $\mathfrak{y}|\mathfrak{a}_k = y_k$, und Gl. (2) geht direkt über in den bekannten *Komponentenausdruck* (31) in § 2 für das Vektorprodukt $[\mathfrak{x}\,y]$.

3. Für einen beliebigen weiteren Vektor $\mathfrak{z}$ liefert nun der allgemeine Entwicklungssatz (2) in Verbindung mit Gl. (1) unmittelbar

$$(3)\quad \begin{cases} (\mathfrak{x}\mathfrak{y}\mathfrak{z}) = [\mathfrak{x}\mathfrak{y}]|\mathfrak{z} = \dfrac{1}{a}\left\{\begin{vmatrix} \mathfrak{a}_2|\mathfrak{x} & \mathfrak{a}_3|\mathfrak{x} \\ \mathfrak{a}_2|\mathfrak{y} & \mathfrak{a}_3|\mathfrak{y} \end{vmatrix} \mathfrak{a}_1|\mathfrak{z} + \begin{vmatrix} \mathfrak{a}_3|\mathfrak{x} & \mathfrak{a}_1|\mathfrak{x} \\ \mathfrak{a}_3|\mathfrak{y} & \mathfrak{a}_1|\mathfrak{y} \end{vmatrix} \mathfrak{a}_2|\mathfrak{z} + \begin{vmatrix} \mathfrak{a}_1|\mathfrak{x} & \mathfrak{a}_2|\mathfrak{x} \\ \mathfrak{a}_1|\mathfrak{y} & \mathfrak{a}_2|\mathfrak{y} \end{vmatrix} \mathfrak{a}_3|\mathfrak{z}\right\} \\ \qquad = \dfrac{1}{(\mathfrak{a}_1\mathfrak{a}_2\mathfrak{a}_3)} \begin{vmatrix} \mathfrak{a}_1|\mathfrak{x} & \mathfrak{a}_2|\mathfrak{x} & \mathfrak{a}_3|\mathfrak{x} \\ \mathfrak{a}_1|\mathfrak{y} & \mathfrak{a}_2|\mathfrak{y} & \mathfrak{a}_3|\mathfrak{y} \\ \mathfrak{a}_1|\mathfrak{z} & \mathfrak{a}_2|\mathfrak{z} & \mathfrak{a}_3|\mathfrak{z} \end{vmatrix}, \end{cases}$$

bzw.

$$(3')\quad (\mathfrak{a}_1\mathfrak{a}_2\mathfrak{a}_3)(\mathfrak{x}\mathfrak{y}\mathfrak{z}) = \begin{vmatrix} \mathfrak{a}_1|\mathfrak{x} & \mathfrak{a}_2|\mathfrak{x} & \mathfrak{a}_3|\mathfrak{x} \\ \mathfrak{a}_1|\mathfrak{y} & \mathfrak{a}_2|\mathfrak{y} & \mathfrak{a}_3|\mathfrak{y} \\ \mathfrak{a}_1|\mathfrak{z} & \mathfrak{a}_2|\mathfrak{z} & \mathfrak{a}_3|\mathfrak{z} \end{vmatrix}.$$

4. Aus Gl. (3) folgt weiter für $\mathfrak{z} = [\mathfrak{a}_1\mathfrak{a}_2]$:

$$(4)\quad [\mathfrak{x}\mathfrak{y}]|[\mathfrak{a}_1\mathfrak{a}_2] = \frac{(\mathfrak{a}_3\mathfrak{a}_1\mathfrak{a}_2)}{(\mathfrak{a}_1\mathfrak{a}_2\mathfrak{a}_3)} \begin{vmatrix} \mathfrak{a}_1|\mathfrak{x} & \mathfrak{a}_2|\mathfrak{x} \\ \mathfrak{a}_1|\mathfrak{y} & \mathfrak{a}_2|\mathfrak{y} \end{vmatrix} = \begin{vmatrix} \mathfrak{x}|\mathfrak{a}_1 & \mathfrak{x}|\mathfrak{a}_2 \\ \mathfrak{y}|\mathfrak{a}_1 & \mathfrak{y}|\mathfrak{a}_2 \end{vmatrix}.$$

Für den Sonderfall von 4 *Einheits*vektoren tritt diese Formel in trigonometrischer Form bereits bei Gauß 1827 auf. Sie wird manchmal auch die „*Identität von J. L. Lagrange*" genannt.

5. Für $\mathfrak{y} = [\mathfrak{a}_1\mathfrak{a}_2]$ liefert dagegen der allgemeine Entwicklungssatz (2)

$$(5)\quad \begin{cases} [\mathfrak{x}[\mathfrak{a}_1\mathfrak{a}_2]] = \dfrac{1}{(\mathfrak{a}_1\mathfrak{a}_2\mathfrak{a}_3)}\{(\mathfrak{a}_3\mathfrak{a}_1\mathfrak{a}_2)(\mathfrak{a}_2|\mathfrak{x})\mathfrak{a}_1 - (\mathfrak{a}_3\mathfrak{a}_1\mathfrak{a}_2)(\mathfrak{a}_1|\mathfrak{x})\mathfrak{a}_2\} \\ \qquad = (\mathfrak{a}_2|\mathfrak{x})\mathfrak{a}_1 - (\mathfrak{a}_1|\mathfrak{x})\mathfrak{a}_2, \end{cases}$$

wofür auch

$$(5')\quad [[\mathfrak{a}_1\mathfrak{a}_2]\mathfrak{x}] = (\mathfrak{a}_1|\mathfrak{x})\mathfrak{a}_2 - (\mathfrak{a}_2|\mathfrak{x})\mathfrak{a}_1$$

geschrieben werden kann. Es ist dies der bekannte *Entwicklungssatz* (im engeren Sinn) *für das dreifaktorige Vektorprodukt.* Lediglich durch Anwendung dieses Entwicklungssatzes verifiziert man sogleich auch die Richtigkeit der Idenditität für drei beliebige Vektoren:

$$(6)\quad [\mathfrak{a}[\mathfrak{b}\mathfrak{c}]] + [\mathfrak{b}[\mathfrak{c}\mathfrak{a}]] + [\mathfrak{c}[\mathfrak{a}\mathfrak{b}]] = 0.$$

6. Nach Gl. (5) und Gl. (5′) ist endlich auch

$$(7\,a)\quad [[\mathfrak{a}\mathfrak{b}][\mathfrak{c}\mathfrak{d}]] = (\mathfrak{a}\mathfrak{c}\mathfrak{d})\mathfrak{b} - (\mathfrak{b}\mathfrak{c}\mathfrak{d})\mathfrak{a} = (\mathfrak{a}\mathfrak{b}\mathfrak{d})\mathfrak{c} - (\mathfrak{a}\mathfrak{b}\mathfrak{c})\mathfrak{d}$$

und insbesondere

(7b) $$[[\mathfrak{a}\,\mathfrak{b}]\,[\mathfrak{b}\,\mathfrak{c}]] = (\mathfrak{a}\,\mathfrak{b}\,\mathfrak{c})\,\mathfrak{b}.$$

Diese Gleichung wird auch die *Regel des doppelten Faktors* genannt.

Alle diese Beziehungen gelten zunächst für *beliebige* Vektoren $\mathfrak{x}$, $\mathfrak{y}$, $\mathfrak{z}$, aber *linear unabhängige* $\mathfrak{a}_1$, $\mathfrak{a}_2$, $\mathfrak{a}_3$. Die Gleichungen (3'), (4), (5) und (5') sind jedoch auch für linear abhängige $\mathfrak{a}_i$ stets identisch erfüllt, wie man sofort verifiziert, und gelten daher ganz allgemein.

7. *Anwendung, insbesondere auf sphärische Trigonometrie:*

Es seien $\mathfrak{a}$, $\mathfrak{b}$, $\mathfrak{c}$ die drei Vektoren von der Mitte einer Kugel vom Radius „eins" nach den Ecken eines *sphärischen Dreiecks* ABC mit den Seiten a, b, c und den Winkeln α, β, γ. Dann ist:

$$\operatorname{mod}[\mathfrak{b}\,\mathfrak{c}] = \sin a, \quad \operatorname{mod}[\mathfrak{c}\,\mathfrak{a}] = \sin b, \quad \operatorname{mod}[\mathfrak{a}\,\mathfrak{b}] = \sin c,$$

$$\mathfrak{b}\,|\,\mathfrak{c} = \cos a, \quad \mathfrak{c}\,|\,\mathfrak{a} = \cos b, \quad \mathfrak{a}\,|\,\mathfrak{b} = \cos c,$$

$$\measuredangle\,([\mathfrak{c}\,\mathfrak{a}]\,[\mathfrak{a}\,\mathfrak{b}]) = \alpha' = 180^\circ - \alpha; \quad \measuredangle\,([\mathfrak{a}\,\mathfrak{b}]\,[\mathfrak{b}\,\mathfrak{c}]) = \beta' = 180^\circ - \beta$$

$$\measuredangle\,([\mathfrak{b}\,\mathfrak{c}]\,[\mathfrak{c}\,\mathfrak{a}]) = \gamma' = 180^\circ - \gamma.$$

a) Zunächst gibt geometrische Deutung von $(\mathfrak{a}\,\mathfrak{b}\,\mathfrak{c}) = (\mathfrak{b}\,\mathfrak{c}\,\mathfrak{a}) = (\mathfrak{c}\,\mathfrak{a}\,\mathfrak{b})$ als Parallelflachvolumen sogleich

$$\sin a \cdot \sin h_a = \sin b \cdot \sin h_b = \sin c \cdot \sin h_c.$$

b) Nach Gl. (4) wird insbesondere

(8) $$[\mathfrak{a}\,\mathfrak{b}]\,|\,[\mathfrak{b}\,\mathfrak{c}] = \begin{vmatrix} \mathfrak{a}\,|\,\mathfrak{b} & \mathfrak{a}\,|\,\mathfrak{c} \\ \mathfrak{b}\,|\,\mathfrak{b} & \mathfrak{b}\,|\,\mathfrak{c} \end{vmatrix}$$

oder numerisch gedeutet

(8') $$\left\{\begin{aligned} \sin c \cdot \sin a \cdot \cos\beta' &= \cos c \cdot \cos a - \cos b, \quad \text{d. h.} \\ \cos b &= \cos c \cdot \cos a + \sin c \cdot \sin a \cdot \cos\beta \end{aligned}\right.$$

$$= \textit{sphärischer Kosinussatz.}$$

c) Es ist *identisch*

$$\begin{vmatrix} \mathfrak{a}\,|\,\mathfrak{a} & \mathfrak{a}\,|\,\mathfrak{b} & \mathfrak{a}\,|\,\mathfrak{c} \\ \mathfrak{a}\,|\,\mathfrak{a} & \mathfrak{a}\,|\,\mathfrak{b} & \mathfrak{a}\,|\,\mathfrak{c} \\ \mathfrak{c}\,|\,\mathfrak{a} & \mathfrak{c}\,|\,\mathfrak{b} & \mathfrak{c}\,|\,\mathfrak{c} \end{vmatrix} = 0$$

und entwickelt nach den Elementen der ersten Horizontalreihe

$$\mathfrak{a}\,|\,\mathfrak{a} \cdot \begin{vmatrix} \mathfrak{a}\,|\,\mathfrak{b} & \mathfrak{a}\,|\,\mathfrak{c} \\ \mathfrak{c}\,|\,\mathfrak{b} & \mathfrak{c}\,|\,\mathfrak{c} \end{vmatrix} + \mathfrak{a}\,|\,\mathfrak{b} \cdot \begin{vmatrix} \mathfrak{a}\,|\,\mathfrak{c} & \mathfrak{a}\,|\,\mathfrak{a} \\ \mathfrak{c}\,|\,\mathfrak{c} & \mathfrak{c}\,|\,\mathfrak{a} \end{vmatrix} + \mathfrak{a}\,|\,\mathfrak{c} \cdot \begin{vmatrix} \mathfrak{a}\,|\,\mathfrak{a} & \mathfrak{a}\,|\,\mathfrak{b} \\ \mathfrak{c}\,|\,\mathfrak{a} & \mathfrak{c}\,|\,\mathfrak{b} \end{vmatrix} = 0.$$

Die umgekehrte Anwendung von (4) gibt dann

(9) $$(\mathfrak{a}\,|\,\mathfrak{a})\,[\mathfrak{a}\,\mathfrak{c}]\,|\,[\mathfrak{b}\,\mathfrak{c}] + (\mathfrak{a}\,|\,\mathfrak{b})\,[\mathfrak{a}\,\mathfrak{c}]\,|\,[\mathfrak{c}\,\mathfrak{a}] + (\mathfrak{a}\,|\,\mathfrak{c})\,[\mathfrak{a}\,\mathfrak{c}]\,|\,[\mathfrak{a}\,\mathfrak{b}] = 0$$

und numerisch gedeutet

$$\sin b \sin a \cos\gamma - \cos c \sin^2 b + \cos b \sin b \sin c \cos\alpha = 0, \quad \text{d. h.}$$

(9′)
$$\sin a \cos\gamma = \cos c \sin b - \sin c \cos b \cos\alpha$$
$$= \textit{sphärischer Sinus-Kosinussatz.}$$

d) Nach Gl. (7b) ist

(10)
$$[[\mathfrak{a}\mathfrak{b}][\mathfrak{b}\mathfrak{c}]] = (\mathfrak{a}\mathfrak{b}\mathfrak{c})\mathfrak{b} = k\cdot\mathfrak{b},$$

also besteht auf beiden Seiten auch Gleichheit der Zahlwerte, nämlich

$$\sin c\cdot\sin a\cdot\sin\beta = k,$$

und durch zyklische Vertauschung findet man

$$\sin a\cdot\sin b\cdot\sin\gamma = k$$
$$\sin b\cdot\sin c\cdot\sin\alpha = k,$$

d. h.

(10′)
$$\frac{\sin\alpha}{\sin a} = \frac{\sin\beta}{\sin b} = \frac{\sin\gamma}{\sin c} = \textit{sphärischer Sinussatz.}$$

Damit sind aber die Grundformeln der sphärischen Trigonometrie gewonnen, auf denen alles übrige beruht.

e) Zwei beliebige Vektortripel $\mathfrak{a}_h$ und $\mathfrak{x}_i$ seien einzeln nach den Einheiten $\mathfrak{e}_k$ einer kartesischen Basis in Komponenten zerlegt:

$$\mathfrak{a}_h = \sum_k a_{hk}\mathfrak{e}_k;\quad \mathfrak{x}_i = \sum_l x_{il}\mathfrak{e}_l.$$

Dann ist $\mathfrak{a}_h|\mathfrak{x}_i = \sum_k a_{hk}\cdot x_{ik}$ und damit wird nach Gl. (3′):

(11)
$$(\mathfrak{a}_1\mathfrak{a}_2\mathfrak{a}_3)(\mathfrak{x}_1\mathfrak{x}_2\mathfrak{x}_3) = \begin{vmatrix} \mathfrak{a}_1|\mathfrak{x}_1 & \mathfrak{a}_1|\mathfrak{x}_2 & \mathfrak{a}_1|\mathfrak{x}_3 \\ \mathfrak{a}_2|\mathfrak{x}_1 & \mathfrak{a}_2|\mathfrak{x}_2 & \mathfrak{a}_2|\mathfrak{x}_3 \\ \mathfrak{a}_3|\mathfrak{x}_1 & \mathfrak{a}_3|\mathfrak{x}_2 & \mathfrak{a}_3|\mathfrak{x}_3 \end{vmatrix}$$

oder

(11′)
$$\begin{vmatrix} a_{11} & a_{12} & a_{13} \\ a_{21} & a_{22} & a_{23} \\ a_{31} & a_{32} & a_{33} \end{vmatrix} \cdot \begin{vmatrix} x_{11} & x_{12} & x_{13} \\ x_{21} & x_{22} & x_{23} \\ x_{31} & x_{32} & x_{33} \end{vmatrix} = \begin{vmatrix} \sum_k a_{1k}x_{1k} & \sum_k a_{1k}x_{2k} & \sum_k a_{1k}x_{3k} \\ \sum_k a_{2k}x_{1k} & \sum_k a_{2k}x_{2k} & \sum_k a_{2k}x_{3k} \\ \sum_k a_{3k}x_{1k} & \sum_k a_{3k}x_{2k} & \sum_k a_{3k}x_{3k} \end{vmatrix},$$

womit das *Multiplikationstheorem* für zwei dreireihige Determinanten ausgesprochen ist.

f) Ein Kugelgroßkreis schneide die Seiten eines geschlossenen sphärischen Polygons $P_1P_2\cdots P_n$ in den Punkten $S_1, S_2, \cdots, S_n$ (und natürlich deren Gegenpolen S_i'). Sind nun $\mathfrak{p}_i$ die *Einheits*vektoren von der Kugelmitte nach den Polygonecken P_i und $\mathfrak{g}$ ein Normalenvektor zur gegebenen Großkreisebene, so legen die Vektoren

$$\mathfrak{s}_1 = [[\mathfrak{p}_1\mathfrak{p}_2]\mathfrak{g}] = (\mathfrak{p}_1|\mathfrak{g})\mathfrak{p}_2 - (\mathfrak{p}_2|\mathfrak{g})\mathfrak{p}_1, \cdots,\quad \mathfrak{s}_n = [[\mathfrak{p}_n\mathfrak{p}_1]\mathfrak{g}] = (\mathfrak{p}_n|\mathfrak{g})\mathfrak{p}_1 - (\mathfrak{p}_1|\mathfrak{g})\mathfrak{p}_n$$

die Richtungen vom Kugelmittelpunkt nach den Schnittpunkten $S_i (S_i')$ fest. Demnach bestimmen diese Punkte auf den Polygonseiten die *Sinusteilverhältnisse*

$$\lambda_1 = \frac{\sin P_1 S_1}{\sin S_1 P_2} = -\frac{\mathfrak{p}_1 | \mathfrak{g}}{\mathfrak{p}_2 | \mathfrak{g}}, \quad \ldots \quad \lambda_n = \frac{\sin P_n S_n}{\sin S_n P_1} = -\frac{\mathfrak{p}_n | \mathfrak{g}}{\mathfrak{p}_1 | \mathfrak{g}},$$

da ja diese Sinusteilverhältnisse nach S. 8 oben für die Punkte S_i und S_i' jeweils dieselben sind. Man erhält demnach den auf sphärische Polygone verallgemeinerten Satz von *Menelaus*, das sphärische Analogon zum Transversalensatz von *Carnot*, in der Form

(12) $$\lambda_1 \lambda_2 \cdots \lambda_n = (-1)^n.$$

§ 5. Reziproke Grundsysteme. Kontravariante und kovariante Vektorkomponenten

Wir wählen drei beliebige linear unabhängige Vektoren $\mathfrak{a}_1, \mathfrak{a}_2, \mathfrak{a}_3$ als (allgemeine) Basis und setzen wieder voraus, daß das Volumprodukt

(1) $$(\mathfrak{a}_1 \mathfrak{a}_2 \mathfrak{a}_3) = a$$

von Null verschieden ist.

Wir führen weiter mit *Hessenberg* (1917) durch

(2) $$\mathfrak{a}^1 = \frac{[\mathfrak{a}_2 \mathfrak{a}_3]}{a}, \quad \mathfrak{a}^2 = \frac{[\mathfrak{a}_3 \mathfrak{a}_1]}{a}, \quad \mathfrak{a}^3 = \frac{[\mathfrak{a}_1 \mathfrak{a}_2]}{a}$$

die schon auf S. 21 erwähnte zu den $\mathfrak{a}_i$ „*reziproke*" *Basis* ein, die wir durch *obere Indizes* kennzeichnen, und erhalten damit sofort

(3) $$\mathfrak{a}_i | \mathfrak{a}^i = +1; \qquad \mathfrak{a}_i | \mathfrak{a}^k = 0, \text{ für } i \neq k. \qquad (4)$$

Dabei sind auch die drei Vektoren $\mathfrak{a}^i$ stets linear unabhängig, denn aus $\sum_1^3 \lambda_i \mathfrak{a}^i = 0$ würde folgen

$$\sum_i \lambda_i \mathfrak{a}^i | \mathfrak{a}_k = \lambda_k = 0,$$

für jedes einzelne k.

Jeder Vektor $\mathfrak{v}$ läßt sich nunmehr auf *zwei* Arten in Komponenten zerlegen:

(5) $$\mathfrak{v} = \sum_1^3 v^i \mathfrak{a}_i$$

und

(6) $$\mathfrak{v} = \sum_1^3 v_i \mathfrak{a}^i.$$

Man nennt die v^i die *kontravarianten* und die v_i die *kovarianten* Komponenten des Vektors $\mathfrak{v}$. Offenbar ist dann, wegen (3) und (4) stets

(7) $$v^i = \mathfrak{v} | \mathfrak{a}^i, \qquad v_i = \mathfrak{v} | \mathfrak{a}_i, \qquad (8)$$

und es ist *identisch*

$$(9) \qquad \mathfrak{v} = \sum_1^3 (\mathfrak{v} | \mathfrak{a}^i) \mathfrak{a}_i = \sum_1^3 (\mathfrak{v} | \mathfrak{a}_i) \mathfrak{a}^i,$$

insbesondere auch kartesisch:

$$(9') \qquad \mathfrak{v} = \sum_1^3 (\mathfrak{v} | \mathfrak{e}_i) \mathfrak{e}_i.$$

Beim Übergang zu einer neuen Basis transformieren sich demnach die v^i wie die $\mathfrak{a}^i$, die v_i wie die $\mathfrak{a}_i$, und *bei gleichzeitiger Verwendung der beiden Arten von Komponenten* kennzeichnet man deshalb *die kontravarianten Komponenten* ebenfalls *durch obere Indizes,* wie dies soeben in den Gl. (5) und (7) geschah.

Der Ansatz mit unbestimmten Koeffizienten

$$(10) \qquad \mathfrak{a}^i = \sum_k g^{ik} \mathfrak{a}_k; \qquad \mathfrak{a}_i = \sum_k g_{ik} \mathfrak{a}^k \qquad (11)$$

liefert mit Gl. (3) und (4) sogleich

$$(12) \qquad \mathfrak{a}^i | \mathfrak{a}^k = g^{ik} = g^{ki}; \qquad \mathfrak{a}_i | \mathfrak{a}_k = g_{ik} = g_{ki}, \qquad (13)$$

und weiter

$$(14) \qquad \mathfrak{a}^i | \mathfrak{a}_h = \sum_k g^{ik} \mathfrak{a}_k | \mathfrak{a}_h = \sum_k g^{ik} g_{kh} = 0, \text{ für } i \neq h$$

$$(15) \qquad \mathfrak{a}^i | \mathfrak{a}_i = \sum_k g^{ik} \mathfrak{a}_k | \mathfrak{a}_i = \sum_k g^{ik} g_{ik} = +1.$$

Für jeden Vektor $\mathfrak{x} = \sum_1^3 x^i \mathfrak{a}_i = \sum_1^3 x_i \mathfrak{a}^i$ wird ferner das Quadrat seiner Länge

$$(16) \qquad \mathfrak{x} | \mathfrak{x} = \sum_{i,k} g_{ik} x^i x^k = \sum_{i,k} g^{ik} x_i x_k = \sum_1^3 x_i x^i,$$

und entsprechend ist für zwei *verschiedene* Vektoren $\mathfrak{x}$ und $\mathfrak{y}$

$$(17) \qquad \mathfrak{x} | \mathfrak{y} = \sum_{i,k} g_{ik} x^i y^k = \sum_{i,k} g^{ik} x_i y_k = \sum_1^3 x_i y^i = \sum_1^3 x^i y_i.$$

Aus Gl. (2) auf S. 25 folgt weiter mit der „Regel des doppelten Faktors" auf S. 23:

$$(18) \qquad \begin{cases} [\mathfrak{a}^2 \mathfrak{a}^3] = \frac{1}{a^2} [[\mathfrak{a}_3 \mathfrak{a}_1] [\mathfrak{a}_1 \mathfrak{a}_2]] = \frac{(\mathfrak{a}_3 \mathfrak{a}_1 \mathfrak{a}_2)}{a^2} \mathfrak{a}_1 = \frac{\mathfrak{a}_1}{a} \\ \text{und ebenso} \\ [\mathfrak{a}^3 \mathfrak{a}^1] = \frac{\mathfrak{a}_2}{a}; \quad [\mathfrak{a}^1 \mathfrak{a}^2] = \frac{\mathfrak{a}_3}{a}, \end{cases}$$

während

$$(19) \qquad A = (\mathfrak{a}^1 \mathfrak{a}^2 \mathfrak{a}^3) = \mathfrak{a}^1 | [\mathfrak{a}^2 \mathfrak{a}^3] = \frac{\mathfrak{a}^1 | \mathfrak{a}_1}{a} = \frac{1}{a}$$

wird. Betrachtet man umgekehrt die Vektoren $\mathfrak{a}^i$ als die *primäre* Basis, so ergibt sich für die *hiezu* wieder reziproke Basis nach derselben Definition

$$(20) \qquad \mathfrak{a}_I = \frac{[\mathfrak{a}^2 \mathfrak{a}^3]}{A} = \frac{\mathfrak{a}_1}{A \cdot a} = \mathfrak{a}_1 \quad \text{und entsprechend} \quad \mathfrak{a}_{II} = \mathfrak{a}_2; \quad \mathfrak{a}_{III} = \mathfrak{a}_3.$$

Zu den $\mathfrak{a}^i$ ist also umgekehrt wieder die ursprüngliche Basis $\mathfrak{a}_i$ reziprok, wie schon nach dem in den oberen und unteren Indizes symmetrischen Bau der Gl. (3) und (4) zu erwarten war.

Wählt man übrigens für die $\mathfrak{a}_i$ die Vektoren vom Mittelpunkt einer Kugel nach den Ecken eines sphärischen Dreiecks auf derselben, so liefern die $\mathfrak{a}^i$ die Richtungen von der Kugelmitte nach den Ecken des zugehörigen *Polardreiecks.*

Nach S. 22, Gl. (3′) wird insbesondere

$$(21) \qquad g = a^2 = (\mathfrak{a}_1 \mathfrak{a}_2 \mathfrak{a}_3)(\mathfrak{a}_1 \mathfrak{a}_2 \mathfrak{a}_3) = \begin{vmatrix} \mathfrak{a}_1|\mathfrak{a}_1 & \mathfrak{a}_1|\mathfrak{a}_2 & \mathfrak{a}_1|\mathfrak{a}_3 \\ \mathfrak{a}_2|\mathfrak{a}_1 & \mathfrak{a}_2|\mathfrak{a}_2 & \mathfrak{a}_2|\mathfrak{a}_3 \\ \mathfrak{a}_3|\mathfrak{a}_1 & \mathfrak{a}_3|\mathfrak{a}_2 & \mathfrak{a}_3|\mathfrak{a}_3 \end{vmatrix} = \begin{vmatrix} g_{11} & g_{12} & g_{13} \\ g_{21} & g_{22} & g_{23} \\ g_{31} & g_{32} & g_{33} \end{vmatrix}.$$

Andrerseits ist

$$(22) \qquad g^{11} = \mathfrak{a}^1 | \mathfrak{a}^1 = \frac{[\mathfrak{a}_2 \mathfrak{a}_3] | [\mathfrak{a}_2 \mathfrak{a}_3]}{a^2} = \frac{\begin{vmatrix} g_{22} & g_{23} \\ g_{32} & g_{33} \end{vmatrix}}{g},$$

und allgemein wird $g^{ik} = \mathfrak{a}^i | \mathfrak{a}^k$ gleich der mit g dividierten Unterdeterminante von g_{ik} in Gl. (21) rechts.

Ferner wird:

$$(23) \qquad \begin{vmatrix} g^{11} & g^{12} & g^{13} \\ g^{21} & g^{22} & g^{23} \\ g^{31} & g^{32} & g^{33} \end{vmatrix} = \begin{vmatrix} \mathfrak{a}^1|\mathfrak{a}^1 & \mathfrak{a}^1|\mathfrak{a}^2 & \mathfrak{a}^1|\mathfrak{a}^3 \\ \mathfrak{a}^2|\mathfrak{a}^1 & \mathfrak{a}^2|\mathfrak{a}^2 & \mathfrak{a}^2|\mathfrak{a}^3 \\ \mathfrak{a}^3|\mathfrak{a}^1 & \mathfrak{a}^3|\mathfrak{a}^2 & \mathfrak{a}^3|\mathfrak{a}^3 \end{vmatrix} = (\mathfrak{a}^1 \mathfrak{a}^2 \mathfrak{a}^3)^2 = \frac{1}{a^2} = \frac{1}{g}.$$

Tritt an Stelle der *allgemeinen* Basis $\mathfrak{a}_i$ eine *kartesische* Basis $\mathfrak{e}_i$, so fällt die reziproke Basis mit der ursprünglichen Basis zusammen, der Unterschied zwischen kontravarianten und kovarianten Komponenten verschwindet, und es wird

$$(24) \qquad \mathfrak{e}^i = \mathfrak{e}_i; \quad A = a = (\mathfrak{e}_1 \mathfrak{e}_2 \mathfrak{e}_3) = +1; \quad g_{ii} = g^{ii} = +1; \quad g_{ik} = g^{ik} = 0.$$

Eine in mehreren Vektoren, z. B.

$$(25) \qquad \mathfrak{x} = \sum_1^3 x^i \mathfrak{a}_i = \sum_1^3 x_i \mathfrak{a}^i, \quad \mathfrak{y} = \sum_1^3 y^k \mathfrak{a}_k = \sum_1^3 y_k \mathfrak{a}^k$$

homogene Multilinearform, d. h. ein Tensor T im Sinne der Definition in § 3, gibt nach Einsetzen der Werte (25) offenbar

$$(26) \qquad \begin{cases} T(\mathfrak{x}, \mathfrak{y}) = \sum\limits_{i,k} x^i y^k T(\mathfrak{a}_i, \mathfrak{a}_k) = \sum\limits_{i,k} x_i y^k T(\mathfrak{a}^i, \mathfrak{a}_k) \\ \qquad = \sum\limits_{i,k} x^i y_k T(\mathfrak{a}_i, \mathfrak{a}^k) = \sum\limits_{i,k} x_i y_k T(\mathfrak{a}^i, \mathfrak{a}^k), \end{cases}$$

und entsprechend für mehr als zwei Veränderliche. Man nennt die $T_{ik}=T(\mathfrak{a}_i,\mathfrak{a}_k)$, $T^{ik}=T(\mathfrak{a}^i,\mathfrak{a}^k)$, $T^i_k=T(\mathfrak{a}^i,\mathfrak{a}_k)$ die kovarianten, kontravarianten und gemischten Komponenten des Tensors T. Offenbar ist auch, wegen (10) und (11)

$$(27)\qquad T^i_k=\sum_h g^{ih}T_{hk},\quad \text{usf.},$$

und hierauf beruht das bekannte „Jonglieren" mit oberen und unteren Indizes in der *Tensoralgebra.*

Weiter erhält nunmehr die grundlegende absolute (basisunabhängige) Invariante I in § 3, Gl. (6), die *endgültige* Form:

$$(28)\qquad J=\sum_1^3 T(\mathfrak{a}_i,\mathfrak{a}^i)=\sum_1^3 T(\mathfrak{a}^i,\mathfrak{a}_i)=\sum_1^3 T(\mathfrak{e}_i,\mathfrak{e}_i).$$

Durch sie wird für einen solchen Tensor der invariantenbildende Prozeß der „*Verjüngung*" definiert. So ist z. B. $\sum_1^3[[\mathfrak{a}^i\mathfrak{v}]\mathfrak{a}_i]$, die Verjüngung des Tensors $[[\mathfrak{x}\mathfrak{v}]\mathfrak{y}]$, eine basisunabhängige Funktion von $\mathfrak{v}$ allein. In der Tat ist nach dem Entwicklungssatz: $\sum_1^3[[\mathfrak{a}^i\mathfrak{v}]\mathfrak{a}_i]=\sum_1^3(\mathfrak{a}^i|\mathfrak{a}_i)\mathfrak{v}-\sum_1^3(\mathfrak{a}_i|\mathfrak{v})\mathfrak{a}^i=3\mathfrak{v}-\mathfrak{v}=2\mathfrak{v}$.

En li h ist das innere P.odu't $\mathfrak{x}|\mathfrak{y}$ zugleich der „*metrische Fundamentaltensor*" mit den „Komponenten"

$$(29)\qquad g_{ik}=\mathfrak{a}_i|\mathfrak{a}_k;\quad g^{ik}=\mathfrak{a}^i|\mathfrak{a}^k;\quad g^i_k=\mathfrak{a}^i|\mathfrak{a}_k\begin{cases}=+1 \text{ für } i=k\\ =0 \text{ für } i\neq k,\end{cases}$$

und seine Verjüngung liefert sogleich den invarianten Wert

$$(30)\qquad I=\sum_1^3\mathfrak{a}^i|\mathfrak{a}_i=\sum_1^3 g^i_i=3.$$

§ 6. *Lineatoren, insbesondere Affinoren*

Ein Skalar oder ein Vektor sei gegeben als *explizite, homogene lineare Funktion* eines Vektors $\mathfrak{x}$, der dabei als unabhängige Veränderliche fungiert. Solche Funktionen sind z. B.

$$(1)\qquad \varphi=(\mathfrak{a}\mathfrak{b}\mathfrak{x});\quad \varphi'=\sum_1^3(\mathfrak{a}_i|\mathfrak{x})c_i;\quad \varphi''=\sum_1^3[\mathfrak{a}_i\mathfrak{x}]|[\mathfrak{b}_i\mathfrak{c}];$$

$$(2)\qquad \mathfrak{y}=[\mathfrak{a}[\mathfrak{x}\mathfrak{c}]];\quad \mathfrak{y}'=\sum_1^3(\mathfrak{a}_i|\mathfrak{x})\mathfrak{b}_i;\quad \mathfrak{y}''=\sum_1^3[[\mathfrak{a}_i\mathfrak{x}]\mathfrak{b}_i].$$

Als Zeichen solcher expliziter homogener Linearfunktionen oder „*Lineatoren*" wählen wir allgemein *große fette deutsche Buchstaben,* z. B.

$$(3)\qquad \varphi=\mathfrak{L}(\mathfrak{x});\quad \mathfrak{y}=\mathfrak{B}(\mathfrak{x}).$$

Die rechten Seiten dieser Gleichungen sind naturgemäß distributiv bei additiver Zerlegung von $\mathfrak{x}$ und assoziativ bei ihrer Multiplikation mit einer Zahl. Für $\mathfrak{x} = \sum \lambda_i \mathfrak{a}_i$ ist deshalb stets

$$\varphi = \mathfrak{L}\left(\sum \lambda_i \mathfrak{a}_i\right) = \sum \lambda_i \mathfrak{L}(\mathfrak{a}_i)$$
$$\mathfrak{y} = \mathfrak{B}\left(\sum \lambda_i \mathfrak{a}_i\right) = \sum \lambda_i \mathfrak{B}(\mathfrak{a}_i).$$

Das Zeichen $\mathfrak{L}$ bzw. $\mathfrak{B}$ verhält sich also ganz wie ein Faktor, und man schreibt deshalb unter Weglassung der Klammer kürzer

(3′) $$\varphi = \mathfrak{L}\mathfrak{x}; \quad \mathfrak{y} = \mathfrak{B}\mathfrak{x}.$$

Diese sogenannten „*Einsetzprodukte*“ sind endlich auch distributiv bei additiver Zerlegung von $\mathfrak{L}$ bzw. $\mathfrak{B}$, wenn man die Addition gleichartiger Lineatoren durch

(4) $$\left(\sum_i \mathfrak{L}_i\right)\mathfrak{x} = \sum_i (\mathfrak{L}_i \mathfrak{x}); \quad \left(\sum_i \mathfrak{B}_i\right)\mathfrak{x} = \sum_i (\mathfrak{B}_i \mathfrak{x})$$

erklärt.

Wird nun $\mathfrak{x}$ aus einer Basis abgeleitet:

(5) $$\mathfrak{x} = \sum_1^3 x_i \mathfrak{a}_i\text{*)},$$

so folgt

(6) $$\varphi = \mathfrak{L}\mathfrak{x} = \sum_1^3 x_i \mathfrak{L}\mathfrak{a}_i = \sum_1^3 x_i l_i,$$

(7) $$\mathfrak{y} = \mathfrak{B}\mathfrak{x} = \sum_1^3 x_i \mathfrak{B}\mathfrak{a}_i = \sum_1^3 x_i \mathfrak{v}_i.$$

Die Funktionen $\mathfrak{L}$ bzw. $\mathfrak{B}$ sind also eindeutig festgelegt, wenn zu den drei linear unabhängigen Werten $\mathfrak{a}_i$ des Arguments $\mathfrak{x}$ die drei zugehörigen Funktionswerte l_i bzw. $\mathfrak{v}_i$ gegeben sind. Nun ist nach Gl. (5), unter Verwendung der zu den $\mathfrak{a}_i$ reziproken Basis, $(\mathfrak{x} \,|\, \mathfrak{a}^i) = x_i$, und damit erhalten Gl. (6) und (7) die Form

(6′) $$\varphi = \mathfrak{L}\mathfrak{x} = \sum_1^3 (\mathfrak{x} \,|\, \mathfrak{a}^i)\, l_i = \left(\sum_1^3 l_i \mathfrak{a}^i\right) \Big|\, \mathfrak{x} = \mathfrak{l} \,|\, \mathfrak{x}$$

(7′) $$\mathfrak{y} = \mathfrak{B}\mathfrak{x} = \sum_1^3 (\mathfrak{x} \,|\, \mathfrak{a}^i)\, \mathfrak{v}_i.$$

Die *Skalar*funktion $\mathfrak{L}\mathfrak{x}$ reduziert sich also *stets* auf den trivialen Fall des inneren Produkts aus einem konstanten Vektor $\mathfrak{l}$ und dem Vektor $\mathfrak{x}$. Es

*) Häufig treten zwar beide Arten $\mathfrak{a}_i$ und $\mathfrak{a}^i$ von Grundvektoren, jedoch nur kontravariante Vektor*komponenten* auf. Man bezeichnet dann auch die letzteren meist durch untere Indizes und schreibt also auch $\mathfrak{x} = \sum_1^3 x_i \mathfrak{a}_i$.

erübrigt sich deshalb die weitere Diskussion dieses Falls. Dagegen ist (7') eine stets mögliche Darstellungsform für die allgemeinste homogene lineare *Vektorfunktion* von $\mathfrak{x}$. Trägt man einander zugeordnete Werte von $\mathfrak{x}$ und $\mathfrak{y}$ aus einem festen Ursprung O als Ortsvektoren ab, so wird dadurch eine affine Abbildung des Raums bewirkt. Das Funktionszeichen $\mathfrak{B}$, das diese Verwandtschaft zum Ausdruck bringt, wird deshalb ein „*Affinor*" genannt.

Zur Festlegung eines solchen Affinors sind nun heute hauptsächlich zwei verschiedene Symbole im Gebrauch:

$$(8) \qquad \mathfrak{B} = \frac{\mathfrak{v}_1, \mathfrak{v}_2, \mathfrak{v}_3}{\mathfrak{a}_1, \mathfrak{a}_2, \mathfrak{a}_3} \quad \text{und} \quad \mathfrak{B} = \sum_1^3 \mathfrak{a}^i, \mathfrak{v}_i. \qquad (9)$$

Das erstere Symbol, ein sogenannter *extensiver Bruch* oder *Graßmann'scher Quotient* mit drei Zählern und drei Nennern, will einfach besagen, daß jedem Argument $\mathfrak{x} = \sum_1^3 x_i \mathfrak{a}_i$ der Vektor $\mathfrak{y} = \sum_1^3 x_i \mathfrak{v}_i$ als Funktionswert zugeordnet ist. Das zweite Symbol, die *Dyadensumme* oder *komplette Dyade* $\sum_1^3 \mathfrak{a}^i, \mathfrak{v}_i$ dagegen ordnet *definitionsgemäß* jedem Argument $\mathfrak{x}$ den Wert $\mathfrak{B}\mathfrak{x} = \sum_1^3 (\mathfrak{a}^i | \mathfrak{x}) \mathfrak{v}_i$ als Funktionswert zu und legt damit die Funktion selbst ebenfalls fest. Es ist also dabei: $\mathfrak{v}_i = \mathfrak{B}\mathfrak{a}_i$, und für $\mathfrak{v}_i = \mathfrak{a}_i$ wird $\mathfrak{B}\mathfrak{x} = \sum_1^3 (\mathfrak{a}^i|\mathfrak{x})\mathfrak{a}_i = \mathfrak{x}$. Daher liefert der „*Idemfaktor*" $\mathfrak{B} = \mathfrak{J} = \sum_1^3 \mathfrak{a}^i, \mathfrak{a}_i$ die identische Transformation $\mathfrak{y} = \mathfrak{x}$.

Allgemeiner sei auch für jedes $n \geqq 1$ durch die *Dyadensumme*

$$(10) \qquad \mathfrak{B} = \sum_1^n \mathfrak{c}_i, \mathfrak{d}_i$$

ein Affinor definiert, dem als zugeordnete homogene, lineare Vektorfunktion

$$(11) \qquad \mathfrak{B}\mathfrak{x} = \sum_1^n (\mathfrak{c}_i|\mathfrak{x})\mathfrak{d}_i$$

entsprechen soll. Für $\mathfrak{B} = \mathfrak{c}, \mathfrak{d} = \left(\sum_i \mathfrak{c}_i\right), \left(\sum_k \mathfrak{d}_k\right)$ und $\mathfrak{W} = \sum_{i,k} \mathfrak{c}_i, \mathfrak{d}_k$ ist dann nach Definition

$$\mathfrak{B}\mathfrak{x} = (\mathfrak{c}|\mathfrak{x})\mathfrak{d} = \left\{\left(\sum_i \mathfrak{c}_i\right)\Big|\mathfrak{x}\right\}\left(\sum_k \mathfrak{d}_k\right) = \sum_{i,k} (\mathfrak{c}_i|\mathfrak{x})\mathfrak{d}_k = \mathfrak{W}\mathfrak{x}$$

für *jedes* $\mathfrak{x}$ und deshalb $\mathfrak{B} = \mathfrak{W}$. Es ist also

$$(12) \qquad \mathfrak{c}, \mathfrak{d} = \left(\sum_i \mathfrak{c}_i\right), \left(\sum_k \mathfrak{d}_k\right) = \sum_{i,k} \mathfrak{c}_i, \mathfrak{d}_k.$$

Das Symbol $\mathfrak{c}, \mathfrak{d}$ hat somit *Produktcharakter* und wird deshalb *dyadisches Produkt* von $\mathfrak{c}$ mit $\mathfrak{d}$ genannt, wobei das *Komma* zugleich als *Multiplikations-*

zeichen dient. Auch für dyadische Produkte bleibt die Multiplikation mit einer Zahl λ assoziativ:

(13) $$\mathfrak{B} = \lambda(\mathfrak{a}, \mathfrak{b}) = \lambda\mathfrak{a}, \mathfrak{b} = \mathfrak{a}, \lambda\mathfrak{b},$$

denn gemäß seiner Bedeutung ist stets

$$\mathfrak{B}\mathfrak{x} = \lambda\{(\mathfrak{a}\,|\,\mathfrak{x})\,\mathfrak{b}\} = (\lambda\mathfrak{a}\,|\,\mathfrak{x})\,\mathfrak{b} = (\mathfrak{a}\,|\,\mathfrak{x})\,\lambda\mathfrak{b}.$$

Damit wird jede Dyadensumme zu einer *Bilinearform*, und insbesondere die komplette Dyade in Gl. (9)

(9') $$\mathfrak{B} = \sum_1^3 \mathfrak{a}^i, \mathfrak{v}_i = \sum_1^3 \mathfrak{a}^i, \mathfrak{B}\mathfrak{a}_i$$

zeigt in dieser letzten Schreibweise als einer „verjüngten" Form, daß ihre Bedeutung von der Wahl der Basis $\mathfrak{a}_i$ unabhängig ist.

Neben dem bisher betrachteten „*skalaren*" Einsetzprodukt $\mathfrak{B}\mathfrak{x} = \sum_1^3 (\mathfrak{x}\,|\,\mathfrak{a}^i)\,\mathfrak{v}_i$ eines Vektors $\mathfrak{x}$ in die Dyadensumme $\mathfrak{B} = \sum_1^3 \mathfrak{a}^i, \mathfrak{v}_i$ ist manchmal eine zweite Art von Einsetzprodukt von $\mathfrak{x}$ in $\mathfrak{B}$ nützlich, nämlich

(14) $$[\mathfrak{B}\mathfrak{x}] = \sum_1^3 [\mathfrak{x}\mathfrak{a}^i], \mathfrak{v}_i = \sum_1^3 [\mathfrak{x}\mathfrak{a}^i], \mathfrak{B}\mathfrak{a}_i,$$

welches ebenfalls basisinvarianten Charakter hat. Dasselbe definiert einen weiteren Affinor, bestimmt allein durch $\mathfrak{B}$ und $\mathfrak{x}$. Es sei das „*vektorielle*" Einsetzprodukt von $\mathfrak{x}$ in $\mathfrak{B}$ genannt. Es ist dann übrigens auch:

(14') $$[\mathfrak{B}\mathfrak{x}]\,\mathfrak{y} = \sum_1^3 ([\mathfrak{x}\mathfrak{a}^i]\,|\,\mathfrak{y})\,\mathfrak{v}_i = \sum_1^3 (\mathfrak{a}^i\,|\,[\mathfrak{y}\mathfrak{x}])\,\mathfrak{v}_i = \mathfrak{B}[\mathfrak{y}\mathfrak{x}] = -\mathfrak{B}[\mathfrak{x}\mathfrak{y}].$$

Ist nun ein beliebiger Affinor in „Normalform" gegeben:

(9') $$\mathfrak{B} = \sum_1^3 \mathfrak{a}^i, \mathfrak{v}_i = \sum_1^3 \mathfrak{a}^i, \mathfrak{B}\mathfrak{a}_i,$$

so ist demselben *stets* ein zweiter Affinor basisinvariant zugeordnet

(15) $$\overline{\mathfrak{B}} = \sum_1^3 \mathfrak{v}_i, \mathfrak{a}^i = \sum_1^3 \mathfrak{B}\mathfrak{a}_i, \mathfrak{a}^i,$$

welchem die homogene Linearfunktion

(16) $$\overline{\mathfrak{B}}\mathfrak{x} = \sum (\mathfrak{v}_i\,|\,\mathfrak{x})\,\mathfrak{a}^i$$

entspricht. $\overline{\mathfrak{B}}$ wird nach *Hamilton* der zu $\mathfrak{B}$ *konjugierte* Affinor genannt. Für $\mathfrak{v}_i = \sum_k^{1-3} v_{ik}\mathfrak{a}^k$ wird dann auch

$$\overline{\mathfrak{B}} = \sum_i \mathfrak{v}_i, \mathfrak{a}^i = \sum_{i,k} v_{ik}\mathfrak{a}^k, \mathfrak{a}^i = \sum_{i,k} \mathfrak{a}^k, v_{ik}\mathfrak{a}^i$$

oder bei Vertauschung der Indizesbezeichnung

$$\overline{\mathfrak{V}} = \sum_{k,i} \mathfrak{a}^i,\ v_{ki}\mathfrak{a}^k = \sum_i \mathfrak{a}^i,\ \overline{\mathfrak{v}}_i,$$

für $\overline{\mathfrak{v}}_i = \sum_k v_{ki}\mathfrak{a}^k$.

Daher ist die „*Matrix*" der Koeffizienten der $\overline{\mathfrak{v}}_i$ zu derjenigen der Koeffizienten der $\mathfrak{v}_i$ „*transponiert*".

$\mathfrak{V}$ und $\overline{\mathfrak{V}}$ zusammen bestimmen weiter die Affinoren

$$\mathfrak{S} = \frac{1}{2}(\mathfrak{V} + \overline{\mathfrak{V}}) = \frac{1}{2}\sum_1^3 \{\mathfrak{a}^i, \mathfrak{v}_i + \mathfrak{v}_i, \mathfrak{a}^i\} \tag{17}$$

$$\mathfrak{A} = \frac{1}{2}(\mathfrak{V} - \overline{\mathfrak{V}}) = \frac{1}{2}\sum_1^3 \{\mathfrak{a}^i, \mathfrak{v}_i - \mathfrak{v}_i, \mathfrak{a}^i\}, \tag{18}$$

mit

$$\mathfrak{S}\mathfrak{x} = \frac{1}{2}\sum_1^3 \{(\mathfrak{a}^i|\mathfrak{x})\,\mathfrak{v}_i + (\mathfrak{v}_i|\mathfrak{x})\,\mathfrak{a}^i\} \tag{19}$$

$$\mathfrak{A}\mathfrak{x} = \frac{1}{2}\sum_1^3 \{(\mathfrak{a}^i|\mathfrak{x})\,\mathfrak{v}_i - (\mathfrak{v}_i|\mathfrak{x})\,\mathfrak{a}^i\}, \tag{20}$$

wofür nach dem Entwicklungssatz für dreifaktorige Vektorprodukte auch

$$\mathfrak{A}\mathfrak{x} = \frac{1}{2}\sum_1^3 [[\mathfrak{a}^i\mathfrak{v}_i]\,\mathfrak{x}] = \frac{1}{2}\left[\left(\sum_1^3 [\mathfrak{a}^i\mathfrak{v}_i]\right)\mathfrak{x}\right] \tag{20'}$$

geschrieben werden kann und deren Bedeutung später hervortreten wird.

Ein zunächst in *allgemeinster* dyadischer Form $\mathfrak{V} = \sum_1^n \mathfrak{c}_h, \mathfrak{d}_h$ gegebener Affinor laute in *Normal*form $\mathfrak{V} = \sum_1^3 \mathfrak{a}^i, \mathfrak{v}_i$. Der zu ihm gehörige konjugierte Affinor ist dann nach Definition

$$\overline{\mathfrak{V}} = \sum_1^3 \mathfrak{v}_i, \mathfrak{a}^i, \quad \text{mit } \overline{\mathfrak{V}}\mathfrak{x} = \sum_1^3 (\mathfrak{v}_i|\mathfrak{x})\,\mathfrak{a}^i. \tag{15'}$$

Dabei ist aber $\mathfrak{v}_i = \mathfrak{V}\mathfrak{a}_i = \sum_h (\mathfrak{c}_h|\mathfrak{a}_i)\,\mathfrak{d}_h$, also $(\mathfrak{v}_i|\mathfrak{x}) = \sum_h (\mathfrak{d}_h|\mathfrak{x})(\mathfrak{c}_h|\mathfrak{a}_i)$ und

$$\overline{\mathfrak{V}}\mathfrak{x} = \sum_i (\mathfrak{v}_i|\mathfrak{x})\,\mathfrak{a}^i = \sum_{h,i} (\mathfrak{d}_h|\mathfrak{x})(\mathfrak{c}_h|\mathfrak{a}_i)\,\mathfrak{a}^i = \sum_h (\mathfrak{d}_h|\mathfrak{x})\,\mathfrak{c}_h, \tag{16'}$$

für jedes $\mathfrak{x}$, wegen S. 26, Gl. (9).

Demnach lautet der zu $\mathfrak{V} = \sum_h \mathfrak{c}_h, \mathfrak{d}_h$ konjugierte Affinor $\overline{\mathfrak{V}}$ auch

$$\overline{\mathfrak{V}} = \sum_h \mathfrak{d}_h, \mathfrak{c}_h, \tag{15''}$$

und es ist allgemein

$$\mathfrak{S} = \frac{1}{2}\sum_h \{\mathfrak{c}_h, \mathfrak{d}_h + \mathfrak{d}_h, \mathfrak{c}_h\}; \tag{17'}$$

$$\mathfrak{A} = \frac{1}{2}\sum_h \{\mathfrak{c}_h, \mathfrak{d}_h - \mathfrak{d}_h, \mathfrak{c}_h\}. \tag{18'}$$

Sind in

$$(8) \qquad \mathfrak{B} = \frac{\mathfrak{v}_1, \mathfrak{v}_2, \mathfrak{v}_3}{\mathfrak{a}_1, \mathfrak{a}_2, \mathfrak{a}_3} \quad \text{bzw.} \quad \mathfrak{B} = \sum_1^3 \mathfrak{a}^i, \mathfrak{v}_i \qquad (9)$$

auch die drei Vektoren $\mathfrak{v}_i$ linear unabhängig, d. h. artet die Affinität $\mathfrak{B}$ nicht aus, so ist die Funktion $\mathfrak{y} = \mathfrak{B}\mathfrak{x}$ eindeutig *umkehrbar*: $\mathfrak{x} = \mathfrak{B}^{-1}\mathfrak{y}$. Der neue Affinor $\mathfrak{B}^{-1}$ ist dann darstellbar in der Form des extensiven Bruches

$$(21) \qquad \mathfrak{B}^{-1} = \frac{\mathfrak{a}_1, \mathfrak{a}_2, \mathfrak{a}_3}{\mathfrak{v}_1, \mathfrak{v}_2, \mathfrak{v}_3},$$

entsprechend der Definition solcher Quotienten, oder unter Verwendung der zu den drei linear unabhängigen $\mathfrak{v}_i$ reziproken Basis der $\mathfrak{v}^i$ in dyadischer Form

$$(21') \qquad \mathfrak{B}^{-1} = \sum_1^3 \mathfrak{v}^i, \mathfrak{a}_i .$$

Mit diesen $\mathfrak{v}^i$ als Basis lautet andrerseits der zu $\mathfrak{B}$ konjugierte Affinor $\overline{\mathfrak{B}}$ als extensiver Bruch

$$(15'') \qquad \overline{\mathfrak{B}} = \frac{\mathfrak{a}^1, \mathfrak{a}^2, \mathfrak{a}^3}{\mathfrak{v}^1, \mathfrak{v}^2, \mathfrak{v}^3},$$

und der zu diesem $\overline{\mathfrak{B}}$ konjugierte Affinor ist wieder $\mathfrak{B}$.

Sodann bestimmt jeder Affinor $\mathfrak{B}$ unmittelbar zwei in $\mathfrak{B}$ lineare Tensoren (homogene Bilinearformen), nämlich den *Skalar*

$$(22) \qquad \mathfrak{y} \,|\, \mathfrak{B}\mathfrak{x} = \sum_1^3 (\mathfrak{a}^i | \mathfrak{x})(\mathfrak{v}_i | \mathfrak{y}) = \mathfrak{x} \,|\, \overline{\mathfrak{B}}\mathfrak{y}$$

und den *Vektor*

$$(23) \qquad [\mathfrak{y}\mathfrak{B}\mathfrak{x}] = \sum_1^3 (\mathfrak{a}^i | \mathfrak{x})[\mathfrak{y}\mathfrak{v}_i].$$

Weiter heißt ein Affinor *symmetrisch*, wenn für *alle* $\mathfrak{x}$ und $\mathfrak{y}$ die Gleichung gilt: $\mathfrak{y} | \mathfrak{B}\mathfrak{x} = \mathfrak{x} | \mathfrak{B}\mathfrak{y}$, d. h. wenn $\overline{\mathfrak{B}} = \mathfrak{B}$ wird, und *antimetrisch*, falls allgemein $\mathfrak{y} | \mathfrak{B}\mathfrak{x} = -\mathfrak{x} | \mathfrak{B}\mathfrak{y}$, also $\overline{\mathfrak{B}} = -\mathfrak{B}$, wird. Wie man sofort verifiziert, gelten diese Bedingungen für die Affinoren $\mathfrak{S}$ in Gl. (17) bzw. $\mathfrak{A}$ in Gl. (18):

$$(24) \qquad \mathfrak{y} | \mathfrak{S}\mathfrak{x} = \mathfrak{x} | \mathfrak{S}\mathfrak{y}; \qquad \mathfrak{y} | \mathfrak{A}\mathfrak{x} = -\mathfrak{x} | \mathfrak{A}\mathfrak{y}. \qquad (25)$$

Man nennt deshalb $\mathfrak{S}$ den symmetrischen und $\mathfrak{A}$ den antimetrischen Teil von $\mathfrak{B}$.

Aus Gl. (22) und (23) gewinnt man ferner durch Verjüngung zwei basisunabhängige nur durch $\mathfrak{B}$ selbst bestimmte und in $\mathfrak{B}$ lineare Invarianten:

$$(26) \qquad J = \sum_1^3 \mathfrak{a}^i | \mathfrak{B}\mathfrak{a}_i = \sum_1^3 \mathfrak{a}^i | \mathfrak{v}_i = \sum_{i,k} g^{ik} \mathfrak{a}_k | \mathfrak{v}_i ,$$

den 1. Skalar von $\mathfrak{B}$,

und

$$(27)\qquad \mathfrak{j} = \sum_1^3 [\mathfrak{a}^i \mathfrak{B} \mathfrak{a}_i] = \sum_1^3 [\mathfrak{a}^i \mathfrak{v}_i] = \sum_{i,k} g^{ik} [\mathfrak{a}_k \mathfrak{v}_i].$$

Wir nennen J die *skalare* und $\mathfrak{j}$ die *vektorielle Spur* des Affinors $\mathfrak{B}$.

Für den zu $\mathfrak{B}$ konjugierten Affinor $\overline{\mathfrak{B}} = \sum_k \mathfrak{v}_k, \mathfrak{a}^k$ wird entsprechend

$$(26')\qquad \overline{J} = \sum_i \mathfrak{a}^i | \overline{\mathfrak{B}} \mathfrak{a}_i = \sum_{i,k} \mathfrak{a}^i | (\mathfrak{v}_k | \mathfrak{a}_i) \mathfrak{a}^k = \sum_k \mathfrak{v}_k | \mathfrak{a}^k = J,$$

dagegen

$$(27')\qquad \overline{\mathfrak{j}} = \sum_i [\mathfrak{a}^i \cdot \overline{\mathfrak{B}} \mathfrak{a}_i] = \sum_{i,k} [\mathfrak{a}^i (\mathfrak{v}_k | \mathfrak{a}_i) \mathfrak{a}^k] = \sum_k [\mathfrak{v}_k \mathfrak{a}^k] = -\mathfrak{j}.$$

Die vektorielle Spur eines Affinors verschwindet also für $\overline{\mathfrak{B}} = \mathfrak{B}$, d. h. wenn der Affinor symmetrisch ist. Dagegen verschwindet offenbar die skalare Spur J für antimetrische Affinoren, d. h. für $\overline{\mathfrak{B}} = -\mathfrak{B}$.

Für die allgemeinste Form eines Affinors $\mathfrak{B} = \sum_1^n \mathfrak{c}_h, \mathfrak{b}_h$ ist entsprechend

$$(26'')\qquad J = \sum_i^{1-3} \mathfrak{a}^i | \mathfrak{B} \mathfrak{a}_i = \sum_{h,i} (\mathfrak{c}_h | \mathfrak{a}_i)(\mathfrak{a}^i | \mathfrak{b}_h) = \sum_h \mathfrak{c}_h | \mathfrak{b}_h$$

sowie

$$(27'')\qquad \mathfrak{j} = \sum_i^{1-3} [\mathfrak{a}^i \cdot \mathfrak{B} \mathfrak{a}_i] = \sum_{h,i} (\mathfrak{c}_h | \mathfrak{a}_i)[\mathfrak{a}^i \mathfrak{b}_h] = \sum_h [\mathfrak{c}_h \mathfrak{b}_h],$$

und auch für das vektorielle Einsetzprodukt $[\mathfrak{B}\mathfrak{x}]$ wird

$$(14')\qquad [\mathfrak{B}\mathfrak{x}] = \sum_i^{1-3} [\mathfrak{x}\mathfrak{a}^i], \mathfrak{v}_i = \sum_{h,i} [\mathfrak{x}\mathfrak{a}^i], (\mathfrak{c}_h | \mathfrak{a}_i) \mathfrak{b}_h = \sum_h [\mathfrak{x}\mathfrak{c}_h], \mathfrak{b}_h.$$

Dagegen entspricht dem auf S. 29f. kurz berührten Fall, daß $\varphi = \mathfrak{L}\mathfrak{x}$ einen *Skalar* darstellt, nur *eine* in $\mathfrak{B}$ lineare Invariante des zugehörigen Tensors $\mathfrak{y}(\mathfrak{L}\mathfrak{x})$, nämlich der Vektor

$$(28)\qquad \mathfrak{l} = \sum_1^3 \mathfrak{a}^i (\mathfrak{L} \mathfrak{a}_i) = \sum_1^3 l_i \mathfrak{a}^i.$$

Derselbe trat auch schon auf S. 29 in Gl. (6′) auf *).

Neben diese in $\mathfrak{B}$ linearen Invarianten treten noch einige in $\mathfrak{B}$ quadratische und eine in $\mathfrak{B}$ kubische Invariante. Es sind dies die Invarianten:

$$\text{a)}\qquad \sum_1^3 \mathfrak{B}\mathfrak{a}_i | \mathfrak{B}\mathfrak{a}^i = \sum_{i,k} g^{ik} \mathfrak{B}\mathfrak{a}_i | \mathfrak{B}\mathfrak{a}_k = \sum_{i,k} g^{ik} \mathfrak{v}_i | \mathfrak{v}_k,$$

$$\text{b)}\qquad \sum_1^3 [\mathfrak{B}\mathfrak{a}_i \cdot \mathfrak{B}\mathfrak{a}^i] = \sum_{i,k} g^{ik} [\mathfrak{B}\mathfrak{a}_i \cdot \mathfrak{B}\mathfrak{a}_k] = \sum_{i,k} g^{ik} [\mathfrak{v}_i \mathfrak{v}_k] = 0,$$

---

*) Über „*Hauptzahlen*“ und „*Hauptrichtungen*“ eines Affinors vgl. § 36, Abs. 7.

c)
$$\left\{\begin{aligned} &\frac{1}{(\mathfrak{a}_1\,\mathfrak{a}_2\,\mathfrak{a}_3)}\{(\mathfrak{a}_1\,\mathfrak{B}\,\mathfrak{a}_2\,\mathfrak{B}\,\mathfrak{a}_3)+(\mathfrak{a}_2\,\mathfrak{B}\,\mathfrak{a}_3\,\mathfrak{B}\,\mathfrak{a}_1)+(\mathfrak{a}_3\,\mathfrak{B}\,\mathfrak{a}_1\,\mathfrak{B}\,\mathfrak{a}_2)\}\\ &=\frac{1}{(\mathfrak{a}_1\,\mathfrak{a}_2\,\mathfrak{a}_3)}\{(\mathfrak{a}_1\,\mathfrak{v}_2\,\mathfrak{v}_3)+(\mathfrak{a}_2\,\mathfrak{v}_3\,\mathfrak{v}_1)+(\mathfrak{a}_3\,\mathfrak{v}_1\,\mathfrak{v}_2)\},\end{aligned}\right.$$

der sogenannte 2. Skalar von $\mathfrak{B}$,

d)
$$\frac{(\mathfrak{B}\,\mathfrak{a}_1\,\mathfrak{B}\,\mathfrak{a}_2\,\mathfrak{B}\,\mathfrak{a}_3)}{(\mathfrak{a}_1\,\mathfrak{a}_2\,\mathfrak{a}_3)}=\frac{(\mathfrak{v}_1\,\mathfrak{v}_2\,\mathfrak{v}_3)}{(\mathfrak{a}_1\,\mathfrak{a}_2\,\mathfrak{a}_3)}\text{, der 3. Skalar von } \mathfrak{B}.$$

Dieselben ergeben sich auch als Sonderfälle gemeinsamer Invarianten mehrerer Affinoren $\mathfrak{U}$, $\mathfrak{B}$, $\mathfrak{W}$, ..., welche noch kurz zu betrachten sind:

1. Unterwirft man einen Vektor $\mathfrak{x}$ der affinen Transformation $\mathfrak{U}=\sum_1^3 \mathfrak{a}^i, \mathfrak{u}_i$ und den resultierenden Vektor $\mathfrak{y}=\mathfrak{U}\,\mathfrak{x}$ einer zweiten affinen Transformation $\mathfrak{B}=\sum_k \mathfrak{b}^k, \mathfrak{v}_k$, so ist das Ergebnis $\mathfrak{B}\,\mathfrak{y}=\mathfrak{B}(\mathfrak{U}\,\mathfrak{x})=\mathfrak{B}\,\mathfrak{U}\,\mathfrak{x}$ ebenfalls eine affine Transformation $\mathfrak{P}\,\mathfrak{x}$ von $\mathfrak{x}$. Das neue Symbol $\mathfrak{B}\,\mathfrak{U}$ hat dabei *Produkt*charakter, d. h. bei Zerlegung von $\mathfrak{U}$ und $\mathfrak{B}$ in Summanden wird

(29)
$$\Big(\sum_i \mathfrak{B}_i\Big)\Big(\sum_k \mathfrak{U}_k\Big)=\sum_{i,k}\mathfrak{B}_i\,\mathfrak{U}_k,$$

wie man auf Grund der Definition (4) auf S. 29 sofort erkennt. Man nennt deshalb die resultierende Transformation $\mathfrak{B}\,\mathfrak{U}$ das „*Folgeprodukt*" von $\mathfrak{B}$ mit $\mathfrak{U}$. Wie $\mathfrak{U}$ und $\mathfrak{B}$ selbst ist dasselbe basisinvariant und für mehr als zwei Faktoren offenbar assoziativ, weshalb Klammern entbehrlich sind. Schon für zwei Faktoren ist dasselbe aber im allgemeinen weder kommutativ noch alternativ. Man erhält vielmehr entwickelt

(30)
$$\mathfrak{B}\,\mathfrak{U}\,\mathfrak{x}=\mathfrak{B}\,\mathfrak{y}=\sum_k(\mathfrak{b}^k|\mathfrak{y})\,\mathfrak{v}_k=\sum_{i,k}\{\mathfrak{b}^k|(\mathfrak{a}^i|\mathfrak{x})\,\mathfrak{u}_i\}\,\mathfrak{v}_k=\sum_{i,k}(\mathfrak{a}^i|\mathfrak{x})(\mathfrak{b}^k|\mathfrak{u}_i)\,\mathfrak{v}_k$$

gegen

(31)
$$\mathfrak{U}\,\mathfrak{B}\,\mathfrak{x}=\sum_{i,k}(\mathfrak{b}^k|\mathfrak{x})(\mathfrak{a}^i|\mathfrak{v}_k)\,\mathfrak{u}_i.$$

Es ist also

(32)
$$\mathfrak{B}\,\mathfrak{U}=\sum_i \mathfrak{a}^i, \sum_k(\mathfrak{u}_i|\mathfrak{b}^k)\,\mathfrak{v}_k=\sum_i \mathfrak{a}^i, \mathfrak{B}\,\mathfrak{u}_i$$

(33)
$$\mathfrak{U}\,\mathfrak{B}=\sum_k \mathfrak{b}^k, \sum_i(\mathfrak{v}_k|\mathfrak{a}^i)\,\mathfrak{u}_i=\sum_k \mathfrak{b}^k, \mathfrak{U}\,\mathfrak{v}_k.$$

Bei allgemeinster dyadischer Schreibweise wird für

$$\mathfrak{U}=\sum_h \mathfrak{c}_h, \mathfrak{d}_h \quad\text{und}\quad \mathfrak{B}=\sum_i \mathfrak{f}_i, \mathfrak{g}_i, \quad\text{also}\quad \mathfrak{y}=\mathfrak{U}\,\mathfrak{x}=\sum_h(\mathfrak{c}_h|\mathfrak{x})\,\mathfrak{d}_h:$$

$$\mathfrak{B}\,\mathfrak{U}\,\mathfrak{x}=\mathfrak{B}\,\mathfrak{y}=\sum_i(\mathfrak{f}_i|\mathfrak{y})\,\mathfrak{g}_i=\sum_{h,i}(\mathfrak{c}_h|\mathfrak{x})(\mathfrak{f}_i|\mathfrak{d}_h)\,\mathfrak{g}_i=\sum_h(\mathfrak{c}_h|\mathfrak{x})\,\mathfrak{B}\,\mathfrak{d}_h$$

oder

(32′) $$\mathfrak{B}\mathfrak{U} = \sum_{h,i} \mathfrak{c}_h, (\mathfrak{d}_h|\mathfrak{f}_i)\,\mathfrak{g}_i = \sum_h \mathfrak{c}_h, \mathfrak{B}\mathfrak{d}_h$$

und analog wird

$$\mathfrak{U}\mathfrak{B}\mathfrak{x} = \sum_{h,i} (\mathfrak{f}_i|\mathfrak{x})(\mathfrak{g}_i|\mathfrak{c}_h)\,\mathfrak{d}_h = \sum_i (\mathfrak{f}_i|\mathfrak{x})\,\mathfrak{U}\mathfrak{g}_i\,,$$

d. h.

(33′) $$\mathfrak{U}\mathfrak{B} = \sum_{h,i} \mathfrak{f}_i, (\mathfrak{g}_i|\mathfrak{c}_h)\,\mathfrak{d}_h = \sum_i \mathfrak{f}_i, \mathfrak{U}\mathfrak{g}_i\,.$$

2. Der sowohl in $\mathfrak{U}$ und $\mathfrak{B}$ als auch in $\mathfrak{x}$ und $\mathfrak{y}$ homogene und lineare Ausdruck

(34) $$\mathfrak{p} = \frac{1}{2}\{[\mathfrak{U}\mathfrak{x}\cdot\mathfrak{B}\mathfrak{y}] + [\mathfrak{B}\mathfrak{x}\cdot\mathfrak{U}\mathfrak{y}]\} = \frac{1}{2}\{[\mathfrak{U}\mathfrak{x}\cdot\mathfrak{B}\mathfrak{y}] - [\mathfrak{U}\mathfrak{y}\cdot\mathfrak{B}\mathfrak{x}]\}$$

ist offenbar *kommutativ* in $\mathfrak{U}$ und $\mathfrak{B}$, jedoch *alternativ* in $\mathfrak{x}$ und $\mathfrak{y}$. Er ist deshalb nach dem Fundamentalsatz zugleich eine, sonst nur noch von $\mathfrak{U}$ und $\mathfrak{B}$ abhängige, homogene lineare Funktion des Vektorprodukts $[\mathfrak{x}\mathfrak{y}]$ allein:

(35) $$\mathfrak{p} = \mathfrak{P}[\mathfrak{x}\mathfrak{y}] = (\mathfrak{U}\times\mathfrak{B})[\mathfrak{x}\mathfrak{y}]\,.$$

Weil aber nach (34) $\mathfrak{p}$ auch in $\mathfrak{U}$ und $\mathfrak{B}$ homogen und linear ist, so ist der neue Affinor $\mathfrak{P} = \mathfrak{U}\times\mathfrak{B}$ distributiv bei additiver Zerlegung von $\mathfrak{U}$ und $\mathfrak{B}$, d. h. auch $\mathfrak{U}\times\mathfrak{B}$ ist ein *Produkt* aus $\mathfrak{U}$ in $\mathfrak{B}$. In Anlehnung an eine analoge Bildung der Graßmann'schen Punktrechnung nennen wir deshalb $\mathfrak{U}\times\mathfrak{B}$ das „*bezügliche*" *Produkt* der Affinoren $\mathfrak{U}$ und $\mathfrak{B}$. Sein expliziter Ausdruck lautet offenbar, für $\mathfrak{U} = \sum_i \mathfrak{a}^i, \mathfrak{u}_i$ und $\mathfrak{B} = \sum_k \mathfrak{b}^k, \mathfrak{v}_k$:

(36) $$\mathfrak{P} = \mathfrak{U}\times\mathfrak{B} = \frac{1}{2}\sum_{i,k}[\mathfrak{a}^i\mathfrak{b}^k], [\mathfrak{u}_i\mathfrak{v}_k] = \frac{1}{2}\sum_{i,k}[\mathfrak{a}^i\mathfrak{b}^k], [\mathfrak{U}\mathfrak{a}_i\mathfrak{B}\mathfrak{b}_k]\,.$$

Denn es wird damit:

$$2\mathfrak{P}[\mathfrak{x}\mathfrak{y}] = \sum_{i,k}([\mathfrak{a}^i\mathfrak{b}^k]|[\mathfrak{x}\mathfrak{y}])[\mathfrak{u}_i\mathfrak{v}_k] = \sum_{i,k}\begin{vmatrix}\mathfrak{a}^i|\mathfrak{x} & \mathfrak{a}^i|\mathfrak{y}\\ \mathfrak{b}^k|\mathfrak{x} & \mathfrak{b}^k|\mathfrak{y}\end{vmatrix}[\mathfrak{u}_i\mathfrak{v}_k]$$

$$= \Big[\sum_i(\mathfrak{a}^i|\mathfrak{x})\,\mathfrak{u}_i\cdot\sum_k(\mathfrak{b}^k|\mathfrak{y})\,\mathfrak{v}_k\Big] - \Big[\sum_i(\mathfrak{a}^i|\mathfrak{y})\,\mathfrak{u}_i\cdot\sum_k(\mathfrak{b}^k|\mathfrak{x})\,\mathfrak{v}_k\Big]$$

$$= [\mathfrak{U}\mathfrak{x}\cdot\mathfrak{B}\mathfrak{y}] - [\mathfrak{U}\mathfrak{y}\cdot\mathfrak{B}\mathfrak{x}] = [\mathfrak{U}\mathfrak{x}\cdot\mathfrak{B}\mathfrak{y}] + [\mathfrak{B}\mathfrak{x}\cdot\mathfrak{U}\mathfrak{y}]\,.$$

Übrigens zeigt (36) als doppelt-verjüngte Form ebenfalls die basisinvariante Bedeutung des Symbols $\mathfrak{U}\times\mathfrak{B}$.

Für *drei* Faktoren $\mathfrak{U}$, $\mathfrak{B}$, $\mathfrak{W}$ bildet die sinngemäße Erweiterung von (34) der Skalar

(37) $$P = \frac{1}{3!}\sum_{h,i,k}\pm(\mathfrak{U}\mathfrak{x}_h\cdot\mathfrak{B}\mathfrak{x}_i\cdot\mathfrak{W}\mathfrak{x}_k)\,,$$

summiert über alle möglichen Folgen verschiedener Indizes h, i, k. Dabei steht vor den Volumprodukten rechts das Vorzeichen $+$ oder $-$, je nachdem die Indexfolge h, i, k einer geraden oder ungeraden Permutation der Folge 1, 2, 3 entspricht. Gemäß dieser Definition ist die rechte Seite von (37) in den drei Veränderlichen $\mathfrak{x}_1, \mathfrak{x}_2, \mathfrak{x}_3$ homogen, linear und alternativ und folglich nur noch eine in $\mathfrak{U}, \mathfrak{V}$ und $\mathfrak{W}$ kommutative homogene Linearfunktion von $(\mathfrak{x}_1 \mathfrak{x}_2 \mathfrak{x}_3)$. Nach S. 20 ist also $\Pi = \frac{P}{(\mathfrak{x}_1 \mathfrak{x}_2 \mathfrak{x}_3)}$ eine absolute Invariante von $\mathfrak{U}, \mathfrak{V}$ und $\mathfrak{W}$. Insbesondere ist

$$\Pi = (\mathfrak{U} \times \mathfrak{V} \times \mathfrak{W}) = \frac{\frac{1}{3!} \sum\limits_{h, i, k} \pm (\mathfrak{U} \mathfrak{a}_h \cdot \mathfrak{V} \mathfrak{a}_i \cdot \mathfrak{W} \mathfrak{a}_k)}{(\mathfrak{a}_1 \mathfrak{a}_2 \mathfrak{a}_3)}. \tag{38}$$

Für $\mathfrak{U} = \mathfrak{V} = \mathfrak{W}$ reduziert sich diese Invariante auf die *kubische* Invariante, den 3. Skalar von $\mathfrak{U}$:

$$\mathfrak{u}^{\mathrm{III}} = \frac{(\mathfrak{U} \mathfrak{a}_1 \cdot \mathfrak{U} \mathfrak{a}_2 \, \mathfrak{U} \mathfrak{a}_3)}{(\mathfrak{a}_1 \mathfrak{a}_2 \mathfrak{a}_3)}. \tag{39}$$

Ihr Wert ist gleich dem Verhältnis entsprechender Volumina bei der affinen Abbildung $\mathfrak{U}$.

Während nun die Zahl der Faktoren eines *Folge*produkts keiner grundsätzlichen Einschränkung unterliegt, ist dies für *bezügliche* Produkte nicht der Fall. Vielmehr versagt für mehr als drei Faktoren diese Art von Produktbildung, da mehr als drei Vektoren stets linear abhängig sind.

Neben dem Folgeprodukt $\mathfrak{V}\mathfrak{U}$ und dem bezüglichen Produkt $\mathfrak{U} \times \mathfrak{V}$ ist auch noch der Affinor $\sum\limits_1^3 \mathfrak{U} \mathfrak{a}^i, \mathfrak{V} \mathfrak{a}_i = \sum\limits_1^3 \mathfrak{U} \mathfrak{a}_i, \mathfrak{V} \mathfrak{a}^i$ unmittelbar basisinvariant. Wegen $\overline{\mathfrak{U}} = \sum\limits_1^3 \mathfrak{u}_i, \mathfrak{a}^i$, also $\mathfrak{a}^i = \overline{\mathfrak{U}} \mathfrak{u}^i$, ist aber

$$\sum_1^3 \mathfrak{U} \mathfrak{a}_i, \mathfrak{V} \mathfrak{a}^i = \sum_1^3 \mathfrak{u}_i, \mathfrak{V} \mathfrak{a}^i = \sum_1^3 \mathfrak{u}_i, \mathfrak{V} \overline{\mathfrak{U}} \mathfrak{u}^i = \mathfrak{V} \overline{\mathfrak{U}} \tag{40}$$

lediglich eine andere Schreibweise für das Folgeprodukt $\mathfrak{V}\overline{\mathfrak{U}}$.

3. *Weitere gemeinsame Invarianten mehrerer Affinoren:*

Es sei wieder, unter Benützung einer gemeinsamen Basis für $\mathfrak{U}$ und $\mathfrak{V}$:

$$\mathfrak{U} = \sum_1^3 \mathfrak{a}^i, \mathfrak{u}_i, \quad \text{also} \quad \overline{\mathfrak{U}} = \sum_1^3 \mathfrak{u}_i, \mathfrak{a}^i$$

$$\mathfrak{V} = \sum_1^3 \mathfrak{a}^k, \mathfrak{v}_k, \quad \text{also} \quad \overline{\mathfrak{V}} = \sum_1^3 \mathfrak{v}_k, \mathfrak{a}^k.$$

Dabei sollen auch die $\mathfrak{u}_i$ bzw. $\mathfrak{v}_k$ linear unabhängig sein. Dann sind noch die folgenden basisinvarianten homogenen Bilinearformen nur von $\mathfrak{U}$ und $\mathfrak{V}$ selbst abhängig und definieren deshalb weitere „Produkte" von $\mathfrak{U}$ mit $\mathfrak{V}$:

$$(41)\qquad \mathfrak{U}\,|\,\mathfrak{V} = \sum_i \mathfrak{U}\mathfrak{a}^i|\mathfrak{V}\mathfrak{a}_i = \sum_{i,k} g^{ik}\mathfrak{U}\mathfrak{a}_k|\mathfrak{V}\mathfrak{a}_i = \sum_k \mathfrak{U}\mathfrak{a}_k|\mathfrak{V}\mathfrak{a}^k = \mathfrak{V}\,|\,\mathfrak{U}$$

$$(42)\quad [\mathfrak{U}\mathfrak{V}] = \sum_i [\mathfrak{U}\mathfrak{a}^i\cdot\mathfrak{V}\mathfrak{a}_i] = \sum_{i,k} g^{ik}[\mathfrak{U}\mathfrak{a}_k\cdot\mathfrak{V}\mathfrak{a}_i] = \sum_k [\mathfrak{U}\mathfrak{a}_k\cdot\mathfrak{V}\mathfrak{a}^k] = -[\mathfrak{V}\mathfrak{U}].$$

Wir nennen (41) und (42), die beiden „Spuren" des Affinors $\sum_1^3 \mathfrak{U}\mathfrak{a}_i, \mathfrak{V}\mathfrak{a}_i = \mathfrak{V}\overline{\mathfrak{U}}$, wegen ihrer formalen Ähnlichkeit mit dem inneren bzw. vektoriellen (äußeren) Produkt zweier Vektoren, das *innere* und das *äußere* (alternative) *Produkt der Affinoren* $\mathfrak{U}$ und $\mathfrak{V}$, was auch in der gewählten Bezeichnung zum Ausdruck kommt. Mit Hilfe des Idemfaktors $\mathfrak{J}$ wird jetzt auch:

$$(26''')\quad J = \sum_1^3 \mathfrak{a}^i|\mathfrak{V}\mathfrak{a}_i = \sum_1^3 \mathfrak{J}\mathfrak{a}^i|\mathfrak{V}\mathfrak{a}_i = \mathfrak{J}\,|\,\mathfrak{V};\qquad \mathfrak{j} = \sum_1^3 [\mathfrak{a}^i\mathfrak{V}\mathfrak{a}_i] = [\mathfrak{J}\mathfrak{V}].\quad (27''')$$

Dagegen trat die dreifach verjüngte Form

$$\frac{1}{3!}\sum_{h,i,k}(\mathfrak{a}^h\mathfrak{a}^i\mathfrak{a}^k)(\mathfrak{U}\mathfrak{a}_h\mathfrak{V}\mathfrak{a}_i\mathfrak{W}\mathfrak{a}_k) = \frac{1}{3!}\frac{\Sigma\pm(\mathfrak{U}\mathfrak{a}_h\mathfrak{V}\mathfrak{a}_i\mathfrak{W}\mathfrak{a}_k)}{(\mathfrak{a}_1\mathfrak{a}_2\mathfrak{a}_3)},$$

summiert über alle Folgen *verschiedener* h, i, k, bereits in Gl. (38) als bezügliches Produkt dieser Affinoren auf.

Wegen der Beziehung $\mathfrak{y}\,|\,\mathfrak{V}\mathfrak{x} = \mathfrak{x}\,|\,\overline{\mathfrak{V}}\mathfrak{y}$ und der Identität $\mathfrak{x} = \sum_1^3 (\mathfrak{a}_k|\mathfrak{x})\,\mathfrak{a}^k = \sum_1^3 (\mathfrak{a}^k|\mathfrak{x})\,\mathfrak{a}_k$ wird ferner

$$\mathfrak{U}\,|\,\mathfrak{V} = \sum_1^3 \mathfrak{U}\mathfrak{a}^i|\mathfrak{V}\mathfrak{a}_i = \sum_{i,k}(\mathfrak{a}_k|\mathfrak{U}\mathfrak{a}^i)(\mathfrak{a}^k|\mathfrak{V}\mathfrak{a}_i)$$
$$= \sum_{i,k}(\mathfrak{a}^i|\overline{\mathfrak{U}}\mathfrak{a}_k)(\mathfrak{a}_i|\overline{\mathfrak{V}}\mathfrak{a}^k) = \sum_k \overline{\mathfrak{U}}\mathfrak{a}_k|\overline{\mathfrak{V}}\mathfrak{a}^k = \overline{\mathfrak{U}}\,|\,\overline{\mathfrak{V}}.$$

Es ist somit

$$(43)\qquad \mathfrak{U}\,|\,\mathfrak{V} = \mathfrak{V}\,|\,\mathfrak{U} = \overline{\mathfrak{U}}\,|\,\overline{\mathfrak{V}} = \overline{\mathfrak{V}}\,|\,\overline{\mathfrak{U}}.$$

Nun sind aber $\mathfrak{U}$ und $\overline{\mathfrak{U}}$ bzw. $\mathfrak{V}$ und $\overline{\mathfrak{V}}$ *gegenseitig* konjugiert. Daher ist auch

$$(43')\qquad \mathfrak{U}\,|\,\overline{\mathfrak{V}} = \overline{\mathfrak{V}}\,|\,\mathfrak{U} = \overline{\mathfrak{U}}\,|\,\mathfrak{V} = \mathfrak{V}\,|\,\overline{\mathfrak{U}}.$$

Weiter ist nach Gl. (40) $\mathfrak{U}\,|\,\mathfrak{V}$ die skalare Spur des Folgeprodukts $\mathfrak{V}\overline{\mathfrak{U}}$. Im Blick auf die Gl. (43) und (43′) wird somit auch:

$$(44)\qquad \sum_1^3 \mathfrak{a}^i|\mathfrak{V}\overline{\mathfrak{U}}\mathfrak{a}_i = \sum_1^3 \mathfrak{a}^i|\mathfrak{U}\overline{\mathfrak{V}}\mathfrak{a}_i = \sum_1^3 \mathfrak{a}^i|\overline{\mathfrak{V}}\mathfrak{U}\mathfrak{a}_i = \sum_1^3 \mathfrak{a}^i|\overline{\mathfrak{U}}\mathfrak{V}\mathfrak{a}_i$$

und

$$(45)\qquad \sum_1^3 \mathfrak{a}^i|\mathfrak{V}\mathfrak{U}\mathfrak{a}_i = \sum_1^3 \mathfrak{a}^i|\overline{\mathfrak{U}}\,\overline{\mathfrak{V}}\mathfrak{a}_i = \sum_1^3 \mathfrak{a}^i|\overline{\mathfrak{V}}\,\overline{\mathfrak{U}}\mathfrak{a}_i = \sum_1^3 \mathfrak{a}^i|\mathfrak{U}\mathfrak{V}\mathfrak{a}_i.$$

Die skalaren Spuren der Folgeprodukte $\mathfrak{V}\overline{\mathfrak{U}}$, $\mathfrak{U}\overline{\mathfrak{V}}$, $\overline{\mathfrak{V}}\mathfrak{U}$, $\overline{\mathfrak{U}}\mathfrak{V}$ sowie diejenigen der Folgeprodukte $\mathfrak{V}\mathfrak{U}$, $\overline{\mathfrak{U}}\,\overline{\mathfrak{V}}$, $\overline{\mathfrak{V}}\,\overline{\mathfrak{U}}$, $\mathfrak{U}\mathfrak{V}$ stimmen also je unter sich überein.

Diese Spur des Folgeprodukts $\mathfrak{U}\mathfrak{V}$ tritt übrigens (bei Lagally) unter der Bezeichnung $\mathfrak{U}\cdot\cdot\mathfrak{V}$ als „doppelt-skalares Produkt" der beiden Affinoren auf. Entsprechend wird

$$(46)\qquad \begin{cases} [\mathfrak{U}\bar{\mathfrak{V}}] = \sum\limits_1^3 [\mathfrak{U}\mathfrak{a}_i \cdot \bar{\mathfrak{V}}\mathfrak{a}^i] = \sum\limits_{i,k} [\mathfrak{u}_i (\mathfrak{v}_k | \mathfrak{a}^i)\, \mathfrak{a}^k] = \sum\limits_1^3 [\mathfrak{U}\mathfrak{v}_k \cdot \mathfrak{a}^k] \\ \qquad = \sum\limits_1^3 [\mathfrak{U}\mathfrak{V}\mathfrak{a}_k \cdot \mathfrak{a}^k] = -\sum\limits_1^3 [\mathfrak{a}^k \cdot \mathfrak{U}\mathfrak{V}\mathfrak{a}_k]. \end{cases}$$

Daher ist $-[\mathfrak{U}\bar{\mathfrak{V}}] = [\bar{\mathfrak{V}}\mathfrak{U}]$ zugleich die vektorielle Spur des Folgeprodukts $\mathfrak{U}\mathfrak{V}$, und entsprechend ist $-[\mathfrak{U}\mathfrak{V}] = [\mathfrak{V}\mathfrak{U}]$ die vektorielle Spur des Folgeprodukts $\mathfrak{U}\bar{\mathfrak{V}}$.

Solche gemeinsame Invarianten existieren auch für Lineatoren vom Typus der Gl. (6′) auf S. 29, z. B. für

$$\mathfrak{L} = \sum_1^3 \mathfrak{a}^h, l_h, \quad \mathfrak{M} = \sum_1^3 \mathfrak{a}^i, m_i, \quad \mathfrak{N} = \sum_1^3 \mathfrak{a}^k, n_k$$

mit ihren linearen Invarianten $\mathfrak{l}$, $\mathfrak{m}$, $\mathfrak{n}$ [vgl. S. 34, Gl. (28)].

Als solche Invarianten seien hier noch erwähnt:

$$(47)\qquad \text{der Skalar } \sum_1^3 \mathfrak{L}\mathfrak{a}_h \mathfrak{M}\mathfrak{a}^h = \sum_{h,i} (\mathfrak{a}^h | \mathfrak{a}^i)\, l_h m_i = \mathfrak{l} | \mathfrak{m}$$

$$(48)\qquad \text{der Vektor } \sum_{h,i} [\mathfrak{a}^h \mathfrak{a}^i]\, l_h m_i = [\mathfrak{l}\,\mathfrak{m}]$$

$$(49)\qquad \text{der Lineator } \sum_{h,i} [\mathfrak{a}^h \mathfrak{a}^i], l_h m_i = [\mathfrak{l}\,\mathfrak{m}], 1,$$

der also den Tensor $[\mathfrak{l}\,\mathfrak{m}] | \mathfrak{x} = (\mathfrak{l}\,\mathfrak{m}\,\mathfrak{x})$ bestimmt, und der Skalar als dreifach verjüngte Form

$$(50)\qquad \frac{1}{3!} \sum_{h,i,k} (\mathfrak{a}^h \mathfrak{a}^i \mathfrak{a}^k)\, \mathfrak{L}\mathfrak{a}_h \mathfrak{M}\mathfrak{a}_i \mathfrak{N}\mathfrak{a}_k = \frac{1}{3!} \frac{\Sigma \pm l_h m_i n_k}{(\mathfrak{a}_1 \mathfrak{a}_2 \mathfrak{a}_3)} = (\mathfrak{l}\,\mathfrak{m}\,\mathfrak{n}).$$

Endlich sind gemeinsame Invarianten des Lineators $\mathfrak{L} = \sum\limits_1^3 \mathfrak{a}^i, l_i$ und des Affinors $\mathfrak{V} = \sum\limits_1^3 \mathfrak{a}^k, \mathfrak{v}_k$:

$$(51)\qquad \text{der Vektor: } \sum_{i,k} (\mathfrak{a}^i | \mathfrak{a}^k)\, \mathfrak{L}\mathfrak{a}_i \mathfrak{V}\mathfrak{a}_k = \sum_{i,k} (\mathfrak{a}^i | \mathfrak{a}^k)\, l_i \mathfrak{v}_k = \mathfrak{V}\mathfrak{l}$$

$$(52)\qquad \text{der Affinor: } \sum_{i,k} [\mathfrak{a}^i \mathfrak{a}^k], l_i \mathfrak{v}_k = \sum_1^3 [\mathfrak{l}\,\mathfrak{a}^k], \mathfrak{v}_k = [\mathfrak{V}\mathfrak{l}], \quad \text{lt. Gl. (14), S. 31,}$$

$$(53)\qquad \text{der Skalar: } \sum_{i,k} [\mathfrak{a}^i \mathfrak{a}^k] | l_i \mathfrak{v}_k = \sum_1^3 [\mathfrak{l}\,\mathfrak{a}^k] | \mathfrak{v}_k = \mathfrak{l} | \sum_1^3 [\mathfrak{a}^k \mathfrak{v}_k] = \mathfrak{l} | \mathfrak{j},$$

lt. Gl. (27), S. 33.

Den Entwicklungen dieses Paragraphen wurde durchweg eine *allgemeine* Basis $\mathfrak{a}_i$ zugrunde gelegt. Sie vereinfachen sich zum Teil nicht unwesentlich bei Verwendung einer *kartesischen* Basis $\mathfrak{e}_i$.

KAPITEL II

VEKTOR- UND AFFINOR-ANALYSIS

Von *Funktionen* wurde bisher nur behandelt die homogene lineare Vektorfunktion. In *diesem* Kapitel betrachten wir allgemein Skalare als Funktionen von Vektoren sowie Vektoren als Funktionen von Zahlveränderlichen oder von Vektoren und wenden dabei die Hilfsmittel der Analysis an.

§ 7. Vektoren als explizite Funktionen von Zahlveränderlichen

1. Ein veränderlicher Vektor $\mathfrak{v}$ sei betrachtet als Funktion von einem oder mehreren Zahlparametern v_i. Der häufigste Fall ist wohl der, daß in

(1) $$\mathfrak{v} = \sum_1^3 x_i(v_1, \cdots)\mathfrak{a}_i$$

die Komponenten x_i als Funktionen der v_k aufzufassen sind. Trägt man die wechselnden Werte $\mathfrak{v}$ aus einem festen Ursprung O als Ortsvektoren ab und bezeichnet sie dann mit $\mathfrak{r}$, so sind für stetige Funktionen zunächst die folgenden Fälle von Wichtigkeit:

a) Für nur *einen* Parameter $v_1 = t$ durchläuft der Endpunkt P des Vektors $\overrightarrow{OP} = \mathfrak{r}$

(2) $$\mathfrak{r}(t) = \sum_1^3 x_i(t)\,\mathfrak{a}_i$$

eine zunächst noch beliebige Kurve in der Ebene oder im Raum. Deutet man zudem t als Zeit, so ist Gl. (2) die Bahngleichung eines bewegten Punktes. Daher bildet die Gl. (2) die Grundlage für die Untersuchung von Kurven im allgemeinen und insbesondere für die Kinematik des (materiellen) Punktes mit den Mitteln der Vektoranalysis.

b) Im Falle *zweier* Zahlparameter v_1, v_2 stellt

(3) $$\mathfrak{r} = \mathfrak{r}(v_1, v_2) = \sum_1^3 x_i(v_1, v_2)\,\mathfrak{a}_i$$

im allgemeinen die Vektorgleichung einer Fläche im Raum dar mit den krummlinigen (Gaußschen) Koordinaten v_1 und v_2. Wir wählen deshalb diese Gl. (3) in Kapitel III als Ausgangspunkt für die vektorielle Entwicklung der Grundgleichungen der Flächentheorie.

c) Ist endlich

(4) $$\mathfrak{r} = \mathfrak{r}(v_1, v_2, v_3) = \sum_1^3 x_i(v_1, v_2, v_3)\,\mathfrak{a}_i,$$

so repräsentiert diese Gl. (4) unter entsprechender Voraussetzung [s. unten Gl. (9)] die Darstellung des räumlichen Ortsvektors $\mathfrak{r}$ als Funktion beliebiger Gaußscher (Laméscher) Koordinaten im *Raum*.

2. Nach Kap. I gelten für die Addition und Subtraktion von Vektoren sowie für ihre Multiplikation und Division mit Zahlen alle Regeln, welche für die entsprechenden Operationen der Arithmetik gültig sind. Auf diesen Regeln, zusammen mit denen für Grenzübergänge, beruhen aber auch die Regeln für die Differentiation von Summen und Produkten, wenn dabei, wie hier vorausgesetzt, die unabhängigen Veränderlichen *Zahl*größen sind. Nur ist dann bei geometrischen Produkten noch auf die *Anordnung* der Faktoren zu achten, falls nämlich die betreffende Produktart nicht das kommutative und assoziative Gesetz befolgt. Mit dieser Einschränkung bleiben also für die Differentiation von Summen und Produkten nach *Zahl*parametern die sonst hiefür gültigen Gesetze in Kraft.

Für den Fall einer *konstanten* Basis $\mathfrak{a}_i$ ergibt sich dann

a) Aus Gl. (2):

$$\dot{\mathfrak{r}} = \frac{d\mathfrak{r}}{dt} = \lim \frac{\Delta \mathfrak{r}}{\Delta t} = \sum_1^3 \frac{dx_i}{dt} \mathfrak{a}_i = \sum_1^3 \dot{x}_i \mathfrak{a}_i \tag{5}$$

$$\ddot{\mathfrak{r}} = \frac{d^2\mathfrak{r}}{dt^2} = \lim \frac{\Delta \dot{\mathfrak{r}}}{\Delta t} = \sum_1^3 \frac{d^2x_i}{dt^2} \mathfrak{a}_i = \sum_1^3 \ddot{x}_i \mathfrak{a}_i . \tag{6}$$

b) Aus Gl. (3) bzw. (4), wobei der Index i von 1 bis 2 oder von 1 bis 3 geht:

$$d\mathfrak{r} = \sum_i \frac{\partial \mathfrak{r}}{\partial v_i} dv_i = \sum_i \mathfrak{r}_i dv_i , \tag{7}$$

mit

$$\mathfrak{r}_i = \frac{\partial \mathfrak{r}}{\partial v_i} = \sum_k^{1-3} \frac{\partial x_k}{\partial v_i} \mathfrak{a}_k \tag{8}$$

und die hiebei für Gl. (4) noch zu erfüllende Bedingung lautet damit

$$\Delta = (\mathfrak{r}_1 \mathfrak{r}_2 \mathfrak{r}_3) = \left(\frac{\partial \mathfrak{r}}{\partial v_1} \frac{\partial \mathfrak{r}}{\partial v_2} \frac{\partial \mathfrak{r}}{\partial v_3}\right) \neq 0 . \tag{9}$$

Für $v_i = x_i$ wird insbesondere $\mathfrak{r}_i = \mathfrak{a}_i$ und speziell für eine *kartesische* Basis $\mathfrak{r}_i = \mathfrak{e}_i$.

Sind auch die Basisvektoren $\mathfrak{a}_i$ selbst veränderlich, so wird

$$\dot{\mathfrak{r}} = \sum_1^3 (\dot{x}_i \mathfrak{a}_i + x_i \dot{\mathfrak{a}}_i) \tag{5'}$$

$$\ddot{\mathfrak{r}} = \sum_1^3 (\ddot{x}_i \mathfrak{a}_i + 2 \dot{x}_i \dot{\mathfrak{a}}_i + x_i \ddot{\mathfrak{a}}_i) \tag{6''}$$

$$(8'') \qquad \mathfrak{r}_i = \sum_k^{1-3} \left(\frac{\partial x_k}{\partial v_i} \mathfrak{a}_k + x_k \frac{\partial \mathfrak{a}_k}{\partial v_i} \right).$$

Als Beispiel hiezu betrachten wir die *Momentanbewegung eines starren Körpers* bei der Bewegung um einen festgehaltenen Punkt O. Wir wählen den letzteren als Ursprung des Ortsvektors $\mathfrak{r}$ nach dem bewegten Körperpunkt P und gleichzeitig als Ursprung eines im Körper festen (mitbewegten) *kartesischen* Koordinatensystems $\mathfrak{e}_i$. Dann ist zunächst stets nach S. 26, Gl. (9′)

$$(10) \qquad \mathfrak{r} = \sum_1^3 x_i \mathfrak{e}_i = \sum_1^3 (\mathfrak{r} \,|\, \mathfrak{e}_i)\, \mathfrak{e}_i$$

und bei Differentiation nach der Zeit t als Parameter noch völlig allgemein

$$(11) \qquad \dot{\mathfrak{r}} = \sum_1^3 (\dot{\mathfrak{r}} \,|\, \mathfrak{e}_i)\, \mathfrak{e}_i + \sum_1^3 (\mathfrak{r} \,|\, \dot{\mathfrak{e}}_i)\, \mathfrak{e}_i + \sum_1^3 (\mathfrak{r} \,|\, \mathfrak{e}_i)\, \dot{\mathfrak{e}}_i .$$

Die erste Summe rechts ist aber identisch gleich $\dot{\mathfrak{r}}$, so daß notwendig

$$(12) \qquad \sum_1^3 (\mathfrak{r} \,|\, \dot{\mathfrak{e}}_i)\, \mathfrak{e}_i + \sum_1^3 (\mathfrak{r} \,|\, \mathfrak{e}_i)\, \dot{\mathfrak{e}}_i = 0$$

wird. Andrerseits sind die Koordinaten x_i des im Körper festen Punktes P für das mitgeführte Koordinatensystem bei der Bewegung konstant, so daß aus Gl. (10) direkt auch folgt:

$$(13) \qquad \dot{\mathfrak{r}} = \sum_1^3 x_i \dot{\mathfrak{e}}_i = \sum_1^3 (\mathfrak{r} \,|\, \mathfrak{e}_i)\, \dot{\mathfrak{e}}_i .$$

Daher ist nach (12) auch $\dot{\mathfrak{r}} = \sum_1^3 (\mathfrak{r} \,|\, \mathfrak{e}_i)\, \dot{\mathfrak{e}}_i = -\sum_1^3 (\mathfrak{r} \,|\, \dot{\mathfrak{e}}_i)\, \mathfrak{e}_i$ oder

$$(14) \qquad \dot{\mathfrak{r}} = \frac{1}{2} \sum_1^3 \{(\mathfrak{r} \,|\, \mathfrak{e}_i)\, \dot{\mathfrak{e}}_i - (\mathfrak{r} \,|\, \dot{\mathfrak{e}}_i)\, \mathfrak{e}_i\} = \frac{1}{2} \sum_1^3 [[\mathfrak{e}_i \dot{\mathfrak{e}}_i]\, \mathfrak{r}],$$

d. h.

$$(14') \qquad \dot{\mathfrak{r}} = [\mathfrak{u}\,\mathfrak{r}], \quad \text{für } \mathfrak{u} = \frac{1}{2} \sum_1^3 [\mathfrak{e}_i \dot{\mathfrak{e}}_i].$$

Damit ist aber die Momentanbewegung um O gedeutet als momentane Drehung um eine *Achse* durch O mit Winkelgeschwindigkeit

$$(15) \qquad \mathfrak{u} = \frac{1}{2} \sum_1^3 [\mathfrak{e}_i \dot{\mathfrak{e}}_i],$$

für welche zugleich in Gl. (15) ein in den $\mathfrak{e}_i$ und in den $\dot{\mathfrak{e}}_i$ symmetrischer Ausdruck gewonnen ist. Wir stellen weitere Anwendungen hier zurück und wenden uns sogleich zu dem grundlegenden Problem des räumlichen Felds.

§ 8. Differentialoperationen im räumlichen Skalar- und Vektorfeld

Ein Skalar φ oder ein Vektor $\mathfrak{v}$ sei eine eindeutige Funktion des Ortes P. Wir legen den letzteren fest durch seinen aus einem *festen* Ursprung O gezogenen Ortsvektor $\mathfrak{r}$. Derselbe sei gegeben als stetige und differentiierbare Funktion von drei beliebigen unabhängigen Parametern (Koordinaten) v_i:

$$\mathfrak{r} = \mathfrak{r}(v_1, v_2, v_3), \tag{1}$$

im Sinne von § 7, Gl. (4). Für $v_i = x_i$ und eine kartesische Basis wird insbesondere

$$\mathfrak{r} = x_1\mathfrak{e}_1 + x_2\mathfrak{e}_2 + x_3\mathfrak{e}_3 = \sum_1^3 x_i\mathfrak{e}_i. \tag{1'}$$

Aus (1) folgt dann

$$d\mathfrak{r} = \sum_1^3 \frac{\partial\mathfrak{r}}{\partial v_i} dv_i = \sum_1^3 \mathfrak{r}_i dv_i = \sum_1^3 (\mathfrak{r}^i | d\mathfrak{r})\,\mathfrak{r}_i, \tag{2}$$

denn es ist

$$(\mathfrak{r}^i | d\mathfrak{r}) = dv_i. \tag{3}$$

Auch muß für unabhängige Parameter nach § 7, Gl. (9) stets

$$\triangle = (\mathfrak{r}_1\mathfrak{r}_2\mathfrak{r}_3) \tag{4}$$

von Null verschieden sein. Die $\mathfrak{r}^i$ bilden dabei an jeder Stelle die zu den $\mathfrak{r}_i$ *reziproke Basis* im Sinne von S. 25, § 5. Es ist daher

$$\mathfrak{r}^1 = \frac{[\mathfrak{r}_2\mathfrak{r}_3]}{\triangle}; \quad \mathfrak{r}^2 = \frac{[\mathfrak{r}_3\mathfrak{r}_1]}{\triangle}; \quad \mathfrak{r}^3 = \frac{[\mathfrak{r}_1\mathfrak{r}_2]}{\triangle}. \tag{5}$$

Andrerseits wird nun wegen Gl. (1) auch

$$\varphi = \varphi(\mathfrak{r}) = \varphi(v_1, v_2, v_3) \tag{6}$$

$$\mathfrak{v} = \mathfrak{v}(\mathfrak{r}) = \mathfrak{v}(v_1, v_2, v_3). \tag{7}$$

Beispiele für solche Ortsfunktionen bilden u. a. die Temperaturverteilung in einem ungleichmäßig temperierten Körper bzw. irgendein mit dem Ort veränderliches Kraftfeld im Raum. Wir setzen nun auch die Funktionen φ und $\mathfrak{v}$ als stetig und differentiierbar voraus und erhalten aus Gl. (6) bzw. Gl. (7) wegen Gl. (3):

$$d\varphi = \sum_1^3 \frac{\partial\varphi}{\partial v_i} dv_i = \sum_1^3 \varphi_i dv_i = \sum_1^3 (\mathfrak{r}^i | d\mathfrak{r})\,\varphi_i \tag{8}$$

$$d\mathfrak{v} = \sum_1^3 \frac{\partial\mathfrak{v}}{\partial v_i} dv_i = \sum_1^3 \mathfrak{v}_i dv_i = \sum_1^3 (\mathfrak{r}^i | d\mathfrak{r})\,\mathfrak{v}_i, \tag{9}$$

d. h.

(8') $$d\varphi = \mathfrak{F}\,d\mathfrak{r}; \quad \mathfrak{F} = \sum_1^3 \mathfrak{r}^i, \varphi_i$$

(9') $$d\mathfrak{v} = \mathfrak{V}\,d\mathfrak{r}; \quad \mathfrak{V} = \sum_1^3 \mathfrak{r}^i, \mathfrak{v}_i$$

Diese Gleichungen enthalten bereits den *Fundamentalsatz der Feldanalysis*:

„*Das Differential einer Feldfunktion ist stets eine lineare homogene Funktion der zugehörigen infinitesimalen Ortsveränderung* $d\mathfrak{r}$."

Für krummlinige Koordinaten v_i bilden dabei die $\mathfrak{r}_i = \frac{\partial \mathfrak{r}}{\partial v_i}$ eine im allgemeinen von Punkt zu Punkt veränderliche „*lokale* Basis", welche für $\mathfrak{r} = \sum_1^3 v_i \mathfrak{e}_i$ in eine im ganzen Raum konstante kartesische Basis $\mathfrak{r}^i = \mathfrak{r}_i = \mathfrak{e}_i$ übergeht.

Aus Gl. (8) bzw. Gl. (9) ergibt sich weiter als „*Richtungsableitung*" der Feldgröße φ, bzw. $\mathfrak{v}$, in Richtung $d\mathfrak{r}$, für $\operatorname{mod} d\mathfrak{r} = ds$ und $\frac{d\mathfrak{r}}{ds} = \mathfrak{t}$:

(10) $$\frac{\partial \varphi}{\partial s} = \mathfrak{F}\frac{d\mathfrak{r}}{ds} = \sum_1^3 (\mathfrak{r}^i\,|\,\mathfrak{t})\,\varphi_i$$

(11) $$\frac{\partial \mathfrak{v}}{\partial s} = \mathfrak{V}\frac{d\mathfrak{r}}{ds} = \sum_1^3 (\mathfrak{r}^i\,|\,\mathfrak{t})\,\mathfrak{v}_i.$$

An jeder Stelle des Feldes ergeben sich sodann unmittelbar mehrere basisunabhängige „*Differentialinvarianten*", nämlich

1. für das *Skalar*feld φ:

a) der Ableitungslineator $\mathfrak{F} = \sum_1^3 \mathfrak{r}^i, \varphi_i = \sum_1^3 \mathfrak{r}^i, \mathfrak{F}\mathfrak{r}_i$ (12)

b) der Vektor $\operatorname{grad} \varphi = \sum_1^3 \mathfrak{r}^i \varphi_i$ (13)

2. für das *Vektor*feld $\mathfrak{v}$:

a) der Ableitungsaffinor $\mathfrak{V} = \operatorname{grad} \mathfrak{v} = \sum_1^3 \mathfrak{r}^i, \mathfrak{v}_i$ (14)

b) der Skalar $\operatorname{div} \mathfrak{v} = \sum_1^3 \mathfrak{r}^i\,|\,\mathfrak{v}_i$ (15)

c) der Vektor $\operatorname{rot} \mathfrak{v} = \sum_1^3 [\mathfrak{r}^i \mathfrak{v}_i]$. (16)

Die beiden letzteren sind offenbar die skalare und die vektorielle Spur von $\mathfrak{V}$, und in Gl. (13) treten die $\varphi_i = \frac{\partial \varphi}{\partial v_i}$ direkt als kovariante Komponenten des

Vektors grad φ auf. Manchmal wird, in Analogie zu Gl. (14), neben (13) auch der Ableitungslineator $\mathfrak{F} = \sum_1^3 \mathfrak{r}^i, \varphi_i$ der Gradient von φ genannt.

Der hier auftretende lokale Lineator (Affinor) ist zugleich das erste Beispiel eines von Punkt zu Punkt veränderlichen „lokalen" Lineator-(Affinor-)Felds. Man schreibt ferner auch für jedes Argument $\mathfrak{x}$

(17) $$\mathfrak{F}\mathfrak{x} = \sum_1^3 (\mathfrak{r}^i \,|\, \mathfrak{x})\varphi_i = (\mathfrak{x}\,\mathrm{grad})\varphi^{*)} = \mathrm{grad}\,\varphi \,|\, \mathfrak{x}$$

(18) $$\mathfrak{V}\mathfrak{x} = \sum_1^3 (\mathfrak{r}^i \,|\, \mathfrak{x})\,\mathfrak{v}_i = (\mathfrak{x}\,\mathrm{grad})\,\mathfrak{v}^{*)}.$$

Damit sind bereits alle Differentialoperationen erster Ordnung gefunden, mit denen die *Vektor*analysis zu arbeiten pflegt, deren Deutung aber noch zu geben ist.

Ist allgemein $V = V(\mathfrak{r})$ irgendeine stetige und differentiierbare Ortsfunktion im Raum, so wird $dV = \mathfrak{V} d\mathfrak{r}$, mit $\mathfrak{V} = \sum \mathfrak{r}^i, \frac{\partial V}{\partial v_i}$, und

(19) $$J = \sum_1^3 \mathfrak{r}^i \circ \mathfrak{V}\mathfrak{r}_i = \sum_1^3 \mathfrak{r}^i \circ \frac{\partial V}{\partial v_i}$$

ist *Invariante* für *jede* zulässige Art „$\circ$" der Multiplikation. Da weiter auch der Differentiationsprozeß distributiv ist zu jeder Art von Addition, so hat der *„Differentiator"* $\nabla = \sum_1^3 \mathfrak{r}^i \circ \frac{\partial(\;)}{\partial v_i}$ die Eigenschaften eines Faktors, d. h. es ist

(20) $$\nabla(\sum V) = \sum(\nabla V).$$

Damit ist aber *Hamiltons „Nabla-Operator"* für Ortsfunktionen beliebiger Art und für eine beliebige, auch ortsveränderliche, Basis erklärt und seine invariantenbildende Wirkung erkannt.

Zunächst folgt aus

(21) $$d\varphi = \sum_1^3 \varphi_i dv_i = \sum_1^3 \varphi_i (\mathfrak{r}^i \,|\, d\mathfrak{r}) = \left(\sum_1^3 \varphi_i \mathfrak{r}^i\right) \,|\, d\mathfrak{r} = \mathrm{grad}\,\varphi \,|\, d\mathfrak{r}:$$

Für alle $d\mathfrak{r}$ senkrecht zu grad φ ist $d\varphi = 0$. D. h. grad φ weist in Richtung der Normalen zur Fläche $\varphi = \mathrm{const.}$ Für $d\mathfrak{r} = \mathfrak{e}\,ds$, mit $\mathrm{mod}\,\mathfrak{e} = +1$, ist weiter

(22) $$d\varphi = \mathrm{grad}\,\varphi \,|\, d\mathfrak{r} = (\mathrm{grad}\,\varphi \,|\, \mathfrak{e})\,ds.$$

Bei gleicher Länge von ds wird deshalb $d\varphi$ am größten für $\mathfrak{e} \,||\, \mathrm{grad}\,\varphi$ und ist positiv, falls $\mathfrak{e}$ mit grad φ gleichgerichtet ist. Daher ist grad φ der *Vektor des größten Anstiegs* der Funktion φ, worauf auch der Name *Gradient* hin-

---

*) Lies: „der nach $\mathfrak{x}$ genommene Gradient von φ, bzw. von $\mathfrak{v}$.

weisen soll. Für $\mathfrak{v} = \operatorname{grad} \varphi$ wird dann in regulären Gebieten für *jeden* Weg von Punkt P_1 nach Punkt P_2:

$$(23) \qquad \int_{P_1}^{P_2} \mathfrak{v} \,|\, d\mathfrak{r} = \int_{P_1}^{P_2} \operatorname{grad} \varphi \,|\, d\mathfrak{r} = \int_{P_1}^{P_2} d\varphi = \varphi_2 - \varphi_1,$$

und für *geschlossene* Kurven wird folglich stets

$$(24) \qquad \oint \mathfrak{v} \,|\, d\mathfrak{r} = 0.$$

Für die *geschlossene* Oberfläche eines einfach zusammenhängenden Bereichs sei $\mathfrak{n}$ der normierte nach außen gerichtete Normalenvektor und $d\sigma$ das stets als positiv betrachtete Oberflächenelement. Mit $d\mathfrak{f} = \mathfrak{n} \cdot d\sigma$ heißt dann $\sum_{\text{Oberfl.}} \mathfrak{v} \,|\, d\mathfrak{f}$ der „*Fluß*" von $\mathfrak{v}$ durch die Oberfläche des Bereichs. Bei Anwendung auf die Oberfläche des infinitesimalen Parallelflachs mit den Kanten $\mathfrak{r}_1 dv_1$, $\mathfrak{r}_2 dv_2$, $\mathfrak{r}_3 dv_3$ ergibt sich sogleich der Wert

$$\begin{aligned}\sum \mathfrak{v} \,|\, d\mathfrak{f} = {} & (\mathfrak{v} + \mathfrak{v}_1 dv_1) \,|\, [\mathfrak{r}_2 \mathfrak{r}_3] dv_2 dv_3 + (\mathfrak{v} + \mathfrak{v}_2 dv_2) \,|\, [\mathfrak{r}_3 \mathfrak{r}_1] dv_3 dv_1 + \\ & + (\mathfrak{v} + \mathfrak{v}_3 dv_3) \,|\, [\mathfrak{r}_1 \mathfrak{r}_2] dv_1 dv_2 \\ & - \{\mathfrak{v} \,|\, [\mathfrak{r}_2 \mathfrak{r}_3] dv_2 dv_3 + \mathfrak{v} \,|\, [\mathfrak{r}_3 \mathfrak{r}_1] dv_3 dv_1 + \mathfrak{v} \,|\, [\mathfrak{r}_1 \mathfrak{r}_2] dv_1 dv_2\} \\ = {} & \{\mathfrak{v}_1 | [\mathfrak{r}_2 \mathfrak{r}_3] + \mathfrak{v}_2 | [\mathfrak{r}_3 \mathfrak{r}_1] + \mathfrak{v}_3 | [\mathfrak{r}_1 \mathfrak{r}_2]\} \, dv_1 dv_2 dv_3,\end{aligned}$$

d. h. nach S. 43, Gl. (5) und S. 44, Gl. (15)

$$(25) \qquad \sum \mathfrak{v} \,|\, d\mathfrak{f} = \sum_1^3 (\mathfrak{v}_i \,|\, \mathfrak{r}^i) \cdot d\tau = \operatorname{div} \mathfrak{v} \cdot d\tau,$$

wenn das Volumelement $(\mathfrak{r}_1 \mathfrak{r}_2 \mathfrak{r}_3) dv_1 dv_2 dv_3 = \triangle \cdot dv, dv_2 dv_3$ mit $d\tau$ bezeichnet wird. Wir finden so die *Deutung von Divergenz* $\mathfrak{v}$ als *Quellstärke* von $\mathfrak{v}$, d. h. als *Quellfluß pro Volumeinheit* des Feldes $\mathfrak{v}$ an der Stelle $\mathfrak{r}$. Ist die Basis der $\mathfrak{r}_i$ im ganzen Raum konstant, so gibt $\mathfrak{v} = \sum_1^3 \lambda^k \mathfrak{r}_k$, also $\frac{\partial \mathfrak{v}}{\partial v_i} = \mathfrak{v}_i = \sum_k \frac{\partial \lambda^k}{\partial v_i} \mathfrak{r}_k$:

$$(26) \qquad \operatorname{div} \mathfrak{v} = \sum_i \mathfrak{v}_i \,|\, \mathfrak{r}^i = \sum_{i,k} \frac{\partial \lambda^k}{\partial v_i} \mathfrak{r}_k \,|\, \mathfrak{r}^i = \sum_i \frac{\partial \lambda^i}{\partial v_i}$$

als Ausdruck für div $\mathfrak{v}$ in den (kontravarianten) Komponenten von $\mathfrak{v}$ nach den $\mathfrak{r}_i$. Derselbe setzt aber eine *konstante* Basis voraus, während Gl. (15) auch für eine *beliebige lokale* Basis gilt. Für eine solche gibt eine kurze Entwicklung in (kontravarianten) Komponenten:

$$(27) \qquad \operatorname{div} \mathfrak{v} = \frac{1}{\triangle} \cdot \sum_1^3 \frac{\partial (\triangle \cdot \lambda^k)}{\partial v_k}.$$

Für ein *beliebiges* Vektorfeld ist für einen geschlossenen Integrationsweg im allgemeinen $Z = \oint \mathfrak{v} \,|\, d\mathfrak{r} \neq 0$. Wir nennen mit Thomson den Wert $\oint \mathfrak{v} \,|\, d\mathfrak{r}$ die „*Zirkulation*" von $\mathfrak{v}$ längs des gewählten geschlossenen Wegs. Angewandt auf den Umfang einer infinitesimalen Masche mit den Kanten $d\mathfrak{r}$ und $\delta\mathfrak{r}$ ist dann

(28) $Z = \mathfrak{v}|d\mathfrak{r} + (\mathfrak{v} + d\mathfrak{v})|\delta\mathfrak{r} - (\mathfrak{v} + \delta\mathfrak{v})|d\mathfrak{r} - \mathfrak{v}|\delta\mathfrak{r} = d\mathfrak{v}|\delta\mathfrak{r} - \delta\mathfrak{v}|d\mathfrak{r},$

wobei die Reihenfolge $d\mathfrak{r} \to \delta\mathfrak{r}$ den Umlaufssinn bestimmt. Zugleich ist aber

$$d\mathfrak{v} = \sum_1^3 \mathfrak{v}_i dv_i = \sum_1^3 (\mathfrak{r}^i|d\mathfrak{r})\,\mathfrak{v}_i$$

$$\delta\mathfrak{v} = \sum_1^3 \mathfrak{v}_i \delta v_i = \sum_1^3 (\mathfrak{r}^i|\delta\mathfrak{r})\,\mathfrak{v}_i.$$

Daher wird

$$(29)\quad \begin{cases} Z = \sum_1^3 \{(\mathfrak{r}^i|d\mathfrak{r})(\mathfrak{v}_i|\delta\mathfrak{r}) - (\mathfrak{r}^i|\delta\mathfrak{r})(\mathfrak{v}_i|d\mathfrak{r})\} = \sum_1^3 \begin{vmatrix} \mathfrak{r}^i|d\mathfrak{r} & \mathfrak{r}^i|\delta\mathfrak{r} \\ \mathfrak{v}_i|d\mathfrak{r} & \mathfrak{v}_i|\delta\mathfrak{r} \end{vmatrix} \\ = \sum_1^3 [\mathfrak{r}^i\mathfrak{v}_i]|[d\mathfrak{r}\,\delta\mathfrak{r}] = rot\,\mathfrak{v}|d\mathfrak{f} = rot\,\mathfrak{v}|\mathfrak{n}\cdot d\sigma. \end{cases}$$

Dabei ist durch $d\mathfrak{f} = [d\mathfrak{r}\,\delta\mathfrak{r}] = \mathfrak{n}\cdot d\sigma$ auch die *Richtung* von $\mathfrak{n}$ bestimmt.

An einer bestimmten Stelle des Vektorfelds ist also die Zirkulation um die Masche $d\mathfrak{r}\,\delta\mathfrak{r}$ am größten, wenn das gewählte Flächenelement auf $\mathrm{rot}\,\mathfrak{v}$ senkrecht steht. Alsdann ist $mod\,(rot\,\mathfrak{v})$ der *Wert der Zirkulation pro Flächeneinheit.* Für jede Basis ist weiter

$$\begin{aligned} \mathrm{rot}\,\mathfrak{v} &= \sum_1^3 [\mathfrak{r}^i\mathfrak{v}_i] = \frac{1}{\triangle}\{[[\mathfrak{r}_2\mathfrak{r}_3]\,\mathfrak{v}_1] + \text{zykl. Glieder}\} \\ &= \frac{1}{\triangle}\{(\mathfrak{r}_2|\mathfrak{v}_1)\,\mathfrak{r}_3 - (\mathfrak{r}_3|\mathfrak{v}_1)\,\mathfrak{r}_2 + \text{zykl. Glieder}\} \\ &= \frac{1}{\triangle}\{(\mathfrak{r}_3|\mathfrak{v}_2 - \mathfrak{r}_2|\mathfrak{v}_3)\,\mathfrak{r}_1 + \text{zykl. Glieder}\} \\ &= \frac{1}{\triangle}\left\{\left(\frac{\partial(\mathfrak{r}_3|\mathfrak{v})}{\partial v_2} - \frac{\partial(\mathfrak{r}_2|\mathfrak{v})}{\partial v_3}\right)\mathfrak{r}_1 + \text{zykl. Glieder}\right\}, \end{aligned}$$

da ja $\frac{\partial\mathfrak{r}_3}{\partial v_2} = \frac{\partial\mathfrak{r}_2}{\partial v_3}$ wird. Für $\mathfrak{v} = \sum_1^3 \lambda_i\mathfrak{r}^i$, d. h. für kovariante Komponenten $\lambda_i = \mathfrak{v}|\mathfrak{r}_i$, wird also

$$(30)\qquad \mathrm{rot}\,\mathfrak{v} = \frac{1}{\triangle}\left\{\left(\frac{\partial\lambda_3}{\partial v_2} - \frac{\partial\lambda_2}{\partial v_3}\right)\mathfrak{r}_1 + \text{zykl. Glieder}\right\}.$$

Für eine *kartesische* Basis insbesondere wird $\triangle = +1$ und

$$(30')\qquad \mathrm{rot}\,\mathfrak{v} = \left(\frac{\partial\lambda_3}{\partial x_2} - \frac{\partial\lambda_2}{\partial x_3}\right)\mathfrak{e}_1 + \text{zykl. Glieder},$$

wie man für eine solche Basis auch unmittelbar erhält.

Der basisinvariante Ableitungsaffinor $\mathfrak{V} = \sum_1^3 \mathfrak{r}^i, \mathfrak{v}_i$ des Vektorfelds $\mathfrak{v} = \mathfrak{v}(\mathfrak{r})$ bestimmt u. a. die skalare Bilinearform

$$(31)\qquad Q = \mathfrak{y}|\mathfrak{V}\mathfrak{x} = \sum_1^3 (\mathfrak{r}^i|\mathfrak{x})(\mathfrak{y}|\mathfrak{v}_i)$$

mit den kovarianten Komponenten

$$(32) \qquad Q_{kh} = \mathfrak{r}_k | \mathfrak{V} \mathfrak{r}_h = \sum_i (\mathfrak{r}^i | \mathfrak{r}_h)(\mathfrak{r}_k | \mathfrak{v}_i) = \mathfrak{r}_k | \mathfrak{v}_h$$

und mit der Verjüngung div $\mathfrak{v}$. Dieser *Tensor* wird in der Tensorrechnung nach *A. Einstein* auch die „*Erweiterung*" des (Feld)-Vektors $\mathfrak{v}$ genannt. Für

$$\mathfrak{v} = \sum_1^3 x_l \mathfrak{r}^l, \quad \text{also} \quad \mathfrak{v}_h = \sum_l \frac{\partial x_l}{\partial v_h} \mathfrak{r}^l + \sum_l x_l \frac{\partial \mathfrak{r}^l}{\partial v_h},$$

werden seine Komponenten

$$(32') \quad Q_{kh} = \sum_l \frac{\partial x_l}{\partial v_h} (\mathfrak{r}_k | \mathfrak{r}^l) + \sum_l x_l \left(\mathfrak{r}_k \,\middle|\, \frac{\partial \mathfrak{r}^l}{\partial v_h} \right) = \frac{\partial x_k}{\partial v_h} - \sum_l x_l \left(\frac{\partial^2 \mathfrak{r}}{\partial v_k \, \partial v_h} \,\middle|\, \mathfrak{r}^l \right),$$

wegen $\mathfrak{r}_k \left| \frac{\partial \mathfrak{r}^l}{\partial v_h} + \frac{\partial^2 \mathfrak{r}}{\partial v_k \, \partial v_h} \right| \mathfrak{r}^l = 0$. Es treten dabei bereits die sogenannten „*Christoffelsymbole*" $\left\{ \begin{matrix} k\ h \\ l \end{matrix} \right\} = \frac{\partial^2 \mathfrak{r}}{\partial v_k \, \partial v_h} \bigg| \mathfrak{r}^l$ auf, von denen in Kapitel III noch ausführlich zu reden ist.

Ist allgemeiner der „Tensor" $T(\mathfrak{x}, \mathfrak{y}, \mathfrak{z}, \cdots U, V, W, \cdots)$ eine beliebige homogene Multilinearform in den Vektoren $\mathfrak{x}, \mathfrak{y}, \mathfrak{z}, \cdots$ und ebenso vielen skalaren oder vektoriellen Ortsfunktionen $U = U(\mathfrak{r})$, $V = V(\mathfrak{r})$, $W = W(\mathfrak{r})$, $\cdots$, mit den lokalen Lineatoren (Affinoren) $\mathfrak{U} = \sum_1^3 \mathfrak{r}^h, U_h$; $\mathfrak{V} = \sum_1^3 \mathfrak{r}^i, V_i$; $\mathfrak{W} = \sum_1^3 \mathfrak{r}^k, W_k$; $\cdots$ so ist stets

$$(33) \qquad J = \sum_{h,i,k} T \Big(\mathfrak{r}^h, \mathfrak{r}^i, \mathfrak{r}^k, \cdots, \underbrace{\mathfrak{U} \mathfrak{r}_h}_{= U_h}, \underbrace{\mathfrak{V} \mathfrak{r}_i}_{= V_i}, \underbrace{\mathfrak{W} \mathfrak{r}_k}_{= W_k}, \cdots \Big)$$

als mehrfach verjüngte Form eine basisunabhängige, aber mit dem Ort veränderliche *Differentialinvariante* von T. Die Formel (33) zeigt zugleich wieder die Zweckmäßigkeit der abkürzenden Bezeichnung der partiellen Ableitungen der Ortsfunktionen nach den v_i durch *untere* Indizes: $U_h = \frac{\partial U}{\partial v_h} = \mathfrak{U} \mathfrak{r}_h$, usw.

§ 9. Beispiele zu den Differentialoperationen der Vektoranalysis

Im vorhergehenden Paragraphen wurden die grundlegenden Differentialoperationen der Vektoranalysis nicht, wie sonst üblich, mittels der *Komponenten* der Feldgrößen und ihrer partiellen Ableitungen definiert. Sie wurden vielmehr direkt in basisinvarianter Form als Funktionen der Ableitungen der Feldgrößen selbst nach den Parametern eingeführt:

$$(1) \qquad (\mathfrak{x} \,\mathrm{grad})\, \varphi = \sum_1^3 (\mathfrak{r}^i | \mathfrak{x}) \frac{\partial \varphi}{\partial v_i} = \sum_1^3 (\mathfrak{r}^i | \mathfrak{x}) \varphi_i = \mathfrak{x} | \mathrm{grad}\, \varphi$$

(2) $$\operatorname{grad}\varphi = \sum_1^3 \mathfrak{r}^i \varphi_i$$

(3) $$(\mathfrak{x}\operatorname{grad})\mathfrak{v} = \sum_1^3 (\mathfrak{r}_i|\mathfrak{x})\frac{\partial \mathfrak{v}}{\partial v_i} = \sum_1^3 (\mathfrak{r}^i|\mathfrak{x})\,\mathfrak{v}_i = \mathfrak{V}\mathfrak{x}$$

(4) $$\mathfrak{V} = \operatorname{grad}\mathfrak{v} = \sum_1^3 \mathfrak{r}^i,\mathfrak{v}_i$$

(5) $$\operatorname{div}\mathfrak{v} = \sum_1^3 \mathfrak{r}^i|\mathfrak{v}_i$$

(6) $$\operatorname{rot}\mathfrak{v} = \sum_1^3 [\mathfrak{r}^i\mathfrak{v}_i].$$

Diese scheinbar geringfügige Änderung der Darstellung ermöglicht aber für die weitere theoretische Entwicklung wie für die praktische Anwendung eine wesentliche Vereinheitlichung und Vereinfachung. Vor allem bleiben unsre Formeln (1) bis (6) gleichermaßen für kartesische wie für krummlinige Koordinaten in Kraft. Wir wenden dieselben in diesem Paragraphen auf einige einfache und wichtige Sonderfälle an und benutzen dabei häufig die wichtige Identität von S. 26, Gl. (9):

(7) $$\mathfrak{x} = \sum_1^3 (\mathfrak{r}^i|\mathfrak{x})\,\mathfrak{r}_i = \sum_1^3 (\mathfrak{r}_i|\mathfrak{x})\,\mathfrak{r}^i.$$

Für jeden unabhängigen Parameter v_k ist, wegen $\frac{\partial v_k}{\partial v_k} = 1$ und $\frac{\partial v_k}{\partial v_i} = 0$,

(8) $$\operatorname{grad} v_k = \sum_i \mathfrak{r}^i \frac{\partial v_k}{\partial v_i} = \mathfrak{r}^k.$$

Damit erhalten die reziproken Basisvektoren $\mathfrak{r}^k$ eine unmittelbare geometrische Deutung als Gradientenvektoren der Parameterflächen $v_k = \text{const}$.

Für jeden konstanten Vektor $\mathfrak{a}$ ist

(9) $$\operatorname{grad}(\mathfrak{a}|\mathfrak{r}) = \sum_1^3 \mathfrak{r}^i(\mathfrak{a}|\mathfrak{r})_i{}^{*)} = \sum_1^3 \mathfrak{r}^i(\mathfrak{a}|\mathfrak{r}_i) = \mathfrak{a}.$$

Mit $r = \operatorname{mod}\mathfrak{r}$, also $r^2 = \mathfrak{r}|\mathfrak{r}$ und $r_i = \frac{\mathfrak{r}|\mathfrak{r}_i}{r}$, wird

(10) $$\operatorname{grad} r^n = \sum_1^3 \mathfrak{r}^i(r^n)_i = n r^{n-1}\sum_1^3 \mathfrak{r}^i r_i = n r^{n-2}\sum_1^3 \mathfrak{r}^i(\mathfrak{r}|\mathfrak{r}_i) = n r^{n-2}\mathfrak{r}.$$

Insbesondere wird:

(10a) $$\operatorname{grad} r^2 = 2\mathfrak{r}$$

*) Wir bezeichnen die Ableitungen nach den unabhängigen Parametern stets durch untere Indizes.

(10b) $$\operatorname{grad} r = r^{-1}\mathfrak{r} = \frac{\mathfrak{r}}{r} = \text{Einheitsvektor in Richtung } \mathfrak{r}$$

(10c) $$\operatorname{grad}\left(\frac{1}{r}\right) = \frac{-\mathfrak{r}}{r^3} = \mathfrak{g} \text{ (zur Abkürzung).}$$

Weiter ist

(11) $$(\mathfrak{x} \operatorname{grad})\, \mathfrak{r} = \sum_1^3 (\mathfrak{r}^i|\mathfrak{x})\, \mathfrak{r}_i = \mathfrak{x}$$

(12) $$\operatorname{div} \mathfrak{r} = \sum_1^3 (\mathfrak{r}^i|\mathfrak{r}_i) = 3$$

(13) $$\operatorname{rot} \mathfrak{r} = \sum_1^3 [\mathfrak{r}^i \mathfrak{r}_i] = \sum_{i,k} g^{ik}[\mathfrak{r}_k \mathfrak{r}_i] = 0,$$

wegen $g^{ik} = g^{ki}$, aber $[\mathfrak{r}_i \mathfrak{r}_k] = -[\mathfrak{r}_k \mathfrak{r}_i]$.

(14) $$(\mathfrak{x} \operatorname{grad})[\mathfrak{a}\mathfrak{r}] = \sum_1^3 (\mathfrak{r}^i|\mathfrak{x})[\mathfrak{a}\mathfrak{r}]_i = \sum_1^3 (\mathfrak{r}^i|\mathfrak{x})[\mathfrak{a}\mathfrak{r}_i] = \left[\mathfrak{a}\sum_1^3 (\mathfrak{r}^i|\mathfrak{x})\mathfrak{r}_i\right] = [\mathfrak{a}\mathfrak{x}].$$

(15) $$\operatorname{div}[\mathfrak{a}\mathfrak{r}] = \sum_1^3 \mathfrak{r}^i|[\mathfrak{a}\mathfrak{r}]_i = \sum_1^3 \mathfrak{r}^i|[\mathfrak{a}\mathfrak{r}_i] = \sum_1^3 [\mathfrak{r}_i\mathfrak{r}^i]|\mathfrak{a} = 0.$$

(16) $$\begin{cases} \operatorname{rot}[\mathfrak{a}\mathfrak{r}] = \sum_1^3 [\mathfrak{r}^i[\mathfrak{a}\mathfrak{r}]_i] = \sum_1^3 [\mathfrak{r}^i[\mathfrak{a}\mathfrak{r}_i]] = \sum_1^3 \{(\mathfrak{r}^i|\mathfrak{r}_i)\mathfrak{a} - (\mathfrak{r}^i|\mathfrak{a})\mathfrak{r}_i\} \\ \qquad = 3\mathfrak{a} - \mathfrak{a} = 2\mathfrak{a}. \end{cases}$$

(17) $$\begin{cases} (\mathfrak{x} \operatorname{grad})\left(\frac{\mathfrak{a}}{r}\right) = \sum_1^3 (\mathfrak{r}^i|\mathfrak{x})\left(\frac{\mathfrak{a}}{r}\right)_i = -\sum_1^3 (\mathfrak{r}^i|\mathfrak{x})\frac{\mathfrak{a}\, r_i}{r^2} \\ \qquad = -\sum_1^3 \frac{(\mathfrak{r}|\mathfrak{r}_i)(\mathfrak{r}^i|\mathfrak{x})\,\mathfrak{a}}{r^3} = -\frac{(\mathfrak{r}|\mathfrak{x})\,\mathfrak{a}}{r^3} = (\mathfrak{g}|\mathfrak{x})\,\mathfrak{a}. \end{cases}$$

(18) $$\operatorname{div}\left(\frac{\mathfrak{a}}{r}\right) = \sum_1^3 \mathfrak{r}^i\Big|\left(\frac{\mathfrak{a}}{r}\right)_i = -\sum_1^3 \frac{\mathfrak{r}^i|(\mathfrak{r}|\mathfrak{r}_i)\,\mathfrak{a}}{r^3} = -\frac{\mathfrak{r}|\mathfrak{a}}{r^3} = \mathfrak{g}|\mathfrak{a}.$$

(19) $$\operatorname{rot}\left(\frac{\mathfrak{a}}{r}\right) = \sum_1^3 \left[\mathfrak{r}^i\left(\frac{\mathfrak{a}}{r}\right)_i\right] = -\frac{\sum_1^3 [\mathfrak{r}^i(\mathfrak{r}|\mathfrak{r}_i)\,\mathfrak{a}]}{r^3} = -\frac{[\mathfrak{r}\mathfrak{a}]}{r^3} = [\mathfrak{g}\mathfrak{a}].$$

Ein radiales Vektorfeld sei ferner für $\lambda = \text{const}$ gegeben durch

(20) $$\mathfrak{v} = \lambda r^n \mathfrak{r} = \operatorname{grad}\left(\frac{\lambda r^{n+2}}{n+2}\right).$$

Für dasselbe ist offenbar der Ursprung ein singulärer Punkt für $n < 0$. Dann wird $\mathfrak{v}_i = \lambda n r^{n-1} r_i \mathfrak{r} + \lambda r^n \mathfrak{r}_i = \lambda r^{n-2}\{n(\mathfrak{r}|\mathfrak{r}_i)\mathfrak{r} + r^2\mathfrak{r}_i\}$ und damit

(21) $$\begin{cases} (\mathfrak{x} \operatorname{grad})(\lambda r^n \mathfrak{r}) = \sum_1^3 (\mathfrak{r}^i|\mathfrak{x})\,\mathfrak{v}_i = \sum_1^3 (\mathfrak{r}^i|\mathfrak{x})\,\lambda r^{n-2}\{n(\mathfrak{r}|\mathfrak{r}_i)\mathfrak{r} + r^2\mathfrak{r}_i\} \\ \qquad = \lambda n r^{n-2}(\mathfrak{r}|\mathfrak{x})\,\mathfrak{r} + \lambda r^n \mathfrak{x}. \end{cases}$$

$$(22)\quad \begin{cases} \operatorname{div}(\lambda r^n \mathfrak{r}) = \sum\limits_1^3 \mathfrak{r}^i | \mathfrak{v}_i = \lambda r^{n-2} \sum\limits_1^3 \{n(\mathfrak{r}|\mathfrak{r}_i)(\mathfrak{r}^i|\mathfrak{r}) + r^2(\mathfrak{r}^i|\mathfrak{r}_i)\} \\ \quad = \lambda n r^{n-2}\mathfrak{r}|\mathfrak{r} + \lambda r^{n-2}\cdot 3r^2 = \lambda r^n(n+3), \end{cases}$$

also überall $= 0$, für $n = -3$ (Newtons Fall).

$$(23)\quad \begin{cases} \operatorname{rot}(\lambda r^n \mathfrak{r}) = \sum\limits_1^3 [\mathfrak{r}^i \mathfrak{v}_i] = \lambda r^{n-2} \sum\limits_1^3 \{n(\mathfrak{r}|\mathfrak{r}_i)[\mathfrak{r}^i \mathfrak{r}] + r^2[\mathfrak{r}^i \mathfrak{r}_i]\} \\ \quad = \lambda r^{n-2}\{n[\mathfrak{r}\mathfrak{r}] + r^2 \sum\limits_1^3 [\mathfrak{r}^i \mathfrak{r}_i]\} = 0. \end{cases}$$

Ist insbesondere $\lambda = 1$ und $n = -1$, so wird

$$(21\,a)\quad (\mathfrak{x}\operatorname{grad})\left(\frac{\mathfrak{r}}{r}\right) = -\frac{(\mathfrak{r}|\mathfrak{x})}{r^3}\mathfrak{r} + \frac{\mathfrak{x}}{r}$$

$$(22\,a)\quad \operatorname{div}\left(\frac{\mathfrak{r}}{r}\right) = \frac{2}{r}$$

$$(23\,a)\quad \operatorname{rot}\left(\frac{\mathfrak{r}}{r}\right) = 0.$$

Ebenso wird für $\mathfrak{v} = \mathfrak{g} = \frac{-\mathfrak{r}}{r^3}$, d. h. für $\lambda = -1$ und $n = -3$:

$$(21\,b)\quad (\mathfrak{x}\operatorname{grad})\,\mathfrak{g} = 3r^{-5}(\mathfrak{r}|\mathfrak{x})\,\mathfrak{r} - r^{-3}\mathfrak{x}$$

$$(22\,b)\quad \operatorname{div}\mathfrak{g} = 0$$

$$(23\,b)\quad \operatorname{rot}\mathfrak{g} = 0.$$

Endlich wird, wegen $\mathfrak{g}_i = \frac{3\mathfrak{r}r_i}{r^4} - \frac{\mathfrak{r}_i}{r^3}$:

$$(24)\quad \begin{cases} (\mathfrak{x}\operatorname{grad})[\mathfrak{a}\mathfrak{g}] = \sum\limits_1^3 (\mathfrak{r}^i|\mathfrak{x})[\mathfrak{a}\mathfrak{g}]_i = \sum\limits_1^3 (\mathfrak{r}^i|\mathfrak{x})[\mathfrak{a}\mathfrak{g}_i] \\ \quad = \sum\limits_1^3 \left\{\frac{(\mathfrak{r}^i|\mathfrak{x})\,3(\mathfrak{r}|\mathfrak{r}_i)[\mathfrak{a}\mathfrak{r}]}{r^5} - \frac{(\mathfrak{r}^i|\mathfrak{x})[\mathfrak{a}\mathfrak{r}_i]}{r^3}\right\} = \frac{3(\mathfrak{r}|\mathfrak{x})[\mathfrak{a}\mathfrak{r}]}{r^5} - \frac{[\mathfrak{a}\mathfrak{x}]}{r^3} \end{cases}$$

$$(25)\quad \operatorname{div}[\mathfrak{a}\mathfrak{g}] = \sum\limits_1^3 \mathfrak{r}^i|[\mathfrak{a}\mathfrak{g}_i] = -\sum\limits_1^3 [\mathfrak{r}^i\mathfrak{g}_i]|\mathfrak{a} = -\operatorname{rot}\mathfrak{g}|\mathfrak{a} = 0, \text{ lt. oben Gl. (23 b).}$$

$$(26)\quad \begin{cases} \operatorname{rot}[\mathfrak{a}\mathfrak{g}] = \sum\limits_1^3 [\mathfrak{r}^i[\mathfrak{a}\mathfrak{g}_i]] = \sum\limits_1^3 \{(\mathfrak{r}^i|\mathfrak{g}_i)\mathfrak{a} - (\mathfrak{r}^i|\mathfrak{a})\mathfrak{g}_i\} \\ \quad = \operatorname{div}\mathfrak{g}\cdot\mathfrak{a} - (\mathfrak{a}\operatorname{grad})\,\mathfrak{g} = -(\mathfrak{a}\operatorname{grad})\,\mathfrak{g}, \text{ lt. oben Gl. (22 b).} \end{cases}$$

Es sei noch der Skalar φ eine Funktion der Entfernung r zweier Punkte mit den Ortsvektoren $\mathfrak{p}$ und $\mathfrak{q}$. Dann aber ist φ nur dann eine *Orts*funktion, falls entweder $\mathfrak{p}$ oder $\mathfrak{q}$ konstant gehalten wird. Nun ist beidemal $r^2 = (\mathfrak{q}-\mathfrak{p})|(\mathfrak{q}-\mathfrak{p})$,

$$r_i = \frac{(\mathfrak{q}-\mathfrak{p})|(\mathfrak{q}-\mathfrak{p})_i}{r} \quad \text{und} \quad \operatorname{grad}\varphi = \sum_1^3 \mathfrak{r}^i\varphi_i = \sum_1^3 \mathfrak{r}^i \frac{d\varphi}{dr} r_i.$$

a) Für $\mathfrak{p} = \text{const}$ wird $\mathfrak{q} = \mathfrak{r}$ und $(\mathfrak{q} - \mathfrak{p})_i = \mathfrak{r}_i$. Folglich ist dann

$$(27) \qquad \operatorname{grad}_{\mathfrak{q}} \varphi = \sum_1^3 \mathfrak{r}^i \varphi_i = \frac{d\varphi}{dr} \sum_1^3 \frac{\{((\mathfrak{q}-\mathfrak{p}) \,|\, \mathfrak{r}_i)\} \mathfrak{r}^i}{r} = \frac{d\varphi}{dr} \frac{(\mathfrak{q}-\mathfrak{p})}{r}.$$

b) Für $\mathfrak{q} = \text{const}$ wird jedoch $\mathfrak{p} = \mathfrak{r}$ und $(\mathfrak{q} - \mathfrak{p})_i = -\mathfrak{r}_i$. Also wird

$$(28) \quad \operatorname{grad}_{\mathfrak{p}} \varphi = \sum_1^3 \mathfrak{r}^i \varphi_i = -\frac{d\varphi}{dr} \sum_1^3 \frac{\{((\mathfrak{q}-\mathfrak{p}) \,|\, \mathfrak{r}_i)\} \mathfrak{r}^i}{r} = -\frac{d\varphi}{dr} \frac{(\mathfrak{q}-\mathfrak{p})}{r} = -\operatorname{grad}_{\mathfrak{q}} \varphi.$$

§ 10. Zerlegungsformeln für die Differentialoperationen im Skalar- und Vektorfeld

Jede Differentiation ist bekanntlich distributiv zur Addition und erlaubt das Herausziehen konstanter Zahlfaktoren *vor* der Differentiation. Und da die Differentialoperationen der Vektoranalysis in den Ableitungen linear sind, so gilt auch für die Bildung solcher Differentialoperationen an skalaren und vektoriellen Ausdrücken der Form $F = \sum_k c_k F_k$ sofort das Gesetz

$$\text{Diff.-Oper.}\,(F) = \sum_k c_k \cdot \text{Diff.-Oper.}\,(F_k).$$

Es bleibt also nur noch die Betrachtung von Ausdrücken, welche *Produkte* von Feldfunktionen sind.

I. Bildungen erster Ordnung:

Man erhält:

$$(1) \quad \operatorname{grad}(\varphi\psi) = \sum_1^3 \mathfrak{r}^i (\varphi\psi)_i = \left(\sum_1^3 \mathfrak{r}^i \varphi_i\right)\psi + \left(\sum_1^3 \mathfrak{r}^i \psi_i\right)\varphi = \psi \operatorname{grad}\varphi + \varphi \operatorname{grad}\psi$$

und entsprechend für mehr als 2 Faktoren, z. B.

$$\operatorname{grad}(\varphi\psi\chi) = \psi\chi \cdot \operatorname{grad}\varphi + \chi\varphi \operatorname{grad}\psi + \varphi\psi \cdot \operatorname{grad}\chi.$$

$$(2) \qquad \operatorname{grad}(\mathfrak{u} \,|\, \mathfrak{v}) = \sum_1^3 \mathfrak{r}^i (\mathfrak{u} \,|\, \mathfrak{v})_i = \sum_1^3 \{\mathfrak{r}^i (\mathfrak{u}_i \,|\, \mathfrak{v}) + \mathfrak{r}^i (\mathfrak{u} \,|\, \mathfrak{v}_i)\} = \overline{\mathfrak{U}}\mathfrak{v} + \overline{\mathfrak{V}}\mathfrak{u}$$

[lt. S. 31, Gl. (15)/(16)].

Wegen

$$\sum_1^3 [[\mathfrak{r}^i \mathfrak{u}_i] \mathfrak{v}] = \sum_1^3 \{(\mathfrak{r}^i | \mathfrak{v})\, \mathfrak{u}_i - (\mathfrak{u}_i | \mathfrak{v})\, \mathfrak{r}^i\} \quad \text{und} \quad \sum_1^3 [[\mathfrak{r}^i \mathfrak{v}_i] \mathfrak{u}] = \sum_1^3 \{(\mathfrak{r}^i | \mathfrak{u})\, \mathfrak{v}_i - (\mathfrak{v}_i | \mathfrak{u})\, \mathfrak{r}^i\}$$

ist aber auch

$$(2') \qquad \operatorname{grad}(\mathfrak{u} \,|\, \mathfrak{v}) = (\mathfrak{v} \operatorname{grad})\, \mathfrak{u} + (\mathfrak{u} \operatorname{grad})\, \mathfrak{v} + [\mathfrak{v} \operatorname{rot} \mathfrak{u}] + [\mathfrak{u} \operatorname{rot} \mathfrak{v}]$$

und insbesondere

$$\text{(2'')}\qquad \operatorname{grad}(\mathfrak{v}\,|\,\mathfrak{v}) = 2\,\{(\mathfrak{v}\operatorname{grad})\,\mathfrak{v} + [\mathfrak{v}\operatorname{rot}\mathfrak{v}]\}.$$

$$\text{(3a)}\qquad \begin{cases} (\mathfrak{x}\operatorname{grad})(\varphi\mathfrak{v}) = \sum\limits_1^3 (\mathfrak{r}^i|\mathfrak{x})(\varphi\mathfrak{v})_i = \sum\limits_1^3 (\mathfrak{r}^i|\mathfrak{x})\varphi_i\mathfrak{v} + \sum\limits_1^3 (\mathfrak{r}^i|\mathfrak{x})\,\mathfrak{v}_i\cdot\varphi \\ \qquad = \varphi\cdot(\mathfrak{x}\operatorname{grad})\,\mathfrak{v} + (\mathfrak{x}\,|\operatorname{grad}\varphi)\,\mathfrak{v} \end{cases}$$

$$\text{(3b)}\qquad \operatorname{div}(\varphi\mathfrak{v}) = \sum_1^3 \mathfrak{r}^i|(\varphi\mathfrak{v})_i = \sum_1^3 \mathfrak{r}^i|\varphi_i\mathfrak{v} + \sum_1^3 (\mathfrak{r}^i|\mathfrak{v}_i)\,\varphi = \varphi\cdot\operatorname{div}\mathfrak{v} + \mathfrak{v}\,|\operatorname{grad}\varphi$$

$$\text{(3c)}\qquad \operatorname{rot}(\varphi\mathfrak{v}) = \sum_1^3[\mathfrak{r}^i(\varphi\mathfrak{v})_i] = \sum_1^3[\mathfrak{r}^i\varphi_i\mathfrak{v}] + \sum_1^3[\mathfrak{r}^i\mathfrak{v}_i]\,\varphi = \varphi\operatorname{rot}\mathfrak{v} + [\operatorname{grad}\varphi\cdot\mathfrak{v}]$$

$$\text{(4a)}\qquad \begin{cases} (\mathfrak{x}\operatorname{grad})[\mathfrak{u}\mathfrak{v}] = \sum\limits_1^3 (\mathfrak{r}^i|\mathfrak{x})[\mathfrak{u}\mathfrak{v}]_i \doteq \sum\limits_1^3 (\mathfrak{r}^i|\mathfrak{x})[\mathfrak{u}_i\mathfrak{v}] + \sum\limits_1^3 (\mathfrak{r}^i|\mathfrak{x})[\mathfrak{u}\mathfrak{v}_i] \\ \qquad = [(\mathfrak{x}\operatorname{grad})\,\mathfrak{u}\cdot\mathfrak{v}] - [(\mathfrak{x}\operatorname{grad})\,\mathfrak{v}\cdot\mathfrak{u}] \end{cases}$$

$$\text{(4b)}\qquad \operatorname{div}[\mathfrak{u}\mathfrak{v}] = \sum_1^3 \mathfrak{r}^i|[\mathfrak{u}\mathfrak{v}]_i = \sum_1^3 (\mathfrak{r}^i\mathfrak{u}_i\mathfrak{v}) + \sum_1^3 (\mathfrak{r}^i\mathfrak{u}\mathfrak{v}_i) = \mathfrak{v}\,|\operatorname{rot}\mathfrak{u} - \mathfrak{u}\,|\operatorname{rot}\mathfrak{v}.$$

$$\text{(4c)}\qquad \begin{cases} \operatorname{rot}[\mathfrak{u}\mathfrak{v}] = \sum\limits_1^3[\mathfrak{r}^i[\mathfrak{u}\mathfrak{v}]_i] = \sum\limits_1^3[\mathfrak{r}^i[\mathfrak{u}_i\mathfrak{v}]] + \sum\limits_1^3[\mathfrak{r}^i[\mathfrak{u}\mathfrak{v}_i]] \\ \qquad = \sum\limits_1^3\{(\mathfrak{r}^i|\mathfrak{v})\,\mathfrak{u}_i - (\mathfrak{r}^i|\mathfrak{u}_i)\,\mathfrak{v} + (\mathfrak{r}^i|\mathfrak{v}_i)\,\mathfrak{u} - (\mathfrak{r}^i|\mathfrak{u})\,\mathfrak{v}_i\} \\ \qquad = (\mathfrak{v}\operatorname{grad})\,\mathfrak{u} - (\mathfrak{u}\operatorname{grad})\,\mathfrak{v} + \mathfrak{u}\operatorname{div}\mathfrak{v} - \mathfrak{v}\operatorname{div}\mathfrak{u}. \end{cases}$$

II. Bildungen zweiter Ordnung:

Bei Bildungen zweiter Ordnung, d. h. bei *zweimaliger* Anwendung einer Differentialoperation, treten im allgemeinen auch die Ableitungen der $\mathfrak{r}^i$ nach den Parametern v_k auf. Nun sind aber die Differentialoperationen und ihre Zusammenhänge *basisinvariant*, und da wir, wie bisher, den *euklidischen* Raum voraussetzen, können wir ohne Einschränkung der Allgemeinheit der Ergebnisse durch $\mathfrak{r} = \sum\limits_1^3 v_i\mathfrak{a}_i$ eine *konstante*, wenn auch nicht notwendig kartesische, Basis $\mathfrak{a}_i$ einführen. Alsdann ist überall $\mathfrak{r}_i = \mathfrak{a}_i$ und auch die $\mathfrak{r}^i = \mathfrak{a}^i$ sind durchweg konstant, also ihre Ableitungen nach den Parametern gleich Null. Wir bezeichnen nun auch die *zweiten* Ableitungen nach den Parametern durch untere Indizes, z. B. $\frac{\partial^2\varphi}{\partial v_i\,\partial v_k} = \varphi_{ik}$ oder $\frac{\partial^2\mathfrak{u}}{\partial v_i\,\partial v_k} = \mathfrak{u}_{ik}$, und erhalten unmittelbar:

Aus $\psi = \operatorname{div}\mathfrak{u} = \sum\limits_1^3 \mathfrak{r}^i|\mathfrak{u}_i$ und folglich $\psi_k = \sum\limits_i \mathfrak{r}^i|\mathfrak{u}_{ik}$:

$$\text{(5)}\qquad \operatorname{grad}\operatorname{div}\mathfrak{u} = \operatorname{grad}\psi = \sum_k \mathfrak{r}^k\psi_k = \sum_{i,k}\mathfrak{r}^k(\mathfrak{r}^i|\mathfrak{u}_{ik}).$$

Aus $\mathfrak{v} = \operatorname{grad}\varphi = \sum_i \mathfrak{r}^i \varphi_i$, also $\mathfrak{v}_k = \sum_i \mathfrak{r}^i \varphi_{ik}$:

(6a) $\mathfrak{V} = \operatorname{grad}\mathfrak{v} = \sum_k \mathfrak{r}^k, \mathfrak{v}_k = \sum_{i,k} \mathfrak{r}^k, \mathfrak{r}^i \varphi_{ik} = \sum_i \left(\sum_k \mathfrak{r}^k \varphi_{ki}\right), \mathfrak{r}^i = \sum_i \mathfrak{v}_i, \mathfrak{r}^i = \overline{\mathfrak{V}},$

d. h. *der Ableitungsaffinor eines Vektorfeldes* $\mathfrak{v}$ *ist symmetrisch, wenn* $\mathfrak{v}$ *selbst der Gradient eines Skalarfeldes ist.*

(6b) $$\operatorname{div}\operatorname{grad}\varphi = \operatorname{div}\mathfrak{v} = \sum_k \mathfrak{r}^k|\mathfrak{v}_k = \sum (\mathfrak{r}^i|\mathfrak{r}^k)\,\varphi_{ik} = \Delta\varphi$$

und insbesondere für eine *kartesische* Basis:

$$\operatorname{div}\operatorname{grad}\varphi = \Delta\varphi = \sum_1^3 \varphi_{ii}.$$

(6c) $$\operatorname{rot}\operatorname{grad}\varphi = \operatorname{rot}\mathfrak{v} = \sum_k [\mathfrak{r}^k \mathfrak{v}_k] = \sum_{i,k} [\mathfrak{r}^k \mathfrak{r}^i]\,\varphi_{ik} = 0,$$

wegen $[\mathfrak{r}^k \mathfrak{r}^i] = -[\mathfrak{r}^i \mathfrak{r}^k]$, aber $\varphi_{ki} = \varphi_{ik}$.

Aus $\mathfrak{v} = \operatorname{rot}\mathfrak{u} = \sum_i [\mathfrak{r}^i \mathfrak{u}_i]$ und folglich $\mathfrak{v}_k = \sum_i [\mathfrak{r}^i \mathfrak{u}_{ik}]$:

(7a) $$(\mathfrak{x}\operatorname{grad})\operatorname{rot}\mathfrak{u} = (\mathfrak{x}\operatorname{grad})\mathfrak{v} = \sum_k (\mathfrak{r}^k|\mathfrak{x})\,\mathfrak{v}_k = \sum_{i,k} (\mathfrak{r}^k|\mathfrak{x})\,[\mathfrak{r}^i \mathfrak{u}_{ik}]$$

(7b) $$\operatorname{div}\operatorname{rot}\mathfrak{u} = \operatorname{div}\mathfrak{v} = \sum_k \mathfrak{r}^k|\mathfrak{v}_k = \sum_{i,k} (\mathfrak{r}^k \mathfrak{r}^i \mathfrak{u}_{ik}) = 0,$$

wegen $(\mathfrak{r}^k \mathfrak{r}^i \mathfrak{u}_{ik}) = -(\mathfrak{r}^i \mathfrak{r}^k \mathfrak{u}_{ki})$.

(7c) $$\begin{cases} \operatorname{rot}\operatorname{rot}\mathfrak{u} = \operatorname{rot}\mathfrak{v} = \sum_k [\mathfrak{r}^k \mathfrak{v}_k] = \sum_{i,k} [\mathfrak{r}^k [\mathfrak{r}^i \mathfrak{u}_{ik}]] \\ \quad = \sum_{i,k} \{(\mathfrak{r}^k|\mathfrak{u}_{ik})\,\mathfrak{r}^i - (\mathfrak{r}^k|\mathfrak{r}^i)\,\mathfrak{u}_{ik}\} = \operatorname{grad}\operatorname{div}\mathfrak{u} - \Delta\mathfrak{u}, \end{cases}$$

denn die Abkürzung $\Delta\mathfrak{u} = \sum_{i,k} (\mathfrak{r}^i|\mathfrak{r}^k)\,\mathfrak{u}_{ik}$, das vektorielle Gegenstück zu $\Delta\varphi = \sum_{i,k} (\mathfrak{r}^i|\mathfrak{r}^k)\,\varphi_{ik}$, erhält für eine *kartesische* Basis die Form $\Delta\mathfrak{u} = \sum_i \mathfrak{u}_{ii} = \sum_i \frac{\partial^2 \mathfrak{u}_i}{\partial v_i^2}$ und entspricht somit der gewohnten Erklärung von $\Delta\mathfrak{u}$.

§ 11. Differentialoperationen im Affinorfeld

In § 8 trat mit dem Ableitungsaffinor $\mathfrak{V} = \sum_1^3 \mathfrak{r}^i, \mathfrak{v}_i$ zum erstenmal ein *Feld* von Affinoren auf, in welchem jedem Punkt des Raums ein besonderer „*lokaler*" Affinor zugeordnet ist. Ein solches Affinor*feld* liegt allgemein stets vor, wenn in $\mathfrak{V} = \sum_1^3 \mathfrak{r}^i, \mathfrak{v}_i$ die $\mathfrak{v}_i$ als *beliebige* stetige und differentiierbare Ortsfunktionen gegeben sind. Alsdann ist auch $\mathfrak{V}$ selbst eine stetige und differentiierbare Ortsfunktion. Wir bezeichnen weiter die partiellen Ableitungen dieser $\mathfrak{v}_i$ durch

$\frac{\partial \mathfrak{v}_i}{\partial v_k} = (\mathfrak{v}_i)_k$; $\frac{\partial^2 \mathfrak{v}_i}{\partial v_h \partial v_k} = (\mathfrak{v}_i)_{hk}$, usf. und setzen im folgenden, wie im *euklidischen Raum* stets zulässig, eine *konstante* Basis der $\mathfrak{r}_i$ bzw. $\mathfrak{r}^i$ voraus. Aus

(1) $$\mathfrak{B} = \mathfrak{B}(\mathfrak{r}) = \sum_1^3 \mathfrak{r}^i, \mathfrak{v}_i$$

folgt dann, weil auch Dyaden *Produkt*charakter haben (vgl. S. 30) und somit den gleichen Differentiationsregeln unterworfen sind,

(2) $$\mathfrak{B}_k = \frac{\partial \mathfrak{B}}{\partial v_k} = \sum_i^{1-3} \mathfrak{r}^i, (\mathfrak{v}_i)_k, \quad \text{also}$$

(3) $$\mathfrak{B}_k \mathfrak{r}_i = (\mathfrak{v}_i)_k,$$

und weiter

(4) $$d\mathfrak{B} = \sum_1^3 \mathfrak{B}_k dv_k = \sum_1^3 (\mathfrak{r}^k | d\mathfrak{r}) \mathfrak{B}_k = \mathfrak{F} d\mathfrak{r}.$$

Die $\mathfrak{B}_k$ sind dabei Affinoren derselben Art wie $\mathfrak{B}$. Dagegen ordnet der Lineator $\mathfrak{F}$ als „*Affinor* zweiter *Ordnung*" jedem Vektor $\mathfrak{x}$ einen Affinor erster Ordnung zu

(5) $$\mathfrak{F}\mathfrak{x} = \sum_1^3 (\mathfrak{r}^k | \mathfrak{x}) \mathfrak{B}_k,$$

und insbesondere wird

(6) $$\mathfrak{F}\mathfrak{r}_k = \mathfrak{B}_k; \quad (\mathfrak{F}\mathfrak{r}_k)\mathfrak{r}_i = \mathfrak{B}_k \mathfrak{r}_i = (\mathfrak{v}_i)_k.$$

Man schreibt auch in dyadischer Form

(7) $$\mathfrak{F} = \operatorname{grad} \mathfrak{B} = \sum_1^3 \mathfrak{r}^k, \mathfrak{B}_k.$$

Dabei ist $\mathfrak{F}$, der „Ableitungslineator" von $\mathfrak{B}$, wie $\mathfrak{B}$ selbst basisinvariant und bestimmt zwei zugehörige homogene Bilinearformen, nämlich den *Vektor*

(8) $$(\mathfrak{F}\mathfrak{x})\mathfrak{y} = \sum_1^3 (\mathfrak{r}^k | \mathfrak{x}) \mathfrak{B}_k \mathfrak{y} = \sum_{i,k} (\mathfrak{r}^k | \mathfrak{x}) (\mathfrak{r}^i | \mathfrak{y}) (\mathfrak{v}_i)_k$$

und nach S. 31, Gl. (14), den *Affinor* erster Ordnung

(9) $$[(\mathfrak{F}\mathfrak{x})\mathfrak{y}] = \sum_k (\mathfrak{r}^k | \mathfrak{x}) [\mathfrak{B}_k \mathfrak{y}] = \sum_{i,k} (\mathfrak{r}^k | \mathfrak{x}) [\mathfrak{y}\mathfrak{r}^i], (\mathfrak{v}_i)_k.$$

Aus ihnen ergeben sich, neben $\mathfrak{F}$ selbst, durch „Verjüngung" zwei weitere Differentialinvarianten von $\mathfrak{B}$

(10) $$\mathfrak{q} = \operatorname{div} \mathfrak{B} = \sum_k (\mathfrak{F}\mathfrak{r}_k) \mathfrak{r}^k = \sum_k \mathfrak{B}_k \mathfrak{r}^k = \sum_{i,k} (\mathfrak{r}^k | \mathfrak{r}^i) (\mathfrak{v}_i)_k$$

(11) $$\mathfrak{W} = \operatorname{rot} \mathfrak{B} = \sum_k [(\mathfrak{F}\mathfrak{r}_k) \mathfrak{r}^k] = \sum_k [\mathfrak{B}_k \mathfrak{r}^k] = \sum_{i,k} [\mathfrak{r}^k \mathfrak{r}^i], (\mathfrak{v}_i)_k,$$

deren Bezeichnung als *Affinordivergenz* und *Affinorwirbel* in § 13 gerechtfertigt wird.

Ist insbesondere $\mathfrak{B}$ der Ableitungsaffinor eines Vektorfelds $\mathfrak{v} = \mathfrak{v}(\mathfrak{r})$, so wird

(12) $$\mathfrak{B} = \operatorname{grad} \mathfrak{v} = \sum_1^3 \mathfrak{r}^i, \mathfrak{v}_i, \text{ jetzt mit } \mathfrak{v}_i = \frac{\partial \mathfrak{v}}{\partial v_i},$$

und folglich ist nunmehr nach oben, Gl. (8),

(13) $$(\mathfrak{F}\mathfrak{x})\mathfrak{y} = \sum_k (\mathfrak{r}^k|\mathfrak{x})\,\mathfrak{B}_k\mathfrak{y} = \sum_{i,k} (\mathfrak{r}^k|\mathfrak{x})(\mathfrak{r}^i|\mathfrak{y})\,\mathfrak{v}_{ik} = (\mathfrak{F}\mathfrak{y})\mathfrak{x},$$

d. h. $(\mathfrak{F}\mathfrak{x})\mathfrak{y}$ ist in diesem Fall eine in $\mathfrak{x}$ und $\mathfrak{y}$ *symmetrische* Bilinearform.

Ferner wird jetzt nach Gl. (10)

(14) $$\operatorname{div} \mathfrak{B} = \operatorname{div} \operatorname{grad} \mathfrak{v} = \sum_k \mathfrak{B}_k \mathfrak{r}^k = \sum_{i,k} (\mathfrak{r}^k|\mathfrak{r}^i)\,\mathfrak{v}_{ik} = \Delta \mathfrak{v},$$

womit die Invariante $\Delta\mathfrak{v}$ von S. 54, Gl. (7c), ihre basisinvariante Deutung als *Affinordivergenz* erhält, und nach Gl. (11) wird

(15) $$\mathfrak{W} = \operatorname{rot} \mathfrak{B} = \operatorname{rot} \operatorname{grad} \mathfrak{v} = \sum_k [\mathfrak{B}_k \mathfrak{r}^k] = \sum_{i,k} [\mathfrak{r}^k \mathfrak{r}^i],\, \mathfrak{v}_{ik} = 0;$$

denn wegen $[\mathfrak{r}^k\mathfrak{r}^i] = -[\mathfrak{r}^i\mathfrak{r}^k]$, aber $\mathfrak{v}_{ik} = \mathfrak{v}_{ki}$, heben sich die Dyaden in Gl. (15) rechts paarweise auf.

An dieser Stelle sei auch noch der Begriff der „*Richtungsableitung*" eingeführt (vgl. schon S. 44, Gl. (10) und (11)): Für eine *beliebige* stetige und differentiierbare Ortsfunktion (Skalar, Vektor oder Affinor) $V = V(\mathfrak{r})$ ist

(16) $$dV = \sum_1^3 V_i\, dv_i = \sum_1^3 (\mathfrak{r}^i|d\mathfrak{r})\, V_i = \mathfrak{B}\, d\mathfrak{r}; \quad \text{mit } \mathfrak{B} = \sum_1^3 \mathfrak{r}^i, V_i.$$

Die Richtungsableitung von V in Richtung $d\mathfrak{r}$ wird dann *definiert* durch

(17) $$\frac{\partial V}{\partial s} = \mathfrak{B}\frac{d\mathfrak{r}}{ds} = \sum_1^3 (\mathfrak{r}^i|\mathfrak{t})\, V_i,$$

wobei $ds = \operatorname{mod} d\mathfrak{r}$, also $\mathfrak{t} = d\mathfrak{r}/ds$ der Einheitsvektor in der Ableitungsrichtung $d\mathfrak{r}$ ist. Für zwei *verschiedene* Richtungen $\mathfrak{t}_1$ und $\mathfrak{t}_2$ ist somit

(17') $$\frac{\partial V}{\partial s_1} = \mathfrak{B}\mathfrak{t}_1 = \sum_1^3 (\mathfrak{r}^i|\mathfrak{t}_1)\, V_i \quad \text{und} \quad \frac{\partial V}{\partial s_2} = \mathfrak{B}\mathfrak{t}_2 = \sum_1^3 (\mathfrak{r}^i|\mathfrak{t}_2)\, V_i.$$

Die nochmalige Ableitung dieser Größen nach ds_2 und ds_1 gibt dann

(18) $$\frac{\partial^2 V}{\partial s_1 \partial s_2} = \frac{\partial}{\partial s_2}(\mathfrak{B}\mathfrak{t}_1) = \frac{\partial \mathfrak{B}}{\partial s_2}\mathfrak{t}_1; \quad \frac{\partial^2 V}{\partial s_2 \partial s_1} = \frac{\partial}{\partial s_1}(\mathfrak{B}\mathfrak{t}_2) = \frac{\partial \mathfrak{B}}{\partial s_1}\mathfrak{t}_2.$$

Denn $\mathfrak{t}_1$ und $\mathfrak{t}_2$ sind dabei konstant. Die *Voraussetzung, daß der Raum euklidisch sei,* drücken wir wieder durch die Wahl einer konstanten Basis aus. Dann wird $d\mathfrak{B} = \mathfrak{F}\, d\mathfrak{r}$ und $\frac{\partial \mathfrak{B}}{\partial s_i} = \mathfrak{F}\mathfrak{t}_i$, mit

$$\mathfrak{F} = \sum_k \mathfrak{r}^k, \mathfrak{B}_k \quad \text{und} \quad \mathfrak{B}_k = \sum \mathfrak{r}^i, V_{ik}.$$

Man erhält damit

(19a) $$\frac{\partial^2 V}{\partial s_1 \partial s_2} = \frac{\partial \mathfrak{B}}{\partial s_2}\mathfrak{t}_1 = (\mathfrak{F}\mathfrak{t}_2)\,\mathfrak{t}_1 = \sum_{i,k} (\mathfrak{r}^k|\mathfrak{t}_2)(\mathfrak{r}^i|\mathfrak{t}_1)\, V_{ik}$$

(19b) $$\frac{\partial^2 V}{\partial s_2 \partial s_1} = \frac{\partial \mathfrak{B}}{\partial s_1} \mathfrak{t}_2 = (\mathfrak{F}\mathfrak{t}_1)\mathfrak{t}_2 = \sum_{i,k} (\mathfrak{r}^k | \mathfrak{t}_1)(\mathfrak{r}^i | \mathfrak{t}_2) V_{ik}.$$

Wegen $V_{ik} = V_{ki}$ ist auch hier $(\mathfrak{F}\mathfrak{t}_2)\mathfrak{t}_1 = (\mathfrak{F}\mathfrak{t}_1)\mathfrak{t}_2$ und folglich

(20) $$\frac{\partial^2 V}{\partial s_1 \partial s_2} = \frac{\partial^2 V}{\partial s_2 \partial s_1},$$

allerdings unter der ausdrücklichen Voraussetzung, daß der *Raum euklidisch* ist.

§ 12. Zerlegungsformeln für die Differentialoperationen im Affinorfeld

Von Zerlegungsformeln erster Ordnung sei hier nur der Fall betrachtet, daß ein Affinor $\mathfrak{P}$ als Produkt einer skalaren Ortsfunktion φ mit einem lokalen Affinor $\mathfrak{B}$ auftritt: $\mathfrak{P} = \varphi\,\mathfrak{B}$. In diesem Falle ist $\mathfrak{P}_k = \varphi_k \mathfrak{B} + \varphi\,\mathfrak{B}_k$ und somit:

(1) $$\operatorname{grad}(\varphi\,\mathfrak{B}) = \sum_k \mathfrak{r}^k, \mathfrak{P}_k = \sum_k \mathfrak{r}^k, \varphi_k \mathfrak{B} + \sum_k \mathfrak{r}^k, \varphi\,\mathfrak{B}_k = \operatorname{grad}\varphi, \mathfrak{B} + \varphi \operatorname{grad}\mathfrak{B}.$$

(2) $$\operatorname{div}(\varphi\,\mathfrak{B}) = \sum_k \mathfrak{P}_k \mathfrak{r}^k = \sum_k \{\varphi_k \mathfrak{B}\mathfrak{r}^k + \varphi\,\mathfrak{B}_k \mathfrak{r}^k\} = \mathfrak{B}(\operatorname{grad}\varphi) + \varphi \operatorname{div}\mathfrak{B}$$

(3) $$\operatorname{rot}(\varphi\,\mathfrak{B}) = \sum_k [\mathfrak{P}_k \mathfrak{r}^k] = \sum_k \{\varphi_k [\mathfrak{B}\mathfrak{r}^k] + \varphi[\mathfrak{B}_k \mathfrak{r}^k]\} = [\mathfrak{B}(\operatorname{grad}\varphi)] + \varphi \operatorname{rot}\mathfrak{B}.$$

Statt weiterer Einzelformeln für Bildungen erster Ordnung sei hier vielmehr noch eine Regel aufgestellt, welche *sämtliche* Zerlegungsformeln der Vektor- und Affinoranalysis für Differentialoperationen erster Ordnung in eine *einzige* zusammenfaßt: Für jede beliebige Ortsfunktion $F = F(\mathfrak{r})$ ist zunächst $\sum_1^3 \mathfrak{r}^i \circ F_i$ oder auch $\sum_1^3 F_i \circ \mathfrak{r}^i$ eine Differentialinvariante von F, und zwar für jede zulässige Multiplikationsart „$\circ$". Ist dabei F selbst ein Produkt zweier Ortsfunktionen $F = U * V$, ist also $F_i = U_i * V + U * V_i$, so erhält man die ganz allgemeine Gleichung

(4) $$J = \sum_1^3 \mathfrak{r}^i \circ F_i = \sum_1^3 \mathfrak{r}^i \circ (U_i * V) + \sum_1^3 \mathfrak{r}^i \circ (U * V_i),$$

wobei der Faktor $\mathfrak{r}^i$ wieder auch an letzter Stelle stehen kann. Dabei bedeutet „$*$" irgendeine zulässige und mit „$\circ$" verträgliche Art von Multiplikation, während natürlich $F_i = \frac{\partial F}{\partial v_i}$, $U_i = \frac{\partial U}{\partial v_i}$ und $V_i = \frac{\partial V}{\partial v_i}$ ist.

Ist zum Beispiel $U * V = \mathfrak{U}\mathfrak{v}$, so wird

$$\operatorname{div}(\mathfrak{U}\mathfrak{v}) = \sum_1^3 \mathfrak{r}^i | (\mathfrak{U}\mathfrak{v})_i = \sum_1^3 \mathfrak{r}^i | \mathfrak{U}_i \mathfrak{v} + \sum_1^3 \mathfrak{r}^i | \mathfrak{U}\mathfrak{v}_i = \sum_1^3 \mathfrak{v} | \overline{\mathfrak{U}}_i \mathfrak{r}^i + \sum_1^3 \mathfrak{v}_i | \overline{\mathfrak{U}}\mathfrak{r}^i$$
$$= \mathfrak{v} | \operatorname{div}\overline{\mathfrak{U}} + \sum_1^3 \mathfrak{B}\mathfrak{r}_i | \overline{\mathfrak{U}}\mathfrak{r}^i = \mathfrak{v} | \operatorname{div}\overline{\mathfrak{U}} + \mathfrak{B} | \overline{\mathfrak{U}},$$

wenn man $\operatorname{grad}\mathfrak{v} = \sum_1^3 \mathfrak{r}^i, \mathfrak{v}_i = \mathfrak{B}$ setzt.

Ist ferner $U * V = \mathfrak{u},\ \mathfrak{v} = \mathfrak{P}$ das dyadische Produkt zweier Vektorfelder, so erhält man als Differentialinvarianten, mit $\mathfrak{P}_k = \mathfrak{u}_k,\ \mathfrak{v} + \mathfrak{u},\ \mathfrak{v}_k$:

$$\text{(5)} \qquad \operatorname{grad} \mathfrak{P} = \sum_1^3 \mathfrak{r}^k,\ \mathfrak{P}_k = \sum_1^3 \{\mathfrak{r}^k,\ (\mathfrak{u}_k,\ \mathfrak{v}) + \mathfrak{r}^k,\ (\mathfrak{u},\ \mathfrak{v}_k)\},$$

d. h. einen Affinor *zweiter* Ordnung $\mathfrak{F}$, für welchen definitionsgemäß

$$\mathfrak{F}\mathfrak{x} = \sum_1^3 (\mathfrak{r}^k|\mathfrak{x})\,\mathfrak{u}_k,\ \mathfrak{v} + \sum_1^3 (\mathfrak{r}^k|\mathfrak{x})\,\mathfrak{u},\ \mathfrak{v}_k = \mathfrak{U}\mathfrak{x},\ \mathfrak{v} + \mathfrak{u},\ \mathfrak{V}\mathfrak{x}\ {}^{*)}$$

wieder ein Affinor erster Ordnung und

$$(\mathfrak{F}\mathfrak{x})\,\mathfrak{y} = (\mathfrak{y}|\mathfrak{U}\mathfrak{x})\,\mathfrak{v} + (\mathfrak{y}|\mathfrak{u})\,\mathfrak{V}\mathfrak{x}$$

ein Vektor wird; ferner

$$\text{(6)} \quad \operatorname{div} \mathfrak{P} = \sum_1^3 \mathfrak{P}_k \mathfrak{r}^k = \sum_1^3 (\mathfrak{r}^k|\mathfrak{u}_k)\,\mathfrak{v} + \sum_1^3 (\mathfrak{r}^k|\mathfrak{u})\,\mathfrak{v}_k = \mathfrak{v} \cdot \operatorname{div} \mathfrak{u} + (\mathfrak{u} \operatorname{grad})\,\mathfrak{v}$$

$$\text{(7)} \quad \operatorname{rot} \mathfrak{P} = \sum_1^3 [\mathfrak{P}_k \mathfrak{r}^k] = \sum_1^3 \{[\mathfrak{r}^k \mathfrak{u}_k],\ \mathfrak{v} + [\mathfrak{r}^k \mathfrak{u}],\ \mathfrak{v}_k\} = \operatorname{rot} \mathfrak{u},\ \mathfrak{v} - [\mathfrak{V}\mathfrak{u}].$$

Für *Bildungen zweiter Ordnung* gibt $J = \sum_1^3 \mathfrak{r}^i \circ F_i$ zunächst, wieder unter Voraussetzung konstanter Basis, $J_k = \sum_i \mathfrak{r}^i \circ F_{ik}$ und damit als allgemeine Formel für Differentialoperationen zweiter Ordnung

$$\text{(8)} \qquad J_{\text{II}} = \sum_1^3 \mathfrak{r}^k * J_k = \sum_{i,k} \mathfrak{r}^k * (\mathfrak{r}^i \circ F_{ik})$$

und entsprechend bei andrer Stellung der Faktoren $\mathfrak{r}^i$ und $\mathfrak{r}^k$. Wir führen hier die Entwicklung durch für ein Affinorfeld $F = \mathfrak{V} = \sum_1^3 \mathfrak{r}^h,\ \mathfrak{v}_h$. Es folgt dann, mit $\mathfrak{V}_i = \sum_h \mathfrak{r}^h,\ (\mathfrak{v}_h)_i$ und $\mathfrak{V}_{ik} = \sum_h \mathfrak{r}^h,\ (\mathfrak{v}_h)_{ik}$

1. Aus $\mathfrak{F} = \operatorname{grad} \mathfrak{V} = \sum_1^3 \mathfrak{r}^i,\ \mathfrak{V}_i$ und also $\mathfrak{F}_k = \sum_i \mathfrak{r}^i,\ \mathfrak{V}_{ik}$:

$$\text{(9)} \qquad \mathfrak{G} = \operatorname{grad} \operatorname{grad} \mathfrak{V} = \operatorname{grad} \mathfrak{F} = \sum_1^3 \mathfrak{r}^k,\ \mathfrak{F}_k = \sum_{i,k} \mathfrak{r}^k,\ (\mathfrak{r}^i,\ \mathfrak{V}_{ik})$$

als Affinor dritter Ordnung, für welchen wieder definitionsgemäß

$$\mathfrak{G}\mathfrak{x} = \sum_1^3 [\mathfrak{r}^k|\mathfrak{x})\,\mathfrak{F}_k = \sum_{i,k} (\mathfrak{r}^k|\mathfrak{x})\,\mathfrak{r}^i,\ \mathfrak{V}_{ik} \text{ ein Affinor zweiter Ordnung,}$$

$$(\mathfrak{G}\mathfrak{x})\,\mathfrak{y} = \sum_{i,k} (\mathfrak{r}^k|\mathfrak{x})\,(\mathfrak{r}^i|\mathfrak{y})\,\mathfrak{V}_{ik} = (\mathfrak{G}\mathfrak{y})\,\mathfrak{x} \text{ ein Affinor erster Ordnung}$$

*) Für $\operatorname{grad} \mathfrak{u} = \mathfrak{U}$ und $\operatorname{grad} \mathfrak{v} = \mathfrak{V}$.

und

$$\{(\mathfrak{G}\mathfrak{x})\mathfrak{y}\}\mathfrak{z} = \sum_{i,k} (\mathfrak{r}^k|\mathfrak{x})(\mathfrak{r}^i|\mathfrak{y})\mathfrak{B}_{ik}\mathfrak{z} = \sum_{h,i,k} (\mathfrak{r}^k|\mathfrak{x})(\mathfrak{r}^i|\mathfrak{y})(\mathfrak{r}^h|\mathfrak{z})(\mathfrak{v}_h)_{ik}$$

ein Vektor wird, und weiter

$$(10)\quad \begin{cases} \Delta\mathfrak{B} = \operatorname{div}\operatorname{grad}\mathfrak{B} = \operatorname{div}\mathfrak{F} = \sum\limits_k \mathfrak{F}_k \mathfrak{r}^k = \sum\limits_{i,k} (\mathfrak{r}^i|\mathfrak{r}^k)\mathfrak{B}_{ik} \\ \quad = \sum\limits_{h,i,k} (\mathfrak{r}^i|\mathfrak{r}^k)\,\mathfrak{r}^h,\,(\mathfrak{v}_h)_{ik} = \sum\limits_h \mathfrak{r}^h,\,\Delta\mathfrak{v}_h \qquad \text{(vgl. S. 54, \textit{nach} Gl. 7c)} \end{cases}$$

als Affinor erster Ordnung,

$$(11)\qquad \operatorname{rot}\operatorname{grad}\mathfrak{B} = \operatorname{rot}\mathfrak{F} = \sum_k [\mathfrak{F}_k \mathfrak{r}^k] = \sum_{i,k} [\mathfrak{r}^k\mathfrak{r}^i],\,\mathfrak{B}_{ik} = 0,$$

wegen $[\mathfrak{r}^k\mathfrak{r}^i] = -[\mathfrak{r}^i\mathfrak{r}^k]$, aber $\mathfrak{B}_{ik} = \mathfrak{B}_{ki}$.

2. Aus $\mathfrak{q} = \operatorname{div}\mathfrak{B} = \sum\limits_1^3 \mathfrak{B}_i \mathfrak{r}^i$ und also $\mathfrak{q}_k = \sum\limits_i \mathfrak{B}_{ik}\mathfrak{r}^i$:

$$(12)\quad \operatorname{grad}\operatorname{div}\mathfrak{B} = \operatorname{grad}\mathfrak{q} = \sum_1^3 \mathfrak{r}^k,\,\mathfrak{q}_k = \sum_{i,k} \mathfrak{r}^k,\,\mathfrak{B}_{ik}\mathfrak{r}^i = \sum_{h,i,k} \mathfrak{r}^k,\,(\mathfrak{r}^h|\mathfrak{r}^i)(\mathfrak{v}_h)_{ik}$$

als Affinor erster Ordnung,

$$(13)\qquad \operatorname{div}\operatorname{div}\mathfrak{B} = \operatorname{div}\mathfrak{q} = \sum_1^3 \mathfrak{r}^k|\mathfrak{q}_k = \sum_{i,k} \mathfrak{r}^k|\mathfrak{B}_{ik}\mathfrak{r}^i$$

als Skalar und

$$(14)\qquad \operatorname{rot}\operatorname{div}\mathfrak{B} = \operatorname{rot}\mathfrak{q} = \sum_1^3 [\mathfrak{r}^k\mathfrak{q}_k] = \sum_{i,k} [\mathfrak{r}^k\,\mathfrak{B}_{ik}\mathfrak{r}^i]$$

als Vektor.

3. Aus $\mathfrak{W} = \operatorname{rot}\mathfrak{B} = \sum\limits_1^3 [\mathfrak{B}_i\mathfrak{r}^i]$, also $\mathfrak{W}_k = \sum\limits_i [\mathfrak{B}_{ik}\mathfrak{r}^i] = \sum\limits_{h,i} [\mathfrak{r}^i\mathfrak{r}^h],\,(\mathfrak{v}_h)_{ik}$:

$$(15)\qquad \operatorname{grad}\operatorname{rot}\mathfrak{B} = \operatorname{grad}\mathfrak{W} = \sum_1^3 \mathfrak{r}^k,\,\mathfrak{W}_k = \sum_{i,k} \mathfrak{r}^k,\,[\mathfrak{B}_{ik}\mathfrak{r}^i]$$

als Affinor zweiter Ordnung,

$$(16)\qquad \operatorname{div}\operatorname{rot}\mathfrak{B} = \operatorname{div}\mathfrak{W} = \sum_1^3 \mathfrak{W}_k\mathfrak{r}^k = \sum_{h,i,k} (\mathfrak{r}^i\mathfrak{r}^h\mathfrak{r}^k)(\mathfrak{v}_h)_{ik} = 0,$$

weil $(\mathfrak{r}^i\mathfrak{r}^h\mathfrak{r}^k)$ in i und k alternativ ist, jedoch $(\mathfrak{v}_h)_{ik}$ in i und k kommutativ, endlich als Affinor erster Ordnung

$$(17)\quad \begin{cases} \operatorname{rot}\operatorname{rot}\mathfrak{B} = \operatorname{rot}\mathfrak{W} = \sum\limits_1^3 [\mathfrak{W}_k\mathfrak{r}^k] = \sum\limits_{h,i,k} [\mathfrak{r}^k[\mathfrak{r}^i\mathfrak{r}^h]],\,(\mathfrak{v}_h)_{ik} \\ \quad = \sum\limits_{h,i,k} \{(\mathfrak{r}^k|\mathfrak{r}^h)\mathfrak{r}^i - (\mathfrak{r}^k|\mathfrak{r}^i)\mathfrak{r}^h\},\,(\mathfrak{v}_h)_{ik}, \\ \quad = \operatorname{grad}\operatorname{div}\mathfrak{B} - \Delta\mathfrak{B}, \end{cases}$$

wie man nach Gl. (10) und (12) sofort erkennt, wenn man zugleich in der ersten Summe der rechten Seite der Gl. (17) die Indizes i und k miteinander vertauscht.

§ 13. Integralsätze. Die Satzgruppe von Stokes, Gauß und Green

Es seien $d\mathfrak{s}$ und $\delta\mathfrak{s}$ die Linienelemente der infinitesimalen Maschen eines Kurvennetzes auf der geschlossenen Oberfläche eines einfach zusammenhängenden Volumbereichs oder eines einfach zusammenhängenden Flächenstücks mit geschlossenem Rand C. Für irgendeinen Skalar, Vektor oder Lineator (Affinor) als stetige und differentiierbare Ortsfunktion $V = V(\mathfrak{r})$ und für irgendeine zulässige (sinngemäße) Multiplikationsart „$\circ$" heiße dann, in Erweiterung der bereits auf S. 46 eingeführten Begriffe, $Z = \oint V \circ d\mathfrak{r}$ die zugehörige *Zirkulation* von V längs des geschlossenen Randes C, ebenso $\Phi = \iint V \circ [d\mathfrak{s}\,\delta\mathfrak{s}] = \iint V \circ d\mathfrak{f}$ der *Fluß* von V durch das Flächenstück in Richtung $d\mathfrak{f} = [d\mathfrak{s}\,\delta\mathfrak{s}]$. Dabei soll die Zirkulation in positivem Sinn um $d\mathfrak{f}$ erfolgen, d. h. im Uhrzeigersinn, wenn man in Richtung $d\mathfrak{f}$ blickt, und für einen geschlossenen Volumbereich soll $d\mathfrak{f}$ die Richtung der äußeren Normalen sein. Es folgt dann in der üblichen Weise, daß Z gleich ist der Summe der Zirkulationen dZ um die einzelnen Maschen des Flächenstücks und Φ gleich der Summe der Flüsse $d\Phi$ über die einzelnen Elemente des Volumbereichs. Als solche seien die infinitesimalen Elemente $(\mathfrak{r}_1\mathfrak{r}_2\mathfrak{r}_3)\,dv_1 dv_2 dv_3$ gewählt, wieder für $\mathfrak{r} = \mathfrak{r}(v_1, v_2, v_3)$ und $\mathfrak{r}_i = \dfrac{\partial\mathfrak{r}}{\partial v_i}$. Bei unbegrenzt fortgesetzter Verfeinerung der Maschen bzw. der Volumelemente verschwindet schließlich der Einfluß der nicht mehr parallelogrammförmigen Maschen längs des Randes C bzw. der nicht mehr spatförmigen Volumelemente an der Oberfläche des Bereichs. Denn deren Anzahl wird dabei nur groß von erster bzw. zweiter Ordnung, während der Wert der Zirkulationen dZ bzw. der Flüsse $d\Phi$ stets klein von zweiter bzw. dritter Ordnung wird. In Verallgemeinerung einer bereits S. 46/47 skizzierten Entwicklung wird dann in leicht verständlicher Bezeichnung und mit $\partial V/\partial v_i = V_i$:

A. *Für jede Masche* $d\mathfrak{s}\,\delta\mathfrak{s}$, mit $dV = \sum_1^3 (\mathfrak{r}^i|d\mathfrak{s})\,V_i$ und $\delta V = \sum_1^3 (\mathfrak{r}^i|\delta\mathfrak{s})\,V_i$:

$$(1)\quad \begin{cases} dZ = dV \circ \delta\mathfrak{s} - \delta V \circ ds = \sum_1^3 V_i \circ \{(\mathfrak{r}^i|d\mathfrak{s})\,\delta\mathfrak{s} - (\mathfrak{r}^i|\delta\mathfrak{s})\,d\mathfrak{s}\} \\ \quad = \sum_1^3 V_i \circ [[d\mathfrak{s}\,\delta\mathfrak{s}]\,\mathfrak{r}^i] = \sum_1^3 V_i \circ [d\mathfrak{f}\,\mathfrak{r}^i] = \mathfrak{W}\,d\mathfrak{f} \\ \quad \text{oder} = \sum_1^3 V_i \circ [\mathfrak{n}\,\mathfrak{r}^i]\,d\sigma = W\,d\sigma. \end{cases}$$

Wir bezeichnen dabei auch, in entsprechender *Verallgemeinerung des Wirbelbegriffs*, den Lineator $\mathfrak{W}$ durch rot V.

B. *Für jedes Volumelement* $d\tau = (\mathfrak{r}_1 \mathfrak{r}_2 \mathfrak{r}_3)\, dv_1 dv_2 dv_3$:

$$(2) \quad \begin{cases} d\Phi = \{V_1 \circ [\mathfrak{r}_2 \mathfrak{r}_3] + V_2 \circ [\mathfrak{r}_3 \mathfrak{r}_1] + V_3 \circ [\mathfrak{r}_1 \mathfrak{r}_2]\}\, dv_1 dv_2 dv_3 \\ \quad = \{V_1 \circ \mathfrak{r}^1 + V_2 \circ \mathfrak{r}^2 + V_3 \circ \mathfrak{r}^3\} \triangle \cdot dv_1 dv_2 dv_3 \\ \quad = \sum_1^3 (V_i \circ \mathfrak{r}^i)\, d\tau = \operatorname{div} V \cdot d\tau, \end{cases}$$

unter entsprechender *Verallgemeinerung des Divergenzbegriffs**). Wir erhalten also damit

$$(3) \qquad Z = \oint V \circ d\mathfrak{r} = \iint \sum_1^3 V_i \circ [d\mathfrak{f}\, \mathfrak{r}^i] = \operatorname{rot} V \cdot d\mathfrak{f}$$

$$(4) \qquad \Phi = \iint V \circ d\mathfrak{f} = \iiint \sum_1^3 (V_i \circ \mathfrak{r}^i)\, d\tau = \iiint \operatorname{div} V \cdot d\tau.$$

Die Gleichungen (3) und (4) enthalten die bekannten Integralsätze von *Stokes* und *Gauß* in wesentlich verallgemeinerter Form. Man erhält aus ihnen ferner die Ergänzung und Verallgemeinerung grundlegender Sätze von *Green*, indem man an Stelle der Ortsfunktion V deren Produkt φV mit einer weiteren skalaren Ortsfunktion φ setzt:

$$(5) \quad \begin{cases} \oint (\varphi V) \circ d\mathfrak{r} = \iint \sum_1^3 (\varphi V)_i \circ [d\mathfrak{f}\, \mathfrak{r}^i] \\ \quad = \iint \sum_1^3 \{\varphi_i V \circ [d\mathfrak{f}\, \mathfrak{r}^i] + \varphi V_i \circ [d\mathfrak{f}\, \mathfrak{r}^i]\} \\ \quad = \iint \{V \circ [d\mathfrak{f} \cdot \operatorname{grad} \varphi] + \varphi \operatorname{rot} V \cdot d\mathfrak{f}\} \\ = \textit{Stokes-Greenscher Satz in allgemeinster Form}, \end{cases}$$

und

$$(6) \quad \begin{cases} \iint (\varphi V) \circ d\mathfrak{f} = \iiint \sum_1^3 \{(\varphi V)_i \circ \mathfrak{r}^i\}\, d\tau = \iiint \sum_1^3 \{\varphi_i V \circ \mathfrak{r}^i + \varphi V_i \circ \mathfrak{r}^i\}\, d\tau \\ \quad = \iiint \{V \circ \operatorname{grad} \varphi + \varphi \operatorname{div} V\}\, d\tau \\ = \textit{Gauß-Greenscher Satz in allgemeinster Form}. \end{cases}$$

Man erhält nun *alle* bekannten Integralsätze durch Spezialisierung der Gleichungen (3) bis (6).

I. Es sei V ein *Skalar* ψ und $\circ$ bedeute *arithmetische* Multiplikation. Dann wird

$$(3') \qquad \oint \psi\, d\mathfrak{r} = \iint \sum_1^3 \psi_i [d\mathfrak{f}\, \mathfrak{r}^i] = \iint [d\mathfrak{f} \cdot \operatorname{grad} \psi]$$

---

*) Analog sei endlich allgemein: grad $V = \sum_1^3 \mathfrak{r}^i, V_i$.

(4′) $$\iint \psi\, d\mathfrak{f} = \iiint \sum_{1}^{3} (\psi_i \mathfrak{r}^i)\, d\tau = \iiint \operatorname{grad} \psi \cdot d\tau$$

(5′) $$\begin{cases} \oint (\varphi \psi)\, d\mathfrak{r} = \iint \{\psi\, [d\mathfrak{f} \cdot \operatorname{grad} \psi] + \varphi\, [d\mathfrak{f} \cdot \operatorname{grad} \psi]\} \\ \qquad = \iint [d\mathfrak{f} \cdot \operatorname{grad} (\varphi \psi)], \quad \text{entsprechend Gl. (3′)} \end{cases}$$

(6′) $$\begin{cases} \iint (\varphi \psi)\, d\mathfrak{f} = \iiint \{\psi \operatorname{grad} \varphi + \varphi \operatorname{grad} \psi\}\, d\tau \\ \qquad = \iiint \operatorname{grad} (\varphi \psi)\, d\tau, \quad \text{entsprechend Gl. (4′)} \end{cases}$$

II. Es sei V ein *Vektor* $\mathfrak{v}$ und $\circ$ das Zeichen der *inneren* Multiplikation. Dann ist

(3″) $$\begin{cases} \oint \mathfrak{v} \mid d\mathfrak{r} = \iint \sum_{1}^{3} \mathfrak{v}_i \mid [d\mathfrak{f}\, \mathfrak{r}^i] = \iint \sum_{1}^{3} [\mathfrak{r}^i \mathfrak{v}_i] \mid d\mathfrak{f} = \iint \operatorname{rot} \mathfrak{v} \mid d\mathfrak{f} \\ \qquad = \textit{ursprünglicher Satz von Stokes.} \end{cases}$$

(4″) $$\begin{cases} \iint \mathfrak{v} \mid d\mathfrak{f} = \iiint \sum_{1}^{3} (\mathfrak{v}_i \mid \mathfrak{r}^i)\, d\tau = \iiint \operatorname{div} \mathfrak{v} \cdot d\tau \\ \qquad = \textit{ursprünglicher Satz von Gauß.} \end{cases}$$

(5″) $$\begin{cases} \oint (\varphi \mathfrak{v}) \mid d\mathfrak{r} = \iint \sum_{1}^{3} \{\varphi_i \mathfrak{v} \mid [d\mathfrak{f}\, \mathfrak{r}^i] + \varphi \mathfrak{v}_i \mid [d\mathfrak{f}\, \mathfrak{r}^i]\} \\ \qquad = \iint \{[\operatorname{grad} \varphi \cdot \mathfrak{v}] + \varphi \operatorname{rot} \mathfrak{v}\} \mid d\mathfrak{f} \\ \qquad = \textit{Satz von Stokes-Green.} \end{cases}$$

(6″) $$\begin{cases} \iint (\varphi \mathfrak{v}) \mid d\mathfrak{f} = \iiint \sum_{1}^{3} \{\varphi_i \mathfrak{v} \mid \mathfrak{r}^i + \varphi\, (\mathfrak{v}_i \mid \mathfrak{r}^i)\}\, d\tau \\ \qquad = \iiint \{\mathfrak{v} \mid \operatorname{grad} \varphi + \varphi \operatorname{div} \mathfrak{v}\}\, d\tau \\ = \textit{ursprünglicher Satz von Green in allgemeiner Form.} \end{cases}$$

Ist dabei $\mathfrak{v} = \operatorname{grad} \psi$, so wird auch

(4″a) $$\iint \operatorname{grad} \psi \mid d\mathfrak{f} = \iiint \operatorname{div} \operatorname{grad} \psi\, d\tau = \iiint \Delta \psi\, d\tau,$$

(5″a) $$\oint \varphi \operatorname{grad} \psi \mid d\mathfrak{r} = \iint [\operatorname{grad} \varphi \cdot \operatorname{grad} \psi] \mid d\mathfrak{f},$$

und insbesondere

(5″b) $$\oint \varphi \operatorname{grad} \varphi \mid d\mathfrak{r} = 0,$$

(6″a) $$\iint \varphi \operatorname{grad} \psi \mid d\mathfrak{f} = \iiint \{\operatorname{grad} \psi \mid \operatorname{grad} \varphi + \varphi \cdot \Delta \psi\}\, d\tau$$

bzw.

$$\iint \psi \operatorname{grad} \varphi \mid d\mathfrak{f} = \iiint \{\operatorname{grad} \varphi \mid \operatorname{grad} \psi + \psi \cdot \Delta \varphi\}\, d\tau$$

und subtrahiert:

(6″b) $$\iint (\varphi \operatorname{grad} \psi - \psi \operatorname{grad} \varphi) \mid d\mathfrak{f} = \iiint (\varphi \cdot \Delta \psi - \psi \cdot \Delta \varphi)\, d\tau.$$

Man bezeichnet oft die Formeln (6″a) und (6″b) als den *ersten* und den *zweiten Satz von Green.*

Ist dagegen $\operatorname{div}\mathfrak{v} = 0$, so wird Gl. (6'')

$$\iint \varphi\mathfrak{v}\,|\,d\mathfrak{f} = \iiint (\mathfrak{v}\,|\operatorname{grad}\varphi)\,d\tau$$

und insbesondere bei Integration über den ganzen unendlichen Raum

$$\iiint (\mathfrak{v}\,|\operatorname{grad}\varphi)\,d\tau = 0, \tag{6''c}$$

falls das Produkt $\varphi\mathfrak{v}$ im Unendlichen überall unendlich klein von mindestens dritter Ordnung wird. *Alsdann ist also das über den ganzen Raum erstreckte Integral des inneren Produkts eines wirbelfreien Vektors grad φ und eines quellenfreien Vektors $\mathfrak{v}$ stets gleich Null.*

III. Es sei V ein *Vektor* $\mathfrak{v}$ und $\circ$ das Zeichen für das *Vektor*produkt. Dann erhält man

$$\left\{\begin{aligned} \oint [\mathfrak{v}\,d\mathfrak{r}] &= \iint \sum_1^3 [\mathfrak{v}_i [d\mathfrak{f}\,\mathfrak{r}^i]] = \iint \sum_1^3 \{(\mathfrak{v}_i\,|\,\mathfrak{r}^i)\,d\mathfrak{f} - (\mathfrak{v}_i\,|\,d\mathfrak{f})\,\mathfrak{r}^i\} \\ &= \iint \{\operatorname{div}\mathfrak{v}\cdot d\mathfrak{f} - \overline{\mathfrak{V}}\,d\mathfrak{f}\}, \end{aligned}\right. \tag{3'''}$$

wobei $\overline{\mathfrak{V}}$ der zu $\mathfrak{V} = \operatorname{grad}\mathfrak{v}$ konjugierte Affinor ist.

$$\iint [\mathfrak{v}\,d\mathfrak{f}] = \iiint \sum_1^3 [\mathfrak{v}_i\mathfrak{r}^i]\,d\tau = -\iiint \operatorname{rot}\mathfrak{v}\cdot d\tau \tag{4'''}$$

$$\left\{\begin{aligned} \oint \varphi\,[\mathfrak{v}\,d\mathfrak{r}] &= \iint \sum_1^3 \{\varphi_i[\mathfrak{v}[d\mathfrak{f}\,\mathfrak{r}^i]] + \varphi\,[\mathfrak{v}_i\,[d\mathfrak{f}\,\mathfrak{r}^i]]\} \\ &= \iint \{[\mathfrak{v}\cdot[d\mathfrak{f}\cdot\operatorname{grad}\varphi]] + \varphi\,(\operatorname{div}\mathfrak{v}\cdot d\mathfrak{f} - \overline{\mathfrak{V}}\,d\mathfrak{f})\} \end{aligned}\right. \tag{5'''}$$

$$\left\{\begin{aligned} \iint \varphi\,[\mathfrak{v}\,d\mathfrak{f}] &= \iiint \sum_1^3 \{\varphi_i[\mathfrak{v}\,\mathfrak{r}^i] + \varphi[\mathfrak{v}_i\mathfrak{r}^i]\}\,d\tau \\ &= \iiint \{[\mathfrak{v}\operatorname{grad}\varphi] - \varphi\operatorname{rot}\mathfrak{v}\}\,d\tau. \end{aligned}\right. \tag{6'''}$$

IV. Es sei endlich $V = \mathfrak{V}$ ein *Affinor*(feld) und $\circ$ bedeute das (skalare) *Einsetzprodukt*. Dann ist:

$$\left\{\begin{aligned} \oint \mathfrak{V}\,d\mathfrak{r} &= \iint \sum_1^3 \mathfrak{V}_i[d\mathfrak{f}\,\mathfrak{r}^i] = \iint \mathfrak{W}\,d\mathfrak{f} = \iint \operatorname{rot}\mathfrak{V}\cdot d\mathfrak{f}, \\ &= \textit{Satz von Stokes für das Affinorfeld;} \end{aligned}\right. \tag{3^{IV}}$$

denn für $\mathfrak{V} = \sum_1^3 \mathfrak{r}^k, \mathfrak{v}_k$, also $\mathfrak{V}_i = \sum_k \mathfrak{r}^k, (\mathfrak{v}_k)_i$, wird

$$\sum_1^3 \mathfrak{V}_i\,[d\mathfrak{f}\,\mathfrak{r}^i] = \sum_{i,k} (\mathfrak{r}^k\,d\mathfrak{f}\,\mathfrak{r}^i)\,(\mathfrak{v}_k)_i = \sum_{i,k} (\mathfrak{r}^i\mathfrak{r}^k\,d\mathfrak{f})\,(\mathfrak{v}_k)_i = \operatorname{rot}\mathfrak{V}\cdot d\mathfrak{f},$$

wie ein Vergleich mit S. 55, Gl. (11), sofort erkennen läßt.

Es folgt weiter

$$\iint \mathfrak{V}\,d\mathfrak{f} = \iiint \sum_1^3 (\mathfrak{V}_i\mathfrak{r}^i)\,d\tau = \iiint \operatorname{div}\mathfrak{V}\cdot d\tau, \tag{4^{IV}}$$

lt. S. 55, Gl. (10), als *Satz von Gauß für das Affinorfeld,*

$$(5^{IV})\quad \begin{cases} \oint (\varphi \mathfrak{B})\, d\mathfrak{r} = \iint \sum_1^3 \{\varphi_i \mathfrak{B}\,[d\mathfrak{f}\,\mathfrak{r}^i] + \varphi \mathfrak{B}_i\,[d\mathfrak{f}\,\mathfrak{r}^i]\} \\ \qquad = \iint \{\mathfrak{B}\,[d\mathfrak{f}\,\operatorname{grad}\varphi] + \varphi \operatorname{rot}\mathfrak{B}\cdot d\mathfrak{f}\} \\ \qquad = \iint \{[\mathfrak{B}\,\operatorname{grad}\varphi] + \varphi \operatorname{rot}\mathfrak{B}\}\, d\mathfrak{f}, \end{cases}$$

als *Satz von Stokes-Green für das Affinorfeld,*

$$(6^{IV})\quad \begin{cases} \iint (\varphi \mathfrak{B})\, d\mathfrak{f} = \iiint \sum_1^3 \{\varphi_i \mathfrak{B}\,\mathfrak{r}^i + \varphi \mathfrak{B}_i\,\mathfrak{r}^i\}\, d\tau \\ \qquad = \iiint \{\mathfrak{B}\operatorname{grad}\varphi + \varphi \operatorname{div}\mathfrak{B}\}\, d\tau, \end{cases}$$

als *Satz von Gauß-Green für das Affinorfeld.*

Bei allen Greenschen Verallgemeinerungen der Sätze von Stokes und Gauß trat an Stelle der Ortsfunktion V deren Produkt φV mit einer *skalaren* Ortsfunktion φ. *Noch allgemeiner* erhält man für *beliebige* Ortsfunktionen U statt φ:

$$(5^{V})\qquad \oint (U * V) \circ d\mathfrak{r} = \iint \sum_1^3 (U_i * V + U * V_i) \circ [d\mathfrak{f}\,\mathfrak{r}^i]$$

$$(6^{V})\qquad \iint (U * V) \circ d\mathfrak{f} = \iiint \sum_1^3 \{(U_i * V + U * V_i) \circ \mathfrak{r}^i\}\, d\tau,$$

wobei wieder $*$ und $\circ$ zulässige und miteinander verträgliche Produktbildungen sind.

Sind z. B. $\mathfrak{u} = \mathfrak{u}(\mathfrak{r})$ und $\mathfrak{v} = \mathfrak{v}(\mathfrak{r})$ zwei Vektorfelder mit den Ableitungsaffinoren $\mathfrak{U} = \operatorname{grad}\mathfrak{u} = \sum_1^3 \mathfrak{r}^k, \mathfrak{u}_k$ und $\mathfrak{B} = \operatorname{grad}\mathfrak{v} = \sum_1^3 \mathfrak{r}^k, \mathfrak{v}_k$, so ist nach Gl. (6^{V})

$$(7\,\text{a})\qquad \iint (\mathfrak{U}\mathfrak{v})\,|\,d\mathfrak{f} = \iiint \sum_1^3 (\mathfrak{U}_i \mathfrak{v} + \mathfrak{U}\mathfrak{v}_i)\,|\,\mathfrak{r}^i \cdot d\tau$$

und ebenso

$$(7\,\text{b})\qquad \iint (\mathfrak{B}\mathfrak{u})\,|\,d\mathfrak{f} = \iiint \sum_1^3 (\mathfrak{B}_i \mathfrak{u} + \mathfrak{B}\mathfrak{u}_i)\,|\,\mathfrak{r}^i \cdot d\tau,$$

also subtrahiert

$$(8)\qquad \iint \{\mathfrak{U}\mathfrak{v} - \mathfrak{B}\mathfrak{u}\}\,|\,d\mathfrak{f} = \iiint \sum_1^3 (\mathfrak{U}_i \mathfrak{v} - \mathfrak{B}_i \mathfrak{u})\,|\,\mathfrak{r}^i \cdot d\tau.$$

Denn nach S. 38, Gl. (45) ist

$$\sum_1^3 (\mathfrak{U}\mathfrak{v}_i)\,|\,\mathfrak{r}^i = \sum_1^3 \mathfrak{r}^i\,|\,\mathfrak{U}\mathfrak{B}\mathfrak{r}_i = \sum_1^3 \mathfrak{r}^i\,|\,\mathfrak{B}\mathfrak{U}\mathfrak{r}_i = \sum_1^3 \mathfrak{r}^i\,|\,\mathfrak{B}\mathfrak{u}_i.$$

Bei konstanter Basis ist jedoch

$$(9\,\text{a})\quad \sum_1^3 (\mathfrak{U}_i \mathfrak{v})\,|\,\mathfrak{r}^i = \sum_{i,k} (\mathfrak{r}^k\,|\,\mathfrak{v})(\mathfrak{u}_{ki}\,|\,\mathfrak{r}^i) = \mathfrak{v}\,|\sum_k \mathfrak{r}^k (\sum_i \mathfrak{r}^i\,|\,\mathfrak{u}_{ki}) = \mathfrak{v}\,|\sum_k \mathfrak{r}^k \frac{\partial (\sum_i \mathfrak{r}^i\,|\,\mathfrak{u}_i)}{\partial v_k}$$
$$= \mathfrak{v}\,|\operatorname{grad}\operatorname{div}\mathfrak{u}$$

und ganz entsprechend folgt

(9b) $$\sum_1^3 (\mathfrak{B}_i\,\mathfrak{u})\,|\,\mathfrak{r}^i = \mathfrak{u}\,|\,\mathrm{grad\,div}\,\mathfrak{v}.$$

Damit aber wird Gl. (8):

(10) $$\begin{cases} \iint (\mathfrak{U}\,\mathfrak{v} - \mathfrak{B}\,\mathfrak{u})\,|\,d\mathfrak{f} = \iint \{(\mathfrak{v}\,\mathrm{grad})\,\mathfrak{u} - (\mathfrak{u}\,\mathrm{grad})\,\mathfrak{v}\}\,|\,d\mathfrak{f} \\ \quad = \iiint \{\mathfrak{v}\,|\,\mathrm{grad\,div}\,\mathfrak{u} - \mathfrak{u}\,|\,\mathrm{grad\,div}\,\mathfrak{v}\}\,d\tau. \end{cases}$$

Ist *zudem* $\mathfrak{u} = \mathrm{grad}\,\varphi$ und $\mathfrak{v} = \mathrm{grad}\,\psi$, also $\mathrm{rot}\,\mathfrak{u} = \mathrm{rot}\ \mathfrak{v} = 0$, so wird nach S. 54, Gl. (7c) $\mathrm{grad\,div}\,\mathfrak{u} = \Delta\,\mathfrak{u}$ und $\mathrm{grad\,div}\,\mathfrak{v} = \Delta\,\mathfrak{v}$ und folglich tritt dann an Stelle von (10) die Gleichung

(11) $$\iint \{(\mathfrak{v}\,\mathrm{grad})\,\mathfrak{u} - (\mathfrak{u}\,\mathrm{grad})\,\mathfrak{v}\}\,|\,d\mathfrak{f} = \iiint \{\mathfrak{v}\,|\,\Delta\,\mathfrak{u} - \mathfrak{u}\,|\,\Delta\,\mathfrak{v}\}\,d\tau,$$

in völliger Analogie zum 2. Satz von Green in Gl. (6″b) auf S. 62.

Die Gleichungen (4′), (4″) und (4‴) ermöglichen bekanntlich bei Anwendung auf *infinitesimale* Bereiche eine *koordinatenfreie* Definition der Differentialoperationen grad, div und rot für ein Skalar- oder Vektorfeld in den Formen:

(12) $$\mathrm{grad}\,\psi = \lim \frac{1}{\Delta\tau} \iint \psi\,d\mathfrak{f}$$

(13) $$\mathrm{div}\,\mathfrak{v} = \lim \frac{1}{\Delta\tau} \iint \mathfrak{v}\,|\,d\mathfrak{f}$$

(14) $$\mathrm{rot}\,\mathfrak{v} = \lim \frac{1}{\Delta\tau} \iint [d\mathfrak{f}\,\mathfrak{v}].$$

Benützt man auch noch die Gl. (4^{IV}) und bildet zu ihr das Gegenstück unter Benützung des *vektoriellen* statt des *skalaren* Einsetzprodukts, so ist, lt. S. 55, Gl. (11):

(15) $$\iint [\mathfrak{B}\,d\mathfrak{f}] = \iiint \sum_1^3 [\mathfrak{B}_i\,\mathfrak{r}^i]\,d\tau = \iiint \mathrm{rot}\,\mathfrak{B}\cdot d\tau.$$

Weiter gibt die Gl. (4) auf S. 61 bei *dyadischer* Multiplikation für $V = \mathfrak{v}$:

(16) $$\iint d\mathfrak{f}, \mathfrak{v} = \iiint \mathfrak{r}^i, \mathfrak{v}_i \cdot d\tau = \iiint \mathrm{grad}\,\mathfrak{v}\cdot d\tau$$

und für $V = \mathfrak{B}$:

(17) $$\iint d\mathfrak{f}, \mathfrak{B} = \iiint \mathfrak{r}^i, \mathfrak{B}_i \cdot d\tau = \iiint \mathrm{grad}\,\mathfrak{B}\cdot d\tau.$$

Neben die Gl. (12) bis (14) treten damit noch die weiteren

(18) $$\mathrm{grad}\,\mathfrak{v} = \lim \frac{1}{\Delta\tau} \iint d\mathfrak{f}, \mathfrak{v}$$

(19) $$\mathrm{grad}\,\mathfrak{B} = \lim \frac{1}{\Delta\tau} \iint d\mathfrak{f}, \mathfrak{B}$$

(20) $$\mathrm{div}\,\mathfrak{B} = \lim \frac{1}{\Delta\tau} \iint \mathfrak{B}\,d\mathfrak{f}$$

(21) $$\mathrm{rot}\,\mathfrak{B} = \lim \frac{1}{\Delta\tau} \iint [\mathfrak{B}\,d\mathfrak{f}].$$

Nimmt nun eine beliebige Ortsfunktion zu beiden Seiten einer *Unstetigkeitsfläche* verschiedene Werte an, so versagt die bisherige Definition der Differentialoperationen. Es seien an einer solchen „Sprungfläche" ψ_1 und ψ_2, $\mathfrak{v}_1$ und $\mathfrak{v}_2$ sowie $\mathfrak{B}_1$ und $\mathfrak{B}_2$ jetzt die Werte der Ortsfunktionen auf den Seiten I und II der Sprungfläche und $\mathfrak{n}$ deren normierter Normalenvektor in Richtung von I nach II. Dann geben die *neuen* Formeln (12) bis (14) und (18) bis (21), angewandt auf einen infinitesimalen Zylinder, dessen Höhe in *höherer* Ordnung klein wird und dessen Grundflächen $\Delta\sigma$ parallel zur Grenzfläche in I und II liegen:

$$\text{grad}\,\psi = \lim \frac{1}{\Delta\tau} \cdot \mathfrak{n}\,(\psi_2 - \psi_1)\,\Delta\sigma \tag{22}$$

$$\text{grad}\,\mathfrak{v} = \lim \frac{1}{\Delta\tau} \cdot \mathfrak{n}\,,\,(\mathfrak{v}_2 - \mathfrak{v}_1)\,\Delta\sigma \tag{23}$$

$$\text{div}\,\mathfrak{v} = \lim \frac{1}{\Delta\tau} \cdot \mathfrak{n}\,|\,(\mathfrak{v}_2 - \mathfrak{v}_1)\,\Delta\sigma \tag{24}$$

$$\text{rot}\,\mathfrak{v} = \lim \frac{1}{\Delta\tau} \cdot [\mathfrak{n}\,(\mathfrak{v}_2 - \mathfrak{v}_1)]\,\Delta\sigma \tag{25}$$

$$\text{grad}\,\mathfrak{B} = \lim \frac{1}{\Delta\tau} \cdot \mathfrak{n}\,,\,(\mathfrak{B}_2 - \mathfrak{B}_1)\,\Delta\sigma \tag{26}$$

$$\text{div}\,\mathfrak{B} = \lim \frac{1}{\Delta\tau} \cdot (\mathfrak{B}_2 - \mathfrak{B}_1)\,\mathfrak{n}\,\Delta\sigma \tag{27}$$

$$\text{rot}\,\mathfrak{B} = \lim \frac{1}{\Delta\tau} \cdot [(\mathfrak{B}_2 - \mathfrak{B}_1)\,\mathfrak{n}]\,\Delta\sigma, \tag{28}$$

wobei aber $\lim \frac{\Delta\sigma}{\Delta\tau}$ im Grenzfall gegen ∞ strebt. Man erhält jedoch *endliche* Werte, wenn man statt mit dem Volumelement $\Delta\tau$ mit dem Flächenelement $\Delta\sigma$ dividiert, also die Differentialoperationen auf die *Flächen*einheit bezieht. Man bezeichnet dann für $\mathfrak{n} = \mathfrak{n}_2 = -\mathfrak{n}_1$:

$$\overline{\text{grad}}\,\psi = \mathfrak{n}\,(\psi_2 - \psi_1) = \sum_1^2 \mathfrak{n}_i \psi_i \tag{22'}$$

$$\overline{\text{grad}}\,\mathfrak{v} = \mathfrak{n}\,,\,(\mathfrak{v}_2 - \mathfrak{v}_1) = \sum_1^3 \mathfrak{n}_i\,,\,\mathfrak{v} \tag{23'}$$

$$\overline{\text{div}}\,\mathfrak{v} = \mathfrak{n}\,|\,(\mathfrak{v}_2 - \mathfrak{v}_1) = \sum_1^2 \mathfrak{n}_i\,|\,\mathfrak{v}_i \tag{24'}$$

$$\overline{\text{rot}}\,\mathfrak{v} = [\mathfrak{n}\,(\mathfrak{v}_2 - \mathfrak{v}_1)] = \sum_1^2 [\mathfrak{n}_i \mathfrak{v}_i] \tag{25'}$$

$$\overline{\text{grad}}\,\mathfrak{B} = \mathfrak{n}\,,\,(\mathfrak{B}_2 - \mathfrak{B}_1) = \sum_1^2 \mathfrak{n}_i\,,\,\mathfrak{B}_i \tag{26'}$$

$$\overline{\text{div}}\,\mathfrak{B} = (\mathfrak{B}_2 - \mathfrak{B}_1)\,\mathfrak{n} = \sum_1^2 \mathfrak{B}_i \mathfrak{n}_i \tag{27'}$$

$$\overline{\text{rot}}\,\mathfrak{B} = [(\mathfrak{B}_2 - \mathfrak{B}_1)\,\mathfrak{n}] = \sum_1^2 [\mathfrak{B}_i \mathfrak{n}_i] \tag{28'}$$

als *Flächen*gradient, *Flächen*divergenz und *Flächen*wirbel der betreffenden Ortsfunktion.

Solche Ausdrücke treten z. B. auf, wenn man bei Anwendung der Sätze von Gauß und Green Sprungflächen durch sie eng umhüllende Flächen ausschließt, die dann zur Grenze des Volumbereichs gehören, über den zu integrieren ist. Bei der Integration entlang diesen den Sprungflächen infinitesimal benachbarten Hüllflächen erhält man nämlich, wegen $d\mathfrak{f}_i = -\mathfrak{n}_i\, d\sigma$:

$$\iint \psi\, d\mathfrak{f} = -\iint \overline{\operatorname{grad}\psi} \cdot d\sigma \tag{29}$$

$$\iint d\mathfrak{f}, \mathfrak{v} = -\iint \overline{\operatorname{grad}\mathfrak{v}} \cdot d\sigma \tag{30}$$

$$\iint d\mathfrak{f} \,|\, \mathfrak{v} = -\iint \overline{\operatorname{div}\mathfrak{v}} \cdot d\sigma \tag{31}$$

$$\iint [d\mathfrak{f}\,\mathfrak{v}] = -\iint \overline{\operatorname{rot}\mathfrak{v}} \cdot d\sigma \tag{32}$$

$$\iint d\mathfrak{f}, \mathfrak{V} = -\iint \overline{\operatorname{grad}\mathfrak{V}} \cdot d\sigma \tag{33}$$

$$\iint \mathfrak{V}\, d\mathfrak{f} = -\iint \overline{\operatorname{div}\mathfrak{V}} \cdot d\sigma \tag{34}$$

$$\iint [\mathfrak{V}\, d\mathfrak{f}] = -\iint \overline{\operatorname{rot}\mathfrak{V}} \cdot d\sigma. \tag{35}$$

Damit lauten die Sätze von Gauß und ihre Verallgemeinerungen unter Berücksichtigung solcher „*Sperrflächen*" in erweiterter Form:

$$\iint \psi\, d\mathfrak{f} = \iiint \operatorname{grad}\psi \cdot d\tau + \iint \overline{\operatorname{grad}\psi} \cdot d\sigma \tag{36}$$

$$\iint d\mathfrak{f}, \mathfrak{v} = \iiint \operatorname{grad}\mathfrak{v} \cdot d\tau + \iint \overline{\operatorname{grad}\mathfrak{v}} \cdot d\sigma \tag{37}$$

$$\iint d\mathfrak{f} \,|\, \mathfrak{v} = \iiint \operatorname{div}\mathfrak{v} \cdot d\tau + \iint \overline{\operatorname{div}\mathfrak{v}} \cdot d\sigma \tag{38}$$

$$\iint [d\mathfrak{f}\,\mathfrak{v}] = \iiint \operatorname{rot}\mathfrak{v} \cdot d\tau + \iint \overline{\operatorname{rot}\mathfrak{v}} \cdot d\sigma \tag{39}$$

$$\iint d\mathfrak{f}, \mathfrak{V} = \iiint \operatorname{grad}\mathfrak{V} \cdot d\tau + \iint \overline{\operatorname{grad}\mathfrak{V}} \cdot d\sigma \tag{40}$$

$$\iint \mathfrak{V}\, d\mathfrak{f} = \iiint \operatorname{div}\mathfrak{V} \cdot d\tau + \iint \overline{\operatorname{div}\mathfrak{V}} \cdot d\sigma \tag{41}$$

$$\iint [\mathfrak{V}\, d\mathfrak{f}] = \iiint \operatorname{rot}\mathfrak{V} \cdot d\tau + \iint \overline{\operatorname{rot}\mathfrak{V}} \cdot d\sigma, \tag{42}$$

und ihnen entsprechen analoge erweiterte Sätze von Green, z. B.

$$\iint d\mathfrak{f} \,|\, (\varphi\mathfrak{v}) = \iiint (\mathfrak{v} \,|\, \operatorname{grad}\varphi + \varphi \operatorname{div}\mathfrak{v})\, d\tau + \iint \overline{\operatorname{div}}\,(\varphi\mathfrak{v})\, d\sigma \tag{43}$$

$$\iint [d\mathfrak{f} \cdot \varphi\mathfrak{v}] = \iiint ([\operatorname{grad}\varphi \cdot \mathfrak{v}] + \varphi \operatorname{rot}\mathfrak{v})\, d\tau + \iint \overline{\operatorname{rot}}\,(\varphi\mathfrak{v})\, d\sigma. \tag{44}$$

Dabei ist noch $\overline{\operatorname{div}}\,(\varphi\mathfrak{v}) = \varphi\, \overline{\operatorname{div}\mathfrak{v}}$ und $\overline{\operatorname{rot}}\,(\varphi\mathfrak{v}) = \varphi\, \overline{\operatorname{rot}\mathfrak{v}}$, falls wenigstens φ an der Sprungfläche stetig bleibt.

§ 14. Das allgemeine Integral eines beliebigen Vektor- oder Affinorfeldes, von dem im ganzen Raum Divergenz und Rotation gegeben sind

A. Für ein beliebiges *Vektorfeld* $\mathfrak{v}$ sei im ganzen Raum gegeben

$$\operatorname{div}\mathfrak{v} = q(\mathfrak{r}) \tag{1}$$ und $$\operatorname{rot}\mathfrak{v} = \mathfrak{w}(\mathfrak{r}) = \sum_1^3 w_i \mathfrak{a}_i, \tag{2}$$

wo $\mathfrak{a}_1$, $\mathfrak{a}_2$, $\mathfrak{a}_3$ eine konstante Basis ist. Wir versuchen den Ansatz

$$\begin{aligned} \mathfrak{v} &= \operatorname{grad}\psi + \operatorname{rot}\mathfrak{p} \\ &= \text{wirbelfreier Teil} + \text{quellenfreier Teil von } \mathfrak{v}. \end{aligned} \tag{3}$$

Aus Gl. (3) folgt dann sofort mit (1) und (2)

$$(4) \qquad \operatorname{div} \mathfrak{v} = \underbrace{\operatorname{div} \operatorname{grad} \psi}_{= \Delta \psi} + \underbrace{\operatorname{div} \operatorname{rot} \mathfrak{p}}_{= 0} = \Delta \psi = q$$

und

$$(5) \qquad \operatorname{rot} \mathfrak{v} = \underbrace{\operatorname{rot} \operatorname{grad} \psi}_{= 0} + \operatorname{rot} \operatorname{rot} \mathfrak{p} = \operatorname{grad} \operatorname{div} \mathfrak{p} - \Delta \mathfrak{p} = \mathfrak{w}.$$

Das allgemeine Integral von (4) ist aber bekannt. Es ist das skalare Potential

$$(6) \qquad \psi = \frac{-1}{4\pi} \iiint \frac{q}{r} \, d\tau .$$

Dabei ist r die jeweilige Entfernung des Volumelements $d\tau$ vom Feldpunkt P, für welchen ψ gelten soll.

Ist weiter $\mathfrak{p}_1 = \mathfrak{p}_1(\mathfrak{r})$ eine Lösung von Gl. (5), so bleibt $\operatorname{rot} \operatorname{rot} \mathfrak{p}$ invariant, wenn man zum Felde $\mathfrak{p}_1$ ein Gradientenfeld $\mathfrak{p}_2 = \operatorname{grad} \chi$ addiert, für welches überall $\operatorname{div} \mathfrak{p}_2 = -\operatorname{div} \mathfrak{p}_1$ wird. Dann aber erfüllt das Feld $\mathfrak{p} = \mathfrak{p}_1 + \mathfrak{p}_2$ überall die Bedingung $\operatorname{div} \mathfrak{p} = 0$, und an Stelle von Gl. (5) tritt die Gleichung

$$(7) \qquad -\Delta \mathfrak{p} = \mathfrak{w} = \sum_1^3 w_i \mathfrak{a}_i .$$

Für $\mathfrak{p} = \sum_1^3 \mathfrak{a}_i p_i$ wird aber, konstante Basis vorausgesetzt,

$$(8) \qquad \Delta \mathfrak{p} = \sum_1^3 \mathfrak{a}_i \cdot \Delta p_i .$$

Daher wird Gl. (7) erfüllt für $\Delta p_i = -w_i$. Die $p_i = p_i(\mathfrak{r})$ ergeben sich demnach als skalare Potentiale in der Form $p_i = \frac{1}{4\pi} \iiint \frac{w_i}{r} d\tau$ und bestimmen damit das gesuchte *Vektorpotential* in der Form

$$(9) \qquad \mathfrak{p} = \frac{1}{4\pi} \iiint \frac{\mathfrak{w}}{r} \, d\tau .$$

Damit wird endlich Gl. (3):

$$(10) \qquad \mathfrak{v} = -\operatorname{grad} \left(\frac{1}{4\pi} \iiint \frac{q}{r} \, d\tau \right) + \operatorname{rot} \left(\frac{1}{4\pi} \iiint \frac{\mathfrak{w}}{r} \right) d\tau .$$

B. Für ein *Affinor*feld $\mathfrak{B}$ sei entsprechend vorgeschrieben im ganzen Raum

$$(11) \qquad \operatorname{div} \mathfrak{B} = \mathfrak{q}(\mathfrak{r}) ; \qquad \operatorname{rot} \mathfrak{B} = \mathfrak{W}(\mathfrak{r}) = \sum_1^3 \mathfrak{a}^i, \mathfrak{w}_i . \qquad (12)$$

Wir benützen zur Bestimmung der allgemeinen Lösung den zu Gl. (3) analogen Ansatz

$$(13) \qquad \mathfrak{B} = \operatorname{grad} \mathfrak{u} + \operatorname{rot} \mathfrak{P},$$

wo das Vektorfeld $\mathfrak{u}$ und das Affinorfeld $\mathfrak{P}$ noch zu bestimmen sind. Hieraus folgt wieder, entsprechend zu Gl. (4) und Gl. (5), wenn wir jetzt die Zerlegungsformeln für die Affinorinvarianten in § 12 benützen:

(14) $$\operatorname{div} \mathfrak{B} = \operatorname{div} \operatorname{grad} \mathfrak{u} + \underbrace{\operatorname{div} \operatorname{rot} \mathfrak{P}}_{=0} = \Delta\, \mathfrak{u} = \mathfrak{q}$$

und

(15) $$\operatorname{rot} \mathfrak{B} = \underbrace{\operatorname{rot} \operatorname{grad} \mathfrak{u}}_{=0} + \operatorname{rot} \operatorname{rot} \mathfrak{P} = \operatorname{grad} \operatorname{div} \mathfrak{P} - \Delta\, \mathfrak{P} = \mathfrak{W}.$$

Das allgemeine Integral von (14) ist aber das Vektorpotential

(16) $$\mathfrak{u} = \frac{-1}{4\pi} \iiint \frac{\mathfrak{q}}{r}\, d\tau,$$

wie soeben in den Gl. (7) bis (9) gezeigt.

Ist nun $\mathfrak{P}_1 = \mathfrak{P}_1(\mathfrak{r})$ eine Lösung der Affinor-Differentialgleichung (15), so bleibt, wegen $\operatorname{rot} \operatorname{grad} \mathfrak{y} = 0$, auch $\operatorname{rot} \operatorname{rot} \mathfrak{P}$ invariant, wenn man zum Feld $\mathfrak{P}_1$ ein Gradientenfeld $\mathfrak{P}_2 = \operatorname{grad} \mathfrak{y}$ addiert, für welches überall $\operatorname{div} \mathfrak{P}_2 = -\operatorname{div} \mathfrak{P}_2$ sein soll. Dann aber erfüllt das Feld $\mathfrak{P} = \mathfrak{P}_1 + \mathfrak{P}_2$ überall die Bedingung $\operatorname{div} \mathfrak{P} = 0$, und an Stelle von Gl. (15) tritt die Gleichung

(17) $$\operatorname{rot} \operatorname{rot} \mathfrak{P} = -\Delta\, \mathfrak{P} = \mathfrak{W} = \sum_1^3 \mathfrak{a}^i, \mathfrak{w}_i$$

mit vorgeschriebenen Feldvektoren $\mathfrak{w}_i$. Für $\mathfrak{P} = \sum_1^3 \mathfrak{a}^i, \mathfrak{p}_i$ wird aber, wieder bei konstanter Basis:

(18) $$\Delta\, \mathfrak{P} = \sum_1^3 \mathfrak{a}^i, \Delta\, \mathfrak{p}_i, \qquad \text{lt. S. 59, Gl. (10).}$$

Daher wird Gl. (17) erfüllt für $\Delta\, \mathfrak{p}_i = -\mathfrak{w}_i$. Die $\mathfrak{p}_i = \mathfrak{p}_i(\mathfrak{r})$ ergeben sich demnach als Vektorpotentiale in der Form

(19) $$\mathfrak{p}_i = \frac{1}{4\pi} \iiint \frac{\mathfrak{w}_i}{r}\, d\tau$$

und bestimmen damit das gesuchte „*Affinorpotential*" $\mathfrak{P} = \sum_1^3 \mathfrak{a}^i, \mathfrak{p}_i$.

KAPITEL III

ANWENDUNG AUF DIFFERENTIALGEOMETRIE

§ 15. *Raumkurven*

Nach § 7, Gl. (2), stellt für stetige Funktionen

$$\mathfrak{r} = \mathfrak{r}(t) = \sum_1^3 x_i(t)\,\mathfrak{a}_i \tag{1}$$

die Gleichung einer ebenen oder räumlichen Kurve dar. Wir setzen dabei die Existenz der ersten bis dritten Ableitung von $\mathfrak{r}$ bzw. der x_i nach t voraus. Aus (1) folgt dann zunächst

$$\lim \frac{\Delta \mathfrak{r}}{\Delta t} = \frac{d\mathfrak{r}}{dt} = \dot{\mathfrak{r}}(t) \tag{2}$$

als Tangentenvektor vom Betrag

$$\operatorname{mod} \dot{\mathfrak{r}} = \frac{ds}{dt}. \tag{3}$$

Somit wird das *Linienelement* $ds = +\sqrt{d\mathfrak{r}|d\mathfrak{r}} = +\sqrt{\dot{\mathfrak{r}}|\dot{\mathfrak{r}}}\,dt$, und

$$s = \int_{P_1}^{P_2} +\sqrt{\dot{\mathfrak{r}}|\dot{\mathfrak{r}}}\,dt = s(t) \tag{4}$$

ist der Ausdruck für die *Bogenlänge* zwischen zwei Punkten P_1 und P_2. Sodann ist

$$\mathfrak{x} = \mathfrak{r} + \lambda \dot{\mathfrak{r}} \tag{5}$$

bei veränderlichem λ für jedes bestimmte t die Gleichung der *Kurventangente*, oder, wenn man t *und* λ als Parameter betrachtet, die explizite Gleichung der *Tangentenfläche*, welche aus der Gesamtheit aller Tangenten der Kurve besteht. Dagegen ist

$$(\mathfrak{x} - \mathfrak{r})\,|\,\dot{\mathfrak{r}} = 0 \tag{6}$$

für jedes t die implizite Gleichung der *Normalebene* der Kurve in dem zu t gehörigen Kurvenpunkt. Ist nun $\mathfrak{r} = \mathfrak{r}(t)$ in der Umgebung des Punktes $\mathfrak{r}(t)$ in eine Taylorsche Reihe entwickelbar:

$$\Delta \mathfrak{r} = \dot{\mathfrak{r}} \frac{\Delta t}{1!} + \ddot{\mathfrak{r}} \frac{(\Delta t)^2}{2!} + \dddot{\mathfrak{r}} \frac{(\Delta t)^3}{3!} + \cdots,$$

so ist auch

$$[\dot{\mathfrak{r}} \cdot \Delta \mathfrak{r}] = [\dot{\mathfrak{r}}\ddot{\mathfrak{r}}] \frac{(\Delta t)^2}{2!} + [\dot{\mathfrak{r}}\dddot{\mathfrak{r}}] \cdot \frac{(\Delta t)^3}{3!} + \cdots$$

der Vektor der Normalen auf der Ebene parallel zu $\dot{\mathfrak{r}}$ und $\Delta\mathfrak{r}$ im Punkte $\mathfrak{r}(t)$. Folglich wird, falls $[\dot{\mathfrak{r}}\ddot{\mathfrak{r}}]$ nicht verschwindet,

$$(7) \qquad \mathfrak{z} = \lim \frac{[\dot{\mathfrak{r}}\Delta\mathfrak{r}]\cdot 2!}{(\Delta t)^2} = [\dot{\mathfrak{r}}\ddot{\mathfrak{r}}]$$

der Vektor der *Binormalen*, d. h. der Normalen zur *Schmiegebene* der Kurve im Punkt $\mathfrak{r}(t)$. Die letztere bildet also definitionsgemäß die Grenzlage der Ebene durch die Kurventangente und den benachbarten Punkt $\mathfrak{r} + \Delta\mathfrak{r}$, wenn dieser gegen $\mathfrak{r}$ rückt. Ihre implizite Gleichung wird durch das verschwindende Volumprodukt

$$(8\,a) \qquad ((\mathfrak{x} - \mathfrak{r})\,\dot{\mathfrak{r}}\ddot{\mathfrak{r}}) = 0$$

ausgedrückt, während ihre explizite Gleichung bei veränderlichem λ und μ durch

$$(8\,b) \qquad \mathfrak{x} = \mathfrak{r} + \lambda\dot{\mathfrak{r}} + \mu\ddot{\mathfrak{r}}$$

gegeben ist. Für *ebene* Kurven hat der Vektor $\mathfrak{z} = [\dot{\mathfrak{r}}\ddot{\mathfrak{r}}]$ dauernd dieselbe Richtung, d. h. es ist mit der „Regel des doppelten Faktors" nach § 4, Gl. (5):

$$(9) \qquad [\mathfrak{z}\dot{\mathfrak{z}}] = [[\dot{\mathfrak{r}}\ddot{\mathfrak{r}}]\,[\dot{\mathfrak{r}}\dddot{\mathfrak{r}}]] = (\dot{\mathfrak{r}}\ddot{\mathfrak{r}}\dddot{\mathfrak{r}})\,\dot{\mathfrak{r}} = 0\,.$$

Daher ist

$$(10) \qquad (\dot{\mathfrak{r}}\ddot{\mathfrak{r}}\dddot{\mathfrak{r}}) = 0\,, \quad \text{für alle Werte } t,$$

die notwendige und hinreichende Bedingung dafür, daß die Kurve *eben* ist.

Aus Gl. (4) folgt nun durch Umkehrung $t = t(s)$ und damit statt Gl. (1) und (2):

$$(1') \qquad \mathfrak{r} = \mathfrak{r}(s)$$

und wenn wir die *Ableitungen nach der Bogenlänge s durch Striche* bezeichnen

$$(2') \qquad \mathfrak{r}' = \frac{d\mathfrak{r}}{ds} = \frac{d\mathfrak{r}}{dt}\Big/\frac{ds}{dt} = \frac{\dot{\mathfrak{r}}}{\operatorname{mod}\dot{\mathfrak{r}}}\,.$$

Durch Gl. (1') wird also die Bogenlänge der Kurve als Parameter eingeführt, und der normierte Tangentenvektor $\mathbf{t} = \mathfrak{r}' = \frac{d\mathfrak{r}}{ds}$, als neuer Ortsvektor betrachtet, liefert das *sphärische Tangentenbild* der Kurve, auch „*sphärische Indikatrix*" genannt. Seine Ableitung nach s

$$(11) \qquad \mathbf{t}' = \mathfrak{r}'' = \frac{1}{\varrho}\,\mathfrak{h}, \quad \text{für } \operatorname{mod}\mathfrak{h} = 1 \text{ und } \textit{positives } \varrho,$$

heißt der *Krümmungsvektor* der Kurve im Punkt P. Derselbe steht senkrecht auf $\mathbf{t}$, denn aus $\mathbf{t}\,|\,\mathbf{t} = +1$ folgt $\mathbf{t}\,|\,\mathbf{t}' = 0$. Umgekehrt ist dann

$$(11') \qquad \mathfrak{h} = \varrho\,\mathbf{t}' = \varrho\,\mathfrak{r}''$$

der normierte Vektor der *Hauptnormale* der Kurve, und durch den positiven Wert $\varkappa = \frac{1}{\varrho}$ wird die Krümmung der Kurve in P definiert:

$$(12) \qquad \varkappa = \frac{1}{\varrho} = \operatorname{mod} \mathfrak{r}'' = + \sqrt{\mathfrak{r}'' | \mathfrak{r}''} = \frac{d\varphi}{ds},$$

wenn der infinitesimale Winkel konsekutiver Tangenten mit $d\varphi$ bezeichnet wird. Denn für Einheitsvektoren $\mathfrak{t}$ ist stets $\operatorname{mod} d\mathfrak{t}$ gleich dem infinitesimalen Drehwinkel von $\mathfrak{t}$ im Bogenmaß.

Da nun nach Taylor

$$\Delta \mathfrak{r} = \mathfrak{r}' \frac{\Delta s}{1!} + \mathfrak{r}'' \frac{(\Delta s)^2}{2!} + \mathfrak{r}''' \frac{(\Delta s)^3}{3!} + \cdots$$

und folglich auch

$$[\mathfrak{r}' \cdot \Delta \mathfrak{r}] = [\mathfrak{r}' \mathfrak{r}''] \frac{(\Delta s)^2}{2!} + [\mathfrak{r}' \mathfrak{r}'''] \frac{(\Delta s)^3}{3!} + \cdots,$$

so erhält man, unter Beschränkung auf Glieder zweiter Ordnung, für den senkrechten Abstand Δa des konsekutiv benachbarten Kurvenpunkts $\mathfrak{r} + \Delta \mathfrak{r}$ von der Kurventangente in Punkt $\mathfrak{r}$:

$$\Delta a = \operatorname{mod} [\mathfrak{r}' \cdot \Delta \mathfrak{r}] = \operatorname{mod} [\mathfrak{r}' \mathfrak{r}''] \frac{(\Delta s)^2}{2!} = \frac{(\Delta s)^2}{2\varrho} \operatorname{mod} [\mathfrak{t}\mathfrak{h}].$$

Es ist also auch

$$(12') \qquad \varkappa = \frac{1}{\varrho} = \lim \left(\frac{2 \cdot \Delta a}{(\Delta s)^2} \right) \Big/ _{\Delta s \to 0},$$

womit eine *zweite geometrische Deutung der Krümmung* $\varkappa$ gewonnen ist. Wegen $\mathfrak{r}' | \mathfrak{r}'' = 0$ ist auch $\varkappa^2 = [\mathfrak{r}' \mathfrak{r}''] | [\mathfrak{r}' \mathfrak{r}'']$. Für $\mathfrak{r}' = \dot{\mathfrak{r}} \frac{dt}{ds}$, also $\mathfrak{r}'' = \ddot{\mathfrak{r}} \left(\frac{dt}{ds} \right)^2 + \dot{\mathfrak{r}} \frac{d^2 t}{ds^2}$ folgt damit für den Fall eines *beliebigen* Kurvenparameters t auch

$$(12'') \qquad \varkappa = + \sqrt{[\dot{\mathfrak{r}} \ddot{\mathfrak{r}}] | [\dot{\mathfrak{r}} \ddot{\mathfrak{r}}] \left(\frac{dt}{ds} \right)^6} = + \sqrt{\frac{[\dot{\mathfrak{r}} \ddot{\mathfrak{r}}] | [\dot{\mathfrak{r}} \ddot{\mathfrak{r}}]}{(\dot{\mathfrak{r}} | \dot{\mathfrak{r}})^3}}.$$

Die Vektoren $\mathfrak{t}$ und $\mathfrak{h}$ bestimmen weiter eindeutig den Einheitsvektor der *Binormalen*

$$(13) \qquad \mathfrak{b} = [\mathfrak{t}\mathfrak{h}] = \varrho [\mathfrak{r}' \mathfrak{r}''],$$

und damit das jedem regulären Kurvenpunkt zugeordnete „*begleitende Dreibein*“ $\mathfrak{v}_1 = \mathfrak{t}$, $\mathfrak{v}_2 = \mathfrak{h}$ und $\mathfrak{v}_3 = \mathfrak{b}$. Offenbar ist $\mathfrak{v}_3 = \mathfrak{b}$ parallel dem schon in Gl. (7) eingeführten Vektor $\mathfrak{s}$, da die Stellung der Schmiegebene unabhängig ist von der besonderen Wahl des Parameters t.

Die Änderung der Richtungen der Dreibeinvektoren $\mathfrak{t}$, $\mathfrak{h}$ und $\mathfrak{b}$ beim Übergang zum konsekutiven Kurvenpunkt $(\mathfrak{r} + d\mathfrak{r})$ bestimmt die drei Ableitungen $\mathfrak{v}_1' = \mathfrak{t}' = \frac{d\mathfrak{t}}{ds}$, $\mathfrak{v}_2' = \mathfrak{h}' = \frac{d\mathfrak{h}}{ds}$ und $\mathfrak{v}_3' = \mathfrak{b}' = \frac{d\mathfrak{b}}{ds}$. Wir setzen nun

$$(14) \qquad \mathfrak{v}_i' = \sum_k^{1-3} a_{ik} \mathfrak{v}_k, \quad \text{also} \quad a_{ik} = \mathfrak{v}_i' | \mathfrak{v}_k.$$

Die Bestimmung der Koeffizienten a_{ik} heißt auch das *Frenetsche Problem.* Wegen $\mathfrak{v}_i|\mathfrak{v}_k = \text{const}$ folgt zunächst $\mathfrak{v}_i'|\mathfrak{v}_k + \mathfrak{v}_i|\mathfrak{v}_k' = 0$, d. h.

$$a_{ik} = \mathfrak{v}_i'|\mathfrak{v}_k = -\mathfrak{v}_i|\mathfrak{v}_k' = -a_{ki}, \quad \text{also} \quad a_{ii} = 0.$$

Damit wird aber Gl. (14)

$$(15) \qquad \begin{cases} \mathfrak{t}' = \mathfrak{v}_1' = 0 + a_{12}\,\mathfrak{v}_2 + a_{13}\,\mathfrak{v}_3 = 0 + \dfrac{1}{\varrho}\mathfrak{h} + 0, & \text{lt. Gl. (11)} \\ \mathfrak{h}' = \mathfrak{v}_2' = a_{21}\,\mathfrak{v}_1 + 0 + a_{23}\,\mathfrak{v}_3 = -\dfrac{1}{\varrho}\mathfrak{t} + 0 + \dfrac{1}{\tau}\mathfrak{b} \\ \mathfrak{b}' = \mathfrak{v}_3' = a_{31}\,\mathfrak{v}_3 + a_{32}\,\mathfrak{v}_2 + 0 = 0 - \dfrac{1}{\tau}\mathfrak{h} + 0. \end{cases}$$

Zunächst ist dann

$$(16) \qquad |a_{23}| = |a_{32}| = \left|\frac{1}{\tau}\right| = \operatorname{mod}\mathfrak{b}' = \frac{d\psi}{ds},$$

$$\text{analog zu } \frac{1}{\varrho} = \operatorname{mod}\mathfrak{t}' = \frac{d\varphi}{ds},$$

und $d\psi$ bedeutet dabei den Winkel konsekutiver Binormalen, also auch konsekutiver Schmiegebenen, entsprechend der Bemerkung zu Gl. (12). Daß ferner gerade $\mathfrak{b}'$ parallel zu $\mathfrak{h}$ wird, zeigt, daß die Schmiegebene sich jeweils momentan um die Kurventangente dreht. Nach der mittleren Gl. (15) ist weiter $\mathfrak{h}'|\mathfrak{b} = \mathfrak{v}_2'|\mathfrak{v}_3 = \frac{1}{\tau}$, wobei nach Gl. (11') $\mathfrak{h}' = \varrho'\mathfrak{r}'' + \varrho\mathfrak{r}'''$ wird. Daher ist auch

$$(17) \qquad \frac{1}{\tau} = \mathfrak{h}'|\mathfrak{b} = \underbrace{\varrho'\mathfrak{r}''|\mathfrak{b}}_{=0} + \varrho\mathfrak{r}'''|\mathfrak{b} = \varrho\,(\mathfrak{r}'''\,\mathfrak{t}\,\mathfrak{h}) = \varrho^2\,(\mathfrak{r}'''\mathfrak{r}'\mathfrak{r}''),$$

so daß endlich

$$(17') \qquad \vartheta = \frac{1}{\tau} = \frac{(\mathfrak{r}'\mathfrak{r}''\mathfrak{r}''')}{\mathfrak{r}''|\mathfrak{r}''} = \frac{(\mathfrak{r}'\mathfrak{r}''\mathfrak{r}''')}{[\mathfrak{r}'\mathfrak{r}'']\,|\,[\mathfrak{r}'\mathfrak{r}'']}$$

wird. Dieser Ausdruck definiert zugleich *mit* Vorzeichen die *Windung* oder *Torsion* $\vartheta = \frac{1}{\tau}$ der Raumkurve an der Stelle $\mathfrak{r}$. Ihr identisches Verschwinden für alle Werte von t besagt wieder, lt. Gl. (10), daß die Kurve *eben* ist. Die 2. Form der rechten Seite der Gl. (17') ist übrigens parameterinvariant. Denn für den beliebigen Parameter t wird

$$(\mathfrak{r}'\mathfrak{r}''\mathfrak{r}''') = (\dot{\mathfrak{r}}\,\ddot{\mathfrak{r}}\,\dddot{\mathfrak{r}})\left(\frac{dt}{ds}\right)^6 \quad \text{und} \quad [\mathfrak{r}'\mathfrak{r}'']\,|\,[\mathfrak{r}'\mathfrak{r}''] = [\dot{\mathfrak{r}}\ddot{\mathfrak{r}}]\,|\,[\dot{\mathfrak{r}}\ddot{\mathfrak{r}}]\left(\frac{dt}{ds}\right)^6,$$

so daß ganz allgemein gilt

$$(17'') \qquad \vartheta = \frac{1}{\tau} = \frac{(\dot{\mathfrak{r}}\,\ddot{\mathfrak{r}}\,\dddot{\mathfrak{r}})}{[\dot{\mathfrak{r}}\ddot{\mathfrak{r}}]\,|\,[\dot{\mathfrak{r}}\ddot{\mathfrak{r}}]}.$$

Setzt man wieder mit Taylor für den zu $\mathfrak{r}$ benachbarten Kurvenpunkt

$$\Delta\mathfrak{r} = \mathfrak{r}'\frac{\Delta s}{1!} + \mathfrak{r}''\frac{(\Delta s)^2}{2!} + \mathfrak{r}'''\frac{(\Delta s)^3}{3!} + \cdots,$$

so wird, bei Beschränkung auf Glieder dritter Ordnung, der *senkrechte Abstand* $\Delta\beta$ des Kurvenpunkts $\mathfrak{r}+\Delta\mathfrak{r}$ von der Schmiegebene im Punkt $\mathfrak{r}$

$$\Delta\beta = \Delta\mathfrak{r}\,|\,\mathfrak{b} = (\mathfrak{r}'''\,|\,\mathfrak{b})\,\frac{(\Delta s)^3}{3!}.$$

Somit ist auch, wegen Gl. (17),

$$6\lim\frac{\Delta\beta}{(\Delta s)^3} = \mathfrak{r}'''\,|\,\mathfrak{b} = (\mathfrak{t}\,\mathfrak{h}\,\mathfrak{r}''') = \frac{1}{\varrho}\cdot\frac{1}{\tau} = \varkappa\vartheta.$$

Die *Gleichungen von Frenet* (1847), nämlich

(15′)
$$\begin{cases} \mathfrak{t}' = & & \frac{1}{\varrho}\mathfrak{h} & \\ \mathfrak{h}' = & -\frac{1}{\varrho}\mathfrak{t} & & +\frac{1}{\tau}\mathfrak{b} \\ \mathfrak{b}' = & & -\frac{1}{\tau}\mathfrak{h} & \end{cases}$$

lassen sich nach *G. Darboux* noch zusammenfassen in

(18)
$$\mathfrak{t}' = [\mathfrak{u}\,\mathfrak{t}],\quad \mathfrak{h}' = [\mathfrak{u}\,\mathfrak{h}],\quad \mathfrak{b}' = [\mathfrak{u}\,\mathfrak{b}],$$

wenn man

(19)
$$\mathfrak{u} = \frac{1}{\tau}\mathfrak{t} + \frac{1}{\varrho}\mathfrak{b}$$

setzt. Die kinematische Deutung dieser Gleichung liegt auf der Hand: Deutet man die Bogenlänge s zugleich als Zeit, so ist nach Gl. (14′) auf S. 42 $\mathfrak{u}$ der *Vektor der Winkelgeschwindigkeit*, mit der sich momentan das starre Dreibein dreht. Nach S. 42, Gl. (15), lautet der *allgemeine* Ausdruck für $\mathfrak{u}$, angewandt auf unsern Fall, für $t = s$:

(20)
$$\mathfrak{u} = \frac{1}{2}\sum_1^3 [\mathfrak{v}_i\mathfrak{v}_i'] = \frac{1}{2}\{[\mathfrak{t}\,\mathfrak{t}'] + [\mathfrak{h}\,\mathfrak{h}'] + [\mathfrak{b}\,\mathfrak{b}']\}$$

oder auch, wie man leicht verifiziert, hier noch einfacher

(20′)
$$\mathfrak{u} = [\mathfrak{h}\,\mathfrak{h}'] = \left[\mathfrak{h}\left(-\frac{1}{\varrho}\mathfrak{t} + \frac{1}{\tau}\mathfrak{t}\right)\right] = \frac{1}{\varrho}\mathfrak{b} + \frac{1}{\tau}\mathfrak{t}.$$

Die Größe dieser Winkelgeschwindigkeit, $\omega = \operatorname{mod}\mathfrak{u}$, ist dann offenbar gegeben durch

$$\omega = +\sqrt{\mathfrak{u}\,|\,\mathfrak{u}} = +\sqrt{\left(\frac{1}{\tau}\right)^2 + \left(\frac{1}{\varrho}\right)^2} = \operatorname{mod}\mathfrak{h}' = \frac{d\chi}{ds},$$

wenn man unter $d\chi$ den Winkel konsekutiver Hauptnormalen versteht. Die Größe ω wird deshalb oft auch die *dritte* Krümmung der Kurve genannt.

Für *ebene* Kurven, für welche die Torsion $\frac{1}{\tau}$ überall verschwindet, reduzieren sich übrigens die Frenetschen Gleichungen (15′) einfach auf:

$$(15'') \qquad \mathfrak{t}' = \frac{1}{\varrho}\,\mathfrak{h}; \quad \mathfrak{h}' = -\frac{1}{\varrho}\,\mathfrak{t}; \quad \mathfrak{b}' = 0.$$

Der *Krümmungskreis* einer Kurve $\mathfrak{r} = \mathfrak{r}(s)$ hat definitionsgemäß mit der Kurve in P drei konsekutive Punkte gemein. Er liegt deshalb ganz in der Schmiegebene des Punktes P, und seine auf diese Ebene bezügliche Gleichung $(\mathfrak{r} - \mathfrak{m})\,|\,(\mathfrak{r} - \mathfrak{m}) = a^2$ stimmt in der ersten und zweiten Ableitung von $\mathfrak{r}$ nach s notwendig mit den entsprechenden Ableitungen der Kurvengleichung überein. Nun wird $(\mathfrak{r} - \mathfrak{m})\,|\,\mathfrak{r}' = 0$ und weiter

$$\mathfrak{r}'|\mathfrak{r}' + (\mathfrak{r} - \mathfrak{m})\,|\,\mathfrak{r}'' = 1 + (\mathfrak{r} - \mathfrak{m})\,\Big|\,\frac{\mathfrak{h}}{\varrho} = 0, \text{ d. h. } (\mathfrak{r} - \mathfrak{m})\,\Big|\,\mathfrak{h} = -\varrho.$$

Weil aber dabei sicher $\mathfrak{r} - \mathfrak{m} = \lambda\mathfrak{h}$ wird, so folgt $\lambda = -\varrho$, und damit wird der Ortsvektor des *Krümmungsmittelpunkts*

$$(21) \qquad \mathfrak{m} = \mathfrak{r} + \varrho\mathfrak{h}.$$

Damit wird ϱ gedeutet als Radius des Krümmungskreises im betrachteten Kurvenpunkt.

Entsprechend habe die Schmiegungskugel der Raumkurve in P, d. h. die Kugel, die mit der Raumkurve vier konsekutive Punkte gemeinsam hat, die (räumliche) implizite Gleichung $(\mathfrak{r} - \mathfrak{m})\,|\,(\mathfrak{r} - \mathfrak{m}) = a^2$. Sie stimmt in den ersten *drei* Ableitungen mit denen der Kurvengleichung überein. Nun ist wieder wie oben $(\mathfrak{r} - \mathfrak{m})\,|\,\mathfrak{r}' = 0$ und $(\mathfrak{r} - \mathfrak{m})\,|\,\mathfrak{h} + \varrho = 0$. Nochmalige Ableitung ergibt $\underbrace{\mathfrak{r}'|\mathfrak{h}}_{=0} + (\mathfrak{r} - \mathfrak{m})\,|\,\mathfrak{h}' + \varrho' = 0$, d. h. nach Frenet:

$$(\mathfrak{r} - \mathfrak{m})\,\Big|\left(-\frac{1}{\varrho}\,\mathfrak{t} + \frac{1}{\tau}\,\mathfrak{b}\right) + \varrho' = 0 \quad \text{oder} \quad (\mathfrak{r} - \mathfrak{m})\,|\,\mathfrak{b} = -\tau\varrho'.$$

Weil also

$$(\mathfrak{r} - \mathfrak{m})\,|\,\mathfrak{t} = 0, \quad (\mathfrak{r} - \mathfrak{m})\,|\,\mathfrak{h} = -\varrho, \quad (\mathfrak{r} - \mathfrak{m})\,|\,\mathfrak{b} = -\tau\varrho',$$

so ist

$$(22) \qquad \mathfrak{m} = \mathfrak{r} + \varrho\mathfrak{h} + \tau\varrho'\mathfrak{b}$$

der Ortsvektor nach dem Mittelpunkt der Schmiegungskugel und

$$(23) \qquad a = \sqrt{\varrho^2 + (\tau\varrho')^2}$$

deren Radius. Da wir Vollständigkeit nicht anstreben, gehen wir hier auf weitere Einzelprobleme der Kurventheorie nicht ein, sondern wenden uns zur *Flächentheorie*.

§ 16. Flächen in Parameterform. Grundformen und Fundamentalgrößen erster und zweiter Ordnung

Nach § 7, Gl. (3), ist

$$\mathfrak{r} = \mathfrak{r}(v_1, v_2) = \sum_1^3 x_i(v_1, v_2)\,\mathfrak{a}_i \tag{1}$$

der Ortsvektor nach den Punkten P einer beliebigen Fläche im Raum und stellt also deren explizite Vektorgleichung mit den im allgemeinen krummlinigen (Gaußschen) Koordinaten v_1 und v_2 dar. Die auf der Fläche liegenden Kurven, die man erhält, wenn man nur v_1 *oder* v_2 als veränderlich betrachtet, werden die „*Parameterlinien*" der Fläche genannt. Wir setzen im folgenden die Existenz der Ableitungen $\mathfrak{r}_i = \frac{\partial \mathfrak{r}}{\partial v_i}$ und $\mathfrak{r}_{ik} = \frac{\partial^2 \mathfrak{r}}{\partial v_i\, \partial v_k}$ voraus und erhalten aus Gl. (1) zunächst für das infinitesimale *Linienelement*

$$d\mathfrak{r} = \frac{\partial \mathfrak{r}}{\partial v_1} d v_1 + \frac{\partial \mathfrak{r}}{\partial v_2} d v_2 = \sum_1^2 \mathfrak{r}_i\, d v_i\,. \tag{2}$$

In *regulären* Flächenpunkten ist zudem

$$[\mathfrak{r}_1 \mathfrak{r}_2] \neq 0, \tag{3}$$

d. h. $\mathfrak{r}_1$ und $\mathfrak{r}_2$ sind in solchen Punkten linear unabhängig und legen die Stellung der *Tangentialebene* im Flächenpunkt P fest. Ihre *implizite* Gleichung ist offenbar

$$(\mathfrak{x} - \mathfrak{r})\,|\,[\mathfrak{r}_1 \mathfrak{r}_2] = ((\mathfrak{x} - \mathfrak{r})\,\mathfrak{r}_1 \mathfrak{r}_2) = 0, \tag{4a}$$

während ihre *explizite* Gleichung lautet

$$\mathfrak{x} = \mathfrak{r} + \lambda_1 \mathfrak{r}_1 + \lambda_2 \mathfrak{r}_2, \tag{4b}$$

bei beliebig veränderlichen λ_1 und λ_2. Sodann ist

$$\mathfrak{n} = \frac{[\mathfrak{r}_1 \mathfrak{r}_2]}{\operatorname{mod}\,[\mathfrak{r}_1 \mathfrak{r}_2]} \tag{5}$$

der normierte Vektor der *Flächennormale* in P. Für $ds = \operatorname{mod} d\mathfrak{r}$ gibt weiter Gl. (2) die *erste Grund- oder Fundamentalform* der Flächentheorie

$$ds^2 = d\mathfrak{r}\,|\,d\mathfrak{r} = \sum_{i,k}^{1-2} \mathfrak{r}_i|\mathfrak{r}_k\, dv_i\, dv_k = \sum_{i,k}^{1-2} g_{ik}\, dv_i\, dv_k \tag{6}$$

mit den *Fundamentalgrößen erster Ordnung* g_{ik} oder in *klassischer* Bezeichnung

$$g_{11} = \mathfrak{r}_1|\mathfrak{r}_1 = E, \quad g_{12} = g_{21} = \mathfrak{r}_1|\mathfrak{r}_2 = F, \quad g_{22} = \mathfrak{r}_2|\mathfrak{r}_2 = G. \tag{7}$$

Der quadratischen Grundform (6) entspricht als zugehörig, für $d\mathfrak{r} = \sum_1^2 \mathfrak{r}_i\, dv_i$ und $\delta\mathfrak{r} = \sum_1^2 \mathfrak{r}_k\, \delta v_k$, die offenbar symmetrische Bilinearform

$$d\mathfrak{r}\,|\,\delta\mathfrak{r} = \sum_{i,k} \mathfrak{r}_i|\mathfrak{r}_k\, dv_i\, \delta v_k = \sum_{i,k} g_{ik}\, dv_i\, \delta v_k\,, \tag{8}$$

und für zueinander senkrechte (orthogonale) Richtungen wird

(8') $$d\mathfrak{r}\,|\,\delta\mathfrak{r} = \sum_{i,k} g_{ik}\, dv_i\, \delta v_k = 0.$$

Insbesondere sind die Parameterlinien selbst orthogonal, wenn überall $g_{12} = \mathfrak{r}_1|\mathfrak{r}_2 = F = 0$ wird.

Für das *Flächenelement* $d\sigma = \operatorname{mod}\,[\mathfrak{r}_1\mathfrak{r}_2]\,dv_1\,dv_2$ wird entsprechend

(9) $$d\sigma^2 = [\mathfrak{r}_1\mathfrak{r}_2]\,|\,[\mathfrak{r}_1\mathfrak{r}_2]\,dv_1^2\,dv_2^2 = \begin{vmatrix} \mathfrak{r}_1|\mathfrak{r}_1 & \mathfrak{r}_1|\mathfrak{r}_2 \\ \mathfrak{r}_2|\mathfrak{r}_1 & \mathfrak{r}_2|\mathfrak{r}_2 \end{vmatrix} dv_1^2\,dv_2^2 = \|g_{ik}\|\,dv_1^2\,dv_2^2$$

oder, für positive dv_i

(9') $$d\sigma = +\sqrt{g_{11}\,g_{22} - g_{12}^2}\,dv_1\,dv_2 = +\sqrt{EG-F^2}\,dv_1\,dv_2 = \triangle\cdot dv_1\,dv_2$$

und damit auch

(5') $$\mathfrak{n} = \frac{[\mathfrak{r}_1\mathfrak{r}_2]}{\triangle} = \mathfrak{n}(v_1, v_2); \qquad \text{mit } \mathfrak{n}|\mathfrak{n} = +1. \qquad (10)$$

Offenbar ist zugleich $\triangle = (\mathfrak{r}_1\mathfrak{r}_2\mathfrak{n})$, d. h.

(11) $$d\sigma = (\mathfrak{r}_1\mathfrak{r}_2\,\mathfrak{n})\,dv_1\,dv_2.$$

Wegen Gl. (5) ist ferner stets

(12a) $$\mathfrak{n}|\mathfrak{r}_1 = \mathfrak{n}|\mathfrak{r}_2 = 0$$

und somit stets auch

(12b) $$\mathfrak{n}|d\mathfrak{r} = 0,$$

für jedes tangentiale Linienelement. Hieraus folgt aber durch Differentiation nach v_i und v_k, für $\frac{\partial\mathfrak{n}}{\partial v_i} = \mathfrak{n}_i$,

(13a) $$\mathfrak{n}_i|\mathfrak{r}_k = -\mathfrak{n}|\mathfrak{r}_{ki} = -\mathfrak{n}|\mathfrak{r}_{ik} = \mathfrak{n}_k|\mathfrak{r}_i$$

(13b) $$d\mathfrak{n}|d\mathfrak{r} + \mathfrak{n}|d^2\mathfrak{r} = 0.$$

Ebenso gibt Gl. (10)

(14a) $$\mathfrak{n}|\mathfrak{n}_1 = \mathfrak{n}|\mathfrak{n}_2 = 0$$

(14b) $$\mathfrak{n}|d\mathfrak{n} = 0$$

und dabei ist

(15) $$d\mathfrak{n} = \mathfrak{n}_1\,dv_1 + \mathfrak{n}_2\,dv_2 = \sum_1^2 \mathfrak{n}_k\,dv_k.$$

$\mathfrak{n}_1$, $\mathfrak{n}_2$ und $d\mathfrak{n}$ sind also stets tangential im zugeordneten Flächenpunkt.

Neben die erste Grundform $ds^2 = d\mathfrak{r}|d\mathfrak{r} = \sum_{i,k} g_{ik}\,dv_i\,dv_k$ tritt nun als *zweite Grund- oder Fundamentalform*

(16) $$\mathfrak{n}|d^2\mathfrak{r} = -d\mathfrak{n}|d\mathfrak{r} = -\sum_{i,k}(\mathfrak{n}_k|\mathfrak{r}_i)\,dv_k\,dv_i = \sum_{i,k}(\mathfrak{n}|\mathfrak{r}_{ik})\,dv_i\,dv_k.$$

In ihr treten die Ortsskalare

(17) $$L_{ik} = -\mathfrak{n}_k|\mathfrak{r}_i = \mathfrak{n}|\mathfrak{r}_{ik} = -\mathfrak{n}_i|\mathfrak{r}_k = L_{ki}$$

als *Fundamentalgrößen zweiter Ordnung* auf, in klassischer Bezeichnung häufig L, M, N genannt. Dieser zweiten Grundform entspricht als zugehörige und ebenfalls symmetrische Bilinearform für $\delta\mathfrak{n} = \sum_1^2 \mathfrak{n}_i\,\delta v_i$ und im Blick auf Gl. (13a)

(18) $$\begin{cases} -d\mathfrak{n}|\delta\mathfrak{r} = -\sum_{i,k}(\mathfrak{n}_k|\mathfrak{r}_i)\,dv_k\,\delta v_i = -\sum_{i,k}(\mathfrak{n}_i|\mathfrak{r}_k)\,dv_k\,\delta v_i = -\delta\mathfrak{n}|d\mathfrak{r} \\ = \sum_{i,k} L_{ik}\,dv_k\,\delta v_i. \end{cases}$$

Durch diese zweite Grundform werden vor allem die Krümmungsverhältnisse der Fläche bestimmt.

Der *Name „Fundamentalgrößen"* für die g_{ik} bzw. E, F, G, und die L_{ik} bzw. L, M, N tritt zuerst 1876 bei R. Hoppe auf.

Entwickelt man noch die Flächengleichung $\mathfrak{r} = \mathfrak{r}(v_1, v_2)$ in der Umgebung des Flächenpunkts $\mathfrak{r}$ in eine Taylorsche Reihe

(19) $$\mathfrak{r} + \Delta\mathfrak{r} = \mathfrak{r} + \sum_1^2 \mathfrak{r}_i\,\Delta v_i + \frac{1}{2!}\sum_{i,k}^{1-2} \mathfrak{r}_{ik}\,\Delta v_i\,\Delta v_k + \cdots,$$

so ist der senkrechte Abstand ε des benachbarten Flächenpunktes $\mathfrak{r} + \Delta\mathfrak{r}$ von der Tangentialebene des Punktes $\mathfrak{r}$, wegen $\mathfrak{r}_i|\mathfrak{n} = 0$, gegeben durch

$$\varepsilon = \Delta\mathfrak{r}|\mathfrak{n} = \frac{1}{2!}\sum_{i,k}(\mathfrak{r}_{ik}|\mathfrak{n})\,\Delta v_i\,\Delta v_k + \cdots.$$

Bricht man die Reihe für die unmittelbare (infinitesimal benachbarte) Umgebung des Punktes $\mathfrak{r}$ mit den Gliedern zweiter Ordnung ab, so liefert

(20) $$2\varepsilon = \sum_{i,k}(\mathfrak{r}_{ik}|\mathfrak{n})\,\Delta v_i\,\Delta v_k = \sum_{i,k} L_{ik}\,\Delta v_i\,\Delta v_k$$

eine unmittelbare *geometrische Deutung der zweiten Grundform* der Flächentheorie.

§ 17. Lokale Basis. Duale und reziproke Einheiten auf der Fläche. Krümmungsaffinor und konjugierte Richtungen

Durch die partiellen Ableitungen $\mathfrak{r}_i = \frac{\partial\mathfrak{r}}{\partial v_i}$ des Ortsvektors $\mathfrak{r}$ wurde bereits für die Linienelemente $d\mathfrak{r}$ eine von Punkt zu Punkt veränderliche zweidimensionale *„lokale"* Basis auf der Fläche eingeführt. Wir führen nun durch

(1) $$\bar{\mathfrak{r}}_1 = \frac{\mathfrak{r}_2}{\triangle} \quad \text{und} \quad \bar{\mathfrak{r}}_2 = \frac{-\mathfrak{r}_1}{\triangle}$$

die „duale" und durch

(2 a) $$\mathfrak{r}^1 = [\bar{\mathfrak{r}}_1\,\mathfrak{n}] = \frac{[\mathfrak{r}_2\,\mathfrak{n}]}{\triangle}; \quad \mathfrak{r}^2 = [\bar{\mathfrak{r}}_2\,\mathfrak{n}] = \frac{[\mathfrak{n}\,\mathfrak{r}_1]}{\triangle}$$

die „reziproke" lokale Basis auf der Fläche ein. Es ist dann auch umgekehrt:

(2b) $\quad \mathfrak{r}_1 = \triangle \cdot [\mathfrak{r}^2\,\mathfrak{n}]; \quad \mathfrak{r}_2 = \triangle \cdot [\mathfrak{n}\,\mathfrak{r}^1];$

(2c) $\quad \bar{\mathfrak{r}}_1 = [\mathfrak{n}\,\mathfrak{r}^1]; \quad \bar{\mathfrak{r}}_2 = [\mathfrak{n}\,\mathfrak{r}^2].$

Somit wird stets

(3) $$[\mathfrak{r}_i\,\bar{\mathfrak{r}}_i] = \frac{[\mathfrak{r}_1\,\mathfrak{r}_2]}{\triangle} = \mathfrak{n}$$

(4) $$\mathfrak{r}^i|\mathfrak{r}_i = +1; \quad \mathfrak{r}^i|\mathfrak{r}_k = 0, \quad \text{für } i \neq k$$

(5) $$[\mathfrak{r}^1\,\mathfrak{r}^2] = \frac{[[\mathfrak{r}_2\,\mathfrak{n}]\lceil\mathfrak{n}\,\mathfrak{r}_1]]}{\triangle^2} = \frac{(\mathfrak{r}_2\,\mathfrak{n}\,\mathfrak{r}_1)}{\triangle^2}\,\mathfrak{n} = \frac{\mathfrak{n}}{\triangle}.$$

Zerlegt man die zu $\mathfrak{n}$ senkrechten, also tangentialen Vektoren $\mathfrak{r}^i$ in der Form $\mathfrak{r}^i = \sum_k^{1-2} g^{ik}\mathfrak{r}_k$ nach den $\mathfrak{r}_i$, so findet man mit Gl. (4) sofort

(6) $\quad \mathfrak{r}^i|\mathfrak{r}^k = g^{ik}(\mathfrak{r}_k|\mathfrak{r}^k) = g^{ik}, \qquad$ also $\qquad \mathfrak{r}^i = \sum_k (\mathfrak{r}^i|\mathfrak{r}^k)\mathfrak{r}_k.$ (7)

Setzt man umgekehrt $\mathfrak{r}_i = \sum_k h_{ik}\mathfrak{r}^k$, so folgt entsprechend

(8) $\quad g_{ik} = \mathfrak{r}_i|\mathfrak{r}_k = h_{ik}(\mathfrak{r}^k|\mathfrak{r}_k) = h_{ik}, \qquad$ also $\qquad \mathfrak{r}_i = \sum_k g_{ik}\mathfrak{r}^k.$ (9)

Für diese g^{ik} erhält man nun mit $\triangle^2 = g$ die Werte:

(10)
$$\begin{cases}
g^{11} = \mathfrak{r}^1|\mathfrak{r}^1 = \dfrac{[\mathfrak{r}_2\,\mathfrak{n}]\,|\,[\mathfrak{r}_2\,\mathfrak{n}]}{\triangle^2} = \dfrac{\begin{vmatrix} \mathfrak{r}_2|\mathfrak{r}_2 & \mathfrak{r}_2|\mathfrak{n} \\ \mathfrak{n}|\mathfrak{r}_2 & \mathfrak{n}|\mathfrak{n} \end{vmatrix}}{\triangle^2} = \dfrac{\mathfrak{r}_2|\mathfrak{r}_2}{g} = \dfrac{g_{22}}{g} \\[3em]
g^{12} = g^{21} = \mathfrak{r}^1|\mathfrak{r}^2 = \dfrac{[\mathfrak{r}_2\,\mathfrak{n}]\,|\,[\mathfrak{n}\,\mathfrak{r}_1]}{\triangle^2} = \dfrac{\begin{vmatrix} \mathfrak{r}_2|\mathfrak{n} & \mathfrak{r}_2|\mathfrak{r}_1 \\ \mathfrak{n}|\mathfrak{n} & \mathfrak{n}|\mathfrak{r}_1 \end{vmatrix}}{\triangle^2} = \dfrac{-\mathfrak{r}_1|\mathfrak{r}_2}{g} = \dfrac{-g_{12}}{g} \\[3em]
g^{22} = \mathfrak{r}^2|\mathfrak{r}^2 = \dfrac{[\mathfrak{n}\,\mathfrak{r}_1]\,|\,[\mathfrak{n}\,\mathfrak{r}_1]}{\triangle^2} = \dfrac{\begin{vmatrix} \mathfrak{n}|\mathfrak{n} & \mathfrak{n}|\mathfrak{r}_1 \\ \mathfrak{r}_1|\mathfrak{n} & \mathfrak{r}_1|\mathfrak{r}_1 \end{vmatrix}}{\triangle^2} = \dfrac{\mathfrak{r}_1|\mathfrak{r}_1}{g} = \dfrac{g_{11}}{g},
\end{cases}$$

analog zum dreidimensionalen Fall [vgl. S. 27, Gl. (22)].

Endlich wird, wegen Gl. (7)

(11) $$\sum_i g^{ik}g_{ik} = \sum_i (\mathfrak{r}^i|\mathfrak{r}^k)(\mathfrak{r}_i|\mathfrak{r}_k) = \mathfrak{r}^k|\mathfrak{r}_k = +1$$

(12) $$\sum_i g^{ik}g_{il} = \sum_i (\mathfrak{r}^i|\mathfrak{r}^k)(\mathfrak{r}_i|\mathfrak{r}_l) = \mathfrak{r}^k|\mathfrak{r}_l = 0, \quad \text{für } l \neq k.$$

Durch Hinzunahme des *dritten* Vektors $\mathfrak{r}_3 = \mathfrak{n}$ wird übrigens die lokale *zwei*dimensionale (tangentiale) Basis $\mathfrak{r}_1, \mathfrak{r}_2$ zu einer *drei*dimensionalen (räumlichen) lokalen Basis $\mathfrak{r}_1, \mathfrak{r}_2, \mathfrak{r}_3 = \mathfrak{n}$ ergänzt, auf welche man jeden dem Flächenpunkt

P zugeordneten Vektor beziehen kann. Bildet man zu dieser *räumlichen* Basis die reziproke nach § 5, so ist $(\mathfrak{r}_1 \mathfrak{r}_2 \mathfrak{r}_3) = (\mathfrak{r}_1 \mathfrak{r}_2 \mathfrak{n}) = \triangle$ und damit

$$(13) \qquad \mathfrak{r}^1 = \frac{[\mathfrak{r}_2 \mathfrak{r}_3]}{\triangle} = \frac{[\mathfrak{r}_2 \mathfrak{n}]}{\triangle}, \quad \mathfrak{r}^2 = \frac{[\mathfrak{r}_3 \mathfrak{r}_1]}{\triangle} = \frac{[\mathfrak{n}\, \mathfrak{r}_1]}{\triangle}, \quad \mathfrak{r}^3 = \frac{[\mathfrak{r}_1 \mathfrak{r}_2]}{\triangle} = \mathfrak{n} = \mathfrak{r}_3.$$

Der Vektor $\mathfrak{r}^3 = \mathfrak{r}_3 = \mathfrak{n}$ ist also dabei zu sich selbst reziprok, und die beiden $\mathfrak{r}^1$ und $\mathfrak{r}^2$ sind identisch mit den oben in Gl. (2a) eingeführten reziproken Einheiten des zweidimensionalen Falls. Nach S. 26, Gl. (9), gilt dann für jeden Vektor $\mathfrak{v}$ identisch

$$(14) \qquad \mathfrak{v} = \sum_1^3 (\mathfrak{r}^i | \mathfrak{v})\, \mathfrak{r}_i = \sum_1^2 (\mathfrak{r}^i | \mathfrak{v})\, \mathfrak{r}_i + (\mathfrak{n} | \mathfrak{v})\, \mathfrak{n}.$$

Er wird dadurch in eine zur Fläche *tangentiale* Komponente $\mathfrak{v}_t = \sum_1^2 (\mathfrak{r}^i | \mathfrak{v})\, \mathfrak{r}_i$ und eine zur Fläche *normale* Komponente $\mathfrak{v}_n = (\mathfrak{n} | \mathfrak{v})\, \mathfrak{n}$ zerlegt.

Die Einführung der dualen und der reziproken Basis auf der Fläche ist vor allem wichtig für die Gewinnung der Differentialinvarianten der Flächentheorie (vgl. § 25). Wir benützen die reziproke Basis schon an dieser Stelle zur Darstellung eines lokalen Affinors, der für die Untersuchung der Flächenkrümmung grundlegend ist. Nach § 16, (Gl. (5'), ist der normierte Normalvektor $\mathfrak{n} = \mathfrak{n}(\mathfrak{r}) = \mathfrak{n}(v_1, v_2)$ eine Funktion des Orts auf der Fläche, und einer infinitesimalen Ortsveränderung $d\mathfrak{r} = \sum_1^2 \mathfrak{r}_i\, dv_i$ entspricht als zugehöriges Differential von $\mathfrak{n}$: $d\mathfrak{n} = \sum_1^2 \mathfrak{n}_i\, dv_i$. Mit Hilfe der reziproken Basis hat man aber nach Gl. (4):

$$(15) \qquad (\mathfrak{r}^i | d\mathfrak{r}) = (\mathfrak{r}^i | \mathfrak{r}_i)\, dv_i = dv_i$$

und somit wird

$$(16) \qquad d\mathfrak{n} = \sum_1^2 (\mathfrak{r}^i | d\mathfrak{r})\, \mathfrak{n}_i = \mathfrak{K}\, d\mathfrak{r}.$$

Wir nennen den lokalen Affinor $\mathfrak{K} = \sum_1^2 \mathfrak{r}^i, \mathfrak{n}_i = \sum_1^2 \mathfrak{r}^i, \mathfrak{K}\mathfrak{r}_i$ den *Krümmungsaffinor* im Flächenpunkt P. Mit seiner Hilfe lautet die symmetrische Bilinearform (18) in § 16:

$$(17) \qquad -\delta\mathfrak{r} | d\mathfrak{n} = -\delta\mathfrak{r} | \mathfrak{K}\, d\mathfrak{r} = -d\mathfrak{r} | \delta\mathfrak{n} = -d\mathfrak{r} | \mathfrak{K}\, \delta\mathfrak{r},$$

zunächst für alle zur Fläche *tangentialen* $d\mathfrak{r}$ und $\delta\mathfrak{r}$. Ebenso ist $\mathfrak{r}_i | \mathfrak{K}\, \mathfrak{r}_k = \mathfrak{r}_k | \mathfrak{K}\, \mathfrak{r}_i$ für $i = 1$ und $k = 2$. Jedoch ist auch für $\mathfrak{n} = \mathfrak{r}_3$, wegen $\mathfrak{K}\mathfrak{n} = \mathfrak{K}\mathfrak{r}_3 = 0$,

$$\mathfrak{r}_3 | \mathfrak{K}\, \mathfrak{r}_i = \mathfrak{n} | \mathfrak{n}_i = 0 = \mathfrak{r}_i | \mathfrak{K}\, \mathfrak{r}_3$$

für *jedes* i und somit ist allgemein, auch für beliebige *nicht* tangentiale Vektoren, $\mathfrak{x} = \sum_1^3 x_i \mathfrak{r}_i$ und $\mathfrak{y} = \sum_1^3 y_k \mathfrak{r}_k$:

(18) $$\mathfrak{y} \mid \mathfrak{K}\,\mathfrak{x} = \sum_{i,k} x_i\, y_k\, \mathfrak{r}_k \mid \mathfrak{K}\,\mathfrak{r}_i = \sum_{i,k} x_i\, y_k\, \mathfrak{r}_i \mid \mathfrak{K}\,\mathfrak{r}_k = \mathfrak{x} \mid \mathfrak{K}\,\mathfrak{y}.$$

Die Forderung

(19) $$\delta\mathfrak{r} \mid \mathfrak{K}\, d\mathfrak{r} = d\mathfrak{r} \mid \mathfrak{K}\, \delta\mathfrak{r} = 0$$

definiert endlich, bei Beschränkung auf tangentiale Linienelemente, die *Involution konjugierter Richtungen* im betrachteten Flächenpunkt. Dieselbe besagt geometrisch: „Die zur Richtung $d\mathfrak{r}$ konjugierte Richtung $\delta\mathfrak{r}$ steht senkrecht auf $d\mathfrak{n} = \mathfrak{K}\, d\mathfrak{r}$, jedoch auch auf $\mathfrak{n}$ und damit auf $(\mathfrak{n} + d\mathfrak{n})$. Daher ist $\delta\mathfrak{r}$ die *Schnittrichtung* der Tangentialebenen in den Endpunkten von $d\mathfrak{r}$. Offenbar sind die Parameterlinien selbst zueinander konjugiert, wenn überall

(20) $$-\mathfrak{r}_2 \mid \mathfrak{n}_1 = -\mathfrak{r}_1 \mid \mathfrak{n}_2 = \mathfrak{n} \mid \mathfrak{r}_{12} = L_{12} = 0$$

ist.

§ 18. *Krümmung der Flächenkurven. Ausgezeichnete Richtungen und Kurven auf der Fläche. Mittlere Krümmung und Krümmungsmaß*

1. Eine Kurve auf der Fläche sei dadurch festgelegt, daß die Parameter v_1 und v_2 als Funktionen der Bogenlänge s gegeben sind: $v_i = v_i(s)$. Es ist dann

(1) $$\mathfrak{t} = \mathfrak{r}' = \frac{d\mathfrak{r}}{ds} = \sum_1^2 \mathfrak{r}_i v_i', \quad \text{für } \frac{dv_i}{ds} = v_i',$$

und entlang der Flächenkurve wird auch $\mathfrak{n}$ eine Funktion von s, so daß

(2) $$\mathfrak{n}' = \frac{d\mathfrak{n}}{ds} = \sum_1^2 \mathfrak{n}_i v_i' = \mathfrak{K}\,\mathfrak{r}'$$

wird. Aus $\mathfrak{n} \mid \mathfrak{r}' = 0$ folgt dann durch Ableitung nach s

(3) $$\mathfrak{n}' \mid \mathfrak{r}' + \mathfrak{n} \mid \mathfrak{r}'' = 0.$$

Dabei ist aber $\mathfrak{r}'' = \frac{1}{\varrho}\mathfrak{h}$ und somit

(4) $$\frac{1}{\varrho}\mathfrak{n} \mid \mathfrak{h} = \mathfrak{n} \mid \mathfrak{r}'' = -\mathfrak{n}' \mid \mathfrak{r}' = \frac{1}{R} \text{ (zur Abkürzung)}$$
$$= -\frac{d\mathfrak{n} \mid d\mathfrak{r}}{d\mathfrak{r} \mid d\mathfrak{r}} = \frac{\sum_{i,k} L_{ik}\, dv_i\, dv_k}{\sum_{i,k} g_{ik}\, dv_i\, dv_k} = \sum_{i,k} L_{ik}\, v_i' v_k'.$$

Für alle Flächenkurven durch P mit derselben Tangentenrichtung $\mathfrak{r}' = \mathfrak{t}$ haben jedoch $\mathfrak{r}'$ und $\mathfrak{n}'$ *denselben* Wert. Für sie alle ist also

(4') $$-\mathfrak{n}' \mid \mathfrak{r}' = \frac{1}{\varrho}\mathfrak{n} \mid \mathfrak{h} = \frac{1}{\varrho}\cos\psi = \frac{1}{R} = \text{constant},$$

wenn man unter ψ den Winkel zwischen der Flächennormale $\mathfrak{n}$ und der Hauptnormale $\mathfrak{h}$ der Kurve versteht. Insbesondere ist die Krümmung des zugehörigen „*Normalschnitts*“

(5) $$\frac{1}{R} = -\mathfrak{n}'|\mathfrak{r}' = -\mathfrak{r}'|\mathfrak{K}\mathfrak{r}' = -\mathfrak{t}|\mathfrak{K}\mathfrak{t}$$

und R ist dabei positiv oder negativ, je nachdem $\mathfrak{h}$ mit $\mathfrak{n}$ gleich oder entgegengesetzt gerichtet ist. Die aus (4') folgende Gleichung

(4'') $$\varrho = R\cos\psi$$

spricht dann den bekannten *Satz von Meusnier* (1776) aus.

2. Die *erste* Grundform der Fläche, nämlich $\Gamma_1 = d\mathfrak{r}|d\mathfrak{r} = \sum_{i,k} g_{ik}\, dv_i\, dv_k$, ist ihrer Bedeutung gemäß für alle *reellen* Differentiale dv_i und dv_k *positiv definit*. Die in $\frac{dv_2}{dv_1}$ quadratische Forderung

(6) $$\Gamma_1 = d\mathfrak{r}|d\mathfrak{r} = \sum_{i,k} g_{ik}\, dv_i\, dv_k = 0$$

legt deshalb in jedem Punkt der Fläche zwei ausgezeichnete *imaginäre* Richtungen, die Tangentenrichtungen der imaginären *Minimallinien*, fest, für welche in allen ihren Punkten $ds^2 = d\mathfrak{r}|d\mathfrak{r} = 0$ wird.

Sodann bestimmt die *zweite* Grundform bzw. die zu ihr gehörige symmetrische Bilinearform, deren Verschwinden die Involution konjugierter Richtungen definiert, zwei weitere ausgezeichnete Arten von Richtungen in jedem Flächenpunkt:

Für die *Doppelstrahlen* der Involution

(7) $$\delta\mathfrak{r}|\mathfrak{K}\,d\mathfrak{r} = d\mathfrak{r}|\mathfrak{K}\,\delta\mathfrak{r} = 0$$

ist nämlich $d\mathfrak{r} = \delta\mathfrak{r}$, und damit wird aus (7)

(8) $$d\mathfrak{r}|\mathfrak{K}\,d\mathfrak{r} = d\mathfrak{r}|d\mathfrak{n} = -\sum_{i,k} L_{ik}\, dv_i\, dv_k = 0,$$

während für ihre *Rechtwinkelstrahlen* gilt:

$$\delta\mathfrak{r}|d\mathfrak{r} = 0 \quad \text{und } \textit{gleichzeitig} \quad \delta\mathfrak{r}|d\mathfrak{n} = 0.$$

Daher ist notwendig $d\mathfrak{r}$ parallel zu $d\mathfrak{n}$, d. h. $[d\mathfrak{r}\, d\mathfrak{n}] = 0$, und damit äquivalent, mit dem Proportionalitätsfaktor $\frac{-1}{p}$,

(9) $$d\mathfrak{n} = -\frac{1}{p}\, d\mathfrak{r} \quad \textit{(Gleichung von Rodrigues 1815)}$$

oder auch

(9') $$(d\mathfrak{r}\, d\mathfrak{n}\, \mathfrak{n}) = 0;$$

denn $\mathfrak{n}$ steht senkrecht auf $d\mathfrak{r}$ und $d\mathfrak{n}$, kann also nicht von ihnen linear abhängig sein. Durch Gl. (8) werden die *Asymptotenrichtungen* und durch Gl. (9)

bzw. (9') die aufeinander senkrechten *Haupt(krümmungs)richtungen* definiert, und zugleich stellen diese Gleichungen die Differentialgleichungen der *Asymptoten-* bzw. *Krümmungs-Linien* dar. Die Asymptotenrichtungen sind nach Gl. (5) die Richtungen, für welche die Krümmung der Normalschnitte verschwindet. Dagegen besagt Gl. (9'), nämlich

$$(d\mathfrak{r}\, d\mathfrak{n}\; \mathfrak{n}) = (d\mathfrak{r}\,(\mathfrak{n} + d\mathfrak{n})\; \mathfrak{n}) = 0,$$

daß $d\mathfrak{r}$, $\mathfrak{n}$ und $\mathfrak{n} + d\mathfrak{n}$ drei derselben Ebene parallele Vektoren sind, d. h. daß die Flächennormalen in den Endpunkten von $d\mathfrak{r}$ einander schneiden, wenn $d\mathfrak{r}$ eine *Hauptrichtung* ist.

Nach § 17, Gl. (16), ist $\mathfrak{n}' = \mathfrak{K}\mathfrak{r}'$. Zerlegt man dabei $\mathfrak{t} = \mathfrak{r}' = \mathfrak{e}_1 \cos\varphi + \mathfrak{e}_2 \sin\varphi$ in zwei zur Fläche tangentiale Komponenten nach einer normierten und orthogonalen Basis der $\mathfrak{e}_i$, so wird auch $\mathfrak{n}' = \mathfrak{K}\mathfrak{r}' = \mathfrak{K}\mathfrak{e}_1 \cdot \cos\varphi + \mathfrak{K}\mathfrak{e}_2 \cdot \sin\varphi$. Sind insbesondere $\mathfrak{e}_1$ und $\mathfrak{e}_2$ die *Haupt*richtungen, so wird nach Rodrigues, lt. Gl. (9), $\mathfrak{K}\mathfrak{e}_i = -\frac{1}{p_i}\mathfrak{e}_i$ und damit folgt

$$\frac{1}{R} = -\mathfrak{r}' \,|\, \mathfrak{n}' = (\mathfrak{e}_1 \cos\varphi + \mathfrak{e}_2 \sin\varphi) \,\Big|\, \left(\frac{\mathfrak{e}_1 \cos\varphi}{p_1} + \frac{\mathfrak{e}_2 \sin\varphi}{p_2}\right)$$

oder, wie *L. Euler* schon 1760 fand,

$$\text{(10)} \qquad \frac{1}{R} = \frac{\cos^2\varphi}{p_1} + \frac{\sin^2\varphi}{p_2}.$$

$\frac{1}{p_1}$ und $\frac{1}{p_2}$ sind daher die *Hauptkrümmungen*, d. h. die Krümmungen der Normalschnitte längs der Hauptrichtungen $\left(\text{für } \varphi = 0 \text{ und } \varphi = \frac{\pi}{2}\right)$. Dieselben sind zugleich *Extremwerte* für die Normalschnittskrümmung, wie man an Hand der Gl. (10) leicht verifiziert.

Auf diese Hauptrichtungen bezogen, gilt dann für die *Asymptoten*richtungen nach Gl. (10), mit $p_i = R_i$

$$\frac{1}{R} = \frac{\cos^2\varphi}{R_1} + \frac{\sin^2\varphi}{R_2} = 0, \quad \text{d. h.}$$

$$\text{(11)} \qquad \operatorname{tg}\varphi = \pm\sqrt{\frac{-R_2}{R_1}}.$$

Die Winkel zwischen den (eventuell imaginären) Asymptotenrichtungen werden also durch die Hauptkrümmungsrichtungen halbiert, und die Asymptotenrichtungen selbst sind zueinander orthogonal für $R_2 = -R_1$.

Trägt man im Flächenpunkt P auf allen Tangentenrichtungen $\sqrt{R}$ nach beiden Seiten ab, so sind die Koordinaten der Endpunkte, bezogen auf die Basis der Hauptrichtungen

$$x = \sqrt{R}\cos\varphi; \quad y = \sqrt{R}\sin\varphi,$$

und damit wird Eulers Gl. (10)

$$\frac{1}{R} = \frac{x^2}{RR_1} + \frac{y^2}{RR_2}$$

oder

(12) $$\frac{x^2}{R_1} + \frac{y^2}{R_2} = 1.$$

Es ist dies die Gleichung des „*Krümmungskegelschnitts*" oder der „*sphärischen Indikatrix*", durch welche *Dupin* den Wechsel der Normalschnittskrümmung 1813 veranschaulicht hat. Die Asymptoten des durch Gl. (12) dargestellten Kegelschnitts stimmen mit den oben definierten Asymptotenrichtungen der Fläche überein und geben deren Benennung ihren Sinn.

Während die Differentialgleichung (8) der *Asymptotenlinien* unmittelbar durch das Verschwinden der zweiten Grundform ausgedrückt wird, erhielten wir die Differentialgleichung der *Krümmungslinien* zunächst in der vektoriellen Form

(9′) $$(d\mathfrak{r}\, d\mathfrak{n}\, \mathfrak{n}) = 0.$$

Für $d\mathfrak{r} = \sum_1^2 \mathfrak{r}_i\, dv_i$ und $d\mathfrak{n} = \sum_1^2 \mathfrak{n}_k\, dv_k$ folgt jedoch hieraus sogleich

(13) $$\sum_{i,k} (\mathfrak{r}_i\, \mathfrak{n}_k\, \mathfrak{n})\, dv_i\, dv_k = 0.$$

Wegen $\triangle \neq 0$ und $\triangle \cdot \mathfrak{n} = [\mathfrak{r}_1 \mathfrak{r}_2]$ ist damit gleichwertig

(14) $$\sum_{i,k} [\mathfrak{r}_i \mathfrak{n}_k] \,|\, [\mathfrak{r}_1 \mathfrak{r}_2]\, dv_i\, dv_k = \sum_{i,k} \begin{vmatrix} \mathfrak{r}_i|\mathfrak{r}_1 & \mathfrak{r}_i|\mathfrak{r}_2 \\ \mathfrak{n}_k|\mathfrak{r}_1 & \mathfrak{n}_k|\mathfrak{r}_2 \end{vmatrix} dv_i\, dv_k = 0$$

oder anders geschrieben

(14′) $$\begin{vmatrix} -dv_2^2 & +dv_1\, dv_2 & -dv_1^2 \\ g_{11} & g_{12} & g_{22} \\ L_{11} & L_{12} & L_{22} \end{vmatrix} = 0.$$

In Gl. (14′) verschwinden die Koeffizienten von dv_1^2, $dv_1\, dv_2$ und dv_2^2 ***einzeln,*** sobald $g_{11} : g_{12} : g_{22} = L_{11} : L_{12} : L_{22}$ wird. In diesem Fall eines „*Kreispunktes*" P wird also die Differentialgleichung der Krümmungslinien für *jede* Fortschreitungsrichtung in P erfüllt. Offenbar sind die Parameterlinien selbst Asymptotenlinien, falls L_{11} und L_{22} gleichzeitig verschwinden, und die Parameterlinien sind selbst Krümmungslinien für $g_{12} = L_{12} = 0$.

Aus Gl. (9′) folgt andrerseits direkt für $\mathfrak{n} = \frac{[\mathfrak{r}_1 \mathfrak{r}_2]}{\triangle}$:

$$[d\mathfrak{r}\, d\mathfrak{n}] \,|\, [\mathfrak{r}_1 \mathfrak{r}_2] = \begin{vmatrix} d\mathfrak{r}|\mathfrak{r}_1 & d\mathfrak{r}|\mathfrak{r}_2 \\ d\mathfrak{n}|\mathfrak{r}_1 & d\mathfrak{n}|\mathfrak{r}_2 \end{vmatrix} = 0,$$

d. h. wieder für $d\mathfrak{r} = \sum_1^2 \mathfrak{r}_i\, dv_i$, $d\mathfrak{n} = \sum_1^2 \mathfrak{n}_k\, dv_k$:

$$\begin{vmatrix} \sum_i \mathfrak{r}_i|\mathfrak{r}_1\, dv_i & \sum_i \mathfrak{r}_i|\mathfrak{r}_2\, dv_i \\ \sum_k \mathfrak{n}_k|\mathfrak{r}_1\, dv_k & \sum_k \mathfrak{n}_k|\mathfrak{r}_2\, dv_k \end{vmatrix} = -\begin{vmatrix} g_{11}\, dv_1 + g_{12}\, dv_2 & g_{21}\, dv_1 + g_{22}\, dv_2 \\ L_{11}\, dv_1 + L_{12}\, dv_2 & L_{21}\, dv_1 + L_{22}\, dv_2 \end{vmatrix} = 0,$$

als ebenfalls bekannte Form für die Differentialgleichung der Krümmungslinien.

Als Anwendung der Gleichung $d\mathfrak{r} + p\, d\mathfrak{n} = 0$ von Rodrigues beweisen wir noch einen wichtigen *Satz von Ch. Sturm* (1845):

In der infinitesimalen Umgebung des Flächenpunktes P hat jede Flächennormale die explizite Gleichung

$$\mathfrak{x} = (\mathfrak{r} + d\mathfrak{r}) + \lambda(\mathfrak{n} + d\mathfrak{n}) = (\mathfrak{r} + \lambda\mathfrak{n}) + (d\mathfrak{r} + \lambda\, d\mathfrak{n}),$$

mit λ als Koordinate des laufenden Normalenpunkts. Wir zerlegen nun $d\mathfrak{r}$ in Komponenten nach den beiden Hauptkrümmungsrichtungen in P:

$$d\mathfrak{r} = d_1\mathfrak{r} + d_2\mathfrak{r}$$

und haben damit auch

$$d\mathfrak{n} = \mathfrak{K}\, d\mathfrak{r} = \mathfrak{K}\, d_1\mathfrak{r} + \mathfrak{K}\, d_2\mathfrak{r} = d_1\mathfrak{n} + d_2\mathfrak{n}.$$

Damit wird aber die obige Normalengleichung

$$\mathfrak{x} = (\mathfrak{r} + \lambda\mathfrak{n}) + (d_1\mathfrak{r} + \lambda\, d_1\mathfrak{n}) + (d_2\mathfrak{r} + \lambda\, d_2\mathfrak{n}),$$

wobei stets $d_i\mathfrak{n}$ parallel zu $d_i\mathfrak{r}$ wird. Ist insbesondere λ gleich dem Hauptkrümmungsradius R_1, so wird nach Rodrigues $d_1\mathfrak{r} + R_1 d_1\mathfrak{n} = 0$, und folglich ist dann

$$\mathfrak{x} = \mathfrak{r} + R_1\mathfrak{n} + (d_2\mathfrak{r} + R_1 d_2\mathfrak{n}).$$

Ganz entsprechend wird für $\lambda = R_2$:

$$\mathfrak{x} = \mathfrak{r} + R_2\mathfrak{n} + (d_1\mathfrak{r} + R_2 d_1\mathfrak{n}).$$

Alle zu P infinitesimal benachbarten Flächennormalen schneiden somit zwei Gerade g_1 und g_2 durch die Hauptkrümmungsmittelpunkte, welche jeweils parallel zur nicht zugehörigen Hauptkrümmungsrichtung sind. Bei *optischer Deutung* bilden offenbar diese Flächennormalen ein infinitesimales *astigmatisches Lichtstrahlenbündel* mit den *Brennlinien* g_1 und g_2.

3. Zur *Berechnung* der Hauptkrümmungen liefert die Gleichung von Rodrigues: $d\mathfrak{n} = -\frac{1}{p}\, d\mathfrak{r}$ entwickelt sofort

(9'') $$\mathfrak{n}_1\, dv_1 + \mathfrak{n}_2\, dv_2 = -\frac{1}{p}(\mathfrak{r}_1\, dv_1 + \mathfrak{r}_2\, dv_2)$$

oder

(9''') $$\left(\mathfrak{n}_1 + \frac{1}{p}\mathfrak{r}_1\right) dv_1 + \left(\mathfrak{n}_2 + \frac{1}{p}\mathfrak{r}_2\right) dv_2 = 0.$$

Demnach sind die zur Fläche tangentialen Vektoren $\mathfrak{n}_1 + \frac{1}{p}\mathfrak{r}_1$ und $\mathfrak{n}_2 + \frac{1}{p}\mathfrak{r}_2$ linear abhängig, so daß man

$$(15) \qquad \left(\mathfrak{n}\left(\mathfrak{n}_1 + \frac{1}{p}\mathfrak{r}_1\right)\left(\mathfrak{n}_2 + \frac{1}{p}\mathfrak{r}_2\right)\right) = 0,$$

bzw. entwickelt

$$(15') \qquad (\mathfrak{n}\,\mathfrak{n}_1\,\mathfrak{n}_2) + \frac{1}{p}\{(\mathfrak{n}\,\mathfrak{r}_1\,\mathfrak{n}_2) + (\mathfrak{n}\,\mathfrak{n}_1\,\mathfrak{r}_2)\} + \left(\frac{1}{p}\right)^2 \underbrace{(\mathfrak{n}\,\mathfrak{r}_1\,\mathfrak{r}_2)}_{=\triangle} = 0$$

als quadratische Gleichung für $\left(\frac{1}{p}\right)$ erhält. Ihre beiden Lösungen genügen nach *Viëta* den Bedingungen

$$(16) \qquad \frac{1}{R_1} + \frac{1}{R_2} = -\frac{(\mathfrak{n}\,\mathfrak{r}_1\,\mathfrak{n}_2) + (\mathfrak{n}\,\mathfrak{n}_1\,\mathfrak{r}_2)}{\triangle} = -\sum_1^2 \mathfrak{r}^i \,|\, \mathfrak{n}_i = -\sum_{i,k} g^{ik}\,\mathfrak{r}_k \,|\, \mathfrak{n}_i = \sum_{i,k} g^{ik} L_{ik}$$

und

$$(17) \qquad \frac{1}{R_1 R_2} = \frac{(\mathfrak{n}\,\mathfrak{n}_1\,\mathfrak{n}_2)}{\triangle} = \frac{(\mathfrak{n}\,\mathfrak{n}_1\,\mathfrak{n}_2)}{(\mathfrak{n}\,\mathfrak{r}_1\,\mathfrak{r}_2)}.$$

Durch $\eta = \frac{1}{R_1} + \frac{1}{R_2}$ und $\varkappa = \frac{1}{R_1 R_2}$ werden bekanntlich die *mittlere Krümmung* und das *Krümmungsmaß* der Fläche im zugehörigen Flächenpunkt definiert. Man erhält für diese Größen noch entwickelt

$$(16') \qquad \begin{cases} \eta = -\left\{\dfrac{(\mathfrak{r}_1\,\mathfrak{n}_2\,\mathfrak{n}) + (\mathfrak{n}_1\,\mathfrak{r}_2\,\mathfrak{n})}{\triangle}\right\} = -\dfrac{1}{\triangle^2}\{[\mathfrak{r}_1\,\mathfrak{n}_2]\,|\,[\mathfrak{r}_1\,\mathfrak{r}_2] + [\mathfrak{n}_1\,\mathfrak{r}_2]\,|\,[\mathfrak{r}_1\,\mathfrak{r}_2]\} \\[2ex] \quad = \dfrac{-1}{\triangle^2}\left\{\begin{vmatrix} \mathfrak{r}_1|\mathfrak{r}_1 & \mathfrak{r}_1|\mathfrak{r}_2 \\ \mathfrak{n}_2|\mathfrak{r}_1 & \mathfrak{n}_2|\mathfrak{r}_2 \end{vmatrix} + \begin{vmatrix} \mathfrak{n}_1|\mathfrak{r}_1 & \mathfrak{n}_1|\mathfrak{r}_2 \\ \mathfrak{r}_2|\mathfrak{r}_1 & \mathfrak{r}_2|\mathfrak{r}_2 \end{vmatrix}\right\} \\[2ex] \quad = \dfrac{+1}{\triangle^2}\left\{\begin{vmatrix} g_{11} & g_{12} \\ L_{21} & L_{22} \end{vmatrix} + \begin{vmatrix} L_{11} & L_{12} \\ g_{21} & g_{22} \end{vmatrix}\right\}, \text{ d. h. wieder } = \sum_{i,k} g^{ik} L_{ik}, \end{cases}$$

sowie

$$(17') \qquad \begin{cases} \varkappa = \dfrac{(\mathfrak{n}_1\,\mathfrak{n}_2\,\mathfrak{n})}{\triangle} = \dfrac{[\mathfrak{n}_1\,\mathfrak{n}_2]\,|\,[\mathfrak{r}_1\,\mathfrak{r}_2]}{\triangle^2} = \dfrac{\begin{vmatrix} \mathfrak{n}_1|\mathfrak{r}_1 & \mathfrak{n}_1|\mathfrak{r}_2 \\ \mathfrak{n}_2|\mathfrak{r}_1 & \mathfrak{n}_2|\mathfrak{r}_2 \end{vmatrix}}{\triangle^2} \\[2ex] \quad = \dfrac{L_{11}\,L_{22} - L_{12}^2}{g_{11}\,g_{22} - g_{12}^2}, \text{ d. h. in klass. Bezeichnung } = \dfrac{LN - M^2}{EG - F^2}. \end{cases}$$

Der Krümmungsaffinor $\mathfrak{K} = \sum_1^2 \mathfrak{r}^i, \mathfrak{n}_i$ bestimmt endlich u. a. die homogene Bilinearform $\mathfrak{y}\,|\,\mathfrak{K}\,\mathfrak{x}$ und die homogene Quadrilinearform $[\mathfrak{u}\,\mathfrak{v}]\,|\,[\mathfrak{K}\,\mathfrak{x}\cdot\mathfrak{K}\,\mathfrak{y}]$, welch letztere mit dem „*Krümmungstensor*" der mehrdimensionalen Differentialgeometrie im Zusammenhang steht. Dabei ist auch, lt. Gl. (16) und S. 79, Gl. (5),

$$(18) \quad \eta = -\sum_1^2 \mathfrak{r}^i \,|\, \mathfrak{K}\,\mathfrak{r}_i\,; \qquad \varkappa = [\mathfrak{r}^1\,\mathfrak{r}^2]\,|\,[\mathfrak{K}\,\mathfrak{r}_1\cdot\mathfrak{K}\,\mathfrak{r}_2] = \frac{1}{2}\sum_{i,k}[\mathfrak{r}^i\,\mathfrak{r}^k]\,|\,[\mathfrak{K}\,\mathfrak{r}_i\cdot\mathfrak{K}\,\mathfrak{r}_k]. \quad (19)$$

Zur geometrischen Deutung der in Gl. (9''') auftretenden linear abhängigen Richtungen $\mathfrak{n}_i + \frac{1}{p}\mathfrak{r}_i$, bzw. $\mathfrak{r}_i + p\,\mathfrak{n}_i$, zerlege man $\mathfrak{r}_i$ in Komponenten nach den Hauptkrümmungsrichtungen in P: $\mathfrak{r}_i = \mathfrak{a}_1 + \mathfrak{a}_2$, so daß auch $\mathfrak{n}_i = \mathfrak{K}\,\mathfrak{r}_i = \mathfrak{K}\,\mathfrak{a}_1 + \mathfrak{K}\,\mathfrak{a}_2$ wird. Dann ist auch

$$\mathfrak{r}_i + p\,\mathfrak{n}_i = \mathfrak{a}_1 + \mathfrak{a}_2 + p\,(\mathfrak{K}\,\mathfrak{a}_1 + \mathfrak{K}\,\mathfrak{a}_2) = (\mathfrak{a}_1 + p\,\mathfrak{K}\,\mathfrak{a}_1) + (\mathfrak{a}_2 + p\,\mathfrak{K}\,\mathfrak{a}_2).$$

Die erste Klammer der letzten Summe ist dabei aber stets parallel $\mathfrak{a}_1$, ebenso die zweite Klammer stets parallel $\mathfrak{a}_2$. Für $p = R_1$ oder $= R_2$ verschwindet aber nach Rodrigues die erste oder zweite Klammer, und folglich ist

$$\mathfrak{r}_i + R_1\,\mathfrak{n}_i \quad \text{stets parallel } \mathfrak{a}_2,$$

jedoch

$$\mathfrak{r}_i + R_2\,\mathfrak{n}_i \quad \text{stets parallel } \mathfrak{a}_1.$$

4. Es sei $\mathfrak{r} = \mathfrak{r}(v_1, v_2, v_3)$ der Ortsvektor im Raum bei beliebigen krummlinigen Koordinaten (Parametern) v_i, wie sie bereits Lamé 1859 eingeführt hat. Dann stellt jede Gleichung $\Phi\,(v_1, v_2, v_3) = 0$ eine Fläche und insbesondere $v_i = \text{const}$ eine „*Parameterfläche*" dar. Sind dabei die drei Scharen von *Parameterflächen gegenseitig orthogonal,* so ist überall $g_{ik} = \mathfrak{r}_i | \mathfrak{r}_k = 0$, für $i \neq k$, und hieraus folgt unmittelbar

$$(\mathfrak{r}_2 | \mathfrak{r}_3)_1 = \mathfrak{r}_{21} | \mathfrak{r}_3 + \mathfrak{r}_2 | \mathfrak{r}_{31} = z + y = 0$$
$$(\mathfrak{r}_3 | \mathfrak{r}_1)_2 = \mathfrak{r}_{32} | \mathfrak{r}_1 + \mathfrak{r}_3 | \mathfrak{r}_{12} = x + z = 0$$
$$(\mathfrak{r}_1 | \mathfrak{r}_2)_3 = \mathfrak{r}_{13} | \mathfrak{r}_2 + \mathfrak{r}_1 | \mathfrak{r}_{23} = y + x = 0$$

und folglich auch

$$(20) \qquad x = \mathfrak{r}_1 | \mathfrak{r}_{23} = 0; \quad y = \mathfrak{r}_2 | \mathfrak{r}_{31} = 0; \quad z = \mathfrak{r}_3 | \mathfrak{r}_{12} = 0.$$

Dabei hat nun für von einander verschiedene i, k, l nach Voraussetzung $\mathfrak{r}_l$ die Richtung der Normale $\mathfrak{n}_{(ik)}$ der Fläche mit den Parametern v_i und v_k, so daß stets auch

$$(21) \qquad \mathfrak{r}_{ik} | \mathfrak{n}_{(ik)} = 0$$

wird. Nach der Schlußbemerkung des § 17 heißt dies aber: die Richtungen $\mathfrak{r}_i$ und $\mathfrak{r}_k$ sind zueinander konjugiert und nach Voraussetzung zugleich orthogonal; d. h. es sind die Hauptkrümmungsrichtungen der Fläche $v_l = \text{const}$. Es ergibt sich so der wichtige *Satz von Dupin* (1813):

Drei überall zueinander orthogonale Flächenscharen schneiden sich gegenseitig nach ihren Krümmungslinien.

5. *Sphärische Abbildung*: Durch $\mathfrak{n} = \mathfrak{n}(v_1, v_2)$ als neuen Ortsvektor wird die Fläche $\mathfrak{r} = \mathfrak{r}(v_1, v_2)$ punktweise abgebildet auf die Kugel um den Ursprung mit Radius „eins" (*Gauß*). Dem Linienelement der Fläche $d\mathfrak{r} = \sum_1^2 \mathfrak{r}_i\,dv_i$ ent-

spricht dabei als *sphärisches* Linienelement $d\mathfrak{n} = \sum_1^2 \mathfrak{n}_i\, dv_i$ von der Länge $ds_0 = \operatorname{mod} d\mathfrak{n}$. Neben die beiden Grundformen

$$\Gamma_1 = d\mathfrak{r}|d\mathfrak{r} = \sum_{i,k} (\mathfrak{r}_i|\mathfrak{r}_k)\, dv_i\, dv_k = \sum_{i,k} g_{ik}\, dv_i\, dv_k$$

$$\Gamma_2 = -d\mathfrak{n}|d\mathfrak{r} = -\sum_{i,k} (\mathfrak{n}_i|\mathfrak{r}_k)\, dv_i\, dv_k = \sum L_{ik}\, dv_i\, dv_k$$

stellt man deshalb häufig als *dritte Grundform*

$$\Gamma_3 = d\mathfrak{n}|d\mathfrak{n} = \sum_{i,k} \mathfrak{n}_i|\mathfrak{n}_k\, dv_i\, dv_k = \sum_{i,k} \nu_{ik}\, dv_i\, dv_k. \tag{22}$$

Zwischen diesen drei Grundformen besteht noch eine lineare Abhängigkeit. Man erkennt dieselbe am besten, wenn man $d\mathfrak{r}$ und $d\mathfrak{n}$ in Komponenten nach den Hauptrichtungen zerlegt:

$$d\mathfrak{r} = d_1\mathfrak{r} + d_2\mathfrak{r}; \quad d\mathfrak{n} = d_1\mathfrak{n} + d_2\mathfrak{n} = -\left(\frac{d_1\mathfrak{r}}{R_1} + \frac{d_2\mathfrak{r}}{R_2}\right).$$

Es ist dann

$$\Gamma_1 = d\mathfrak{r}|d\mathfrak{r} = d_1\mathfrak{r}|d_1\mathfrak{r} + d_2\mathfrak{r}|d_2\mathfrak{r}$$

$$\Gamma_2 = -d\mathfrak{n}|d\mathfrak{r} = \frac{d_1\mathfrak{r}|d_1\mathfrak{r}}{R_1} + \frac{d_2\mathfrak{r}|d_2\mathfrak{r}}{R_2}$$

$$\Gamma_3 = d\mathfrak{n}|d\mathfrak{n} = \frac{d_1\mathfrak{r}|d_1\mathfrak{r}}{R_1^2} + \frac{d_2\mathfrak{r}|d_2\mathfrak{r}}{R_2^2},$$

weil ja $d_1\mathfrak{r}|d_2\mathfrak{r} = 0$ wird. Eliminiert man aus diesen drei Gleichungen die inneren Produkte $d_1\mathfrak{r}|d_1\mathfrak{r}$ und $d_2\mathfrak{r}|d_2\mathfrak{r}$, so stellt die Resultante

$$\begin{vmatrix} \Gamma_1 & 1 & 1 \\ \Gamma_2 & \frac{1}{R_1} & \frac{1}{R_2} \\ \Gamma_3 & \frac{1}{R_1^2} & \frac{1}{R_2^2} \end{vmatrix} = 0, \quad \text{bzw.} \quad \varkappa\Gamma_1 - \eta\Gamma_2 + \Gamma_3 = 0 \tag{23}$$

die gesuchte lineare Beziehung zwischen den Grundformen her.

Dem *Flächenelement* $d\sigma = (\mathfrak{r}_1\mathfrak{r}_2\mathfrak{n})\, dv_1\, dv_2$ entspricht sodann als *sphärisches Flächenelement* $d\sigma_0 = (\mathfrak{n}_1\mathfrak{n}_2\mathfrak{n})\, dv_1\, dv_2$, und durch das Verhältnis

$$\frac{d\sigma_0}{d\sigma} = \frac{(\mathfrak{n}_1\mathfrak{n}_2\mathfrak{n})}{(\mathfrak{r}_1\mathfrak{r}_2\mathfrak{n})} \tag{24}$$

wurde seinerzeit von Gauß das *Krümmungsmaß* der Fläche *definiert.* Dasselbe ist von der Parameterwahl ganz unabhängig. Denn sowohl $(\mathfrak{r}_1\mathfrak{r}_2\mathfrak{n})$ als auch $(\mathfrak{n}_1\mathfrak{n}_2\mathfrak{n}) = (\mathfrak{K}\mathfrak{r}_1 \cdot \mathfrak{K}\mathfrak{r}_2 \cdot \mathfrak{n})$ sind in $\mathfrak{r}_1$ und $\mathfrak{r}_2$ homogen, linear und alternativ, und folglich nach dem Fundamentalsatz lediglich Funktionen von $\mathfrak{K}$ und von $[\mathfrak{r}_1\mathfrak{r}_2] = \triangle \cdot \mathfrak{n}$. Daher ist die rechte Seite von (24) parameterinvariant.

Setzt man noch in Gl. (23) für Γ_1, Γ_2 und Γ_3 die Ausdrücke in den g_{ik}, L_{ik} und ν_{ik} ein, so gibt Vergleichung der Koeffizienten der Produkte $dv_i\, dv_k$:

$$\text{(25)}\qquad \begin{cases} \varkappa g_{11} - \eta L_{11} + \nu_{11} = 0 \\ \varkappa g_{12} - \eta L_{12} + \nu_{12} = 0 \\ \varkappa g_{22} - \eta L_{22} + \nu_{22} = 0. \end{cases}$$

Damit werden die ν_{ik} als Funktionen von η, $\varkappa$ sowie den g_{ik} und L_{ik} ausgedrückt.

6. *Enveloppen*: Für $v_3 = \lambda$ stellt

$$\text{(26)}\qquad \mathfrak{r} = \mathfrak{r}(v_1, v_2, v_3) = \mathfrak{r}(v_1, v_2, \lambda)$$

eine beliebige *Flächenschar* mit $v_3 = \lambda$ als Scharparameter dar. Als *Enveloppe* oder *Hüllfläche* dieser Schar bezeichnet man nun eine nicht der Schar selbst angehörige Fläche, welche aber in jedem ihrer Punkte P eine Fläche der Schar berührt. Das Linienelement dieser Enveloppe in P ist nun jedenfalls enthalten in

$$\text{(27)}\qquad d\mathfrak{r} = \sum_1^3 \frac{\partial \mathfrak{r}}{\partial v}\, d v_i = \sum_1^3 \mathfrak{r}_i\, d v_i .$$

Dasselbe ist aber zugleich notwendig komplanar mit $\mathfrak{r}_1$ und $\mathfrak{r}_2$ daselbst, und die notwendige und hinreichende Bedingung hiefür lautet deshalb

$$\text{(28)}\qquad (\mathfrak{r}_1 \mathfrak{r}_2 \mathfrak{r}_3) = \Phi(v_1, v_2, v_3) = 0 .$$

Diese Gleichung in den 3 Veränderlichen v_1, v_2, v_3 legt in Verbindung mit Gl. (26) die Hüllfläche fest, analog wie eine Gleichung $\varphi(v_1, v_2) = 0$ eine Kurve auf der Fläche $\mathfrak{r} = \mathfrak{r}(v_1, v_2)$ definiert.

Für jedes bestimmt gewählte $v_3 = \lambda$ bestimmen dagegen die Gl. (26) und (28) zusammen die auf der Hüllfläche und auf der zum Parameterwert $v_3 = \lambda$ gehörigen Scharfläche gelegene „*Charakteristik*", längs welcher die Hüllfläche die Scharfläche berührt. Nach Gl. (28) unterliegen nun für die Hüllfläche die dv_i der einschränkenden Bedingung

$$\text{(29)}\qquad \sum_1^3 \frac{\partial \Phi}{\partial v_i}\, d v_i = \sum_1^3 \Phi_i\, d v_i = 0 ,$$

in welcher Gleichung mindestens *ein* Φ_i, z. B. Φ_3, von Null verschieden sein muß. Es sei deshalb

$$\text{(29')}\qquad d v_3 = -\frac{\Phi_1}{\Phi_3}\, d v_1 - \frac{\Phi_2}{\Phi_3}\, d v_2 = \varphi_1\, d v_1 + \varphi_2\, d v_2 ,$$

und damit wird das Linienelement der Hüllfläche

$$\text{(30)}\qquad \begin{cases} d\mathfrak{r} = \mathfrak{r}_1\, d v_1 + \mathfrak{r}_2\, d v_2 + \mathfrak{r}_3\, (\varphi_1\, d v_1 + \varphi_2\, d v_2) \\ \quad = (\mathfrak{r}_1 + \varphi_1\, \mathfrak{r}_3)\, d v_1 + (\mathfrak{r}_2 + \varphi_2 \mathfrak{r}_3)\, d v_2 = \sum_1^2 \mathfrak{y}_i\, d v_i . \end{cases}$$

Für *singuläre* Punkte der Hüllfläche ist dann notwendig

$$[\mathfrak{y}_1\mathfrak{y}_2] = [(\mathfrak{r}_1+\varphi_1\mathfrak{r}_3)(\mathfrak{r}_2+\varphi_2\mathfrak{r}_3)] = [\mathfrak{r}_1\mathfrak{r}_2]+\varphi_1[\mathfrak{r}_3\mathfrak{r}_2]+\varphi_2[\mathfrak{r}_1\mathfrak{r}_3] = 0$$

oder damit nach Gl. (29′) äquivalent:

(31) $$\Phi_1[\mathfrak{r}_2\mathfrak{r}_3]+\Phi_2[\mathfrak{r}_3\mathfrak{r}_1]+\Phi_3[\mathfrak{r}_1\mathfrak{r}_2] = 0.$$

Dieser zusätzlichen Bedingung genügen also die nach Gl. (28) komplanaren Vektoren $\mathfrak{r}_1$, $\mathfrak{r}_2$, $\mathfrak{r}_3$ in den singulären Punkten der Enveloppe, d. h. in den Punkten ihrer *Gratlinie*, falls eine solche existiert. Wegen der Symmetrie der Gl. (28) und (31) in den 3 Veränderlichen v_1, v_2 und v_3 ist die Hüllfläche offenbar *dieselbe*, unabhängig davon, welche der 3 Veränderlichen v_i man als Scharparameter wählt.

§ 19. Die Ableitungsgleichungen der Flächentheorie. Christoffelsymbole

In der zweiten Grundform treten neben den $\mathfrak{r}_i$ und $\mathfrak{n}$ auch deren Ableitungen $\mathfrak{r}_{ik}$ und $\mathfrak{n}_i$ auf. Wir zerlegen dieselben in Komponenten nach $\mathfrak{r}_1$, $\mathfrak{r}_2$ und $\mathfrak{n}$ bzw. nach $\mathfrak{r}^1$, $\mathfrak{r}^2$ und $\mathfrak{n}$, indem wir mit noch zu bestimmenden Koeffizienten setzen:

(1 a) $$\mathfrak{r}_{ik} = \sum_h^{1-2} \begin{Bmatrix} i\,k \\ h \end{Bmatrix} \mathfrak{r}_h + \alpha_{ik}\,\mathfrak{n}$$

(1 b) $$\mathfrak{r}_{ik} = \sum_h^{1-2} \begin{bmatrix} i\,k \\ h \end{bmatrix} \mathfrak{r}^h + \beta_{ik}\,\mathfrak{n}$$

und

(2 a) $$\mathfrak{n}_i = \sum_k^{1-2} \lambda_i^k\,\mathfrak{r}_k + \gamma_i\,\mathfrak{n}$$

(2 b) $$\mathfrak{n}_i = \sum_k^{1-2} \lambda_{ik}\,\mathfrak{r}^k + \delta_i\,\mathfrak{n}.$$

Durch innere Multiplikation ergibt sich dann sofort

(3) $$\alpha_{ik} = \beta_{ik} = \mathfrak{r}_{ik}\,|\,\mathfrak{n} = L_{ik}$$

(4) $$\begin{Bmatrix} i\,k \\ h \end{Bmatrix} = \mathfrak{r}_{ik}\,|\,\mathfrak{r}^h$$

(5) $$\begin{bmatrix} i\,k \\ h \end{bmatrix} = \mathfrak{r}_{ik}\,|\,\mathfrak{r}_h$$

(6) $$\gamma_i = \delta = \mathfrak{n}_i\,|\,\mathfrak{n} = 0.$$

Die Koeffizienten $\begin{bmatrix} i\,k \\ h \end{bmatrix} = \mathfrak{r}_{ik}\,|\,\mathfrak{r}_h = \begin{bmatrix} k\,i \\ h \end{bmatrix}$ und $\begin{Bmatrix} i\,k \\ h \end{Bmatrix} = \mathfrak{r}_{ik}\,|\,\mathfrak{r}^h = \begin{Bmatrix} k\,i \\ h \end{Bmatrix}$ sind nun nichts anderes als die bekannten *Christoffelsymbole* erster und zweiter Art (1869). Ihr Zusammenhang mit den Fundamentalgrößen erster Ordnung ergibt sich wie folgt:

Es ist

$$\mathfrak{r}_{ik}\,|\,\mathfrak{r}_h + \mathfrak{r}_i\,|\,\mathfrak{r}_{hk} = \frac{\partial g_{hi}}{\partial v_k}$$

$$\mathfrak{r}_{kh}\,|\,\mathfrak{r}_i + \mathfrak{r}_k\,|\,\mathfrak{r}_{ih} = \frac{\partial g_{ik}}{\partial v_h}$$

$$\mathfrak{r}_{hi}\,|\,\mathfrak{r}_k + \mathfrak{r}_h\,|\,\mathfrak{r}_{ki} = \frac{\partial g_{kh}}{\partial v_i}$$

und somit

(7) $$\frac{1}{2}\left(\frac{\partial g_{hi}}{\partial v_k} + \frac{\partial g_{ik}}{\partial v_h} - \frac{\partial g_{kh}}{\partial v_i}\right) = \mathfrak{r}_{kh}\,|\,\mathfrak{r}_i = \begin{bmatrix} k\ h \\ i \end{bmatrix}.$$

Wegen $\mathfrak{r}^h = \sum\limits_j g^{hj}\mathfrak{r}_j$ ist ferner

(8) $$\begin{Bmatrix} i\ k \\ h \end{Bmatrix} = \mathfrak{r}_{ik}\,|\,\mathfrak{r}^h = \sum_j g^{hj}\,\mathfrak{r}_{ik}\,|\,\mathfrak{r}_j = \sum_j g^{hj}\begin{bmatrix} i\ k \\ j \end{bmatrix}.$$

Die Christoffelsymbole erster und zweiter Art sind demnach allein durch die Fundamentalgrößen *erster* Ordnung und ihre Ableitungen nach den Parametern ausdrückbar. Sie sind daher rein „*innengeometrisch*" bestimmt (*biegungsinvariant*).

Die Koeffizienten in den Gl. (2a) und (2b) werden ganz entsprechend gefunden. Man erhält

(9) $$\lambda_i^k = \mathfrak{r}^k\,|\,\mathfrak{n}_i = \sum_j g^{kj}\,\mathfrak{r}_j\,|\,\mathfrak{n}_i = -\sum_j g^{kj}\,L_{ji} = -L_i^k$$

(10) $$\lambda_{ik} = \mathfrak{r}_k\,|\,\mathfrak{n}_i = -L_{ik}$$

(11) $$\gamma_i = \delta_i = \mathfrak{n}\,|\,\mathfrak{n}_i = 0.$$

Zusammengefaßt ist also nach *Gauß* (1827) und *Weingarten* (1861)

(1′) $$\mathfrak{r}_{ik} = \sum_h^{1-2}\begin{Bmatrix} i\ k \\ h \end{Bmatrix}\mathfrak{r}_h + L_{ik}\,\mathfrak{n} = \sum_h^{1-2}\begin{bmatrix} i\ k \\ h \end{bmatrix}\mathfrak{r}^h + L_{ik}\,\mathfrak{n}$$

(2′) $$\mathfrak{n}_i = -\sum_{k,j} g^{kj}\,L_{ji}\,\mathfrak{r}_k = -\sum_k L_i^k\,\mathfrak{r}_k = -\sum_k L_{ik}\,\mathfrak{r}^k.$$

Die Benützung der reziproken Basis der $\mathfrak{r}^i$ gibt nun Veranlassung, der Gaußschen Gl. (1) noch die Ableitungsgleichungen an die Seite zu stellen:

(12 a) $$(\mathfrak{r}^i)_k = \frac{\partial \mathfrak{r}^i}{\partial v_k} = \sum_h \begin{pmatrix} i\ h \\ k \end{pmatrix}\mathfrak{r}_h + \mu_k^i\,\mathfrak{n}$$

(12 b) $$(\mathfrak{r}^i)_k = \frac{\partial \mathfrak{r}^i}{\partial v_k} = \sum_h \left\langle \begin{matrix} i \\ k\ h \end{matrix} \right\rangle \mathfrak{r}^h + \varrho_k^i\,\mathfrak{n}.$$

Man findet auch hier die noch unbestimmten Koeffizienten (Klammersymbole) durch innere Multiplikation. Zunächst ist

$$\left\langle {i \atop k\,h} \right\rangle = (\mathfrak{r}^i)_k | \mathfrak{r}_h = -\mathfrak{r}^i | \mathfrak{r}_{hk} = -\left\{ {h\,k \atop i} \right\};$$

denn aus $\mathfrak{r}^i | \mathfrak{r}_h = \text{const}$ folgt: $(\mathfrak{r}^i)_k | \mathfrak{r}_h + \mathfrak{r}^i | \mathfrak{r}_{hk} = 0$. Sodann ist

$$\left({i\,h \atop k} \right) = (\mathfrak{r}^i)_k | \mathfrak{r}^h = \sum_j g^{hj} (\mathfrak{r}^i)_k | \mathfrak{r}_j = -\sum_j g^{hj} \left\{ {j\,k \atop i} \right\},$$

während $\mu_k^i = \varrho_k^i = (\mathfrak{r}^i)_k | \mathfrak{n} = -\mathfrak{r}^i | \mathfrak{n}_k = L_k^i$ wird. Damit lautet Gl. (12):

$$(12') \qquad (\mathfrak{r}^i)_k = -\sum_{h,j} g^{hj} \left\{ {j\,k \atop i} \right\} \mathfrak{r}_h + L_k^i \, \mathfrak{n} = -\sum_h \left\{ {h\,k \atop i} \right\} \mathfrak{r}^h + L_k^i \, \mathfrak{n}.$$

Auch die neuen Symbole $\left({i\,h \atop k} \right)$ und $\left\langle {i \atop k\,h} \right\rangle$ sind demnach rein innengeometrisch bestimmt und folglich biegungsinvariant.

Die ursprünglichen „Christoffelschen *Dreiindizessymbole*" $\left[{i\,k \atop h} \right]$ und $\left\{ {i\,k \atop h} \right\}$ entsprechen übrigens nicht mehr den heutigen Regeln über Hoch- oder Tiefstellung der Indizes. Sie sollten vielmehr heute lauten $\left\{ {h \atop i\,k} \right\}$ statt $\left\{ {i\,k \atop h} \right\}$ und $[i, k; h]$ statt $\left[{i\,k \atop h} \right]$. Sie werden aber trotzdem noch überwiegend in ihrer historischen Form benützt. Dagegen ist bei den neu eingeführten „reziproken" Christoffelsymbolen $\left({i\,h \atop k} \right)$ und $\left\langle {i \atop k\,h} \right\rangle$ bereits die heutige Auffassung zugrunde gelegt.

§ 20. Geodätische Linien

1. Nach § 15, Gl. (4), ist die Bogenlänge einer Flächenkurve zwischen den Punkten P_1 und P_2 derselben

$$(1) \qquad s = \int_{P_1}^{P_2} ds = \int_{P_1}^{P_2} + \sqrt{d\mathfrak{r} | d\mathfrak{r}}.$$

Dieselbe hat, bei festgehaltenen Endpunkten, einen Extremwert bzw. stationären Wert, wenn ihre erste Variation verschwindet:

$$(2) \qquad \delta \int_{P_1}^{P_2} ds = \int_{P_1}^{P_2} \delta(ds) = 0.$$

Dabei ist aber $ds^2 = d\mathfrak{r} | d\mathfrak{r}$ und folglich $ds \cdot \delta(ds) = d\mathfrak{r} | \delta(d\mathfrak{r})$, d. h.

$$(3) \qquad \delta(ds) = \frac{d\mathfrak{r}}{ds} | \delta(d\mathfrak{r}) = \mathfrak{r}' | \delta(d\mathfrak{r}).$$

Somit wird Gl. (2)

(4)
$$\int_{P_1}^{P_2}\delta\,(d\,s) = \int_{P_1}^{P_2}\mathfrak{r}'\,|\,\delta\,(d\,\mathfrak{r}) = \int_{P_1}^{P_2}\mathfrak{r}'\,|\,d\,(\delta\,\mathfrak{r}) = 0$$

und partiell integriert

$$\mathfrak{r}'\,|\,\delta\mathfrak{r}\Big]_{P_1}^{P_2} - \int_{P_1}^{P_2}d\,\mathfrak{r}'\,|\,\delta\,\mathfrak{r} = 0.$$

Da nun an den Grenzen $\delta\mathfrak{r}$ verschwinden soll, so bleibt

(5)
$$\int_{P_1}^{P_2}d\,\mathfrak{r}'\,|\,\delta\,\mathfrak{r} = 0$$

und wegen der Willkürlichkeit der Grenzen notwendig auch

(5′) $d\,\mathfrak{r}'\,|\,\delta\,\mathfrak{r} = 0$ bzw. $\mathfrak{r}''\,|\,\delta\,\mathfrak{r} = 0,$

wobei die Variationen $\delta\mathfrak{r}$ stets senkrecht zu $\mathfrak{n}$, aber sonst beliebig sind. Daher ist notwendig $\mathfrak{r}''$ parallel zu $\mathfrak{n}$, d. h. es ist

(6) $[\mathfrak{r}''\,\mathfrak{n}] = 0$ bzw. $(\mathfrak{r}'\mathfrak{r}''\mathfrak{n}) = 0.$ (7)

Gl. (7) hat auch umgekehrt stets Gl. (6) zur Folge, da $\mathfrak{r}'$ auf $\mathfrak{r}''$ *und* auf $\mathfrak{n}$ senkrecht steht. Sie drückt aus, daß die Schmiegebene der Flächenkurve stets die Flächennormale enthält. Denselben Tatbestand stellt auch bei allgemeinerem Parameter t die Gleichung

(7′) $(\dot{\mathfrak{r}}\,\ddot{\mathfrak{r}}\,\mathfrak{n}) = 0$ bzw. $[\dot{\mathfrak{r}}\,\ddot{\mathfrak{r}}]\,|\,[\mathfrak{r}_1\mathfrak{r}_2] = \begin{vmatrix} \dot{\mathfrak{r}}\,|\,\mathfrak{r}_1 & \dot{\mathfrak{r}}\,|\,\mathfrak{r}_2 \\ \ddot{\mathfrak{r}}\,|\,\mathfrak{r}_1 & \ddot{\mathfrak{r}}\,|\,\mathfrak{r}_2 \end{vmatrix} = 0$

dar. Die hiedurch definierten besonderen Kurven auf der Fläche werden seit Liouville *geodätische Linien* genannt.

2. Wir entwickeln ihre Differentialgleichung noch weiter für den Fall, daß man v_1 und v_2 als Funktionen der Bogenlänge betrachten will, und verwenden dazu unmittelbar die Gl. (5′). Dieselbe ist stets erfüllt, wenn

(8a) $\mathfrak{r}''\,|\,\mathfrak{r}_1 = \mathfrak{r}''\,|\,\mathfrak{r}_2 = 0,$ oder auch $\mathfrak{r}''\,|\,\mathfrak{r}^1 = \mathfrak{r}''\,|\,\mathfrak{r}^2 = 0$ (8b)

wird. Für $v_i = v_i(s)$ ist aber dann

$$\mathfrak{r}' = \sum_1^2 \mathfrak{r}_i v_i',$$

$$\mathfrak{r}'' = \sum_{i,\,k} \mathfrak{r}_{i\,k}\,v_i'v_k' + \sum_1^2 \mathfrak{r}_i v_i'',$$

also

$$\mathfrak{r}''\,|\,\mathfrak{r}^h = \sum_{i,\,k}(\mathfrak{r}_{i\,k}\,|\,\mathfrak{r}^h)\,v_i'v_k' + \sum_i(\mathfrak{r}_i\,|\,\mathfrak{r}^h)\,v_i'' = \sum_{i,\,k}\begin{Bmatrix} i\ k \\ h \end{Bmatrix} v_i'v_k' + v_h'' = 0.$$

Daher ist

$$(9)\qquad \begin{cases} v_1'' = -\sum\limits_{i,k} \begin{Bmatrix} i\,k \\ 1 \end{Bmatrix} v_i' v_k' \\ v_2'' = -\sum\limits_{i,k} \begin{Bmatrix} i\,k \\ 2 \end{Bmatrix} v_i' v_k' \end{cases}$$

das System der Differentialgleichungen zweiter Ordnung, das die Gleichungen der geodätischen Linien in der Form $v_i = v_i(s)$ bestimmt. Gl. (9) zeigt zugleich die *Biegungsinvarianz der geodätischen Linien*, da die $\begin{Bmatrix} i\,k \\ h \end{Bmatrix}$ nur von den Fundamentalgrößen *erster* Ordnung und ihren Ableitungen abhängig sind.

3. *Beispiele*:

a) Nach Gl. (6) ist für geodätische Linien stets $[\mathfrak{n}\mathfrak{r}''] = 0$. Für die *Kugel* mit Radius R um den Ursprung des Ortsvektors $\mathfrak{r}$ ist aber immer $\mathfrak{n} = \frac{\mathfrak{r}}{R}$ und somit

$$(10)\qquad [\mathfrak{r}\mathfrak{r}''] = 0.$$

Dies gibt integriert sofort

$$(11)\qquad [\mathfrak{r}\mathfrak{r}'] = \mathfrak{a} = \text{const.}$$

Der Ortsvektor $\mathfrak{r}$ steht somit überall senkrecht auf einer festen Richtung $\mathfrak{a}$, weshalb die geodätischen Linien auf der Kugel allgemein deren *Großkreise* sind.

b) Wenn ein materieller Punkt ohne Einwirkung äußerer Kräfte sich auf einer völlig glatten Fläche reibungslos bewegt, so tritt als wirkende Kraft lediglich die Reaktion der Fläche parallel zu $\mathfrak{n}$ auf. Es ist deshalb nach Newton

$$(12)\qquad m\ddot{\mathfrak{r}} = \lambda\mathfrak{n}.$$

Damit ist äquivalent

$$(12')\qquad [\ddot{\mathfrak{r}}\mathfrak{n}] = 0 \qquad \text{bzw.} \qquad (\dot{\mathfrak{r}}\ddot{\mathfrak{r}}\mathfrak{n}) = 0.$$

Die *Bahnkurve* ist damit als *geodätische Linie* auf der Fläche erkannt.

c) Wird über die konvexe Seite einer *glatten* Fläche zwischen zwei Punkten ein Faden gespannt, so ist die wirkende Spannung in demselben überall $\mathfrak{k} = \lambda\mathfrak{r}'$ und folglich $d\mathfrak{k} = (\lambda'\mathfrak{r}' + \lambda\mathfrak{r}'')ds$. Im Gleichgewichtsfall hält dieser Differenz der Spannungen konsekutiver Fadenelemente die zu $\mathfrak{n}$ parallele Reaktion der Fläche das Gleichgewicht. Daher ist

$$(13)\qquad d\mathfrak{k} = \mu\mathfrak{n} = (\lambda'\mathfrak{r}' + \lambda\mathfrak{r}'')\,ds$$

oder

$$(14)\qquad (\mathfrak{r}'\mathfrak{r}''\mathfrak{n}) = 0,$$

weshalb die Fadenkurve im Gleichgewichtsfall eine geodätische Linie wird. Zudem gibt $d\mathfrak{k} = \mu \mathfrak{n}$ und $\mathfrak{k} = \lambda \mathfrak{v}'$

(15) $$\mathfrak{k} \,|\, d\mathfrak{k} = \lambda \mu \mathfrak{v}' \,|\, \mathfrak{n} = 0$$

und integriert

$$\mathfrak{k} \,|\, \mathfrak{k} = \text{const} = (\text{mod } \mathfrak{k})^2.$$

D. h. der numerische Wert der Spannung ist längs des Fadens konstant.

4. Benützt man ein „Feld" geodätischer Linien (das die Fläche so überdeckt, daß durch jeden Punkt der Fläche *eine* Kurve geht) als v_1-Linien, so ist längs derselben

$$\dot{\mathfrak{r}} = \mathfrak{r}_1 \dot{v}_1; \qquad \ddot{\mathfrak{r}} = \mathfrak{r}_{11} \dot{v}_1^2 + \mathfrak{r}_1 \ddot{v}_1$$

und somit

$$[\dot{\mathfrak{r}} \ddot{\mathfrak{r}}] = [\mathfrak{r}_1 \mathfrak{r}_{11}] \dot{v}_1^3.$$

Damit aber wird

(16) $$(\dot{\mathfrak{r}} \ddot{\mathfrak{r}} \mathfrak{n}) = \frac{1}{\triangle} [\mathfrak{r}_1 \mathfrak{r}_{11}] \,|\, [\mathfrak{r}_1 \mathfrak{r}_2] \dot{v}_1^3 = \frac{1}{\triangle} \begin{vmatrix} \mathfrak{r}_1 | \mathfrak{r}_1 & \mathfrak{r}_1 | \mathfrak{r}_2 \\ \mathfrak{r}_{11} | \mathfrak{r}_1 & \mathfrak{r}_{11} | \mathfrak{r}_2 \end{vmatrix} \dot{v}_1^3 = 0.$$

Wählt man ferner deren *Orthogonal*trajektorien als v_2-Linien, so ist $\mathfrak{r}_1 | \mathfrak{r}_2 = 0$, und an Stelle von (16) tritt, weil $\mathfrak{r}_1 | \mathfrak{r}_1 \neq 0$:

$$\mathfrak{r}_{11} | \mathfrak{r}_2 = \begin{bmatrix} 11 \\ 2 \end{bmatrix} = \frac{\partial (\mathfrak{r}_1 | \mathfrak{r}_2)}{\partial v_1} - \frac{1}{2} \frac{\partial (\mathfrak{r}_1 | \mathfrak{r}_1)}{\partial v_2} = - \frac{1}{2} \frac{\partial g_{11}}{\partial v_2} = 0.$$

Daher ist nunmehr g_{11} eine Funktion von v_1 allein, und mit $\bar{v}_1 = \int + \sqrt{g_{11}}\, dv_1$ als neuem Parameter ergibt sich

(17) $$ds^2 = d\bar{v}_1^2 + g_{22}\, dv_2^2.$$

Es folgt hieraus durch Integration längs einer v_1-Linie, d. h. für $dv_2 = 0$:

$$s = \int_{P_1}^{P_2} d\bar{v}_1 = v_1^{\mathrm{II}} - v_1^{\mathrm{I}}.$$

Die orthogonalen Trajektorien schneiden somit auf allen geodätischen Linien des „Felds" gleiche Längen ab. Sie werden deshalb *geodätische Parallelen* und die zugehörigen Koordinaten (Parameter) *geodätische Parallelkoordinaten* genannt. Der Satz gilt auch für die Schar aller geodätischen Linien, die von einem regulären Flächenpunkt P_0 ausgehen, welcher dabei als unendlich kleiner Kreis um P_0, d. h. als Grenzlage einer orthogonalen Trajektorie der Schar, betrachtet werden kann. Man findet so:

„Die Bogen aller geodätischen Linien von P_0 bis zu einer bestimmten Orthogonaltrajektorie der Schar sind gleich lang."

Wählt man insbesondere diese Bogenlänge und den Winkel, den die geodätischen Linien in P_0 mit einer festen derselben bilden, als Parameter, so sind damit *geodätische Polarkoordinaten* r und φ definiert, für welche die erste Grundform die Gestalt $dr^2 + g_{22}\, d\varphi^2$ erhält, und die Kurven $r = \text{const}$ werden dann *geodätische Kreise* genannt.

§ 21. Die allgemeine Flächenkurve

Eine beliebige Kurve auf der Fläche $\mathfrak{r} = \mathfrak{r}(v_1, v_2)$ sei dadurch definiert, daß v_1 und v_2 als differentiierbare Funktionen eines weiteren Parameters t gegeben sind: $v_i = v_i(t)$. Wir wählen als solchen von vornherein die von irgendeinem Punkt der Kurve aus gemessene Bogenlänge s. Damit wird auch $\mathfrak{r}$ eine Funktion von s, und wir erhalten, wenn wir die Ableitungen nach s wieder durch Striche bezeichnen, als Einheitsvektor der Kurventangente

$$\mathfrak{t} = \mathfrak{r}' = \mathfrak{r}_1 v_1' + \mathfrak{r}_2 v_2' = \sum_1^2 \mathfrak{r}_i v_i'. \tag{1}$$

Für diese Kurven bleiben natürlich die Ergebnisse des § 15 in Kraft. Hiezu kommen nun aber noch weitere Eigenschaften, welche auch die Beziehungen der Kurve zu der Fläche enthalten, auf welcher die Kurve liegt.

1. Zu ihrer Behandlung führt man ein *neues begleitendes Dreibein* für die Kurve ein, bestehend aus der *Flächen*normale $\mathfrak{n}$, dem normierten *Tangentenvektor* $\mathfrak{r}' = \mathfrak{t}$ und der *Tangential- oder Quernormale* $\mathfrak{q} = [\mathfrak{n}\,\mathfrak{t}]$. Es ist dann stets:

$$\mathfrak{t} = [\mathfrak{q}\,\mathfrak{n}]; \quad \mathfrak{q} = [\mathfrak{n}\,\mathfrak{t}]; \quad \mathfrak{n} = [\mathfrak{t}\,\mathfrak{q}]; \tag{2}$$

$$(3)\quad \mathfrak{t}\,|\,\mathfrak{t} = \mathfrak{q}\,|\,\mathfrak{q} = \mathfrak{n}\,|\,\mathfrak{n} = +1; \qquad \text{folglich} \qquad \mathfrak{t}\,|\,\mathfrak{t}' = \mathfrak{q}\,|\,\mathfrak{q}' = \mathfrak{n}\,|\,\mathfrak{n}' = 0 \quad (4)$$

$$\mathfrak{t}\,|\,\mathfrak{q} = \mathfrak{q}\,|\,\mathfrak{n} = \mathfrak{n}\,|\,\mathfrak{t} = 0; \quad \text{und somit} \tag{5}$$

$$\mathfrak{t}'\,|\,\mathfrak{q} + \mathfrak{t}\,|\,\mathfrak{q}' = 0; \quad \mathfrak{q}'\,|\,\mathfrak{n} + \mathfrak{q}\,|\,\mathfrak{n}' = 0; \quad \mathfrak{n}'\,|\,\mathfrak{t} + \mathfrak{n}\,|\,\mathfrak{t}' = 0. \tag{6}$$

Wie beim Dreibein des Frenetschen Problems (vgl. S. 74) lassen sich auch hier die Ableitungen $\mathfrak{t}'$, $\mathfrak{q}'$, $\mathfrak{n}'$ kinematisch deuten, als bestimmt durch einen *Drehvektor*

$$\mathfrak{u} = a_1 \mathfrak{t} + a_2 \mathfrak{q} + a_3 \mathfrak{n}, \tag{7}$$

derart, daß

$$\left\{\begin{aligned} \mathfrak{t}' &= [\mathfrak{u}\,\mathfrak{t}] = a_2[\mathfrak{q}\,\mathfrak{t}] + a_3[\mathfrak{n}\,\mathfrak{t}] = a_3\mathfrak{q} - a_2\mathfrak{n} \\ \mathfrak{q}' &= [\mathfrak{u}\,\mathfrak{q}] = a_1[\mathfrak{t}\,\mathfrak{q}] + a_3[\mathfrak{n}\,\mathfrak{q}] = a_1\mathfrak{n} - a_3\mathfrak{t} \\ \mathfrak{n}' &= [\mathfrak{u}\,\mathfrak{n}] = a_1[\mathfrak{t}\,\mathfrak{n}] + a_2[\mathfrak{q}\,\mathfrak{n}] = a_2\mathfrak{t} - a_1\mathfrak{q} \end{aligned}\right. \tag{8}$$

wird. Für die Koeffizienten a_i ergeben sich hieraus sogleich die Werte

$$\left\{\begin{aligned} a_1 &= \mathfrak{q}'\,|\,\mathfrak{n} = -\mathfrak{q}\,|\,\mathfrak{n}' = (\mathfrak{n}\,\mathfrak{n}'\,\mathfrak{t}) \\ a_2 &= \mathfrak{n}'\,|\,\mathfrak{t} = -\mathfrak{n}\,|\,\mathfrak{t}' = -\mathfrak{r}''\,|\,\mathfrak{n} \\ a_3 &= \mathfrak{t}'\,|\,\mathfrak{q} = -\mathfrak{t}\,|\,\mathfrak{q}' = \mathfrak{r}''\,|\,\mathfrak{q}. \end{aligned}\right. \tag{9}$$

Dabei wird die bereits in § 18, Gl. (4), auftretende Größe

$$(10)\quad \begin{cases} N = -a_2 = \mathfrak{r}''|\mathfrak{n} = -\mathfrak{r}'|\mathfrak{n}' = -\mathfrak{t}|\mathfrak{n}' \text{ die \textit{Normalkrümmung},} \\ \text{ferner} \\ T = a_1 = (\mathfrak{n}\,\mathfrak{n}'\mathfrak{t}) = (\mathfrak{n}\,\mathfrak{n}'\mathfrak{r}') \text{ die \textit{geodätische Torsion}} \\ \text{und} \\ G = a_3 = \mathfrak{r}''|\mathfrak{q} = (\mathfrak{r}'\,\mathfrak{r}''\mathfrak{n}) \text{ die \textit{geodätische Krümmung}} \end{cases}$$

der Kurve in P genannt, und damit erhalten die Gl. (7) und (8) die Form

$$(7')\quad \mathfrak{u} = T\mathfrak{t} - N\mathfrak{q} + G\mathfrak{n}$$

$$(8')\quad \begin{cases} \mathfrak{t}' = [\mathfrak{u}\,\mathfrak{t}] = G\mathfrak{q} + N\mathfrak{n} \\ \mathfrak{q}' = [\mathfrak{u}\,\mathfrak{q}] = -G\mathfrak{t} + T\mathfrak{n} \\ \mathfrak{n}' = [\mathfrak{u}\,\mathfrak{n}] = -N\mathfrak{t} - T\mathfrak{q}. \end{cases}$$

Übrigens wechseln N und G mit $\mathfrak{n}$ das Vorzeichen, sind also von der Numerierung der Parameter abhängig, T dagegen nicht.

Die Gl. (8') gehen auf *Burali-Forti* (1912) zurück. Die Größen N, G und T haben eine einfache geometrische Bedeutung:

a) $N = \mathfrak{n}|\mathfrak{r}''$ ist offenbar die *Krümmung des zugehörigen Normalschnitts* bzw. der geodätischen Linie, welche in P die Flächenkurve berührt, die *Asymptotenlinien* treten als *Kurven verschwindender Normalkrümmung* auf, und in Gaußschen Koordinaten ausgedrückt ist dabei nach § 18, Gl. (4):

$$N = \mathfrak{n}|\mathfrak{r}'' = \sum_{i,k} L_{ik}\, v_i'\, v_k'.$$

Nach S. 78, Gl. (20), ist deshalb auch

$$N = \mathfrak{n}|\mathfrak{r}'' = \sum_{i,k} L_{ik}\, v_i'\, v_k' = 2\lim \frac{\Delta\varepsilon}{(\Delta s)^2}\Big/ \Delta s \to 0,$$

wo $\Delta\varepsilon$ der infinitesimale Abstand des benachbarten Punkts $\mathfrak{r} + \Delta\mathfrak{r}$ von der Tangentialebene der Fläche in P ist. Daher bildet die Normalkrümmung N ein Maß für das Abbiegen der Kurve von der Tangentialebene in P, im Unterschied zur gewöhnlichen Krümmung als Maß für das Abbiegen der Kurve von ihrer Tangente in P [vgl. S. 72, Gl. (12')].

b) $G = \mathfrak{r}''|\mathfrak{q} = (\mathfrak{r}'\mathfrak{r}''\mathfrak{n})$ ist zunächst einfach die senkrechte Projektion des zu $\mathfrak{r}'$ senkrechten Vektors $\mathfrak{r}''$ auf die Richtung der Quernormale $\mathfrak{q}$, bzw. auf die Tangentialebene der Fläche in P, mit positivem oder negativem Vorzeichen, je nachdem diese Projektion mit $\mathfrak{q}$ gleich oder entgegengesetzt gerichtet ist. Es ist aber auch $\mathfrak{r}' + \mathfrak{r}''\,ds$ der normierte Tangentenvektor im konsekutiven Kurvenpunkt, ebenso $\mathfrak{r}' + d\gamma\,\mathfrak{n}$ der normierte Tangentenvektor im konsekutiven Element der geodätischen Fortsetzung von $d\mathfrak{r}$, wobei $d\gamma$ ein infinitesimaler Proportionalitätsfaktor ist. Folglich wird der Winkel zwischen beiden, der sogenannte *geodätische Kontingenzwinkel*,

$$d\vartheta = \lim \sin \Delta\vartheta = \big((\mathfrak{r}' + d\gamma\, \mathfrak{n})\,(\mathfrak{r}' + \mathfrak{r}''\, ds)\,(\mathfrak{n} + d\mathfrak{n})\big)$$

oder bis auf Glieder höherer Ordnung $d\vartheta = (\mathfrak{r}'\mathfrak{r}''\mathfrak{n})\, ds$. Es wird also

$$\frac{d\vartheta}{ds} = (\mathfrak{r}'\mathfrak{r}''\mathfrak{n}) = G, \tag{11}$$

und das Vorzeichen ist positiv, wenn die Drehung von $\mathfrak{r} + d\gamma\,\mathfrak{n}$ gegen $\mathfrak{r}' + \mathfrak{r}''ds$ im Sinne von $\mathfrak{r}_1$ gegen $\mathfrak{r}_2$ erfolgt. Durch diesen Wert $\frac{d\vartheta}{ds}$ ist also die „*geodätische Krümmung*" der Flächenkurve definiert. Dieselbe geht für *ebene* Kurven über in $\frac{d\varphi}{ds}$, d. h. in die Krümmung ebener Kurven im üblichen Sinn, und für den geschlossenen glatten Rand eines einfach zusammenhängenden *ebenen* Bereichs ist stets $\oint \frac{d\varphi}{ds}\, ds = \pm 2\pi$.

Für *Asymptotenlinien* ist dabei der numerische Wert der geodätischen Krümmung überall gleich ihrer gewöhnlichen Krümmung $\frac{1}{\varrho}$. Denn für *diese* Kurven wird $\mathfrak{r}'' = \frac{1}{\varrho}\,\mathfrak{h} = \pm \frac{1}{\varrho}\,\mathfrak{q}$. Somit wird für sie

$$G = \mathfrak{r}''|\mathfrak{q} = \pm \frac{1}{\varrho}.$$

Ist ferner nach Taylor wieder $\Delta\mathfrak{r} = \mathfrak{r}'\frac{\Delta s}{1!} + \mathfrak{r}''\frac{(\Delta s)^2}{2!} + \cdots$, so ist bei Beschränkung auf Glieder zweiter Ordnung $(\mathfrak{n}\mathfrak{r}'\Delta\mathfrak{r}) = (\mathfrak{n}\mathfrak{r}'\mathfrak{r}'')\frac{(\Delta s)^2}{2!}$. Dabei bedeutet $(\mathfrak{n}\mathfrak{r}'\Delta\mathfrak{r})$, mit Vorzeichen, den Abstand Δa des P benachbarten Kurvenpunkts $\mathfrak{r} + \Delta\mathfrak{r}$ von der Ebene durch P, $\mathfrak{r}'$ und $\mathfrak{n}$. Es ist deshalb unmittelbar auch

$$G = (\mathfrak{n}\mathfrak{r}'\mathfrak{r}'') = \lim \frac{2\Delta a}{(\Delta s)^2}\Big/ \Delta s \to 0$$

ein Maß für das Abbiegen der Kurve von der *Normal*ebene durch P und $\mathfrak{r}'$. Dem entspricht der Name „*Seitenkrümmung*" bei Gauß an Stelle von „*geodätische Krümmung*" bei Liouville.

Mit $\mathfrak{r}' = \sum_h \mathfrak{r}_h v_h'$, $\mathfrak{r}'' = \sum_{i,k} \mathfrak{r}_{ik} v_i' v_k' + \sum_i \mathfrak{r}_i v_i''$ wird zunächst

$$[\mathfrak{r}'\mathfrak{r}''] = \sum_{h,i,k} [\mathfrak{r}_h \mathfrak{r}_{ik}]\, v_h' v_i' v_k' + \sum_{h,i} [\mathfrak{r}_h \mathfrak{r}_i]\, v_h' v_i'',$$

und damit gibt Gl. (11) weiterentwickelt

$$G = (\mathfrak{r}'\mathfrak{r}''\mathfrak{n}) = \sum_{h,i,k} (\mathfrak{r}_h \mathfrak{r}_{ik} \mathfrak{n})\, v_h' v_i' v_k' + \sum_{h,i} (\mathfrak{r}_h \mathfrak{r}_i \mathfrak{n})\, v_h' v_i'',$$

bzw. wegen $[\mathfrak{r}_2\mathfrak{n}] = \triangle \cdot \mathfrak{r}^1$ und $[\mathfrak{n}\mathfrak{r}_1] = \triangle \cdot \mathfrak{r}^2$:

$$G = (\mathfrak{r}'\mathfrak{r}''\mathfrak{n}) = \triangle \cdot \sum_{i,k} \left[\begin{Bmatrix} i\,k \\ 2 \end{Bmatrix} v_1' - \begin{Bmatrix} i\,k \\ 1 \end{Bmatrix} v_2'\right] v_i' v_k' + \triangle \cdot (v_1' v_2'' - v_1'' v_2'). \tag{11'}$$

Dieser Ausdruck zeigt bereits die schon 1830 von F. Minding bewiesene *Biegungsinvarianz* der geodätischen Krümmung sowie der *geodätischen Linien*, die ja nichts anderes als die *Kurven verschwindender geodätischer Krümmung* sind.

c) Die *geodätische Torsion* $T = (\mathfrak{n}\,\mathfrak{n}'\,\mathfrak{t}) = -\mathfrak{n}'|\mathfrak{q} = \mathfrak{n}|\mathfrak{q}'$ ist gleichbedeutend mit der gewöhnlichen Torsion derjenigen geodätischen Linie, welche die Flächenkurve in P berührt*). Denn längs derselben ist überall $\mathfrak{h} = \pm\mathfrak{n}$ und folglich $\mathfrak{b} = \mp\mathfrak{q}$. Daher wird deren Torsion nach § 15, Gl. (17):

$$\frac{1}{\tau} = \mathfrak{h}'|\mathfrak{b} = -\mathfrak{n}'|\mathfrak{q} = T.$$

Entsprechend ist für Asymptotenlinien stets $\mathfrak{h} = \pm\mathfrak{q}$, also $\mathfrak{b} = \pm\mathfrak{n}$, und somit wird auch für sie

$$\frac{1}{\tau} = \mathfrak{h}'|\mathfrak{b} = \mathfrak{q}'|\mathfrak{n} = T.$$

Für Asymptotenlinien stimmt also in allen Punkten die geodätische Torsion mit der Torsion im üblichen Sinn überein.

Offenbar ist andrerseits allgemein auch $T = \lim \frac{(\mathfrak{n}\,(\mathfrak{n}+\Delta\mathfrak{n})\,\mathfrak{t})}{\Delta s}$ oder $|T| = \frac{d\chi}{ds}$. Dabei ist $d\chi$ der Winkel der konsekutiven Flächennormale $\mathfrak{n}+d\mathfrak{n}$ mit der Dreibeinebene durch $\mathfrak{t}$ und $\mathfrak{n}$. Ist ferner dk der kürzeste Abstand der konsekutiven Normalen $\mathfrak{n}$ und $\mathfrak{n}+d\mathfrak{n}$ sowie dw deren infinitesimaler Winkel, so ist das Volumprodukt $(\mathfrak{n}\,(\mathfrak{n}+d\mathfrak{n})\,d\mathfrak{r})$ numerisch gleich $dw \cdot dk$. Daher läßt die Schreibweise $T = \frac{(\mathfrak{n}\,(\mathfrak{n}+d\mathfrak{n})\,d\mathfrak{r})}{ds^2}$ die geodätische Torsion T numerisch deuten als der Wert $\frac{dw}{ds}\cdot\frac{dk}{ds}$. Dabei ist auch $\frac{dw}{ds} = \operatorname{mod}\mathfrak{n}'$.

Zur *Berechnung* von T in Gaußschen Parametern v_1 und v_2 erhält man endlich, mit $\mathfrak{n} = \frac{1}{\triangle}[\mathfrak{r}_1\mathfrak{r}_2]$, $\mathfrak{t} = \mathfrak{r}' = \sum_1^2 \mathfrak{r}_i v_i'$ und $\mathfrak{n}' = \sum_1^2 \mathfrak{n}_k v_k'$, analog zu § 18, Gl. (14) und (14'):

$$(12)\qquad T = (\mathfrak{n}'\,\mathfrak{t}\,\mathfrak{n}) = \frac{1}{\triangle}[\mathfrak{n}'\mathfrak{t}]\,|\,[\mathfrak{r}_1\mathfrak{r}_2] = \frac{1}{\triangle}\begin{vmatrix} \mathfrak{n}'|\mathfrak{r}_1 & \mathfrak{n}'|\mathfrak{r}_2 \\ \mathfrak{t}|\mathfrak{r}_1 & \mathfrak{t}|\mathfrak{r}_2 \end{vmatrix} = \frac{1}{\triangle}\cdot\begin{vmatrix} -v_2'^2 & v_1'v_2' & -v_1'^2 \\ L_{11} & L_{12} & L_{22} \\ g_{11} & g_{12} & g_{22} \end{vmatrix}.$$

Diese Gleichung zeigt zugleich, wie auch schon der Ausdruck $T = (\mathfrak{n}\,\mathfrak{n}'\,\mathfrak{r}')$, daß die *Krümmungslinien* nichts anderes sind als die *Kurven verschwindender geodätischer Torsion.*

2. Es bestehen noch einige weitere Beziehungen zwischen den hier eingeführten Größen G, N und T sowie den sonstigen Krümmungseigenschaften der Flächenkurve selbst:

*) Der Name „geodätisch" wird also in den Benennungen „geodätische Krümmung" und „geodätische Torsion" in ganz verschiedenem Sinne gebraucht.

a) Da sowohl $\mathfrak{r}'$ als auch $\mathfrak{n}'$ senkrecht auf $\mathfrak{n}$ stehen, ist auch

(13) $$\lambda\mathfrak{n} = [\mathfrak{n}'\mathfrak{r}'], \quad \text{für } \operatorname{mod}[\mathfrak{n}'\mathfrak{r}'] = \lambda,$$

und also

(14) $$\lambda\mathfrak{n}|\mathfrak{n} = \lambda = [\mathfrak{n}'\mathfrak{r}']|\mathfrak{n} = (\mathfrak{n}\,\mathfrak{n}'\mathfrak{r}') = T.$$

Daher wird jetzt

(13′) $$T\mathfrak{n} = [\mathfrak{n}'\mathfrak{r}']$$

und folglich

(15) $$T^2 = [\mathfrak{n}'\mathfrak{r}']|[\mathfrak{n}'\mathfrak{r}'] = \begin{vmatrix} \mathfrak{n}'|\mathfrak{n}' & \mathfrak{n}'|\mathfrak{r}' \\ \mathfrak{r}'|\mathfrak{n}' & \mathfrak{r}'|\mathfrak{r}' \end{vmatrix} = (\mathfrak{n}'|\mathfrak{n}')^2 - (\mathfrak{n}'|\mathfrak{r}')^2.$$

Aus Gl. (13′) folgt weiter

(16) $$T\mathfrak{n}|\mathfrak{r}'' = TN = (\mathfrak{n}'\mathfrak{r}'\mathfrak{r}''),$$

während

(17) $$TG = (\mathfrak{n}\,\mathfrak{n}'\mathfrak{r}')(\mathfrak{n}\,\mathfrak{r}'\mathfrak{r}'') = \begin{vmatrix} \underbrace{\mathfrak{n}|\mathfrak{n}}_{=1} & \mathfrak{n}|\mathfrak{r}' & \mathfrak{n}|\mathfrak{r}'' \\ \underbrace{\mathfrak{n}'|\mathfrak{n}}_{=0} & \mathfrak{n}'|\mathfrak{r}' & \mathfrak{n}'|\mathfrak{r}'' \\ \underbrace{\mathfrak{r}'|\mathfrak{n}}_{=0} & \underbrace{\mathfrak{r}'|\mathfrak{r}'}_{=1} & \underbrace{\mathfrak{r}'|\mathfrak{r}''}_{=0} \end{vmatrix} = [\mathfrak{n}'\mathfrak{r}']|[\mathfrak{r}'\mathfrak{r}''] = -\mathfrak{n}'|\mathfrak{r}''$$

wird.

b) Für $\sphericalangle(\mathfrak{h}\,\mathfrak{n}) = \psi$ wird nach § 18, Gl. (4)

$$\cos\psi = \mathfrak{n}|\mathfrak{h} = \varrho(\mathfrak{n}|\mathfrak{r}'') = \varrho N, \quad \text{d. h.}$$

(18) $$\frac{\cos\psi}{\varrho} = N.$$

Rechnet man nun ψ von $\mathfrak{n}$ aus positiv in Drehrichtung gegen $\mathfrak{q}$, so ist

(19) $$\mathfrak{h} = \cos\psi\cdot\mathfrak{n} + \sin\psi\cdot\mathfrak{q}$$

und also

$$\sin\psi = \mathfrak{h}|\mathfrak{q} = (\mathfrak{h}\,\mathfrak{n}\,\mathfrak{t}) = \varrho(\mathfrak{r}''\mathfrak{n}\,\mathfrak{r}') = \varrho G$$

bzw.

(20) $$\frac{\sin\psi}{\varrho} = G, \qquad \text{und} \qquad \operatorname{tg}\psi = \frac{G}{N}.$$ (21)

Endlich wird auch

(22) $$\frac{1}{\varrho^2} = G^2 + N^2.$$

Die Gl. (22) besagt u. a. wieder:

Für *geodätische Linien*, d. h. für $G = 0$, ist $\frac{1}{\varrho} = |N|$

und für *Asymptotenlinien*, d. h. für $N = 0$, ist $\frac{1}{\varrho} = |G|$.

c) Für jede beliebige Raumkurve, folglich auch für die allgemeine Flächenkurve, ist nach § 15, Gl. (15), die absolute Krümmung $1/\varrho = \mathfrak{h}\,|\,\mathfrak{t}'$, die absolute Torsion $1/\tau = -\mathfrak{h}\,|\,\mathfrak{b}'$. Dabei war

$$\mathfrak{h} = \cos\psi \cdot \mathfrak{n} + \sin\psi \cdot \mathfrak{q}, \tag{19}$$

und somit wird

$$\mathfrak{b} = [\mathfrak{t}\mathfrak{h}] = \cos\psi\,[\mathfrak{t}\mathfrak{n}] + \sin\psi\,[\mathfrak{t}\mathfrak{q}] = -\cos\psi \cdot \mathfrak{q} + \sin\psi \cdot \mathfrak{n}$$

sowie

$$\mathfrak{b}' = (\sin\psi \cdot \mathfrak{q} + \cos\psi \cdot \mathfrak{n})\,\psi' - \cos\psi \cdot \mathfrak{q}' + \sin\psi \cdot \mathfrak{n}'.$$

Es wird daher

$$\frac{1}{\varrho} = \mathfrak{h}\,|\,\mathfrak{t}' = \cos\psi\,(\mathfrak{n}\,|\,\mathfrak{t}') + \sin\psi\,(\mathfrak{q}\,|\,\mathfrak{t}') = \cos\psi \cdot N + \sin\psi \cdot G \tag{23}$$

und

$$\left\{\begin{aligned} \frac{1}{\tau} &= -\mathfrak{h}\,|\,\mathfrak{b}' = -(\cos\psi \cdot \mathfrak{n} + \sin\psi \cdot \mathfrak{q})\,|\,\{-\cos\psi\,\mathfrak{q}' + \sin\psi\,\mathfrak{n}' + \mathfrak{h}\,\psi'\} \\ &= -\Big\{\sin^2\psi\,\underbrace{(\mathfrak{q}\,|\,\mathfrak{n}')}_{=-T} - \cos^2\psi\,\underbrace{(\mathfrak{n}\,|\,\mathfrak{q}')}_{=T} + \psi'\Big\} = T - \psi'. \end{aligned}\right. \tag{24}$$

Für *Krümmungslinien*, d. h. für $T = 0$, ist demnach $\frac{1}{\tau} = -\psi'$. Dagegen wird für *geodätische Linien* und für *Asymptotenlinien* $\frac{1}{\tau} = T$, weil für beide $\psi = \text{const}$, also $\psi' = 0$ wird.

Wir schließen unsre Diskussion der allgemeinen Flächenkurve mit dem bekannten Satz von *Beltrami* (1866) und *Enneper* (1870) über die Torsion der beiden Asymptotenlinien durch denselben Flächenpunkt P:

Da für Asymptotenlinien stets $\frac{1}{\tau} = T$ wird, können wir setzen $\frac{1}{\tau} = (\mathfrak{n}'\,\mathfrak{r}'\,\mathfrak{n})$. Sind nun $\mathfrak{a}$ und $\mathfrak{b}$ die Einheitsvektoren der Hauptkrümmungsrichtungen in P, so, daß $(\mathfrak{a}\,\mathfrak{b}\,\mathfrak{n}) = +1$, und sind $\pm\varphi$ die Winkel der Asymptotenrichtungen mit $\mathfrak{a}$, so wird für die letzteren

$$\mathfrak{r}'_{\mathrm{I}} = \mathfrak{a}\cos\varphi + \mathfrak{b}\sin\varphi; \quad \mathfrak{r}'_{\mathrm{II}} = \mathfrak{a}\cos\varphi - \mathfrak{b}\sin\varphi.$$

Mit Benutzung des Krümmungsaffinors sowie der Formel von Rodrigues [§ 18, Gl. (9)] ist dann auch

$$\mathfrak{n}'_{\mathrm{I}} = \mathfrak{K}\,\mathfrak{a}\cos\varphi + \mathfrak{K}\,\mathfrak{b}\sin\varphi = -\left(\frac{\mathfrak{a}}{R_1}\cos\varphi + \frac{\mathfrak{b}}{R_2}\sin\varphi\right)$$

$$\mathfrak{n}'_{\mathrm{II}} = \mathfrak{K}\,\mathfrak{a}\cos\varphi - \mathfrak{K}\,\mathfrak{b}\sin\varphi = -\left(\frac{\mathfrak{a}}{R_1}\cos\varphi - \frac{\mathfrak{b}}{R_2}\sin\varphi\right)$$

und man erhält

$$T_1 = \frac{1}{\tau_1} = (\mathfrak{n}'_{\mathrm{I}}\mathfrak{r}'_{\mathrm{I}}\mathfrak{n}) = (\mathfrak{a}\mathfrak{b}\mathfrak{n})\cos\varphi\,\sin\varphi\left(\frac{1}{R_2}-\frac{1}{R_1}\right) \tag{25}$$

$$T_2 = \frac{1}{\tau_2} = (\mathfrak{n}'_{\mathrm{II}}\mathfrak{r}'_{\mathrm{II}}\mathfrak{n}) = (\mathfrak{a}\mathfrak{b}\mathfrak{n})\cos\varphi\,\sin\varphi\left(\frac{1}{R_1}-\frac{1}{R_2}\right) = -T_1, \tag{26}$$

d. h.: *In P sind die Torsionen der beiden Asymptotenlinien einander entgegengesetzt gleich.*

Nach § 18, Gl. (11), ist zudem $\operatorname{tg}^2\varphi = \frac{-R_2}{R_1}$, also $\sin^2\varphi = \frac{-R_2}{R_1 - R_2}$ und $\cos^2\varphi = \frac{R_1}{R_1 - R_2}$. Man erhält damit

$$T_1 T_2 = \frac{1}{\tau_1}\cdot\frac{1}{\tau_2} = -\cos^2\varphi\,\sin^2\varphi\left(\frac{1}{R_2}-\frac{1}{R_1}\right)^2 = \frac{1}{R_1 R_2} = \varkappa. \tag{27}$$

§ 22. *Innere Ableitung und infinitesimale Parallelverschiebung*

A. *Innere Ableitung*: Es sei

$$\mathfrak{x} = \mathfrak{x}(\mathfrak{r}) = \sum_1^2 x_s \mathfrak{r}_s \tag{1}$$

ein zur Fläche tangentiales Vektorfeld als Ortsfunktion. Dann wird das Differential

$$d\mathfrak{x} = \sum_1^2 (\mathfrak{r}^i|d\mathfrak{r})\,\mathfrak{x}_i = \mathfrak{B}\,d\mathfrak{r} \tag{2}$$

im allgemeinen nicht mehr tangential zur Fläche sein. Wir *definieren* deshalb als „*inneres Differential*" $\mathfrak{d}\mathfrak{x}$ von $\mathfrak{x}$ den *tangentialen Anteil* von $d\mathfrak{x}$ und erhalten hiefür:

$$\mathfrak{d}\mathfrak{x} = \sum_h^{1-2} (\mathfrak{r}^h|d\mathfrak{x})\,\mathfrak{r}_h = \sum_h^{1-2} (\mathfrak{r}_h|d\mathfrak{x})\,\mathfrak{r}^h = \mathfrak{P}\,d\mathfrak{x}. \tag{3}$$

Diese basisinvariante Bildung unterscheidet sich also vom „*äußeren* Differential" $d\mathfrak{x}$ nur um die zur Fläche senkrechte Komponente $(\mathfrak{n}|d\mathfrak{x})\,\mathfrak{n}$. Längs einer Flächenkurve $\mathfrak{r} = \mathfrak{r}(t)$, d. h. $v_i = v_i(t)$, ist dann entsprechend

$$\frac{\mathfrak{d}\mathfrak{x}}{\mathfrak{d}t} = \sum_h^{1-2} (\mathfrak{r}^h|\dot{\mathfrak{x}})\,\mathfrak{r}_h = \sum_h^{1-2} (\mathfrak{r}_h|\dot{\mathfrak{x}})\,\mathfrak{r}^h = \mathfrak{P}\,\dot{\mathfrak{x}} \tag{4}$$

die *innere Ableitung* von $\mathfrak{x}$ nach t. Es ist folglich $\frac{\mathfrak{d}\mathfrak{x}}{\mathfrak{d}t}$ die tangentiale Komponente der „äußeren" Ableitung $\dot{\mathfrak{x}} = \frac{d\mathfrak{x}}{dt}$, und der basisinvariante lokale Affinor $\mathfrak{P}$ bewirkt die senkrechte Projektion von $d\mathfrak{x}$ bzw. von $\dot{\mathfrak{x}}$ auf die Tangentenebene der Fläche in P. Nach Gl. (2) und (3) ist sodann auch

$$\mathfrak{d}\mathfrak{x} = \mathfrak{P}\mathfrak{B}\,d\mathfrak{r} = \mathfrak{Q}\,d\mathfrak{r}, \tag{5}$$

und der Affinor $\mathfrak{Q}$, das Folgeprodukt von $\mathfrak{P}$ mit $\mathfrak{B}$, ist der *Affinor der inneren Ableitung* des tangentialen Vektorfelds $\mathfrak{x}(\mathfrak{r})$. Derselbe hat demnach die Form

$$\text{(6)} \qquad \mathfrak{Q} = \frac{\mathfrak{x}_{\underline{1}}, \mathfrak{x}_{\underline{2}}}{\mathfrak{r}_1, \mathfrak{r}_2} \sim \sum_i^{1-2} \mathfrak{r}^i, \mathfrak{x}_{\underline{i}},$$

und die $\mathfrak{x}_{\underline{i}} = \mathfrak{P}\mathfrak{B}\mathfrak{r}_i = \mathfrak{P}\mathfrak{x}_i = \frac{\mathfrak{d}\mathfrak{x}}{\mathfrak{d} v_i}$ sind dabei die tangentialen Komponenten der $\mathfrak{x}_i = \frac{\partial \mathfrak{x}}{\partial v_i}$. Es wird damit auch

$$\text{(5')} \qquad \mathfrak{d}\mathfrak{x} = \mathfrak{Q} d\mathfrak{r} = \sum_i^{1-2} (\mathfrak{r}^i | d\mathfrak{r})\, \mathfrak{x}_{\underline{i}} = \sum_i \mathfrak{x}_{\underline{i}} dv_i.$$

Zum *inneren* Ableitungs*affinor* $\mathfrak{Q}$ gehört sodann als skalarer *innerer* Ableitungs*tensor* die Bilinearform

$$Q = \mathfrak{w} | \mathfrak{Q}\mathfrak{u} = \sum_1^2 (\mathfrak{r}^i | \mathfrak{u})(\mathfrak{x}_{\underline{i}} | \mathfrak{w}),$$

die „*Erweiterung*" des Feldes $\mathfrak{x}$ (vgl. S. 48).

Für *innere*, d. h. tangentiale, Vektoren $\mathfrak{w}$ ist dieselbe aber gleichbedeutend mit $\sum_1^2 (\mathfrak{r}^i | \mathfrak{u})(\mathfrak{x}_i | \mathfrak{w}) = \mathfrak{w} | \mathfrak{B}\mathfrak{u}$, weil $\mathfrak{x}_i$ und $\mathfrak{x}_{\underline{i}}$ sich nur um eine zur Fläche normale Komponente unterscheiden, und für die *kovarianten Komponenten* dieses Tensors erhält man deshalb

$$Q_{kh} = \mathfrak{r}_k | \mathfrak{Q}\mathfrak{r}_h = \mathfrak{r}_k | \mathfrak{B}\mathfrak{r}_h = \mathfrak{r}_k | \mathfrak{x}_h.$$

Für $\mathfrak{x} = \sum_1^2 x_l \mathfrak{r}^l$ folgt hieraus durch analoge Entwicklung wie auf S. 48 auch

$$Q_{kh} = \mathfrak{r}_k | \mathfrak{x}_h = (x_k)_h - \sum_l^{1-2} \begin{Bmatrix} h\,k \\ l \end{Bmatrix} x_l.$$

Nach Gl. (4) ist ferner, für $\mathfrak{x} = \mathfrak{y} + \mathfrak{z} + \cdots$, also $\dot{\mathfrak{x}} = \dot{\mathfrak{y}} + \dot{\mathfrak{z}} + \cdots$,

$$\text{(7)} \qquad \frac{\mathfrak{d}\mathfrak{x}}{\mathfrak{d}t} = \sum_h (\mathfrak{r}^h | \dot{\mathfrak{x}})\, \mathfrak{r}_h = \sum_h (\mathfrak{r}^h | \dot{\mathfrak{y}})\, \mathfrak{r}_h + \sum_h (\mathfrak{r}^h | \dot{\mathfrak{z}})\, \mathfrak{r}_h + \cdots = \frac{\mathfrak{d}\mathfrak{y}}{\mathfrak{d}t} + \frac{\mathfrak{d}\mathfrak{z}}{\mathfrak{d}t} + \cdots$$

und für $\mathfrak{x} = \varphi\mathfrak{y}$, also $\dot{\mathfrak{x}} = \dot{\varphi}\mathfrak{y} + \varphi\dot{\mathfrak{y}}$,

$$\text{(8)} \qquad \frac{\mathfrak{d}\mathfrak{x}}{\mathfrak{d}t} = \sum_h (\mathfrak{r}^h | \dot{\mathfrak{x}})\, \mathfrak{r}^h = \dot{\varphi} \sum_h (\mathfrak{r}^h | \mathfrak{y})\, \mathfrak{r}_h + \varphi \sum_h (\mathfrak{r}^h | \dot{\mathfrak{y}})\, \mathfrak{r}_h = \dot{\varphi}\mathfrak{y} + \varphi \frac{\mathfrak{d}\mathfrak{y}}{\mathfrak{d}t},$$

da ja für tangentiale Vektoren $\sum_h^{1-2} (\mathfrak{r}^h | \mathfrak{y})\, \mathfrak{r}_h = \mathfrak{y}$ selbst wird.

Für Summen tangentialer Vektoren und für ihre Produkte mit Skalaren bleiben also die gewohnten Differentiationsregeln auch im Falle innerer Ableitung in Kraft.

Da ferner $\dot{\mathfrak{x}}$ und $\frac{\mathfrak{d}\mathfrak{x}}{\mathfrak{d}t}$ sich nur um einen zur Flächennormale $\mathfrak{n}$ parallelen Vektor unterscheiden, so ist für jeden weiteren tangentialen Vektor $\mathfrak{y}$ stets auch

(9) $$\mathfrak{y}\left|\frac{\mathfrak{d}\mathfrak{x}}{\mathfrak{d}t} = \mathfrak{y}\right|\dot{\mathfrak{x}}$$

und für *zwei* solche tangentiale Feldvektoren ist ebenso

(10) $$\frac{d(\mathfrak{y}|\mathfrak{x})}{dt} = \dot{\mathfrak{y}}|\mathfrak{x} + \mathfrak{y}|\dot{\mathfrak{x}} = \frac{\mathfrak{d}\mathfrak{y}}{\mathfrak{d}t}\bigg|\mathfrak{x} + \mathfrak{y}\bigg|\frac{\mathfrak{d}\mathfrak{x}}{\mathfrak{d}t}.$$

Wählt man insbesondere $t = v_k$, so wird $\dot{\mathfrak{r}} = \mathfrak{r}_k$, $\dot{\mathfrak{x}} = \mathfrak{x}_k$, und Gl. (4) gibt

(11) $$\frac{\mathfrak{d}\mathfrak{x}}{\mathfrak{d}v_k} = \sum_h (\mathfrak{r}^h|\mathfrak{x}_k)\,\mathfrak{r}_h = \sum_h (\mathfrak{r}_h|\mathfrak{x}_k)\,\mathfrak{r}^h.$$

Ist zudem $\mathfrak{x} = \mathfrak{r}_i$, also $\mathfrak{x}_k = \mathfrak{r}_{ik}$, so ist

(12a) $$\frac{\mathfrak{d}\mathfrak{r}_i}{\mathfrak{d}v_k}\begin{cases} = \sum_h (\mathfrak{r}^h|\mathfrak{r}_{ik})\,\mathfrak{r}_h = \sum_h \begin{Bmatrix} i\,k \\ h \end{Bmatrix} \mathfrak{r}_h \\ = \sum_h (\mathfrak{r}_h|\mathfrak{r}_{ik})\,\mathfrak{r}^h = \sum_h \begin{bmatrix} i\,k \\ h \end{bmatrix} \mathfrak{r}^h \end{cases}$$

und ebenso für $\mathfrak{x} = \mathfrak{r}^l$, also $\mathfrak{x}_k = (\mathfrak{r}^l)_k$,

(12b) $$\frac{\mathfrak{d}\mathfrak{r}^l}{\mathfrak{d}v_k} = \sum_h \{\mathfrak{r}_h|(\mathfrak{r}^l)_k\}\,\mathfrak{r}^h = -\sum_h (\mathfrak{r}_{hk}|\mathfrak{r}^l)\,\mathfrak{r}^h = -\sum_h \begin{Bmatrix} h\,k \\ l \end{Bmatrix} \mathfrak{r}^h.$$

Wegen Gl. (9) ist dabei stets auch

$$\begin{bmatrix} i\,k \\ h \end{bmatrix} = \mathfrak{r}_h|\mathfrak{r}_{ik} = \mathfrak{r}_h\bigg|\frac{\mathfrak{d}\mathfrak{r}_i}{\mathfrak{d}v_k} = \mathfrak{r}_h\bigg|\frac{\mathfrak{d}\mathfrak{r}_k}{\mathfrak{d}v_i}, \quad \text{bzw.} \quad \begin{Bmatrix} i\,k \\ h \end{Bmatrix} = \mathfrak{r}^h|\mathfrak{r}_{ik} = \mathfrak{r}^h\bigg|\frac{\mathfrak{d}\mathfrak{r}_i}{\mathfrak{d}v_k} = \mathfrak{r}^h\bigg|\frac{\mathfrak{d}\mathfrak{r}_k}{\mathfrak{d}\mathfrak{r}_i},$$

womit den Christoffelsymbolen erster und zweiter Art auch eine rein innengeometrische *Deutung* gegeben wird. Ihre innengeometrische *Bestimmtheit* ist ja bereits durch die Gl. (7) und (8) auf S. 91 garantiert.

Für $\mathfrak{x} = \sum_s^{1-2} x_s \mathfrak{r}_s$, also $\dot{\mathfrak{x}} = \sum_s (\dot{x}_s \mathfrak{r}_s + x_s \dot{\mathfrak{r}}_s)$, folgt endlich mit $\dot{\mathfrak{r}}_s = \sum_k \mathfrak{r}_{sk} \dot{v}_k$ aus Gl. (4) allgemein

(13) $$\begin{cases} \frac{\mathfrak{d}\mathfrak{x}}{\mathfrak{d}t} = \sum_h (\mathfrak{r}^h|\dot{\mathfrak{x}})\,\mathfrak{r}_h = \sum_h \left[\mathfrak{r}^h \Big| \sum_s \left\{\dot{x}_s \mathfrak{r}_s + x_s \left(\sum_k \mathfrak{r}_{sk}\, \dot{v}_k\right)\right\}\right] \mathfrak{r}_h \\ \qquad = \sum_h \left[\dot{x}_h + \sum_{s,k} x_s \begin{Bmatrix} s\,k \\ h \end{Bmatrix} \dot{v}_k\right] \mathfrak{r}_h, \end{cases}$$

und speziell längs einer Parameterlinie, d. h. für $t = v_k$:

(14) $$\frac{\mathfrak{d}\mathfrak{x}}{\mathfrak{d}v_k} = \sum_h \left[\frac{\partial x_h}{\partial v_k} + \sum_s x_s \begin{Bmatrix} s\,k \\ h \end{Bmatrix}\right] \mathfrak{r}_h.$$

Die ursprünglich durch Gl. (4) *außen*geometrisch definierte innere Ableitung ist also nunmehr in den Gl. (12) bis (14) auch rein innengeometrisch festgelegt.

Aus $\mathfrak{x} = \sum\limits_s^{1-2} x_s \mathfrak{r}_s$ folgt andrerseits nach Gl. (8):

$$\frac{\mathfrak{d}\mathfrak{x}}{\mathfrak{d}v_i} = \sum_s \left[\frac{\partial x_s}{\partial v_i}\mathfrak{r}_s + x_s \frac{\mathfrak{d}\mathfrak{r}_s}{\mathfrak{d}v_i}\right]$$

und folglich weiter

$$\frac{\mathfrak{d}^2\mathfrak{x}}{\mathfrak{d}v_i\,\mathfrak{d}v_k} = \sum_s \left[\frac{\partial^2 x_s}{\partial v_i\,\partial v_k}\mathfrak{r}_s + \frac{\partial x_s}{\partial v_i}\frac{\mathfrak{d}\mathfrak{r}_s}{\mathfrak{d}v_k} + \frac{\partial x_s}{\partial v_k}\frac{\mathfrak{d}\mathfrak{r}_s}{\mathfrak{d}v_i} + x_s \frac{\mathfrak{d}^2\mathfrak{r}_s}{\mathfrak{d}v_i\,\mathfrak{d}v_k}\right]$$

bzw. unter Vertauschung der Indizes i und k

$$\frac{\mathfrak{d}^2\mathfrak{x}}{\mathfrak{d}v_k\,\mathfrak{d}v_i} = \sum_s \left[\frac{\partial^2 x_s}{\partial v_k\,\partial v_i}\mathfrak{r}_s + \frac{\partial x_s}{\partial v_k}\frac{\mathfrak{d}\mathfrak{r}_s}{\mathfrak{d}v_i} + \frac{\partial x_s}{\partial v_i}\frac{\mathfrak{d}\mathfrak{r}_s}{\mathfrak{d}v_k} + x_s \frac{\mathfrak{d}^2\mathfrak{r}_s}{\mathfrak{d}v_k\,\mathfrak{d}v_i}\right].$$

Die Subtraktion beider Gleichungen gibt dann sogleich

$$(15)\quad \left\{\begin{aligned} \frac{\mathfrak{d}^2\mathfrak{x}}{\mathfrak{d}v_i\,\mathfrak{d}v_k} - \frac{\mathfrak{d}^2\mathfrak{x}}{\mathfrak{d}v_k\,\mathfrak{d}v_i} &= \sum_s x_s \left(\frac{\mathfrak{d}^2\mathfrak{r}_s}{\mathfrak{d}v_i\,\mathfrak{d}v_k} - \frac{\mathfrak{d}^2\mathfrak{r}_s}{\mathfrak{d}v_k\,\mathfrak{d}v_i}\right) \\ &= \sum_s (\mathfrak{r}^s|\mathfrak{x}) \left(\frac{\mathfrak{d}^2\mathfrak{r}_s}{\mathfrak{d}v_i\,\mathfrak{d}v_k} - \frac{\mathfrak{d}^2\mathfrak{r}_s}{\mathfrak{d}v_k\,\mathfrak{d}v_i}\right). \end{aligned}\right.$$

Diese Gleichung enthält das bedeutsame Ergebnis: Die Differenz der zweiten inneren Ableitungen eines tangentialen Feldvektors $\mathfrak{x}$ nach den zwei Parametern i und k ist an jeder Stelle eine homogene lineare Funktion von $\mathfrak{x}$. Dieselbe enthält keine Ableitungen mehr von $\mathfrak{x}$, sondern nur noch solche der Basisvektoren $\mathfrak{r}_s$.

Zur *Berechnung* der Klammern rechts in Gl. (15) gehen wir aus von den Gl. (12a) auf S. 104:

$$(11')\qquad \frac{\mathfrak{d}\mathfrak{r}_s}{\mathfrak{d}v_i} = \sum_h \begin{Bmatrix} s\,i \\ h \end{Bmatrix} \mathfrak{r}_h, \quad \text{bzw.} \quad \frac{\mathfrak{d}\mathfrak{r}_h}{\mathfrak{d}v_k} = \sum_j \begin{Bmatrix} h\,k \\ j \end{Bmatrix} \mathfrak{r}_j.$$

Aus ihnen folgt durch nochmalige innere Ableitung:

$$(16)\quad \left\{\begin{aligned} \frac{\mathfrak{d}^2\mathfrak{r}_s}{\mathfrak{d}v_i\,\mathfrak{d}v_k} &= \sum_h \left[\begin{Bmatrix} s\,i \\ h \end{Bmatrix}_k \mathfrak{r}_h + \begin{Bmatrix} s\,i \\ h \end{Bmatrix} \frac{\mathfrak{d}\mathfrak{r}_h}{\mathfrak{d}v_k}\right] = \sum_h \left[\begin{Bmatrix} s\,i \\ h \end{Bmatrix}_k \mathfrak{r}_h + \sum_j \begin{Bmatrix} s\,i \\ h \end{Bmatrix}\begin{Bmatrix} h\,k \\ j \end{Bmatrix} \mathfrak{r}_j\right] \\ &= \sum_j \left[\begin{Bmatrix} s\,i \\ j \end{Bmatrix}_k + \sum_h \begin{Bmatrix} s\,i \\ h \end{Bmatrix}\begin{Bmatrix} h\,k \\ j \end{Bmatrix}\right] \mathfrak{r}_j. \end{aligned}\right.$$

Entsprechend ist

$$(16')\qquad \frac{\mathfrak{d}^2\mathfrak{r}_s}{\mathfrak{d}v_k\,\mathfrak{d}v_i} = \sum_j \left[\begin{Bmatrix} s\,k \\ j \end{Bmatrix}_i + \sum_h \begin{Bmatrix} s\,k \\ h \end{Bmatrix}\begin{Bmatrix} h\,i \\ j \end{Bmatrix}\right] \mathfrak{r}_j,$$

und somit wird

$$(17)\ \frac{\mathfrak{d}^2\mathfrak{r}_s}{\mathfrak{d}v_i\,\mathfrak{d}v_k} - \frac{\mathfrak{d}^2\mathfrak{r}_s}{\mathfrak{d}v_k\,\mathfrak{d}v_i} = \sum_j \left[\begin{Bmatrix} s\,i \\ j \end{Bmatrix}_k - \begin{Bmatrix} s\,k \\ j \end{Bmatrix}_i + \sum_h \left(\begin{Bmatrix} s\,i \\ h \end{Bmatrix}\begin{Bmatrix} h\,k \\ j \end{Bmatrix} - \begin{Bmatrix} s\,k \\ h \end{Bmatrix}\begin{Bmatrix} h\,i \\ j \end{Bmatrix}\right)\right] \mathfrak{r}_j.$$

Das Ergebnis zeigt zugleich, daß die Reihenfolge dieser (partiellen) inneren Ableitungen im allgemeinen nicht vertauschbar ist.

Ist wieder $\mathfrak{x} = \mathfrak{x}(\mathfrak{r})$ ein tangentiales Vektorfeld und $\mathfrak{V} = \mathfrak{V}(\mathfrak{r}) = \sum\limits_i \mathfrak{r}^i, \mathfrak{v}_i$ ein Affinorfeld mit tangentialen Vektoren $\mathfrak{v}_i$, so ist für $\mathfrak{y} = \mathfrak{V}\mathfrak{x}$

$$d\mathfrak{y} = \mathfrak{V}d\mathfrak{x} + d\mathfrak{V}\mathfrak{x} = \sum_i [(\mathfrak{r}^i|d\mathfrak{x})\,\mathfrak{v}_i + (d\mathfrak{r}^i|\mathfrak{x})\,\mathfrak{v}_i + (\mathfrak{r}^i|\mathfrak{x})\,d\mathfrak{v}_i]$$

und folglich das innere Differential von $\mathfrak{y}$ als tangentiale Komponente von $d\mathfrak{y}$

$$\mathfrak{d}\mathfrak{y} = \sum_i [(\mathfrak{r}^i|d\mathfrak{x})\,\mathfrak{v}_i + (d\mathfrak{r}^i|\mathfrak{x})\,\mathfrak{v}_i + (\mathfrak{r}^i|\mathfrak{x})\,\mathfrak{d}\mathfrak{v}_i].$$

Da aber alle inneren Differentiale tangentialer Vektoren sich von den zugehörigen äußeren Differentialen nur um eine zur Tangentenebene senkrechte Komponente unterscheiden, so ist auch

$$\mathfrak{d}\mathfrak{y} = \sum_i [(\mathfrak{r}^i|\mathfrak{d}\mathfrak{x})\,\mathfrak{v}_i + (\mathfrak{d}\mathfrak{r}^i|\mathfrak{x})\,\mathfrak{v}_i + (\mathfrak{r}^i|\mathfrak{x})\,\mathfrak{d}\mathfrak{v}_i]. \tag{18}$$

Definiert man deshalb das *innere Differential des Affinors* $\mathfrak{V}$ durch

$$\mathfrak{d}\mathfrak{V} = \sum_i [\mathfrak{d}\mathfrak{r}^i, \mathfrak{v}_i + \mathfrak{r}^i, \mathfrak{d}\mathfrak{v}_i] \tag{19}$$

so ist auch

$$\mathfrak{d}\mathfrak{y} = \mathfrak{d}(\mathfrak{V}\mathfrak{x}) = \mathfrak{V}\cdot\mathfrak{d}\mathfrak{x} + \mathfrak{d}\mathfrak{V}\cdot\mathfrak{x}. \tag{20}$$

Nach Gl. (5′) ist dabei noch $\mathfrak{d}\mathfrak{r}^i = \sum\limits_k (\mathfrak{r}^i)_{\underline{k}}\,dv_k$ und $\mathfrak{d}\mathfrak{v}_i = \sum\limits_k (\mathfrak{v}_i)_{\underline{k}}\,dv_k$, wenn man weiterhin wie schon in Gl. (6) die *inneren Ableitungen nach den Parametern* durch *unterstrichene Indizes* kenntlich macht. Man hat daher auch

$$\mathfrak{d}\mathfrak{V} = \sum_{i,k} [(\mathfrak{r}^i)_{\underline{k}}, \mathfrak{v}_i + \mathfrak{r}^i, (\mathfrak{v}_i)_{\underline{k}}]\,dv_k = \sum_k \mathfrak{V}_{\underline{k}}\,dv_k, \tag{21}$$

wenn man

$$\sum_i [(\mathfrak{r}^i)_{\underline{k}}, \mathfrak{v}_i + \mathfrak{r}^i, (\mathfrak{v}_i)_{\underline{k}}] = \mathfrak{V}_{\underline{k}} \tag{22}$$

setzt, und mit $\mathfrak{r}^k|d\mathfrak{r} = dv_k$ wird endlich

$$\mathfrak{d}\mathfrak{V} = \sum_k (\mathfrak{r}^k|d\mathfrak{r})\,\mathfrak{V}_{\underline{k}} = \mathfrak{F}\,d\mathfrak{r}, \tag{23}$$

für

$$\mathfrak{F} = \sum_k \mathfrak{r}^k, \mathfrak{V}_{\underline{k}}, \quad \text{also} \quad \mathfrak{F}\mathfrak{r}_k = \mathfrak{V}_{\underline{k}}. \tag{24}$$

Nach diesen Gleichungen ist somit auch der innere Ableitungslineator $\mathfrak{F}$ von $\mathfrak{V}$ rein innengeometrisch bestimmt.

Längs einer Flächenkurve $\mathfrak{r} = \mathfrak{r}(t)$ wird sodann

$$\frac{\mathfrak{d}\mathfrak{V}}{\mathfrak{d}t} = \sum_i \left[\frac{\mathfrak{d}\mathfrak{r}^i}{\mathfrak{d}t}, \mathfrak{v}_i + \mathfrak{r}^i, \frac{\mathfrak{d}\mathfrak{v}_i}{\mathfrak{d}t}\right] = \sum_k \mathfrak{V}_{\underline{k}}\,\dot{v}_k = \mathfrak{F}\dot{\mathfrak{r}}, \tag{25}$$

insbesondere längs einer Parameterlinie für $t = v_k$ wird wieder

(25′) $$\frac{\mathfrak{d}\mathfrak{V}}{\mathfrak{d}v_k} = \sum_i [(\mathfrak{r}^i)_{\underline{k}}, \mathfrak{v}_i + \mathfrak{r}^i, (\mathfrak{v}_i)_{\underline{k}}] = \mathfrak{V}_{\underline{k}} = \mathfrak{F}\mathfrak{r}_k.$$

Man erhält vor allem

(26) $$(\mathfrak{F}\mathfrak{r}_k)\,\mathfrak{r}_h = \mathfrak{V}_{\underline{k}}\mathfrak{r}_h = \sum_i [\{(\mathfrak{r}^i)_{\underline{k}}|\mathfrak{r}_h\}\mathfrak{v}_i + (\mathfrak{r}_i|\mathfrak{r}_h)(\mathfrak{v}_i)_{\underline{k}}] = (\mathfrak{v}_h)_{\underline{k}} - \sum_i \begin{Bmatrix} k\ h \\ i \end{Bmatrix} \mathfrak{v}_i,$$

also auch

$$(\mathfrak{F}\mathfrak{r}_h)\,\mathfrak{r}_k = \mathfrak{V}_{\underline{h}}\mathfrak{r}_k = (\mathfrak{v}_k)_{\underline{h}} - \sum_i \begin{Bmatrix} h\ k \\ i \end{Bmatrix} \mathfrak{v}_i$$

und folglich

(27) $$(\mathfrak{F}\mathfrak{r}_k)\,\mathfrak{r}_h - (\mathfrak{F}\mathfrak{r}_h)\,\mathfrak{r}_k = (\mathfrak{v}_h)_{\underline{k}} - (\mathfrak{v}_k)_{\underline{h}} = \frac{\mathfrak{d}\mathfrak{v}_h}{\mathfrak{d}v_k} - \frac{\mathfrak{d}\mathfrak{v}_k}{\mathfrak{d}v_h} = \mathfrak{f}_{hk} \quad \text{(zur Abkürzung)}.$$

Der Ausdruck ist natürlich alternativ in $\mathfrak{r}_h$ und $\mathfrak{r}_k$, so daß $\mathfrak{f}_{hh} = 0$ und $\mathfrak{f}_{hk} = -\mathfrak{f}_{kh}$ wird, und folglich ist der Vektor $\frac{\mathfrak{f}_{12}}{\Delta}$ parameter-invariant.

Ist insbesondere $\mathfrak{V}$ der Affinor der inneren Ableitung eines tangentialen Vektorfeldes $\mathfrak{x}$, ist also $\mathfrak{v}_i = \mathfrak{x}_{\underline{i}} = \frac{\mathfrak{d}\mathfrak{x}}{\mathfrak{d}v_i}$, so wird $\mathfrak{F}$ der Ableitungsaffinor zweiter Ordnung von $\mathfrak{x}$, und Gl. (27) lautet

(28) $$(\mathfrak{F}\mathfrak{r}_k)\,\mathfrak{r}_h - (\mathfrak{F}\mathfrak{r}_h)\,\mathfrak{r}_k = \frac{\mathfrak{d}^2\mathfrak{x}}{\mathfrak{d}v_h\,\mathfrak{d}v_k} - \frac{\mathfrak{d}^2\mathfrak{x}}{\mathfrak{d}v_k\,\mathfrak{d}v_h},$$

d. h. nach Gl. (15) auch

(29) $$(\mathfrak{F}\mathfrak{r}_k)\,\mathfrak{r}_h - (\mathfrak{F}\mathfrak{r}_h)\,\mathfrak{r}_k = \sum_s (\mathfrak{r}^s|\mathfrak{x})\left(\frac{\mathfrak{d}^2\mathfrak{r}_s}{\mathfrak{d}v_h\,\mathfrak{d}v_k} - \frac{\mathfrak{d}^2\mathfrak{r}_s}{\mathfrak{d}v_k\,\mathfrak{d}v_h}\right).$$

Dem tangentialen Vektorfeld $\mathfrak{x} = \mathfrak{x}(\mathfrak{r})$ ist nun durch seinen inneren Ableitungsaffinor zweiter Ordnung $\mathfrak{F}$ basisinvariant zugeordnet der *vektorielle Tensor* (zweiten Ranges)

(30) $$\mathfrak{f} = (\mathfrak{F}\mathfrak{y})\,\mathfrak{z}$$

und für tangentiale Vektoren $\mathfrak{y} = \sum_h \mathfrak{y}_h \mathfrak{r}_h$ und $\mathfrak{z} = \sum_k z_k \mathfrak{r}_k$, also $y_k = \mathfrak{r}^h|\mathfrak{y}$ und $z_k = \mathfrak{r}^k|\mathfrak{z}$ wird

(31) $$\mathfrak{f} = (\mathfrak{F}\mathfrak{y})\,\mathfrak{z} = \sum_{h,k} y_h z_k (\mathfrak{F}\mathfrak{r}_h)\,\mathfrak{r}_k = \sum_{h,k} (\mathfrak{r}^h|\mathfrak{y})(\mathfrak{r}^k|\mathfrak{z})(\mathfrak{F}\mathfrak{r}_h)\,\mathfrak{r}_k.$$

Dabei hängt aber $\mathfrak{F}$ noch von $\mathfrak{x}$ und seinen Ableitungen erster und zweiter Ordnung ab. Führt man jedoch den in $\mathfrak{y}$ und $\mathfrak{z}$ alternierenden Tensor

(32) $$\mathfrak{g} = (\mathfrak{F}\mathfrak{z})\,\mathfrak{y} - (\mathfrak{F}\mathfrak{y})\,\mathfrak{z}$$

ein, so wird analog zu Gl. (31) wegen Gl. (29)

(33) $$\begin{cases} \mathfrak{g} = \sum_{h,k} (\mathfrak{r}^h|\mathfrak{y})(\mathfrak{r}^k|\mathfrak{z})\,[(\mathfrak{F}\mathfrak{r}_k)\,\mathfrak{r}_h - (\mathfrak{F}\mathfrak{r}_h)\,\mathfrak{r}_k] \\ \quad = \sum_{h,k,s} (\mathfrak{r}^h|\mathfrak{y})(\mathfrak{r}^k|\mathfrak{z})(\mathfrak{r}^s|\mathfrak{x})\left[\frac{\mathfrak{d}^2\mathfrak{r}_s}{\mathfrak{d}v_h\,\mathfrak{d}v_k} - \frac{\mathfrak{d}^2\mathfrak{r}_s}{\mathfrak{d}v_k\,\mathfrak{d}v_h}\right], \end{cases}$$

und *dieser* vektorielle Tensor ist homogen und linear, nicht nur in $\mathfrak{y}$ und $\mathfrak{z}$, sondern auch im Feldvektor $\mathfrak{x}$. Seine kovarianten Komponenten sind für $\mathfrak{x} = \mathfrak{r}_s$, $\mathfrak{y} = \mathfrak{r}_h$ und $\mathfrak{z} = \mathfrak{r}_k$ offenbar die *Vektoren*

$$\varrho_{s,h,k} = \frac{\partial^2 \mathfrak{r}_s}{\partial v_h\, \partial v_k} - \frac{\partial^2 \mathfrak{r}_s}{\partial v_k\, \partial v_h}. \tag{34}$$

Die kontravarianten Komponenten dieser Vektoren wurden bereits in Gl. (17) bestimmt. Dieselben, nämlich die Skalare

$$R^{j}_{\cdot\, h k s} = \left(\frac{\partial^2 \mathfrak{r}_s}{\partial v_h\, \partial v_k} - \frac{\partial^2 \mathfrak{r}_s}{\partial v_k\, \partial v_h}\right) \Big| \, \mathfrak{r}^j \tag{35}$$

sind aber nichts anderes als die (gemischten) Komponenten des bekannten „*Riemann-Christoffelschen Krümmungstensors*“, welcher selbst somit in der Form

$$\begin{cases} R = \mathfrak{g} \,|\, \mathfrak{w} = \{(\mathfrak{F}\mathfrak{z})\,\mathfrak{y} - (\mathfrak{F}\mathfrak{y})\,\mathfrak{z}\} \,|\, \mathfrak{w} \\ \quad = \sum\limits_{h,k,s} (\mathfrak{r}^s|\mathfrak{x})\,(\mathfrak{r}^h|\mathfrak{y})\,(\mathfrak{r}^k|\mathfrak{z}) \left(\frac{\partial^2 \mathfrak{r}_s}{\partial v_h\, \partial v_k} - \frac{\partial^2 \mathfrak{r}_s}{\partial v_k\, \partial v_h}\right) \Big| \, \mathfrak{w} \end{cases} \tag{36}$$

geschrieben werden kann und damit seine *innen*geometrisch-vektoranalytische Deutung erhält. Für denselben Tensor ergibt sich übrigens auf anderem Wege auch die *außen*geometrische Form

$$R = [\mathfrak{u}\mathfrak{v}] \,|\, [\mathfrak{K}\mathfrak{x} \cdot \mathfrak{K}\mathfrak{y}], \tag{37}$$

wo $\mathfrak{K}$ der schon in § 17 eingeführte *Krümmungsaffinor* ist.

B. *Infinitesimale Parallelverschiebung*: Ist wieder $\mathfrak{r} = \mathfrak{r}(v_1, v_2)$ die Gleichung einer krummen Fläche und $\mathfrak{x}$ ein zur Fläche *tangentialer* Vektor im Flächenpunkt P mit Ortsvektor $\mathfrak{r}$, so ist $\mathfrak{x}$ im benachbarten Flächenpunkt Q mit Ortsvektor $\mathfrak{r} + d\mathfrak{r}$ im allgemeinen nicht mehr zur Fläche tangential. Nach der ursprünglichen Erklärung Levi-Civitas *definieren* wir nunmehr die „*infinitesimale Parallelverschiebung*“ des Vektors $\mathfrak{x}$ von P nach Q als die orthogonale Projektion des Vektors $\mathfrak{x}$ auf die Tangentialebene der Fläche in Q, d. h. als den in Q tangentialen Anteil $\bar{\mathfrak{x}}$ von $\mathfrak{x}$. Es ist daher

$$\bar{\mathfrak{x}} = \sum_{i}^{1-2} \{(\mathfrak{r}^i + d\,\mathfrak{r}^i) \,|\, \mathfrak{x}\}\, (\mathfrak{r}_i + d\,\mathfrak{r}_i), \tag{38}$$

während für $\mathfrak{r}^3 = \mathfrak{r}_3 = \mathfrak{n}$ auch identisch

$$\mathfrak{x} = \sum_{i}^{1-3} \{(\mathfrak{r}^i + d\,\mathfrak{r}^i) \,|\, \mathfrak{x}\}\, (\mathfrak{r}_i + d\,\mathfrak{r}_i)$$

gesetzt werden kann. Wegen $\mathfrak{n} \,|\, \mathfrak{x} = 0$ ist also stets

$$\bar{\mathfrak{x}} - \mathfrak{x} = d\,\mathfrak{x} = -\{(\mathfrak{n} + d\,\mathfrak{n}) \,|\, \mathfrak{x}\}\, (\mathfrak{n} + d\,\mathfrak{n}) \approx -(d\,\mathfrak{n} \,|\, \mathfrak{x})\, \mathfrak{n} \tag{39}$$

zu $\mathfrak{n}$ parallel, und bei infinitesimaler Parallelverschiebung von $\mathfrak{x}$ verschwindet deshalb stets das zugehörige innere Differential $\mathfrak{d}\mathfrak{x}$. Aus Gl. (39) folgt dann unmittelbar, wegen $\mathfrak{n}\,|\,\mathfrak{r}^h = 0$:

$$d\mathfrak{x}\,|\,\mathfrak{r}^h = 0, \quad \text{für } h = 1, 2,$$

d. h. für $\mathfrak{x} = \sum\limits_i x_i \mathfrak{r}_i$ und $d\mathfrak{x} = \sum\limits_i (dx_i \mathfrak{r}_i + x_i\, d\mathfrak{r}_i) = \sum\limits_i (dx_i\, \mathfrak{r}_i + \sum\limits_k x_i \mathfrak{r}_{ik}\, dv_k)$,

$$(40)\qquad \begin{cases} 0 = d\mathfrak{x}\,|\,\mathfrak{r}^h = \sum\limits_i \{dx_i\; \mathfrak{r}_i|\,\mathfrak{r}^h + x_i \sum\limits_k (\mathfrak{r}_{ik}|\,\mathfrak{r}^h)\, dv_k\} \\ \quad = dx_h + \sum\limits_{i,k} x_i \begin{Bmatrix} i\,k \\ h \end{Bmatrix} dv_k, \end{cases}$$

wie es auch nach Gl. (13) dem Verschwinden des inneren Differentials entspricht. Wird nun diese infinitesimale Parallelverschiebung längs einer Flächenkurve $v_k = v_k(t)$ kontinuierlich fortgesetzt, so genügen längs dieser Kurve die Komponenten x_i des parallel verschobenen Vektors $\mathfrak{x}$ den Differentialgleichungen

$$(40')\qquad \dot{x}_h + \sum_{i,k} \begin{Bmatrix} i\,k \\ h \end{Bmatrix} x_i\, \dot{v}_k = 0.$$

Nach Gl. (39) ist ferner bei solcher Parallelverschiebung von $\mathfrak{x}$ stets $\dot{\mathfrak{x}}\,||\,\mathfrak{n}$ und folglich

$$(41)\qquad \mathfrak{x}\,|\,\dot{\mathfrak{x}} = 0, \quad \text{also} \quad \mathfrak{x}\,|\,\mathfrak{x} = \text{const.}$$

Bei infinitesimaler Parallelverschiebung eines tangentialen Vektors $\mathfrak{x}$ ändert sich demnach seine Länge nicht. Werden zwei solche tangentiale Vektoren $\mathfrak{x}$ und $\mathfrak{y}$ gleichzeitig von P nach Q parallel verschoben, so ist wegen $\dot{\mathfrak{x}}\,||\,\dot{\mathfrak{y}}\,||\,\mathfrak{n}$ auch $\dot{\mathfrak{x}}\,|\,\mathfrak{y} = \mathfrak{x}\,|\,\dot{\mathfrak{y}} = 0$ und somit auch

$$\dot{\mathfrak{x}}\,|\,\mathfrak{y} + \mathfrak{x}\,|\,\dot{\mathfrak{y}} = \frac{d}{dt}(\mathfrak{x}\,|\,\mathfrak{y}) = 0, \quad \text{also} \quad \mathfrak{x}\,|\,\mathfrak{y} = \text{const.}$$

Die Beziehung

$$(42)\qquad \cos(\widehat{\mathfrak{x}\mathfrak{y}}) = \frac{\mathfrak{x}\,|\,\mathfrak{y}}{\operatorname{mod}\mathfrak{x}\cdot\operatorname{mod}\mathfrak{y}} = \text{const}$$

besagt dann, daß bei gleichzeitiger Parallelverschiebung mehrerer Vektoren auf demselben Weg deren gegenseitige Winkel unverändert bleiben.

Wählt man t gleich der Bogenlänge s der Flächenkurve $\mathfrak{r} = \mathfrak{r}(s)$ und soll dauernd $\mathfrak{x}$ der normierte Tangentenvektor dieser Kurve sein:

$$\mathfrak{x} = \frac{d\mathfrak{r}}{ds} = \mathfrak{r}' = \sum v_i' \mathfrak{r}_i,$$

so ist $x_i = v_i'$ und $x_i' = v_i''$. Damit wird aber Gl. (40'):

$$(43)\qquad v_h'' + \sum_{i,k} \begin{Bmatrix} i\,k \\ h \end{Bmatrix} v_i' v_k' = 0.$$

Nach S. 94, Gl. (9), ist dies aber das System der Differentialgleichungen geodätischer Linien, d. h.

die Tangentenvektoren jeder geodätischen Linie sind einander im Sinne von Levi-Civita parallel.

Soll die längs einer beliebigen Flächenkurve fortgesetzte infinitesimale Parallelverschiebung des Vektors $\mathfrak{x}$ vom Wege unabhängig sein, so muß die hiedurch bewirkte Änderung von $\mathfrak{x}$ längs eines *geschlossenen* Wegs verschwinden, insbesondere auch bei Parallelverschiebung längs des Rands einer infinitesimalen Masche des umschlossenen Bereichs, mit den vom Flächenpunkt P ausgehenden Seiten $d\mathfrak{r}$ und $\delta\mathfrak{r}$.

Nach Gl. (39) ändert sich nun $\mathfrak{x}$ bei solcher Parallelverschiebung längs $d\mathfrak{r}$ um $d\mathfrak{x} = -(d\mathfrak{n}|\mathfrak{x})\,\mathfrak{n}$, ebenso um $\delta\mathfrak{x} = -(\delta\mathfrak{n}|\mathfrak{x})\,\mathfrak{n}$ bei Parallelverschiebung längs $\delta\mathfrak{r}$. Für die zu $d\mathfrak{r}$ bzw. $\delta\mathfrak{r}$ parallelen Gegenseiten der Masche ändern sich aber diese Werte um $\delta\, d\mathfrak{x}$ bzw. $d\,\delta\mathfrak{x}$. Daher wird die gesamte Änderung von $\mathfrak{x}$ beim Umfahren des ganzen Rands der Masche gleich $d\delta\mathfrak{x} - \delta d\mathfrak{x}$. Man erhält nun

$$d\delta\mathfrak{x} = -d\{(\delta\mathfrak{n}|\mathfrak{x})\,\mathfrak{n}\} = -\{(d\delta\mathfrak{n}|\mathfrak{x})\,\mathfrak{n} + (\delta\mathfrak{n}|d\mathfrak{x})\,\mathfrak{n} + (\delta\mathfrak{n}|\mathfrak{x})\,d\mathfrak{n}\}$$
$$\delta d\mathfrak{x} = -\delta\{(d\mathfrak{n}|\mathfrak{x})\,\mathfrak{n}\} = -\{(\delta d\mathfrak{n}|\mathfrak{x})\,\mathfrak{n} + (d\mathfrak{n}|\delta\mathfrak{x})\,\mathfrak{n} + (d\mathfrak{n}|\mathfrak{x})\,\delta\mathfrak{n}\},$$

also

$$d\delta\mathfrak{x} - \delta d\mathfrak{x} = \{(\delta d\mathfrak{n} - d\delta\mathfrak{n})|\mathfrak{x}\}\,\mathfrak{n} + (d\mathfrak{n}|\delta\mathfrak{x} - \delta\mathfrak{n}|d\mathfrak{x})\,\mathfrak{n} + (d\mathfrak{n}|\mathfrak{x})\,\delta\mathfrak{n} - (\delta\mathfrak{n}|\mathfrak{x})\,d\mathfrak{n}.$$

Für $\mathfrak{n}$ als *eindeutige* Ortsfunktion ist aber $\delta d\mathfrak{n} = d\delta\mathfrak{n}$, so daß das erste Glied der rechten Seite verschwindet. Ebenso verschwinden die inneren Produkte $d\mathfrak{n}|\delta\mathfrak{x}$ und $\delta\mathfrak{n}|d\mathfrak{x}$. Denn $d\mathfrak{n}$ und $\delta\mathfrak{n}$ sind zur Fläche tangential, $d\mathfrak{x}$ und $\delta\mathfrak{x}$ jedoch sind parallel zu $\mathfrak{n}$. Es bleibt somit:

$$d\delta\mathfrak{x} - \delta d\mathfrak{x} = (d\mathfrak{n}|\mathfrak{x})\,\delta\mathfrak{n} - (\delta\mathfrak{n}|\mathfrak{x})\,d\mathfrak{n} = [[d\mathfrak{n}\,\delta\mathfrak{n}]\,\mathfrak{x}]. \tag{44}$$

Für eine durch konsekutive Parameterkurven gebildete Masche wird dabei

$$d\mathfrak{n} = \frac{\partial\mathfrak{n}}{\partial v_1}\,dv_1 = \mathfrak{n}_1\,dv_1; \quad \delta\mathfrak{n} = \frac{\partial\mathfrak{n}}{\partial v_2}\,dv_2 = \mathfrak{n}_2\,dv_2,$$

und somit ist dann

$$\Delta\mathfrak{x} = d\delta\mathfrak{x} - \delta d\mathfrak{x} = [[\mathfrak{n}_1\mathfrak{n}_2]\,\mathfrak{x}]\,dv_1\,dv_2 \tag{44'}$$

ein tangentialer Vektor, senkrecht zu $\mathfrak{x}$ und zu $[\mathfrak{n}_1\mathfrak{n}_2] \equiv \mathfrak{n}$.

Nach S. 86, Gl. (17′) ist aber

$$[\mathfrak{n}_1\mathfrak{n}_2] = (\mathfrak{n}\,\mathfrak{n}_1\mathfrak{n}_2)\,\mathfrak{n} = \triangle\cdot\varkappa\cdot\mathfrak{n},$$

so daß, wegen $\triangle\cdot dv_1\,dv_2 = d\sigma$, endgültig

$$\Delta\mathfrak{x} = d\delta\mathfrak{x} - \delta d\mathfrak{x} = \varkappa[\mathfrak{n}\mathfrak{x}]\,d\sigma \tag{45}$$

wird, wobei $[\mathfrak{n}\mathfrak{x}]$ stets von Null verschieden ist.

Die infinitesimale Parallelverschiebung auf der Fläche ist also dann und nur dann vom Wege unabhängig, wenn im ganzen betrachteten Bereich das Krümmungsmaß $\varkappa$ verschwindet, d. h. wenn die *Fläche abwickelbar* ist.

Für mod $\mathfrak{x} = +1$ wird in Gl. (45) mod $\Delta\,\mathfrak{x}$ gleich dem infinitesimalen Winkel $d\varphi$ zwischen der Anfangs- und Endlage des Vektors bei seiner Parallelverschiebung längs des Maschenrands. Es wird deshalb auch

$$d\varphi = \varkappa\, d\sigma, \tag{46}$$

weil dann mod $[\mathfrak{n}\,\mathfrak{x}] = +1$ wird, und $\varkappa = \frac{d\varphi}{d\sigma}$ gibt eine *innengeometrische Deutung für das Krümmungsmaß*. Dabei erhält $d\varphi$ das Vorzeichen von $\varkappa$, und einem positiven $d\varphi$ entspricht nach Gl. (45) eine Drehung von der Anfangslage $\mathfrak{x}_0$ zur Endlage $\mathfrak{x}_s$ im Drehsinn von $\mathfrak{r}_1$ gegen $\mathfrak{r}_2$.

Man überzeugt sich nun leicht, daß für nebeneinanderliegende *Teil*bereiche auf der Fläche mit teilweise gemeinsamer Grenze beim Umfahren im gleichen (positiven) Umlaufssinn

$$\Delta\varphi = \Delta_1\varphi + \Delta_2\varphi + \cdots \tag{47}$$

wird. Bei Anwendung auf die infinitesimalen Maschen eines einfach zusammenhängenden endlichen Bereichs ergibt sich dann durch ähnliche Überlegung wie seinerzeit beim Satz von Stokes als Folge von Gl. (46) der Satz

$$\Delta\varphi = \iint d\varphi = \iint \varkappa\, d\sigma, \tag{48}$$

d. h. in Worten:

„Der Winkel zwischen der Anfangs- und Endlage eines längs des ganzen Rands parallel verschobenen tangentialen Vektors $\mathfrak{x}$ ist gleich der ‚*Curvatura integra*' oder ‚*Totalkrümmung*' des umfahrenen Bereichs."

Von Gl. (48) führt nun ein einfacher Weg zu einem grundlegenden nach *Gauß* und *Bonnet* benannten Satz:

Bei der Parallelverschiebung von $\mathfrak{x}$ längs des Rands eines einfach zusammenhängenden endlichen Bereichs der Fläche sei ϑ der jeweilige Winkel zwischen $\mathfrak{x}$ und dem Linienelement $d\mathfrak{r}$ des Rands. Dann ist sein Differential $d\vartheta$ beim Weiterschreiten längs $d\mathfrak{r}$ gleich dem geodätischen Kontingenzwinkel im Sinne von S. 98, Gl. (11). Denn bei der Parallelverschiebung von $\mathfrak{x}$ bleibt nach S. 109, Gl. (42) der Winkel zwischen $\mathfrak{x}$ und der jeweiligen geodätischen Fortsetzung von $d\mathfrak{r}$ konstant. Sind ferner die α_i die Außenwinkel an etwaigen Ecken des geschlossenen Rands, so wird offenbar

$$\oint d\vartheta + \sum_i \alpha_i = 2\pi - \Delta\varphi, \tag{49}$$

wenn $\Delta\varphi$ den endlichen Winkel bezeichnet, den die Schlußlage $\mathfrak{x}_s$ mit der Anfangslage $\mathfrak{x}_0$ macht. Denn der Tangentenvektor (das Linienelement) $d\mathfrak{r}$ nimmt nach einem vollen Umlauf um den Rand wieder die alte Richtung $d\mathfrak{r}_0$

der Anfangslage an und für positive $\Delta\varphi$ ist dann der Winkel ϑ_s zwischen $\mathfrak{x}_s$ und $d\mathfrak{r}_0$ um $\Delta\varphi$ *kleiner* als der Winkel ϑ_0 zwischen $\mathfrak{x}_0$ und $d\mathfrak{r}_0$. Nach S. 98, Gl. (11), ist ferner $d\vartheta = G\,ds$, und damit lautet die Gl. (49)

$$\oint G\,ds = 2\pi - \sum_i \alpha_i - \Delta\varphi. \tag{49'}$$

Durch Einsetzen von $\Delta\varphi$ aus Gl. (48) in Gl. (49′) folgt endlich der berühmte *Satz von Gauß-Bonnet* (1848):

$$\oint G\,ds = 2\pi - \sum_i \alpha_i - \iint \varkappa\,d\sigma, \tag{50}$$

für welchen auf S. 134/35 noch ein zweiter Beweis gegeben wird.

Ist der Rand des Bereichs ein „geodätisches Polygon", bestehend aus Bögen geodätischer Linien, die sich in den Ecken unter den Außenwinkeln α_i schneiden, so wird längs der Seiten allgemein $\oint G\,ds = 0$, und es bleibt an Stelle von Gl. (50)

$$\sum \alpha_i = 2\pi - \iint \varkappa\,d\sigma. \tag{50'}$$

Insbesondere für ein „geodätisches" Dreieck mit den *Innen*winkeln $\beta_i = \pi - \alpha_i$ wird

$$3\pi - \sum_1^3 \beta_i = 2\pi - \iint \varkappa\,d\sigma, \quad \text{d. h.}$$

$$\text{Exzeß } \varepsilon = \sum_1^3 \beta_i - \pi = \iint \varkappa\,d\sigma, \tag{51}$$

und speziell für Flächen *konstanten* Krümmungsmaßes $\varkappa$ ist dann stets

$$\varepsilon = \varkappa \iint d\sigma = \varkappa F. \tag{52}$$

Der Exzeß eines solchen geodätischen Dreiecks ist also im Falle $\varkappa = \text{const}$ der umschlossenen Fläche F proportional.

§ 23. *Die Fundamentalgleichungen der Flächentheorie*

1. *Das Theorema egregium von Gauß*: In § 18, Gl. (17′), ergab sich für das Gaußsche *Krümmungsmaß* der Fläche der Ausdruck

$$\varkappa = \frac{(\mathfrak{n}_1 \mathfrak{n}_2 \mathfrak{n})}{\triangle} = \frac{\begin{vmatrix} \mathfrak{n}_1|\mathfrak{r}_1 & \mathfrak{n}_1|\mathfrak{r}_2 \\ \mathfrak{n}_2|\mathfrak{r}_1 & \mathfrak{n}_2|\mathfrak{r}_2 \end{vmatrix}}{\triangle^2} = \frac{\begin{vmatrix} \mathfrak{n}|\mathfrak{r}_{11} & \mathfrak{n}|\mathfrak{r}_{12} \\ \mathfrak{n}|\mathfrak{r}_{21} & \mathfrak{n}|\mathfrak{r}_{22} \end{vmatrix}}{\triangle^2}. \tag{1}$$

Mit $\mathfrak{n} = \frac{1}{\triangle}[\mathfrak{r}_1 \mathfrak{r}_2]$ folgt hieraus sogleich weiter, mit S. 22, Gl. (3′):

$$\left\{\begin{aligned} \varkappa &= \frac{1}{\triangle^4}\{(\mathfrak{r}_{11}\,\mathfrak{r}_1\,\mathfrak{r}_2)(\mathfrak{r}_{22}\,\mathfrak{r}_1\,\mathfrak{r}_2) - (\mathfrak{r}_{12}\,\mathfrak{r}_1\,\mathfrak{r}_2)^2\} \\ &= \frac{1}{\triangle^4}\left\{\begin{vmatrix} \mathfrak{r}_{11}|\mathfrak{r}_{22} & \mathfrak{r}_{11}|\mathfrak{r}_1 & \mathfrak{r}_{11}|\mathfrak{r}_2 \\ \mathfrak{r}_1|\mathfrak{r}_{22} & \mathfrak{r}_1|\mathfrak{r}_1 & \mathfrak{r}_1|\mathfrak{r}_2 \\ \mathfrak{r}_2|\mathfrak{r}_{22} & \mathfrak{r}_2|\mathfrak{r}_1 & \mathfrak{r}_2|\mathfrak{r}_2 \end{vmatrix} - \begin{vmatrix} \mathfrak{r}_{12}|\mathfrak{r}_{12} & \mathfrak{r}_{12}|\mathfrak{r}_1 & \mathfrak{r}_{12}|\mathfrak{r}_2 \\ \mathfrak{r}_1|\mathfrak{r}_{12} & \mathfrak{r}_1|\mathfrak{r}_1 & \mathfrak{r}_1|\mathfrak{r}_2 \\ \mathfrak{r}_2|\mathfrak{r}_{12} & \mathfrak{r}_2|\mathfrak{r}_1 & \mathfrak{r}_2|\mathfrak{r}_2 \end{vmatrix}\right\}. \end{aligned}\right. \tag{2}$$

In diesem Ausdruck ist alles *„innengeometrisch"*, d. h. als Funktionen der Fundamentalgrößen erster Ordnung und ihrer Ableitungen nach den Parametern bestimmt, außer dem Faktor $(\mathfrak{r}_{11}|\mathfrak{r}_{22} - \mathfrak{r}_{12}|\mathfrak{r}_{12})$ von $\Delta^2 = \begin{vmatrix} \mathfrak{r}_1|\mathfrak{r}_1 & \mathfrak{r}_1|\mathfrak{r}_2 \\ \mathfrak{r}_2|\mathfrak{r}_1 & \mathfrak{r}_2|\mathfrak{r}_2 \end{vmatrix}$. Es ist jedoch

$$\begin{aligned} (\mathfrak{r}_{22}|\mathfrak{r}_1)_1 &= \mathfrak{r}_{221}|\mathfrak{r}_1 + \mathfrak{r}_{22}|\mathfrak{r}_{11} \\ (\mathfrak{r}_{12}|\mathfrak{r}_1)_2 &= \mathfrak{r}_{122}|\mathfrak{r}_1 + \mathfrak{r}_{12}|\mathfrak{r}_{12}, \end{aligned}$$

also auch
$$(\mathfrak{r}_{22}|\mathfrak{r}_{11} - \mathfrak{r}_{12}|\mathfrak{r}_{12}) = (\mathfrak{r}_{22}|\mathfrak{r}_1)_1 - (\mathfrak{r}_{12}|\mathfrak{r}_1)_2,$$

und damit ist *alles* innengeometrisch festgelegt. Denn alle inneren Produkte $\mathfrak{r}_{ik}|\mathfrak{r}_h$ sind Christoffelsymbole erster Art. Man erhält demnach

$$\varkappa = \frac{1}{\Delta^4}\left\{\begin{vmatrix} (\mathfrak{r}_{22}|\mathfrak{r}_1)_1 & \mathfrak{r}_{11}|\mathfrak{r}_1 & \mathfrak{r}_{11}|\mathfrak{r}_2 \\ \mathfrak{r}_1|\mathfrak{r}_{22} & \mathfrak{r}_1|\mathfrak{r}_1 & \mathfrak{r}_1|\mathfrak{r}_2 \\ \mathfrak{r}_2|\mathfrak{r}_{22} & \mathfrak{r}_2|\mathfrak{r}_1 & \mathfrak{r}_2|\mathfrak{r}_2 \end{vmatrix} - \begin{vmatrix} (\mathfrak{r}_{12}|\mathfrak{r}_1)_2 & \mathfrak{r}_{12}|\mathfrak{r}_1 & \mathfrak{r}_{12}|\mathfrak{r}_2 \\ \mathfrak{r}_1|\mathfrak{r}_{12} & \mathfrak{r}_1|\mathfrak{r}_1 & \mathfrak{r}_1|\mathfrak{r}_2 \\ \mathfrak{r}_2|\mathfrak{r}_{12} & \mathfrak{r}_2|\mathfrak{r}_1 & \mathfrak{r}_2|\mathfrak{r}_2 \end{vmatrix}\right\} \tag{3}$$

als neuen Ausdruck für das Krümmungsmaß. Derselbe spricht das *Theorema egregium* aus: *Das Krümmungsmaß einer Fläche ist biegungsinvariant.*

2. *Die Gleichungen von Mainardi-Codazzi*: Nach § 16, Gl. (17), ist $L_{ik} = \mathfrak{r}_{ik}|\mathfrak{n}$, und hieraus folgt

$$\frac{\partial L_{11}}{\partial v_2} = (L_{11})_2 = \mathfrak{r}_{112}|\mathfrak{n} + \mathfrak{r}_{11}|\mathfrak{n}_2 \tag{4}$$

$$\frac{\partial L_{12}}{\partial v_1} = (L_{12})_1 = \mathfrak{r}_{121}|\mathfrak{n} + \mathfrak{r}_{12}|\mathfrak{n}_1 \tag{5}$$

$$\frac{\partial L_{12}}{\partial v_2} = (L_{12})_2 = \mathfrak{r}_{122}|\mathfrak{n} + \mathfrak{r}_{12}|\mathfrak{n}_2 \tag{6}$$

$$\frac{\partial L_{22}}{\partial v_1} = (L_{22})_1 = \mathfrak{r}_{221}|\mathfrak{n} + \mathfrak{r}_{22}|\mathfrak{n}_1. \tag{7}$$

Es wird somit

$$(4)-(5) = (L_{11})_2 - (L_{12})_1 = \mathfrak{r}_{11}|\mathfrak{n}_2 - \mathfrak{r}_{12}|\mathfrak{n}_1 \tag{8}$$

$$(6)-(7) = (L_{12})_2 - (L_{22})_1 = \mathfrak{r}_{12}|\mathfrak{n}_2 - \mathfrak{r}_{22}|\mathfrak{n}_1. \tag{9}$$

Dabei ist nach Weingarten $\mathfrak{n}_i = -\sum_k L_{ik}\mathfrak{r}^k$, folglich auch

$$\mathfrak{r}_{11}|\mathfrak{n}_2 = -\sum_k (\mathfrak{r}_{11}|\mathfrak{r}^k)\,L_{2k} = -\sum_k \begin{Bmatrix} 11 \\ k \end{Bmatrix} L_{2k}$$

$$\mathfrak{r}_{12}|\mathfrak{n}_1 = -\sum_k (\mathfrak{r}_{12}|\mathfrak{r}^k)\,L_{1k} = -\sum_k \begin{Bmatrix} 12 \\ k \end{Bmatrix} L_{1k}$$

$$\mathfrak{r}_{12}|\mathfrak{n}_2 = -\sum_k (\mathfrak{r}_{12}|\mathfrak{r}^k)\,L_{2k} = -\sum_k \begin{Bmatrix} 12 \\ k \end{Bmatrix} L_{2k}$$

$$\mathfrak{r}_{22}|\mathfrak{n}_1 = -\sum_k (\mathfrak{r}_{22}|\mathfrak{r}^k)\,L_{1k} = -\sum_k \begin{Bmatrix} 22 \\ k \end{Bmatrix} L_{1k},$$

und damit

(10) $$(L_{11})_2 - (L_{12})_1 = \sum_k \left[\begin{Bmatrix}1\,2\\k\end{Bmatrix} L_{1k} - \begin{Bmatrix}1\,1\\k\end{Bmatrix} L_{2k}\right]$$

(11) $$(L_{12})_2 - (L_{22})_1 = \sum_k \left[\begin{Bmatrix}2\,2\\k\end{Bmatrix} L_{1k} - \begin{Bmatrix}2\,1\\k\end{Bmatrix} L_{2k}\right].$$

Es sind dies die Gleichungen von Mainardi (1856) und Codazzi (1868). Sie bilden zusammen mit der Gaußschen Gl. (3) das System der *Fundamentalgleichungen* der Flächentheorie und stellen den Zusammenhang zwischen den Fundamentalgrößen erster und zweiter Ordnung und ihren Ableitungen her. Sie haben ihre Wurzel in dem Tatbestand, daß für die Ableitungen des Ortsvektors $\mathfrak{r}$ nach den Parametern allgemein $\mathfrak{r}_{hik} = \mathfrak{r}_{hki}$ sein muß.*)

§ 24. Richtungsableitung von Ortsfunktionen auf der Fläche $\mathfrak{r} = \mathfrak{r}(v_1, v_2)$

Den Punkten der Fläche $\mathfrak{r} = \mathfrak{r}(v_1, v_2)$ sei irgendeine stetige und differentiierbare Ortsfunktion (Skalar, Vektor oder Affinor) zugeordnet

(1) $$V = V(\mathfrak{r}) = V(v_1, v_2).$$

Dann entspricht jeder infinitesimalen Ortsveränderung $d\mathfrak{r} = \sum_1^2 \mathfrak{r}_i\, dv_i$ wegen $dv_i = \mathfrak{r}^i | d\mathfrak{r}$ als zugehöriges Differential der Ortsfunktion

(2) $$dV = \sum_1^2 V_i\, dv_i = \sum_1^2 (\mathfrak{r}^i | d\mathfrak{r})\, V_i = \mathfrak{V}\, d\mathfrak{r}$$

mit

(3) $$\mathfrak{V} = \sum_1^2 \mathfrak{r}^i, V_i; \quad \text{also} \quad V_i = \mathfrak{V}\,\mathfrak{r}_i.$$

Wie in § 11, Gl. (17), sei nun auch auf der Fläche die *Richtungsableitung* von V in Richtung $d\mathfrak{r}$ definiert durch

(4) $$\frac{\partial V}{\partial s} = \mathfrak{V}\frac{d\mathfrak{r}}{ds} = \mathfrak{V}\mathfrak{t} = \sum_1^2 (\mathfrak{r}^i | \mathfrak{t})\, V_i,$$

wobei $ds = \operatorname{mod} d\mathfrak{r}$ und folglich $\mathfrak{t} = \frac{d\mathfrak{r}}{ds}$ der *Einheits*vektor in der Ableitungsrichtung ist. Hat insbesondere $\mathfrak{t} = \mathfrak{t}_i$ die Richtung $\mathfrak{r}_i$ einer *Parameterlinie*, d. h. ist $\mathfrak{t} = \mathfrak{t}_i = \mathfrak{r}_i \frac{dv_i}{ds_i} = \mathfrak{r}_i v_i'$ und $ds_i = \operatorname{mod} \mathfrak{r}_i\, dv_i$, so tritt an Stelle von (4) die Gleichung

(5) $$\frac{\partial V}{\partial s_i} = \mathfrak{V}\mathfrak{t}_i = \mathfrak{V}\mathfrak{r}_i v_i' = V_i v_i',$$

*) Vgl. den nachträglichen Zusatz bei der Korrektur auf S. 270.

und wegen $\mathfrak{t}_i|\mathfrak{t}_i = \mathfrak{r}_i v_i' | \mathfrak{r}_i v_i' = g_{ii} v_i'^2 = +1$ wird dabei

(6) $$\frac{d v_i}{d s_i} = v_i' = \frac{1}{\sqrt{g_{ii}}} = g_{ii}^{-\frac{1}{2}}.$$

Durch (nochmalige) Richtungsableitung von $\mathfrak{V}\mathfrak{t}_i$ folgt weiter nach Gl. (5)

(7) $$\frac{\partial^2 V}{\partial s_i \, \partial s_k} = \frac{\partial}{\partial s_k}(\mathfrak{V}\mathfrak{t}_i) = (\mathfrak{V}\mathfrak{t}_i)_k v_k' = \{\mathfrak{V}_k \mathfrak{t}_i + \mathfrak{V}(\mathfrak{t}_i)_k\} v_k' = \mathfrak{V}_k \mathfrak{r}_i v_i' v_k' + \mathfrak{V}(\mathfrak{t}_i)_k v_k'.$$

Nun aber gibt $V_i = \mathfrak{V}\mathfrak{r}_i$ bzw. $V_k = \mathfrak{V}\mathfrak{r}_k$:

$$\frac{\partial^2 V}{\partial v_i \, \partial v_k} = V_{ik} = \mathfrak{V}_k \mathfrak{r}_i + \mathfrak{V}\mathfrak{r}_{ik}$$

$$\frac{\partial^2 V}{\partial v_k \, \partial v_i} = V_{ki} = \mathfrak{V}_i \mathfrak{r}_k + \mathfrak{V}\mathfrak{r}_{ki},$$

und somit ist stets

(8) $$\mathfrak{V}_k \mathfrak{r}_i = \mathfrak{V}_i \mathfrak{r}_k.$$

Damit folgt jedoch aus Gl. (7)

(9) $$\frac{\partial^2 V}{\partial s_1 \, \partial s_2} - \frac{\partial^2 V}{\partial s_2 \, \partial s_1} = \frac{\partial}{\partial s_2}(\mathfrak{V}\mathfrak{t}_1) - \frac{\partial}{\partial s_1}(\mathfrak{V}\mathfrak{t}_2) = \mathfrak{V}\{(\mathfrak{t}_1)_2 v_2' - (\mathfrak{t}_2)_1 v_1'\}$$

oder auch, wegen $(\mathfrak{t}_i)_k v_k' = \frac{\partial \mathfrak{t}_i}{\partial s_k}$, $$= \mathfrak{V}\left\{\frac{\partial \mathfrak{t}_1}{\partial s_2} - \frac{\partial \mathfrak{t}_2}{\partial s_1}\right\}.$$

Zugleich gibt $\mathfrak{t}_i = \mathfrak{r}_i v_i'$: $(\mathfrak{t}_i)_k = \mathfrak{r}_{ik} v_i' + \mathfrak{r}_i (v_i')_k$, womit aus Gl. (9)

(10) $$\begin{cases} \dfrac{\partial^2 V}{\partial s_1 \, \partial s_2} - \dfrac{\partial^2 V}{\partial s_2 \, \partial s_1} = \mathfrak{V}\{(v_1')_2 v_2' \mathfrak{r}_1 - (v_2')_1 v_1' \mathfrak{r}_2\} = \mathfrak{V}(C_1 \mathfrak{r}_1 - C_2 \mathfrak{r}_2) \\ = C_1 V_1 - C_2 V_2 \end{cases}$$

folgt, wenn man $(v_1')_2 v_2' = C_1$ und $(v_2')_1 v_1' = C_2$ setzt. Der zur Fläche *tangentiale* Vektor

(11) $$\frac{\partial \mathfrak{t}_1}{\partial s_2} - \frac{\partial \mathfrak{t}_2}{\partial s_1} = C_1 \mathfrak{r}_1 - C_2 \mathfrak{r}_2$$

kann dabei nur verschwinden, wenn C_1 und C_2 einzeln gleich Null werden, da die Basisvektoren $\mathfrak{r}_1$ und $\mathfrak{r}_2$ linear unabhängig sind. Aus Gl. (6) folgt endlich $(v_i')_k = -\frac{1}{2} g_{ii}^{-\frac{3}{2}} (g_{ii})_k$, und folglich sind die Koeffizienten

(12) $$C_1 = \frac{-(g_{11})_2}{2\sqrt{g_{11}^3 \, g_{22}}} \quad \text{und} \quad C_2 = \frac{-(g_{22})_1}{2\sqrt{g_{22}^3 \, g_{11}}}$$

biegungsinvariant. Ersetzt man noch in (11) die $\mathfrak{r}_i$ durch $\mathfrak{t}_i \sqrt{g_{ii}}$ und in Gl. (10) die V_i durch $\frac{\partial V}{\partial s_i}\sqrt{g_{ii}}$, so treten an die Stelle der C_i die Koeffizienten $\gamma_i = C_i \sqrt{g_{ii}}$, so daß dann gilt:

(11') $$\frac{\partial \mathfrak{t}_1}{\partial s_2} - \frac{\partial \mathfrak{t}_2}{\partial s_1} = \gamma_1 \mathfrak{t}_1 - \gamma_2 \mathfrak{t}_2$$

und

$$\frac{\partial^2 V}{\partial s_1 \partial s_2} - \frac{\partial^2 V}{\partial s_2 \partial s_1} = \gamma_1 \frac{\partial V}{\partial s_1} - \gamma_2 \frac{\partial V}{\partial s_2}. \tag{10'}$$

Die biegungsinvarianten Koeffizienten

$$\gamma_1 = \frac{-(g_{11})_2}{2 g_{11} \sqrt{g_{22}}}; \quad \gamma_2 = \frac{-(g_{22})_1}{2 g_{22} \sqrt{g_{11}}} \tag{13}$$

sind dabei ganz unabhängig von der Wahl der Ortsfunktion V.

Sind insbesondere die *Parameterlinien orthogonal*, so ist nach Gl. (11'), wegen $\mathfrak{t}_1 | \mathfrak{t}_2 = 0$

$$\left\{\begin{aligned} \gamma_1 (\mathfrak{t}_1 | \mathfrak{t}_1) &= \gamma_1 = \underbrace{\mathfrak{t}_1 \left| \frac{\partial \mathfrak{t}_1}{\partial s_2}\right.}_{=0} - \mathfrak{t}_1 \left| \frac{\partial \mathfrak{t}_2}{\partial s_1}\right. = \mathfrak{t}_2 \left| \frac{\partial \mathfrak{t}_1}{\partial s_1}\right. \\ \gamma_2 (\mathfrak{t}_2 | \mathfrak{t}_2) &= \gamma_2 = -\mathfrak{t}_2 \left| \frac{\partial \mathfrak{t}_1}{\partial s_2}\right. + \underbrace{\mathfrak{t}_2 \left| \frac{\partial \mathfrak{t}_2}{\partial s_1}\right.}_{=0} = \mathfrak{t}_1 \left| \frac{\partial \mathfrak{t}_2}{\partial s_2}\right. . \end{aligned}\right. \tag{14}$$

Bei orthogonalen Parameterlinien gehen also nach S. 96/97, Gl. (9)/(10), die Koeffizienten γ_1 und γ_2 über in die geodätischen Krümmungen G_1 und G_2 der Parameterlinien selbst. Weiter gibt Gl. (11') bei innerer Multiplikation mit $\mathfrak{n}$:

$$\mathfrak{n} \left| \frac{\partial \mathfrak{t}_1}{\partial s_2}\right. - \mathfrak{n} \left| \frac{\partial \mathfrak{t}_2}{\partial s_1}\right. = 0, \tag{15}$$

d. h. nach S. 96/97, Gl. (9)/(10):

Die geodätischen Torsionen der orthogonalen Parameterlinien sind einander in jedem Flächenpunkt entgegengesetzt gleich.

Wendet man endlich die Formeln von Burali-Forti [S. 97, Gl. (8')] auf die orthogonalen Parameterlinien an, so bilden $\mathfrak{t}_1$, $\mathfrak{t}_2$ und $\mathfrak{n}$ bzw. $\mathfrak{t}_2$, $\mathfrak{t}_1$ und $-\mathfrak{n}$ die begleitenden Dreibeine der v_1- bzw. v_2-Kurven im Sinne von § 21, S. 96. Dann sind die zugehörigen Drehvektoren nach S. 97, Gl. (7')

$$\left\{\begin{aligned} \mathfrak{u}_1 &= T_1 \mathfrak{t}_1 - N_1 \mathfrak{t}_2 + G_1 \mathfrak{n} \\ \mathfrak{u}_2 &= T_2 \mathfrak{t}_2 + N_2 \mathfrak{t}_1 - G_2 \mathfrak{n}, \end{aligned}\right. \tag{16}$$

da ja G_2 und N_2 *mit* $\mathfrak{n}$ ihr Vorzeichen vertauschen und wobei nach Gl. (15) $T_2 = -T_1$ sowie nach Gl. (14) $\gamma_i = G_i$ wird.

Die Formeln von Burali-Forti selbst erhalten dann die Form:

$$\text{(17a)}\left\{\begin{aligned} \frac{\partial \mathfrak{t}_1}{\partial s_1} &= [\mathfrak{u}_1 \mathfrak{t}_1] = G_1 \mathfrak{t}_2 + N_1 \mathfrak{n} \\ \frac{\partial \mathfrak{t}_2}{\partial s_1} &= [\mathfrak{u}_1 \mathfrak{t}_2] = -G_1 \mathfrak{t}_1 + T_1 \mathfrak{n} \\ \frac{\partial \mathfrak{n}}{\partial s_1} &= [\mathfrak{u}_1 \mathfrak{n}] = -N_1 \mathfrak{t}_1 - T_1 \mathfrak{t}_2 \end{aligned}\right. \qquad \left.\begin{aligned} \frac{\partial \mathfrak{t}_2}{\partial s_2} &= [\mathfrak{u}_2 \mathfrak{t}_2] = G_2 \mathfrak{t}_1 + N_2 \mathfrak{n} \\ \frac{\partial \mathfrak{t}_1}{\partial s_2} &= [\mathfrak{u}_2 \mathfrak{t}_1] = -G_2 \mathfrak{t}_2 - T_2 \mathfrak{n} \\ \frac{\partial \mathfrak{n}}{\partial s_2} &= [\mathfrak{u}_2 \mathfrak{n}] = -N_2 \mathfrak{t}_2 + T_2 \mathfrak{t}_1. \end{aligned}\right\}\text{(17b)}$$

Für $V = \mathfrak{r}$ wird übrigens $\dfrac{\partial V}{\partial s_i} = \dfrac{\partial \mathfrak{r}}{\partial s_i} = \mathfrak{t}_i$ und damit lauten die Gl. (17) auch:

$$(17\,a')\begin{cases} \dfrac{\partial^2 \mathfrak{r}}{\partial s_1^2} = G_1 \dfrac{\partial \mathfrak{r}}{\partial s_2} + N_1 \mathfrak{n} & \dfrac{\partial^2 \mathfrak{r}}{\partial s_2^2} = G_2 \dfrac{\partial \mathfrak{r}}{\partial s_1} + N_2 \mathfrak{n} \\[2mm] \dfrac{\partial^2 \mathfrak{r}}{\partial s_2 \, \partial s_1} = -G_1 \dfrac{\partial \mathfrak{r}}{\partial s_1} + T_1 \mathfrak{n} & \dfrac{\partial^2 \mathfrak{r}}{\partial s_1 \, \partial s_2} = -G_2 \dfrac{\partial \mathfrak{r}}{\partial s_2} - T_2 \mathfrak{n} \\[2mm] \dfrac{\partial \mathfrak{n}}{\partial s_1} = -N_1 \dfrac{\partial \mathfrak{r}}{\partial s_1} - T_1 \dfrac{\partial \mathfrak{r}}{\partial s_2} & \dfrac{\partial \mathfrak{n}}{\partial s_2} = -N_2 \dfrac{\partial \mathfrak{r}}{\partial s_2} + T_2 \dfrac{\partial \mathfrak{r}}{\partial s_1}. \end{cases}(17\,b')$$

Dieselben sind in dieser Form nichts anderes als die Ableitungsgleichungen von *Gauß* und *Weingarten*, ausgedrückt in den Richtungsableitungen nach den Tangentenrichtungen der orthogonalen Parameterlinien. Wählt man als solche die Krümmungslinien, so wird $N_k = \dfrac{1}{R_k}$, $T_k = 0$, und es bleibt in *diesem* Fall

$$(17\,a'')\begin{cases} \dfrac{\partial^2 \mathfrak{r}}{\partial s_1^2} = G_1 \dfrac{\partial \mathfrak{r}}{\partial s_2} + \dfrac{1}{R_1} \mathfrak{n} & \dfrac{\partial^2 \mathfrak{r}}{\partial s_2^2} = G_2 \dfrac{\partial \mathfrak{r}}{\partial s_1} + \dfrac{1}{R_2} \mathfrak{n} \\[2mm] \dfrac{\partial^2 \mathfrak{r}}{\partial s_2 \, \partial s_1} = -G_1 \dfrac{\partial \mathfrak{r}}{\partial s_1} & \dfrac{\partial^2 \mathfrak{r}}{\partial s_1 \, \partial s_2} = -G_2 \dfrac{\partial \mathfrak{r}}{\partial s_2} \\[2mm] \dfrac{\partial \mathfrak{n}}{\partial s_1} = -\dfrac{1}{R_1} \dfrac{\partial \mathfrak{r}}{\partial s_1} & \dfrac{\partial^2 \mathfrak{n}}{\partial s_2} = -\dfrac{1}{R_2} \dfrac{\partial \mathfrak{r}}{\partial s_2}, \end{cases}(17\,b'')$$

Wir wenden nun die allgemeine Gl. (10') auf den Vektor $\mathfrak{t}_1$ an und erhalten, weil jetzt wieder $\gamma_i = G_i$ ist:

$$(18) \qquad \frac{\partial^2 \mathfrak{t}_1}{\partial s_1 \, \partial s_2} - \frac{\partial^2 \mathfrak{t}_1}{\partial s_2 \, \partial s_1} = G_1 \frac{\partial \mathfrak{t}_1}{\partial s_1} - G_2 \frac{\partial \mathfrak{t}_1}{\partial s_2}$$

oder mit obiger Gl. (17)

$$\frac{\partial}{\partial s_2} (G_1 \mathfrak{t}_2 + N_1 \mathfrak{n}) - \frac{\partial}{\partial s_1} (-G_2 \mathfrak{t}_2 - T_2 \mathfrak{n}) = G_1 (G_1 \mathfrak{t}_2 + N_1 \mathfrak{n}) - G_2 (-G_2 \mathfrak{t}_2 - T_2 \mathfrak{n})$$

und bei weiterer Entwicklung, ebenfalls mit Gl. (17) und nach den Basisvektoren geordnet:

$$\mathfrak{t}_1 (G_1 G_2 + N_1 T_2 - G_1 G_2 - N_1 T_2) + \mathfrak{t}_2 \left(\frac{\partial G_1}{\partial s_2} + \frac{\partial G_2}{\partial s_1} - G_1^2 - G_2^2 - N_1 N_2 - T_1 T_2 \right)$$
$$+ \mathfrak{n} \left(\frac{\partial N_1}{\partial s_2} + \frac{\partial T_2}{\partial s_1} + G_1 (N_2 - N_1) + G_2 (T_1 - T_2) \right) = 0.$$

Während also der Faktor von $\mathfrak{t}_1$ identisch verschwindet, ist wegen der linearen Unabhängigkeit von $\mathfrak{t}_2$ und $\mathfrak{n}$ auch notwendig

$$(19) \qquad \frac{\partial G_1}{\partial s_2} + \frac{\partial G_2}{\partial s_1} - G_1^2 - G_2^2 = N_1 N_2 + T_1 T_2 = \varkappa, \quad \text{(lt. folgd. Gl. (21)),}$$

$$(20) \qquad \frac{\partial N_1}{\partial s_2} + \frac{\partial T_2}{\partial s_1} + G_1 (N_2 - N_1) + G_2 (T_1 - T_2) = 0$$

und insbesondere für Krümmungsparameter, d. h. $T_i = 0$ und $N_i = \frac{1}{R_i}$,

$$\frac{\partial G_1}{\partial s_2} + \frac{\partial G_2}{\partial s_1} - G_1^2 - G_2^2 = \frac{1}{R_1 R_2} = \varkappa \tag{19'}$$

$$\frac{\partial N_1}{\partial s_2} + G_1\left(\frac{1}{R_2} - \frac{1}{R_1}\right) = 0. \tag{20'}$$

Wir finden schließlich den allgemeinen Zusammenhang der Größen N_i und T_i mit der mittleren Krümmung η und mit dem Krümmungsmaß $\varkappa$, wieder unter Voraussetzung orthogonaler Parameter, auf folgendem Weg: Es war, lt. S. 97, Gl. (10), $N = -\mathfrak{n}'|\mathfrak{t}$. Angewandt auf die v_1- bzw. v_2-Linien heißt dies

$$N_1 = -(\mathfrak{n}_1|\mathfrak{r}_1)\, v_1'^2 = \frac{-\mathfrak{n}_1|\mathfrak{r}_1}{g_{11}} = \frac{L_{11}}{g_{11}}$$

$$N_2 = -(\mathfrak{n}_2|\mathfrak{r}_2)\, v_2'^2 = \frac{-\mathfrak{n}_2|\mathfrak{r}_2}{g_{22}} = \frac{L_{22}}{g_{22}}.$$

Entsprechend liefert $T = -\mathfrak{n}'|\mathfrak{q}$

$$T_1 = -(\mathfrak{n}_1|\mathfrak{r}_2)\, v_1' v_2' = \frac{-\mathfrak{n}_1|\mathfrak{r}_2}{\sqrt{g_{11}\, g_{22}}} = \frac{L_{12}}{\triangle}$$

$$T_2 = +(\mathfrak{n}_2|\mathfrak{r}_1)\, v_2' v_1' = \frac{+\mathfrak{n}_2|\mathfrak{r}_1}{\sqrt{g_{11}\, g_{22}}} = \frac{-L_{12}}{\triangle} = -T_1.$$

Somit ist

$$N_1 N_2 + T_1 T_2 = \frac{L_{11} L_{22} - L_{12}^2}{\triangle^2} = \text{Krümmungsmaß } \varkappa. \tag{21}$$

Dagegen wird mit § 18, Gl. (16'), weil jetzt $g_{12} = \mathfrak{r}_1|\mathfrak{r}_2$ verschwindet, die mittlere Krümmung

$$\eta = \frac{1}{g_{11}\, g_{22}}\{g_{11} L_{22} + g_{22} L_{11}\} = \frac{L_{11}}{g_{11}} + \frac{L_{22}}{g_{22}} = N_1 + N_2. \tag{22}$$

Offenbar stellt Gl. (19) eine weitere Formulierung des Theorema egregium dar; denn die linke Seite der Gl. (19) ist biegungsinvariant. Andrerseits ist Gl. (20) einer der beiden Gleichungen von Mainardi-Codazzi äquivalent. Man erhält die andere, wenn man die obige Entwicklung für den Vektor $\mathfrak{t}_2$ an Stelle des Vektors $\mathfrak{t}_1$ wiederholt, oder auch beide zugleich bei Benützung des Vektors $\mathfrak{n}$ statt $\mathfrak{t}_1$.

§ 25. Differentialinvarianten der Flächentheorie

1. Führt man auf der Fläche $\mathfrak{r} = \mathfrak{r}(v_1, v_2)$ durch $v_i = v_i(u_1, u_2)$ neue unabhängige Parameter ein, so wird durch

$$\mathfrak{r}_{(u_k)} = \frac{\partial \mathfrak{r}}{\partial u_k} = \sum_i^{1-2} \frac{\partial \mathfrak{r}}{\partial v_i}\frac{\partial v_i}{\partial u_k} = \sum_i \mathfrak{r}_i \frac{\partial v_i}{\partial u_k} \tag{1}$$

auch eine neue lokale Basis eingeführt. Dabei bleibt jedoch der normierte Vektor der Flächennormale

$$(2)\qquad \mathfrak{n} = \frac{[\mathfrak{r}_1 \mathfrak{r}_2]}{\triangle} = \pm \frac{[\mathfrak{r}_{u_1} \mathfrak{r}_{u_2}]}{\operatorname{mod}[\mathfrak{r}_{u_1} \mathfrak{r}_{u_2}]}$$

seiner Bedeutung nach, jedoch eventuell unter Vorzeichenwechsel, invariant. Dasselbe gilt für jede dem Flächenpunkt zugeordnete homogene Bilinearform $\frac{1}{\triangle}\Phi(\mathfrak{r}_1, \mathfrak{r}_2)$, welche in $\mathfrak{r}_1$ und $\mathfrak{r}_2$ *alternativen* Charakter besitzt. Denn dieselbe ist nach dem „Fundamentalsatz" lediglich eine Funktion von $\mathfrak{n} = \frac{[\mathfrak{r}_1 \mathfrak{r}_2]}{\triangle}$. Eine solche erhält man aber, unter Benützung der in § 17 auf S. 78f. eingeführten *dualen* bzw. *reziproken* Basis, aus jeder homogenen Bilinearform $\Phi(\mathfrak{x}, \mathfrak{y})$ durch Bildung der Summen

$$(3)\qquad \sum_1^2 \Phi(\bar{\mathfrak{r}}_i, \mathfrak{r}_i) = \frac{1}{\triangle}\{\Phi(\mathfrak{r}_2, \mathfrak{r}_1) - \Phi(\mathfrak{r}_1, \mathfrak{r}_2)\}$$

und

$$(4)\qquad \sum_1^2 \Phi(\mathfrak{r}^i, \mathfrak{r}_i) = \frac{1}{\triangle}\{\Phi([\mathfrak{r}_2 \mathfrak{n}], \mathfrak{r}_1) - \Phi([\mathfrak{r}_1 \mathfrak{n}], \mathfrak{r}_2)\}.$$

Denn beide Ausdrücke sind in $\mathfrak{r}_1$ und $\mathfrak{r}_2$ auch alternativ. Während aber der erstere bei einem Wechsel der Indizesnumerierung das Vorzeichen wechselt, bleibt der letztere dabei *absolut* invariant, weil bei der Umnumerierung gleichzeitig $\mathfrak{n}$ einem Vorzeichenwechsel unterworfen ist.

Wird nun den Punkten der Fläche irgendeine Ortsfunktion zugeordnet:

$$V = V(\mathfrak{r}), \text{ also } dV = \sum_1^2 (\mathfrak{r}^i | d\mathfrak{r}) V_i = \mathfrak{V}\, d\mathfrak{r}, \quad \text{so ist bereits}$$

$$(5)\qquad \mathfrak{V} = \sum_1^2 \mathfrak{r}^i, V_i = \sum_1^2 \mathfrak{r}^i, \mathfrak{V}\mathfrak{r}_i$$

eine solche basis- oder parameter-invariante Form vom Typus (4), wie man auch durch wirkliche Ausführung der Parametertransformation leicht verifiziert. Neben $\mathfrak{V}$ selbst sind dann aber

$$(6)\qquad \bar{I} = \sum_1^2 \bar{\mathfrak{r}}_i \circ \mathfrak{V}\mathfrak{r}_i = \sum_1^2 \bar{\mathfrak{r}}_i \circ V_i = \sum_1^2 [\mathfrak{n}\mathfrak{r}^i] \circ V_i = \frac{1}{\triangle}\{\mathfrak{r}_2 \circ V_1 - \mathfrak{r}_1 \circ V_2\}$$

und

$$(7)\qquad I = \sum_1^2 \mathfrak{r}^i \circ \mathfrak{V}\mathfrak{r}_i = \sum_1^2 \mathfrak{r}^i \circ V_i = \frac{1}{\triangle}\{[\mathfrak{r}_2 \mathfrak{n}] \circ V_1 - [\mathfrak{r}_1 \mathfrak{n}] \circ V_2\}$$

solche basisunabhängige *Differentialinvarianten* von V, und zwar für jede dabei zulässige Multiplikationsart $\circ$. Wie im Raum (vgl. § 8, S. 45) sind somit

$$(8)\qquad \bar{\nabla} = \sum_1^2 \bar{\mathfrak{r}}_i \circ \frac{\partial(\ )}{\partial v_i} \quad \text{bzw.} \quad \nabla = \sum_1^2 \mathfrak{r}^i \circ \frac{\partial(\ )}{\partial v_i}$$

„Differentialoperatoren" oder „Differentiatoren" erster Ordnung.

Ganz unmittelbar ergibt sich übrigens die Invarianz des Ausdrucks $\sum_1^2 \mathfrak{r}^i \circ \mathfrak{B} \mathfrak{r}_i$ auch durch Bildung der Verjüngung $\sum_1^3 \mathfrak{b}^i \circ \mathfrak{B} \mathfrak{b}_i$ des Tensors $\mathfrak{y} \circ \mathfrak{B} \mathfrak{x}$ für irgend eine *räumliche* Basis $\mathfrak{b}_1, \mathfrak{b}_2, \mathfrak{b}_3$. Denn für $\mathfrak{b}_1 = \mathfrak{r}_1$, $\mathfrak{b}_2 = \mathfrak{r}_2$ und $\mathfrak{b}_3 = \mathfrak{n}$ geht diese basisinvariante Verjüngung unmittelbar über in $\sum_1^2 \mathfrak{r}^i \circ \mathfrak{B} \mathfrak{r}_i$ weil dabei der dritte Summand $\mathfrak{n} \circ \mathfrak{B} \mathfrak{n} = \mathfrak{n} \circ \sum_1^2 (\mathfrak{r}^i | \mathfrak{n}) V_i$ verschwindet, wegen $(\mathfrak{r}^i | \mathfrak{n}) = 0$.

Durch die Gl. (5) bis (7) wird zugleich der *Verjüngungsprozeß* auf die zweidimensionale nicht-lineare Mannigfaltigkeit der Fläche übertragen, und damit ergibt sich im folgenden ganz von selbst auch die Einführung der Differentialoperationen Gradient, Divergenz und Rotation in die Flächentheorie.

2. *Erster Sonderfall*: Es sei $V = \varphi$ eine skalare Ortsfunktion. Wir setzen dann

$$\text{grad}\, \varphi = \sum_1^2 \mathfrak{r}^i \varphi_i. \tag{9}$$

Der hiedurch definierte Vektor ist tangential zur Fläche in P, jedoch normal zur „Niveaulinie" $\varphi = \text{const}$, denn man erhält

$$\text{grad}\, \varphi \,|\, d\mathfrak{r} = \Big(\sum_i \mathfrak{r}^i \varphi_i\Big) \Big| \Big(\sum_k \mathfrak{r}_k\, dv_k\Big) = \sum_1^2 \varphi_i\, dv_i = d\varphi, \tag{10}$$

und für den geschlossenen Rand eines jeden einfach zusammenhängenden für φ regulären Bereichs auf der Fläche ist $\oint \text{grad}\, \varphi \,|\, d\mathfrak{r} = 0$.

Dagegen ist

$$\mathfrak{t} = \sum_1^2 \bar{\mathfrak{r}}_i\, \varphi_i = \sum_1^2 [\mathfrak{n}\, \mathfrak{r}^i]\, \varphi_i = [\mathfrak{n}\, \text{grad}\, \varphi] \tag{11}$$

offenbar Tangentenvektor in P an die Niveaulinie $\varphi = \text{const}$ durch P. Wegen $\mathfrak{r}^i = \sum_k^{1-2} g^{ik} \mathfrak{r}_k$ ist übrigens auch

$$\text{grad}\, \varphi = \sum_1^2 \mathfrak{r}^i \varphi_i = \sum_{i,k} g^{ik} \varphi_i\, \mathfrak{r}_k. \tag{9'}$$

Aus Gl. (9) folgt unmittelbar als weitere Invariante

$$\Delta_{\varphi\varphi} = \text{grad}\, \varphi \,|\, \text{grad}\, \varphi = \sum_{i,k} (\mathfrak{r}^i | \mathfrak{r}^k)\, \varphi_i\, \varphi_k = \sum_{i,k} g^{ik}\, \varphi_i\, \varphi_k, \tag{12}$$

und allgemeiner ist für zwei verschiedene Ortsfunktionen φ und ψ

$$\Delta_{\varphi\psi} = \text{grad}\, \varphi \,|\, \text{grad}\, \psi = \sum_{i,k} g^{ik}\, \varphi_i\, \psi_k. \tag{13}$$

Es sind dies *Beltramis Differentialparameter erster Ordnung*, während *Darboux* auch die weitere Invariante

$$\Theta = (\text{grad}\, \varphi\ \text{grad}\, \psi \cdot \mathfrak{n}) \tag{14}$$

verwendet hat. Man erhält für dieselbe entwickelt

$$(14')\qquad \begin{cases} \Theta = \left(\left(\sum_i \varphi_i \mathfrak{r}^i\right)\left(\sum_k \psi_k \mathfrak{r}^k\right)\mathfrak{n}\right) = \frac{1}{\triangle}\sum_{i,k}\{\varphi_i \psi_k [\mathfrak{r}^i \mathfrak{r}^k] \,|\, [\mathfrak{r}_1 \mathfrak{r}_2]\} \\ = \frac{1}{\triangle}\sum_{i,k}\varphi_i\psi_k \begin{vmatrix} \mathfrak{r}^i|\mathfrak{r}_1 & \mathfrak{r}^i|\mathfrak{r}_2 \\ \mathfrak{r}^k|\mathfrak{r}_1 & \mathfrak{r}^k|\mathfrak{r}_2 \end{vmatrix} = \frac{1}{\triangle}\{\varphi_1\psi_2 - \varphi_2\psi_1\}. \end{cases}$$

Wir wenden diese Gradientenbildung noch auf einige Beispiele an:

a) Für $\varphi = v_k$ wird, wegen $\frac{\partial v_k}{\partial v_k} = 1$ und $\frac{\partial v_k}{\partial v_i} = 0$,

$$(15)\qquad \operatorname{grad} v_k = \sum_i \mathfrak{r}^i (v_k)_i = \mathfrak{r}^k.$$

Analog zum Raum ((vgl. S. 49, Gl. (8))) lassen sich also die reziproken Einheiten $\mathfrak{r}^k$ deuten als Gradienten der Parameterlinien $v_k = \text{const}$. Auch wird

$$(16)\qquad \operatorname{grad} v_i | \operatorname{grad} v_k = \mathfrak{r}^i | \mathfrak{r}^k = g^{ik}$$

$$(17)\qquad [\operatorname{grad} v_1 \operatorname{grad} v_2] = [\mathfrak{r}^1 \mathfrak{r}^2] = \frac{[\mathfrak{r}_1 \mathfrak{r}_2]}{\triangle^2} = \frac{\mathfrak{n}}{\triangle}$$

$$(18)\qquad \Theta = (\operatorname{grad} v_1 \cdot \operatorname{grad} v_2 \cdot \mathfrak{n}) = \frac{1}{\triangle}.$$

b) $\varphi = \triangle = (\mathfrak{r}_1 \mathfrak{r}_2 \mathfrak{n})$ gibt

$$\triangle_k = (\mathfrak{r}_{1k}\, \mathfrak{r}_2\, \mathfrak{n}) + (\mathfrak{r}_1\, \mathfrak{r}_{2k}\, \mathfrak{n}) + \underbrace{(\mathfrak{r}_1\, \mathfrak{r}_2\, \mathfrak{n}_k)}_{=0} = \triangle \cdot \{\mathfrak{r}_{1k} | \mathfrak{r}^1 + \mathfrak{r}_{2k} | \mathfrak{r}^2\}$$

und somit

$$(19)\qquad \operatorname{grad} \triangle = \sum_k \mathfrak{r}^k \triangle_k = \triangle \cdot \sum_{i,k} (\mathfrak{r}_{ik} | \mathfrak{r}^i)\, \mathfrak{r}^k = \triangle \cdot \sum_{i,k} \begin{Bmatrix} i\,k \\ i \end{Bmatrix} \mathfrak{r}^k.$$

c) Sei $\varphi = \eta = -\sum_1^2 \mathfrak{r}^i | \mathfrak{n}_i$ die mittlere Krümmung, so ist

$$\eta_k = -\sum_i \{(\mathfrak{r}^i)_k | \mathfrak{n}_i + \mathfrak{r}^i | \mathfrak{n}_{ik}\}$$

und folglich

$$(20)\qquad \operatorname{grad} \eta = \sum_k \eta_k \mathfrak{r}^k = -\sum_{i,k} \{(\mathfrak{r}^i)_k | \mathfrak{n}_i + \mathfrak{r}^i | \mathfrak{n}_{ik}\}\, \mathfrak{r}^k.$$

3. *Zweiter Sonderfall:* Wir wählen $V = \mathfrak{v}(\mathfrak{r})$ als *vektorielle Ortsfunktion* und erhalten vor allem die drei Differentialinvarianten:

$$(21)\qquad \operatorname{grad} \mathfrak{v} = \mathfrak{V} = \sum_1^2 \mathfrak{r}^i,\, \mathfrak{v}_i$$

$$(22)\qquad \operatorname{div} \mathfrak{v} = \sum_1^2 \mathfrak{r}^i | \mathfrak{v}_i$$

$$(23)\qquad \operatorname{rot} \mathfrak{v} = \sum_1^2 [\mathfrak{r}^i \mathfrak{v}_i].$$

Dabei gibt Gl. (23) weiter entwickelt

$$\operatorname{rot}\mathfrak{v} = \sum_1^2 [\mathfrak{r}^i \mathfrak{v}_i] = \frac{1}{\triangle}\{[[\mathfrak{r}_2\,\mathfrak{n}]\,\mathfrak{v}_1] + [[\mathfrak{n}\,\mathfrak{r}_1]\,\mathfrak{v}_2]$$

$$= \frac{1}{\triangle}\{(\mathfrak{r}_2|\mathfrak{v}_1)\,\mathfrak{n} - (\mathfrak{n}|\mathfrak{v}_1)\,\mathfrak{r}_2 + (\mathfrak{n}|\mathfrak{v}_2)\,\mathfrak{r}_1 - (\mathfrak{r}_1|\mathfrak{v}_2)\,\mathfrak{n}\},$$

d. h.

(24) $$\operatorname{rot}\mathfrak{v} = \frac{1}{\triangle}\{(\mathfrak{n}|\mathfrak{v}_2)\,\mathfrak{r}_1 - (\mathfrak{n}|\mathfrak{v}_1)\,\mathfrak{r}_2 + (\mathfrak{r}_2|\mathfrak{v}_1 - \mathfrak{r}_1|\mathfrak{v}_2)\,\mathfrak{n}\},$$

womit die Zerlegung von $\operatorname{rot}\mathfrak{v}$ in Komponenten nach $\mathfrak{r}_1$, $\mathfrak{r}_2$ und $\mathfrak{n}$ gewonnen ist.

Zur *Deutung* der Gl. (23) bilden wir, wie schon auf S. 47, die „Zirkulation" von $\mathfrak{v}$ um eine Masche $d\mathfrak{r}\,\delta\mathfrak{r}$ unsrer Fläche, wobei $d\sigma = (d\mathfrak{r}\,\delta\mathfrak{r}\,\mathfrak{n})$ positiv sein soll, und erhalten wieder $Z = d\mathfrak{v}|\delta\mathfrak{r} - \delta\mathfrak{v}|d\mathfrak{r}$. Dabei ist jetzt $d\mathfrak{v} = \sum_1^2 (\mathfrak{r}^i|d\mathfrak{r})\,\mathfrak{v}_i$ und $\delta\mathfrak{v} = \sum_1^2 (\mathfrak{r}^i|\delta\mathfrak{r})\,\mathfrak{v}_i$, so daß nunmehr

(25) $$\begin{cases} Z = \sum_1^2 \{(\mathfrak{r}^i|d\mathfrak{r})(\mathfrak{v}_i|\delta\mathfrak{r}) - (\mathfrak{r}^i|\delta\mathfrak{r})(\mathfrak{v}_i|d\mathfrak{r})\} \\ \quad = \sum_1^2 [\mathfrak{r}^i\mathfrak{v}_i]\,|\,[d\mathfrak{r}\,\delta\mathfrak{r}] = \operatorname{rot}\mathfrak{v}\cdot|d\mathfrak{f} = \operatorname{rot}\mathfrak{v}|\mathfrak{n}\,d\sigma \end{cases}$$

wird, wie im Raum, nur daß der Summationsindex jetzt immer nur von 1 bis 2 läuft.

Um auch Gl. (22) zu deuten, definieren wir als „*Fluß*" des Feldes $\mathfrak{v}$ *über den Rand* der Masche $d\mathfrak{r}\,\delta\mathfrak{r}$

$$F = \sum_{\text{Rand}} \mathfrak{v}|[d\mathfrak{r}\,\mathfrak{n}] = \sum_{\text{Rand}} \mathfrak{v}|\mathfrak{q}\,ds,$$

wobei $\mathfrak{q} = \left[\frac{d\mathfrak{r}}{ds}\mathfrak{n}\right]$ die Rolle der (äußeren) *Quernormale* des Randelements $d\mathfrak{r}$ spielt. Die Ausführung ergibt sofort

$$F = \mathfrak{v}|[d\mathfrak{r}\,\mathfrak{n}] + (\mathfrak{v}+d\mathfrak{v})|[\delta\mathfrak{r}(\mathfrak{n}+d\mathfrak{n})] - (\mathfrak{v}+\delta\mathfrak{v})|[d\mathfrak{r}(\mathfrak{n}+\delta\mathfrak{n})] - \mathfrak{v}|[\delta\mathfrak{r}\,\mathfrak{n}]$$

$$= d\mathfrak{v}|[\delta\mathfrak{r}\,\mathfrak{n}] - \delta\mathfrak{v}|[d\mathfrak{r}\,\mathfrak{n}] + \mathfrak{v}|[\delta\mathfrak{r}\,d\mathfrak{n}] - \mathfrak{v}|[d\mathfrak{r}\,\delta\mathfrak{n}]$$

oder $$F = \{\mathfrak{v}_1|[\mathfrak{r}_2\,\mathfrak{n}] - \mathfrak{v}_2|[\mathfrak{r}_1\,\mathfrak{n}] + \mathfrak{v}|([\mathfrak{r}_2\,\mathfrak{n}_1] - [\mathfrak{r}_1\,\mathfrak{n}_2])\}\,dv_1\,dv_2,$$

wenn man $d\mathfrak{r} = \mathfrak{r}_1 dv_1$, $\delta\mathfrak{r} = \mathfrak{r}_2\,dv_2$ und somit $d\mathfrak{v} = \mathfrak{v}_1\,dv_1$, $\delta\mathfrak{v} = \mathfrak{v}_2\,dv_2$ wählt. Wegen $[\mathfrak{r}_2\mathfrak{n}] = \triangle\cdot\mathfrak{r}^1$, $-[\mathfrak{r}_1\mathfrak{n}] = \triangle\cdot\mathfrak{r}^2$ und $[\mathfrak{r}_2\mathfrak{n}_1] - [\mathfrak{r}_1\mathfrak{n}_2] = \triangle\cdot\eta\,\mathfrak{n}$ wird schließlich

(26) $$F = \left\{\sum_1^2 \mathfrak{r}^i|\mathfrak{v}_i + \eta(\mathfrak{v}|\mathfrak{n})\right\}\triangle\cdot dv_1\,dv_2 = \{\operatorname{div}\mathfrak{v} + \eta(\mathfrak{v}|\mathfrak{n})\}\,d\sigma.$$

Es ist daher $\operatorname{div}\mathfrak{v}\cdot d\sigma$ gleich dem *Fluß der Tangentialkomponente* von $\mathfrak{v}$ über den Rand der Masche $d\mathfrak{r}\,\delta\mathfrak{r}$.

Vor allem für den *Ortsvektor* selbst, d. h. für $\mathfrak{v} = \mathfrak{r}$, hat man

(27) $$\mathfrak{V} = \operatorname{grad} \mathfrak{r} = \sum_1^2 \mathfrak{r}^i, \mathfrak{r}_i,$$

und für diesen Ableitungsaffinor stellt $\mathfrak{V}\mathfrak{x} = \sum_1^2 (\mathfrak{r}^i|\mathfrak{x})\mathfrak{r}_i$ stets die zur Fläche *tangentiale* Komponente von $\mathfrak{x}$ dar. Weiter ist

(28) $$\operatorname{div} \mathfrak{r} = \sum_1^2 \mathfrak{r}^i|\mathfrak{r}_i = 2$$

(29) $$\operatorname{rot} \mathfrak{r} = \sum_1^2 [\mathfrak{r}^i \mathfrak{r}_i] = \sum_{i,k} g^{ik} [\mathfrak{r}_k \mathfrak{r}_i] = 0,$$

und für $\mathfrak{v} = \frac{\partial \mathfrak{r}}{\partial v_k} = \mathfrak{r}_k$ erhält man

(30) $$\operatorname{div} \mathfrak{r}_k = \sum_i^{1-2} \mathfrak{r}^i | \mathfrak{r}_{ki} = \sum_i \begin{Bmatrix} k\,i \\ i \end{Bmatrix} = \frac{1}{\triangle} \frac{\partial \triangle}{\partial v_k}$$

(31) $$\begin{cases} \operatorname{rot} \mathfrak{r}_k = \sum_i [\mathfrak{r}^i \mathfrak{r}_{ki}] = \frac{1}{\triangle} \{[[\mathfrak{r}_2 \mathfrak{n}] \mathfrak{r}_{k1}] + [[\mathfrak{n} \mathfrak{r}_1] \mathfrak{r}_{k2}]\} \\ \quad = \frac{1}{\triangle} \{(\mathfrak{r}_2|\mathfrak{r}_{k1})\mathfrak{n} - (\mathfrak{n}|\mathfrak{r}_{k1})\mathfrak{r}_2 + (\mathfrak{n}|\mathfrak{r}_{k2})\mathfrak{r}_1 - (\mathfrak{r}_1|\mathfrak{r}_{k2})\mathfrak{n}\} \\ \quad = \frac{1}{\triangle} \left\{ L_{k2}\, \mathfrak{r}_1 - L_{k1}\, \mathfrak{r}_2 + \left(\begin{Bmatrix} k\,1 \\ 2 \end{Bmatrix} - \begin{Bmatrix} k\,2 \\ 1 \end{Bmatrix} \right) \mathfrak{n} \right\}. \end{cases}$$

Dagegen liefert $\mathfrak{v} = \mathfrak{n}$ die Invarianten

(32) $$\operatorname{grad} \mathfrak{n} = \sum_1^2 \mathfrak{r}^i, \mathfrak{n}_i = \text{Krümmungsaffinor } \mathfrak{K}$$

(33) $$\operatorname{div} \mathfrak{n} = \sum_1^2 \mathfrak{r}^i | \mathfrak{n}_i = -\eta, \quad \text{lt. S. 86},$$

(34) $$\operatorname{rot} \mathfrak{n} = \sum_1^2 [\mathfrak{r}^i \mathfrak{n}_i] = 0.$$

Denn bei Einführung der Krümmungslinien als Parameterlinien wird überall $\mathfrak{r}^i \| \mathfrak{r}_i \| \mathfrak{n}_i$, woraus $[\mathfrak{r}^1 \mathfrak{n}_1] = [\mathfrak{r}^2 \mathfrak{n}_2] = 0$ folgt.

4. *Dritter Sonderfall:* $V = V(\mathfrak{r})$ sei ein der Fläche zugeordnetes *Affinor*feld $\mathfrak{V} = \sum_1^2 \mathfrak{r}^i, \mathfrak{v}_i$, wobei jetzt die $\mathfrak{v}_i$ keine Ableitungen, sondern beliebige Ortsfunktionen sind. Hieraus folgt zunächst

(35) $$d\mathfrak{V} = \sum_1^2 \mathfrak{V}_k\, dv_k = \sum_1^2 (\mathfrak{r}^k | d\mathfrak{r})\, \mathfrak{V}_k = \mathfrak{F}\, d\mathfrak{r}$$

und damit als erste Differentialinvariante von $\mathfrak{V}$ der Ableitungsaffinor (= Affinor zweiter Ordnung)

(36) $$\operatorname{grad} \mathfrak{V} = \mathfrak{F} = \sum_1^2 \mathfrak{r}^k, \mathfrak{V}_k, \quad \text{mit } \mathfrak{F}\mathfrak{r}_k = \mathfrak{V}_k.$$

Da aber auf der Fläche keine konstante Basis eingeführt werden kann, so ist jetzt, im Unterschied von § 11, Gl. (2)

$$\mathfrak{B}_k = \sum_i \{(\mathfrak{r}^i)_k ,\, \mathfrak{v}_i + \mathfrak{r}^i ,\, (\mathfrak{v}_i)_k\}. \tag{37}$$

Doch ändert dies nichts an der Bedeutung der $\mathfrak{B}_k$ als Affinoren derselben Art wie $\mathfrak{B}$. Aus Gl. (36) folgen dann als weitere Differentialinvarianten die basisinvarianten (parameterunabhängigen) *Vektoren*

$$\mathrm{div}\,\mathfrak{B} = \sum_1^2 (\mathfrak{F}\mathfrak{r}_k)\mathfrak{r}^k = \sum_1^2 \mathfrak{B}_k\mathfrak{r}^k = \sum_{i,k} \{((\mathfrak{r}^i)_k|\mathfrak{r}^k)\,\mathfrak{v}_i + (\mathfrak{r}^i|\mathfrak{r}^k)\,(\mathfrak{v}_i)_k\} \tag{38}$$

$$\mathfrak{w} = \sum_1^2 (\mathfrak{F}\mathfrak{r}_k)\,\bar{\mathfrak{r}}_k = \sum_1^2 \mathfrak{B}_k\bar{\mathfrak{r}}_k = \sum_1^2 \mathfrak{B}_k[\mathfrak{n}\mathfrak{r}^k] = \frac{1}{\Delta}\{\mathfrak{B}_1\mathfrak{r}_2 - \mathfrak{B}_2\mathfrak{r}_1\} \tag{39}$$

sowie der basisinvariante *Affinor* (erster Ordnung)

$$\mathfrak{W} = \sum_1^2 [(\mathfrak{F}\mathfrak{r}_k)\mathfrak{r}^k] = \sum_1^2 [\mathfrak{B}_k\mathfrak{r}^k] = \sum_{i,k} \{[\mathfrak{r}^k(\mathfrak{r}^i)_k] ,\, \mathfrak{v}_i + [\mathfrak{r}^k\mathfrak{r}^i] ,\, (\mathfrak{v}_i)_k\}. \tag{40}$$

Die Anwendung von $\mathfrak{W}$ auf den Vektor $\mathfrak{n}$ der Flächennormalen ergibt

$$\mathfrak{W}\mathfrak{n} = \sum_{i,k} \{(\mathfrak{n}\mathfrak{r}^k(\mathfrak{r}^i)_k)\,\mathfrak{v}_i + (\mathfrak{n}\mathfrak{r}^k\mathfrak{r}^i)\,(\mathfrak{v}_i)_k\} = \sum_1^2 \mathfrak{B}_k[\mathfrak{n}\mathfrak{r}^k] = \sum_1^2 \mathfrak{B}_k\bar{\mathfrak{r}}_k = \mathfrak{w}, \tag{41}$$

d. h. den Vektor $\mathfrak{w}$ der Gl. (39).

Der nach Gl. (40) der Fläche in jedem Punkt zugeordnete lokale „*Wirbelaffinor*" $\mathfrak{W}$ tritt nun meist nur in der Verbindung $\mathfrak{W}\mathfrak{n} = \mathfrak{w}$ als „*Wirbelvektor*" auf. Wir geben deshalb nicht dem Affinor $\mathfrak{W}$, sondern dem Vektor $\mathfrak{w} = \sum_1^2 \mathfrak{B}_k\bar{\mathfrak{r}}_k$ die Bezeichnung rot $\mathfrak{B}$, abweichend vom dreidimensionalen Fall (vgl. S. 61 oben).

5. *Zerlegungsformeln:* Aus der formalen Gleichheit des Bildungsgesetzes für Differentialinvarianten auf der Fläche mit dem im Raum folgen unmittelbar auch gleichgebaute Ausdrücke für die Zerlegungsformeln, die auf der Fläche gültig sind. Die allgemeine Formel (7) auf S. 119 gibt angewandt auf irgendein zulässiges Produkt $U * V$ zweier Ortsfunktionen U und V:

$$J = \sum_1^2 \mathfrak{r}^i \circ (U * V)_i = \sum_1^2 \mathfrak{r}^i \circ (U_i * V) + \sum_1^2 \mathfrak{r}^i \circ (U * V_i). \tag{42}$$

Durch Spezialisieren erhält man damit unmittelbar:

$$\mathrm{grad}(\varphi\psi) = \sum_1^2 (\varphi\psi)_i\mathfrak{r}^i = \psi\sum_1^2 \varphi_i\mathfrak{r}^i + \varphi\sum_1^2 \psi_i\mathfrak{r}^i = \psi\,\mathrm{grad}\,\varphi + \varphi\,\mathrm{grad}\,\psi \tag{43}$$

$$\mathrm{grad}(\mathfrak{u}|\mathfrak{v}) = \sum_1^2 (\mathfrak{u}|\mathfrak{v})_i\mathfrak{r}^i = \sum_1^2 (\mathfrak{u}_i|\mathfrak{v})\mathfrak{r}^i + \sum_1^2 (\mathfrak{u}|\mathfrak{v}_i)\mathfrak{r}^i = \bar{\mathfrak{U}}\mathfrak{v} + \bar{\mathfrak{B}}\mathfrak{u}, \tag{44}$$

wobei $\bar{\mathfrak{U}}$ und $\bar{\mathfrak{V}}$ die zu $\mathfrak{U} = \sum_1^2 \mathfrak{r}^i, \mathfrak{u}_i$ und $\mathfrak{V} = \sum_1^2 \mathfrak{r}^i, \mathfrak{v}_i$ konjugierten Affinoren sind;

$$\text{(45)}\quad \operatorname{grad}(\varphi\mathfrak{v}) = \sum_1^2 \mathfrak{r}^i, (\varphi\mathfrak{v})_i = \sum_1^2 \mathfrak{r}^i, \varphi_i\mathfrak{v} + \sum_1^2 \mathfrak{r}^i, \varphi\mathfrak{v}_i = \operatorname{grad}\varphi, \mathfrak{v} + \varphi \operatorname{grad}\mathfrak{v}$$

$$\text{(46)}\quad \operatorname{div}(\varphi\mathfrak{v}) = \sum_1^2 \mathfrak{r}^i | (\varphi\mathfrak{v})_i = \sum_1^2 \mathfrak{r}^i | \varphi_i\mathfrak{v} + \sum_1^2 \mathfrak{r}^i | \varphi\mathfrak{v}_i = \operatorname{grad}\varphi | \mathfrak{v} + \varphi \operatorname{div}\mathfrak{v}$$

$$\text{(47)}\quad \operatorname{rot}(\varphi\mathfrak{v}) = \sum_1^2 [\mathfrak{r}^i (\varphi\mathfrak{v})_i] = \sum_1^2 [\mathfrak{r}^i \varphi_i\mathfrak{v}] + \sum_1^2 [\mathfrak{r}^i \varphi\mathfrak{v}_i] = [\operatorname{grad}\varphi \cdot \mathfrak{v}] + \varphi \operatorname{rot}\mathfrak{v}$$

$$\text{(48)}\quad \operatorname{grad}[\mathfrak{u}\mathfrak{v}] = \sum_1^2 \mathfrak{r}^i, [\mathfrak{u}\mathfrak{v}]_i = \sum_1^2 \mathfrak{r}^i, [\mathfrak{u}_i\mathfrak{v}] + \sum_1^2 \mathfrak{r}^i, [\mathfrak{u}\mathfrak{v}_i],$$

d. h. es ist

$$\text{(48')}\quad \begin{cases} (\mathfrak{x} \operatorname{grad})[\mathfrak{u}\mathfrak{v}] = \sum_1^2 (\mathfrak{r}^i | \mathfrak{x})[\mathfrak{u}_i\mathfrak{v}] + \sum_1^2 (\mathfrak{r}^i | \mathfrak{x})[\mathfrak{u}\mathfrak{v}_i] \\ \qquad = [(\mathfrak{x} \operatorname{grad})\, \mathfrak{u} \cdot \mathfrak{v}] + [\mathfrak{u} \cdot (\mathfrak{x} \operatorname{grad})\, \mathfrak{v}] \end{cases}$$

$$\text{(49)}\quad \operatorname{div}[\mathfrak{u}\mathfrak{v}] = \sum_1^2 \mathfrak{r}^i | [\mathfrak{u}\mathfrak{v}]_i = \sum_1^2 (\mathfrak{r}^i \mathfrak{u}_i \mathfrak{v}) + \sum_1^2 (\mathfrak{r}^i \mathfrak{u}\mathfrak{v}_i) = \mathfrak{v} | \operatorname{rot}\mathfrak{u} - \mathfrak{u} | \operatorname{rot}\mathfrak{v}$$

$$\text{(50)}\quad \begin{cases} \operatorname{rot}[\mathfrak{u}\mathfrak{v}] = \sum_1^2 [\mathfrak{r}^i [\mathfrak{u}\mathfrak{v}]_i] = \sum_1^2 \{[\mathfrak{r}^i [\mathfrak{u}_i\mathfrak{v}]] + [\mathfrak{r}^i [\mathfrak{u}\mathfrak{v}_i]]\} \\ \qquad = \sum_1^2 (\mathfrak{r}^i | \mathfrak{v})\, \mathfrak{u}_i - \sum_1^2 (\mathfrak{r}^i | \mathfrak{u}_i)\, \mathfrak{v} + \sum_1^2 (\mathfrak{r}^i | \mathfrak{v}_i)\, \mathfrak{u} - \sum_1^2 (\mathfrak{r}^i | \mathfrak{u})\, \mathfrak{v}_i \\ \qquad = (\mathfrak{v} \operatorname{grad})\, \mathfrak{u} - (\mathfrak{u} \operatorname{grad})\, \mathfrak{v} + \mathfrak{u} \operatorname{div}\mathfrak{v} - \mathfrak{v} \operatorname{div}\mathfrak{u} \end{cases}$$

$$\text{(51)}\quad \operatorname{grad}(\varphi\mathfrak{V}) = \sum_1^2 \mathfrak{r}^i, (\varphi\mathfrak{V})_i = \sum_1^2 \mathfrak{r}^i, \varphi_i\mathfrak{V} + \sum_1^2 \mathfrak{r}^i, \varphi\mathfrak{V}_i = \operatorname{grad}\varphi, \mathfrak{V} + \varphi \operatorname{grad}\mathfrak{V}$$

$$\text{(52)}\quad \operatorname{div}(\varphi\mathfrak{V}) = \sum_1^2 (\varphi\mathfrak{V})_i \mathfrak{r}^i = \sum_1^2 \varphi_i \mathfrak{V}\mathfrak{r}^i + \varphi \sum_1^2 \mathfrak{V}_i \mathfrak{r}^i = \mathfrak{V} \operatorname{grad}\varphi + \varphi \operatorname{div}\mathfrak{V}$$

$$\text{(53)}\quad \operatorname{rot}(\varphi\mathfrak{V}) = \sum_1^2 (\varphi\mathfrak{V})_i \bar{\mathfrak{r}}_i = \sum_1^2 \varphi_i \mathfrak{V} \bar{\mathfrak{r}}_i + \varphi \sum_1^2 \mathfrak{V}_i \bar{\mathfrak{r}}_i = \mathfrak{V}[\mathfrak{n} \operatorname{grad}\varphi] + \varphi \operatorname{rot}\mathfrak{V}.$$

Die Analogie zu den entsprechenden Formeln des euklidisch-räumlichen Felds beruht darauf, daß für solche *Bildungen erster Ordnung* die Konstanz oder Veränderlichkeit der auf der krummen Fläche notwendig *lokalen* Basis nicht in die Erscheinung tritt. Diese Veränderlichkeit der Basis kompliziert erst die wirkliche Durchrechnung der Differentialoperationen *zweiter* Ordnung, deren wichtigsten Fall, nämlich die Bildung $\operatorname{div} \operatorname{grad} V$ für den Sonderfall[1] $V = \varphi$ wohl zuerst Beltrami eingehend behandelt hat. Wir diskutieren hier *Beltramis Differentiator zweiter Ordnung* gleich für den allgemeinen Fall einer *beliebigen* Ortsfunktion V:

Aus $V = V(\mathfrak{r})$ folgt wieder zunächst:

(54) $$dV = \sum_1^2 (\mathfrak{r}^i|d\mathfrak{r})\, V_i = \mathfrak{B}\, d\mathfrak{r}, \quad \text{mit} \quad \operatorname{grad} V = \sum_1^2 \mathfrak{r}^i, V_i = \mathfrak{B}.$$

Weiter ist dann

(55) $$d\mathfrak{B} = \sum_1^2 (\mathfrak{r}^k|d\mathfrak{r})\, \mathfrak{B}_k = \mathfrak{F}\, d\mathfrak{r}, \quad \text{mit} \quad \mathfrak{F} = \sum_1^2 \mathfrak{r}^k, \mathfrak{B}_k$$

und damit

(56) $$\operatorname{div} \mathfrak{B} = \operatorname{div} \operatorname{grad} V = \Delta V = \sum_1^2 \mathfrak{B}_k \mathfrak{r}^k = \sum_{k,h} g^{kh} \mathfrak{B}_k \mathfrak{r}_h.$$

Infolge der Veränderlichkeit der lokalen Basis mit dem Ort ist aber

(57) $$\mathfrak{B}_k = \sum_i \{(\mathfrak{r}^i)_k, V_i + \mathfrak{r}^i, V_{ik}\},$$

und somit wird

(58) $$\begin{cases} \operatorname{div} \operatorname{grad} V = \Delta V = \sum\limits_1^2 \mathfrak{B}_k \mathfrak{r}^k = \sum\limits_{i,k} \{((\mathfrak{r}^i)_k|\mathfrak{r}^k)\, V_i + (\mathfrak{r}^i|\mathfrak{r}^k)\, V_{ik}\} \\ = \sum\limits_{k,h} g^{kh} \{V_{kh} + \sum\limits_i ((\mathfrak{r}^i)_k|\mathfrak{r}_h)\, V_i\} = \sum\limits_{k,h} g^{kh} \left\{V_{kh} - \sum\limits_i \left\{ {k\,h \atop i} \right\} V_i\right\}. \end{cases}$$

Dieser Beltramischen Invariante entspricht als Gegenstück in Analogie zu Gl. (39) die Invariante

(59) $$W = \operatorname{rot} \operatorname{grad} V = \operatorname{rot} \mathfrak{B} = \sum_1^2 \mathfrak{B}_k \bar{\mathfrak{r}}_k = \frac{1}{\triangle}(\mathfrak{B}_1 \mathfrak{r}_2 - \mathfrak{B}_2 \mathfrak{r}_1)$$

oder auch mit (57)

(60) $$\begin{cases} W = \frac{1}{\triangle} \sum\limits_i \{((\mathfrak{r}^i)_1|\mathfrak{r}_2)\, V_i + (\mathfrak{r}^i|\mathfrak{r}_2)\, V_{i1} - ((\mathfrak{r}^i)_2|\mathfrak{r}_1)\, V_i - (\mathfrak{r}^i|\mathfrak{r}_1)\, V_{i2}\} \\ = \frac{1}{\triangle} \sum\limits_i \{(\mathfrak{r}^i)_1|\mathfrak{r}_2 - (\mathfrak{r}^i)_2|\mathfrak{r}_1\}\, V_i + \frac{1}{\triangle}\{V_{21} - V_{12}\}. \end{cases}$$

Dieselbe verschwindet, d. h. es ist

(60′) $$W = 0,$$

wegen $V_{21} = V_{12}$ und weil für jedes i

$$(\mathfrak{r}^i)_1|\mathfrak{r}_2 = -\mathfrak{r}^i|\mathfrak{r}_{21} = -\mathfrak{r}^i|\mathfrak{r}_{12} = (\mathfrak{r}^i)_2|\mathfrak{r}_1$$

wird.

Neben $V = \varphi$ der wichtigste Sonderfall ist offenbar der, daß $V = \mathfrak{v}$ ein der Fläche zugeordnetes *Vektor*feld bedeutet. Es tritt dann einfach in den obigen Formeln der Vektor $\mathfrak{v}$ an die Stelle von V.

a) Ist dabei insbesondere $\mathfrak{v} = \mathfrak{r}$, so wird

(61) $$\Delta \mathfrak{r} = \operatorname{div} \operatorname{grad} \mathfrak{r} = \sum_{k,h} g^{kh} \left({}_{kh} - \sum_i \left\{ {k\,h \atop i} \right\} \mathfrak{r}_i \right).$$

Nun ist identisch

$$\mathfrak{r}_{kh} = \sum_i^{1-2} (\mathfrak{r}^i | \mathfrak{r}_{kh}) \mathfrak{r}_i + (\mathfrak{n} | \mathfrak{r}_{kh}) \mathfrak{n}$$

und folglich

$$\Delta \mathfrak{r} = \sum_{k,h} g^{kh} (\mathfrak{n} | \mathfrak{r}_{kh}) \mathfrak{n} = - \sum_{k,h} g^{kh} (\mathfrak{n}_k | \mathfrak{r}_h) \mathfrak{n} = - \sum_k (\mathfrak{n}_k | \mathfrak{r}^k) \mathfrak{n} = \eta \mathfrak{n}.$$

Dagegen ist nach der allgemeinen Gl. (60′)

(63) $$\operatorname{rot} \operatorname{grad} \mathfrak{r} = 0.$$

b) Für $\mathfrak{v} = \mathfrak{n}$ ist zunächst $\mathfrak{B} = \operatorname{grad} \mathfrak{n} = \sum_1^2 \mathfrak{r}^i, \mathfrak{n}_i$ der Krümmungsaffinor $\mathfrak{K}$, und auch für ihn gilt also nach Gl. (60′)

(64) $$\operatorname{rot} \mathfrak{K} = \operatorname{rot} \operatorname{grad} \mathfrak{n} = 0.$$

Dagegen wird jetzt

(65) $$\operatorname{div} \operatorname{grad} \mathfrak{n} = \operatorname{div} \mathfrak{K} = \sum_1^2 \mathfrak{K}_k \mathfrak{r}^k = \sum_{k,h} g^{kh} \left(\mathfrak{n}_{kh} - \sum_i \begin{Bmatrix} k & h \\ i \end{Bmatrix} \mathfrak{n}_i \right).$$

6. *Anwendung:* a) Gegeben sei auf der Fläche $\mathfrak{r} = \mathfrak{r}(v_1, v_2)$ das *normierte Tangentenfeld*

(66) $$\mathfrak{t} = \mathfrak{t}(\mathfrak{r}); \quad \text{mit } \mathfrak{t} | \mathfrak{t} = +1, \quad \mathfrak{t} | \frac{\partial \mathfrak{t}}{\partial v_i} = \mathfrak{t} | \mathfrak{t}_i = 0, \quad \mathfrak{t} | \mathfrak{n} = 0.$$

Dasselbe bestimmt zugleich auf der Fläche eine *Kurvenschar*, deren Tangentenrichtung in jedem Punkt der Fläche durch $\mathfrak{t}$ gegeben ist. Nun ist

(67) $$d\mathfrak{t} = \sum_1^2 \mathfrak{t}_i \, dv_i = \sum_1^2 (\mathfrak{r}^i | d\mathfrak{r}) \mathfrak{t}_i = \mathfrak{T} d\mathfrak{r}; \quad \text{für } \mathfrak{T} = \sum_1^2 \mathfrak{r}^i, \mathfrak{t}_i,$$

und für $\operatorname{mod} d\mathfrak{r} = ds$ wird

(68) $$\frac{d\mathfrak{t}}{ds} = \sum_1^2 \left(\mathfrak{r}^i \middle| \frac{d\mathfrak{r}}{ds} \right) \mathfrak{t}_i = \mathfrak{T} \frac{d\mathfrak{r}}{ds}.$$

Beim Fortschreiten in Richtung $\mathfrak{t}$, d. h. längs einer Kurve der Schar, wird insbesondere $\frac{d\mathfrak{r}}{ds} = \mathfrak{r}' = \mathfrak{t}$ und

(69) $$\begin{cases} \dfrac{d\mathfrak{t}}{ds} = \mathfrak{t}' = \mathfrak{r}'' = \mathfrak{T}\mathfrak{t} = \sum_1^2 (\mathfrak{r}^i | \mathfrak{t}) \mathfrak{t}_i = \sum_1^2 \{ (\mathfrak{r}^i | \mathfrak{t}) \mathfrak{t}_i - \underbrace{(\mathfrak{t} | \mathfrak{t}_i)}_{=0} \mathfrak{r}^i \} \\ \quad = \sum_1^2 [[\mathfrak{r}^i \mathfrak{t}_i] \mathfrak{t}] = [\operatorname{rot} \mathfrak{t} \cdot \mathfrak{t}] = [\mathfrak{u} \mathfrak{t}]. \end{cases}$$

Aus dieser Gleichung folgen sofort als Komponenten des Krümmungsvektors $\mathfrak{r}''$ nach den Einheiten des begleitenden Dreibeins $\mathfrak{t}$, $\mathfrak{q}$, $\mathfrak{n}$:

$$(70)\qquad \begin{cases} \mathfrak{r}''|\mathfrak{t} = \mathfrak{t}'|\mathfrak{t} = 0 \\ \mathfrak{r}''|\mathfrak{q} = (\mathfrak{u}\ \mathfrak{t}\ \mathfrak{q}) = \operatorname{rot}\mathfrak{t}|[\mathfrak{t}\,\mathfrak{q}] = \mathfrak{n}|\operatorname{rot}\mathfrak{t} = G \\ \qquad = \textit{geodätische Krümmung} \text{ der Scharkurve in } P \\ \mathfrak{r}''|\mathfrak{n} = (\mathfrak{u}\ \mathfrak{t}\ \mathfrak{n}) = \operatorname{rot}\mathfrak{t}|[\mathfrak{t}\,\mathfrak{n}] = -\mathfrak{q}|\operatorname{rot}\mathfrak{t} = N \\ \qquad = \textit{Normalkrümmung} \text{ der Scharkurve in } P. \end{cases}$$

Ferner ist $\mathfrak{u} = \operatorname{rot}\mathfrak{t}$ nichts anderes als *Darboux' Drehvektor* für dieses Dreibein, denn es war

$$(69)\qquad [\mathfrak{u}\,\mathfrak{t}] = \mathfrak{t}'$$

und man erhält weiter

$$(71)\quad [\mathfrak{u}\,\mathfrak{n}] = \sum_1^2 [[\mathfrak{r}^i \mathfrak{t}_i]\,\mathfrak{n}] = \sum_1^2 \underbrace{(\mathfrak{r}^i|\mathfrak{n})}_{=0}\mathfrak{t}_i - \sum_1^2 \underbrace{(\mathfrak{t}_i|\mathfrak{n})}_{=-\mathfrak{n}_i|\mathfrak{t}}\mathfrak{r}^i = \sum_1^2 (\mathfrak{n}_i|\mathfrak{t})\,\mathfrak{r}^i = \sum_1^2 (\mathfrak{r}^i|\mathfrak{t})\,\mathfrak{n}_i = \mathfrak{n}',$$

weil ja nach § 17, Gl. (18), der Krümmungsaffinor $\mathfrak{K} = \sum_1^2 \mathfrak{r}^i, \mathfrak{n}_i$ sicher symmetrisch ist. Endlich wird

$$(72)\qquad \begin{cases} [\mathfrak{u}\,\mathfrak{q}] = [\mathfrak{u}\,[\mathfrak{n}\,\mathfrak{t}]] = (\mathfrak{u}|\mathfrak{t})\,\mathfrak{n} - (\mathfrak{u}|\mathfrak{n})\,\mathfrak{t} \\ = [[\mathfrak{u}\,\mathfrak{n}]\,\mathfrak{t}] + [\mathfrak{n}\,[\mathfrak{u}\,\mathfrak{t}]] = [\mathfrak{n}'\mathfrak{t}] + [\mathfrak{n}\,\mathfrak{t}'] = [\mathfrak{n}\,\mathfrak{t}]' = \mathfrak{q}', \end{cases}$$

womit die Behauptung bewiesen ist.

Wie zu erwarten, wird also

$$(73)\qquad \mathfrak{u} = T\mathfrak{t} - N\mathfrak{q} + G\mathfrak{n},$$

zumal auch $\mathfrak{u}|\mathfrak{t} = (\mathfrak{u}\ \mathfrak{q}\ \mathfrak{n}) = \mathfrak{q}'|\mathfrak{n} = T$ ist.

Für diese Komponenten von $\mathfrak{u}$ gibt weitere Entwicklung mit $\mathfrak{u} = \sum_1^2 [\mathfrak{r}^i \mathfrak{t}_i]$

$$(74)\quad T = \mathfrak{u}|\mathfrak{t} = \sum_1^2 [\mathfrak{r}^i \mathfrak{t}_i]\,|\,[\mathfrak{q}\,\mathfrak{n}] = \sum_1^2 \begin{vmatrix} \mathfrak{r}^i|\mathfrak{q} & \overbrace{\mathfrak{r}^i|\mathfrak{n}}^{=0} \\ \mathfrak{t}_i|\mathfrak{q} & \mathfrak{t}_i|\mathfrak{n} \end{vmatrix} = \sum_1^2 (\mathfrak{r}^i|\mathfrak{q})\,(\mathfrak{t}_i|\mathfrak{n}) = \mathfrak{n}|\mathfrak{T}\,\mathfrak{q}$$

$$(75)\quad N = -\mathfrak{u}|\mathfrak{q} = \sum_1^2 -[\mathfrak{r}^i \mathfrak{t}_i]\,|\,[\mathfrak{n}\,\mathfrak{t}] = -\sum_1^2 \begin{vmatrix} \mathfrak{r}^i|\mathfrak{n} & \mathfrak{r}^i|\mathfrak{t} \\ \mathfrak{t}_i|\mathfrak{n} & \underbrace{\mathfrak{t}_i|\mathfrak{t}}_{=0} \end{vmatrix} = \sum_1^2 (\mathfrak{r}^i|\mathfrak{t})\,(\mathfrak{t}_i|\mathfrak{n}) = \mathfrak{n}|\mathfrak{T}\,\mathfrak{t}$$

oder auch nach S. 97, Gl. (10)

$$(76)\qquad N = -\mathfrak{n}'|\mathfrak{t} = -\sum_1^2 (\mathfrak{r}^i|\mathfrak{t})\,(\mathfrak{n}_i|\mathfrak{t}) = -\mathfrak{t}|\mathfrak{K}\,\mathfrak{t}$$

$$(77)\qquad G = \mathfrak{u}|\mathfrak{n} = \sum_1^2 [\mathfrak{r}^i \mathfrak{t}_i] | [\mathfrak{t}\,\mathfrak{q}] = \sum_1^2 \begin{vmatrix} \mathfrak{r}^i|\mathfrak{t} & \mathfrak{r}^i|\mathfrak{q} \\ \underbrace{\mathfrak{t}_i|\mathfrak{t}}_{=0} & \mathfrak{t}_i|\mathfrak{q} \end{vmatrix} = \sum_1^2 (\mathfrak{r}^i|\mathfrak{t})(\mathfrak{t}_i|\mathfrak{q}) = \mathfrak{q}|\mathfrak{T}\mathfrak{t},$$

jedoch auch

$$(78)\qquad G = \mathfrak{u}|\mathfrak{n} = \mathfrak{n}|\operatorname{rot}\mathfrak{t} - \mathfrak{t}|\underbrace{\operatorname{rot}\mathfrak{n}}_{=0} = \operatorname{div}[\mathfrak{t}\,\mathfrak{n}] = -\operatorname{div}\mathfrak{q}$$

und

$$(79)\qquad G = \mathfrak{n}|\operatorname{rot}\mathfrak{t} = \sum_1^2 (\mathfrak{n}\,\mathfrak{r}^i\,\mathfrak{t}_i) = \sum_1^2 \bar{\mathfrak{r}}_i|\mathfrak{t}_i = \frac{1}{\triangle}\{\mathfrak{r}_2|\mathfrak{t}_1 - \mathfrak{r}_1|\mathfrak{t}_2\}.$$

Das Feld der Quernormalen $\mathfrak{q} = [\mathfrak{n}\,\mathfrak{t}]$ bestimmt nun auf der Fläche die zu den $\mathfrak{t}$-Kurven orthogonale Kurvenschar mit Tangentenvektor $\bar{\mathfrak{t}} = \mathfrak{q}$ und Quernormale $\bar{\mathfrak{q}} = [\mathfrak{n}\,\bar{\mathfrak{t}}] = -\mathfrak{t}$. Daher bedeutet:

$\operatorname{div}\mathfrak{t} = -\operatorname{div}\bar{\mathfrak{q}}$ die geodätische Krümmung der $\mathfrak{q}$-Kurve durch P.

$\operatorname{rot}\mathfrak{q} = \operatorname{rot}\bar{\mathfrak{t}}$ den Drehvektor $\bar{\mathfrak{u}}$ für das begleitende Dreibein der $\mathfrak{q}$-Kurve durch P.

Damit ist folglich für jede Kurvenschar auf der Fläche und ihre Orthogonaltrajektorien die Frage nach der geometrischen Bedeutung der Invarianten $\operatorname{div}\mathfrak{t}$, $\operatorname{div}\mathfrak{q}$, $\operatorname{rot}\mathfrak{t}$ und $\operatorname{rot}\mathfrak{q}$ geklärt.

b) Ist auf der Fläche eine Kurvenschar *in endlicher Form* gegeben durch $\varphi = \varphi(v_1, v_2) = \text{const}$, so ist ihr Quernormalenfeld $\operatorname{grad}\varphi = \sum_1^2 \mathfrak{r}^i \varphi_i$ und ihr Tangentenfeld $\sum_1^2 \bar{\mathfrak{r}}_i \varphi_i = \sum_1^2 [\mathfrak{n}\,\mathfrak{r}^i]\varphi_i = [\mathfrak{n}\operatorname{grad}\varphi]$. Das letztere lautet dann in normierter Form

$$\mathfrak{t} = \frac{[\mathfrak{n}\operatorname{grad}\varphi]}{W};\quad \text{mit } W = \operatorname{mod}[\mathfrak{n}\operatorname{grad}\varphi] = \operatorname{mod}\operatorname{grad}\varphi = +\sqrt{\sum_{i,k}\varphi_i\varphi_k g^{ik}}.$$

Nach Gl. (79) wird damit die geodätische Krümmung der Scharkurve durch P

$$\begin{aligned} G &= \frac{1}{\triangle}\{\mathfrak{r}_2|\mathfrak{t}_1 - \mathfrak{r}_1|\mathfrak{t}_2\} = \frac{1}{\triangle}\{(\mathfrak{r}_2|\mathfrak{t})_1 - (\mathfrak{r}_1|\mathfrak{t})_2\} \\ &= \frac{1}{\triangle}\left\{\left(\frac{(\mathfrak{r}_2\,\mathfrak{n}\operatorname{grad}\varphi)}{W}\right)_1 - \left(\frac{(\mathfrak{r}_1\,\mathfrak{n}\operatorname{grad}\varphi)}{W}\right)_2\right\} \\ &= \frac{1}{\triangle}\left\{\left(\frac{\triangle\cdot\mathfrak{r}^1|\operatorname{grad}\varphi}{W}\right)_1 + \left(\frac{\triangle\cdot\mathfrak{r}^2|\operatorname{grad}\varphi}{W}\right)_2\right\} \\ &= \frac{1}{\triangle}\left\{\left(\frac{\triangle(g^{11}\varphi_1 + g^{12}\varphi_2)}{W}\right)_1 + \left(\frac{\triangle(g^{21}\varphi_1 + g^{22}\varphi_2)}{W}\right)_2\right\}. \end{aligned}$$

Dies ist aber in heutiger Schreibweise *Bonnets* berühmte *Formel* für die geodätische Krümmung, welche deren *Biegungsinvarianz* wieder unmittelbar erkennen läßt (vgl. S. 98/99).

§ 26. *Integralsätze auf der Fläche* *(Generalisierte Sätze von Stokes, Gauß und Green)*

Es sei C die Randkurve eines einfach zusammenhängenden regulären Bereichs auf der Fläche $\mathfrak{r} = \mathfrak{r}(v_1, v_2)$ und $V = V(\mathfrak{r})$ eine der Fläche zugeordnete differentiierbare Ortsfunktion. Wir bilden für irgendeine zulässige Multiplikationsart $\circ$ die *Zirkulation*

$$Z = \oint V \circ d\mathfrak{r} \tag{1}$$

und den *Fluß* über den Rand

$$F = \oint V \circ [d\mathfrak{r}\ \mathfrak{n}] = \oint V \circ \mathfrak{q}\, ds \tag{2}$$

mit solchem Umlaufssinn, daß $\mathfrak{q} = \left[\frac{d\mathfrak{r}}{ds}\ \mathfrak{n}\right]$ die nach *außen* weisende Quernormale des Randes wird. Überspinnt man dann die Fläche mit einem Kurvennetz, z. B. dem der Parameterlinien, so ergibt sich in der üblichen Weise, daß die Zirkulation bzw. der Fluß entlang dem Rande C gleich der Summe der (gleichsinnigen) Zirkulationen oder Flüsse über die einzelnen infinitesimalen Maschen $d\mathfrak{s}\ \delta\mathfrak{s}$ des Kurvennetzes wird.

A. Die Zirkulation von V um die Masche $d\mathfrak{s}\ \delta\mathfrak{s}$ ergibt nun ganz wie auf S. 60 für positives $d\sigma = (d\mathfrak{s}\ \delta\mathfrak{s}\ \mathfrak{n})$ und $[d\mathfrak{s}\ \delta\mathfrak{s}] = d\mathfrak{f}$:

$$\left\{\begin{aligned} dZ &= dV \circ \delta\mathfrak{s} - \delta V \circ d\mathfrak{s} = \sum_1^2 \{(\mathfrak{r}^i | d\mathfrak{s}) V_i \circ \delta\mathfrak{s} - (\mathfrak{r}^i | \delta\mathfrak{s}) V_i \circ d\mathfrak{s}\} \\ &= \sum_1^2 V_i \circ \{(\mathfrak{r}^i | d\mathfrak{s})\, \delta\mathfrak{s} - (\mathfrak{r}^i | \delta\mathfrak{s})\, d\mathfrak{s}\} = \sum_1^2 V_i \circ [[d\mathfrak{s}\ \delta\mathfrak{s}]\, \mathfrak{r}^i] \\ &= \sum_1^2 V_i \circ [d\mathfrak{f}\ \mathfrak{r}^i] = \sum_1^2 V_i \circ [\mathfrak{n}\ \mathfrak{r}^i]\, d\sigma = \sum_1^2 V_i \circ \bar{\mathfrak{r}}_i\, d\sigma \end{aligned}\right. \tag{3}$$

und folglich

$$\left\{\begin{aligned} Z &= \oint V \circ d\mathfrak{r} = \iint (dV \circ \delta\mathfrak{s} - \delta V \circ d\mathfrak{s}) = \iint \sum_1^2 V_i \circ [d\mathfrak{f}\ \mathfrak{r}^i] \\ &= \iint \mathfrak{W}\, d\mathfrak{f} = \iint \mathfrak{W}\, \mathfrak{n}\, d\sigma = \iint \operatorname{rot} V \cdot d\sigma, \end{aligned}\right. \tag{4}$$

wenn man $\mathfrak{W}\,\mathfrak{n} = \sum_1^2 V_i \circ [\mathfrak{n}\ \mathfrak{r}^i] = \sum_1^2 V_i \circ \bar{\mathfrak{r}}_i = \operatorname{rot} V$ setzt. Diese Gleichung (4) spricht den *verallgemeinerten Satz von Stokes* für die Fläche aus.

B. Als *Fluß* von V über den Rand der Masche $d\mathfrak{s}\ \delta\mathfrak{s}$ ergibt sich entsprechend der Wert (vgl. S. 122)

$$\begin{aligned} dF = V \circ [d\mathfrak{s}\ \mathfrak{n}] &+ (V + dV) \circ [\delta\mathfrak{s} \circ (\mathfrak{n} + d\mathfrak{n})] \\ &- (V + \delta V) \circ [d\mathfrak{s} (\mathfrak{n} + \delta\mathfrak{n})] - V \circ [\delta\mathfrak{s}\ \mathfrak{n}], \end{aligned}$$

d. h. bis auf Größen höherer Ordnung

$$dF = dV \circ [\delta\mathfrak{s}\,\mathfrak{n}] - \delta V \circ [d\mathfrak{s}\,\mathfrak{n}] + V \circ [\delta\mathfrak{s}\,d\mathfrak{n}] - V \circ [d\mathfrak{s}\,\delta\mathfrak{n}].$$

Wir wählen dabei $d\mathfrak{s} = \mathfrak{r}_1\,dv_1$, $\delta\mathfrak{s} = \mathfrak{r}_2\,dv_2$ und folglich $dV = V_1\,dv_1$, $\delta V = V_2\,dv_2$ sowie $d\mathfrak{n} = \mathfrak{n}_1\,dv_1$, $\delta\mathfrak{n} = \mathfrak{n}_2\,dv_2$ und erhalten

$$(5)\qquad \left\{\begin{aligned} dF &= (V_1 \circ [\mathfrak{r}_2\,\mathfrak{n}] - V_2 \circ [\mathfrak{r}_1\,\mathfrak{n}] + V \circ \{[\mathfrak{r}_2\,\mathfrak{n}_1] - [\mathfrak{r}_1\,\mathfrak{n}_2]\})\,dv_1\,dv_2 \\ &= (V_1 \circ \mathfrak{r}^1 + V_2 \circ \mathfrak{r}^2 + \eta\,V \circ \mathfrak{n})\,\underbrace{\triangle \cdot dv_1\,dv_2}_{=\,d\sigma}, \end{aligned}\right.$$

denn aus $[\mathfrak{r}_2\,\mathfrak{n}_1] - [\mathfrak{r}_1\,\mathfrak{n}_2] = \lambda\,\mathfrak{n}$ folgt: $\lambda = (\mathfrak{n}\,\mathfrak{r}_2\,\mathfrak{n}_1) - (\mathfrak{n}\,\mathfrak{r}_1\,\mathfrak{n}_2) = -\triangle \cdot \sum_1^2 \mathfrak{r}^i \,|\, \mathfrak{n}_i = \triangle \cdot \eta$.

Wir bezeichnen die Differentialinvariante $\sum_1^2 V_i \circ \mathfrak{r}^i$ entsprechend mit $\operatorname{div} V$ und erhalten damit

$$(6)\qquad F = \oint V \circ [d\mathfrak{r}\,\mathfrak{n}] = \iint (\operatorname{div} V + \eta\,V \circ \mathfrak{n})\,d\sigma$$

als *verallgemeinerten Satz von Gauß* in der Flächentheorie.

Tritt an Stelle von V das Produkt φV von V mit einer skalaren Ortsfunktion φ, so ist

$$(7)\qquad \left\{\begin{aligned} Z &= \oint (\varphi V) \circ d\mathfrak{r} = \iint \sum_1^2 (\varphi V)_i \circ [d\mathfrak{f}\,\mathfrak{r}^i] \\ &= \iint \left\{\varphi \sum_1^2 V_i \circ [d\mathfrak{f}\,\mathfrak{r}^i] + V \circ \left[d\mathfrak{f} \cdot \sum_1^2 \varphi_i \mathfrak{r}^i\right]\right\} \\ &= \iint \{\varphi \operatorname{rot} V + V \circ [\mathfrak{n} \operatorname{grad} \varphi]\}\,d\sigma \end{aligned}\right.$$

der *verallgemeinerte Satz von Stokes-Green* und

$$(8)\qquad \left\{\begin{aligned} F &= \oint (\varphi V) \circ [d\mathfrak{r}\,\mathfrak{n}] = \iint \left\{\sum_1^2 (\varphi V)_i \circ \mathfrak{r}^i + \eta\,\varphi\,V \circ \mathfrak{n}\right\} d\sigma \\ &= \iint \left\{\varphi \sum_1^2 V_i \circ \mathfrak{r}^i + V \circ \sum_1^2 \varphi_i \mathfrak{r}^i + \eta\,\varphi\,V \circ \mathfrak{n}\right\} d\sigma \\ &= \iint \{\varphi \operatorname{div} V + V \circ \operatorname{grad} \varphi + \eta\,\varphi\,V \circ \mathfrak{n}\}\,d\sigma \end{aligned}\right.$$

der *verallgemeinerte Satz von Gauß-Green* für die Flächentheorie.

Der verallgemeinerten Fassung des Divergenz- und Wirbelbegriffs in den Gl. (3) und (5) entsprechen dabei als zu Gl. (7) und (8) gehörige Zerlegungsformeln:

$$(9)\qquad \operatorname{div}(\varphi V) = \sum_1^2 (\varphi V)_i \circ \mathfrak{r}^i = V \circ \operatorname{grad} \varphi + \varphi \operatorname{div} V$$

$$(10)\qquad \operatorname{rot}(\varphi V) = \sum_1^2 (\varphi V)_i \circ [\mathfrak{n}\,\mathfrak{r}^i] = V \circ [\mathfrak{n} \operatorname{grad} \varphi] + \varphi \operatorname{rot} V,$$

denen, wegen $\operatorname{grad} V = \sum_1^2 \mathfrak{r}^i, V_i$ noch

$$(11)\qquad \operatorname{grad}(\varphi V) = \sum_1^2 \mathfrak{r}^i, (\varphi V)_i = \operatorname{grad} \varphi, V + \varphi \operatorname{grad} V$$

zur Seite tritt.

Wie in Kap. II, § 13, gewinnen wir aus den *allgemeinen* Gl. (4), (6), (7) und (8) die Integralsätze im engeren Sinn.

I. Es sei V ein Skalar ψ und $\circ$ die arithmetische Multiplikation, dann wird:

$$\oint \psi\, d\mathfrak{r} = \iint \sum_1^2 \psi_i [d\mathfrak{f}\, \mathfrak{r}^i] = \iint [d\mathfrak{f} \operatorname{grad} \psi] \tag{4'}$$

$$\oint \psi [d\mathfrak{r}\, \mathfrak{n}] = \iint \sum_1^2 \{\psi_i \mathfrak{r}^i + \eta \psi\, \mathfrak{n}\}\, d\sigma = \iint \{\operatorname{grad} \psi + \eta \psi\, \mathfrak{n}\}\, d\sigma \tag{6'}$$

$$\begin{cases} \oint (\varphi \psi)\, d\mathfrak{r} = \iint \left\{\varphi \sum_1^2 \psi_i [d\mathfrak{f}\, \mathfrak{r}^i] + \psi \sum_1^2 \varphi_i [d\mathfrak{f}\, \mathfrak{r}^i]\right\} \\ \qquad = \iint \{\varphi [d\mathfrak{f} \operatorname{grad} \psi] + \psi [d\mathfrak{f} \operatorname{grad} \varphi]\} \end{cases} \tag{7'}$$

$$\begin{cases} \oint (\varphi \psi) [d\mathfrak{r}\, \mathfrak{n}] = \iint \left\{\varphi \sum_1^2 \psi_i \mathfrak{r}^i + \psi \sum \varphi_i \mathfrak{r}^i + \eta \varphi \psi\, \mathfrak{n}\right\} d\sigma \\ \qquad = \iint \{\varphi \operatorname{grad} \psi + \psi \operatorname{grad} \varphi + \eta \varphi \psi\, \mathfrak{n}\}\, d\sigma. \end{cases} \tag{8'}$$

IIa. Es sei $V = \mathfrak{v}$ und $\circ$ bedeute *innere* Multiplikation, womit man erhält:

$$\oint \mathfrak{v} | d\mathfrak{r} = \iint \sum_1^2 \mathfrak{v}_i | [d\mathfrak{f}\, \mathfrak{r}^i] = \iint \sum_1^2 [\mathfrak{r}^i \mathfrak{v}_i] | d\mathfrak{f} = \iint \operatorname{rot} \mathfrak{v} | d\mathfrak{f} \tag{4''}$$

= *Satz von Stokes im engeren Sinn.*

$$\oint \mathfrak{v} | [d\mathfrak{r}\, \mathfrak{n}] = \iint \left\{\sum_1^2 \mathfrak{r}^i | \mathfrak{v}_i + \eta\, \mathfrak{v} | \mathfrak{n}\right\} d\sigma = \iint \{\operatorname{div} \mathfrak{v} + \eta (\mathfrak{v} | \mathfrak{n})\}\, d\sigma \tag{6''}$$

= *Satz von Gauß im engeren Sinn.*

$$\begin{cases} \oint \varphi \mathfrak{v} | d\mathfrak{r} = \iint \left\{\varphi \sum_1^2 \mathfrak{v}_i | [d\mathfrak{f}\, \mathfrak{r}^i] + \mathfrak{v} | [d\mathfrak{f} \operatorname{grad} \varphi]\right\} \\ \qquad = \iint \left\{\varphi \sum_1^2 [\mathfrak{r}^i \mathfrak{v}_i] | d\mathfrak{f} + [\operatorname{grad} \varphi \cdot \mathfrak{v}] | d\mathfrak{f}\right\} \\ \qquad = \iint \{\varphi \operatorname{rot} \mathfrak{v} + [\operatorname{grad} \varphi \cdot \mathfrak{v}]\} | d\mathfrak{f} \end{cases} \tag{7''}$$

$$\begin{cases} \oint \varphi \mathfrak{v} | [d\mathfrak{r}\, \mathfrak{n}] = \iint \left\{\varphi \sum_1^2 \mathfrak{v}_i | \mathfrak{r}^i + \mathfrak{v} | \sum_1^2 \varphi_i \mathfrak{r}^i + \eta \varphi (\mathfrak{v} | \mathfrak{n})\right\} d\sigma \\ \qquad = \iint \{\varphi \operatorname{div} \mathfrak{v} + \mathfrak{v} | \operatorname{grad} \varphi + \eta \varphi (\mathfrak{v} | \mathfrak{n})\}\, d\sigma. \end{cases} \tag{8''}$$

Man erhält insbesondere für $\mathfrak{v} = \operatorname{grad} \psi$:

a) Aus Gl. (7''):

$$\oint \varphi \operatorname{grad} \psi | d\mathfrak{r} = \iint [\operatorname{grad} \varphi \operatorname{grad} \psi] | d\mathfrak{f}, \tag{12}$$

also

$$\oint \varphi \operatorname{grad} \varphi | d\mathfrak{r} = 0, \tag{13}$$

denn nach Gl. (4'') ist in regulären Bereichen $\iint \operatorname{rot} \operatorname{grad} \psi | d\mathfrak{f} = \oint \operatorname{grad} \psi | d\mathfrak{r} = 0$ für *jeden* Rand und folglich überall $\operatorname{rot} \operatorname{grad} \psi | d\mathfrak{f} = 0$.

b) Aus Gl. (8''):

(14a) $$\oint \varphi \operatorname{grad} \psi \,|\, [d\mathfrak{r}\,\mathfrak{n}] = \iint \{\varphi \cdot \overbrace{\operatorname{div}\operatorname{grad}\psi}^{=\Delta\psi} + \operatorname{grad}\psi \,|\, \operatorname{grad}\varphi + \eta\,\varphi\,\underbrace{(\operatorname{grad}\psi\,|\,\mathfrak{n})}_{=0}\}\,d\sigma$$

und analog

(14b) $$\underline{\oint \psi \operatorname{grad}\varphi \,|\, [d\mathfrak{r}\,\mathfrak{n}] = \iint \{\psi \cdot \Delta\varphi + \operatorname{grad}\varphi \,|\, \operatorname{grad}\psi\}\,d\sigma,}$$

also subtrahiert:

(15) $$\oint (\varphi \operatorname{grad}\psi - \psi \operatorname{grad}\varphi) \,|\, \underbrace{[d\mathfrak{r}\,\mathfrak{n}]}_{=\mathfrak{q}\,ds} = \iint \{\varphi \cdot \Delta\psi - \psi\,\Delta\varphi\}\,d\sigma.$$

IIb. $V = \mathfrak{v}$ sei ein Vektor und $\circ$ bedeute *vektorielle* Multiplikation. Dann wird

(4''') $$\begin{cases} \oint [\mathfrak{v}\,d\mathfrak{r}] = \iint \sum_1^2 [\mathfrak{v}_i [d\mathfrak{f}\,\mathfrak{r}^i]] = \iint \sum_1^2 \{(\mathfrak{v}_i\,|\,\mathfrak{r}^i)\,d\mathfrak{f} - (\mathfrak{v}_i\,|\,d\mathfrak{f})\,\mathfrak{r}^i\} \\ \qquad = \iint \{\operatorname{div}\mathfrak{v} \cdot d\mathfrak{f} - \overline{\mathfrak{B}}\,d\mathfrak{f}\} \end{cases}$$

(6''') $$\oint [\mathfrak{r}[d\mathfrak{r}\,\mathfrak{n}]] = \iint \left\{\sum_1^2 [\mathfrak{v}_i \mathfrak{r}^i] + \eta\,[\mathfrak{v}\,\mathfrak{n}]\right\} d\sigma = \iint \{-\operatorname{rot}\mathfrak{v} + \eta\,[\mathfrak{v}\,\mathfrak{n}]\}\,d\sigma$$

(7''') $$\begin{cases} \oint \varphi\,[\mathfrak{v}\,d\mathfrak{r}] = \iint \{\varphi \sum [\mathfrak{v}_i [d\mathfrak{f}\,\mathfrak{r}^i]] + [\mathfrak{v}\,[d\mathfrak{f}\,\operatorname{grad}\varphi]]\} \\ \qquad = \iint \{\varphi(\operatorname{div}\mathfrak{v} \cdot d\mathfrak{f} - \overline{\mathfrak{B}}\,d\mathfrak{f}) + (\mathfrak{v}\,|\,\operatorname{grad}\varphi)\,d\mathfrak{f} - (\mathfrak{v}\,|\,d\mathfrak{f})\operatorname{grad}\varphi\} \end{cases}$$

(8''') $$\oint \varphi\,[\mathfrak{v}\,[d\mathfrak{r}\,\mathfrak{n}]] = \iint \{-\varphi \operatorname{rot}\mathfrak{v} + [\mathfrak{v}\operatorname{grad}\varphi] + \eta\,\varphi\,[\mathfrak{v}\,\mathfrak{n}]\}\,d\sigma.$$

III. Sei endlich $V = \mathfrak{B}$ ein Affinorfeld und $\circ$ das skalare Einsetzprodukt, so erhält man:

(4^{IV}) $$\oint \mathfrak{B}\,d\mathfrak{r} = \iint \sum_1^2 \mathfrak{B}_i [d\mathfrak{f}\,\mathfrak{r}^i] = \iint \sum_1^2 \mathfrak{B}_i [\mathfrak{n}\,\mathfrak{r}^i]\,d\sigma = \iint \operatorname{rot}\mathfrak{B} \cdot d\sigma$$

(6^{IV}) $$\oint \mathfrak{B}\,[d\mathfrak{r}\,\mathfrak{n}] = \iint \left\{\sum_1^2 \mathfrak{B}_i \mathfrak{r}^i + \eta\,\mathfrak{B}\,\mathfrak{n}\right\} d\sigma = \iint \{\operatorname{div}\mathfrak{B} + \eta\,\mathfrak{B}\,\mathfrak{n}\}\,d\sigma$$

(7^{IV}) $$\begin{cases} \oint \varphi\,\mathfrak{B}\,d\mathfrak{r} = \iint \left\{\varphi \sum_1^2 \mathfrak{B}_i [d\mathfrak{f}\,\mathfrak{r}^i] + \mathfrak{B}\,[d\mathfrak{f}\,\operatorname{grad}\varphi]\right\} \\ \qquad = \iint \{\varphi \operatorname{rot}\mathfrak{B} + \mathfrak{B}\,[\mathfrak{n}\,\operatorname{grad}\varphi]\}\,d\sigma \end{cases}$$

(8^{IV}) $$\begin{cases} \oint \varphi\,\mathfrak{B}\,[d\mathfrak{r}\,\mathfrak{n}] = \iint \left\{\varphi \sum_1^2 \mathfrak{B}_i \mathfrak{r}^i + \mathfrak{B}(\operatorname{grad}\varphi) + \eta\,\varphi\,\mathfrak{B}\,\mathfrak{n}\right\} d\sigma \\ \qquad = \iint \{\varphi \operatorname{div}\mathfrak{B} + \mathfrak{B}(\operatorname{grad}\varphi) + \eta\,\varphi\,\mathfrak{B}\,\mathfrak{n}\}\,d\sigma. \end{cases}$$

Dabei ist noch für *tangentiale* Affinoren der Form $\mathfrak{B} = \sum_1^2 \mathfrak{r}^k, \mathfrak{v}_k$ stets $\mathfrak{B}\,\mathfrak{n} = 0$.

Wir illustrieren diese Sätze noch durch Beispiele zu den Gl. (4'') und (6'').

a) Die geschlossene Randkurve C eines einfach zusammenhängenden regulären Bereichs auf der Fläche sei gegeben durch die implizite Gleichung $\varphi(v_1, v_2) = 0$ und im Innern des Bereichs liege der Punkt $P_0(a_1, a_2)$. Die Gleichung

$$\lambda\{(v_1 - a_1)^2 + (v_2 - a_2)^2\} + \mu\,\varphi(v_1, v_2) = 0 \tag{16}$$

stellt dann bei veränderlichem Verhältnis $\lambda : \mu$ eine Kurvenschar dar, zu der $\varphi(v_1, v_2) = 0$ gehört (für $\lambda = 0$) und welche sich für $\mu \to 0$ auf eine geschlossene infinitesimale Kurve um P_0 zusammenzieht. Die orthogonalen Trajektorien dieser Schar gehen also alle durch P_0.

Diese beiden *orthogonalen* Scharen seien jetzt als neue Parameterlinien eingeführt, derart, daß die Kurve C als v_2-Linie, d. h. mit v_2 als Parameter, fungiert. Nach S. 97, Gl. (10), ist nun die geodätische Krümmung einer Flächenkurve $G = (\mathfrak{r}'\,\mathfrak{r}''\,\mathfrak{n})$. Wir wenden diese Formel auf die (neuen) v_2-Linien an und erhalten

$$\mathfrak{r}' = \mathfrak{r}_2 v_2'; \tag{17}$$
$$\mathfrak{r}' | \mathfrak{r}' = \mathfrak{r}_2 | \mathfrak{r}_2 v_2'^2 = +1 \tag{18}$$

$$\mathfrak{r}'' = \mathfrak{r}_2 v_2'' + \mathfrak{r}_{22} v_2'^2; \tag{19}$$
$$[\mathfrak{r}'\,\mathfrak{r}''] = [\mathfrak{r}_2\,\mathfrak{r}_{22}]\, v_2'^3 \tag{20}$$

und somit

$$\left\{\begin{aligned} G &= (\mathfrak{r}'\,\mathfrak{r}''\,\mathfrak{n}) = \frac{[\mathfrak{r}_2\,\mathfrak{r}_{22}]\,|\,[\mathfrak{r}_1\,\mathfrak{r}_2]}{\triangle}\, v_2'^3 \\ &= \frac{1}{\triangle}\begin{vmatrix} \overbrace{\mathfrak{r}_2|\mathfrak{r}_1}^{=0} & \mathfrak{r}_2|\mathfrak{r}_2 \\ \mathfrak{r}_{22}|\mathfrak{r}_1 & \mathfrak{r}_{22}|\mathfrak{r}_2 \end{vmatrix} v_2'^3 = -\frac{v_2'}{\triangle}(\mathfrak{r}_{22}|\mathfrak{r}_1) = (\mathfrak{r}_{12}|\mathfrak{r}_2)\frac{v_2'}{\triangle} \end{aligned}\right. \tag{21}$$

bzw.

$$G\,ds = \frac{\mathfrak{r}_{12}|\mathfrak{r}_2}{\triangle}\,dv_2 = \left(\frac{\mathfrak{r}_{12}}{\triangle}\right)\Big|\,d\mathfrak{s}, \quad \text{für } \mathfrak{r}_2\,dv_2 = d\mathfrak{s}.$$

Bei Integration längs der geschlossenen Kurve C in Richtung positiver dv_2 wird also nach Stokes

$$\oint G\,ds = \oint \frac{\mathfrak{r}_{12}}{\triangle}\Big|\,d\mathfrak{s} = \iint \operatorname{rot}\left(\frac{\mathfrak{r}_{12}}{\triangle}\right)\Big|\,d\mathfrak{f} = \iint \operatorname{rot}\left(\frac{\mathfrak{r}_{12}}{\triangle}\right)\Big|\,\mathfrak{n}\,d\sigma. \tag{22}$$

Nach S. 122, Gl. (24), ist dabei stets $\operatorname{rot}\mathfrak{v}\,|\,\mathfrak{n} = \frac{1}{\triangle}(\mathfrak{v}_1|\mathfrak{r}_2 - \mathfrak{v}_2|\mathfrak{r}_1)$, also auch

$$\operatorname{rot}\left(\frac{\mathfrak{r}_{12}}{\triangle}\right)\Big|\,\mathfrak{n} = \frac{1}{\triangle}\left\{\left(\frac{\mathfrak{r}_{12}}{\triangle}\right)_1\Big|\,\mathfrak{r}_2 - \left(\frac{\mathfrak{r}_{12}}{\triangle}\right)_2\Big|\,\mathfrak{r}_1\right\} \tag{23}$$

und Gl. (22) wird, wegen $\triangle \cdot dv_1\,dv_2 = d\sigma$

$$\oint G\,ds = \iint \left\{\left(\frac{\mathfrak{r}_{12}}{\triangle}\right)_1\Big|\,\mathfrak{r}_2 - \left(\frac{\mathfrak{r}_{12}}{\triangle}\right)_2\Big|\,\mathfrak{r}_1\right\} dv_1\,dv_2. \tag{24}$$

Andrerseits lautet die Formel für das Gaußsche Krümmungsmaß $\varkappa$ in der bekannten Fassung Liouvilles für orthogonale Parameter in vektorieller Form

$$\varkappa = -\frac{1}{\Delta}\left\{\left(\frac{\mathfrak{r}_2\,|\,\mathfrak{r}_{12}}{\Delta}\right)_1 + \left(\frac{\mathfrak{r}_1\,|\,\mathfrak{r}_{12}}{\Delta}\right)_2\right\}, \tag{25}$$

womit man

$$\iint \varkappa\, d\sigma = -\iint \left\{\left(\frac{\mathfrak{r}_2\,|\,\mathfrak{r}_{12}}{\Delta}\right)_1 + \left(\frac{\mathfrak{r}_1\,|\,\mathfrak{r}_{12}}{\Delta}\right)_2\right\} dv_1\, dv_2 \tag{26}$$

erhält. Integriert man hierin den *zweiten* Summanden zuerst nach dv_2, so verschwindet dieses Integral längs der geschlossenen v_2-Kurven, da ja die Integrationsgrenzen hiebei zusammenfallen. Gl. (26) bleibt also auch richtig, wenn der zweite Summand das umgekehrte Vorzeichen erhält. Dann aber wird

$$\left\{\begin{aligned} \iint \varkappa\, d\sigma &= -\iint \left\{\left(\frac{\mathfrak{r}_2\,|\,\mathfrak{r}_{12}}{\Delta}\right)_1 - \left(\frac{\mathfrak{r}_1\,|\,\mathfrak{r}_{12}}{\Delta}\right)_2\right\} dv_1\, dv_2 \\ &= -\iint \left\{\mathfrak{r}_2 \,\Big|\, \left(\frac{\mathfrak{r}_{12}}{\Delta}\right)_1 - \mathfrak{r}_1 \,\Big|\, \left(\frac{\mathfrak{r}_{12}}{\Delta}\right)_2\right\} dv_1\, dv_2 \\ &= -\oint G\, ds, \quad \text{lt. obiger Gl. (24).} \end{aligned}\right. \tag{27}$$

Bei unsrer Parameterwahl fungiert nun P_0 als singulärer Punkt, da in P_0 die v_1-Linien zusammenlaufen und also die Richtungen $\mathfrak{r}_i$ unbestimmt werden. Wir schließen ihn deshalb durch eine ihm infinitesimal benachbarte v_2-Kurve aus, welche dann bei der Bildung des Randintegrals in *negativem* Sinn durchlaufen wird. Da dieselbe, weil infinitesimal in einem an sich regulären Gebiet, als *eben* zu betrachten ist, wird längs ihr nach S. 98 oben: $\oint G\, ds = -2\pi$. Damit wird aber Gl. (27)

$$\iint \varkappa\, d\sigma = -\left\{\oint_C G\, ds - 2\pi\right\}$$

oder

$$\oint_C G\, ds + \iint \varkappa\, d\sigma = 2\pi, \tag{28}$$

wobei im Grenzfall $\iint \varkappa\, d\sigma$ über den ganzen inneren Bereich von C zu erstrecken ist. Durch Gl. (28) wird aber der *Satz von Gauß-Bonnet* für den Fall einer regulären Randkurve ohne Ecken ausgedrückt (vgl. S. 111/12).

b) Das Oberflächenelement einer in Parameterform gegebenen Fläche ist nach S. 77, Gl. (11): $d\sigma = (\mathfrak{n}\,\mathfrak{r}_1\mathfrak{r}_2)\, dv_1\, dv_2$, und folglich wird die Oberfläche eines Bereichs derselben

$$O = \iint d\sigma = \iint (\mathfrak{n}\,\mathfrak{r}_1\mathfrak{r}_2)\, dv_1 dv_2. \tag{29}$$

Bei irgendeiner „*Variation*" der Fläche wird also nach bekannten Regeln

$$
(30)\quad \left\{
\begin{aligned}
\delta O &= \iint \delta(\mathfrak{n}\,\mathfrak{r}_1\mathfrak{r}_2)\, dv_1 dv_2 \\
&= \iint dv_1\, dv_2 \{\underbrace{(\delta\mathfrak{n}\,\mathfrak{r}_1\mathfrak{r}_2)}_{=0} + (\mathfrak{n}\,\delta\mathfrak{r}_1\,\mathfrak{r}_2) + (\mathfrak{n}\,\mathfrak{r}_1\,\delta\mathfrak{r}_2)\} \\
&= \iint dv_1\, dv_2 \{(\mathfrak{n}\,(\delta\mathfrak{r})_1\,\mathfrak{r}_2) + (\mathfrak{n}\,\mathfrak{r}_1\,(\delta\mathfrak{r})_2)\} \\
&= \iint \triangle\cdot dv_1\, dv_2 \left\{\frac{[\mathfrak{r}_2\mathfrak{n}]}{\triangle}\,|\,(\delta\mathfrak{r})_1 + \frac{[\mathfrak{n}\,\mathfrak{r}_1]}{\triangle}\,|\,(\delta\mathfrak{r})_2\right\} \\
&= \iint d\sigma\cdot\sum_1^2 \mathfrak{r}^i\,|\,(\delta\mathfrak{r})_i = \iint d\sigma\cdot \operatorname{div}(\delta\mathfrak{r}).
\end{aligned}
\right.
$$

Nach dem Satz von Gauß, d. h. nach S. 132, Gl. (6''), ist dann aber

$$
(31)\qquad \delta O = \iint \operatorname{div}(\delta\mathfrak{r})\cdot d\sigma = \oint (\delta\mathfrak{r}\; d\mathfrak{r}\;\mathfrak{n}) - \iint (\delta\mathfrak{r}\,|\,\mathfrak{n})\,\eta\, d\sigma.
$$

Dies ist aber die bekannte *Formel für die erste Variation der Oberfläche*, welche *Gauß* bereits 1829 (in damaliger Schreibweise) gefunden hat. Bei Festhaltung des Rands liefert dieselbe bei sonst beliebigem $\delta\mathfrak{r}$ sofort für *Minimalflächen* die Bedingung $\eta = 0$.

c) Unsre Gl. (6'') auf S. 132 gibt weiter direkt für $\mathfrak{v} = \mathfrak{r}$:

$$
(32)\qquad \oint (\mathfrak{r}\; d\mathfrak{r}\;\mathfrak{n}) = \iint \{\operatorname{div}\mathfrak{r} + \eta\,(\mathfrak{r}\,|\,\mathfrak{n})\}\, d\sigma.
$$

Wegen $\operatorname{div}\mathfrak{r} = 2$, lt. Gl. (28) auf S. 123, ergibt sich hieraus für Minimalflächen, d. h. für $\eta = 0$:

$$
\oint (\mathfrak{r}\; d\mathfrak{r}\;\mathfrak{n}) = 2\iint d\sigma
$$

oder

$$
(33)\qquad O = \frac{1}{2}\oint (\mathfrak{r}\; d\mathfrak{r}\;\mathfrak{n}).
$$

Dieser *Satz von H. A. Schwartz* (1874) stellt den Flächeninhalt eines Minimalflächenstücks unmittelbar durch ein *Randintegral* dar.

§ 27. Regelflächen und Strahlensysteme

A. Regelflächen

Eine Gerade im Raum sei festgelegt durch den Ortsvektor $\mathfrak{r}$ eines ihrer Punkte und den Einheitsvektor $\mathfrak{g}$, der ihre Richtung bestimmt. Ihre explizite Gleichung lautet dann

$$
(1)\qquad \mathfrak{x} = \mathfrak{r} + x\mathfrak{g}, \quad \text{für } \mathfrak{g}\,|\,\mathfrak{g} = +1,
$$

mit $\mathfrak{x}$ als Ortsvektor ihres laufenden Punkts und mit Parameter x. Sind dabei $\mathfrak{r}$ und $\mathfrak{g}$ selbst wieder stetige und differentiierbare Funktionen eines Parameters t:

$$
\mathfrak{r} = \mathfrak{r}(t) \quad \text{und} \quad \mathfrak{g} = \mathfrak{g}(t),
$$

so ist

(2) $$\mathfrak{x} = \mathfrak{r}(t) + x\,\mathfrak{g}(t)$$

die Gleichung einer *Regelfläche* in Gaußschen Koordinaten $v_1 = t$ und $v_2 = x$, erzeugt durch stetige Bewegung der Geraden $\mathfrak{x} = \mathfrak{r} + x\mathfrak{g}$. Insbesondere stellt Gl. (2) für $\mathfrak{g} = \text{const}$ eine *Zylinderfläche* und für $\mathfrak{r} = \text{const}$ eine *Kegelfläche* dar. Im *allgemeinen* Fall dagegen wird durch $\mathfrak{r} = \mathfrak{r}(t)$ die *Leitkurve* und durch $\mathfrak{g} = \mathfrak{g}(t)$ der *Richtkegel* der Regelfläche festgelegt.

Im folgenden sei nun $t = v_1$ die *Bogenlänge* der Leitkurve und, wegen $\operatorname{mod}\mathfrak{g} = +1$, $x = v_2$ die Entfernung des Flächenpunktes X vom zugehörigen Punkt der Leitkurve. Damit lautet Gl. (2)

(2') $$\mathfrak{x} = \mathfrak{r}(v_1) + v_2\mathfrak{g}(v_1),$$

und es ist

(3) $$\begin{cases} \mathfrak{x}_1 = \dfrac{\partial\mathfrak{x}}{\partial v_1} = \dfrac{d\mathfrak{r}}{dv_1} + v_2\dfrac{d\mathfrak{g}}{dv_1} = \mathfrak{r}' + v_2\mathfrak{g}' \\ \mathfrak{x}_2 = \dfrac{\partial\mathfrak{x}}{\partial v_2} = \mathfrak{g}, \end{cases}$$

wobei noch $\mathfrak{r}'|\mathfrak{r}' = +1$ wird.

Das *Linienelement* $d\mathfrak{x}$ *der Regelfläche* erhält damit die Form

(4) $$d\mathfrak{x} = d\mathfrak{r} + dv_2\mathfrak{g} + v_2 d\mathfrak{g} = (\mathfrak{r}' + v_2\mathfrak{g}')\,dv_1 + \mathfrak{g}\,dv_2,$$

und weiter folgt aus Gl. (3)

(5) $$\begin{cases} \mathfrak{x}_{11} = \dfrac{\partial^2\mathfrak{x}}{\partial v_1^2} = \mathfrak{r}'' + v_2\mathfrak{g}'' \\ \mathfrak{x}_{12} = \dfrac{\partial^2\mathfrak{x}}{\partial v_1\,\partial v_2} = \mathfrak{x}_{21} = \mathfrak{g}' \\ \mathfrak{x}_{22} = \dfrac{\partial^2\mathfrak{x}}{\partial v_2^2} = 0. \end{cases}$$

Wir erhalten so für unsre Regelfläche die *Fundamentalgrößen erster und zweiter Ordnung* in der Form

(6) $$\begin{cases} g_{11} = \mathfrak{x}_1|\mathfrak{x}_1 = \mathfrak{r}'|\mathfrak{r}' + 2v_2\mathfrak{r}'|\mathfrak{g}' + v_2^2\mathfrak{g}'|\mathfrak{g}' = +1 + 2v_2 B + v_2^2 A \\ g_{12} = \mathfrak{x}_1|\mathfrak{x}_2 = \mathfrak{r}'|\mathfrak{g} + v_2\mathfrak{g}'|\mathfrak{g} = \mathfrak{r}'|\mathfrak{g} = \cos\vartheta, \quad \text{für } \vartheta = \sphericalangle(\mathfrak{r}'|\mathfrak{g}), \\ g_{22} = \mathfrak{x}_2|\mathfrak{x}_2 = \mathfrak{g}|\mathfrak{g} = +1 \end{cases}$$

und

(7) $$\begin{cases} L_{11} = \mathfrak{x}_{11}|\mathfrak{n} = \mathfrak{r}''|\mathfrak{n} + v_2\mathfrak{g}''|\mathfrak{n} \\ L_{12} = \mathfrak{x}_{12}|\mathfrak{n} = \mathfrak{g}'|\mathfrak{n} \\ L_{22} = \mathfrak{x}_{22}|\mathfrak{n} = 0. \end{cases}$$

Für den Einheitsvektor $\mathfrak{n}$ der Flächennormale erhält man dabei

$$(8)\qquad \mathfrak{n} = \frac{[\mathfrak{x}_1\,\mathfrak{x}_2]}{\triangle} = \frac{1}{\triangle}\{[\mathfrak{r}'\mathfrak{g}] + v_2[\mathfrak{g}'\mathfrak{g}]\},$$

mit

$$(9)\qquad \triangle^2 = \begin{vmatrix} g_{11} & g_{12} \\ g_{21} & g_{22} \end{vmatrix} = \sin^2\vartheta + 2\,B v_2 + A v_2^2 .$$

Gl. (8) enthält u. a. den bekannten *Satz von Chasles*:

„Das Büschel der Normalenrichtungen bzw. Tangentenebenen der Fläche längs einer Erzeugenden ist projektiv zur Punktreihe $\mathfrak{r} + v_2\mathfrak{g}$ der zugehörigen Berührungspunkte."

Für das *Krümmungsmaß* der Fläche folgt weiter mit Gl. (7) der Wert

$$(10)\qquad \varkappa = \frac{L_{11}L_{22} - L_{12}^2}{\triangle^2} = \frac{-L_{12}^2}{\triangle^2} = \frac{-(\mathfrak{g}'|\mathfrak{n})^2}{\triangle^2},$$

also ein stets *negativer* Wert. Dabei ist noch, wegen Gl. (8)

$$(\mathfrak{g}'|\mathfrak{n}) = \frac{1}{\triangle}\{(\mathfrak{g}'\mathfrak{r}'\mathfrak{g}) + v_2(\mathfrak{g}'\mathfrak{g}'\mathfrak{g})\} = \frac{(\mathfrak{g}'\mathfrak{r}'\mathfrak{g})}{\triangle},$$

wobei das Volumprodukt $(\mathfrak{g}'\mathfrak{r}'\mathfrak{g})$ von v_2 unabhängig ist.

Soll eine durch $v_2 = v_2(v_1)$ bestimmte Flächenkurve die Erzeugenden überall unter einem rechten Winkel schneiden, so muß gelten

$$(12)\qquad d\mathfrak{x}|\mathfrak{g} = (\overbrace{\mathfrak{r}'|\mathfrak{g}}^{=\cos\vartheta} + v_2\,\overbrace{\mathfrak{g}'|\mathfrak{g}}^{=0})\,dv_1 + \overbrace{\mathfrak{g}|\mathfrak{g}}^{=+1}\,dv_2 = 0$$

oder

$$(12')\qquad dv_2 = -(\mathfrak{r}'|\mathfrak{g})\,dv_1 = -\cos\vartheta\,dv_1 .$$

Die *Orthogonaltrajektorien* der Erzeugenden ergeben sich demnach durch eine bloße Quadratur in der Form

$$(13)\qquad v_2 = -\int(\mathfrak{r}'|\mathfrak{g})\,dv_1 + \text{const}$$

als eine *äquidistante Kurvenschar.*

Die *„Gerade als erzeugendes Raumelement"* wurde zuerst von *H. Graßmann* (1844) und *J. Plücker* (1846) in die Betrachtung eingeführt. Für die Regelflächen als Gebilde der *„Liniengeometrie"* spielen dabei eine grundlegende Rolle der Winkel $d\varphi$ konsekutiver Erzeugender sowie der Fußpunkt ihres gemeinsamen Lots, der Kehlpunkt K, und der Vektor ihres kürzesten Abstands $d\mathfrak{k}$. Durch zwei solche konsekutive Erzeugende ist dann stets ein infinitesimaler windschiefer „Flächenstreifen" bestimmt.

Der Winkel konsekutiver Erzeugender ist dabei gegeben durch

$$(14)\qquad d\varphi = \operatorname{mod} d\mathfrak{g} = \sqrt{d\mathfrak{g}|d\mathfrak{g}}.$$

Dagegen hat der Vektor $d\mathfrak{k}$ als Linienelement der Tangentenebene im Kehlpunkt K jedenfalls die Form

$$(\prime\prime)\qquad d\mathfrak{k} = d\mathfrak{r} + v_2\, d\mathfrak{g} + dv_2\, \mathfrak{g},$$

jedoch mit den Nebenbedingungen

$$(15)\qquad d\mathfrak{k}\,|\,\mathfrak{g} = d\mathfrak{r}\,|\,\mathfrak{g} + v_2 \overbrace{d\mathfrak{g}\,|\,\mathfrak{g}}^{=0} + dv_2 \overbrace{\mathfrak{g}\,|\,\mathfrak{g}}^{=+1} = 0$$

$$(16)\qquad d\mathfrak{k}\,|\,(\mathfrak{g} + d\mathfrak{g}) = d\mathfrak{k}\,|\,d\mathfrak{g} = d\mathfrak{r}\,|\,d\mathfrak{g} + v_2\, d\mathfrak{g}\,|\,d\mathfrak{g} + dv_2 \overbrace{\mathfrak{g}\,|\,d\mathfrak{g}}^{=0} = 0.$$

Der dem gemeinsamen Lot $d\mathfrak{k}$ entsprechende Einheitsvektor $\mathfrak{k}$ ist demnach

$$(17)\qquad \mathfrak{k} = \frac{[\mathfrak{g}\, d\mathfrak{g}]}{\mathrm{mod}\,[\mathfrak{g}\, d\mathfrak{g}]} = \frac{[\mathfrak{g}\, d\mathfrak{g}]}{\mathrm{mod}\, d\mathfrak{g}},$$

weil ja $[\mathfrak{g}\, d\mathfrak{g}]\,|\,[\mathfrak{g}\, d\mathfrak{g}] = \begin{vmatrix} \mathfrak{g}\,|\,\mathfrak{g} & \mathfrak{g}\,|\,d\mathfrak{g} \\ d\mathfrak{g}\,|\,\mathfrak{g} & d\mathfrak{g}\,|\,d\mathfrak{g} \end{vmatrix} = d\mathfrak{g}\,|\,d\mathfrak{g}$ wird.

Nach Gl. (4′) ist ferner

$$(18)\qquad (\mathfrak{g}\, d\mathfrak{g}\, d\mathfrak{k}) = (\mathfrak{g}\, d\mathfrak{g}\, d\mathfrak{r}),$$

und aus Gl. (16) folgt sogleich

$$(16')\qquad v_2 = -\frac{d\mathfrak{r}\,|\,d\mathfrak{g}}{d\mathfrak{g}\,|\,d\mathfrak{g}} = -\frac{\mathfrak{r}'\,|\,\mathfrak{g}'}{\mathfrak{g}'\,|\,\mathfrak{g}'} = -\frac{B}{A}$$

als *Abszisse des Kehlpunkts*, bzw. als Gleichung der *Kehllinie*, während aus Gl. (15) für die Fortschreitungsrichtung längs $d\mathfrak{k}$

$$(15')\qquad dv_2 = -d\mathfrak{r}\,|\,\mathfrak{g} = -(\mathfrak{r}'\,|\,\mathfrak{g})\, dv_1 = -\cos\vartheta\, dv_1$$

sich ergibt. Damit wird dann aus Gl. (4′)

$$(19)\qquad d\mathfrak{k} = \{\mathfrak{r}' + v_2 \mathfrak{g}' - (\mathfrak{r}'\,|\,\mathfrak{g})\,\mathfrak{g}\}\, dv_1.$$

Der numerische Wert von $d\mathfrak{k}$ ist nun, wegen Gl. (17), unter Einführung eines Vorzeichens

$$(20)\qquad dk = \mathfrak{k}\,|\,d\mathfrak{r} = \frac{[\mathfrak{g}\, d\mathfrak{g}]\,|\,d\mathfrak{r}}{\mathrm{mod}\, d\mathfrak{g}} = \frac{(\mathfrak{g}\, d\mathfrak{g}\, d\mathfrak{r})}{d\varphi},$$

und damit wird auch, mit Gl. (18)

$$(20')\qquad dk \cdot d\varphi = (\mathfrak{g}\, d\mathfrak{g}\, d\mathfrak{r}) = (\mathfrak{g}\, d\mathfrak{g}\, d\mathfrak{k}).$$

Wir erhalten somit für den 1839 von *Chasles* eingeführten *Verteilungsparameter oder Drall*, welcher zu der betreffenden Erzeugenden gehört, ***mit*** Vorzeichen den Wert

$$(21)\qquad D = \frac{dk}{d\varphi} = \frac{dk \cdot d\varphi}{d\varphi^2} = \frac{(d\mathfrak{g}\, d\mathfrak{r}\, \mathfrak{g})}{d\mathfrak{g}\,|\,d\mathfrak{g}} = \frac{(\mathfrak{g}'\, \mathfrak{r}'\, \mathfrak{g})}{\mathfrak{g}'\,|\,\mathfrak{g}'} = \frac{1}{S}.$$

Nach *Buka* (1881) wird der Wert $S = \frac{1}{D}$ auch die zugehörige „*Schränkung*" genannt.

Für Flächen verschwindenden Dralls, deren konsekutive Erzeugende sich also *schneiden*, erhält man aus Gl. (21) sofort die Bedingung

(22) $$(\mathfrak{g}'\mathfrak{r}'\mathfrak{g}) = 0 \quad \text{bzw.} \quad (d\mathfrak{g}\, d\mathfrak{r}\, \mathfrak{g}) = 0.$$

Für solche *abwickelbare Flächen (Torsen)* wird die Kehllinie zur *Gratlinie oder Rückkehrkurve* („arête de rebroussement" bei Monge), und man erhält als ihre Gleichung wieder wie im allgemeinen Fall

(16') $$v_2 = -\frac{\mathfrak{r}'|\mathfrak{g}'}{\mathfrak{g}'|\mathfrak{g}'} = -\frac{B}{A}.$$

Wegen Gl. (22) ist dann stets $[\mathfrak{r}'\mathfrak{g}] \equiv [\mathfrak{g}'\mathfrak{g}]$, und somit bleibt nach Gl. (8) die Richtung der Flächennormale (und damit die Lage der Tangentenebene) längs einer Erzeugenden dieselbe. Die Bedingungsgleichung (22) für solche abwickelbare Flächen, nämlich $(\mathfrak{g}'\mathfrak{r}'\mathfrak{g}) = 0$, besagt auch, daß zwischen den drei Faktoren dieses Volumprodukts eine lineare Beziehung der Form

(23) $$\mathfrak{r}' + \tau\mathfrak{g}' + \lambda\mathfrak{g} = 0$$

bestehen muß, wobei der (deshalb gleich eins gesetzte) Koeffizient von $\mathfrak{r}'$ nicht verschwinden kann, wegen $\mathfrak{g}|\mathfrak{g}' = 0$. Man erhält nun aus Gl. (23) sofort

(24) $$\begin{cases} \mathfrak{r}'|\mathfrak{g}' + \tau\, \mathfrak{g}'|\mathfrak{g}' + \lambda \overbrace{\mathfrak{g}|\mathfrak{g}'}^{=0} = 0; \quad \text{d. h. } \tau = -\frac{\mathfrak{r}'|\mathfrak{g}'}{\mathfrak{g}'|\mathfrak{g}'} = -\frac{B}{A} \\ \mathfrak{r}'|\mathfrak{g} + \tau \overbrace{\mathfrak{g}'|\mathfrak{g}}^{=0} + \lambda \overbrace{\mathfrak{g}|\mathfrak{g}}^{=+1} = 0; \quad \text{d. h. } \lambda = -\,\mathfrak{r}'|\mathfrak{g} = -\cos\vartheta. \end{cases}$$

Die Kurve $\mathfrak{x} = \mathfrak{r} + \tau\mathfrak{g}$ stellt also die Gratlinie der Fläche dar, für welche im Blick auf Gl. (23) der Tangentenvektor

(25) $$\frac{d\mathfrak{x}}{dv_1} = \mathfrak{x}' = \mathfrak{r}' + \tau'\mathfrak{g} + \tau\mathfrak{g}' = (\tau' - \lambda)\,\mathfrak{g}$$

wird. Die *Erzeugenden der Fläche* treten demnach als *Tangenten der Gratlinie* auf.

Die *Flächennormale der Regelfläche im Kehlpunkt K*, die sogenannte „*Zentralnormale*", steht nun senkrecht auf $\mathfrak{g}$ und $d\mathfrak{k} \equiv [\mathfrak{g}\, d\mathfrak{g}]$. Sie hat also die Richtung des Vektors $[[\mathfrak{g}\, d\mathfrak{g}]\,\mathfrak{g}] = d\mathfrak{g}$, d. h. es ist

(26) $$\mathfrak{n}_K = \frac{d\mathfrak{g}}{\operatorname{mod} d\mathfrak{g}} = \frac{d\mathfrak{g}}{d\varphi}.$$

Dagegen ergibt Gl. (8), mit $v_2 \to \infty$, für die „*asymptotische Normale*" im unendlich fernen Punkt der Erzeugenden die Richtung $[\mathfrak{g}'\mathfrak{g}] \equiv [d\mathfrak{g}\, \mathfrak{g}]$. Es ist deshalb

(27) $$\mathfrak{n}_A = \frac{[d\mathfrak{g}\, \mathfrak{g}]}{\operatorname{mod}\, [d\mathfrak{g}\, \mathfrak{g}]} = \frac{[d\mathfrak{g}\, \mathfrak{g}]}{\operatorname{mod} d\mathfrak{g}} = \frac{[d\mathfrak{g}\, \mathfrak{g}]}{d\varphi}.$$

Nach Gl. (17) ist also $\mathfrak{n}_A$ parallel zu $\mathfrak{k}$, und weiter ist

(28) $$\mathfrak{n}_K \mid \mathfrak{n}_A = \frac{d\mathfrak{g} \mid [d\mathfrak{g}\,\mathfrak{g}]}{d\varphi^2} = \frac{(d\mathfrak{g}\,d\mathfrak{g}\,\mathfrak{g})}{d\mathfrak{g} \mid d\mathfrak{g}} = 0.$$

Wird nun für eine *beliebige* Regelfläche die *Kehllinie als Leitkurve* gewählt, so ist für *deren* Punkte jetzt $v_2 = -\frac{B}{A} = 0$, bzw. $B = \mathfrak{r}' \mid \mathfrak{g}' = 0$.

Für einen *beliebigen* Punkt der Erzeugenden $\mathfrak{x} = \mathfrak{r} + x\mathfrak{g}$ ist dann

(29a) $$\mathfrak{n} \equiv [d\mathfrak{x}\,\mathfrak{g}] = [d\mathfrak{r}\,\mathfrak{g}] + x[d\mathfrak{g}\,\mathfrak{g}],$$

wobei nach Gl. (4'), mit $v_2 = 0$, auch gilt: $[d\mathfrak{k}\,\mathfrak{g}] = [d\mathfrak{r}\,\mathfrak{g}]$, so daß

(29b) $$\mathfrak{n} \equiv [d\mathfrak{k}\,\mathfrak{g}] + x(d\mathfrak{g}\,\mathfrak{g}] = \mathfrak{n}_K \cdot dk + x\,\mathfrak{n}_A \cdot d\varphi$$

wird. Vergleich mit $\mathfrak{n} = \mathfrak{n}_K \cos\psi + \mathfrak{n}_A \sin\psi$, für $\psi = \sphericalangle(\mathfrak{n}\,\mathfrak{n}_K)$, liefert dann sogleich die *Formel von Chasles* (1839)

(30) $$\operatorname{tg}\psi = \frac{x\,d\varphi}{dk} = \frac{x}{D} = xS.$$

Nach Gl. (10) wird ferner das Krümmungsmaß in einem beliebigen Flächenpunkt, im Blick auf Gl. (8) allgemein

(10') $$\varkappa = -\frac{(\mathfrak{g}' \mid \mathfrak{n})^2}{\Delta^2} = -\frac{(\mathfrak{g}'\,\mathfrak{r}'\,\mathfrak{g})^2}{\Delta^4}.$$

Für Torsen verschwindet demnach überall das Krümmungsmaß. Insbesondere für $B = 0$, d. h. mit der Kehllinie als Leitkurve, wird

(10'') $$\varkappa = -\frac{(\mathfrak{g}'\,\mathfrak{r}'\,\mathfrak{g})^2}{(Ax^2 + \sin^2\vartheta)^2}.$$

Diese Gleichung zeigt die *symmetrische* Verteilung von $\varkappa$ auf der Erzeugenden zu beiden Seiten des Kehlpunkts K und läßt erkennen, daß $|\varkappa|$ im Kehlpunkt selbst ein Maximum besitzt. Für $x \to \infty$ geht dagegen $\varkappa$ gegen Null.

Im Kehlpunkt jeder Erzeugenden bilden endlich die drei Einheitsvektoren $\mathfrak{g}$, $\mathfrak{n}_K = \frac{d\mathfrak{g}}{d\varphi} = \frac{\mathfrak{g}'}{\varphi'}$ und $\mathfrak{k} = [\mathfrak{g}\,\mathfrak{n}_K]$ ein die Regelfläche begleitendes Dreibein, analog demjenigen einer Raumkurve in § 15, S. 72. Ihre Ableitungen nach v_1, zerlegt nach den Richtungen $\mathfrak{g}$, $\mathfrak{n}_K$ und $\mathfrak{k}$, bilden dann jedenfalls, entsprechend zu S. 73, Gl. (15), das schiefsymmetrische Schema:

(a) $$\mathfrak{g}' = 0\mathfrak{g} + \varphi'\mathfrak{n}_K + 0\mathfrak{k}, \quad \text{lt. Gl. (26)}$$

(b) $$\mathfrak{n}'_K = -\varphi'\mathfrak{g} + 0\mathfrak{n}_K + y\mathfrak{k}$$

(c) $$\mathfrak{k}' = 0\mathfrak{g} - y\mathfrak{n}_K + 0\mathfrak{k},$$

wobei also nur der Koeffizient y noch zu bestimmen ist. Man erhält zunächst aus (b), wegen $\mathfrak{k} = \frac{[\mathfrak{g}\,\mathfrak{g}']}{\varphi'}$:

$$y = \mathfrak{n}'_K \mid \mathfrak{k} = \frac{(\mathfrak{n}'_K\,\mathfrak{g}\,\mathfrak{g}')}{\varphi'}.$$

Aus (a) folgt andrerseits

$$\mathfrak{g}'' = \varphi'' \mathfrak{n}_K + \varphi' \mathfrak{n}'_K, \quad \text{also auch} \quad (\mathfrak{g}\mathfrak{g}'\mathfrak{g}'') = \varphi'(\mathfrak{g}\mathfrak{g}'\mathfrak{n}'_K).$$

Somit wird $y = \frac{(\mathfrak{g}\mathfrak{g}'\mathfrak{g}'')}{\varphi'^2} = \frac{(\mathfrak{g}\mathfrak{g}'\mathfrak{g}'')}{\mathfrak{g}'|\mathfrak{g}'}$, und „Frenets Gleichungen" für das die Regelfläche im Kehlpunkt begleitende Dreibein erhalten damit die endgültige Form:

$$\text{(31)} \qquad \begin{cases} \mathfrak{g}' = \varphi' \mathfrak{n}_K \\ \mathfrak{n}'_K = -\varphi' \mathfrak{g} + \frac{(\mathfrak{g}\mathfrak{g}'\mathfrak{g}'')}{\mathfrak{g}'|\mathfrak{g}'} \mathfrak{t} \\ \mathfrak{t}' = -\frac{(\mathfrak{g}\mathfrak{g}'\mathfrak{g}'')}{\mathfrak{g}'|\mathfrak{g}'} \mathfrak{n}_K . \end{cases}$$

B. Strahlensysteme

Betrachtet man in Gl. (1) $\mathfrak{r}$ und $\mathfrak{g}$ als Funktionen von *zwei unabhängigen Parametern*:

$$\mathfrak{r} = \mathfrak{r}(v_1, v_2); \quad \mathfrak{g} = \mathfrak{g}(v_1, v_2), \quad \text{mit} \quad \mathfrak{g}|\mathfrak{g} = +1,$$

so liefert bei beliebig veränderlichem x

$$\text{(32)} \qquad \mathfrak{x} = \mathfrak{r}(v_1, v_2) + x\,\mathfrak{g}(v_1, v_2)$$

die Gleichung aller Erzeugenden eines *Strahlensystems*, wobei $\mathfrak{r} = \mathfrak{r}(v_1, v_2)$ als „*Leitfläche*" des Systems fungiert. Ist auch $x = x(v_1, v_2)$, so wird

$$\text{(32')} \qquad \mathfrak{x} = \mathfrak{r} + x\,\mathfrak{g} = \mathfrak{x}(v_1, v_2)$$

die Gleichung einer *Schnittfläche* des Strahlensystems. Soll dieselbe die Erzeugenden überall senkrecht schneiden, so muß allgemein $d\mathfrak{x}|\mathfrak{g} = 0$ sein, bzw.

$$\text{(33)} \qquad \frac{\partial \mathfrak{x}}{\partial v_1}|\mathfrak{g} = \mathfrak{x}_1|\mathfrak{g} = 0 \quad \text{und} \quad \frac{\partial \mathfrak{x}}{\partial v_2}|\mathfrak{g} = \mathfrak{x}_2|\mathfrak{g} = 0 .$$

Dabei ist nach Gl. (32), wenn wir wieder partielle Ableitungen durch untere Indizes bezeichnen:

$$\frac{\partial \mathfrak{x}}{\partial v_1} = \mathfrak{x}_1 = \mathfrak{r}_1 + x_1 \mathfrak{g} + x\,\mathfrak{g}_1; \quad \frac{\partial \mathfrak{x}}{\partial v_2} = \mathfrak{x}_2 = \mathfrak{r}_2 + x_2 \mathfrak{g} + x\,\mathfrak{g}_2,$$

und damit wird aus Gl. (33)

$$\mathfrak{x}_1|\mathfrak{g} = \mathfrak{r}_1|\mathfrak{g} + x_1 \overbrace{\mathfrak{g}|\mathfrak{g}}^{=+1} + x\,\overbrace{\mathfrak{g}_1|\mathfrak{g}}^{=0} = 0$$

$$\mathfrak{x}_2|\mathfrak{g} = \mathfrak{r}_2|\mathfrak{g} + x_2 \underbrace{\mathfrak{g}|\mathfrak{g}}_{=+1} + x\,\underbrace{\mathfrak{g}_2|\mathfrak{g}}_{=0} = 0$$

oder

$$\text{(34)} \qquad x_1 = \frac{\partial x}{\partial v_1} = -\mathfrak{r}_1|\mathfrak{g}; \quad x_2 = \frac{\partial x}{\partial v_2} = -\mathfrak{r}_2|\mathfrak{g}.$$

Es ist folglich notwendig auch

$$(\mathfrak{r}_1|\mathfrak{g})_2 = \frac{\partial(\mathfrak{r}_1|\mathfrak{g})}{\partial v_2} = -\frac{\partial^2 x}{\partial v_1 \partial v_2} = -\frac{\partial^2 x}{\partial v_2 \partial v_1} = \frac{\partial(\mathfrak{r}_2|\mathfrak{g})}{\partial v_1} = (\mathfrak{r}_2|\mathfrak{g})_1$$

und entwickelt

$$\mathfrak{r}_{12}|\mathfrak{g} + \mathfrak{r}_1|\mathfrak{g}_2 = \mathfrak{r}_{21}|\mathfrak{g} + \mathfrak{r}_2|\mathfrak{g}_1,$$

d. h.

$$\mathfrak{r}_1|\mathfrak{g}_2 = \mathfrak{r}_2|\mathfrak{g}_1. \tag{35}$$

Betrachtet man $\mathfrak{g} = \mathfrak{g}(v_1, v_2)$ als ein der Leitfläche zugeordnetes Vektorfeld, so ist nach § 25, Gl. (24), die Bedingung (35) gleichbedeutend mit der Forderung

$$\mathfrak{n}|\operatorname{rot}\mathfrak{g} = 0, \tag{35'}$$

wenn man unter $\mathfrak{n}$ jetzt die Flächennormale der Leitfläche versteht. Ist umgekehrt diese Bedingung erfüllt, so ist

$$dx = -\{(\mathfrak{r}_1|\mathfrak{g})\,dv_1 + (\mathfrak{r}_2|\mathfrak{g})\,dv_2\}$$

ein vollständiges Differential, und Integration ergibt

$$x = -\int\{(\mathfrak{r}_1|\mathfrak{g})\,dv_1 + (\mathfrak{r}_2|\mathfrak{g})\,dv_2\} + \text{const.} \tag{36}$$

Es existiert alsdann stets eine ganze Schar äquidistanter Flächen (*Parallelflächen*), senkrecht zu den Erzeugenden dieses „*Normalensystems*", und für *Licht*strahlen stellen diese Flächen offenbar die *Wellenflächen* dar.

Fällt ein solches System von Lichtstrahlen, welches die Orthogonalitätsbedingung (35) erfüllt, auf die Grenzfläche eines brechenden Mediums, so sei diese *Grenzfläche als Leitfläche* $\mathfrak{r} = \mathfrak{r}(v_1, v_2)$ gewählt. Es ist dann jedenfalls im *ersten* Medium $\mathfrak{r}_1|\mathfrak{g}_2 = \mathfrak{r}_2|\mathfrak{g}_1$. Für die Lichtbrechung an der Grenzfläche gilt weiter das Snelliussche Gesetz

$$\frac{\sin\varepsilon}{\sin\beta} = q = \text{const} \qquad \begin{pmatrix}\varepsilon = \text{Einfallswinkel} \\ \beta = \text{Brechungswinkel}\end{pmatrix}. \tag{37}$$

Alsdann sei mit *derselben* Leitfläche

$$\mathfrak{y} = \mathfrak{r} + y\mathfrak{h}, \quad \text{mit} \quad \mathfrak{h}|\mathfrak{h} = +1, \tag{38}$$

das *gebrochene* Strahlensystem. Weil bei der Brechung der abgelenkte Strahl jeweils in der Einfallsebene bleibt, besteht an der Grenzfläche zwischen $\mathfrak{g}$, $\mathfrak{h}$ und der Flächennormale $\mathfrak{n}$ eine lineare Abhängigkeit

$$\psi\,\mathfrak{n} = \mathfrak{g} + \lambda\mathfrak{h}. \tag{39}$$

Folglich ist auch, für mod $\mathfrak{n} = +1$,

$$\psi\underbrace{\mathfrak{n}|\mathfrak{n}}_{=+1} = \underbrace{\mathfrak{g}|\mathfrak{n}}_{=\cos\varepsilon} + \lambda\underbrace{\mathfrak{h}|\mathfrak{n}}_{=\cos\beta}$$

sowie

$$\underbrace{\psi\mathfrak{n}|\mathfrak{g}}_{=\cos\varepsilon} = \underbrace{\mathfrak{g}|\mathfrak{g}}_{=+1} + \lambda\underbrace{\mathfrak{h}|\mathfrak{g}}_{=\cos(\varepsilon-\beta)}$$

und Division beider Gleichungen ergibt

$$\cos\varepsilon = \frac{1+\lambda\cos(\varepsilon-\beta)}{\cos\varepsilon+\lambda\cos\beta}$$

oder

$$\cos^2\varepsilon+\lambda\cos\varepsilon\cos\beta = 1+\lambda(\cos\varepsilon\cos\beta+\sin\varepsilon\sin\beta)$$

bzw. $-\sin^2\varepsilon = \lambda\sin\varepsilon\sin\beta$, d. h.

$$\lambda = -\frac{\sin\varepsilon}{\sin\beta} = -q\,.$$

Damit wird aber Gl. (39): $\psi\,\mathfrak{n} = \mathfrak{g}-q\mathfrak{h}$, und partiell abgeleitet nach v_1 und v_2, wobei q konstant bleibt:

$$\psi_1\mathfrak{n}+\psi\,\mathfrak{n}_1 = \mathfrak{g}_1-q\mathfrak{h}_1;\quad \psi_2\mathfrak{n}+\psi\,\mathfrak{n}_2 = \mathfrak{g}_2-q\mathfrak{h}_2.$$

Somit ist auch:

$$(40)\qquad \begin{cases} \psi_1\overbrace{\mathfrak{n}|\mathfrak{r}_2}^{=0}+\psi\,\mathfrak{n}_1|\mathfrak{r}_2 = \mathfrak{g}_1|\mathfrak{r}_2-q\mathfrak{h}_1|\mathfrak{r}_2\\ \psi_2\underbrace{\mathfrak{n}|\mathfrak{r}_1}_{=0}+\psi\,\mathfrak{n}_2|\mathfrak{r}_1 = \mathfrak{g}_2|\mathfrak{r}_1-q\mathfrak{h}_2|\mathfrak{r}_1. \end{cases}$$

Weil nun für unsre Leitfläche nach S. 77, Gl. (13a), stets $\mathfrak{n}_1|\mathfrak{r}_2 = \mathfrak{n}_2|\mathfrak{r}_1$ und weil nach unsrer Voraussetzung (35) auch $\mathfrak{g}_1|\mathfrak{r}_2 = \mathfrak{g}_2|\mathfrak{r}_1$, so liefert Subtraktion der beiden Gl. (40)

$$(41)\qquad q(\mathfrak{h}_1|\mathfrak{r}_2-\mathfrak{h}_2|\mathfrak{r}_1) = 0.$$

Wegen $q \neq 0$ heißt dies aber:

„Auch das gebrochene Lichtstrahlensystem bleibt ein Normalensystem“ (*Satz von Malus-Dupin*).

Für $q=-1$ gilt übrigens dasselbe für das an der Grenzfläche *reflektierte* Strahlensystem.

Unterwirft man in Gl. (31) die zunächst unabhängig Veränderlichen v_1 und v_2 einer Bedingungsgleichung $F(v_1, v_2) = 0$, so werden dadurch aus der zweifach unendlichen Schar der Strahlen des Systems eine einfach unendliche Folge derselben ausgesondert, welche die Erzeugenden einer Regelfläche bilden. Insbesondere werden durch $v_i = \text{const}$ die zur Darstellung (31) gehörigen *Parameterflächen* definiert.

Durch ein bestimmtes Wertepaar v_1, v_2 ist für jedes beliebige Strahlensystem ein bestimmter Punkt der Leitfläche sowie der zugehörige Systemstrahl ($\mathfrak{g}$)

charakterisiert. Ausgehend von diesem Strahl gehört ferner zu jeder infinitesimalen „*Schreitung*" dv_1, dv_2 ein *Linienelement* $d\mathfrak{r} = \sum_1^2 \mathfrak{r}_i\, dv_i$ der Leitfläche und eine „*Schwenkung*" $d\mathfrak{g} = \sum_1^2 \mathfrak{g}_i\, dv_i$ des Strahls. Jeder solchen Schreitung entspricht dabei der Übergang zu einem infinitesimal benachbarten Strahl $(\mathfrak{g} + d\mathfrak{g})$ des Systems, und durch diese beiden Strahlen wird jedesmal ein infinitesimaler, im allgemeinen *windschiefer Flächenstreifen* festgelegt. Der Fußpunkt des kürzesten Abstands (des gemeinsamen Lots) dieser beiden Strahlen auf Strahl $(\mathfrak{g})$ sei wieder der zugehörige *Kehlpunkt* genannt.

Wie für den infinitesimalen Flächenstreifen einer Regelfläche gelten auch jetzt die dort gefundenen Beziehungen:

(14) $$d\varphi = \operatorname{mod} d\mathfrak{g} = \sqrt{d\mathfrak{g}\,|\,d\mathfrak{g}}$$

(16′) $$\text{Kehlpunktsabszisse } x = -\frac{d\mathfrak{r}\,|\,d\mathfrak{g}}{d\mathfrak{g}\,|\,d\mathfrak{g}}$$

(17) $$\text{Einheitsvektor des kürzesten Abstands } \mathfrak{k} = \frac{[\mathfrak{g}\, d\mathfrak{g}]}{\operatorname{mod} d\mathfrak{g}} = \frac{[\mathfrak{g}\, d\mathfrak{g}]}{d\varphi}$$

(20′) $$dk \cdot d\varphi = (d\mathfrak{g}\; d\mathfrak{r}\; \mathfrak{g})$$

(21) $$\text{Drall } D = \frac{dk}{d\varphi} = \frac{(d\mathfrak{g}\; d\mathfrak{r}\; \mathfrak{g})}{d\mathfrak{g}\,|\,d\mathfrak{g}} = \frac{1}{S}$$

(26) $$\text{Kehlpunktsnormale } \mathfrak{n}_K = \frac{d\mathfrak{g}}{d\varphi}$$

(27) $$\text{asymptotische Normale } \mathfrak{n}_A = \frac{[d\mathfrak{g}\; \mathfrak{g}]}{d\varphi}$$

(29a) $$\mathfrak{n} = [d\mathfrak{x}\; \mathfrak{g}] = [d\mathfrak{r}\; \mathfrak{g}] + x[d\mathfrak{g}\; \mathfrak{g}].$$

Dabei ist aber nunmehr

$$d\mathfrak{r} = \sum_1^2 \mathfrak{r}_i\, dv_i \quad \text{und} \quad d\mathfrak{g} = \sum_1^2 \mathfrak{g}_k\, dv_k,$$

und somit wird

(42) $$\mathrm{I} = d\varphi^2 = d\mathfrak{g}\,|\,d\mathfrak{g} = \sum_{i,k} \mathfrak{g}_i\,|\,\mathfrak{g}_k\, dv_i\, dv_k = \sum_{i,k} G_{ik}\, dv_i\, dv_k$$

(43) $$\mathrm{II} = -d\mathfrak{r}\,|\,d\mathfrak{g} = -\sum_{i,k} \mathfrak{r}_i\,|\,\mathfrak{g}_k\, dv_i\, dv_k = \sum_{i,k} H_{ik}\, dv_i\, dv_k$$

(44) $$\mathrm{III} = dk\, d\varphi = (d\mathfrak{g}\; d\mathfrak{r}\; \mathfrak{g}) = \sum_{i,k} (\mathfrak{g}_i\; \mathfrak{r}_k\; \mathfrak{g})\, dv_i\, dv_k = \sum_{i,k} R_{ik}\, dv_i\, dv_k.$$

Es sind dies die drei *Grundformen* des Strahlensystems mit den zugehörigen *Fundamentalgrößen* erster, zweiter und dritter Art:

(45) $$G_{ik} = \mathfrak{g}_i\,|\,\mathfrak{g}_k = \mathfrak{g}_k\,|\,\mathfrak{g}_i = G_{ki}$$

(46) $$H_{ik} = -\frac{1}{2}(\mathfrak{r}_i\,|\,\mathfrak{g}_k + \mathfrak{r}_k\,|\,\mathfrak{g}_i) = H_{ki}$$

(47) $$R_{ik} = \frac{1}{2}\{(\mathfrak{g}_i\; \mathfrak{r}_k\; \mathfrak{g}) + (\mathfrak{g}_k\; \mathfrak{r}_i\; \mathfrak{g})\} = R_{ki}.$$

Die Grundformen I und II treten bereits bei *O. Kummer* auf, die zweite derselben noch mit den im allgemeinen *unsymmetrischen* Fundamentalgrößen

$$C_{ik} = -\mathfrak{r}_i | \mathfrak{g}_k \mp C_{ki}. \tag{48}$$

Nach Gl. (35) ist also die Symmetrie der C_{ik} notwendige und hinreichende Bedingung für ein Normalensystem. Aber während die zweite Grundform noch abhängt von der Wahl der Leitfläche, sind die Grundformen I und III hiervon unabhängig, wie unmittelbar ihre geometrische Bedeutung erkennen läßt. Wegen $\mathfrak{g} = \frac{[\mathfrak{g}_1 \mathfrak{g}_2]}{\Gamma}$, für $\Gamma = (\mathfrak{g}_1 \mathfrak{g}_2 \mathfrak{g})$, ist übrigens auch

$$(d\mathfrak{g}\, d\mathfrak{r}\, \mathfrak{g}) = \frac{1}{\Gamma} [d\mathfrak{g}\, d\mathfrak{r}] | [\mathfrak{g}_1 \mathfrak{g}_2] = \frac{1}{\Gamma} \begin{vmatrix} d\mathfrak{g} | \mathfrak{g}_1 & d\mathfrak{g} | \mathfrak{g}_2 \\ d\mathfrak{r} | \mathfrak{g}_1 & d\mathfrak{r} | \mathfrak{g}_2 \end{vmatrix} \tag{49}$$

bzw.

$$(\mathfrak{g}_i\, \mathfrak{r}_k\, \mathfrak{g}) = \frac{1}{\Gamma} [\mathfrak{g}_i \mathfrak{r}_k] | [\mathfrak{g}_1 \mathfrak{g}_2] = \frac{1}{\Gamma} \begin{vmatrix} \mathfrak{g}_i | \mathfrak{g}_1 & \mathfrak{g}_i | \mathfrak{g}_2 \\ \mathfrak{r}_k | \mathfrak{g}_1 & \mathfrak{r}_k | \mathfrak{g}_2 \end{vmatrix}, \tag{49'}$$

und damit wird der Zusammenhang der Fundamentalgrößen dritter Art mit den ursprünglich Kummerschen hergestellt. Dabei ist noch

$$G = \Gamma^2 = (\mathfrak{g}_1 \mathfrak{g}_2 \mathfrak{g})^2 = \begin{vmatrix} \mathfrak{g}_1 | \mathfrak{g}_1 & \mathfrak{g}_1 | \mathfrak{g}_2 & \mathfrak{g}_1 | \mathfrak{g} \\ \mathfrak{g}_2 | \mathfrak{g}_1 & \mathfrak{g}_2 | \mathfrak{g}_2 & \mathfrak{g}_2 | \mathfrak{g} \\ \underbrace{\mathfrak{g} | \mathfrak{g}_1}_{=0} & \underbrace{\mathfrak{g} | \mathfrak{g}_2}_{=0} & \underbrace{\mathfrak{g} | \mathfrak{g}}_{=+1} \end{vmatrix} = \begin{vmatrix} \mathfrak{g}_1 | \mathfrak{g}_1 & \mathfrak{g}_1 | \mathfrak{g}_2 \\ \mathfrak{g}_2 | \mathfrak{g}_1 & \mathfrak{g}_2 | \mathfrak{g}_2 \end{vmatrix} \tag{50}$$

gleich der Determinante der Fundamentalgrößen erster Art.

Es erhebt sich nun die Frage nach der *Abhängigkeit von Drall und Lage des Kehlpunkts von der Wahl der Schreitung* $dv_1 : dv_2$:

1. Die Gl. (21) lautet jetzt

$$D = \frac{dk}{d\varphi} = \frac{(d\mathfrak{g}\, d\mathfrak{r}\, \mathfrak{g})}{d\mathfrak{g} | d\mathfrak{g}} = \frac{\sum\limits_{i,k} R_{ik}\, dv_i\, dv_k}{\sum\limits_{i,k} G_{ik}\, dv_i\, dv_k} = \frac{1}{S}, \tag{51}$$

bzw.

$$D = \frac{R_{11} + 2R_{12} \frac{dv_2}{dv_1} + R_{22} \left(\frac{dv_2}{dv_1}\right)^2}{G_{11} + 2G_{12} \frac{dv_2}{dv_1} + G_{22} \left(\frac{dv_2}{dv_1}\right)^2} = \frac{Z}{N}. \tag{51'}$$

Die Gl. (51) bildet das genaue Gegenstück zum Ausdruck für die Krümmung in § 18, Gl. (4), auf S. 81. Der Drall $D = \frac{1}{S}$ entspricht dabei der Krümmung $\frac{1}{R}$ des Normalschnitts, also die Schränkung S dem Krümmungsradius R. Sind für den betrachteten Systemstrahl ($\mathfrak{g}$) die R_{ik} zu den G_{ik} proportional

$$G_{11}:G_{12}:G_{22}=R_{11}:R_{12}:R_{22}, \tag{52}$$

so wird der Drall des Flächenstreifens unabhängig von der Wahl der Schreitung $dv_1:dv_2$, in Analogie zum Auftreten eines *Kreispunkts* auf der Fläche für $L_{ik}=\lambda\, g_{ik}$ (vgl. § 18, S. 84). Systemstrahlen, für welche $R_{ik}=\varrho\, G_{ik}$, werden deshalb auch „*Kreisstrahlen*" oder „*isotrope Strahlen*" genannt.

Nach Gl. (51′) ist nun kurz $ND=Z$. Dies gibt abgeleitet nach $q=\frac{dv_2}{dv_1}$: $N'D+ND'=Z'$, also für einen *Extremwert des Dralls*, d. h. für $D'=0$:

$$D=\frac{Z'}{N'}=\frac{R_{21}+R_{22}\frac{dv_2}{dv_1}}{G_{21}+G_{22}\frac{dv_2}{dv_1}}=\frac{R_{21}\,dv_1+R_{22}\,dv_2}{G_{21}\,dv_1+G_{22}\,dv_2}. \tag{53}$$

Ganz entsprechend erhält man bei Ableitung nach $\frac{dv_1}{dv_2}$:

$$D=\frac{R_{12}+R_{11}\frac{dv_1}{dv_2}}{G_{12}+G_{11}\frac{dv_1}{dv_2}}=\frac{R_{11}\,dv_1+R_{12}\,dv_2}{G_{11}\,dv_1+G_{12}\,dv_2} \tag{54}$$

oder auch

$$\sum_k^{1-2} R_{2k}\,dv_k-D\cdot\sum_k^{1-2} G_{2k}\,dv_k=0 \tag{53'}$$

$$\sum_k^{1-2} R_{1k}\,dv_k-D\cdot\sum_k^{1-2} G_{1k}\,dv_k=0 \tag{54'}$$

und anders geordnet

$$(R_{21}-DG_{21})\,dv_1+(R_{22}-DG_{22})\,dv_2=0 \tag{53''}$$

$$(R_{11}-DG_{11})\,dv_1+(R_{12}-DG_{12})\,dv_2=0. \tag{54''}$$

Zunächst gibt Elimination von dv_1 und dv_2 aus den Gl. (53″) und (54″)

$$\begin{vmatrix} R_{11}-DG_{11} & R_{12}-DG_{12} \\ R_{21}-DG_{21} & R_{22}-DG_{22} \end{vmatrix}=0 \tag{55}$$

als in D quadratische Gleichung zur Bestimmung der „*Hauptwerte*" *des Dralls* für die beiden „*Hauptstreifen*" der Erzeugenden ($\mathfrak{g}$). Andrerseits liefert Elimination von D aus den Gl. (53′) und (54′):

$$\begin{vmatrix} \sum_k G_{1k}\,dv_k & \sum_k G_{2k}\,dv_k \\ \sum_k R_{1k}\,dv_k & \sum_k R_{2k}\,dv_k \end{vmatrix}=0 \tag{56}$$

als in $dv_1 : dv_2$ quadratische Gleichung zur Bestimmung der „*Hauptschreitungen*“ $dv_1 : dv_2$. Dieselben entsprechen offenbar den Hauptkrümmungsrichtungen der Flächentheorie. Zugleich ist Gl. (56) die Differentialgleichung der *Haupt-*(Schreitungs-)*flächen* des Strahlensystems. Anders geordnet läßt sich übrigens Gl. (56) auch schreiben

$$\text{(56')} \qquad \begin{vmatrix} -dv_2^2 & dv_1\, dv_2 & -dv_1^2 \\ G_{11} & G_{12} & G_{22} \\ R_{11} & R_{12} & R_{22} \end{vmatrix} = 0,$$

in Analogie zu S. 84, Gl. (14').

Werden nun die durch Gl. (56') definierten *Hauptflächen als Parameterflächen* eingeführt, so muß Gl. (56') erfüllt sein für $v_i = \text{const}$ bzw. $dv_i = 0$; d. h. es ist dann notwendig

$$\text{(57)} \qquad \begin{vmatrix} G_{11} & G_{12} \\ R_{11} & R_{12} \end{vmatrix} = 0 \quad \text{und} \quad \begin{vmatrix} G_{12} & G_{22} \\ R_{12} & R_{22} \end{vmatrix} = 0.$$

Abgesehen von dem singulären Fall eines Kreisstrahls, für welchen $R_{ik} = \varrho\, G_{ik}$, verlangt die Erfüllung der Gl. (57), daß nunmehr

$$\text{(58)} \qquad G_{12} = R_{12} = 0$$

wird. Dann aber reduziert sich Gl. (51) auf

$$\text{(59)} \qquad D = \frac{R_{11}\, dv_1^2 + R_{22}\, dv_2^2}{G_{11}\, dv_1^2 + G_{22}\, dv_2^2},$$

und der Drall für die beiden Hauptstreifen wird

$$\text{(60)} \qquad D_1 = \frac{R_{11}}{G_{11}} = \frac{1}{S_1}; \quad D_2 = \frac{R_{22}}{G_{22}} = \frac{1}{S_2}.$$

Die in Gl. (58) enthaltene Beziehung $G_{12} = \mathfrak{g}_1 | \mathfrak{g}_2 = 0$ besagt dann zugleich, wegen Gl. (26): „Die den beiden Hauptschreitungen entsprechenden Richtungen der *Kehlpunkts- oder Zentralnormalen* $\mathfrak{n}_{I} \equiv \mathfrak{g}_1$ und $\mathfrak{n}_{II} \equiv \mathfrak{g}_2$ sind *zueinander orthogonal.*“ Zu einer *beliebigen* Schreitung, ausgehend von Strahl $(\mathfrak{g})$, gehört jedoch nach Gl. (26) die Zentralnormalenrichtung

$$\mathfrak{n}_K \equiv d\mathfrak{g} \equiv \mathfrak{g}_1\, dv_1 + \mathfrak{g}_2\, dv_2.$$

Bezeichnet dann α den Winkel von $\mathfrak{n}_K$ mit $\mathfrak{n}_I$, so ist also

$$\frac{\cos\alpha}{\sin\alpha} = \frac{\operatorname{mod} \mathfrak{g}_1\, dv_1}{\operatorname{mod} \mathfrak{g}_2\, dv_2} \quad \text{oder} \quad \frac{\cos^2\alpha}{\sin^2\alpha} = \frac{G_{11}\, dv_1^2}{G_{22}\, dv_2^2},$$

d. h.

$$\text{(61)} \qquad \cos^2\alpha = \frac{G_{11}\, dv_1^2}{G_{11}\, dv_1^2 + G_{22}\, dv_2^2}, \quad \sin^2\alpha = \frac{G_{22}\, dv_2^2}{G_{11}\, dv_1^2 + G_{22}\, dv_2^2}.$$

Damit ergibt sich aus Gl. (59) im Blick auf Gl. (60) die *Formel von Mannheim* (1872):

(62) $$D = D_1 \cos^2\alpha + D_2 \sin^2\alpha$$

oder

(62') $$\frac{1}{S} = \frac{\cos^2\alpha}{S_1} + \frac{\sin^2\alpha}{S_2},$$

in völliger Analogie zu Eulers Gleichung in der Flächentheorie [vgl. S. 83, Gl. (10)].

2. Nach Gl. (16'), in Verbindung mit den Gl. (42) und (43), ist die Abszisse des Kehlpunkts auf Strahl ($\mathfrak{g}$), der zur Schreitung $dv_1 : dv_2$ gehört, allgemein gegeben durch

(63) $$x = -\frac{d\mathfrak{r} \,|\, d\mathfrak{g}}{d\mathfrak{g} \,|\, d\mathfrak{g}} = \frac{\sum\limits_{i,k} H_{ik}\, dv_i\, dv_k}{\sum\limits_{i,k} G_{ik}\, dv_i\, dv_k}.$$

Behält man dabei die durch Gl. (56') definierten Hauptflächen als Parameterflächen bei, so ist wieder $G_{12} = R_{12} = 0$, und Gl. (63) wird

(63') $$x = \frac{\sum\limits_{i,k} H_{ik}\, dv_i\, dv_k}{G_{11}\, dv_1^2 + G_{22}\, dv_2^2}$$

und insbesondere für die Kehlpunkte der Hauptschreitungen

(64) $$x_{\mathrm{I}} = \frac{H_{11}}{G_{11}}; \quad x_{\mathrm{II}} = \frac{H_{22}}{G_{22}}.$$

Daneben wird jetzt auch nach Gl. (49')

$$0 = 2R_{12} = \frac{1}{\Gamma}\left\{\begin{vmatrix} \mathfrak{g}_1|\mathfrak{g}_1 & \overbrace{\mathfrak{g}_1|\mathfrak{g}_2}^{=0} \\ \mathfrak{r}_2|\mathfrak{g}_1 & \mathfrak{r}_2|\mathfrak{g}_2 \end{vmatrix} + \begin{vmatrix} \overbrace{\mathfrak{g}_2|\mathfrak{g}_1}^{=0} & \mathfrak{g}_2|\mathfrak{g}_2 \\ \mathfrak{r}_1|\mathfrak{g}_1 & \mathfrak{r}_1|\mathfrak{g}_2 \end{vmatrix}\right\} = \frac{1}{\Gamma}\{G_{11}\cdot H_{22} - G_{22}\cdot H_{11}\},$$

d. h. wegen $\frac{1}{\Gamma} \neq 0$:

(65) $$\frac{H_{11}}{G_{11}} = \frac{H_{22}}{G_{22}} = m.$$

Damit wird aber Gl. (63')

(66) $$x = m + \frac{2H_{12}\, dv_1\, dv_2}{G_{11}\, dv_1^2 + G_{22}\, dv_2^2}$$

und insbesondere

(67) $$x_{\mathrm{I}} = x_{\mathrm{II}} = m.$$

Die Kehlpunkte, welche den Hauptschreitungen entsprechen, haben also beide *dieselbe* Kehlpunktsabszisse $x_{\mathrm{I}} = x_{\mathrm{II}} = m$.

Ist wieder α der Winkel zwischen $\mathfrak{n}_K$ und $\mathfrak{n}_I$, so wird nach Gl. (61) und wegen $G_{12} = 0$:

$$\sin\alpha\cos\alpha = \frac{\sqrt{G_{11}G_{22}}\,dv_1\,dv_2}{G_{11}\,dv_1^2 + G_{22}\,dv_2^2} = \frac{\Gamma\,dv_1\,dv_2}{G_{11}\,dv_1^2 + G_{22}\,dv_2^2}$$

und demnach

$$(66') \qquad x = m + 2\sin\alpha\cos\alpha\,\frac{H_{12}}{\Gamma} = m + \frac{H_{12}}{\Gamma}\sin 2\alpha\,.$$

Nach Gl. (60) wird andrerseits

$$D_2 - D_1 = \frac{G_{11}R_{22} - G_{22}R_{11}}{G_{11}G_{22}} = \frac{G_{11}R_{22} - G_{22}R_{11}}{\Gamma^2},$$

wobei jetzt

$$R_{11} = \frac{1}{\Gamma}\begin{vmatrix} \mathfrak{r}_1|\mathfrak{g}_1 & \mathfrak{r}_1|\mathfrak{g}_2 \\ \mathfrak{g}_1|\mathfrak{g}_1 & \underbrace{\mathfrak{g}_1|\mathfrak{g}_2}_{=0} \end{vmatrix} = \frac{-G_{11}\cdot\mathfrak{r}_1|\mathfrak{g}_2}{\Gamma}$$

und

$$R_{22} = \frac{1}{\Gamma}\begin{vmatrix} \mathfrak{r}_2|\mathfrak{g}_1 & \mathfrak{r}_2|\mathfrak{g}_2 \\ \underbrace{\mathfrak{g}_2|\mathfrak{g}_1}_{=0} & \mathfrak{g}_2|\mathfrak{g}_2 \end{vmatrix} = \frac{G_{22}\cdot\mathfrak{r}_2|\mathfrak{g}_1}{\Gamma}$$

wird. Somit ist auch

$$D_2 - D_1 = \frac{G_{11}G_{22}(\mathfrak{r}_1|\mathfrak{g}_2 + \mathfrak{r}_2|\mathfrak{g}_1)}{\Gamma^3} = \frac{2H_{12}}{\Gamma}$$

und damit wird aus Gl. (66′) die bekannte *Formel von Hamilton* (1830)

$$(68) \qquad x = m + \frac{D_2 - D_1}{2}\sin 2\alpha\,,$$

deren zweite Form bereits durch Gl. (66′) gegeben ist.

Dieselbe zeigt, daß symmetrisch zu beiden Seiten des „*Mittelpunkts*“ M mit Abszisse m die „*Grenzpunkte*“ mit den Abszissen $x = m \pm \frac{D_2 - D_1}{2}$ als äußerste Lagen der Kehlpunkte auf Strahl ($\mathfrak{g}$) zu betrachten sind. Für *isotrope* Strahlen ist stets $D_1 = D_2$ und folglich auch $x = m$ für *alle* Schreitungen $dv_1 : dv_2$. D. h.:

Zu allen Flächenstreifen durch einen isotropen Strahl ($\mathfrak{g}$) *gehört ein und derselbe Kehlpunkt mit Abszisse m.*

3. Die Bedingung dafür, daß die zwei Systemstrahlen ($\mathfrak{g}$) und ($\mathfrak{g} + d\mathfrak{g}$) einander *schneiden*, lautet nach Gl. (22) $(d\mathfrak{g}\,d\mathfrak{r}\,\mathfrak{g}) = 0$. Die dieser Forderung entsprechenden Schreitungen sind also nach Gl. (44) durch

$$(69) \qquad \mathrm{III} = (d\mathfrak{g}\,d\mathfrak{r}\,\mathfrak{g}) = \sum_{i,k}(\mathfrak{g}_i\mathfrak{r}_k\mathfrak{g})\,dv_i\,dv_k = \sum_{i,k}R_{ik}\,dv_i\,dv_k = 0$$

bestimmt, und nach Gl. (51) sind dies zugleich die Schreitungen verschwindenden Dralls. Auch ist Gl. (69) die Differentialgleichung für die abwickelbaren Flächen (Torsen), welche das Strahlensystem enthält. Auf jedem Systemstrahl ($\mathfrak{g}$) liegen daher im allgemeinen *zwei* solche Schnittpunkte mit infinitesimal benachbarten Strahlen ($\mathfrak{g} + d\mathfrak{g}$), die „*Brennpunkte*" des Strahls. Ein Brennpunkt habe nun den Ortsvektor

$$\mathfrak{x} = \mathfrak{r} + y\mathfrak{g}, \quad \text{als Punkt auf Strahl } (\mathfrak{g})$$

und

$$\mathfrak{x} = \mathfrak{r} + d\mathfrak{r} + (y + dy)(\mathfrak{g} + d\mathfrak{g}), \quad \text{als Punkt auf Strahl } (\mathfrak{g} + d\mathfrak{g}).$$

Für ihn ist deshalb bis auf ein Glied höherer Ordnung

$$d\mathfrak{r} + dy\,\mathfrak{g} + y\,d\mathfrak{g} = 0 \tag{70}$$

und somit auch

$$\left\{\begin{aligned} d\mathfrak{r}|\mathfrak{g}_1 + dy\,\overbrace{\mathfrak{g}|\mathfrak{g}_1}^{=0} + y\,d\mathfrak{g}|\mathfrak{g}_1 &= 0 \\ d\mathfrak{r}|\mathfrak{g}_2 + dy\,\underbrace{\mathfrak{g}|\mathfrak{g}_2}_{=0} + y\,d\mathfrak{g}|\mathfrak{g}_2 &= 0. \end{aligned}\right. \tag{71}$$

Mit $d\mathfrak{g} = \sum_1^2 \mathfrak{g}_k\,dv_k$ und $d\mathfrak{r} = \sum_1^2 \mathfrak{r}_k\,dv_k$ wird hieraus

$$\left\{\begin{aligned} \sum_k \{\mathfrak{r}_k|\mathfrak{g}_1 + y\mathfrak{g}_k|\mathfrak{g}_1\}\,dv_k &= 0 \\ \sum_k \{\mathfrak{r}_k|\mathfrak{g}_2 + y\mathfrak{g}_k|\mathfrak{g}_2\}\,dv_k &= 0 \end{aligned}\right. \tag{71'}$$

oder auch

$$\left\{\begin{aligned} \sum_k (\mathfrak{r}_k|\mathfrak{g}_1)\,dv_k + y\sum_k (\mathfrak{g}_k|\mathfrak{g}_1)\,dv_k &= 0 \\ \sum (\mathfrak{r}_k|\mathfrak{g}_2)\,dv_k + y\sum (\mathfrak{g}_k|\mathfrak{g}_2)\,dv_k &= 0. \end{aligned}\right. \tag{71''}$$

Elimination von y aus Gl. (71″) führt wieder auf ein Äquivalent der Gl. (69), dagegen Elimination von dv_1 und dv_2 aus Gl. (71′) auf

$$\begin{vmatrix} \mathfrak{r}_1|\mathfrak{g}_1 + y\mathfrak{g}_1|\mathfrak{g}_1 & \mathfrak{r}_2|\mathfrak{g}_1 + y\mathfrak{g}_2|\mathfrak{g}_1 \\ \mathfrak{r}_1|\mathfrak{g}_2 + y\mathfrak{g}_1|\mathfrak{g}_2 & \mathfrak{r}_2|\mathfrak{g}_2 + y\mathfrak{g}_2|\mathfrak{g}_2 \end{vmatrix} = 0 \tag{72}$$

als quadratischer Gleichung zur Bestimmung der beiden *Brennpunktsabszissen* y_{I} und y_{II}. Dieselbe lautet, nach Potenzen von y geordnet:

$$\begin{vmatrix} G_{11} & G_{12} \\ G_{21} & G_{22} \end{vmatrix} y^2 - \{G_{11}H_{22} - 2G_{12}H_{12} + G_{22}H_{11}\}\,y + \begin{vmatrix} H_{11} & \mathfrak{g}_1|\mathfrak{r}_2 \\ \mathfrak{g}_2|\mathfrak{r}_1 & H_{22} \end{vmatrix} = 0. \tag{72'}$$

Nach Viëta ist deshalb

$$y_{\mathrm{I}} + y_{\mathrm{II}} = \frac{1}{\begin{vmatrix} G_{11} & G_{12} \\ G_{21} & G_{22} \end{vmatrix}} \{G_{11} H_{22} - 2 G_{12} H_{12} + G_{22} H_{11}\},$$

und die Bedeutung dieses Ausdrucks ergibt sich sofort, wenn man als Parameterflächen wieder die Hauptflächen wählt. Denn wegen $G_{12} = 0$ ist dann nach Gl. (65)

$$y_{\mathrm{I}} + y_{\mathrm{II}} = \frac{G_{11} H_{22} + G_{22} H_{11}}{G_{11} G_{22}} = \frac{H_{11}}{G_{11}} + \frac{H_{22}}{G_{22}} = 2m$$

und folglich

$$\frac{y_{\mathrm{I}} + y_{\mathrm{II}}}{2} = m = \frac{x_{\mathrm{I}} + x_{\mathrm{II}}}{2}. \tag{73}$$

Wie die Grenzpunkte liegen somit auch die *Brennpunkte symmetrisch zum Mittelpunkt* auf Strahl $(\mathfrak{g})$.

Nach Viëta folgt andrerseits aus Gl. (72′) auch

$$y_{\mathrm{I}} \cdot y_{\mathrm{II}} = \frac{\begin{vmatrix} H_{11} & \mathfrak{g}_1 | \mathfrak{r}_2 \\ \mathfrak{g}_2 | \mathfrak{r}_1 & H_{22} \end{vmatrix}}{\begin{vmatrix} G_{11} & G_{12} \\ G_{21} & G_{22} \end{vmatrix}}, \tag{74}$$

während für die Grenzpunkte nach Gl. (66′) die Beziehung

$$x_{\mathrm{I}} \cdot x_{\mathrm{II}} = \left(m + \frac{H_{12}}{\Gamma}\right)\left(m - \frac{H_{12}}{\Gamma}\right) = m^2 - \frac{H_{12}^2}{\Gamma^2} = \frac{(H_{11} H_{22} - H_{12}^2)}{\Gamma^2} \tag{75}$$

besteht. *Für Normalensysteme fallen* demnach die *Brennpunkte mit den Grenzpunkten zusammen.* Denn für sie wird, wegen $\mathfrak{g}_1 | \mathfrak{r}_2 = \mathfrak{g}_2 | \mathfrak{r}_1 = H_{12}$, neben $y_{\mathrm{I}} + y_{\mathrm{II}} = x_{\mathrm{I}} + x_{\mathrm{II}}$ auch noch $y_{\mathrm{I}}\, y_{\mathrm{II}} = x_{\mathrm{I}}\, x_{\mathrm{II}}$.

KAPITEL IV

ANWENDUNG AUF MECHANIK

1. Teil. Allgemeine Mechanik

§ 28. Der materielle Punkt

1. Die Bewegung eines materiellen Punkts ist bestimmt, wenn der zu ihm von einem festen Ursprung aus gezogene Ortsvektor $\mathfrak{r}$ als Funktion der Zeit t gegeben ist:

$$\mathfrak{r} = \mathfrak{r}(t). \tag{1}$$

Der in die Richtung der jeweiligen Bahntangente fallende Vektor

$$\mathfrak{v} = \frac{d\mathfrak{r}}{dt} = \dot{\mathfrak{r}} = \mathfrak{v}(t) \tag{2}$$

stellt dann definitionsgemäß nach Größe und Richtung die augenblickliche *Geschwindigkeit* der Bewegung dar. Wird $\dot{\mathfrak{r}} = \mathfrak{v}$ selbst als neuer Ortsvektor gedeutet, so liefert die entstehende Kurve $\mathfrak{v} = \mathfrak{v}(t)$ das *Geschwindigkeitsbild* oder den *Hodographen* der Bewegung, wie ihn zuerst *Möbius* und *Hamilton* in die Betrachtung eingeführt haben.

Durch nochmalige Ableitung der Gl. (2) nach der Zeit t erhält man den Vektor

$$\dot{\mathfrak{v}} = \frac{d^2\mathfrak{r}}{dt^2} = \ddot{\mathfrak{r}}, \tag{3}$$

und durch ihn wird in jedem Augenblick die *Beschleunigung* der Bewegung definiert. Wird dabei der Geschwindigkeitsvektor $\mathfrak{v}$ in das Produkt seiner Länge v mit dem Einheitsvektor $\mathfrak{t}$ der momentanen Bahntangente zerlegt: $\mathfrak{v} = v\mathfrak{t}$, so gibt Differentiation nach t

$$\mathfrak{r} = \dot{\mathfrak{v}} = \dot{v}\mathfrak{t} + v\dot{\mathfrak{t}} = \dot{v}\mathfrak{t} + v\frac{d\mathfrak{t}}{ds}\cdot\frac{ds}{dt}. \tag{4}$$

Nun ist aber $\frac{ds}{dt} = v$ und nach Frenet [vgl. S. 74, Gl. [15′)] $\frac{d\mathfrak{t}}{ds} = \frac{\mathfrak{h}}{\varrho}$. Damit wird Gl. (4) endgültig

$$\dot{\mathfrak{v}} = \ddot{\mathfrak{r}} = \dot{v}\mathfrak{t} + \frac{v^2}{\varrho}\mathfrak{h}, \tag{4'}$$

und diese Gleichung liefert die Zerlegung der Beschleunigung in zwei Komponenten in Richtung der Bahntangente $\mathfrak{t}$ vom Betrag $\dot{v}$ und in Richtung der dazu senkrechten Hauptnormale $\mathfrak{h}$ der Bahn vom Betrag $\frac{v^2}{\varrho}$.

Ist zunächst $\mathfrak{r}$ eine beliebige Funktion von n Parametern $q_1, q_2, \cdots, q_n$: $\mathfrak{r} = \mathfrak{r}(q_1, q_2, \cdots, q_n)$, so ist eine Bewegung erst durch Angabe der q_i als Funktionen der Zeit festgelegt. Es ist dann aber

(5) $$\mathfrak{v} = \dot{\mathfrak{r}} = \sum_1^n \frac{\partial \mathfrak{r}}{\partial q_i} \dot{q}_i .$$

Dabei sind die einzelnen Summanden $\frac{\partial \mathfrak{r}}{\partial q_i} \dot{q}_i$ die Geschwindigkeiten, die entstehen, wenn *nur dieses eine* q_i als veränderlich betrachtet wird. Nach Gl. (5) ist daher die resultierende Gesamtgeschwindigkeit gleich der geometrischen Summe der Teilgeschwindigkeiten $\frac{\partial \mathfrak{r}}{\partial q_i} \dot{q}_i$. Weitere Ableitung der Gl. (5) nach t gibt nun

(6) $$\mathfrak{b} = \dot{\mathfrak{v}} = \ddot{\mathfrak{r}} = \sum_1^n \frac{\partial \mathfrak{r}}{\partial q_i} \ddot{q}_i + \sum_{i,k} \frac{\partial^2 \mathfrak{r}}{\partial q_i \, \partial q_k} \dot{q}_i \dot{q}_k$$

als Vektor der resultierenden *Gesamt*beschleunigung, während zu nur *einem* veränderlichen q_i die *Teil*beschleunigung

(7) $$\mathfrak{b}_i = \frac{\partial \mathfrak{r}}{\partial q_i} \ddot{q}_i + \frac{\partial^2 \mathfrak{r}}{\partial q_i^2} \dot{q}_i^2$$

gehört. Daher ist die resultierende Gesamtbeschleunigung $\mathfrak{b}$ gleich der geometrischen Summe der Teilbeschleunigungen $\mathfrak{b}_i$, aber noch vermehrt um die Summe der *Zusatz*beschleunigungen

(8) $$\mathfrak{b}_z = \sum_{i,k} \frac{\partial^2 \mathfrak{r}}{\partial q_i \, \partial q_k} \dot{v}_i \dot{v}_k, \quad \text{für } i \neq k .$$

Die letzteren werden bekanntlich nach *Coriolis* benannt.

Wird andrerseits $\mathfrak{r}$ in Komponenten nach einer selbst mit der Zeit veränderlichen Basis $\mathfrak{a}_i$ zerlegt, so ist (bei festgehaltenem Ursprung):

(9) $$\begin{cases} \mathfrak{r} = \sum_1^3 x_i \mathfrak{a}_i \\ \dot{\mathfrak{r}} = \sum_1^3 (\dot{x}_i \mathfrak{a}_i + x_i \dot{\mathfrak{a}}_i) \\ \ddot{\mathfrak{r}} = \sum_1^3 (\ddot{x}_i \mathfrak{a}_i + 2 \dot{x}_i \dot{\mathfrak{a}}_i + x_i \ddot{\mathfrak{a}}_i), \end{cases}$$

während für eine *zeitlich konstante* Basis

(10) $$\begin{cases} \dot{\mathfrak{r}} = \sum_1^3 \dot{x}_i \mathfrak{a}_i \\ \ddot{\mathfrak{r}} = \sum_1^3 \ddot{x}_i \mathfrak{a}_i \end{cases}$$

wird. Auch in Gl. (9) ist die wirkliche Geschwindigkeit des bewegten Punkts die geometrische Summe der *Relativgeschwindigkeit* $\sum_1^3 \dot{x}_i \mathfrak{a}_i$ bei festgehaltener Basis und der *Führungsgeschwindigkeit* $\sum_1^3 x_i \dot{\mathfrak{a}}_i$ infolge Veränderlichkeit der Basis bei festgehaltenen Koordinaten x_i. Dagegen tritt für die tatsächlich resultierende Beschleunigung auch jetzt zur *Relativbeschleunigung* $\sum_1^3 \ddot{x}_i \mathfrak{a}_i$ und zur *Führungsbeschleunigung* $\sum_1^3 x_i \ddot{\mathfrak{a}}_i$ zusätzlich wieder eine *Coriolis-Beschleunigung* $2\sum_1^3 \dot{x}_i \dot{\mathfrak{a}}_i$.

Als Beispiel diene der Fall der Bewegung in der *Ebene* unter Verwendung von Polarkoordinaten r, φ. Wir setzen also mit Benützung einer konstanten kartesischen Basis $\mathfrak{e}_1, \mathfrak{e}_2$:

$$\mathfrak{r} = r\mathfrak{w} = r(\cos\varphi\, \mathfrak{e}_1 + \sin\varphi\, \mathfrak{e}_2) \tag{11}$$

und erhalten

$$\begin{cases} \dot{\mathfrak{r}} = \dot{r}\mathfrak{w} + r\dot{\mathfrak{w}} = \dot{r}\mathfrak{w} + r(-\sin\varphi\, \mathfrak{e}_1 + \cos\varphi\, \mathfrak{e}_2)\dot{\varphi} \\ \quad = \dot{r}\mathfrak{w} + r(\cos(90^\circ + \varphi)\,\mathfrak{e}_1 + \sin(90^\circ + \varphi)\,\mathfrak{e}_2)\dot{\varphi} = \dot{r}\mathfrak{w} + r\dot{\varphi}\bar{\mathfrak{w}}, \end{cases} \tag{12}$$

wo $\bar{\mathfrak{w}}$ den in positivem Sinn um 90° gedrehten Einheitsvektor $\mathfrak{w}$ bedeuten soll. Damit ist die Geschwindigkeit $\dot{\mathfrak{r}}$ in zwei Komponenten parallel und senkrecht zu $\mathfrak{r}$ zerlegt. Weiter folgt

$$\ddot{\mathfrak{r}} = \ddot{r}\mathfrak{w} + 2\dot{r}\dot{\mathfrak{w}} + r\ddot{\mathfrak{w}} \tag{13}$$

mit den *Teil*beschleunigungen $\ddot{r}\mathfrak{w}$ und $r\ddot{\mathfrak{w}}$ und der zusätzlichen *Coriolis*beschleunigung $2\dot{r}\dot{\mathfrak{w}}$. Dabei hat $\ddot{\mathfrak{w}}$ den Wert

$$\ddot{\mathfrak{w}} = (-\cos\varphi\, \mathfrak{e}_1 - \sin\varphi\, \mathfrak{e}_2)\dot{\varphi}^2 + (-\sin\varphi\, \mathfrak{e}_1 + \cos\varphi\, \mathfrak{e}_2)\ddot{\varphi} = -\mathfrak{w}\dot{\varphi}^2 + \bar{\mathfrak{w}}\ddot{\varphi},$$

und man erhält

$$\ddot{\mathfrak{r}} = (\ddot{r} - r\dot{\varphi}^2)\mathfrak{w} + (2\dot{r}\dot{\varphi} + r\ddot{\varphi})\bar{\mathfrak{w}} \tag{14}$$

als Zerlegung der resultierenden Beschleunigung in Komponenten parallel und senkrecht zu $\mathfrak{r}$, bzw. $\mathfrak{w}$.

Für eine gleichförmige Kreisbewegung, d. h. für $r = \text{const}$ und $\dot{\varphi} = \text{const}$, reduziert sich Gl. (14), weil dann die Geschwindigkeit $v = \text{mod}\,\dot{\mathfrak{r}} = r\dot{\varphi}$ wird, auf

$$\ddot{\mathfrak{r}} = -r\dot{\varphi}^2\mathfrak{w} = -\frac{v^2}{r}\mathfrak{w}, \tag{14'}$$

den bekannten schon von *Huygens* gefundenen Wert der *Zentripetalbeschleunigung*.

Bewegt sich insbesondere der materielle Punkt nach den *Keplerschen Gesetzen* um den Ursprung O, so ist zunächst

$$r^2\dot{\varphi} = k = \text{const}, \quad \text{d. h.} \quad \frac{d}{dt}(r^2\dot{\varphi}) = 2r\dot{r}\dot{\varphi} + r^2\ddot{\varphi} = 0,$$

und Gl. (14) reduziert sich auf

(14'') $$\ddot{\mathfrak{r}} = (\ddot{r} - r\dot{\varphi}^2)\,\mathfrak{w}.$$

Sodann ergibt die Bahngleichung $r(1+\varepsilon\cos\varphi) = p$ durch Ableitung nach t sofort

$$\dot{r}(1+\varepsilon\cos\varphi) - r\varepsilon\sin\varphi\cdot\dot{\varphi} = 0$$

oder

$$\dot{r} = \frac{r\varepsilon\sin\varphi\cdot\dot{\varphi}}{1+\varepsilon\cos\varphi} = \frac{r^2\varepsilon\sin\varphi\cdot\dot{\varphi}}{p} = \frac{k\varepsilon\sin\varphi}{p}$$

und folglich

$$\ddot{r} = \frac{k\varepsilon\cos\varphi\cdot\dot{\varphi}}{p} = \frac{k^2\varepsilon\cos\varphi}{p r^2}.$$

Damit wird aber

$$\ddot{r} - r\dot{\varphi}^2 = \frac{k^2\varepsilon\cos\varphi}{p r^2} - \frac{k^2}{r^3} = \frac{k^2\overbrace{(r\varepsilon\cos\varphi - p)}^{=-r}}{p r^3} = \frac{-k^2}{p r^2},$$

d. h.

$$\ddot{\mathfrak{r}} = \frac{-k^2}{p r^2}\,\mathfrak{w},$$

und dies ist *Newtons Resultat.*

2. Während die Ableitungen höherer als zweiter Ordnung keine unmittelbare physikalische Bedeutung haben, betrachtet man das Auftreten von Beschleunigungen $\ddot{\mathfrak{r}}$ als Wirkung von *Kräften* $\mathfrak{k}$, deren Zusammenhang nach *Newton* durch die *dynamische Grundgleichung*

(15) $$\mathfrak{k} = m\ddot{\mathfrak{r}} = \frac{d}{dt}(m\dot{\mathfrak{r}})$$

gegeben ist. Dabei ist der Proportionalitätsfaktor m, der Trägheitswiderstand oder die *Masse* des materiellen Punkts, ein stets positiver Skalar, der in der klassischen Mechanik als *konstant* betrachtet werden darf.

In der dynamischen Grundgleichung (15) wurde zunächst mit Newton der *Ursprung O* des Ortsvektors $\mathfrak{r}$ als *ruhend* vorausgesetzt. Führt man jedoch durch $\mathfrak{r} = \mathfrak{a} + \mathfrak{c}t + \mathfrak{r}'$ den gegenüber O geradlinig gleichförmig bewegten Punkt O' mit Ortsvektor $\mathfrak{a} + \mathfrak{c}t$ als neuen Ursprung ein, so wird $\dot{\mathfrak{r}} = \mathfrak{c} + \dot{\mathfrak{r}}'$, $\ddot{\mathfrak{r}} = \ddot{\mathfrak{r}}'$ und somit auch

(15') $$m\ddot{\mathfrak{r}}' = \mathfrak{k},$$

d. h. die dynamische Grundgleichung gilt unverändert auch für ein geradlinig-gleichförmig bewegtes Bezugssystem *(Galileisches Relativitätsprinzip).*

Aus Gl. (15) folgt nun weiter unmittelbar:

(16) $$\int_{t_0}^{t} \mathfrak{k}\, dt = \int_{t_0}^{t} m \ddot{\mathfrak{r}}\, dt = m(\dot{\mathfrak{r}} - \dot{\mathfrak{r}}_0)$$

(17) $$\int_{t_0}^{t} \mathfrak{k} | d\mathfrak{r} = \int_{t_0}^{t} \mathfrak{k} | \dot{\mathfrak{r}}\, dt = \int_{t_0}^{t} m \ddot{\mathfrak{r}} | \dot{\mathfrak{r}}\, dt = \frac{m}{2}(\dot{\mathfrak{r}} | \dot{\mathfrak{r}} - \dot{\mathfrak{r}}_0 | \dot{\mathfrak{r}}_0).$$

Diese Gleichungen lassen sich deuten durch Einführung der Begriffe des Impulses $m\dot{\mathfrak{r}}$, der elementaren Arbeit $\mathfrak{k}|d\mathfrak{r}$ und der lebendigen Kraft oder Wucht $\frac{m}{2}\dot{\mathfrak{r}}|\dot{\mathfrak{r}} = \frac{m}{2}v^2$ und besagen dann:

„Das *Zeitintegral der Kraft* ist gleich der (vektoriellen) *Zunahme des Impulses* und das *Wegintegral der Kraft*, d. h. die *geleistete Arbeit*, ist gleich der *Zunahme der lebendigen Kraft* oder *Wucht*, je in dem betrachteten Zeitintervall."

Ist zudem die wirkende Kraft $\mathfrak{k}$ der Gradient einer skalaren Ortsfunktion $\psi = \psi(\mathfrak{r})$, d. h. ist

(18) $$\mathfrak{k} = \operatorname{grad} \psi = \sum_{1}^{3} \mathfrak{r}^i \psi_i,$$

so wird die elementare Arbeit, lt. S. 45, Gl. (21):

$$dA = \mathfrak{k}|d\mathfrak{r} = \operatorname{grad}\psi | d\mathfrak{r} = d\psi.$$

Alsdann erhält Gl. (17) die Form

$$\int \mathfrak{k}|d\mathfrak{r} = \psi - \psi_0 = \frac{m}{2}v^2 - \frac{m}{2}v_0^2$$

oder für $-\psi = \varphi$:

(19) $$\frac{m}{2}v^2 + \varphi = \frac{m}{2}v_0^2 + \varphi_0.$$

Man nennt φ das *Potential* der wirkenden Kraft oder die ***potentielle Energie*** des Massenpunkts und schreibt statt Gl. (18):

(18') $$\mathfrak{k} = -\operatorname{grad}\varphi.$$

Gl. (19) spricht dann für diesen Fall den *Energiesatz* aus.

Endlich gibt vektorielle Multiplikation von Gl. (15) mit $\mathfrak{r}$:

(20) $$m[\mathfrak{r}\ddot{\mathfrak{r}}] = \frac{d}{dt} m[\mathfrak{r}\dot{\mathfrak{r}}]^{\bullet} = [\mathfrak{r}\mathfrak{k}],$$

d. h. „Die Ableitung des *Impulsmoments* $m[\mathfrak{r}\dot{\mathfrak{r}}]$ nach der Zeit ist gleich dem *Kraftmoment* $[\mathfrak{r}\mathfrak{k}]$".

3. Als *Beispiel* betrachten wir die *Bewegung eines Planeten um die* als ruhend angenommene *Sonne* (als Ursprung) nach dem Newtonschen Gravitationsgesetz:

(21) $$\mathfrak{k} = \frac{-\varkappa M m}{r^2}\left(\frac{\mathfrak{r}}{r}\right) = -\frac{g m \mathfrak{r}}{r^3}$$

Dabei fungiert g, das Produkt aus der Gravitationskonstanten $\varkappa$ und der Masse M der Sonne als eine *für alle Planeten gleiche* Konstante, während m die Masse des betrachteten Planeten ist. Mit Gl. (21) wird dann aus Gl. (15)

$$(22) \qquad m\ddot{\mathfrak{r}} = -\frac{m g \mathfrak{r}}{r^3},$$

und hieraus folgt durch „Momentenbildung"

$$\frac{d}{dt}[\mathfrak{r}\,\dot{\mathfrak{r}}] = [\mathfrak{r}\,\ddot{\mathfrak{r}}] = -\frac{g}{r^3}[\mathfrak{r}\,\mathfrak{r}] = 0,$$

also integriert

$$(23) \qquad [\mathfrak{r}\,\dot{\mathfrak{r}}] = \mathfrak{f} = \text{const.}$$

Diese Gleichung besagt zuerst: Der von der Sonne ausgehende „Fahrstrahl" $\mathfrak{r}$ steht dauernd senkrecht auf dem konstanten Vektor $\mathfrak{f}$. Die *Bewegung* des Planeten erfolgt demnach *in einer Ebene* durch die Sonne, senkrecht zu $\mathfrak{f}$. Sodann gibt numerische Deutung von Gl. (23)

$$(24) \qquad \operatorname{mod}[\mathfrak{r}\dot{\mathfrak{r}}] = r^2\dot{\varphi} = \text{const} = f;$$

d. h. die *Flächengeschwindigkeit* $\frac{f}{2}$ der Bewegung ist *konstant* (*1. Keplersches Gesetz*).

Wir erweitern nun Gl. (22) mit $f = r^2\dot{\varphi}$ und erhalten

$$f\ddot{\mathfrak{r}} = -g\left(\frac{\mathfrak{r}}{r}\right)\dot{\varphi}.$$

Da aber die Bewegung in einer Ebene erfolgt, kann man in dieser mit Hilfe einer kartesischen Basis setzen: $\frac{\mathfrak{r}}{r} = \mathfrak{e}_1\cos\varphi + \mathfrak{e}_2\sin\varphi$ und erhält so

$$f\ddot{\mathfrak{r}} = -g\,(\mathfrak{e}_1\cos\varphi + \mathfrak{e}_2\sin\varphi)\,\dot{\varphi}.$$

Hieraus folgt aber durch Integration nach t

$$(25) \quad f\dot{\mathfrak{r}} = -g\,(\mathfrak{e}_1\sin\varphi - \mathfrak{e}_2\cos\varphi) + \mathfrak{c} = g\,\{\mathfrak{e}_1\cos(90° + \varphi) + \mathfrak{e}_2\sin(90° + \varphi)\} + \mathfrak{c}$$

oder

$$(25') \qquad \dot{\mathfrak{r}} = \frac{g}{f}\frac{\bar{\mathfrak{r}}}{r} + \frac{\mathfrak{c}}{f}.$$

Dabei sei $\bar{\mathfrak{r}}$ der Vektor, der aus $\mathfrak{r}$ durch Drehung von $\mathfrak{r}$ um 90° im Sinne wachsender φ entsteht. Der *Hodograph* der Planetenbewegung ist demnach ein *Kreis* vom Radius $\frac{g}{f}$, und $\frac{\mathfrak{c}}{f}$ ist der Ortsvektor seines Mittelpunkts.

Zur Ermittlung der Bahnkurve multiplizieren wir, ohne nochmalige Integration, die Gl. (25') vektoriell mit $f\mathfrak{r}$ und erhalten

$$f[\mathfrak{r}\dot{\mathfrak{r}}] = \frac{g[\mathfrak{r}\bar{\mathfrak{r}}]}{r} + [\mathfrak{r}\mathfrak{c}].$$

Dies gibt numerisch gedeutet, da alle drei Vektoren zur Bahnebene senkrecht stehen, für mod $\mathfrak{c} = c$ und $(\widehat{\mathfrak{r}\mathfrak{c}}) = 90° + \varphi$:

$$f^2 = gr + rc \sin(\widehat{\mathfrak{r}\mathfrak{c}}) = r(g + c \cdot \cos\varphi)$$

oder

$$(26) \qquad r = \frac{f^2}{g + c\cos\varphi} = \frac{\frac{f^2}{g}}{1 + \frac{c}{g}\cos\varphi} = \frac{p}{1 + \varepsilon\cos\varphi}.$$

Diese Gl. (26) enthält bereits das *2. Keplersche Gesetz*:

„Die *Bahn des Planeten* ist stets *ein Kegelschnitt*, in dessen einem Brennpunkt die Sonne steht."

Dieser Kegelschnitt ist eine Hyperbel, Parabel oder Ellipse, je nachdem die Exzentrizität $\varepsilon = \frac{c}{g}$ größer, gleich oder kleiner ist als eins. Wegen $c = \text{mod}\,\mathfrak{c}$ besagt dann die Gl. (25'), daß der Hodographenkreis den Ursprung der Vektoren $\dot{\mathfrak{r}}$ ausschließt, enthält oder umschließt, je nachdem sein Radius $\frac{g}{f} \lesseqgtr \frac{c}{f}$ ist, d. h. je nachdem die Bahn eine Hyperbel, Parabel oder Ellipse ist. Dieselbe wäre offenbar nach Gl. (26) ein Kreis für c, bzw. $\mathfrak{c}$, gleich Null.

Nach Gl. (26) ist ferner $\frac{f^2}{g} = p$, d. h. es ist

$$(27) \qquad f = \sqrt{g} \cdot \sqrt{p},$$

und weil dabei $g = \varkappa M$ für alle Planeten denselben Wert behält, so gilt:

„Die Flächengeschwindigkeiten der Planeten sind der Quadratwurzel aus dem Parameter ihrer Bahnen proportional."

Es ist dies *Keplers 3. Gesetz* in verallgemeinerter Form.

Speziell für geschlossene Bahnen (Ellipsen) ist dann

$$f \cdot T = 2\pi ab; \quad (a,\ b = \text{Halbachsen};\ T = \text{Umlaufszeit}),$$

also auch wegen (27)

$$f^2 T^2 = g p T^2 = 4\pi^2 a^2 b^2,$$

und mit $p = \frac{b^2}{a}$ folgt: $\frac{g b^2}{a} T^2 = 4\pi^2 a^2 b^2$, d. h.

$$(28) \qquad \frac{T^2}{a^3} = \frac{4\pi^2}{g} = \text{const}$$

als *historische Form von Keplers drittem Gesetz.*

Wegen $\mathfrak{r}|\mathfrak{r} = r^2$, also $\mathfrak{r}|\dot{\mathfrak{r}} = r\dot{r}$ folgt endlich unmittelbar aus Gl. (22)

$$m\dot{\mathfrak{r}}|\ddot{\mathfrak{r}} = \frac{-mg\,\mathfrak{r}|\dot{\mathfrak{r}}}{r^3} = \frac{-mg\dot{r}}{r^2}$$

und integriert nach t

$$(29) \qquad \frac{m}{2}\dot{\mathfrak{r}}|\dot{\mathfrak{r}} = \frac{m}{2}v^2 = \frac{mg}{r} + \text{const},$$

bzw. als bestimmtes Integral

$$\frac{m}{2}v^2+\varphi=\frac{m}{2}v_0^2+\varphi_0, \quad \text{für } \varphi=\frac{-mg}{r}. \tag{29'}$$

Gl. (29) gibt offenbar die *Energiebilanz* des Problems.

4. Ist die freie Beweglichkeit des materiellen Punkts durch „Bindungen" eingeschränkt, d. h. gelten für den Ortsvektor $\mathfrak{r}$ eine oder zwei skalare Bedingungsgleichungen $\varphi(\mathfrak{r})=0$ und eventuell $\psi(\mathfrak{r})=0$, so ist bei zeitlich unveränderlichen Bindungen $\operatorname{grad}\varphi\,|\,d\mathfrak{r}=0$ und gegebenenfalls auch $\operatorname{grad}\psi\,|\,d\mathfrak{r}=0$ für alle momentan gerade möglichen infinitesimalen Bewegungen $d\mathfrak{r}$. Bei zeitlich veränderlichen Bedingungen seien $\operatorname{grad}\varphi$ und $\operatorname{grad}\psi$ gebildet unter der Voraussetzung $t=\text{const}$. Dann werden durch $\operatorname{grad}\varphi\,|\,\delta\mathfrak{r}=0$ und $\operatorname{grad}\psi\,|\,\delta\mathfrak{r}=0$ die sogenannten *„virtuellen Verschiebungen"* $\delta\mathfrak{r}$ definiert. Bei Ausschluß von Reibung rufen nun die Bindungen Zwangskräfte hervor von der Form $\lambda\operatorname{grad}\varphi$ und $\mu\operatorname{grad}\psi$, so daß jetzt gilt

$$m\ddot{\mathfrak{r}}=\mathfrak{k}+\lambda\operatorname{grad}\varphi+\mu\operatorname{grad}\psi \tag{30}$$

und somit

$$(m\ddot{\mathfrak{r}}-\mathfrak{k})\,|\,\delta\mathfrak{r}=\lambda\operatorname{grad}\varphi\,|\,\delta\mathfrak{r}+\mu\operatorname{grad}\psi\,|\,\delta\mathfrak{r}=0 \tag{31}$$

für alle momentan möglichen virtuellen $\delta\mathfrak{r}$. Damit sind zugleich die unbekannten Koeffizienten λ und μ eliminiert, und durch Gl. (31) wird für den einzelnen materiellen Punkt das sogenannte *Prinzip von d'Alembert* formuliert (vgl. § 30).

Im Falle des *Gleichgewichts* muß $\ddot{\mathfrak{r}}$ verschwinden, und es bleibt als Gleichgewichtsbedingung

$$\mathfrak{k}\,|\,\delta\mathfrak{r}=0 \tag{32}$$

für alle momentan möglichen virtuellen $\delta\mathfrak{r}$.

Gl. (32) enthält für den einzelnen materiellen Punkt das *„Prinzip der virtuellen Verschiebungen"*, wie es zuerst 1717 *Joh. Bernoulli* ausgesprochen hat.

5. Endlich sei an dieser Stelle noch die Bewegung eines materiellen Punkts P diskutiert, der sich *relativ* zu einem selbst wieder bewegten starren System bewegt. Dem letzteren sei eine *kartesische* Basis $\mathfrak{e}_i$ eingeprägt, ihr Ursprung M habe im ruhenden System den Ortsvektor $\mathfrak{r}_0$, und der Vektor von M nach P sei $\mathfrak{x}=\sum_1^3 x_i\mathfrak{e}_i$. Dann ist stets

$$\mathfrak{r}=\mathfrak{r}_0+\mathfrak{x}; \tag{33}$$ $$\dot{\mathfrak{r}}=\dot{\mathfrak{r}}_0+\dot{\mathfrak{x}}; \tag{34}$$

$$\ddot{\mathfrak{r}}=\ddot{\mathfrak{r}}_0+\ddot{\mathfrak{x}}. \tag{35}$$

Für *jeden* Vektor $\mathfrak{x} = \sum_1^3 x_i e_i$ ist jedoch

(36) $$\frac{d\mathfrak{x}}{dt} = \dot{\mathfrak{x}} = \sum_1^3 \dot{x}_i e_i + \sum_1^3 x_i \dot{e}_i = \mathring{\mathfrak{x}} + [\mathfrak{u}\mathfrak{x}],$$

für $\mathring{\mathfrak{x}} = \sum_1^3 \dot{x}_i e_i$. Denn, wie schon in § 7 auf S. 42 gezeigt, wird dabei, für $\mathfrak{u} = \frac{1}{2}\sum_1^3 [e_i \dot{e}_i]$,

(37) $$\sum_1^3 x_i \dot{e}_i = [\mathfrak{u}\mathfrak{x}] \quad \text{und insbesondere} \quad \dot{e}_i = [\mathfrak{u} e_i]. \qquad (38)$$

Damit lautet aber Gl. (34)

(39) $$\dot{\mathfrak{r}} = \dot{\mathfrak{r}}_0 + \mathring{\mathfrak{x}} + [\mathfrak{u}\mathfrak{x}].$$

Nun gibt nochmalige Ableitung von Gl. (36)

(40) $$\ddot{\mathfrak{x}} = \sum_1^3 \ddot{x}_i e_i + 2\sum_1^3 \dot{x}_i \dot{e}_i + \sum_1^3 x_i \ddot{e}_i,$$

wobei nach Gl. (38) $\dot{e}_i = [\mathfrak{u}\, e_i]$ und folglich

$$\ddot{e}_i = [\dot{\mathfrak{u}}\, e_i] + [\mathfrak{u}\, \dot{e}_i] = [\dot{\mathfrak{u}}\, e_i] + [\mathfrak{u}\, [\mathfrak{u}\, e_i]]$$

wird. Mit $\sum_1^3 \ddot{x}_i e_i = \mathring{\mathring{\mathfrak{x}}}$ lautet deshalb Gl. (35) nunmehr

(41) $$\begin{cases} \ddot{\mathfrak{r}} = \ddot{\mathfrak{r}}_0 + \ddot{\mathfrak{x}} = \ddot{\mathfrak{r}}_0 + \mathring{\mathring{\mathfrak{x}}} + 2\sum_1^3 \dot{x}_i [\mathfrak{u}\, e_i] + \left[\dot{\mathfrak{u}}\left(\sum_1^3 x_i e_i\right)\right] + \left[\mathfrak{u}\left[\mathfrak{u}\left(\sum_1^3 x_i e_i\right)\right]\right] \\ \qquad = \ddot{\mathfrak{r}}_0 + \mathring{\mathring{\mathfrak{x}}} + 2[\mathfrak{u}\mathring{\mathfrak{x}}] + [\dot{\mathfrak{u}}\mathfrak{x}] + [\mathfrak{u}[\mathfrak{u}\mathfrak{x}]]. \end{cases}$$

Andrerseits liefert Gl. 36) für $\mathfrak{x} = \dot{\mathfrak{r}} = \mathfrak{v} = \sum_1^3 v_i e_i$ unmittelbar die Formel von *Bour* (1863):

(42) $$\ddot{\mathfrak{r}} = \dot{\mathfrak{v}} = \mathring{\mathfrak{v}} + [\mathfrak{u}\mathfrak{v}]$$

mit $\mathring{\mathfrak{v}} = \sum \dot{v}_i e_i$.

Speziell für die Bewegung *relativ zur Erde* ist nun für die Dauer irdischer Beobachtungen $\mathfrak{u}$ völlig und $\dot{\mathfrak{r}}_0$ mit größter Annäherung konstant, also $\dot{\mathfrak{u}} = \ddot{\mathfrak{r}}_0 = 0$. In diesem Falle reduziert sich also Gl. (41) auf

(43) $$\ddot{\mathfrak{r}} = \mathring{\mathring{\mathfrak{x}}} + 2[\mathfrak{u}\mathring{\mathfrak{x}}] + [\mathfrak{u}[\mathfrak{u}\mathfrak{x}]].$$

§ 29. *Materielle Punktsysteme*

1. Für ein ganzes System materieller Punkte P_h lautet die dynamische Grundgleichung

(1) $$m_h \ddot{\mathfrak{r}}_h = \mathfrak{k}_h + \sum_i \mathfrak{k}_{hi} = \mathfrak{k}'_h \quad (= \text{Gesamtkraft auf } P_h)$$

für jeden einzelnen Index h. Dabei sei $\mathfrak{k}_h$ die von außerhalb des Systems auf P_h wirkende (äußere) Kraft, während $\mathfrak{k}_{hi}$ die vom Massenpunkt P_i auf P_h wirkende (innere) Kraft bedeuten soll. In Gl. (1) ist zudem bereits die Erfahrungstatsache benützt, daß Kräfte, die am gleichen materiellen Punkt angreifen, ganz wie Vektoren zu addieren sind *(Satz vom Kräftepolygon)*.

Für die *inneren* Kräfte des Systems gilt weiter nach *Newton* in weitem Umfang das *Gesetz von actio und reactio*:

(2) $$\mathfrak{k}_{hi} + \mathfrak{k}_{ih} = 0.$$

Daher gibt Gl. (1) bei Summation über *alle* Massenpunkte P_h

(3) $$\sum_h m_h \ddot{\mathfrak{r}}_h = \sum_h \mathfrak{k}_h + \sum_{h,i} \mathfrak{k}_{hi} = \sum_h \mathfrak{k}'_h = \sum_h \mathfrak{k}_h = \mathfrak{K}\,*),$$

denn in $\sum_{h,i} \mathfrak{k}_{hi}$ heben sich nach Gl. (2) die Glieder paarweise auf.

Bewegen sich insbesondere *nur zwei* materielle Punkte auf Grund ihrer gegenseitigen Einwirkung, so gilt nach Gl. (2):

$$m_1 \ddot{\mathfrak{r}}_1 = \mathfrak{k} \quad \text{und} \quad m_2 \ddot{\mathfrak{r}}_2 = -\mathfrak{k},$$

und folglich wird für $\mathfrak{r}_2 - \mathfrak{r}_1 = \bar{\mathfrak{r}}$

$$m_1 m_2 (\ddot{\mathfrak{r}}_2 - \ddot{\mathfrak{r}}_1) = m_1 m_2 \ddot{\bar{\mathfrak{r}}} = -(m_1 + m_2)\,\mathfrak{k}$$

bzw.

(4) $$m_2 \ddot{\bar{\mathfrak{r}}} = -\left(1 + \frac{m_2}{m_1}\right) \mathfrak{k}.$$

Die durch den Vektor $\bar{\mathfrak{r}} = \mathfrak{r}_2 - \mathfrak{r}_1$ charakterisierte Relativbewegung von P_2 um P_1 erfolgt daher ebenso wie um den als ruhend betrachteten Punkt P_1, jedoch unter Einfluß der Kraft $-\left(1 + \frac{m_2}{m_1}\right)\mathfrak{k}$ statt $-\mathfrak{k}$.

2. Wir setzen die Gesamtmasse des Systems $\sum_h m_h = M$ und *definieren* durch

(5) $$M\mathfrak{s} = \sum_h m_h \mathfrak{r}_h$$

den Ortsvektor $\mathfrak{s}$ des *Massenmittelpunkts* S. Derselbe ist seiner Bedeutung nach *ursprungsinvariant*. Denn für $\mathfrak{r}_h = \mathfrak{a} + \bar{\mathfrak{r}}_h$ wird

$$M\mathfrak{s} = \sum_h m_h \mathfrak{r}_h = \left(\sum_h m_h\right)\mathfrak{a} + \sum_h m_h \bar{\mathfrak{r}}_h = M\mathfrak{a} + M\bar{\mathfrak{s}} = M(\mathfrak{a} + \bar{\mathfrak{s}}).$$

Es ist also in der Tat $\mathfrak{s} = \mathfrak{a} + \bar{\mathfrak{s}}$, wie es der Verlegung des Ursprungs entspricht. Seine *geometrische* Bedeutung wurde bereits auf S. 9/10 diskutiert.

---

*) Wir verwenden zur Bezeichnung von Vektoren von jetzt ab, wie bei physikalischen Anwendungen allgemein üblich, auch *große* deutsche Buchstaben. Die Zeichen für *Affinoren* (Lineatoren) unterscheiden sich hievon von Anbeginn an durch ihren *fetteren Druck*.

Aus Gl. (5) folgt nun durch Differentiation nach t:

$$(6)\qquad \mathfrak{J} = M\dot{\mathfrak{s}} = \sum_h m_h \dot{\mathfrak{r}}_h = \textit{Gesamtimpuls des Systems}$$

und

$$(7)\qquad \dot{\mathfrak{J}} = M\ddot{\mathfrak{s}} = \sum_h m_h \ddot{\mathfrak{r}}_h = \sum_h \mathfrak{k}_h' = \sum_h \mathfrak{k}_h = \mathfrak{K}.$$

Der Massenmittelpunkt bewegt sich demnach so, als wäre in ihm die Gesamtmasse des Systems vereinigt und als griffe in ihm die Resultante aller (*äußeren*) Kräfte an (*Newton* 1687).

3. Neben diesen *Satz vom Massenmittelpunkt* tritt der sogenannte *Momenten- oder Flächensatz*. Aus Gl. (1) folgt nämlich unmittelbar bei *vektorieller* Multiplikation mit $\mathfrak{r}_h$ und nachfolgender Addition über alle Indizes h

$$(8)\qquad \sum_h m_h[\mathfrak{r}_h \ddot{\mathfrak{r}}_h] = \sum_h [\mathfrak{r}_h \mathfrak{k}_h'] = \sum_h [\mathfrak{r}_h \mathfrak{k}_h] + \sum_{h,i} [\mathfrak{r}_h \mathfrak{k}_{hi}] = \mathfrak{M}.$$

Die Doppelsumme rechts enthält nun, wegen $\mathfrak{k}_{hi} = -\mathfrak{k}_{ih}$, lauter Paare der Form $[\mathfrak{r}_h \mathfrak{k}_{hi}] + [\mathfrak{r}_i \mathfrak{k}_{ih}] = [(\mathfrak{r}_h - \mathfrak{r}_i)\mathfrak{k}_{hi}]$ und für den häufigen Fall von *Zentralkräften* ist dann $\mathfrak{k}_{hi}$ parallel zu $\mathfrak{r}_h - \mathfrak{r}_i$, also $[(\mathfrak{r}_h - \mathfrak{r}_i)\mathfrak{k}_{hi}] = 0$. An Stelle von Gl. (8) tritt dann

$$(9)\qquad \sum_h m_h[\mathfrak{r}_h \ddot{\mathfrak{r}}_h] = \frac{d}{dt}\left(\sum_h m_h[\mathfrak{r}_h \dot{\mathfrak{r}}_h]\right) = \sum_h [\mathfrak{r}_h \mathfrak{k}_h] = \mathfrak{M}.$$

Für Zentralkräfte ist demnach die zeitliche Änderungsgeschwindigkeit des *Gesamtimpulsmoments* oder *Dralls* $\mathfrak{Q} = \sum_h m_h[\mathfrak{r}_h \dot{\mathfrak{r}}_h]$ in jedem Augenblick gleich dem resultierenden Moment $\mathfrak{M} = \sum [\mathfrak{r}_h \mathfrak{k}_h]$ der *äußeren* Kräfte $\mathfrak{k}_h$. (*Dan. Bernoulli* 1745; *L. Euler* 1746). Da beim Fehlen äußerer Kräfte $\mathfrak{M}$ dauernd verschwindet, so ist in diesem Fall

$$(10)\qquad \mathfrak{Q} = \sum m_h[\mathfrak{r}_h \dot{\mathfrak{r}}_h] = \text{const}$$

(= Satz von der Erhaltung des Dralls bzw. der invariablen Ebene bei *Laplace*, 1799).

4. Aus Gl. (1) folgt weiter ebenso unmittelbar durch *innere* Multiplikation mit $d\mathfrak{r}_h = \dot{\mathfrak{r}}_h\,dt$ und nachfolgender Addition über alle h

$$(11)\qquad \begin{cases} dT = \sum_h m_h \dot{\mathfrak{r}}_h | \ddot{\mathfrak{r}}_h\, dt = d\left(\sum_h \frac{m_h}{2} \dot{\mathfrak{r}}_h | \dot{\mathfrak{r}}_h\right) = d\left(\sum_h \frac{m_h}{2} v_h^2\right) \\ \quad = \sum_h \mathfrak{k}_h' | d\mathfrak{r}_h = \sum_h \mathfrak{k}_h | d\mathfrak{r}_h + \sum_{h,i} \mathfrak{k}_{hi} | d\mathfrak{r}_h = dA\,. \end{cases}$$

„*Die infinitesimale Zunahme der Wucht T im Zeitelement dt ist also gleich der dabei geleisteten infinitesimalen Arbeit dA.*“

In wichtigen Fällen, z. B. beim starren System, ist nun die Summe der Arbeitsleistungen der *inneren* Kräfte gleich Null. Alsdann wird Gl. (11) unter gleichzeitiger Division mit dt

$$\frac{dT}{dt} = \sum_h \mathfrak{k}_h | \dot{\mathfrak{r}}_h = \text{Effekt } E = \frac{dA}{dt} \tag{12}$$

und integriert nach t

$$T - T_0 = \sum_h \frac{m}{2}(v_h^2 - v_{h_0}^2) = \int \sum_h \mathfrak{k}_h | d\mathfrak{r}_h . \tag{13}$$

5. Zur Untersuchung der Bewegung des Systems relativ zum Massenmittelpunkt S setzen wir jetzt *unter Weglassung der Indizes h*

$$\mathfrak{r} = \mathfrak{s} + \bar{\mathfrak{r}}, \quad \text{also } \dot{\mathfrak{r}} = \dot{\mathfrak{s}} + \dot{\bar{\mathfrak{r}}}, \quad \ddot{\mathfrak{r}} = \ddot{\mathfrak{s}} + \ddot{\bar{\mathfrak{r}}} \tag{14}$$

und somit

$$\sum m\mathfrak{r} = M\mathfrak{s} + \sum m\bar{\mathfrak{r}}; \quad \sum m\dot{\mathfrak{r}} = M\dot{\mathfrak{s}} + \sum m\dot{\bar{\mathfrak{r}}}; \quad \sum m\ddot{\mathfrak{r}} = M\ddot{\mathfrak{s}} + \sum m\ddot{\bar{\mathfrak{r}}}, \tag{15}$$

d. h. aber nach Gl. (5), (6) und (7)

$$\sum m\bar{\mathfrak{r}} = 0; \quad \sum m\dot{\bar{\mathfrak{r}}} = 0; \quad \sum m\ddot{\bar{\mathfrak{r}}} = 0. \tag{16}$$

a) Mit Gl. (14) wird zunächst Gl. (8)

$$\sum m [(\mathfrak{s} + \bar{\mathfrak{r}})(\ddot{\mathfrak{s}} + \ddot{\bar{\mathfrak{r}}})] = [\mathfrak{s} \cdot \sum \mathfrak{k}'] + \sum [\bar{\mathfrak{r}}\mathfrak{k}']$$

oder

$$M[\mathfrak{s}\ddot{\mathfrak{s}}] + [(\sum m\bar{\mathfrak{r}})\ddot{\mathfrak{s}}] + [\mathfrak{s}(\sum m\ddot{\bar{\mathfrak{r}}})] + \sum m[\bar{\mathfrak{r}}\ddot{\bar{\mathfrak{r}}}] = [\mathfrak{s}(\sum \mathfrak{k}')] + \sum [\bar{\mathfrak{r}}\mathfrak{k}']. \tag{17}$$

Nach Gl. (7) ist nun $M\ddot{\mathfrak{s}} = \sum \mathfrak{k}'$, also auch $M[\mathfrak{s}\ddot{\mathfrak{s}}] = [\mathfrak{s}(\sum \mathfrak{k}')]$, während nach Gl. (16) $\sum m\bar{\mathfrak{r}}$ und $\sum m\ddot{\bar{\mathfrak{r}}}$ verschwinden. Daher reduziert sich Gl. (17) auf

$$\frac{d}{dt}(\sum m[\bar{\mathfrak{r}}\dot{\bar{\mathfrak{r}}}]) = \sum m[\bar{\mathfrak{r}}\ddot{\bar{\mathfrak{r}}}] = \sum [\bar{\mathfrak{r}}\mathfrak{k}'] = \overline{\mathfrak{M}}. \tag{18}$$

Die zunächst nur bezüglich irgendeines *festen* Punkts O gültige Momentengleichung (8) gilt also nach Gl. (18) auch für die Bewegung des Systems relativ zum (selbstbewegten) Massenmittelpunkt S und im Falle von Zentralkräften treten auch in (18), wie in (9), nur die äußeren Kräfte $\mathfrak{k}$ statt der Gesamtkräfte $\mathfrak{k}'$ auf.

b) Wir zerlegen ebenso den Ausdruck für die Wucht

$$\begin{aligned} T &= \sum \frac{m}{2}\dot{\mathfrak{r}} | \dot{\mathfrak{r}} = \sum \frac{m}{2}(\dot{\mathfrak{s}} + \dot{\bar{\mathfrak{r}}}) | (\dot{\mathfrak{s}} + \dot{\bar{\mathfrak{r}}}) \\ &= \frac{M}{2}\dot{\mathfrak{s}} | \dot{\mathfrak{s}} + \left(\sum m\dot{\bar{\mathfrak{r}}}\right) | \dot{\mathfrak{s}} + \sum \frac{m}{2}\dot{\bar{\mathfrak{r}}} | \dot{\bar{\mathfrak{r}}} \end{aligned}$$

d. h. wegen Gl. (16)

$$T = \frac{M}{2}\dot{\mathfrak{s}} | \dot{\mathfrak{s}} + \sum \frac{m}{2}\dot{\bar{\mathfrak{r}}} | \dot{\bar{\mathfrak{r}}} = T_S + \bar{T}. \tag{19}$$

Dies ist der *Satz von König* (1751): „Die Wucht des Punktsystems setzt sich in jedem Augenblick zusammen aus der Wucht der im Massenmittelpunkt S konzentriert gedachten Gesamtmasse M und der Wucht der Relativbewegung um S."

Nach Gl. (19) ist auch jederzeit $dT = dT_S + d\bar{T}$ und andrerseits nach Gl. (11) $dT = \sum \mathfrak{k}'|d\mathfrak{r}$. Somit wird, wegen $d\mathfrak{r} = d\mathfrak{s} + d\bar{\mathfrak{r}}$

(20) $$dT = dT_S + d\bar{T} = (\sum \mathfrak{k}')|d\mathfrak{s} + \sum \mathfrak{k}'|d\bar{\mathfrak{r}}.$$

Dabei ist noch, wegen (7)

$$dT_S = M\ddot{\mathfrak{s}}|\dot{\mathfrak{s}}\,dt = M\ddot{\mathfrak{s}}|d\mathfrak{s} = \sum \mathfrak{k}'|d\mathfrak{s},$$

so daß schließlich aus (20) wird

(21) $$d\bar{T} = \sum \mathfrak{k}'|d\bar{\mathfrak{r}} = d\bar{A}.$$

Der wichtige Satz (11) über den Zusammenhang zwischen Wucht und Arbeit gilt somit auch für die Relativbewegung des Systems um den Massenmittelpunkt allein.

§ 30. Das Prinzip von d'Alembert und die Bewegungsgleichungen von Lagrange. Die Formulierung des dynamischen Grundprinzips bei Hamilton, Maupertuis und Gauß

1. Die einzelnen Massenelemente eines Systems sind meist nicht vollkommen frei beweglich, sondern *Bedingungen* (Bindungen) unterworfen. So bleiben z. B. bei der Bewegung eines „starren" Systems die gegenseitigen Entfernungen je zweier Massenelemente unverändert. Diese Bindungen rufen nun *Zwangskräfte* $\mathfrak{z}_h$ hervor, so daß nunmehr

(1) $$m_h \ddot{\mathfrak{r}}_h = \mathfrak{k}_h + \mathfrak{z}_h$$

wird. Dabei ist jetzt $\mathfrak{k}_h$ die Resultante aller nicht vom Zwang herrührenden Kräfte auf das Massenelement m_h. Die mit den momentan vorhandenen Bedingungen verträglichen Lageänderungen der Massenpunkte P_h werden dann *„virtuelle Verrückungen"* $\delta\mathfrak{r}_h$ genannt. Bei ihrem Ansatz bleibe eine etwaige Änderung der Bedingungen mit der Zeit außer Betracht. Die wirklich eintretende Verrückung $d\mathfrak{r}_h$ braucht deshalb nicht notwendig zugleich eine virtuelle Verrückung zu sein. Dann gilt in weitem Umfang der zuerst von d'Alembert (1743) erkannte Erfahrungssatz, daß für alle jeweils möglichen *virtuellen* Verrückungen die Zwangskräfte $\mathfrak{z}_h = m_h \ddot{\mathfrak{r}}_h - \mathfrak{k}_h$ keine Arbeit leisten, nämlich nach unsrer heutigen Erkenntnis stets dann, wenn dabei keine Änderung der inneren (z. B. elastischen, thermischen oder anderen)

Energie des Systems erfolgt. Vektoriell formuliert lautet nun dieses „*Prinzip von d'Alembert*“

(2) $$\sum_h \mathfrak{z}_h | \delta \mathfrak{r}_h = \sum_h (m_h \ddot{\mathfrak{r}}_h - \mathfrak{k}_h) | \delta \mathfrak{r}_h = 0.$$

Damit sind zugleich die zunächst unbekannten Zwangskräfte aus den Bewegungsgleichungen eliminiert.

Im *Sonderfall des Gleichgewichts* müssen alle $\ddot{\mathfrak{r}}_h$ verschwinden und Gl. (2) geht über in das „*Prinzip der virtuellen Verschiebungen*“

(3) $$\sum_h \mathfrak{k}_h | \delta \mathfrak{r}_h = 0,$$

welches dem Gedanken nach schon bei *Joh Bernoulli* (1717) als Grundlage der Statik erscheint, aber erst bei *J. L. Lagrange* (1788) in der kartesischen Form

(3′) $$\sum_h (X_h \delta x_h + Y_h \delta y_h + Z_h \delta z_h) = 0$$

seine analytische Formulierung erhielt.

Beispiel: Ein schwerer Punkt bewege sich ohne Reibung auf einer schiefen Ebene, die als Ganzes eine vorgeschriebene Bewegung in vertikaler Richtung ausführt.

Sind dann $\mathfrak{a}$ und $\mathfrak{e}$ Einheitsvektoren in vertikaler Richtung bzw. in Richtung der schiefen Ebene, $\mathfrak{g}$ der senkrecht nach unten gerichtete Vektor der Erdbeschleunigung und $\varphi = \varphi(t)$ eine gegebene Funktion der Zeit, so ist offenbar der Ortsvektor des bewegten Punkts

$$\mathfrak{r} = \varphi(t)\, \mathfrak{a} + s\mathfrak{e}, \quad \text{also} \quad \ddot{\mathfrak{r}} = \ddot{\varphi}\mathfrak{a} + \ddot{s}\mathfrak{e},$$

ferner $\delta \mathfrak{r} = \delta s \mathfrak{e}$ und $\mathfrak{k} = m\mathfrak{g}$. Damit gibt aber die Gl. (2) von d'Alembert, die sich für den *einen* Massenpunkt auf $(m\ddot{\mathfrak{r}} - m\mathfrak{g}) | \delta \mathfrak{r} = 0$ reduziert:

$$(\ddot{\varphi}\mathfrak{a} + \ddot{s}\mathfrak{e} - \mathfrak{g}) | \mathfrak{e}\, \delta s = 0, \quad \text{für jedes beliebige } \delta s,$$

d. h.

$$\ddot{\varphi} \underbrace{(\mathfrak{a} | \mathfrak{e})}_{= a} + \ddot{s} - \underbrace{\mathfrak{g} | \mathfrak{e}}_{= g} = 0.$$

Durch Integration nach t folgt hieraus sofort

$$\dot{s} = gt - \dot{\varphi} a + b$$

$$s = \frac{g}{2} t^2 - \varphi a + bt + c,$$

und man erhält

$$\mathfrak{r} = \varphi \mathfrak{a} + \left(\frac{g}{2} t^2 - a\varphi + bt + c \right) \mathfrak{e}$$

als Lösung des Problems. Die Integrationskonstanten b und c werden natürlich durch die Anfangsbedingungen festgelegt.

2. Für eine konstante Basis $\mathfrak{a}_1, \mathfrak{a}_2, \mathfrak{a}_3$ seien die Ortsvektoren einer Anzahl Massenpunkte $\mathfrak{r}_h = \sum_i^{1-3}{}' x_{hi}\, \mathfrak{a}_i$, also $d\mathfrak{r}_h = \sum_i^{1-3}{}' dx_{hi}\, \mathfrak{a}_i$. Ist nun ein Skalar φ Funktion dieser Ortsvektoren: $\varphi = \varphi(\mathfrak{r}_1, \mathfrak{r}_2, \cdots, \mathfrak{r}_n)$, so folgt, wenn nur *ein* $\mathfrak{r}_h$ als veränderlich betrachtet wird,

$$d_h\varphi = \sum_i^{1-3}{}' \frac{\partial\varphi}{\partial x_{hi}}\, dx_{hi} = \operatorname{grad}_h \varphi \,|\, d\mathfrak{r}_h. \tag{4}$$

Dabei ist

$$\operatorname{grad}_h \varphi = \sum_i^{1-3}{}' \frac{\partial\varphi}{\partial x_{hi}}\, \mathfrak{a}^i \tag{5}$$

der „*partielle* Gradient" von φ nach $\mathfrak{r}_h$. Alsdann wird, bei gleichzeitiger Veränderlichkeit *aller* $\mathfrak{r}_h$:

$$d\varphi = \sum_{h,i}{}' \frac{\partial\varphi}{\partial x_{hi}}\, dx_{hi} = \sum_h{}' \operatorname{grad}_h \varphi \,|\, d\mathfrak{r}_h = \sum_h{}' d_h\varphi. \tag{6}$$

Bestehen nun zwischen den n Massenpunkten eines Systems p $(< 3n)$ Bedingungsgleichungen der Form

$$\varphi_k = \varphi_k(\mathfrak{r}_1, \mathfrak{r}_2, \cdots, \mathfrak{r}_n) = 0, \tag{7}$$

so ist nach Gl. (4) bis (6) stets auch

$$\delta\varphi_k = \sum_h \operatorname{grad}_h \varphi_k \,|\, \delta\mathfrak{r}_h = 0 \tag{8}$$

für jeden einzelnen Index k.

Andrerseits gilt nun für das Massensystem nach d'Alembert

$$\sum_h (m_h \ddot{\mathfrak{r}}_h - \mathfrak{k}_h) \,|\, \delta\mathfrak{r}_h = 0 \tag{2}$$

für alle mit den Bedingungen (7) bzw. (8) momentan verträglichen $\delta\mathfrak{r}_h$. Multipliziert man nun die p Gleichungen (8) mit p zunächst noch unbestimmten Koeffizienten λ_k und addiert sie zu Gl. (2), so erhält man

$$\sum_h \left\{ m_h \ddot{\mathfrak{r}}_h - \mathfrak{k}_h + \sum_k \lambda_k \operatorname{grad}_h \varphi_k \right\} \,|\, \delta\mathfrak{r}_h = 0. \tag{9}$$

In der üblichen Weise läßt sich dann leicht zeigen, daß die durch die p Gleichungen (8) eingeschränkte Willkürlichkeit der $\delta\mathfrak{r}_h$ durch die noch freie Verfügbarkeit über die p Werte λ_k gerade ausgeglichen wird. Man kann sie also so wählen, daß alle Klammerfaktoren in Gl. (9) einzeln verschwinden, so daß

$$m_h \ddot{\mathfrak{r}}_h = \mathfrak{k}_h - \sum_1^p \lambda_k \operatorname{grad}_h \varphi_k \tag{10}$$

wird, für jedes einzelne h.

Dies sind aber *Lagranges* bekannte *Gleichungen erster Art* in vektorieller Form.

3. Für die universelle Anwendung des d'Alembertschen Prinzips auf Einzelprobleme zeigte zuerst *Lagrange* (1788) einen allgemeinen Weg durch Aufstellung seiner *Bewegungsgleichungen zweiter Art:*

Ein System mit beschränkter Bewegungsfreiheit sei in seiner Lage bestimmt durch n unabhängige Parameter q_i. Die Bewegung desselben ist dann festgelegt durch Angabe der q_i als Funktionen der Zeit t. Die Ortsvektoren der einzelnen Massenelemente sind dabei zu betrachten als explizite Funktionen der q_i und eventuell noch der Zeit t

$$\mathfrak{r}_h = \mathfrak{r}_h(q_1, \cdots q_n, t) \tag{11}$$

und somit

$$\delta \mathfrak{r}_h = \sum_1^n \frac{\partial \mathfrak{r}_h}{\partial q_i} \delta q_i, \tag{12}$$

weil bei der Bildung der *virtuellen* Verrückungen $\delta \mathfrak{r}_h$ die Zeit als konstant betrachtet wird. Nach d'Alembert ist nun wieder

$$\sum_h (m_h \ddot{\mathfrak{r}}_h - \mathfrak{k}_h) \,|\, \delta \mathfrak{r}_h = 0. \tag{2}$$

Wegen der Willkürlichkeit der unabhängigen Werte δq_i muß Gl. (2) insbesondere auch erfüllt sein, wenn nur *ein* δq_i von Null verschieden ist, d. h. für $\delta \mathfrak{r}_h = \frac{\partial \mathfrak{r}_h}{\partial q_i} \delta q_i$. Damit wird aber aus Gl. (2), nach Unterdrückung des Faktors δq_i,

$$\sum_h (m_h \ddot{\mathfrak{r}}_h - \mathfrak{k}_h) \,|\, \frac{\partial \mathfrak{r}_h}{\partial q_i} = 0 \tag{13}$$

oder

$$\sum_h m_h \ddot{\mathfrak{r}}_h \,|\, \frac{\partial \mathfrak{r}_h}{\partial q_i} = \sum_h \mathfrak{k}_h \,|\, \frac{\partial \mathfrak{r}_h}{\partial q_i} = Q_i, \tag{13'}$$

für jedes einzelne i. Es wird damit

$$\sum_i Q_i \delta q_i = \sum_h \left\{ \mathfrak{k}_h \,\Big|\, \left(\sum_i \frac{\partial \mathfrak{r}_h}{\partial q_i} \delta q \right) \right\} = \sum_h \mathfrak{k}_h \,|\, \delta \mathfrak{r}_h = \delta A \tag{14}$$

und Lagrange bezeichnete deshalb die Q_i als die „*generalisierten Kraftkomponenten*" des Systems.

Die n skalaren Differentialgleichungen (13) stellen bereits eine erste Form der gesuchten Bewegungsgleichungen dar. Jedoch gab Lagrange der linken Seite von Gl. (13') noch eine andere Form durch Einführung der Wucht $T = \sum_h \frac{m_h}{2} \dot{\mathfrak{r}}_h \,|\, \dot{\mathfrak{r}}_h$ des Systems als Funktion der q_i und $\dot{q}_i$. Es ist nämlich nach Gl. (11)

$$\dot{\mathfrak{r}}_h = \frac{\partial \mathfrak{r}_h}{\partial t} + \sum_i \frac{\partial \mathfrak{r}_h}{\partial q_i} \dot{q}_i$$

und folglich

(15) $$\frac{\partial \dot{\mathfrak{r}}_h}{\partial \dot{q}_i} = \frac{\partial \mathfrak{r}_h}{\partial q_i}.$$

Damit gibt aber $T = \sum_h \frac{m_h}{2} \dot{\mathfrak{r}}_h | \dot{\mathfrak{r}}_h$:

$$\frac{\partial T}{\partial \dot{q}_i} = \sum_h m_h \dot{\mathfrak{r}}_h \Big| \frac{\partial \dot{\mathfrak{r}}_h}{\partial \dot{q}_i} = \sum_h m_h \dot{\mathfrak{r}}_h \Big| \frac{\partial \mathfrak{r}_h}{\partial q_i}$$

und weiter

(16) $$\frac{d}{dt}\left(\frac{\partial T}{\partial \dot{q}_i}\right) = \sum_h m_h \ddot{\mathfrak{r}}_h \Big| \frac{\partial \mathfrak{r}_h}{\partial q_i} + \sum_h m_h \dot{\mathfrak{r}}_h \Big| \frac{d}{dt}\left(\frac{\partial \mathfrak{r}_h}{\partial q_i}\right).$$

Wegen

$$\frac{d}{dt}\left(\frac{\partial \mathfrak{r}_h}{\partial q_i}\right) = \sum_k \frac{\partial^2 \mathfrak{r}_h}{\partial q_i \, \partial q_k} \dot{q}_k + \frac{\partial^2 \mathfrak{r}_h}{\partial q_i \, \partial t} = \frac{\partial}{\partial q_i}\left(\sum_k \frac{\partial \mathfrak{r}_h}{\partial q_k} \dot{q}_k + \frac{\partial \mathfrak{r}_h}{\partial t}\right) \quad \frac{\partial}{\partial q_i}(\dot{\mathfrak{r}}_h)$$

wird also (16)

$$\sum m_h \ddot{\mathfrak{r}}_h \Big| \frac{\partial \mathfrak{r}_h}{\partial q_i} = \frac{d}{dt}\left(\frac{\partial T}{\partial \dot{q}_i}\right) - \sum_h m_h \dot{\mathfrak{r}}_h \Big| \frac{\partial \dot{\mathfrak{r}}_h}{\partial q_i} = \frac{d}{dt}\left(\frac{\partial T}{\partial \dot{q}_i}\right) - \frac{\partial T}{\partial q_i}$$

und damit wird Gl. (13')

(17) $$\frac{d}{dt}\left(\frac{\partial T}{\partial \dot{q}_i}\right) - \frac{\partial T}{\partial q_i} = Q_i, \quad \text{für jedes einzelne } i.$$

Dies ist aber das System der *Lagrangeschen Gleichungen zweiter Art* in ihrer historischen Form.

Haben zudem die äußeren Kräfte ein Potential, so muß $dA = \sum Q_i \, dq_i$ ein vollständiges Differential sein und folglich wird dann $Q_i = -\frac{\partial U}{\partial q_i}$. Alsdann gilt für $T - U = L$ auch

(17') $$\frac{d}{dt}\left(\frac{\partial L}{\partial \dot{q}_i}\right) - \frac{\partial L}{\partial q_i} = 0.$$

Die Größe $L = T - U$ nennt man auch das „*kinetische Potential*“ oder die „*Lagrangesche Funktion*“.

4. Nach d'Alembert ist, wenn wir dabei die Indizes weglassen,

(18) $$\sum m \ddot{\mathfrak{r}} | \delta \mathfrak{r} = \sum \mathfrak{k} | \delta \mathfrak{r} = \delta A.$$

Falls man die Zeit t selbst nicht mitvariiert, ist aber

(19) $$\ddot{\mathfrak{r}} | \delta \mathfrak{r} = \frac{d}{dt}(\dot{\mathfrak{r}} | \delta \mathfrak{r}) - \dot{\mathfrak{r}} \Big| \frac{d}{dt}(\delta \mathfrak{r}) = \frac{d}{dt}(\dot{\mathfrak{r}} | \delta \mathfrak{r}) - \dot{\mathfrak{r}} | \delta \dot{\mathfrak{r}}$$

und damit wird Gl. (18)

$$\sum m \ddot{\mathfrak{r}} | \delta \mathfrak{r} = \frac{d}{dt} \sum m (\dot{\mathfrak{r}} | \delta \mathfrak{r}) - \sum \frac{m}{2} \delta(\dot{\mathfrak{r}} | \dot{\mathfrak{r}}) = \delta A$$

oder

$$\frac{d}{dt}\sum m(\dot{\mathfrak{r}}|\delta\mathfrak{r}) = \delta T + \delta A,$$

d. h. nach t integriert

(20) $$\sum m\dot{\mathfrak{r}}|\delta\mathfrak{r}\Big]_{t_0}^{t_1} = \int_{t_0}^{t_1} dt(\delta T + \delta A).$$

Indem Hamilton noch fordert, daß an den Grenzen t_0 und t_1 jede Variation verschwindet, wird notwendig

(21) $$\int_{t_0}^{t_1} dt(\delta T + \delta A) = 0,$$

und dies ist *Hamiltons Prinzip* im *allgemeinen* Fall.

Haben zudem die wirkenden Kräfte ein Potential U, so ist $\delta A = -\delta U$ und Gl. (21) wird

(22) $$\int_{t_0}^{t} \delta(T-U)dt = \delta \int_{t_0}^{t} (T-U)dt = 0.$$

5. Mit Hamiltons Prinzip sehr nahe verwandt ist das sogenannte *Prinzip der kleinsten Wirkung*, dessen Idee von *Maupertuis* stammt (1740), dem aber erst *Lagrange* (1760) eine präzisere Fassung gegeben hat. Für mod $\dot{\mathfrak{r}} = v$ und mod $d\mathfrak{r} = ds$ lautet dasselbe bei Lagrange:

(23) $$\delta \int \sum m\,v\,ds = 0,$$

das Integral erstreckt über ein beliebiges Stück des Bewegungsverlaufs. Seine Gültigkeit ist jedoch an die Voraussetzung gebunden, daß für die nicht vom Zwang etwaiger Bindungen herrührenden Kräfte stets das Prinzip der lebendigen Kraft gelten soll:

(24) $$\delta A = \sum \mathfrak{k}|\delta\mathfrak{r} = \delta T = \sum m\dot{\mathfrak{r}}|\delta\dot{\mathfrak{r}} = \sum m v \delta v.$$

Es folgt nun aus Gl. (23)

(25) $$0 = \delta\int\sum m\,v\,ds = \int\sum m\delta(v\,ds) = \int\sum m\,\delta v\,ds + \int\sum m v\delta(ds)$$

Dabei ist zunächst, wegen $ds = v\,dt$ und Gl. (24)

(26a) $$\int\sum m\,\delta v\,ds = \int\sum m\,v\delta v\,dt = \int\delta T\,dt = \int\sum(\mathfrak{k}|\delta\mathfrak{r})dt.$$

Sodann ist weiter, wegen $ds^2 = d\mathfrak{r}|d\mathfrak{r}$, also $ds\,\delta(ds) = d\mathfrak{r}|\delta(d\mathfrak{r})$ oder $v\,\delta(ds) = \dot{\mathfrak{r}}|\delta(d\mathfrak{r}) = \dot{\mathfrak{r}}|d(\delta\mathfrak{r})$:

$$\int\sum m v\delta(ds) = \int\sum m\dot{\mathfrak{r}}|d(\delta\mathfrak{r}), \quad \text{und partiell integriert}$$

$$\int\sum m v\delta(ds) = \sum m\dot{\mathfrak{r}}|\delta\mathfrak{r}\Big]_A^B - \int\sum m\,d\dot{\mathfrak{r}}|\delta\mathfrak{r}.$$

Sollen auch hier, wie bei Hamiltons Prinzip, die Variationen an den Integrationsgrenzen A und E verschwinden, so bleibt

(26b) $$\int\sum m v\delta(ds) = -\int\sum m\,d\dot{\mathfrak{r}}|\delta\mathfrak{r} = -\int\sum m(\ddot{\mathfrak{r}}|\delta\mathfrak{r})dt.$$

Mit Gl. (26a) und (26b) geht nun Gl. (25) über in

$$0 = \delta \int m v \delta s = \int d t \sum \{\mathfrak{k} \,|\, \delta \mathfrak{r} - m \ddot{\mathfrak{r}} \,|\, \delta \mathfrak{r}\} = \int d t \{\sum (\mathfrak{k} - m \ddot{\mathfrak{r}}) \,|\, \delta \mathfrak{r}\},$$

und wegen der Willkürlichkeit der Integrationsgrenzen verschwindet notwendig dauernd auch der Integrand:

$$(27) \qquad \sum (\mathfrak{k} - m \ddot{\mathfrak{r}}) \,|\, \delta \mathfrak{r} = 0.$$

Unter Voraussetzung der Gültigkeit der Gl. (24) führt also auch das Prinzip der kleinsten Wirkung wieder zum Prinzip von d'Alembert.

6. *Das Prinzip des kleinsten Zwangs von Gauß* (1829): Es sei wieder $\ddot{\mathfrak{r}}_h$ die tatsächlich eintretende Beschleunigung des Massenelements m_h, so daß dasselbe nach der sehr kleinen Zeit Δt die Lage $\mathfrak{r}_h' = \mathfrak{r}_h + \dot{\mathfrak{r}}_h \cdot \Delta t + \frac{\ddot{\mathfrak{r}}_h \cdot (\Delta t^2)}{2!}$ erreicht. Ist wieder $\mathfrak{k}_h$ die resultierende nicht von den Bindungen herrührende Kraft auf das Massenelement, so würde demselben durch $\mathfrak{k}_h$ allein die Beschleunigung $\frac{\mathfrak{k}_h}{m_h}$ erteilt und es käme nach der Zeit Δt in die Lage $\mathfrak{r}_h'' = \mathfrak{r}_h + \dot{\mathfrak{r}}_h \cdot \Delta t + \frac{\mathfrak{k}_h}{m_h} \frac{(\Delta t)^2}{2!}$. Die Abweichung der wahren Bewegung von der „freien" hat demnach den Betrag

$$(28) \qquad \Delta \mathfrak{r}_h = \mathfrak{r}_h' - \mathfrak{r}_h'' = \left(\ddot{\mathfrak{r}}_h - \frac{\mathfrak{k}_h}{m_h}\right) \frac{\Delta t^2}{2!}.$$

Nach Gauß ist nun die wahre Bewegung vor allen andern mit den Bedingungen verträglichen Bewegungen dadurch ausgezeichnet, daß $\sum m_h \Delta \mathfrak{r}_h \,|\, \Delta \mathfrak{r}_h$ ein Extremwert wird. Wegen der Konstanz des gewählten Zeitelements Δt ist damit äquivalent, daß $Z = \sum m_h \left(\ddot{\mathfrak{r}}_h - \frac{\mathfrak{k}_h}{m_h}\right) \Big| \left(\ddot{\mathfrak{r}}_h - \frac{\mathfrak{k}_h}{m_k}\right)$ ein solcher Extremwert ist oder daß

$$(29) \qquad \frac{\delta Z}{2} = \sum_h m_h \delta \ddot{\mathfrak{r}}_h \,\Big|\, \left(\ddot{\mathfrak{r}}_h - \frac{\mathfrak{k}_h}{m_k}\right) = \sum_h \delta \ddot{\mathfrak{r}}_h \,|\, (m_h \ddot{\mathfrak{r}}_h - \mathfrak{k}_h) = 0$$

wird. Haben nun die (holonomen oder nicht-holonomen) Bedingungen jede die Form

$$(30) \qquad \sum_h \mathfrak{v}_h \,|\, \delta \mathfrak{r}_h = 0,$$

so folgt hieraus durch Differentiation nach t und wegen der Vertauschbarkeit von Differentiation und Variation

$$(31) \qquad \sum \dot{\mathfrak{v}}_h \,|\, \delta \mathfrak{r}_h + \sum \mathfrak{v}_h \,|\, \delta \dot{\mathfrak{r}}_h = 0$$

$$(32) \qquad \sum \ddot{\mathfrak{v}}_h \,|\, \delta \mathfrak{r}_h + 2 \sum \dot{\mathfrak{v}}_h \,|\, \delta \dot{\mathfrak{r}}_h + \sum \mathfrak{v}_h \,|\, \delta \ddot{\mathfrak{r}}_h = 0.$$

Weil aber nach Gl. (28) der Unterschied zwischen wahrer und freier Bewegung erst in den Gliedern zweiter Ordnung sich zeigt und somit die $\mathfrak{r}_h$ und $\dot{\mathfrak{r}}_h$ *nicht* variiert werden dürfen, so reduziert sich jede Gl. (32) auf

$$(32') \qquad \sum \mathfrak{v}_h \,|\, \delta \ddot{\mathfrak{r}}_h = 0.$$

Die Willkürlichkeit der $\delta \ddot{\mathfrak{r}}_h$ unterliegt daher genau denselben Einschränkungen wie diejenige der $\delta \mathfrak{r}_h$. Beide können also einander vertreten und damit wird aus Gl. (29):

$$(33) \qquad \sum \delta \mathfrak{r}_h | (m_k \ddot{\mathfrak{r}}_h - \mathfrak{k}_h) = 0.$$

D. h. aber: *Auch das Gaußsche Prinzip ist dem d'Alembertschen Prinzip völlig äquivalent.*

§ 31. *Kinematik des starren Körpers*

1. Ein starrer Körper ist ein System von Massenelementen, deren gegenseitige Entfernungen auch während der Bewegung unveränderlich sind. Erfährt ein solcher eine *endliche Verrückung*, so ist dieselbe stets vollziehbar durch eine allen Punkten derselben gemeinsame *Schiebung* oder *Translation* $\mathfrak{t}$ und eine nachfolgende *Bewegung um einen dabei festgehaltenen Punkt O*. Die letztere führe den von O aus gezogenen Ortsvektor $\mathfrak{r} = \sum_1^3 x_i \mathfrak{e}_i$ eines Körperpunkts über in die neue Lage $\mathfrak{r}' = \sum_1^3 x_i \mathfrak{a}_i$. Dabei seien die $\mathfrak{e}_i$ und die $\mathfrak{a}_i$ die Grundvektoren einer *im Körper festen kartesischen Basis* bei O in der Anfangs- und in der Endlage des Systems. Wegen $x_i = (\mathfrak{r}|\mathfrak{e}_i)$ ist dann auch

$$(1) \qquad \mathfrak{r}' = \sum_1^3 x_i \mathfrak{a}_i = \sum_1^3 (\mathfrak{e}_i|\mathfrak{r})\, \mathfrak{a}_i = \mathfrak{C}\mathfrak{r}$$

und der Affinor

$$(2) \qquad \mathfrak{C} = \sum_1^3 \mathfrak{e}_i \, , \, \mathfrak{a}_i$$

vermittelt dabei eine *kongruente Transformation*. Zu ihr gehören nach S. 33/34, Gl. (26) und (27), zwei basisunabhängige Invarianten, nämlich der Skalar

$$(3) \qquad D = \sum_1^3 \mathfrak{e}_k | \mathfrak{a}_k$$

und der Vektor

$$(4) \qquad \mathfrak{d} = \sum_1^3 [\mathfrak{e}_k \mathfrak{a}_k] = \sum_1^3 [\mathfrak{e}_k (\mathfrak{a}_k - \mathfrak{e}_k)].$$

Für den letzteren ergibt sich sofort, mit S. 22, Gl. (5):

$$(5) \qquad \mathfrak{C}\mathfrak{d} = \sum_1^3 (\mathfrak{e}_i|\mathfrak{d})\, \mathfrak{a}_i = \sum_{i,k} (\mathfrak{e}_i \mathfrak{e}_k \mathfrak{a}_k)\, \mathfrak{a}_i = \frac{1}{2} \sum_{i,k} \{(\mathfrak{e}_i \mathfrak{e}_k \mathfrak{a}_k)\, \mathfrak{a}_i - (\mathfrak{e}_i \mathfrak{e}_k \mathfrak{a}_i)\, \mathfrak{a}_k\}$$

$$= \frac{1}{2} \sum_{i,k} [[\mathfrak{e}_i \mathfrak{e}_k] [\mathfrak{a}_i \mathfrak{a}_k]] = \sum_1^3 [\mathfrak{e}_h \mathfrak{a}_h] = \mathfrak{d}.$$

Der Vektor $\mathfrak{d}$ bleibt also bei der kongruenten Transformation (1) nach Größe und Richtung invariant. Infolgedessen bleiben hierbei auch alle Punkte der Geraden durch O in Richtung $\mathfrak{d}$ an ihrem Ort. Dies ist der *Satz von Euler* (1775):

„*Jede endliche Bewegung eines starren Körpers um den festgehaltenen Punkt O kann bewirkt werden durch eine Drehung um eine feste Achse durch O.*"

Zur Bestimmung des numerischen Werts des basisinvarianten Vektors $\mathfrak{d}$ lege man $\mathfrak{e}_1$ in Richtung $\mathfrak{d}$, so daß $\mathfrak{a}_1 = \mathfrak{e}_1$ wird. Man hat dann, wegen $[\mathfrak{e}_1 \mathfrak{a}_1] = 0$,

$$\mathfrak{d} = \sum_1^3 [\mathfrak{e}_i \mathfrak{a}_i] = [\mathfrak{e}_2 \mathfrak{a}_2] + [\mathfrak{e}_3 \mathfrak{a}_3]$$

und

(6) $$\operatorname{mod} \mathfrak{d} = 2 \sin \varphi, \quad \text{für } \varphi = \sphericalangle (\mathfrak{e}_2 \mathfrak{a}_2) = \sphericalangle (\mathfrak{e}_3 \mathfrak{a}_3).$$

Für dieselbe Basiswahl wird die skalare Invariante (3)

(7) $$D = \sum_1^3 \mathfrak{e}_k | \mathfrak{a}_k = 1 + \mathfrak{e}_2 | \mathfrak{a}_2 + \mathfrak{e}_3 | \mathfrak{a}_3 = 1 + 2 \cos \varphi.$$

Damit ist also die Größe des Drehwinkels φ eindeutig bestimmt, wenn die Drehung dabei um $\mathfrak{d}$ im Uhrzeigersinn erfolgt. Weiter erleidet der Endpunkt des beliebigen Ortsvektors $\mathfrak{r}$ durch diese Drehung die „Verrückung"

(8) $$\Delta \mathfrak{r} = \mathfrak{r}' - \mathfrak{r} = \sum_1^3 (\mathfrak{e}_i | \mathfrak{r}) (\mathfrak{a}_i - \mathfrak{e}_i) = \sum_1^3 (\mathfrak{e}_i | \mathfrak{r}) \Delta \mathfrak{e}_i.$$

Physikalisch bedeutsam ist vor allem die *infinitesimale* Drehung im Zeitelement dt. Es wird dann

(4′) $$\mathfrak{d} = \sum_1^3 [\mathfrak{e}_i \mathfrak{a}_i] = \sum_1^3 [\mathfrak{e}_i (\mathfrak{a}_i - \mathfrak{e}_i)] = \sum_1^3 [\mathfrak{e}_i \, d \mathfrak{e}_i]$$

mit $\operatorname{mod} \mathfrak{d} = 2 d\varphi$ und

(8′) $$d\mathfrak{r} = \sum_1^3 (\mathfrak{e}_i | \mathfrak{r}) d\mathfrak{e}_i$$

bzw. in endlicher Form, nach Division mit $2\,dt$, bzw. dt:

(9) $$\mathfrak{u} = \frac{1}{2} \sum_1^3 [\mathfrak{e}_i \dot{\mathfrak{e}}_i]; \quad \operatorname{mod} \mathfrak{u} = \dot{\varphi}$$

(10) $$\dot{\mathfrak{r}} = \sum_1^3 (\mathfrak{e}_i | \mathfrak{r}) \dot{\mathfrak{e}}_i = \sum_1^3 x_i \dot{\mathfrak{e}}_i.$$

Wie schon in dem Übungsbeispiel auf S. 42 gezeigt, folgt andrerseits aus der Identität $\mathfrak{r} = \sum_1^3 (\mathfrak{e}_i | \mathfrak{r}) \mathfrak{e}_i$ durch Ableiten nach t

$$\dot{\mathfrak{r}} = \sum_1^3 (\dot{\mathfrak{e}}_i | \mathfrak{r}) \mathfrak{e}_i + \sum_1^3 (\mathfrak{e}_i | \dot{\mathfrak{r}}) \mathfrak{e}_i + \sum_1^3 (\mathfrak{e}_i | \mathfrak{r}) \dot{\mathfrak{e}}_i.$$

Dabei ist die zweite Summe rechts identisch gleich $\dot{\mathfrak{r}}$ und ebenso ist nach Gl. (10) die dritte Summe rechts gleich $\dot{\mathfrak{r}}$. Daher ist notwendig auch $-\sum_1^3 (\dot{\mathfrak{e}}_i|\mathfrak{r})\,\mathfrak{e}_i = \dot{\mathfrak{r}}$ und kombiniert mit Gl. (10)

$$\dot{\mathfrak{r}} = \frac{1}{2}\sum_1^3 \{(\mathfrak{e}_i|\mathfrak{r})\,\dot{\mathfrak{e}}_i - (\dot{\mathfrak{e}}_i|\mathfrak{r})\,\mathfrak{e}_i\} = \frac{1}{2}\left[\sum_1^3 [\mathfrak{e}_i\,\dot{\mathfrak{e}}_i]\,\mathfrak{r}\right] = [\mathfrak{u}\,\mathfrak{r}]. \tag{11}$$

Diese Gleichung für die momentane Drehbewegung, nämlich $\dot{\mathfrak{r}} = [\mathfrak{u}\,\mathfrak{r}]$ findet sich zuerst bei *Euler* (1750), natürlich dort in Komponentenform. Bei gleichzeitiger Translationsgeschwindigkeit $\mathfrak{v}_0$ des Körpers wird dann die Gesamtgeschwindigkeit

$$\mathfrak{v} = \mathfrak{v}_0 + [\mathfrak{u}\,\mathfrak{r}]. \tag{12}$$

$\mathfrak{v}_0$ ist dabei die Geschwindigkeit des Körperpunkts, der momentan mit O zusammenfällt. Die Gl. (12), die *„kinematische Grundgleichung" des starren Körpers,* bildet die analytische Grundlage für die weitere Diskussion der momentanen Bewegung des Systems:

a) Zunächst wird für $\mathfrak{r} = \mathfrak{a} + \mathfrak{r}'$

$$\mathfrak{v} = \mathfrak{v}_0 + [\mathfrak{u}(\mathfrak{a} + \mathfrak{r}')] = \mathfrak{v}_0 + [\mathfrak{u}\,\mathfrak{a}] + [\mathfrak{u}\,\mathfrak{r}'] = \mathfrak{v}_0' + [\mathfrak{u}\,\mathfrak{r}']. \tag{13}$$

Dabei ist $\mathfrak{v}_0' = \mathfrak{v}_0 + [\mathfrak{u}\,\mathfrak{a}]$ nach (12) die Geschwindigkeit des Körperpunkts A mit Ortsvektor $\mathfrak{a}$ und $\mathfrak{r}'$ der (neue) Ortsvektor nach P aus dem neuen Ursprung A.

Die momentane Winkelgeschwindigkeit $\mathfrak{u}$ *ist also ganz unabhängig von der Wahl des Bezugspunkts A.*

Mit Gl. (13) äquivalent ist auch die Schreibweise

$$\dot{\mathfrak{r}} = \dot{\mathfrak{r}}_0 + [\mathfrak{u}(\mathfrak{r} - \mathfrak{r}_0)], \tag{13'}$$

wobei die Ortsvektoren $\mathfrak{r}_0$ und $\mathfrak{r}$ von einem festen Ursprung aus nach den Körperpunkten P_0 und P gezogen sind. Endlich gibt dann für $\mathfrak{r} - \mathfrak{r}_0 = \mathfrak{p}$ die Gleichung

$$\dot{\mathfrak{p}} = \dot{\mathfrak{r}} - \dot{\mathfrak{r}}_0 = [\mathfrak{u}(\mathfrak{r} - \mathfrak{r}_0)] = [\mathfrak{u}\,\mathfrak{p}] \tag{13''}$$

das Gesetz für die Änderungsgeschwindigkeit eines jeden mit dem bewegten Körper fest verbundenen Vektors $\mathfrak{p}$.

b) Zerlegt man in Gl. (13') die Translationsgeschwindigkeit $\dot{\mathfrak{r}}_0$ in eine Komponente $\mathfrak{v}_p$ parallel zu $\mathfrak{u}$ und eine solche $\mathfrak{v}_s$ senkrecht zu $\mathfrak{u}$, so kann man der letzteren die Form geben: $\mathfrak{v}_s = [\mathfrak{u}\,\mathfrak{c}]$, wo $\mathfrak{c}$ ein auf $\mathfrak{u}$ und auf $\mathfrak{v}_s$ senkrechter Vektor ist. Damit wird aber Gl. (13)

$$\dot{\mathfrak{r}} = \mathfrak{v}_p + [\mathfrak{u}\,\mathfrak{c}] + [\mathfrak{u}(\mathfrak{r} - \mathfrak{r}_0)] = \mathfrak{v}_p + [\mathfrak{u}\{\mathfrak{r} - (\mathfrak{r}_0 - \mathfrak{c})\}]. \tag{14}$$

Die Momentanbewegung ist dadurch zerlegt in eine für alle Körperpunkte gemeinsame Translation $\mathfrak{v}_p$ in Richtung $\mathfrak{u}$ und eine Rotation mit Winkelgeschwindigkeit $\mathfrak{u}$ um eine Achse durch den Punkt mit Ortsvektor $(\mathfrak{r}_0 - \mathfrak{c})$. Sie läßt sich also stets auffassen als eine „*Schraubung*" um eine Achse in Richtung $\mathfrak{u}$. (*Satz von Mozzi* 1763.)

c) Ein starrer Körper unterliege *gleichzeitig* mehreren Elementarbewegungen, d. h. Translationsgeschwindigkeiten $\mathfrak{t}_i$ und Drehgeschwindigkeiten $\mathfrak{u}_k$. Dabei seien $\mathfrak{a}_k$ die Ortsvektoren aus einem festen Ursprung O nach beliebigen Punkten A_k der Drehachsen; und da Geschwindigkeiten sich einfach geometrisch addieren, wird die resultierende Momentangeschwindigkeit des beliebigen Körperpunktes P mit Ortsvektor $\mathfrak{r}$

(15) $$\dot{\mathfrak{r}} = \sum_i \mathfrak{t}_i + \sum_k [\mathfrak{u}_k(\mathfrak{r}-\mathfrak{a}_k)] = \sum_i \mathfrak{t}_i - \sum_k [\mathfrak{u}_k\mathfrak{a}_k] + \left[\left(\sum_k \mathfrak{u}_k\right)\mathfrak{r}\right] = \mathfrak{T} + [\mathfrak{U}\mathfrak{r}].$$

Das Ergebnis der Superposition beliebig vieler gleichzeitiger Momentanbewegungen des starren Körpers ist also stets äquivalent einer Translationsgeschwindigkeit $\mathfrak{T} = \sum_i \mathfrak{t}_i - \sum_k [\mathfrak{u}_k\mathfrak{a}_k]$ in Verbindung mit einer Winkelgeschwindigkeit $\mathfrak{U} = \sum_k \mathfrak{u}_k$ um eine Achse durch den beliebig gewählten Ursprung O. Das Ergebnis ist insbesondere stets eine reine Translation für $\mathfrak{U} = \sum_k \mathfrak{u}_k = 0$.

Für den *Sonderfall* mehrerer Drehgeschwindigkeiten um *parallele Achsen*, d. h. für $\mathfrak{t}_i = 0$ und $\mathfrak{u}_k = \omega_k\mathfrak{e}$, wird

(16) $$\dot{\mathfrak{r}} = \sum_k [\mathfrak{u}_k(\mathfrak{r}-\mathfrak{a}_k)] = \left(\sum_k \omega_k\right)[\mathfrak{e}\mathfrak{r}] - \left[\mathfrak{e}\left(\sum_k \omega_k\mathfrak{a}_k\right)\right] = \Omega[\mathfrak{e}\mathfrak{r}] - \left[\mathfrak{e}\left(\sum_k \omega_k\mathfrak{a}_k\right)\right].$$

Die ω_k haben dabei positives oder negatives Vorzeichen, je nachdem die $\mathfrak{u}_k$ mit dem Einheitsvektor $\mathfrak{e}$ gleich oder entgegengesetzt gerichtet sind. Mit $\Omega = \sum_k \omega_k \neq 0$ und $\mathfrak{U} = \Omega\mathfrak{e}$ lautet dann Gl. (16) auch

(16') $$\dot{\mathfrak{r}} = \Omega\left[\mathfrak{e}\left(\mathfrak{r} - \frac{\sum\omega_k\mathfrak{a}_k}{\Omega}\right)\right] = [\mathfrak{U}(\mathfrak{r}-\mathfrak{a})].$$

Diese Momentanbewegung ist also äquivalent einer reinen Drehgeschwindigkeit $\mathfrak{U} = \Omega\mathfrak{e}$ um eine zu $\mathfrak{e}$ parallele Achse durch den „Massenmittelpunkt" $\mathfrak{a} = \frac{\sum_k \omega_k\mathfrak{a}_k}{\Omega}$ der Endpunkte der $\mathfrak{a}_k$, je belastet mit den (positiven oder negativen) Massen ω_k.

d) Für die *Beschleunigung* der Punkte eines starren Systems erhält man endlich aus der kinematischen Grundgleichung (13′) durch weitere Differentiation nach t, für $\mathfrak{r} - \mathfrak{r}_0 = \mathfrak{p}$, also $\dot{\mathfrak{p}} = [\mathfrak{u}\mathfrak{p}]$:

(17) $$\ddot{\mathfrak{r}} = \ddot{\mathfrak{r}}_0 + [\dot{\mathfrak{u}}\mathfrak{p}] + [\mathfrak{u}\dot{\mathfrak{p}}] = \ddot{\mathfrak{r}}_0 + [\dot{\mathfrak{u}}\mathfrak{p}] + [\mathfrak{u}[\mathfrak{u}\mathfrak{p}]]$$

und weiter entwickelt mit $\mathfrak{u} = \omega\mathfrak{e}$, also $\dot{\mathfrak{u}} = \dot{\omega}\mathfrak{e} + \omega\dot{\mathfrak{e}}$

(18) $$\ddot{\mathfrak{r}} = \ddot{\mathfrak{r}}_0 + \dot{\omega}[\mathfrak{e}\mathfrak{p}] + \omega[\dot{\mathfrak{e}}\mathfrak{p}] + [\mathfrak{u}[\mathfrak{u}\mathfrak{p}]].$$

Neben die *Translationsbeschleunigung* $\ddot{\mathfrak{r}}_0$ tritt demnach die *Tangentialbeschleunigung* $\dot{\omega}[\mathfrak{e}\mathfrak{p}]$ vom Betrag $\dot{\omega}a$, die Komponente $\omega[\dot{\mathfrak{e}}\mathfrak{p}]$, bewirkt durch die Richtungsänderung der Drehachse, und die zuerst von Huygens betrachtete *Zentripetalbeschleunigung* $[\mathfrak{u}[\mathfrak{u}\mathfrak{p}]]$, gerichtet vom Körperpunkt senkrecht gegen die Drehachse, vom Betrag $\omega^2 a$. Dabei bedeutet a den Abstand des Körperpunkts von der Drehachse durch P_0.

e) Insbesondere für die *Bewegung des starren Körpers parallel zu einer festen Ebene*, senkrecht zum *konstanten* Einheitsvektor $\mathfrak{e}$, wird dauernd $\dot{\mathfrak{e}} = 0$, also $\dot{\mathfrak{u}} = \dot{\omega}\mathfrak{e}$, so daß die Beschleunigungskomponente $\omega[\dot{\mathfrak{e}}\mathfrak{p}]$ in Wegfall kommt. Für diesen Sonderfall der *ebenen Bewegung* sei die Diskussion noch etwas weiter geführt. Es genügt hiebei die Betrachtung der Bewegung irgendeines zu $\mathfrak{e}$ senkrechten Querschnitts in seiner Ebene, und in diese sei auch der im Raum feste Ursprung O des Ortsvektors $\mathfrak{r}$ sowie ein im bewegten Körper fester Punkt P_0 mit Ortsvektor $\mathfrak{r}_0$ gelegt. Dann sind $\mathfrak{r}$, $\mathfrak{r}_0$ sowie ihre Ableitungen dauernd senkrecht zu $\mathfrak{u} = \omega\mathfrak{e}$, für $\mathfrak{e} = \text{const}$ und $\operatorname{mod}\mathfrak{e} = +1$. Wir setzen $\mathfrak{r} = \mathfrak{r}_0 + \bar{\mathfrak{r}}$ und erhalten

(19) $$\dot{\mathfrak{r}} = \dot{\mathfrak{r}}_0 + \dot{\bar{\mathfrak{r}}} = \dot{\mathfrak{r}}_0 + [\mathfrak{u}\bar{\mathfrak{r}}] = \dot{\mathfrak{r}}_0 + \omega[\mathfrak{e}\bar{\mathfrak{r}}]$$

und

(20) $$\ddot{\mathfrak{r}} = \ddot{\mathfrak{r}}_0 + [\dot{\mathfrak{u}}\bar{\mathfrak{r}}] + [\mathfrak{u}\dot{\bar{\mathfrak{r}}}] = \ddot{\mathfrak{r}}_0 + \dot{\omega}[\mathfrak{e}\bar{\mathfrak{r}}] + [\mathfrak{u}[\mathfrak{u}\bar{\mathfrak{r}}]] = \ddot{\mathfrak{r}}_0 + \dot{\omega}[\mathfrak{e}\bar{\mathfrak{r}}] - \omega^2\bar{\mathfrak{r}}.$$

Für $\dot{\mathfrak{r}}_0 = -[\mathfrak{u}\bar{\mathfrak{z}}]$, also $[\mathfrak{e}\dot{\mathfrak{r}}_0] = -\omega[\mathfrak{e}[\mathfrak{e}\bar{\mathfrak{z}}]] = \omega\bar{\mathfrak{z}}$, wird (19):

(19′) $$\dot{\mathfrak{r}} = -[\mathfrak{u}\bar{\mathfrak{z}}] + [\mathfrak{u}\bar{\mathfrak{r}}] = [\mathfrak{u}\{\mathfrak{r} - (\mathfrak{r}_0 + \bar{\mathfrak{z}})\}] = [\mathfrak{u}(\mathfrak{r} - \mathfrak{z})].$$

Dabei ist

(21) $$\mathfrak{z} = \mathfrak{r}_0 + \bar{\mathfrak{z}} = \mathfrak{r}_0 + \frac{[\mathfrak{e}\dot{\mathfrak{r}}_0]}{\omega}$$

der Ortsvektor des 1742 von *Joh. Bernoulli* entdeckten „*Momentanzentrums*" Z. Denn für $\mathfrak{r} = \mathfrak{z}$ wird $\dot{\mathfrak{r}} = 0$. Zugleich ist Gl. (21) die Gleichung des Orts von Z in der festen Ebene, d. h. die Gleichung der *Raumzentrode* oder *Rastpolkurve*. Für eine im Körper mitbewegte kartesische Basis $\mathfrak{e}_1$, $\mathfrak{e}_2$ und P_0 als Ursprung sind dann, wegen $\bar{\mathfrak{z}} = \sum\limits_1^2 (\bar{\mathfrak{z}}|\mathfrak{e}_i)\,\mathfrak{e}_i$,

(22) $$z_i = (\bar{\mathfrak{z}}|\mathfrak{e}_i)$$

die beiden Komponentengleichungen des Orts des Momentenzentrums im Körper, der sogenannten *Körperzentrode* oder *Gangpolkurve*, und die ganze Bewegung kommt in bekannter Weise zustande, indem die Körperzentrode ohne zu gleiten auf der Raumzentrode „rollt", wobei das Momentenzentrum stets im augenblicklichen Berührungspunkt der beiden Kurven liegt.

Nach Gl. (19′) ist ferner $\operatorname{mod}\dot{\mathfrak{r}} = |\omega| \cdot \operatorname{mod}(\mathfrak{r} - \mathfrak{z})$. Daher liegen die Punkte numerisch gleicher Geschwindigkeit auf Kreisen um Z und das „Feld" der

Geschwindigkeitsvektoren $\dot{\mathfrak r}$ geht aus dem Feld der Vektoren $\mathfrak x = \mathfrak r - \mathfrak z$ hervor durch „Drehstreckung“ im Streckverhältnis $1 : \omega$, mit Drehwinkel 90°.

Die Bewegung sei nun festgelegt durch

$$(23)\qquad \mathfrak u = \mathfrak u(t) = \omega(t)\,\mathfrak e; \qquad\qquad \mathfrak z = \mathfrak z(t). \qquad (24)$$

Dann ist zunächst

$$(25)\qquad \mathfrak v = \dot{\mathfrak z}(t)$$

die „*Polwechselgeschwindigkeit*“ und wieder

$$(19')\qquad \dot{\mathfrak r} = [\mathfrak u(\mathfrak r - \mathfrak z)] = [\mathfrak u\mathfrak x].$$

Hieraus folgt unmittelbar auch, an Stelle von Gl. (20), mit $\dot{\mathfrak u} = \dot\omega\mathfrak e$

$$(26)\qquad \ddot{\mathfrak r} = [\dot{\mathfrak u}\mathfrak x] + [\mathfrak u\dot{\mathfrak x}] = \dot\omega[\mathfrak e\mathfrak x] + [\mathfrak u(\dot{\mathfrak r} - \dot{\mathfrak z})] = \dot\omega[\mathfrak e\mathfrak x] + \underbrace{[\mathfrak u[\mathfrak u\mathfrak x]]}_{= -\omega^2\mathfrak x} - [\mathfrak u\dot{\mathfrak z}]$$

Für $\mathfrak r = \mathfrak z$, also $\mathfrak x = 0$, reduziert sich $\ddot{\mathfrak r}$ auf die Beschleunigung $\mathfrak q$ des gerade mit dem Momentanzentrum Z koinzidierenden Körperpunkts:

$$(27)\qquad \mathfrak q = -[\mathfrak u\dot{\mathfrak z}] = [\dot{\mathfrak z}\mathfrak u],$$

und durch Zusammenfassung der ersten und dritten Komponente in Gl. (26) erhält diese Gleichung noch die Form

$$(28)\qquad \left\{\begin{aligned} \ddot{\mathfrak r} &= -\omega^2\mathfrak x + [\mathfrak e(\dot\omega\mathfrak x - \omega\dot{\mathfrak z})] = -\omega^2\mathfrak x + [\dot\omega\mathfrak e\{\mathfrak r - (\mathfrak z + \tfrac{\omega}{\dot\omega}\dot{\mathfrak z})\}] \\ &= -\omega^2\mathfrak x + [\dot{\mathfrak u}(\mathfrak r - \mathfrak w)]. \end{aligned}\right.$$

Dabei ist $\mathfrak w = \mathfrak z + \frac{\omega}{\dot\omega}\dot{\mathfrak z}$ der Ortsvektor des „*Pols W der Winkelbeschleunigung*“. Derselbe liegt auf der Tangente der Raumzentrode in der Entfernung $\frac{\omega}{\dot\omega}\,\mathrm{mod}\,\dot{\mathfrak z}$ von Z und die Beschleunigung $\ddot{\mathfrak r}$ reduziert sich für $\mathfrak r = \mathfrak w$ auf die von $\dot{\mathfrak u}$ bzw. $\dot\omega$ unabhängige Komponente $-\omega^2\mathfrak x = -\omega^2(\mathfrak w - \mathfrak z)$.

Soll für $\mathfrak r = \mathfrak p$ die Beschleunigung $\ddot{\mathfrak r}$ verschwinden, so wird nach (26)

$$(29)\qquad 0 = \dot\omega[\mathfrak e(\mathfrak p - \mathfrak z)] - \omega^2(\mathfrak p - \mathfrak z) - [\mathfrak u\dot{\mathfrak z}]$$

oder
$$\omega^2(\mathfrak p - \mathfrak z) - \dot\omega[\mathfrak e(\mathfrak p - \mathfrak z)] = [\dot{\mathfrak z}\mathfrak u] = \mathfrak q \qquad \Big|\ \omega^2$$

also auch
$$-\dot\omega\underbrace{[\mathfrak e[\mathfrak e(\mathfrak p - \mathfrak z)]]}_{= -(\mathfrak p - \mathfrak z)} + \omega^2[\mathfrak e(\mathfrak p - \mathfrak z)] = [\mathfrak e\mathfrak q] \qquad \Big|\ \dot\omega$$

und folglich

$$(\mathfrak p - \mathfrak z)(\omega^4 + \dot\omega^2) = \omega^2\mathfrak q + \dot\omega[\mathfrak e\mathfrak q],$$

d. h.

$$(30)\qquad \mathfrak p = \mathfrak z + \frac{\omega^2\mathfrak q + \dot\omega[\mathfrak e\mathfrak q]}{\omega^4 + \dot\omega^2}.$$

Dies ist also der Ortsvektor des *Pols B der Beschleunigung*. Durch Subtraktion der Gl. (26) und (29) ergibt sich weiter

$$(31)\qquad \ddot{\mathfrak{r}} = \dot{\omega}\,[\mathfrak{e}(\mathfrak{r}-\mathfrak{p})] - \omega^2(\mathfrak{r}-\mathfrak{p}),$$

also

$$\operatorname{mod}\ddot{\mathfrak{r}} = +\sqrt{\omega^4+\dot{\omega}^2}\cdot\operatorname{mod}(\mathfrak{r}-\mathfrak{p}).$$

„Die Punkte numerisch gleicher Beschleunigung liegen demnach auf Kreisen um den Beschleunigungspol B, und das Feld der Vektoren $\ddot{\mathfrak{r}}$ ergibt sich aus dem Feld der Vektoren $(\mathfrak{r}-\mathfrak{p})$ durch „Drehstreckung“ im Streckverhältnis $1:\sqrt{\dot{\omega}^2+\omega^4}$ und mit Drehwinkel ψ, bestimmt durch $\operatorname{tg}\psi = \frac{-\dot{\omega}}{\omega^2}$.“

Aus den Gleichungen (19′) und (28) folgt weiter als Bedingung für die Punkte ohne *Tangential*beschleunigung:

$$0 = \dot{\mathfrak{r}}\,|\,\ddot{\mathfrak{r}} = [\mathfrak{u}(\mathfrak{r}-\mathfrak{z})]\,|\,\{-\omega^2(\mathfrak{r}-\mathfrak{z}) + [\dot{\mathfrak{u}}(\mathfrak{r}-\mathfrak{w})]\}$$

oder

$$(32)\qquad 0 = [\mathfrak{u}(\mathfrak{r}-\mathfrak{z})]\,|\,[\dot{\mathfrak{u}}(\mathfrak{r}-\mathfrak{w})] = \omega\dot{\omega}\,(\mathfrak{r}-\mathfrak{z})\,|\,(\mathfrak{r}-\mathfrak{w}).$$

„Der Ort der Punkte verschwindender Tangentialbeschleunigung ist daher der Kreis über Durchmesser ZW.“

Entsprechend ist endlich die Bedingung für die Punkte ohne *Normal*beschleunigung, mit $\dot{\mathfrak{r}} = [\mathfrak{u}\mathfrak{x}]$ und $\ddot{\mathfrak{r}} = [\dot{\mathfrak{u}}\mathfrak{x}] - \omega^2\mathfrak{x} - [\mathfrak{u}\dot{\mathfrak{z}}]$,

$$[\dot{\mathfrak{r}}\,\ddot{\mathfrak{r}}] = -\omega^2[[\mathfrak{u}\mathfrak{x}]\mathfrak{x}] - [[\mathfrak{u}\mathfrak{x}][\mathfrak{u}\dot{\mathfrak{z}}]] = \omega^2(\mathfrak{x}\,|\,\mathfrak{x})\,\mathfrak{u} - (\mathfrak{u}\mathfrak{x}\dot{\mathfrak{z}})\,\mathfrak{u} = 0, \quad \text{d. h.}$$

$\omega^2(\mathfrak{x}\,|\,\mathfrak{x}) + \omega(\mathfrak{e}\dot{\mathfrak{z}}\mathfrak{x}) = 0$ oder wegen $\mathfrak{x} = \mathfrak{r}-\mathfrak{z}$:

$$(33)\qquad (\mathfrak{r}-\mathfrak{z})\,|\left\{\mathfrak{r}-\left(\mathfrak{z}-\frac{[\mathfrak{e}\dot{\mathfrak{z}}]}{\omega}\right)\right\} = 0.$$

Es ist dies die Gleichung eines Kreises über Durchmesser DZ, wobei D der Endpunkt des Ortsvektors $\mathfrak{d} = \mathfrak{z} - \frac{[\mathfrak{e}\dot{\mathfrak{z}}]}{\omega}$ ist.

§ 32. *Dynamische Grundgleichungen, Impuls, Drall und Wucht des starren Körpers*

Da beim starren Körper die einzelnen Massenelemente keine individuelle Rolle mehr spielen, lassen wir künftig die sie kennzeichnenden Indizes weg. Und weil bei seiner Bewegung die inneren (Zwangs-)Kräfte zweifellos keine Arbeit leisten, so ist, wenn wir wieder die äußeren Kräfte mit $\mathfrak{k}$ bezeichnen, nach d'Alembert

$$(1)\qquad \sum (m\ddot{\mathfrak{r}} - \mathfrak{k})\,|\,\delta\mathfrak{r} = 0$$

für alle virtuell möglichen $\delta\mathfrak{r}$. Für starre Körper ist aber stets

$$(2)\qquad \delta\mathfrak{r} = \delta\mathfrak{s} + [\delta\mathfrak{x}\,\mathfrak{r}].$$

Wir verstehen dabei unter $\delta\mathfrak{s}$ eine infinitesimale virtuelle Verschiebung des mit dem Ursprung O gerade zusammenfallenden Körperpunkts und unter $\delta\mathfrak{x}$ einen virtuellen infinitesimalen Drehvektor um eine Achse durch O.

Damit wird aber Gl. (1)

$$(3)\quad \left\{\begin{aligned} &\sum(m\ddot{\mathfrak{r}}-\mathfrak{k})\,|\,\delta\mathfrak{s}+\sum(m\ddot{\mathfrak{r}}-\mathfrak{k})\,|\,[\delta\mathfrak{x}\,\mathfrak{r}]\\ &=\sum(m\ddot{\mathfrak{r}}-\mathfrak{k})\,|\,\delta\mathfrak{s}+\sum\{m[\mathfrak{r}\ddot{\mathfrak{r}}]-[\mathfrak{r}\mathfrak{k}]\}\,|\,\delta\mathfrak{x}=0.\end{aligned}\right.$$

Für den *freien* starren Körper sind nun $\delta\mathfrak{s}$ und $\delta\mathfrak{x}$ willkürlich wählbar und folglich ist notwendig, mit $\mathfrak{J}=\sum m\dot{\mathfrak{r}}=M\dot{\mathfrak{s}}$, lt. S. 163 Gl. (6),

$$(4)\qquad \sum m\ddot{\mathfrak{r}}=\sum\mathfrak{k}\quad\text{oder kurz}\quad \dot{\mathfrak{J}}=M\ddot{\mathfrak{s}}=\mathfrak{K}$$

und

$$(5)\qquad \sum m[\mathfrak{r}\ddot{\mathfrak{r}}]=\frac{d}{dt}\sum m[\mathfrak{r}\dot{\mathfrak{r}}]=\sum[\mathfrak{r}\mathfrak{k}]$$

bzw. kurz $\qquad \dot{\mathfrak{Q}}=\mathfrak{M}.$

Für starre Körper gilt also der Momentensatz [vgl. S. 163, Gl. (8)] für die äußeren Kräfte allein, ganz unabhängig davon, welcher Natur die inneren Kräfte sind. Die „*dynamischen Grundgleichungen*" (4) und (5) sind als *Vektor*gleichungen 6 Zahlgleichungen äquivalent. Sie genügen daher vollständig zur Bestimmung der Bewegung, da ja der freie starre Körper gerade 6 Freiheitsgrade besitzt. Sie zeigen ferner die Wichtigkeit der Einführung des Dralls (Impulsmoments) $\mathfrak{Q}$ und des Kräftemoments $\mathfrak{M}$.

Nach der kinematischen Grundgleichung in der Form (13′) auf S. 174 ist nun $\dot{\mathfrak{r}}=\dot{\mathfrak{r}}_0+[\mathfrak{u}(\mathfrak{r}-\mathfrak{r}_0)]$, und damit wird

$$(6)\ \mathfrak{Q}=\sum m[\mathfrak{r}\dot{\mathfrak{r}}]=\sum m[\mathfrak{r}\dot{\mathfrak{r}}_0]+\sum m[\mathfrak{r}[\mathfrak{u}(\mathfrak{r}-\mathfrak{r}_0)]]=M[\mathfrak{s}\dot{\mathfrak{r}}_0]+\sum m[\mathfrak{r}[\mathfrak{u}(\mathfrak{r}-\mathfrak{r}_0)]].$$

Bei *Bewegung um einen festen Punkt* $P_0=O$, d. h. für $\mathfrak{r}_0=\dot{\mathfrak{r}}_0=0$, verschwindet in Gl. (6) das erste Glied rechts, und es bleibt

$$(7)\qquad \mathfrak{Q}=\sum m[\mathfrak{r}[\mathfrak{u}\mathfrak{r}]],$$

bzw. nach innerer Multiplikation mit $\mathfrak{u}$

$$(8)\qquad \mathfrak{u}\,|\,\mathfrak{Q}=\sum m(\mathfrak{u}\mathfrak{r}[\mathfrak{u}\mathfrak{r}])=\sum m[\mathfrak{u}\mathfrak{r}]\,|\,[\mathfrak{u}\mathfrak{r}]=\sum m\dot{\mathfrak{r}}\,|\,\dot{\mathfrak{r}}=2T$$

als *Ausdruck für die doppelte Wucht der Drehbewegung* um O.

Andrerseits gibt die oben benützte Form der kinematischen Grundgleichung für $\mathfrak{r}_0=\mathfrak{s}$:

$$\dot{\mathfrak{r}}=\dot{\mathfrak{s}}+[\mathfrak{u}(\mathfrak{r}-\mathfrak{s})]$$

und damit wird

$$(6')\qquad \mathfrak{Q}=\sum m[\mathfrak{r}\dot{\mathfrak{r}}]=M[\mathfrak{s}\dot{\mathfrak{s}}]+\sum m[\mathfrak{r}[\mathfrak{u}(\mathfrak{r}-\mathfrak{s})]].$$

Der erste Summand rechts verschwindet aber auch, wenn O momentan mit S zusammenfällt und also $\mathfrak{s} = 0$ wird. Der *Drall um S* wird somit stets, auch für $\dot{\mathfrak{s}} \neq 0$,

(9) $$\mathfrak{D}_S = \sum m \left[\bar{\mathfrak{r}}\,[\mathfrak{u}\,\bar{\mathfrak{r}}]\right],$$

weil nun $\mathfrak{r} = \mathfrak{r} - \mathfrak{s} = \bar{\mathfrak{r}}$ wird. Es ist dies zugleich der Drall $\bar{\mathfrak{D}}$ der Relativbewegung um S. Weiter ist jetzt

(10) $$\mathfrak{u}\,|\,\mathfrak{D}_S = \mathfrak{u}\,|\,\bar{\mathfrak{D}} = \sum m\,(\mathfrak{u}\,\bar{\mathfrak{r}}\,[\mathfrak{u}\,\bar{\mathfrak{r}}]) = \sum m\,[\mathfrak{u}\,\bar{\mathfrak{r}}]\,|\,[\mathfrak{u}\,\bar{\mathfrak{r}}] = \sum m\,\dot{\bar{\mathfrak{r}}}\,|\,\dot{\bar{\mathfrak{r}}} = 2\,\bar{T}$$

die doppelte Wucht der *Relativ*bewegung um S und der *Satz von König* erhält damit für starre Körper die Form

(11) $$T = \frac{M}{2}\,\dot{\mathfrak{s}}\,|\,\dot{\mathfrak{s}} + \sum \frac{m}{2}\,[\mathfrak{u}\,\bar{\mathfrak{r}}]\,|\,[\mathfrak{u}\,\bar{\mathfrak{r}}] = \frac{M}{2}\,\dot{\mathfrak{s}}\,|\,\dot{\mathfrak{s}} + \frac{\mathfrak{u}\,|\,\bar{\mathfrak{D}}}{2}.$$

Wegen $\dot{\mathfrak{r}} = [\mathfrak{u}\mathfrak{r}]$ folgt dann aus Gl. (8) durch Ableitung nach t

$$2\,\dot{T} = \dot{\mathfrak{u}}\,|\,\mathfrak{D} + \mathfrak{u}\,|\,\dot{\mathfrak{D}} = 2\sum m\,\{[\dot{\mathfrak{u}}\,\mathfrak{r}]\,|\,[\mathfrak{u}\,\mathfrak{r}] + \underbrace{(\mathfrak{u}\,\dot{\mathfrak{r}}\,\dot{\mathfrak{r}})}_{=0}\} = 2\,\dot{\mathfrak{u}}\,|\,\mathfrak{D}$$

so daß auch

(12) $$\dot{T} = \dot{\mathfrak{u}}\,|\,\mathfrak{D} = \mathfrak{u}\,|\,\dot{\mathfrak{D}}$$

wird. Ganz ebenso gibt Gl. (10)

(12') $$\dot{\bar{T}} = \dot{\mathfrak{u}}\,|\,\bar{\mathfrak{D}} = \mathfrak{u}\,|\,\dot{\bar{\mathfrak{D}}}.$$

Infolge der zeitlich unveränderlichen Bindungen des starren Körpers gehören die wirklich eintretenden Verrückungen $d\mathfrak{r}$ seiner Punkte zu den virtuell möglichen Verschiebungen $\delta\mathfrak{r}$. Daher ist nach d'Alembert insbesondere auch $\sum (m\ddot{\mathfrak{r}} - \mathfrak{k})\,|\,d\mathfrak{r} = 0$, d. h.

(13) $$dT = \sum m\,\ddot{\mathfrak{r}}\,|\,\dot{\mathfrak{r}}\,dt = \sum m\,\ddot{\mathfrak{r}}\,|\,d\mathfrak{r} = \sum \mathfrak{k}\,|\,d\mathfrak{r}.$$

Dies gibt integriert

(14) $$\sum \frac{m}{2}\,\dot{\mathfrak{r}}\,|\,\dot{\mathfrak{r}}\,\Big]_{t_1}^{t_2} = \int_{(1)}^{(2)} \mathfrak{k}\,|\,d\mathfrak{r}.$$

D. h. *die Zunahme der Wucht bei der Bewegung eines starren Körpers ist stets gleich der Arbeit, welche dabei von den äußeren Kräften geleistet wird.*

Mit $\dot{\mathfrak{r}} = \dot{\mathfrak{s}} + [\mathfrak{u}\,\bar{\mathfrak{r}}]$ folgt weiter

(15) $$E = \sum \mathfrak{k}\,|\,\dot{\mathfrak{r}} = \sum \mathfrak{k}\,|\,\dot{\mathfrak{s}} + \sum (\mathfrak{k}\,\mathfrak{u}\,\bar{\mathfrak{r}}) = \mathfrak{K}\,|\,\dot{\mathfrak{s}} + \sum [\bar{\mathfrak{r}}\mathfrak{k}]\,|\,\mathfrak{u} = \mathfrak{K}\,|\,\dot{\mathfrak{s}} + \bar{\mathfrak{M}}\,|\,\mathfrak{u}$$

als entsprechende Zerlegung des *Effekts* (der *Leistung*) der äußeren Kräfte, während bei *reiner* Drehung um einen festen Punkt unmittelbar

(16) $$E = \sum \mathfrak{k}\,|\,\dot{\mathfrak{r}} = \sum \mathfrak{k}\,|\,[\mathfrak{u}\mathfrak{r}] = \sum [\mathfrak{r}\mathfrak{k}]\,|\,\mathfrak{u} = \mathfrak{M}\,|\,\mathfrak{u}$$

sich ergibt.

Ganz wie in § 29 (S. 164) ergibt sich endlich aus Gl. (5) für die Relativbewegung um den Massenmittelpunkt

$$(17) \qquad \dot{\overline{\mathfrak{Q}}} = \overline{\mathfrak{M}},$$

wobei jetzt $\overline{\mathfrak{M}}$ das Moment der *äußeren* Kräfte relativ zum Massenmittelpunkt ist.

§ 33. Äquivalente Kraftsysteme

Nach § 32, Gl. (4) und (5) sind für die (momentane) Bewegung eines starren Körpers allein maßgebend die Vektoren

$$(1) \qquad \mathfrak{K} = \sum \mathfrak{k} \qquad \text{und} \qquad \mathfrak{M} = \sum [\mathfrak{r} \mathfrak{k}]. \qquad (2)$$

Zwei an *demselben* starren Körper angreifende Kraftsysteme $\mathfrak{k}$ und $\mathfrak{k}'$ sind deshalb äquivalent, d. h. in ihrer Wirkung gleichwertig, für

$$(3) \qquad \sum \mathfrak{k}' = \sum \mathfrak{k} = \mathfrak{K} \qquad \text{und} \qquad \sum [\mathfrak{r}' \mathfrak{k}'] = \sum [\mathfrak{r} \mathfrak{k}] = \mathfrak{M}. \qquad (4)$$

1. Gilt nun Gl. (4) für einen bestimmten Ursprung O, so ist diese Bedingung auch für jeden andern Ursprung A erfüllt. Denn aus $\sum [\mathfrak{r}' \mathfrak{k}'] = \sum [\mathfrak{r} \mathfrak{k}]$ folgt mit $\mathfrak{r}' + \mathfrak{a}$ statt $\mathfrak{r}'$ und $(\mathfrak{r} + \mathfrak{a})$ statt $\mathfrak{r}$, im Blick auf Gl. (3):

$$\sum [(\mathfrak{r}' + \mathfrak{a}) \mathfrak{k}'] = \sum [\mathfrak{r}' \mathfrak{k}'] + [\mathfrak{a} \, \mathfrak{K}]; \quad \sum [(\mathfrak{r} + \mathfrak{a}) \mathfrak{k}] = \sum [\mathfrak{r} \mathfrak{k}] + [\mathfrak{a} \, \mathfrak{K}],$$

und somit folgt aus $\sum [\mathfrak{r}' \mathfrak{k}'] = \sum [\mathfrak{r} \mathfrak{k}]$ sofort auch

$$(5) \qquad \sum [(\mathfrak{r}' + \mathfrak{a}) \mathfrak{k}'] = \sum [(\mathfrak{r} + \mathfrak{a}) \mathfrak{k}].$$

2. Ist insbesondere $\mathfrak{k}' = \mathfrak{k}$ und $\mathfrak{r}' = \mathfrak{r} + \lambda \mathfrak{k}$, so ist

$$(6) \qquad \mathfrak{K}' = \mathfrak{K} \quad \text{und} \quad \sum [\mathfrak{r}' \mathfrak{k}'] = \sum [(\mathfrak{r} + \lambda \mathfrak{k}) \mathfrak{k}] = \sum [\mathfrak{r} \mathfrak{k}]$$

oder: „*Kräfte am starren Körper sind beliebig in ihrer Wirkungslinie verschiebbar.*"

3. Während der Momentenvektor $\mathfrak{M}$ vom gewählten Ursprung abhängig ist, ist das sogenannte *Eigenmoment* $\mathfrak{M} \,|\, \mathfrak{K}$ ursprungsinvariant. Denn für $(\mathfrak{r} + \mathfrak{a})$ statt $\mathfrak{r}$ wird

$$(7) \qquad \sum [(\mathfrak{r} + \mathfrak{a}) \mathfrak{k}] \,|\, \mathfrak{K} = \sum [\mathfrak{r} \mathfrak{k}] \,|\, \mathfrak{K} + [\mathfrak{a} \, \mathfrak{K}] \,|\, \mathfrak{K} = \sum [\mathfrak{r} \mathfrak{k}] \,|\, \mathfrak{K}.$$

4. Das Verschwinden dieses Eigenmoments $\mathfrak{M} \,|\, \mathfrak{K}$ ist zugleich notwendige und für $\mathfrak{K} \,|\, \mathfrak{K} \neq 0$ auch hinreichende Bedingung dafür, daß das vorliegende Kräftesystem äquivalent ist einer Einzelkraft $\mathfrak{K}_\bullet$. Ist nämlich $\mathfrak{x}$ der Ortsvektor der letzteren, so muß gelten

$$(8) \qquad \mathfrak{K}_\bullet = \sum \mathfrak{k} = \mathfrak{K} \qquad \text{und} \qquad [\mathfrak{x} \, \mathfrak{K}] = \sum [\mathfrak{r} \mathfrak{k}] = \mathfrak{M}, \qquad (9)$$

und folglich auch

$$(10) \qquad \mathfrak{M} \,|\, \mathfrak{K} = [\mathfrak{x} \, \mathfrak{K}] \,|\, \mathfrak{K} = (\mathfrak{x} \, \mathfrak{K} \, \mathfrak{K}) = 0.$$

Dann aber wird Gl. (9) sogleich befriedigt durch den zu $\mathfrak{K}$ und $\mathfrak{M}$ senkrechten Vektor

$$\mathfrak{x}_0 = \frac{[\mathfrak{K}\mathfrak{M}]}{\mathfrak{K}\,|\,\mathfrak{K}}.$$

Denn damit wird

$$(9') \qquad [\mathfrak{x}_0\mathfrak{K}] = \frac{[[\mathfrak{K}\mathfrak{M}]\mathfrak{K}]}{\mathfrak{K}\,|\,\mathfrak{K}} = \frac{1}{\mathfrak{K}\,|\,\mathfrak{K}}\{(\mathfrak{K}\,|\,\mathfrak{K})\,\mathfrak{M} - \underbrace{(\mathfrak{M}\,|\,\mathfrak{K})}_{=0}\,\mathfrak{K}\} = \mathfrak{M},$$

wie es Gl. (9) verlangt. Dieselbe wird dann auch befriedigt durch jeden Vektor $\mathfrak{x} = \mathfrak{x}_0 + \lambda\,\mathfrak{K}$, entsprechend der Verschiebbarkeit der Kraft $\mathfrak{K}$, in Richtung ihrer eigenen Wirkungslinie.

5. Ist jedoch $\mathfrak{K}\,|\,\mathfrak{K} = 0$, d. h. für reelle Kräfte auch $\mathfrak{K} = \sum \mathfrak{k} = 0$, so wird für $\mathfrak{r} = \mathfrak{r}' + \mathfrak{a}$

$$(12) \qquad \mathfrak{M} = \sum[\mathfrak{r}\mathfrak{k}] = \sum[(\mathfrak{r}' + \mathfrak{a})\,\mathfrak{k}] = \sum[\mathfrak{r}'\mathfrak{k}] + \underbrace{[\mathfrak{a}\,\mathfrak{K}]}_{=0} = \sum[\mathfrak{r}'\mathfrak{k}] = \mathfrak{M}'.$$

D. h. aber: *Für* $\mathfrak{K} = \sum \mathfrak{k} = 0$ *ist der Momentenvektor* $\mathfrak{M}$ *ursprungsinvariant.*

Ein solches Kräftesystem heißt nach *Poinsot* (1804) ein *Kräftepaar.* Der Grundtypus eines solchen ist das „Paar" von zwei entgegengesetzt gleichen Kräften $\mathfrak{k}$ und $(-\mathfrak{k})$. Haben deren Angriffspunkte die Ortsvektoren $\mathfrak{r}_1$ und $\mathfrak{r}_2$, so wird

$$(13) \qquad \mathfrak{M} = [\mathfrak{r}_1\mathfrak{k}] + [\mathfrak{r}_2(-\mathfrak{k})] = [(\mathfrak{r}_1 - \mathfrak{r}_2)\,\mathfrak{k}]$$

ein Kräftepaar.

6. Ist jedoch für ein sonst ganz beliebiges Kräftesystem $\mathfrak{K} = \sum \mathfrak{k} \neq 0$, so kann man auch schreiben

$$(14) \qquad \mathfrak{M} = \sum[\mathfrak{r}\mathfrak{k}] = [\mathfrak{a}\,\mathfrak{K}] + \{\sum[\mathfrak{r}\mathfrak{k}] + [\mathfrak{a}(-\mathfrak{K})]\}.$$

In der geschweiften Klammer steht dann das Moment $\widetilde{\mathfrak{M}}$ eines Kräftesystems mit verschwindender Resultante $\mathfrak{R} = \sum \mathfrak{k} - \mathfrak{K} = 0$, d. h. eines Kräftepaars. Das allgemeine Kräftesystem ist folglich äquivalent einer Einzelkraft $\mathfrak{K}$ im Endpunkt des beliebig wählbaren Ortsvektors $\mathfrak{a}$ in Verbindung mit einem Kräftepaar $\widetilde{\mathfrak{M}} = \sum[(\mathfrak{r} - \mathfrak{a})\,\mathfrak{k}]$. Soll dabei $\mathfrak{a}$ so gewählt werden, daß $\widetilde{\mathfrak{M}}$ parallel zu $\mathfrak{K}$ wird, so lautet die Bedingung hiefür

$$0 = [\widetilde{\mathfrak{M}}\,\mathfrak{K}] = [\mathfrak{M}\,\mathfrak{K}] - [[\mathfrak{a}\,\mathfrak{K}]\,\mathfrak{K}] = [\mathfrak{M}\,\mathfrak{K}] - (\mathfrak{a}\,|\,\mathfrak{K})\,\mathfrak{K} + (\mathfrak{K}\,|\,\mathfrak{K})\,\mathfrak{a}$$

oder

$$(15) \qquad \mathfrak{a} = \frac{(\mathfrak{a}\,|\,\mathfrak{K})\,\mathfrak{K} - [\mathfrak{M}\mathfrak{K}]}{\mathfrak{K}\,|\,\mathfrak{K}}.$$

Diese Gleichung wird aber erfüllt durch den zu $\mathfrak{K}$ senkrechten Vektor

$$\mathfrak{a}_0 = \frac{[\mathfrak{K}\mathfrak{M}]}{\mathfrak{K}\,|\,\mathfrak{K}} \tag{16}$$

und ebenso durch jedes $\mathfrak{a} = \mathfrak{a}_0 + \lambda\,\mathfrak{K}$.

Das Kräftesystem ist damit zerlegt in eine Einzelkraft längs der „Zentralachse" des Kräftesystems und ein dazu paralleles Kräftepaar.

7. Für *parallele* Kräfte $\mathfrak{k}_h$ wird insbesondere $\mathfrak{k}_h = \lambda_h \mathfrak{e}$ und somit

$$\left\{\begin{aligned} &\mathfrak{K} = \sum \mathfrak{k}_h = (\sum \lambda_h)\mathfrak{e} \\ &\mathfrak{M} = \sum [\mathfrak{r}_h \mathfrak{k}_h] = [(\sum \lambda_h \mathfrak{r}_h)\,\mathfrak{e}] = \left[\frac{\sum \lambda_h \mathfrak{r}_h}{\sum \lambda_h}(\sum \lambda_h)\,\mathfrak{e}\right] = [\mathfrak{p}\,\mathfrak{K}]. \end{aligned}\right. \tag{17}$$

Für $\sum \lambda_h \neq 0$, d. h. für $\mathfrak{K} \neq 0$, ist also das Kräftesystem äquivalent einer Einzelkraft $\mathfrak{K}$ durch den Endpunkt von $\mathfrak{p} = \frac{\sum \lambda_h \mathfrak{r}_h}{\sum \lambda_h}$, den „*Kräftemittelpunkt*". Für $\sum \lambda_h = 0$ dagegen resultiert ein zu $\mathfrak{e}$ senkrechtes Kräftepaar.

Im Sonderfall der irdischen Schwere ist endlich $\mathfrak{k}_h = m_h \mathfrak{g}$ und somit, weil dabei $\mathfrak{g}$ konstant,

$$\mathfrak{K} = \sum m_h \mathfrak{g} = M\mathfrak{g}; \quad \mathfrak{M} = \left[\frac{\sum m_h \mathfrak{r}_h}{M} \cdot M\mathfrak{g}\right] = M\,[\mathfrak{s}\mathfrak{g}]. \tag{18}$$

Das „Gewicht" des Körpers erscheint so im *Massenmittelpunkt* konzentriert, den man eben deshalb dann auch *Schwerpunkt* nennt.

8. *Kräftesystem im Gleichgewicht*: a) Für den *freien* starren Körper liefern die „dynamischen Grundgleichungen" auf S. 179, weil dann die Beschleunigungen verschwinden:

$$\mathfrak{K} = \sum \mathfrak{k} = 0: \tag{19}$$
$$\mathfrak{M} = \sum [\mathfrak{r}\mathfrak{k}] = 0, \tag{20}$$

d. h. verschwindende Resultante $\mathfrak{K}$ und verschwindendes zugehöriges Kräftepaar $\mathfrak{M}$.

b) Ist *ein* Punkt A mit Ortsvektor $\mathfrak{a}$ festgehalten, so hat jede virtuelle Verschiebung die Form $\delta\mathfrak{r} = [\delta\mathfrak{x}\,(\mathfrak{r} - \mathfrak{a})]$ und nach Bernoulli wird

$$\sum \mathfrak{k}\,|\,\delta\mathfrak{r} = \sum \mathfrak{k}\,|\,[\delta\mathfrak{x}\,(\mathfrak{r} - \mathfrak{a})] = \sum [(\mathfrak{r} - \mathfrak{a})\,\mathfrak{k}]\,|\,\delta\mathfrak{x} = 0$$

für *jeden* virtuellen Drehvektor $\delta\mathfrak{x}$. Daher wird $\sum [(\mathfrak{r} - \mathfrak{a})\,\mathfrak{k}] = 0$, bzw.

$$\mathfrak{M} = \sum [\mathfrak{r}\mathfrak{k}] = [\mathfrak{a}\,\mathfrak{K}]. \tag{21}$$

Das angreifende *Kräftesystem* muß also *äquivalent* sein *einer Einzelkraft* durch A, damit Gleichgewicht besteht.

c) Sind *zwei* Punkte des Körpers festgehalten, so kann sich der Körper nur noch um eine feste Achse mit Richtung $\mathfrak{e}$ (für $\mathrm{mod}\,\mathfrak{e} = +1$) bewegen, auf der auch der Ursprung des Ortsvektors angenommen sei. Es ist dann $\delta\mathfrak{x} = \delta\varphi\,\mathfrak{e}$, $\delta\mathfrak{r} = [\delta\mathfrak{x}\,\mathfrak{r}]$ und somit wird

$$\sum \mathfrak{k}\,|\,\delta\mathfrak{r} = \sum \mathfrak{k}\,|\,[\delta\mathfrak{x}\,\mathfrak{r}] = \sum [\mathfrak{r}\mathfrak{k}]\,|\,\delta\mathfrak{x} = \sum [\mathfrak{r}\mathfrak{k}]\,|\,\mathfrak{e} \cdot \delta\varphi = 0$$

für *jedes* $\delta\varphi$. Die Gleichgewichtsbedingung für das „physische Pendel" lautet deshalb

$$\sum [\mathfrak{r}\mathfrak{k}]\,|\,\mathfrak{e} = \mathfrak{M}\,|\,\mathfrak{e} = 0. \tag{22}$$

Es ist dies zugleich das *Hebelgesetz* in allgemeiner Form.

9. Für ein Kräftesystem, gegeben durch $\mathfrak{K} = \sum \mathfrak{k} \neq 0$ und $\mathfrak{M} = \sum [\mathfrak{r}\mathfrak{k}]$, wird der Vektor des Moments um den beliebigen Punkt P_1 mit Ortsvektor $\mathfrak{r}_1$

$$\mathfrak{M}_1 = \sum [(\mathfrak{r} - \mathfrak{r}_1)\,\mathfrak{k}] = \sum [\mathfrak{r}\mathfrak{k}] - [\mathfrak{r}_1 \cdot \sum \mathfrak{k}] = \mathfrak{M} - [\mathfrak{r}_1 \mathfrak{K}], \tag{23}$$

und das Moment um eine Achse durch P_1 in Richtung $\mathfrak{e}$, für $\mathrm{mod}\,\mathfrak{e} = +1$,

$$M = \mathfrak{M}_1\,|\,\mathfrak{e}. \tag{24}$$

Dasselbe verschwindet für alle Achsen durch P_1, senkrecht zu $\mathfrak{M}_1$, die sogenannten „*Nullinien*" durch P_1. Dieselben liegen in der zu $\mathfrak{M}_1$ senkrechten Ebene durch P_1, der „*Nullebene*" von P_1, und deren Gleichung lautet mit laufendem Ortsvektor $\mathfrak{x}$: $(\mathfrak{x} - \mathfrak{r}_1)\,|\,\mathfrak{M}_1 = 0$ oder

$$\mathfrak{x}\,|\,\mathfrak{M}_1 = \mathfrak{r}_1\,|\,\mathfrak{M}_1; \quad \text{bzw.} \quad \mathfrak{x}\,|\,\mathfrak{p} = \mathfrak{r}_1\,|\,\mathfrak{p} = p, \tag{25}$$

für $\mathfrak{p} = \dfrac{\mathfrak{M}_1}{\mathrm{mod}\,\mathfrak{M}_1}$. Wird umgekehrt durch den normierten Normalenvektor $\mathfrak{p}$ und den Ursprungsabstand p eine bestimmte Nullebene vorgeschrieben, so ist notwendig

$$\mathfrak{M}_1 = \mathfrak{M} - [\mathfrak{r}_1 \mathfrak{K}] = \lambda\,\mathfrak{p} \tag{26}$$

und folglich auch $[\mathfrak{M}_1 \mathfrak{p}] = [\mathfrak{M}\mathfrak{p}] - [[\mathfrak{r}_1 \mathfrak{K}]\,\mathfrak{p}] = 0$, d. h.

$$[\mathfrak{M}\mathfrak{p}] - \underbrace{(\mathfrak{r}_1\,|\,\mathfrak{p})}_{=p}\,\mathfrak{K} + (\mathfrak{K}\,|\,\mathfrak{p})\,\mathfrak{r}_1 = 0$$

bzw.

$$\mathfrak{r}_1 = \frac{p\,\mathfrak{K} - [\mathfrak{M}\mathfrak{p}]}{\mathfrak{K}\,|\,\mathfrak{p}}. \tag{27}$$

Die Nullebene bestimmt also umgekehrt wieder eindeutig den in ihr liegenden „*Nullpunkt*" mit Ortsvektor $\mathfrak{r}_1$. Derselbe rückt ins Unendliche für $\mathfrak{p} \perp \mathfrak{K}$.

§ 34. *Trägheitsmomente*

1. Ist der Körperpunkt O festgehalten, so ist nach S. 179, Gl. (8), die „Drehwucht" des starren Körpers

$$T = \sum \frac{m}{2}\,\dot{\mathfrak{r}}\,|\,\dot{\mathfrak{r}} = \sum \frac{m}{2}\,[\mathfrak{u}\mathfrak{r}]\,|\,[\mathfrak{u}\mathfrak{r}] = \frac{\omega^2}{2} \sum m\,[\mathfrak{e}\mathfrak{r}]\,|\,[\mathfrak{e}\mathfrak{r}], \tag{1}$$

für $\mathfrak{u} = \omega\,\mathfrak{e}$, $\mathrm{mod}\,\mathfrak{e} = +1$ und $\overrightarrow{OP} = \mathfrak{r}$.

Der nur von $\mathfrak{e}$ und der Konfiguration der Massenelemente abhängige und stets positive Skalar

$$(2) \qquad \Theta = \sum m[\mathfrak{e}\mathfrak{r}]\,|\,[\mathfrak{e}\mathfrak{r}]$$

heißt nach *L. Euler* das „*Trägheitsmoment*" des Körpers für die Achse durch O in Richtung $\mathfrak{e}$. Der Sache nach tritt der Begriff schon 1673 bei *Huygens* auf. Nun ist $\mathrm{mod}\,[\mathfrak{e}\mathfrak{r}] = d$ nichts anderes als der Abstand des Massenelements von der Achse durch O und daher ist auch

$$(2') \qquad \Theta = \sum m d^2,$$

entsprechend der sonst üblichen Definition.

2. Setzt man wieder $\mathfrak{r} = \mathfrak{s} + \bar{\mathfrak{r}}$, so wird aus Gl. (2)

$$(3) \qquad \begin{cases} \Theta = \sum m[\mathfrak{e}(\mathfrak{s}+\bar{\mathfrak{r}})]\,|\,[\mathfrak{e}(\mathfrak{s}+\bar{\mathfrak{r}})] \\ \quad = \sum m[\mathfrak{e}\mathfrak{s}]\,|\,[\mathfrak{e}\mathfrak{s}] + 2\sum m[\mathfrak{e}\mathfrak{s}]\,|\,[\mathfrak{e}\bar{\mathfrak{r}}] + \sum m[\mathfrak{e}\bar{\mathfrak{r}}]\,|\,[\mathfrak{e}\bar{\mathfrak{r}}] \\ \quad = M\cdot a^2 + 2[\mathfrak{e}\mathfrak{s}]\,|\,[\mathfrak{e}\underbrace{\textstyle\sum m\bar{\mathfrak{r}}}_{=0}] + \sum m[\mathfrak{e}\bar{\mathfrak{r}}]\,|\,[\mathfrak{e}\bar{\mathfrak{r}}] \\ \quad = M a^2 + \overline{\Theta}. \end{cases}$$

Dabei ist $a = \mathrm{mod}[\mathfrak{e}\mathfrak{s}]$ der Abstand des Schwerpunkts von der gewählten Achse durch O und Gl. (3) spricht den bekannten *Satz von Steiner* aus:

Das Trägheitsmoment um eine beliebige Achse ist gleich dem Trägheitsmoment um die dazu parallele Achse durch den Schwerpunkt S, vermehrt um das Produkt aus der Gesamtmasse M mit dem Quadrat des Abstands a der beiden Achsen.

3. Bei veränderlicher Achsenrichtung $\mathfrak{e}$, aber festgehaltenem Drehpunkt O, ist $\Theta = \sum m[\mathfrak{e}\mathfrak{r}]\,|\,[\mathfrak{e}\mathfrak{r}]$ eine homogene quadratische Funktion des Richtungsvektors $\mathfrak{e}$. Zur Deutung trägt man nach *Poinsot* auf jeder Achse von O aus nach *beiden* Seiten $OX = \frac{1}{\sqrt{\Theta}}$ ab. Dann ist

$$(4) \qquad \mathfrak{x} = \overrightarrow{OX} = \frac{\pm 1}{\sqrt{\Theta}}\,\mathfrak{e}, \quad \text{bzw. } \mathfrak{e} = \pm\sqrt{\Theta}\,\mathfrak{x}.$$

Damit aber entsteht aus Gl. (2) die Gleichung des „*Trägheitsellipsoids*" mit Ortsvektor $\mathfrak{x}$

$$(5) \qquad \sum m[\mathfrak{x}\mathfrak{r}]\,|\,[\mathfrak{x}\mathfrak{r}] = +1.$$

Betrachtet man in dieser Gleichung nur $\mathfrak{x}$ als veränderlich, so gibt Differentiation nach $\mathfrak{x}$

$$2\sum m[d\mathfrak{x}\mathfrak{r}]\,|\,[\mathfrak{x}\mathfrak{r}] = 2\,d\mathfrak{x}\,|\,\sum m[\mathfrak{r}[\mathfrak{x}\mathfrak{r}]] = 0.$$

Der hienach auf allen möglichen Tangentenrichtungen $d\mathfrak{x}$ senkrechte Vektor $\sum m[\mathfrak{r}[\mathfrak{x}\mathfrak{r}]]$ hat also die Richtung der Flächennormale des Trägheitsellipsoids im Flächenpunkt mit Ortsvektor $\mathfrak{x}$.

Soll insbesondere $\mathfrak{x} = \mathfrak{a}$ eine Hauptachse sein, so ist $\mathfrak{a}$ parallel zu $\sum m[\mathfrak{r}[\mathfrak{a}\mathfrak{r}]]$, d. h. es ist

(6) $$\lambda \mathfrak{a} = \sum m[\mathfrak{r}[\mathfrak{a}\mathfrak{r}]],$$

woraus sofort $\lambda \mathfrak{a}|\mathfrak{a} = \sum m[\mathfrak{a}\mathfrak{r}]|[\mathfrak{a}\mathfrak{r}] = +1$ folgt. Es ist also

(7) $$\lambda = \frac{1}{\mathfrak{a}|\mathfrak{a}} = A$$

das *Hauptträgheitsmoment* um Achse $\mathfrak{a}$, entsprechend der allgemeinen Definition von $\mathfrak{x}$ in Gl. (4). Damit wird Gl. (6)

$$A \mathfrak{a} = \sum m[\mathfrak{r}[\mathfrak{a}\mathfrak{r}]]$$

und analog für eine zweite Hauptachse

$$B \mathfrak{b} = \sum m[\mathfrak{r}[\mathfrak{b}\mathfrak{r}]].$$

Es ist somit

(8) $$\begin{cases} A(\mathfrak{b}|\mathfrak{a}) = \sum m[\mathfrak{b}\mathfrak{r}]|[\mathfrak{a}\mathfrak{r}] \\ B(\mathfrak{a}|\mathfrak{b}) = \sum m[\mathfrak{a}\mathfrak{r}]|[\mathfrak{b}\mathfrak{r}] \end{cases}$$

und subtrahiert

(9) $$(A - B)\,\mathfrak{a}|\mathfrak{b} = 0.$$

Für $A \neq B$ ergibt sich so, daß je 2 verschiedene Hauptrichtungen zueinander senkrecht sind. Nach Gl. (8) ist alsdann auch

$$\sum m[\mathfrak{a}\mathfrak{r}]|[\mathfrak{b}\mathfrak{r}] = 0$$

bzw. für $\mathfrak{a} = \lambda \mathfrak{e}_i$ und $\mathfrak{b} = \mu \mathfrak{e}_k$

(10) $$\Theta_{ik} = \sum m[\mathfrak{e}_i\mathfrak{r}]|[\mathfrak{e}_k\mathfrak{r}] = 0.$$

Die *Deviationsmomente* oder *Trägheitsprodukte* Θ_{ik} bezüglich je zweier verschiedener Hauptachsen sind also gleich Null.

4. Die Trägheitsmomente bzw. -produkte treten auch auf, wenn man den Drall der Drehbewegung des starren Körpers in Komponenten nach den Grundrichtungen $\mathfrak{e}_i$ einer kartesischen Basis zerlegt. Zunächst ist dann

$$Q_i = \mathfrak{Q}|\mathfrak{e}_i = \sum m\,\mathfrak{e}_i|[\mathfrak{r}[\mathfrak{u}\mathfrak{r}]] = \sum m[\mathfrak{e}_i\mathfrak{r}]|[\mathfrak{u}\mathfrak{r}].$$

Zerlegt man weiter $\mathfrak{u}$ in Komponenten: $\mathfrak{u} = \sum_1^3 p_k \mathfrak{e}_k$, so wird

(11) $$Q_i = \mathfrak{Q}|\mathfrak{e}_i = \sum_k p_k \left(\sum m[\mathfrak{e}_i\mathfrak{r}]|[\mathfrak{e}_k\mathfrak{r}]\right) = \sum_k p_k \Theta_{ik},$$

wobei jetzt die Θ_{ik} die Trägheits*produkte* bezüglich der Achsen $\mathfrak{e}_i$, $\mathfrak{e}_k$ sind.

Weil insbesondere für die Hauptachsen die Θ_{ik} für $i \neq k$ verschwinden, so werden die *Komponenten* Q_i *nach den Hauptrichtungen* $\mathfrak{a}_i$

(12) $$Q_i = \mathfrak{Q}|\mathfrak{a}_i = p_i \Theta_{ii},$$

oder in historischer Bezeichnung auch

$$Q_1 = pA; \quad Q_2 = qB; \quad Q_3 = rC. \tag{12'}$$

5. Für eine beliebige kartesische Basis $\mathfrak{e}_i$ und für $\mathfrak{u} = \sum_1^3 p_i \mathfrak{e}_i$ wird ferner die doppelte *Drehwucht*

$$2T = \sum m[\mathfrak{u}\mathfrak{r}] \,|\, [\mathfrak{u}\mathfrak{r}] = \sum_{i,k} p_i p_k \{\sum m[\mathfrak{e}_i\mathfrak{r}] \,|\, [\mathfrak{e}_k\mathfrak{r}]\} = \sum_{i,k} p_i p_k \Theta_{ik} \tag{13}$$

und insbesondere für eine „*Hauptachsenbasis*“

$$2T = \sum_1^3 p_i^2 \Theta_{ii}. \tag{14}$$

Für $\mathfrak{x} = \sum_1^3 x_i \mathfrak{e}_i$ werden entsprechend

$$\sum m[\mathfrak{x}\mathfrak{r}] \,|\, [\mathfrak{x}\mathfrak{r}] = \sum_{i,k} x_i x_k \Theta_{ik} = +1 \tag{15}$$

und für *Hauptachsen*

$$\sum_1^3 x_i^2 \Theta_{ii} = +1 \tag{16}$$

die *Koordinatengleichungen des Trägheitsellipsoids.*

Sodann sind für $\mathfrak{e} = \sum_1^3 \alpha_i \mathfrak{e}_i$

$$\Theta = \sum m[\mathfrak{e}\mathfrak{r}] \,|\, [\mathfrak{e}\mathfrak{r}] = \sum_{i,k} \alpha_i \alpha_k \Theta_{ik}, \tag{17}$$

bzw. für *Hauptachsen*

$$\Theta = \sum_1^3 \alpha_i^2 \Theta_{ii} \tag{18}$$

die Ausdrücke für das *Trägheitsmoment als Funktion der „Richtungscosinusse“* α_i der Achse mit den gewählten Basisvektoren $\mathfrak{e}_i$.

6. Die homogene Bilinearform $\sum m[\mathfrak{x}\mathfrak{r}] \,|\, [\mathfrak{y}\mathfrak{r}]$ mit $\mathfrak{x}$ und $\mathfrak{y}$ als Veränderlichen stellt endlich den symmetrischen „*Trägheitstensor*“ dar. Seine „Komponenten“ $\sum m[\mathfrak{e}_i\mathfrak{r}] \,|\, [\mathfrak{e}_k\mathfrak{r}]$ sind also die Trägheitsprodukte Θ_{ik} und insbesondere für $i = k$ die Trägheits*momente* Θ_{ii}. Seine Verjüngung $\sum_1^3 \Theta_{ii}$ ist dann nach S. 28, Gl. (28), für jede kartesische Basis invariant. Damit ist der bekannte Satz gewonnen:

Für je 3 gegenseitig zueinander senkrechte Achsen durch denselben Punkt ist die Summe der 3 Trägheitsmomente konstant.

§ 35. Bewegung um einen festen Punkt. Eulers Kreiselgleichungen

Von den Sonderfällen der Bewegung eines starren Körpers sind besonders häufig die Bewegung um eine feste *Achse* und die Bewegung um einen festen *Punkt.* Im ersteren Fall ist jede mögliche virtuelle Bewegung $\delta\mathfrak{r} = [\mathfrak{e}\mathfrak{r}]\,\delta\varphi$, mit $\mathfrak{e}$ als konstantem Einheitsvektor der Drehachse, auf welcher dabei auch der Ursprung des Ortsvektors $\mathfrak{r}$ liegt. Dann ist nach d'Alembert $\sum (m\ddot{\mathfrak{r}} - \mathfrak{k})\,|\,[\mathfrak{e}\mathfrak{r}]\,\delta\varphi = 0$, für *beliebige* $\delta\varphi$, also

$$(1)\qquad \sum m(\mathfrak{r}\ddot{\mathfrak{r}}\mathfrak{e}) = \frac{d}{dt}\sum m(\mathfrak{e}\mathfrak{r}\dot{\mathfrak{r}}) = \sum(\mathfrak{r}\mathfrak{k}\mathfrak{e}) = \sum[\mathfrak{r}\mathfrak{k}]\,|\,\mathfrak{e} = D.$$

Weil dabei auch $\dot{\mathfrak{r}} = [\mathfrak{e}\mathfrak{r}]\,\dot{\varphi}$ wird, so erhält man die Bewegungsgleichung

$$\frac{d}{dt}\{\sum m[\mathfrak{e}\mathfrak{r}]\,|\,[\mathfrak{e}\mathfrak{r}]\,\dot{\varphi}\} = \Theta\ddot{\varphi} = \sum[\mathfrak{r}\mathfrak{k}]\,|\,\mathfrak{e} = \mathfrak{M}\,|\,\mathfrak{e} = D.$$

$\Theta = \sum m[\mathfrak{e}\mathfrak{r}]\,|\,[\mathfrak{e}\mathfrak{r}]$ ist dabei das *konstante* Trägheitsmoment um die vorgeschriebene feste Achse des Systems.

Wir diskutieren diesen einfachsten Fall (Pendel) hier nicht weiter, sondern betrachten noch kurz die „Kreiselbewegung" um einen festgehaltenen *Punkt O.* Es ist dann $\delta\mathfrak{r} = [\delta\mathfrak{x}\,\mathfrak{r}]$, und damit gibt d'Alemberts Prinzip direkt

$$\sum (m\ddot{\mathfrak{r}} - \mathfrak{k})\,|\,\delta\mathfrak{r} = \sum(m\ddot{\mathfrak{r}} - \mathfrak{k})\,|\,[\delta\mathfrak{x}\,\mathfrak{r}] = \sum(m[\mathfrak{r}\ddot{\mathfrak{r}}] - [\mathfrak{r}\mathfrak{k}])\,|\,\delta\mathfrak{x} = 0,$$

für jedes beliebige $\delta\mathfrak{x}$. Somit gilt als *Bewegungsgleichung* in Übereinstimmung mit S. 179, Gl. (5) der Momentensatz für den Ursprung O

$$(3)\qquad \dot{\mathfrak{Q}} = \frac{d}{dt}\sum m[\mathfrak{r}\dot{\mathfrak{r}}] = \sum[\mathfrak{r}\mathfrak{k}] = \mathfrak{M},$$

bzw. wegen $\dot{\mathfrak{r}} = [\mathfrak{u}\mathfrak{r}]$:

$$(4)\qquad \dot{\mathfrak{Q}} = \frac{d}{dt}\{\sum m[\mathfrak{r}[\mathfrak{u}\mathfrak{r}]]\} = \sum[\mathfrak{r}\mathfrak{k}] = \mathfrak{M}.$$

Wir bilden hievon die drei Komponentengleichungen nach den Achsenrichtungen $\mathfrak{e}_i$ eines kartesischen Koordinatensystems mit Ursprung O

$$(5)\qquad \dot{\mathfrak{Q}}\,|\,\mathfrak{e}_i = \sum[\mathfrak{r}\mathfrak{k}]\,|\,\mathfrak{e}_i = \mathfrak{M}\,|\,\mathfrak{e}_i = D_i.$$

Es war nun *L. Eulers* Gedanke, diese Vektorbasis $\mathfrak{e}_i$ im Körper fest, also im Raum beweglich anzunehmen, wobei $\dot{\mathfrak{e}}_i = [\mathfrak{u}\mathfrak{e}_i]$ wird. Mit $\dot{\mathfrak{Q}}\,|\,\mathfrak{e}_i = \frac{d}{dt}(\mathfrak{Q}\,|\,\mathfrak{e}_i) - \mathfrak{Q}\,|\,\dot{\mathfrak{e}}_i$ wird dann Gl. (5)

$$(6)\qquad \frac{d}{dt}(\mathfrak{Q}\,|\,\mathfrak{e}_i) - \mathfrak{Q}\,|\,\dot{\mathfrak{e}}_i = D_i,$$

für $i = 1$, 2 und 3, und dies ist bereits das *System der Eulerschen Gleichungen in allgemeinster Form.*

Für $\mathfrak{Q} = \sum\limits_1^3 Q_i \mathfrak{e}_i$, also $\mathfrak{Q}\,|\,\mathfrak{e}_i = Q_i$, ist dann $\dfrac{d}{dt}\,(\mathfrak{Q}\,|\,\mathfrak{e}_i) = \dot{Q}_i$ und mit $\mathfrak{u} = \sum\limits_1^3 p_k \mathfrak{e}_k$ wird

$$\dot{\mathfrak{e}}_1 = [\mathfrak{u}\,\mathfrak{e}_1] = p_3 \mathfrak{e}_2 - p_2 \mathfrak{e}_3; \quad \dot{\mathfrak{e}}_2 = p_1 \mathfrak{e}_3 - p_3 \mathfrak{e}_1; \quad \dot{\mathfrak{e}}_3 = p_2 \mathfrak{e}_1 - p_1 \mathfrak{e}_2$$

und somit

$$\mathfrak{Q}\,|\,\dot{\mathfrak{e}}_1 = Q_2 p_3 - Q_3 p_2; \quad \mathfrak{Q}\,|\,\dot{\mathfrak{e}}_2 = Q_3 p_1 - Q_1 p_3; \quad \mathfrak{Q}\,|\,\dot{\mathfrak{e}}_3 = Q_1 p_2 - Q_2 p_1.$$

Damit aber werden die Gl. (6)

$$(7) \qquad \begin{cases} \dot{Q}_1 - (Q_2 p_3 - Q_3 p_2) = D_1 \\ \dot{Q}_2 - (Q_3 p_1 - Q_1 p_3) = D_2 \\ \dot{Q}_3 - (Q_1 p_2 - Q_2 p_1) = D_3. \end{cases}$$

Es sind dies die Eulerschen Kreiselgleichungen für eine *beliebige* im Körper feste kartesische Basis $\mathfrak{e}_i$.

Dasselbe Ergebnis erhielt *P. Saint Guilhem* (1851) durch Anwendung der Gl. (36) auf S. 161 auf den Vektor $\mathfrak{Q} = \sum\limits_1^3 Q_i \mathfrak{e}_i$. Es wird dann nämlich

$$\dot{\mathfrak{Q}} = \overset{\circ}{\mathfrak{Q}} + [\mathfrak{u}\,\mathfrak{Q}] = \sum_i \dot{Q}_i \mathfrak{e}_i + [\mathfrak{u}\,\mathfrak{Q}] = \mathfrak{M}$$

und folglich

$$(7') \qquad \dot{\mathfrak{Q}}\,|\,\mathfrak{e}_i = \dot{Q}_i + [\mathfrak{u}\,\mathfrak{Q}]\,|\,\mathfrak{e}_i = \mathfrak{M}\,|\,\mathfrak{e}_i = D_i.$$

Für $\mathfrak{u} = \sum\limits_1^3 p_k \mathfrak{e}_k$ ist aber $[\mathfrak{u}\,\mathfrak{Q}]\,|\,\mathfrak{e}_1 = -\mathfrak{Q}\,|\,[\mathfrak{u}\,\mathfrak{e}_1] = -\mathfrak{Q}\,|\,\dot{\mathfrak{e}}_1 = p_2 Q_3 - p_3 Q_2$, nebst den zyklischen Gleichungen, und damit gehen die Gl. (7') unmittelbar über in die Gl. (7).

Legt man besonders die Achsenvektoren $\mathfrak{e}_i$ in Richtung der *Hauptträgheitsachsen* durch O, so wird nach S. 186, Gl. (12): $\mathfrak{Q}\,|\,\mathfrak{e}_i = Q_i = p_i \Theta_{ii}$, also weil bei der Bewegung $\Theta_{ii} =$ const, $\dot{Q}_i = \dot{p}_i \Theta_{ii}$ und damit werden die Gl. (7)

$$(8) \qquad \begin{cases} \Theta_{11} \dot{p}_1 - p_2 p_3 (\Theta_{22} - \Theta_{33}) = D_1 \\ \Theta_{22} \dot{p}_2 - p_3 p_1 (\Theta_{33} - \Theta_{11}) = D_2 \\ \Theta_{33} \dot{p}_3 - p_1 p_2 (\Theta_{11} - \Theta_{22}) = D_3 \end{cases}$$

als *Eulers Kreiselgleichungen im engeren Sinn* (1765).

Wir untersuchen zum Schluß den Sonderfall des kräftefreien Kreisels in unmittelbarem Anschluß an die Momentengleichung

$$(4) \qquad \dot{\mathfrak{Q}} = \frac{d}{dt}\{\sum m[\mathfrak{r}\,[\mathfrak{u}\,\mathfrak{r}]]\} = \sum[\mathfrak{r}\,\mathfrak{k}] = \mathfrak{M}.$$

Da jetzt äußere Kräfte fehlen, wird $\mathfrak{M}$ dauernd gleich Null, und

$$(9) \qquad \dot{\mathfrak{Q}} = \frac{d}{dt}\sum m[\mathfrak{r}\,[\mathfrak{u}\,\mathfrak{r}]] = 0$$

gibt nach t integriert

(10) $$\mathfrak{Q} = \sum m[\mathfrak{r}[\mathfrak{u}\mathfrak{r}]] = \mathfrak{Q}_0 = \text{const.}$$

Nach S. 180, Gl. (12) ist nun auch $\dot{T} = \mathfrak{u}|\dot{\mathfrak{Q}} = 0$ und folglich

(11) $$2T = \mathfrak{u}|\mathfrak{Q} = \sum m[\mathfrak{u}\mathfrak{r}]|[\mathfrak{u}\mathfrak{r}] = 2T_0 = \text{const.}$$

Weil aber nach Gl. (10) auch $\mathfrak{Q}$ ein konstanter Vektor ist, so folgt aus $\mathfrak{Q}|\mathfrak{u} = \text{const}$: Die Komponente des mit der Zeit veränderlichen Vektors $\mathfrak{u}$ in Richtung $\mathfrak{Q}$ ist ebenfalls konstant, d. h.:

Der Endpunkt von $\mathfrak{u}$, *der Drehpol* U, *bewegt sich in einer im Raum festen und zu* $\mathfrak{Q}$ *senkrechten Ebene* E, *die von* O *den Abstand* $\frac{2T}{\operatorname{mod}\mathfrak{Q}}$ *hat.*

Da vom bewegten Körper aus beurteilt die Anordnung der Massenelemente dieselbe bleibt, so besagt die Gl. (11) weiter:

Der Drehpol U *bewegt sich relativ zum Körper auf der Fläche zweiten Grades*

(11′) $$\mathfrak{u}|\mathfrak{Q} = \sum m[\mathfrak{u}\mathfrak{r}]|[\mathfrak{u}\mathfrak{r}] = 2T_0 = \text{const},$$

wobei $\mathfrak{u}$ als Ortsvektor von U zu betrachten ist. Auf die Hauptachsen bezogen lautet die Gleichung dieses (zum Trägheitsellipsoid ähnlichen) „*Wuchtellipsoids*", weil dann $\mathfrak{Q} = \sum_1^3 p_i \Theta_{ii} \mathfrak{e}_i$ und $\mathfrak{u} = \sum_1^3 p_k \mathfrak{e}_k$ wird,

(11″) $$\sum_1^3 p_i^2 \Theta_{ii} = \text{const} = 2T_0.$$

Entsprechend folgt aus Gl. (10), ebenfalls mit $\mathfrak{Q} = \sum_1^3 p_i \Theta_{ii} \mathfrak{e}_i$,

(12) $$\mathfrak{Q}|\mathfrak{Q} = \sum_1^3 p_i^2 \Theta_{ii}^2 = \mathfrak{Q}_0|\mathfrak{Q}_0 = \text{const}.$$

Der Drehpol U läuft also auch auf einem zweiten im Körper festen Ellipsoid, dem „*Impulsellipsoid*", so daß seine Bahn die Schnittkurve der beiden koachsialen Ellipsoide ist.

Endlich gibt Gl. (11), nämlich $\mathfrak{u}|\mathfrak{Q} = \text{const}$, wegen Gl. (10), d. h. $\mathfrak{Q} = \text{const}$, sofort

(13) $$d\mathfrak{u}|\mathfrak{Q} = 0.$$

D. h. aber: Jedes Linienelement $d\mathfrak{u}$ der Tangentialebene an das Wuchtellipsoid im momentanen Drehpol steht senkrecht auf $\mathfrak{Q}$, fällt also in die Ebene E, welche somit *dauernd* Tangentenebene an das Wuchtellipsoid bleibt. Da zudem der Drehpol U momentan ruht, so läßt sich die Bewegung des im Körper festen Wuchtellipsoids deuten als ein *Rollen ohne Gleiten* auf der invariablen Tangentenebene E bei festgehaltenem Mittelpunkt O. Diese Deutung der Bewegung stammt bekanntlich von *Poinsot* (1834).

2. Teil. Mechanik deformierbarer Körper

A) ELASTISCHE MEDIEN

§ 36. Analyse der Deformation

Die ursprüngliche Lage der Punkte des Mediums sei durch ihren von einem festen Ursprung aus gezogenen Ortsvektor $\mathfrak{r}$ bestimmt. Derselbe sei gegeben als stetige und differentiierbare Funktion von drei beliebigen unabhängigen Zahlparametern (Koordinaten) q_1, q_2, q_3:

(1) $$\mathfrak{r} = \mathfrak{r}(q_1, q_2, q_3),$$

und somit ist

(2) $$d\mathfrak{r} = \sum_1^3 \frac{\partial \mathfrak{r}}{\partial q_i} d q_i = \sum_1^3 \mathfrak{r}_i d q_i = \sum_1^3 (\mathfrak{r}^i | d\mathfrak{r}) \mathfrak{r}_i,$$

wegen $(\mathfrak{r}^i | d\mathfrak{r}) = d q_i$. Die $\mathfrak{r}^i$ bilden dabei wieder die zu den $\mathfrak{r}_i$ reziproke Basis, d. h. es ist, für $(\mathfrak{r}_1 \mathfrak{r}_2 \mathfrak{r}_3) = \triangle$:

$$\mathfrak{r}^1 = \frac{[\mathfrak{r}_2 \mathfrak{r}_3]}{\triangle}; \quad \mathfrak{r}^2 = \frac{[\mathfrak{r}_3 \mathfrak{r}_1]}{\triangle}; \quad \mathfrak{r}^3 = \frac{[\mathfrak{r}_1 \mathfrak{r}_2]}{\triangle},$$

und folglich

$$\mathfrak{r}^i | \mathfrak{r}_i = +1; \quad \mathfrak{r}^i | \mathfrak{r}_k = 0, \quad \text{für } i \neq k.$$

Durch eine stetige Deformation seien nun den Punkten P des elastischen Mediums die „Verrückungen" zugeordnet

(3) $$\mathfrak{v} = \mathfrak{v}(\mathfrak{r}) = \mathfrak{v}(q_1, q_2, q_3),$$

woraus

(4) $$d\mathfrak{v} = \sum_1^3 \frac{\partial \mathfrak{v}}{\partial q_i} d q_i = \sum_1^3 \mathfrak{v}_i d q_i = \sum_1^3 (\mathfrak{r}^i | d\mathfrak{r}) \mathfrak{v}_i$$

folgt. Man hat also

(5) $$d\mathfrak{v} = \mathfrak{V} d\mathfrak{r},$$

wobei der Affinor

(6) $$\mathfrak{V} = \sum_1^3 \mathfrak{r}^i, \mathfrak{v}_i, \quad \text{mit } \mathfrak{v}_i = \mathfrak{V}\mathfrak{r}_i,$$

der *Affinor der Verrückung* ist. Vorausgesetzt sei, daß die Ableitungen $\mathfrak{v}_i = \frac{\partial \mathfrak{v}}{\partial q_i}$ überall existieren. Wir beschränken uns ferner auf so kleine Bereiche um P, daß stets auch

(2′) $$\Delta \mathfrak{r} = \sum \mathfrak{r}_i \Delta q_i; \quad \Delta \mathfrak{v} = \sum \mathfrak{v}_i \Delta q_i = \mathfrak{V} \Delta \mathfrak{r}$$ (4′)

gesetzt werden kann, und auf so langsam mit dem Ort veränderliche Verrückungen $\mathfrak{v}$, daß die $\mathfrak{v}_i = \mathfrak{V}\mathfrak{r}_i$ als kleine Größen erster Ordnung zu betrachten sind. Von der Größenordnung der $\mathfrak{v}_i$ sind dann auch alle Vektoren $\mathfrak{V}\mathfrak{x} = \sum (\mathfrak{r}^i|\mathfrak{x})\mathfrak{v}_i$ für endliche Argumente $\mathfrak{x}$.

Durch die Verrückung $\mathfrak{v}$ geht nun $\mathfrak{r}$ über in $\mathfrak{r}_I = \mathfrak{r} + \mathfrak{v}$, ebenso der benachbarte Punkt $\mathfrak{q} = \mathfrak{r} + \Delta\mathfrak{r}$ in

$$\mathfrak{q}_I = (\mathfrak{r} + \Delta\mathfrak{r}) + (\mathfrak{v} + \Delta\mathfrak{v}) = \mathfrak{r}_I + \Delta\mathfrak{r} + \Delta\mathfrak{v}. \tag{7}$$

Es ist also $\mathfrak{q}_I = \mathfrak{r}_I + (1 + \mathfrak{V})\Delta\mathfrak{r}$ und für $0 < x < 1$ gehen die Punkte $\mathfrak{x} = \mathfrak{r} + x\Delta\mathfrak{r} = \mathfrak{r} + x(\mathfrak{q} - \mathfrak{r})$ der Strecke von $\mathfrak{r}$ nach $\mathfrak{q}$ über in diejenigen

$$\mathfrak{x}_I = \mathfrak{r}_I + x(1 + \mathfrak{V})\Delta\mathfrak{r} = \mathfrak{r}_I + x(\mathfrak{q}_I - \mathfrak{r}_I) \tag{8}$$

der Strecke von $\mathfrak{r}_I$ nach $\mathfrak{q}_I$. Die von uns betrachtete Transformation ist also *linear.* Ist die Basis der $\mathfrak{r}_i$ konstant, so gilt natürlich Gl. (2') auch für beliebige endliche $\Delta\mathfrak{r}$, während Gl. (4') für solche endliche Bereiche nur dann streng gilt, wenn die höheren Ableitungen von $\mathfrak{v}$ exakt verschwinden, d. h. im Falle einer endlichen linearen Transformation.

1. *Synthese von zwei Deformationen*: Durch eine erste Deformation werde einem Punkt $\mathfrak{r}$ die Verrückung $\mathfrak{v} = \mathfrak{v}(\mathfrak{r})$ erteilt, so daß $\mathfrak{r}_I = \mathfrak{r} + \mathfrak{v}$ wird. Durch eine zweite solche Transformation $\mathfrak{w} = \mathfrak{w}(\mathfrak{r})$ und somit $\Delta\mathfrak{w} = \mathfrak{W}\Delta\mathfrak{r}$ wird dann $\mathfrak{r}_I$ übergeführt in $\mathfrak{r}_{II} = \mathfrak{r}_I + \mathfrak{w}'$, wo $\mathfrak{w}' = \mathfrak{w} + \mathfrak{W}\mathfrak{v}$ zu setzen ist. Die Gesamtverrückung ist demnach

$$\mathfrak{r}_{II} - \mathfrak{r} = \mathfrak{v} + \mathfrak{w}' = \mathfrak{v} + \mathfrak{w} + \mathfrak{W}\mathfrak{v}. \tag{9}$$

Für *infinitesimale* Verrückungen ist aber $\mathfrak{W}\mathfrak{v} = \sum (\mathfrak{r}^i|\mathfrak{v})\mathfrak{w}_i$ von höherer Ordnung klein als $\mathfrak{v}$ und $\mathfrak{w}$, da auch die $\mathfrak{w}_i$ als klein von erster Ordnung angenommen sind. Es ist daher

$$\mathfrak{r}_{II} - \mathfrak{r} \approx \mathfrak{v} + \mathfrak{w},^{*)} \tag{10}$$

in welcher Gleichung das Gesetz der Superposition infinitesimaler Deformationen ausgesprochen ist. Entsprechend wird eine *endliche* Anzahl solcher infinitesimaler Deformationen zusammengesetzt.

2. *Lineare Dilatation*: Die durch die Gl. (3) bestimmte Deformation führt die Strecke $\mathfrak{q} - \mathfrak{r} = \Delta\mathfrak{r} = p\mathfrak{e}$, für $\operatorname{mod}\mathfrak{e} = +1$, nach Gl. (7) über in $\mathfrak{q}_I - \mathfrak{r}_I = \Delta\mathfrak{r} + \Delta\mathfrak{v} = p(\mathfrak{e} + \mathfrak{V}\mathfrak{e})$. Demnach ist ihre auf die Längeneinheit bezogene (reduzierte) Längenänderung

$$\varepsilon = \operatorname{mod}(\mathfrak{e} + \mathfrak{V}\mathfrak{e}) - \operatorname{mod}\mathfrak{e} = \operatorname{mod}(\mathfrak{e} + \mathfrak{V}\mathfrak{e}) - 1, \tag{11}$$

d. h. es ist

$$1 + \varepsilon = \operatorname{mod}(\mathfrak{e} + \mathfrak{V}\mathfrak{e}). \tag{11'}$$

*) Für $\approx$ lies: „Bis auf Glieder höherer Ordnung gleich".

Es folgt hieraus

$$(1+\varepsilon)^2 = 1 + 2\varepsilon + \underbrace{\varepsilon^2}_{\approx 0} = (\mathfrak{e} + \mathfrak{B}\mathfrak{e})\,|\,(\mathfrak{e} + \mathfrak{B}\mathfrak{e}) = \underbrace{\mathfrak{e}|\mathfrak{e}}_{=1} + 2\,\mathfrak{e}|\mathfrak{B}\mathfrak{e} + \underbrace{\mathfrak{B}\mathfrak{e}|\mathfrak{B}\mathfrak{e}}_{\approx 0}$$

und wir erhalten

$$\varepsilon \approx \mathfrak{e}\,|\,\mathfrak{B}\mathfrak{e} \tag{12}$$

als Wert der linearen Dilatation.

3. *Ausweitung*: Für zwei verschiedene von $\mathfrak{r}$ ausgehende Einheitsvektoren $\mathfrak{e}_1$ und $\mathfrak{e}_2$ sei $\measuredangle(\mathfrak{e}_1, \mathfrak{e}_2) = \varphi$ gesetzt. Denselben entsprechen nach der Deformation die Vektoren $\mathfrak{e}_1 + \mathfrak{B}\mathfrak{e}_1$ und $\mathfrak{e}_2 + \mathfrak{B}\mathfrak{e}_2$, und der Winkel zwischen ihnen sei $\varphi - \gamma$. Es ist dann

$$(\mathfrak{e}_1 + \mathfrak{B}\mathfrak{e}_1)\,|\,(\mathfrak{e}_2 + \mathfrak{B}\mathfrak{e}_2) = \underbrace{\mathfrak{e}_1|\mathfrak{e}_2}_{=\cos\varphi} + \mathfrak{e}_1|\,\mathfrak{B}\mathfrak{e}_2 + \mathfrak{e}_2|\,\mathfrak{B}\mathfrak{e}_1 + \underbrace{\mathfrak{B}\mathfrak{e}_1|\,\mathfrak{B}\mathfrak{e}_2}_{\approx 0}$$

und wegen der Kleinheit von γ, d. h. $\cos\gamma \approx 1$ bzw. $\sin\gamma \approx \gamma$, folgt mit Gl. (11′)

$$\left.\begin{array}{ll} & (1+\varepsilon_1)(1+\varepsilon_2)\cos(\varphi-\gamma) \\ \text{oder} & (1+\varepsilon_1+\varepsilon_2+\underbrace{\varepsilon_1\varepsilon_2}_{\approx 0})(\cos\varphi + \gamma\sin\varphi) \end{array}\right\} \approx \cos\varphi + \mathfrak{e}_1|\,\mathfrak{B}\mathfrak{e}_2 + \mathfrak{e}_2|\,\mathfrak{B}\mathfrak{e}_1.$$

Wir erhalten somit bis auf Glieder höherer Ordnung

$$(\varepsilon_1 + \varepsilon_2)\cos\varphi + \gamma\sin\varphi = \mathfrak{e}_1|\,\mathfrak{B}\mathfrak{e}_2 + \mathfrak{e}_2|\,\mathfrak{B}\mathfrak{e}_1 \tag{13}$$

als Gleichung zur Bestimmung der „*Ausweitung*" γ zwischen den Richtungen $\mathfrak{e}_1$ und $\mathfrak{e}_2$. Sind insbesondere $\mathfrak{e}_1$ und $\mathfrak{e}_2$ zueinander senkrecht, ist also $\cos\varphi = 0$ und $\sin\varphi = +1$, so wird

$$\gamma = \mathfrak{e}_1|\,\mathfrak{B}\mathfrak{e}_2 + \mathfrak{e}_2|\,\mathfrak{B}\mathfrak{e}_1. \tag{14}$$

4. *Deformationskoeffizienten:* Die Anwendung der Gl. (12) und (14) auf die drei Achsenrichtungen $\mathfrak{e}_1$, $\mathfrak{e}_2$, $\mathfrak{e}_3$ einer kartesischen Basis liefert sogleich die üblichen 6 Deformationskoeffizienten in den Formen

(15) $\varepsilon_i = \mathfrak{e}_i|\,\mathfrak{B}\mathfrak{e}_i$ (*Dilatationskoeffizienten oder Dehnungen*)

(16) $\gamma_{ik} = \mathfrak{e}_i|\,\mathfrak{B}\mathfrak{e}_k + \mathfrak{e}_k|\,\mathfrak{B}\mathfrak{e}_i = \gamma_{ki}$ (*Achsenausweitungen oder Scherungen*).

Für $\mathfrak{v} = \sum v_h \mathfrak{e}_h$, also bei konstanter Basis $\mathfrak{v}_i = \dfrac{\partial \mathfrak{v}}{\partial q_i} = \sum\limits_h \dfrac{\partial v_h}{\partial q_i}\mathfrak{e}_h$, finden wir in kartesischen Koordinaten sofort

$$\varepsilon_i = \mathfrak{e}_i|\,\mathfrak{B}\mathfrak{e}_i = \mathfrak{e}_i|\,\mathfrak{v}_i = \frac{\partial v_i}{\partial q_i} \tag{15'}$$

$$\gamma_{ik} = \mathfrak{e}_i|\,\mathfrak{B}\mathfrak{e}_k + \mathfrak{e}_k|\,\mathfrak{B}\mathfrak{e}_i = \frac{\partial v_i}{\partial q_k} + \frac{\partial v_k}{\partial q_i}. \tag{16'}$$

Der Affinor $\mathfrak{B}$ ist dabei als in der Form $\mathfrak{B} = \sum\limits_1^3 \mathfrak{e}_i, \mathfrak{v}_i$ gegeben vorausgesetzt.

5. *Zerlegung der Deformation* $\mathfrak{v} = \mathfrak{v}(\mathfrak{r})$: Wir hatten in Gl. (4′) $\Delta\mathfrak{v} = \mathfrak{B}\Delta\mathfrak{r}$ und für $\Delta\mathfrak{r} = \sum_1^3 \mathfrak{r}_i \Delta q_i = \sum_1^3 (\mathfrak{r}^i | \Delta\mathfrak{r})\mathfrak{r}_i$ wird explizit

$$\Delta\mathfrak{v} = \mathfrak{B}\Delta\mathfrak{r} = \sum_1^3 (\mathfrak{r}^i | \Delta\mathfrak{r})\,\mathfrak{v}_i. \tag{17}$$

Für den zu $\mathfrak{B}$ kcnjugierten Affinor $\overline{\mathfrak{B}}$ gilt deshalb

$$\overline{\mathfrak{B}}\Delta\mathfrak{r} = \sum_1^3 (\mathfrak{v}_i | \Delta\mathfrak{r})\,\mathfrak{r}^i \tag{18}$$

und der *symmetrische* Teil von $\mathfrak{B}$ wird

$$\mathfrak{S}\Delta\mathfrak{r} = \frac{1}{2}(\mathfrak{B} + \overline{\mathfrak{B}})\Delta\mathfrak{r} = \frac{1}{2}\sum_1^3 \{(\mathfrak{r}^i | \Delta\mathfrak{r})\,\mathfrak{v}_i + (\mathfrak{v}_i | \Delta\mathfrak{r})\,\mathfrak{r}^i\}, \tag{19}$$

während für den *antimetrischen* Teil von $\mathfrak{B}$

$$\left\{\begin{aligned} \mathfrak{A}\Delta\mathfrak{r} &= \frac{1}{2}(\mathfrak{B} - \overline{\mathfrak{B}})\Delta\mathfrak{r} = \frac{1}{2}\sum_1^3 \{(\mathfrak{r}^i | \Delta\mathfrak{r})\,\mathfrak{v}_i - (\mathfrak{v}_i | \Delta\mathfrak{r})\,\mathfrak{r}^i\} \\ &= \frac{1}{2}\sum_1^3 [[\mathfrak{r}^i \mathfrak{v}_i] \cdot \Delta\mathfrak{r}] = \frac{1}{2}[\operatorname{rot}\mathfrak{v} \cdot \Delta\mathfrak{r}] \end{aligned}\right. \tag{20}$$

zu schreiben ist. Der letztere bestimmt demnach eine infinitesmale *starre Drchung* des Bereichs bei $\mathfrak{r}$ um eine Achse in Richtung von $\operatorname{rot}\mathfrak{v}$, während die hievon unabhängige *reine Deformation* im engeren Sinn durch Gl. (19) gegeben ist. Es ist dann stets $\mathfrak{B} = \mathfrak{S} + \mathfrak{A}$ sowie

$$\mathfrak{v}_i = \mathfrak{B}\mathfrak{r}_i = \mathfrak{S}\mathfrak{r}_i + \mathfrak{A}\mathfrak{r}_i \quad \text{bzw.} \quad \mathfrak{S}\mathfrak{r}_i = \mathfrak{B}\mathfrak{r}_i - \mathfrak{A}\mathfrak{r}_i, \tag{21}$$

und für beliebige Argumente $\mathfrak{x}$ und $\mathfrak{y}$ folgt aus Gl. (19) und (20) allgemein

$$\mathfrak{y} | \mathfrak{S}\mathfrak{x} = \mathfrak{x} | \mathfrak{S}\mathfrak{y}, \tag{22}$$

dagegen

$$\mathfrak{y} | \mathfrak{A}\mathfrak{x} + \mathfrak{x} | \mathfrak{A}\mathfrak{y} = 0, \quad \text{also insbesondere } \mathfrak{x} | \mathfrak{A}\mathfrak{x} = 0. \tag{23}$$

Offenbar ist damit auch nach Gl. (12)

$$\varepsilon = \mathfrak{e} | \mathfrak{B}\mathfrak{e} = \mathfrak{e} | (\mathfrak{S} + \mathfrak{A})\mathfrak{e} = \mathfrak{e} | \mathfrak{S}\mathfrak{e} \tag{12′}$$

und für zueinander senkrechte Richtungen $\mathfrak{e}_1$ und $\mathfrak{e}_2$ nach Gl. (14)

$$\left\{\begin{aligned} \gamma &= \mathfrak{e}_1 | \mathfrak{B}\mathfrak{e}_2 + \mathfrak{e}_2 | \mathfrak{B}\mathfrak{e}_1 = \mathfrak{e}_1 | (\mathfrak{S} + \mathfrak{A})\mathfrak{e}_2 + \mathfrak{e}_2 | (\mathfrak{S} + \mathfrak{A})\mathfrak{e}_1 \\ &= \mathfrak{e}_1 | \mathfrak{S}\mathfrak{e}_2 + \mathfrak{e}_2 | \mathfrak{S}\mathfrak{e}_1 + \mathfrak{e}_1 | \mathfrak{A}\mathfrak{e}_2 + \mathfrak{e}_2 | \mathfrak{A}\mathfrak{e}_1 = 2\mathfrak{e}_1 | \mathfrak{S}\mathfrak{e}_2. \end{aligned}\right. \tag{14′}$$

Entsprechend folgt für zwei beliebige Richtungen aus Gl. (13)

$$(\varepsilon_1 + \varepsilon_2)\cos\varphi + \gamma\sin\varphi = 2\mathfrak{e}_1 | \mathfrak{S}\mathfrak{e}_2. \tag{13′}$$

An der Stelle P mit Verrückungsaffinor $\mathfrak{B}$ und dem lokalen Ortsvektor $\Delta\mathfrak{r} = \mathfrak{x}$ liefert der Skalar

$$\chi = \frac{1}{2}\mathfrak{x} | \mathfrak{B}\mathfrak{x} = \frac{1}{2}\mathfrak{x} | (\mathfrak{S}\mathfrak{x} + \mathfrak{A}\mathfrak{x}) = \frac{1}{2}\mathfrak{x} | \mathfrak{S}\mathfrak{x}$$

als Funktion von $\mathfrak{x}$ betrachtet sogleich

$$d\chi = \operatorname{grad}\chi \,|\, d\mathfrak{x} = d\mathfrak{x} \,|\, \mathfrak{S}\mathfrak{x},$$

für jedes $d\mathfrak{x}$, und folglich $\mathfrak{S}\mathfrak{x} = \operatorname{grad}\chi$. Die *reine Deformation* $\Delta\mathfrak{v} = \mathfrak{S}\Delta\mathfrak{r}$ im Gebiet um P läßt sich daher deuten als *Gradient des „Deformationspotentials"* $\chi = \frac{1}{2}\mathfrak{x} \,|\, \mathfrak{B}\mathfrak{x}$.

6. *Volumdilatation*: Der räumliche Dilatationskoeffizient ϑ ist definiert als die auf die Volumeinheit reduzierte Volumänderung des infinitesimalen Bereichs um $\mathfrak{r}$ infolge der ausgeübten Deformation. Er ist unmittelbar gegeben durch

$$(24) \qquad \vartheta = \operatorname{div}\mathfrak{v} = \sum_1^3 \mathfrak{r}^i \,|\, \mathfrak{v}_i .$$

Denn bei der Deformation geht $\mathfrak{r}$ über in $\mathfrak{r} + \mathfrak{v}$, also $d_i\mathfrak{r}$ in $d_i\mathfrak{r} + d_i\mathfrak{v}$, für $d_i\mathfrak{r} = \mathfrak{r}_i dq_i$ und $d_i\mathfrak{v} = \mathfrak{v}_i dq_i$. Das infinitesimale Volumelement $d\tau = (d_1\mathfrak{r}\, d_2\mathfrak{r}\, d_3\mathfrak{r}) = (\mathfrak{r}_1\mathfrak{r}_2\mathfrak{r}_3)\, dq_1\, dq_2\, dq_3$ verwandelt sich daher in

$$d\tau' = \big((d_1\mathfrak{r} + d_1\mathfrak{v})(d_2\mathfrak{r} + d_2\mathfrak{v})(d_3\mathfrak{r} + d_3\mathfrak{v})\big) = \big((\mathfrak{r}_1 + \mathfrak{v}_1)(\mathfrak{r}_2 + \mathfrak{v}_2)(\mathfrak{r}_3 + \mathfrak{v}_3)\big)\, dq_1 dq_2 dq_3 .$$

Nach Voraussetzung sind aber dabei die $\mathfrak{v}_i$ kleine Größen erster Ordnung und die Änderung von $d\tau$ pro Volumeinheit wird deshalb bis auf Glieder höherer Ordnung

$$\frac{d\tau' - d\tau}{d\tau} = \frac{(\mathfrak{v}_1\mathfrak{r}_2\mathfrak{r}_3) + (\mathfrak{v}_2\mathfrak{r}_3\mathfrak{r}_1) + (\mathfrak{v}_3\mathfrak{r}_1\mathfrak{r}_2)}{(\mathfrak{r}_1\mathfrak{r}_2\mathfrak{r}_3)} = \sum_1^3 \mathfrak{v}_i \,|\, \mathfrak{r}^i = \operatorname{div}\mathfrak{v}.$$

Ist dabei die Basis der $\mathfrak{r}_i$ im ganzen Bereich konstant, so folgt für $\mathfrak{v} = \sum_1^3 v_k \mathfrak{r}_k$ in Koordinaten

$$(24') \qquad \vartheta = \operatorname{div}\mathfrak{v} = \sum_1^3 \mathfrak{r}^i \,|\, \mathfrak{v}_i = \sum_1^3 \frac{\partial v_i}{\partial q_i}.$$

Nach Gl. (12') ist übrigens auch für eine kartesische Basis

$$(24'') \qquad \vartheta = \sum_1^3 \mathfrak{e}_i \,|\, \mathfrak{B}\mathfrak{e}_i = \sum_1^3 \mathfrak{e}_i \,|\, \mathfrak{S}\mathfrak{e}_i = \sum_1^3 \varepsilon_i ,$$

und dieser Wert ist lt. S. 33 unten nichts anderes als die „skalare Spur" des Affinors $\mathfrak{B}$, bzw. $\mathfrak{S}$.

7. *Hauptzahlen und Hauptrichtungen*: Der unsre Deformation bestimmende Affinor $\mathfrak{B}$, bzw. $\mathfrak{S}$, ordnet jedem Vektor $\mathfrak{x}$ wieder einen solchen zu

$$(25) \qquad \mathfrak{y} = \mathfrak{B}\mathfrak{x}; \quad \text{bzw.} \quad \mathfrak{z} = \mathfrak{S}\mathfrak{x}.$$

Die Forderung, daß $\mathfrak{y}$ bis auf einen Zahlfaktor p mit $\mathfrak{x}$ übereinstimmt:

$$(26) \qquad \mathfrak{y} = \mathfrak{B}\mathfrak{x} = p\,\mathfrak{x}$$

führt für $\mathfrak{x} = \sum_1^3 x_i \mathfrak{r}_i$ zu der Bedingung

$$\mathfrak{y} = \sum_1^3 x_i \mathfrak{v}_i = p\left(\sum_1^3 x_i \mathfrak{r}_i\right)$$

oder

$$\sum_1^3 x_i(\mathfrak{v}_i - p\,\mathfrak{r}_i) = \sum_1^3 x_i\,\mathfrak{c}_i = 0. \tag{27}$$

Notwendige und hinreichende Bedingung für solche lineare Abhängigkeit der drei Vektoren $\mathfrak{c}_i = \mathfrak{v}_i - p\,\mathfrak{r}_i$ ist aber das Verschwinden ihres Volumprodukts

$$(\mathfrak{c}_1\,\mathfrak{c}_2\,\mathfrak{c}_3) = \big((\mathfrak{v}_1 - p\,\mathfrak{r}_1)(\mathfrak{v}_2 - p\,\mathfrak{r}_2)(\mathfrak{v}_3 - p\,\mathfrak{r}_3)\big) = 0. \tag{28}$$

Diese „*Hauptgleichung*" des Affinors $\mathfrak{V}$ ist also eine Zahlgleichung dritten Grades in p. Sie lautet entwickelt und mit $\varDelta = (\mathfrak{r}_1\,\mathfrak{r}_2\,\mathfrak{r}_3)$ durchdividiert:

$$\left\{\begin{aligned} &\frac{(\mathfrak{v}_1\,\mathfrak{v}_2\,\mathfrak{v}_3)}{\triangle} - p\left\{\frac{(\mathfrak{r}_1\,\mathfrak{v}_2\,\mathfrak{v}_3) + (\mathfrak{v}_1\mathfrak{r}_2\mathfrak{v}_3) + (\mathfrak{v}_1\,\mathfrak{v}_2\,\mathfrak{r}_3)}{\triangle}\right\} \\ &+ p^2\left\{\frac{(\mathfrak{v}_1\,\mathfrak{r}_2\,\mathfrak{r}_3) + (\mathfrak{r}_1\,\mathfrak{v}_2\,\mathfrak{r}_3) + (\mathfrak{r}_1\,\mathfrak{r}_2\,\mathfrak{v}_3)}{\triangle}\right\} - p^3 = 0. \end{aligned}\right. \tag{28'}$$

Ihre basisinvarianten Koeffizienten sind also nach S. 33/35 nichts anderes als der erste, zweite und dritte Skalar des Affinors $\mathfrak{V}$. Ist nun p eine (reelle) Wurzel derselben, so sind durch sie zunächst die drei linear abhängigen Vektoren $\mathfrak{c}_i = \mathfrak{v}_i - p\,\mathfrak{r}_i$ bestimmt. Aus Gl. (27) ergibt sich weiter das Verhältnis der Koeffizienten x_i, indem man diese Gleichung nacheinander mit $\mathfrak{c}_1$, $\mathfrak{c}_2$ und $\mathfrak{c}_3$ *vektoriell* multipliziert. Man erhält nämlich für $[\mathfrak{c}_2\,\mathfrak{c}_3] = \mathfrak{f}_1$, $[\mathfrak{c}_3\,\mathfrak{c}_1] = \mathfrak{f}_2$ und $[\mathfrak{c}_1\,\mathfrak{c}_2] = \mathfrak{f}_3$

$$x_1 : x_2 : x_3 = \mathfrak{f}_1 : \mathfrak{f}_2 : \mathfrak{f}_3, \tag{29}$$

d. h. gleich dem numerischen Verhältnis der parallelen Vektoren $\mathfrak{f}_i$. Hierdurch ist aber die zu einer bestimmten „*Hauptzahl*" p gehörige „*Hauptrichtung*" $\mathfrak{x}$ bis auf einen willkürlichen Zahlfaktor eindeutig bestimmt, falls nicht alle drei $\mathfrak{f}_i$ einzeln verschwinden, d. h. falls nicht alle $\mathfrak{c}_i$ von derselben Richtung sind. Offenbar besitzt Gl. (28) stets mindestens eine solche reelle Wurzel p; aber für einen beliebigen Affinor $\mathfrak{V}$ ist über die Reellität der beiden andern Wurzeln und über die Lage der Hauptrichtungen nichts Allgemeines bekannt, außer dem Satz, daß je zwei verschiedenen Wurzeln p_i und p_k stets auch zwei verschiedene Hauptrichtungen $\mathfrak{x}_i$ und $\mathfrak{x}_k$ zugeordnet sind. Anders liegt dagegen der Fall für den Affinor $\mathfrak{S}$ der *reinen* Deformation, da derselbe der Symmetriebedingung

$$\mathfrak{y}\,|\,\mathfrak{S}\,\mathfrak{x} = \mathfrak{x}\,|\,\mathfrak{S}\,\mathfrak{y} \tag{22}$$

genügt. Aus dieser Bedingung läßt sich nämlich folgern, daß die drei Wurzeln der „*Säkulargleichung*" (28) sämtlich reell sein müssen und daß zu je zwei verschiedenen Wurzeln derselben Hauptrichtungen gehören, die zueinander senkrecht sind. Denn für eine *komplexe* Hauptzahl $p = q_1 + i q_2$ wird Gl. (27)

$$\sum_1^3 x_i(\mathfrak{v}_i - q_1 \mathfrak{r}_i) - i q_2 \sum_1^3 x_i \mathfrak{r}_i = 0, \tag{27'}$$

eine Beziehung, welche für nur reelle x_i nicht erfüllbar ist. Daher ist die zur Hauptzahl $q_1 + i q_2$ gehörige Hauptrichtung $\mathfrak{x}$ notwendig auch imaginär: $\mathfrak{x} = \mathfrak{x}_1 + i \mathfrak{x}_2$. Alsdann ist aber nach Gl. (26)

$$\mathfrak{S}\mathfrak{x} = \mathfrak{S}\mathfrak{x}_1 + i \mathfrak{S}\mathfrak{x}_2 = (q_1 + i q_2)(\mathfrak{x}_1 + i \mathfrak{x}_2) = (q_1 \mathfrak{x}_1 - q_2 \mathfrak{x}_2) + i(q_2 \mathfrak{x}_1 + q_1 \mathfrak{x}_2),$$

d. h. es wird

$$\mathfrak{S}\mathfrak{x}_1 = q_1 \mathfrak{x}_1 - q_2 \mathfrak{x}_2 \quad \text{und} \quad \mathfrak{S}\mathfrak{x}_2 = q_2 \mathfrak{x}_1 + q_1 \mathfrak{x}_2.$$

Folglich wird auch

$$\begin{aligned} \mathfrak{x}_2 | \mathfrak{S}\mathfrak{x}_1 &= q_1 \mathfrak{x}_2 | \mathfrak{x}_1 - q_2 \mathfrak{x}_2 | \mathfrak{x}_2 \\ \mathfrak{x}_1 | \mathfrak{S}\mathfrak{x}_2 &= q_2 \mathfrak{x}_1 | \mathfrak{x}_1 + q_1 \mathfrak{x}_1 | \mathfrak{x}_2 \end{aligned}$$

und subtrahiert:

$$\mathfrak{x}_1 | \mathfrak{S}\mathfrak{x}_2 - \mathfrak{x}_2 | \mathfrak{S}\mathfrak{x}_1 = q_2 \{\mathfrak{x}_1 | \mathfrak{x}_1 + \mathfrak{x}_2 | \mathfrak{x}_2\}.$$

Da aber für symmetrische Affinoren die linke Seite verschwindet, so ist notwendig $q_2 = 0$, denn der Klammerfaktor bei q_2 ist positiv-definit. Damit ist bewiesen:

„*Jede Wurzel der Hauptgleichung eines symmetrischen Affinors ist reell.*"

Sind weiter $\mathfrak{a}_i$ und $\mathfrak{a}_k$ die Einheitsvektoren zweier Hauptrichtungen, die zu *verschiedenen* Hauptzahlen p_i und p_k gehören, so ist

$$\mathfrak{S}\mathfrak{a}_i - p_i \mathfrak{a}_i = 0 \quad \text{und} \quad \mathfrak{S}\mathfrak{a}_k - p_k \mathfrak{a}_k = 0.$$

Hieraus folgt

$$\begin{aligned} \mathfrak{a}_k | \mathfrak{S}\mathfrak{a}_i - p_i \mathfrak{a}_k | \mathfrak{a}_i &= 0 \\ \mathfrak{a}_i | \mathfrak{S}\mathfrak{a}_k - p_k \mathfrak{a}_i | \mathfrak{a}_k &= 0 \end{aligned}$$

und subtrahiert

$$(p_i - p_k)\, \mathfrak{a}_i | \mathfrak{a}_k = 0.$$

Wegen $p_i \neq p_k$ ist also notwendig

$$\mathfrak{a}_i | \mathfrak{a}_k = 0 \quad \text{und auch} \quad \mathfrak{a}_i | \mathfrak{S}\mathfrak{a}_k = \mathfrak{a}_k | \mathfrak{S}\mathfrak{a}_i = 0. \tag{30}$$

Die zu zwei verschiedenen Wurzeln der Hauptgleichung eines symmetrischen Affinors gehörigen Hauptrichtungen stehen also aufeinander senkrecht.

Sind alle drei Wurzeln der Hauptgleichung verschieden, so kann man das normierte orthogonale Tripel der Hauptrichtungen als kartesische Basis wählen. Der Affinor $\mathfrak{S}$ nimmt alsdann die „Normalform" an

$$\mathfrak{S} = \sum_1^3 \mathfrak{a}^i,\ p_i \mathfrak{a}_i = \sum_1^3 \mathfrak{a}_i,\ p_i \mathfrak{a}_i, \tag{31}$$

weil dabei $\mathfrak{a}^i = \mathfrak{a}_i$ wird, und für $\mathfrak{x} = \sum_1^3 x_i \mathfrak{a}_i$, $\mathfrak{y} = \sum_1^3 y_k \mathfrak{a}_k$ erhält man sogleich

$$\mathfrak{y}|\mathfrak{S}\mathfrak{x} = \sum_{i,k} x_i y_k \, \mathfrak{a}_k|\mathfrak{S}\mathfrak{a}_i = \sum_1^3 x_i y_i p_i = \mathfrak{x}|\mathfrak{S}\mathfrak{y},$$

wegen $\mathfrak{a}_i|\mathfrak{S}\mathfrak{a}_i = p_i$ und $2\mathfrak{a}_i|\mathfrak{S}\mathfrak{a}_k = \gamma_{ik} = 0$.

Die Darstellungsform (31) für $\mathfrak{S}$ ist übrigens auch noch möglich, wenn von den drei reellen Hauptzahlen p_i zwei oder alle drei einander gleich geworden sind. Es wird dann nur die Basis der $\mathfrak{a}_i$ der Lage nach teilweise oder ganz unbestimmt, wie dies auch für die Lage der Hauptachsen eines Rotationsellipsoids bzw. einer Kugel gilt.

8. *Dilatationsflächen:* Zu dem Affinor $\mathfrak{S}$, der in der Umgebung eines Punkts des Mediums die reine Deformation bestimmt, gehören unmittelbar die vier in $\mathfrak{x}$ quadratischen Formen

$$\mathfrak{x}|\mathfrak{S}\mathfrak{x}; \quad \mathfrak{x}|\mathfrak{S}^{-1}\mathfrak{x}; \quad \mathfrak{S}\mathfrak{x}|\mathfrak{S}\mathfrak{x}; \quad \mathfrak{S}^{-1}\mathfrak{x}|\mathfrak{S}^{-1}\mathfrak{x}.$$

$\mathfrak{S}^{-1}$ bezeichne dabei den zu $\mathfrak{S}$ inversen und ebenfalls symmetrischen Affinor

$$\mathfrak{S}^{-1} = \sum_1^3 \mathfrak{a}_i, \frac{\mathfrak{a}_i}{p_i}, \tag{32}$$

d. h. die Umkehrfunktion zu $\mathfrak{y} = \mathfrak{S}\mathfrak{x}$. Trägt man je von einem festen Punkt aus nach allen Richtungen Vektoren ab, die den Gleichungen genügen

$$\mathfrak{x}|\mathfrak{S}\mathfrak{x} = \text{const}; \tag{33}$$
$$\mathfrak{x}|\mathfrak{S}^{-1}\mathfrak{x} = \text{const} \tag{34}$$
$$\mathfrak{S}\mathfrak{x}|\mathfrak{S}\mathfrak{x} = \text{const}; \tag{35}$$
$$\mathfrak{S}^{-1}\mathfrak{x}|\mathfrak{S}^{-1}\mathfrak{x} = \text{const}, \tag{36}$$

so erfüllen die Endpunkte dieser Vektoren die Oberfläche je einer Mittelpunktsfläche zweiten Grades, deren Vektorgleichungen eben durch die Gl. (33) bis (36) gegeben sind.

a) Zunächst gibt die Gleichung $\mathfrak{x}|\mathfrak{S}\mathfrak{x} = 2\lambda$ differentiiert $d\mathfrak{x}|\mathfrak{S}\mathfrak{x} = d\lambda$ für alle $d\mathfrak{x}$. D. h. aber, es ist

$$\mathfrak{S}\mathfrak{x} = \operatorname{grad} \lambda. \tag{37}$$

Ist insbesondere $\lambda = \text{const}$, also $d\lambda = 0$, so besagt die Gleichung $d\mathfrak{x}|\mathfrak{S}\mathfrak{x} = 0$, daß der Vektor $\mathfrak{S}\mathfrak{x}$ senkrecht steht auf allen Tangentenrichtungen $d\mathfrak{x}$ der „*Dilatationsfläche*" $2\lambda = \text{const}$ im Endpunkt von $\mathfrak{x}$ und somit in Richtung der Flächennormale weist. Beurteilen wir die Verrückung relativ zu $\mathfrak{r}$, so ist, genügend kleines λ vorausgesetzt, $\mathfrak{S}\mathfrak{x} = \mathfrak{S}\Delta\mathfrak{r}$ die (relative) Verrückung $\Delta\mathfrak{v}$ des Endpunkts von $\mathfrak{x} = \Delta\mathfrak{r}$ infolge der reinen Deformation. Durch dieselbe erfahren also die Punkte der Dilatationsfläche $2\lambda = \text{const}$ um Mittelpunkt $\mathfrak{r}$ sämtlich eine Verrückung, die in Richtung der zugehörigen Flächennormale fällt. Für die Endpunkte der Hauptachsen dieser Fläche fallen also diese Verrückungen $\mathfrak{S}\mathfrak{x}$ in die Richtungen $\mathfrak{x}$ selbst, d. h. die Haupt*achsen* sind den bereits definierten Haupt*richtungen* parallel.

Zerlegt man einen beliebigen Halbmesser $\mathfrak{x}$ in seine Komponenten nach den Hauptrichtungen $\mathfrak{a}_i$: $\mathfrak{x} = \sum_1^3 x_i \mathfrak{a}_i$, so wird die zugehörige Verrückung

(38) $$\mathfrak{S}\mathfrak{x} = \sum_1^3 x_i \mathfrak{S}\mathfrak{a}_i = \sum_1^3 x_i p_i \mathfrak{a}_i.$$

Diese Gleichung stellt die reine Deformation als *Synthese* (Superposition) *von drei reinen Dehnungen nach den drei Hauptrichtungen* dar, wie sie bereits *H. v. Helmholtz* (1858) betrachtet hat.

Weiter ergibt sich als Koordinatengleichung der Dilatationsflächen

(39) $$2\lambda = \mathfrak{x} | \mathfrak{S}\mathfrak{x} = \sum_{i,k} x_i x_k \mathfrak{a}_i | \mathfrak{S}\mathfrak{a}_k = \sum_1^3 \varepsilon_i x_i^2,$$

da ja für Hauptrichtungen

$$\mathfrak{a}_i | \mathfrak{S}\mathfrak{a}_k = \begin{cases} \varepsilon_i, & \text{für } i = k \\ 0, & \text{für } i \neq k \end{cases}$$

zu setzen ist.

Für mod $\mathfrak{e} = +1$ ist nach Gl. (12′) auf S. 194 allgemein $\varepsilon = \mathfrak{e} | \mathfrak{S}\mathfrak{e}$ die lineare Dilatation, die zur Richtung $\mathfrak{e}$ gehört. Trägt man also von einem festen Punkt aus nach allen Richtungen $\mathfrak{x} = \dfrac{\mathfrak{e}}{+\sqrt{|\varepsilon|}}$ ab, so erfüllen die Endpunkte von $\mathfrak{x}$ die Fläche

(33′) $$\mathfrak{x} | \mathfrak{S}\mathfrak{x} = \pm 1,$$

je nachdem ε positiv oder negativ ist. Hat ε für alle Richtungen dasselbe Vorzeichen, so gilt auch in (33′) durchweg das gleiche Vorzeichen, und (33′) repräsentiert ein *Ellipsoid.* Ist jedoch der Kegel der Richtungen verschwindender Dilatation

(40) $$\mathfrak{x} | \mathfrak{S}\mathfrak{x} = \sum_1^3 \varepsilon_i x_i^2 = 0$$

reell, so trennt er die Gebiete positiver und negativer Dilatation. Für jedes derselben gilt dann *eine* der Gl. (33′), deren jede alsdann ein *Hyperboloid* bestimmt.

b) die Umkehrung von $\mathfrak{y} = \mathfrak{S}\mathfrak{x}$ ist für nicht ausgeartete Affinoren $\mathfrak{S}$ eindeutig gegeben durch $\mathfrak{x} = \mathfrak{S}^{-1}\mathfrak{y}$. Daher ist auch

$$2\lambda = \mathfrak{x} | \mathfrak{S}\mathfrak{x} = \mathfrak{x} | \mathfrak{y} = \mathfrak{y} | \mathfrak{x} = \mathfrak{y} | \mathfrak{S}^{-1}\mathfrak{y}.$$

Durch $\mathfrak{x} | \mathfrak{S}\mathfrak{x} = 2\lambda$ ist also die *reziproke Deformationsfläche*

(41) $$\mathfrak{y} | \mathfrak{S}^{-1}\mathfrak{y} = 2\lambda$$

mitbestimmt. Ihre Hauptachsengleichung lautet offenbar

(41′) $$\frac{y_1^2}{\varepsilon_1} + \frac{y_2^2}{\varepsilon_2} + \frac{y_3^2}{\varepsilon_3} = 2\lambda.$$

Wegen der Konstanz von λ für jede solche Fläche ist auch, infolge der Symmetrie von $\mathfrak{S}$ und $\mathfrak{S}^{-1}$

(42) $$d\mathfrak{x}|\mathfrak{S}\mathfrak{x} = d\mathfrak{x}|\mathfrak{y} = 0 \quad \text{und} \quad d\mathfrak{y}|\mathfrak{S}^{-1}\mathfrak{y} = d\mathfrak{y}|\mathfrak{x} = 0;$$

oder:

„Die Halbmesser jeder dieser Flächen stehen senkrecht auf den Linienelementen *der* Tangentialebene, die dem entsprechenden Halbmesser der andern Fläche zugeordnet ist."

c) Die Radien der Einheitskugel um $\mathfrak{r}$ mit der Gleichung $\mathfrak{x}|\mathfrak{x} = +1$ werden durch den symmetrischen Affinor $\mathfrak{S}$ in $\mathfrak{y} = \mathfrak{S}\mathfrak{x}$ transformiert. Die Vektoren $\mathfrak{y}$ sind also die Halbmesser eines Ellipsoids, dessen Gleichung durch

(43) $$\mathfrak{S}^{-1}\mathfrak{y}|\mathfrak{S}^{-1}\mathfrak{y} = \mathfrak{x}|\mathfrak{x} = +1$$

gegeben ist. Für $\mathfrak{y} = \sum_1^3 y_k \mathfrak{a}_k$ erhält man in kartesischer Form

(43′) $$\frac{y_1^2}{\varepsilon_1^2} + \frac{y_2^2}{\varepsilon_2^2} + \frac{y_3^2}{\varepsilon_3^2} = +1.$$

Die Fläche wird häufig das „*Maßellipsoid*" der Deformation $\mathfrak{S}$ genannt.

d) Die umgekehrte Transformation $\mathfrak{x} = \mathfrak{S}^{-1}\mathfrak{y}$ führt die Radien der Einheitskugel $\mathfrak{y}|\mathfrak{y} = +1$ entsprechend über in die Halbmesser $\mathfrak{x}$ der Fläche

(44) $$\mathfrak{S}\mathfrak{x}|\mathfrak{S}\mathfrak{x} = \mathfrak{y}|\mathfrak{y} = +1,$$

des sogenannten „*reziproken Maßellipsoids*". Seine auf die Hauptachsen bezogene Koordinatengleichung lautet, für $\mathfrak{x} = \sum_1^3 x_i \mathfrak{a}_i$:

(44′) $$\varepsilon_1^2 x_1^2 + \varepsilon_2^2 x_2^2 + \varepsilon_3^2 x_3^2 = +1.$$

§ 37. *Analyse der Spannungen*

1. *Flächenkräfte und Massenkräfte:* Am Flächenelement $d\sigma$ mit der Normalenrichtung $\mathfrak{n}$ (wobei stets mod $\mathfrak{n} = +1$ sei) greife nach Größe und Richtung die Kraft $\mathfrak{k}_\mathfrak{n} d\sigma$ an. Dabei ist $\mathfrak{k}_\mathfrak{n}$ nach Größe und Richtung die „*Spannung*", d. h. der Vektor der auf die Flächeneinheit reduzierten Flächenkraft. Aus dem Reaktionsgesetz folgt dann unmittelbar

(1) $$\mathfrak{k}_\mathfrak{n} = -\mathfrak{k}_{-\mathfrak{n}}.$$

Im Innern des Mediums heben sich deshalb die beiderseitigen Spannungen an einem Flächenelement gegenseitig auf. Wirken nun auf irgendeinen Volumbereich *Flächenkräfte* $\mathfrak{k}_\mathfrak{n}\, d\sigma$ und „*Massenkräfte*" $\varrho\mathfrak{k}\, d\tau$, so ergibt sich für die resultierende Gesamtkraft auf den ganzen Bereich der Wert

$$\iiint \varrho\mathfrak{k}\, d\tau + \iint \mathfrak{k}_\mathfrak{n}\, d\sigma.$$

Dabei ist ϱ die Dichte im Volumelement $d\tau$ und $\mathfrak{k}$ der Vektor der auf die Masseneinheit reduzierten Massenkraft, während unter $\mathfrak{n}$ jeweils die *äußere* Normale der Oberflächenelemente $d\sigma$ zu verstehen ist. Die *erste Bedingung für den Fall des Gleichgewichts* lautet dann

$$(2) \qquad \iiint \varrho \mathfrak{k}\, d\tau + \iint \mathfrak{k}_{\mathfrak{n}}\, d\sigma = 0.$$

Wendet man ebenso auch den Momentensatz auf kontinuierlich ausgebreitete Massen an, so ergibt sich für den resultierenden Vektor des Gesamtmoments des Bereichs $\iiint \varrho [\mathfrak{r}\mathfrak{k}] d\tau + \iint [\mathfrak{r}\mathfrak{k}_{\mathfrak{n}}] d\sigma$ und als *zweite Bedingung für das Gleichgewicht*

$$(3) \qquad \iiint \varrho [\mathfrak{r}\mathfrak{k}] d\tau + \iint [\mathfrak{r}\mathfrak{k}_{\mathfrak{n}}] d\sigma = 0.$$

$\mathfrak{r}$ ist dabei der Ortsvektor nach den Massen- bzw. Oberflächenelementen, gezogen von irgendeinem festen Ursprung aus.

2. *Kräfte am infinitesimalen Tetraeder. Spannungsaffinor:* Wir legen durch einen Punkt $\mathfrak{r}$ im Körperinnern die Parallelebenen zu den Seitenflächen eines recht- oder schiefwinkligen Koordinatensystems und dazu noch eine beliebige vierte Ebene, welche mit den vorigen ein *infinitesimales Tetraeder* erzeugt. Im Gleichgewichtsfalle ist dann nach Gl. (2)

$$(4) \qquad \varrho \mathfrak{k}\, d\tau + d\sigma\, \mathfrak{k}_{\mathfrak{n}} + \sum_1^3 d\sigma_i\, \mathfrak{k}_i = 0.$$

Die $\mathfrak{k}_i$ sind dabei die Spannungen an den drei Flächenelementen $d\sigma_i$, deren gemeinsame Ecke der Punkt $\mathfrak{r}$ ist, ebenso $\mathfrak{k}_{\mathfrak{n}}$ die Spannung am vierten Flächenelement $d\sigma$. Die zugehörigen äußeren Normalen seien entsprechend $\mathfrak{n}$ und $\mathfrak{n}_i$ genannt, wobei wieder mod $\mathfrak{n}$ = mod $\mathfrak{n}_i = +1$ sein soll. Zwischen denselben besteht dann die bekannte lineare Abhängigkeit [vgl. S. 19, Gl. (36)]:

$$(5) \qquad d\sigma\, \mathfrak{n} + \sum_1^3 d\sigma_i\, \mathfrak{n}_i = 0.$$

Mit Benützung der zu den $\mathfrak{n}_i$ reziproken Basis der $\mathfrak{n}^i$ folgt hieraus

$$(6) \qquad -(\mathfrak{n} \mid \mathfrak{n}^i)\, d\sigma = d\sigma_i$$

und folglich, in Übereinstimmung mit S. 26, Gl. (9)

$$(5') \qquad \mathfrak{n} = \sum_1^3 (\mathfrak{n} \mid \mathfrak{n}^i)\, \mathfrak{n}_i = \sum_1^3 \alpha_i\, \mathfrak{n}_i \text{ (z. Abk.)}.$$

Mit Gl. (6) wird aber Gl. (4)

$$(4)_1 \qquad \varrho \mathfrak{k}\, d\tau + d\sigma \{\mathfrak{k}_{\mathfrak{n}} - \sum_1^3 (\mathfrak{n} \mid \mathfrak{n}^i)\, \mathfrak{k}_i\} = 0.$$

Da ferner für ein infinitesimales Tetraeder jedenfalls das erste Glied in höherer als zweiter Ordnung verschwindet, muß auch die geschweifte Klammer verschwinden:

$$(7)\qquad \mathfrak{k}_{\mathfrak{n}} = \sum_1^3 (\mathfrak{n}\,|\,\mathfrak{n}^i)\,\mathfrak{k}_i = \sum_1^3 \alpha_i \mathfrak{k}_i .$$

Dabei kann jetzt auch $d\sigma$ als durch (den Endpunkt von) $\mathfrak{r}$ gehend betrachtet werden, weil dies an $\mathfrak{k}_{\mathfrak{n}}$ nur eine unendlich kleine Korrektur bedingt. Die Gl. (7) bleibt zudem bestehen, auch wenn kein Gleichgewicht vorhanden ist. Denn dann lautet die Bewegungsgleichung für das Massenelement $d\tau$

$$(8)\qquad \varrho\, d\tau\, \ddot{\mathfrak{r}} = \varrho\, d\tau\, \mathfrak{k} + d\sigma\left(\mathfrak{k}_{\mathfrak{n}} - \sum_1^3 \alpha_i \mathfrak{k}_i\right),$$

und der Klammerfaktor von $d\sigma$ muß wieder verschwinden, weil andernfalls der Beschleunigungsvektor $\ddot{\mathfrak{r}}$ unendlich wird. Ersetzt man nachträglich die $\mathfrak{n}_i$ teilweise oder alle durch die *inneren* Normalen des infinitesimalen Tetraeders, so wechseln gleichzeitig die $\mathfrak{n}^i$ und nach dem Reaktionsgesetz auch die zugehörigen $\mathfrak{k}_i$ ihre Richtung, d. h. Gl. (7) besteht auch dann noch zu Recht.

Ist insbesondere das infinitesimale Tetraeder bei $\mathfrak{r}$ rechtwinklig und sind die $\mathfrak{n}_i$ gleich den Einheitsvektoren $\mathfrak{e}_i$ des zugehörigen kartesischen Koordinatensystems, also $\mathfrak{n}^i = \mathfrak{n}_i = \mathfrak{e}_i$, so sind die α_i die Richtungskosinusse von $\mathfrak{n}$ gegen die $\mathfrak{e}_i$. Gl. (7) lautet für diesen Sonderfall *in Komponenten* und in sonst üblicher Bezeichnung

$$(7')\qquad \left\{\begin{aligned} X_n &= \sum_1^3 \alpha_i X_i \\ Y_n &= \sum_1^3 \alpha_i Y_i \\ Z_n &= \sum_1^3 \alpha_i Z_i \end{aligned}\right.$$

und diese Gleichungen sind als „*Gleichungen von Cauchy*" bekannt. Der Normalenrichtung $\mathfrak{n} = \sum_1^3 \alpha_i \mathfrak{e}_i$ entspricht also stets eine an dem zu $\mathfrak{n}$ senkrechten Flächenelement $d\sigma$ angreifende Spannung $\mathfrak{k}_{\mathfrak{n}} = \sum_1^3 \alpha_i \mathfrak{k}_i$. Folglich ist $\mathfrak{k}$ eine homogene lineare Funktion von $\mathfrak{n}$, nämlich, wegen $\alpha_i = (\mathfrak{n}\,|\,\mathfrak{n}^i)$ bzw. $= (\mathfrak{n}\,|\,\mathfrak{e}_i)$,

$$(9)\qquad \mathfrak{k}_{\mathfrak{n}} = \mathfrak{T}\mathfrak{n} = \sum_1^3 (\mathfrak{n}\,|\,\mathfrak{n}^i)\,\mathfrak{k}_i \quad \text{bzw.} \quad = \sum_1^3 (\mathfrak{n}\,|\,\mathfrak{e}_i)\,\mathfrak{k}_i ,$$

wobei der „*Spannungsaffinor*" $\mathfrak{T}$, der „*Tensor*" im ursprünglichen Sinne des Worts, durch

$$(10)\qquad \mathfrak{T} = \sum_1^3 \mathfrak{n}^i,\, \mathfrak{k}_i \quad \text{bzw.} \quad = \sum_1^3 \mathfrak{e}_i,\, \mathfrak{k}_i$$

gegeben ist. Wird dabei eine andere Basis eingeführt, z. B. die in § 36, Gl. (2), eingeführten $\mathfrak{r}_i$, so bedeuten in

$$\mathfrak{T} = \sum_1^3 \mathfrak{r}^i, \bar{\mathfrak{k}}_i \tag{10'}$$

die an Stelle der $\mathfrak{k}_i$ auftretenden $\bar{\mathfrak{k}}_i$ nunmehr die Spannungen an den Flächenelementen bei $\mathfrak{r}$, senkrecht zu den $\mathfrak{r}_i$, jedoch multipliziert mit den numerischen Werten der $\mathfrak{r}_i$, und Gl. (9) wird

$$\mathfrak{k}_{\mathfrak{n}} = \mathfrak{T}\mathfrak{n} = \sum_1^3 (\mathfrak{n} \,|\, \mathfrak{r}^i)\, \bar{\mathfrak{k}}_i . \tag{9'}$$

Die *Komponenten* der $\mathfrak{k}_i$, in Richtung der Achsenvektoren $\mathfrak{e}_i$ eines kartesischen Koordinatensystems, mit denen die sonst übliche Darstellung zu rechnen pflegt, ergeben sich aus unsern Gleichungen sofort durch innere Multiplikation. Es ist nämlich, unter Verwendung der sonst üblichen Schreibweise von *G. Kirchhoff*,

$$\left\{\begin{array}{lll} X_x = \mathfrak{e}_1|\mathfrak{T}\mathfrak{e}_1; & X_y = \mathfrak{e}_1|\mathfrak{T}\mathfrak{e}_2; & X_z = \mathfrak{e}_1|\mathfrak{T}\mathfrak{e}_3 \\ Y_x = \mathfrak{e}_2|\mathfrak{T}\mathfrak{e}_1; & Y_y = \mathfrak{e}_2|\mathfrak{T}\mathfrak{e}_2; & Y_z = \mathfrak{e}_2|\mathfrak{T}\mathfrak{e}_3 \\ Z_x = \mathfrak{e}_3|\mathfrak{T}\mathfrak{e}_1; & Z_y = \mathfrak{e}_3|\mathfrak{T}\mathfrak{e}_2; & Z_z = \mathfrak{e}_3|\mathfrak{T}\mathfrak{e}_3 . \end{array}\right. \tag{11}$$

Unsrer Schreibweise besser angepaßt sind die Bezeichnungen

$$p_{ik} = \mathfrak{e}_i|\mathfrak{T}\mathfrak{e}_k = \mathfrak{e}_i|\mathfrak{k}_k ,$$

zumal sich im folgenden noch die Symmetrie des Spannungsaffinors $\mathfrak{T}$, d. h. die Beziehung

$$p_{ik} = \mathfrak{e}_i|\mathfrak{T}\mathfrak{e}_k = \mathfrak{e}_k|\mathfrak{T}\mathfrak{e}_i = p_{ki}$$

ergeben wird.

3. *Kräfte am infinitesimalen Parallelflach; Symmetrie des Spannungsaffinors:* Die auf S. 201 gefundenen Ausdrücke für die Resultante der Kräfte und Kraftmomente eines Volumbereichs wenden wir nunmehr an auf ein infinitesimales Parallelflach bei $\mathfrak{r}$, mit den Kanten $\mathfrak{r}_i dq_i$. Es ist dann

$$d\tau = (\mathfrak{r}_1\mathfrak{r}_2\mathfrak{r}_3)\, dq_1 dq_2 dq_3 = \triangle \cdot dq_1 dq_2 dq_3 ,$$

und die auf das Volumelement wirkende *Massenkraft* ist unmittelbar gegeben durch

$$\varrho\mathfrak{k}\, d\tau = \varrho\mathfrak{k}(\mathfrak{r}_1\mathfrak{r}_2\mathfrak{r}_3)\, dq_1\, dq_2\, dq_3 = \varrho\mathfrak{k}\triangle \cdot dq_1\, dq_2\, dq_3 . \tag{12}$$

Dagegen findet man für die *Resultante der Kräfte* auf die Seitenflächen des Parallelflachs

$$\sum_{\text{Oberfl.}} \mathfrak{T} d\mathfrak{f} = \sum_1^3 \mathfrak{T}_i\, d\mathfrak{f}_i\, dq_i = \sum_1^3 \mathfrak{T}_i\, \mathfrak{r}^i\, d\tau = \operatorname{div} \mathfrak{T} \cdot d\tau . \tag{13}$$

Denn dabei ist

$$(14)\qquad d\mathfrak{f}_1 = \triangle \cdot dq_2\, dq_3\, \mathfrak{r}^1; \quad d\mathfrak{f}_2 = \triangle \cdot dq_3\, dq_1\, \mathfrak{r}^2; \quad d\mathfrak{f}_3 = \triangle \cdot dq_1\, dq_2\, \mathfrak{r}^3,$$

d. h. $d\mathfrak{f}_i$ ist der mit dem Flächenelement $d\sigma_i$ multiplizierte Normalenvektor auf der infinitesimalen Seitenfläche senkrecht zu $\mathfrak{r}^i$. Zugleich ist nach Gl. (13) *div* $\mathfrak{T}$ *gleich der ponderomotorischen Kraft pro Volumeinheit,* welche aus den in der infinitesimalen Umgebung von $\mathfrak{r}$ herrschenden Spannungen resultiert. Ist weiter die Basis der $\mathfrak{r}_i$ wenigstens räumlich konstant, so gibt $\mathfrak{T} = \sum_1^3 \mathfrak{r}^h, \overline{\mathfrak{f}_h}$ nach S. 55, Gl. (2), $\mathfrak{T}_i = \frac{\partial \mathfrak{T}}{\partial q_i} = \sum_h \mathfrak{r}^h, \frac{\partial \overline{\mathfrak{f}}_h}{\partial q_i}$ und damit

$$(15)\qquad \operatorname{div} \mathfrak{T} = \sum_1^3 \mathfrak{T}_i \mathfrak{r}^i = \sum_{h,i} (\mathfrak{r}^h | \mathfrak{r}^i) \frac{\partial \overline{\mathfrak{f}}_h}{\partial q_i} = \sum g^{hi} \frac{\partial \overline{\mathfrak{f}}_h}{\partial q_i}$$

oder für eine kartesische Basis $\mathfrak{r}^i = \mathfrak{r}_i = \mathfrak{e}_i$ auch

$$(15')\qquad \operatorname{div} \mathfrak{T} = \sum_1^3 \frac{\partial \mathfrak{f}_i}{\partial q_i}$$

Nach Gl. (12) und (13) wird also die resultierende Gesamtkraft auf das Volumelement: $d\mathfrak{k}' = (\varrho \mathfrak{k} + \operatorname{div} \mathfrak{T})\, d\tau$, und die *Bewegungsgleichung* für das Massenelement $\varrho\, d\tau$ lautet daher allgemein

$$(16)\qquad \varrho \ddot{\mathfrak{r}} = \varrho \mathfrak{k} + \operatorname{div} \mathfrak{T}$$

und insbesondere für eine kartesische Basis

$$(16')\qquad \varrho \ddot{\mathfrak{r}} = \varrho \mathfrak{k} + \sum_1^3 \frac{\partial \mathfrak{f}_i}{\partial q_i}.$$

Verfahren wir ebenso mit den *Kraftmomenten,* so ist das infinitesimale *Moment der Massenkräfte* für das Volumelement $d\tau$

$$(17)\qquad d\mathfrak{m}_1 = \varrho [\mathfrak{r} \mathfrak{k}]\, d\tau = \varrho [\mathfrak{r} \mathfrak{k}] \triangle \cdot dq_1\, dq_2\, dq_3,$$

und da beim Fortschreiten um $d_i \mathfrak{r} = \mathfrak{r}_i\, dq_i$ der Spannungsaffinor $\mathfrak{T}$ sich um $d_i \mathfrak{T} = \mathfrak{T}_i\, dq_i$ ändert, so ergibt sich für das *Moment der Kräfte* an der Oberfläche von $d\tau$

$$d\mathfrak{m}_2 = \sum_{\text{Oberfl.}} [\mathfrak{r}\, \mathfrak{T} d\mathfrak{f}] = \sum_1^3 \{[(\mathfrak{r} + d_i \mathfrak{r})\, (\mathfrak{T} + d_i \mathfrak{T})\, d\mathfrak{f}_i] - [\mathfrak{r}\, \mathfrak{T} d\mathfrak{f}_i]\}$$

$$= \sum_1^3 \{[d_i \mathfrak{r}\, [\mathfrak{T} d\mathfrak{f}_i)] + [\mathfrak{r}\, (d_i \mathfrak{T} d\mathfrak{f}_i)] + [d_i \mathfrak{r}\, (d_i \mathfrak{T} d\mathfrak{f}_i)]\}.$$

Setzt man hierin für $d\mathfrak{f}_i$ die Werte aus Gl. (14) ein, so verschwindet der letzte Summand in höherer als dritter Ordnung, und es bleibt

$$(18)\qquad \begin{cases} d\mathfrak{m}_2 = \sum\limits_1^3 \{[\mathfrak{r}_i(\mathfrak{T}\mathfrak{r}^i)] + [\mathfrak{r}(\mathfrak{T}_i\mathfrak{r}^i)]\}\triangle\cdot dq_1\,dq_2\,dq_3 \\ \quad = \left\{\sum\limits_1^3 [\mathfrak{r}_i(\mathfrak{T}\mathfrak{r}^i)] + [\mathfrak{r}\,\mathrm{div}\,\mathfrak{T}]\right\} d\tau\,. \end{cases}$$

Die Momentengleichung für die Bewegung des Volumelements bei $\mathfrak{r}$ lautet also

$$(19)\qquad \varrho\, d\tau[\mathfrak{r}\ddot{\mathfrak{r}}] = \varrho\, d\tau[\mathfrak{r}\mathfrak{k}] + \sum_1^3 \{[\mathfrak{r}_i\,\mathfrak{T}\mathfrak{r}^i] + [\mathfrak{r}\,\mathrm{div}\,\mathfrak{T}]\}\, d\tau\,.$$

Setzt man aber hierin aus Gl. (16) den Wert für $\varrho\ddot{\mathfrak{r}}$ ein, so bleibt nur

$$(20)\qquad 0 = \sum_1^3 [\mathfrak{r}_i\,\mathfrak{T}\mathfrak{r}^i] = \sum_{h,i} g^{ih}[\mathfrak{r}_i\,\mathfrak{T}\mathfrak{r}_h] = \sum_1^3 [\mathfrak{r}^h\,\mathfrak{T}\mathfrak{r}_h] = \sum_1^3 [\mathfrak{r}^h\bar{\mathfrak{k}}_h]\,.$$

Nach S. 34 heißt dies jedoch, daß die *vektorielle Spur* des Spannungsaffinors $\mathfrak{T}$ verschwindet, und dem ist gleichwertig die Aussage, daß der Affinor $\mathfrak{T}$ *symmetrisch* ist. Denn aus Gl. (20) folgt in der Tat auch

$$(21)\qquad 0 = [\mathfrak{x}\mathfrak{y}]\,\Big|\,\sum_1^3 [\mathfrak{r}^h\bar{\mathfrak{k}}_h] = \sum_1^3 \begin{vmatrix} \mathfrak{x}|\mathfrak{r}^h & \mathfrak{x}|\bar{\mathfrak{k}}_h \\ \mathfrak{y}|\mathfrak{r}^h & \mathfrak{y}|\bar{\mathfrak{k}}_h \end{vmatrix} = \mathfrak{y}|\mathfrak{T}\mathfrak{x} - \mathfrak{x}|\mathfrak{T}\mathfrak{y}$$

für *alle* $\mathfrak{x}$ und $\mathfrak{y}$.

4. *Hauptdruckrichtungen; Druckinvarianten:* Die Überlegungen in § 36, Abs. 7, über Hauptzahlen und Hauptrichtungen eines Affinors treffen natürlich auch für den Spannungsaffinor zu. Da derselbe nach Gl. (21) symmetrisch ist, sind seine Hauptzahlen stets reell und bestimmen eindeutig drei zueinander senkrechte *Hauptdruckrichtungen* $\mathfrak{a}_i$, falls alle drei Hauptzahlen voneinander verschieden sind. Für jede solche Hauptrichtung $\mathfrak{a}_i$ ist, für mod $\mathfrak{a}_i = +1$,

$$\mathfrak{s}_i = \mathfrak{T}\mathfrak{a}_i = p_i\mathfrak{a}_i\,,$$

d. h. an den Flächenelementen senkrecht zu den $\mathfrak{a}_i$ greifen Spannungen $\mathfrak{s}_i$ an, vom numerischen Wert p_i und parallel zu den $\mathfrak{a}_i$. Dieselben werden die „*Hauptspannungen*" genannt und repräsentieren Zug- oder Druckkräfte, je nachdem die p_i positiv oder negativ sind. Auf die Hauptdruckrichtungen bezogen, lautet der Ausdruck für den Spannungsaffinor offenbar, wegen $\mathfrak{a}^i = \mathfrak{a}_i$,

$$(22)\qquad \mathfrak{T} = \sum_1^3 \mathfrak{a}_i\,,\ p_i\mathfrak{a}_i\,.$$

Aus ihm ist wieder ersichtlich, daß auch $\mathfrak{T}^{-1}$ symmetrisch ist. Schließlich bestimmt der Affinor $\mathfrak{T}$ noch drei Druckinvarianten

$$(23)\qquad J_1 = \sum_1^3 \mathfrak{r}^i|\mathfrak{T}\mathfrak{r}_i\,,\quad \text{die skalare Spur von } \mathfrak{T},$$

(24) $$J_2 = \frac{1}{2} \sum_{i,k} [\mathfrak{r}^i \mathfrak{r}^k] | [\mathfrak{T}\mathfrak{r}_i \cdot \mathfrak{T}\mathfrak{r}_k],$$

(25) $$J_3 = \frac{1}{\Delta} (\mathfrak{T}\mathfrak{r}_1 \cdot \mathfrak{T}\mathfrak{r}_2 \cdot \mathfrak{T}\mathfrak{r}_3)$$

und speziell mit Gl. (22) ergeben sich für diese Invarianten die Werte

(23′) $$J_1 = p_1 + p_2 + p_3$$

(24′) $$J_2 = p_2 p_3 + p_3 p_1 + p_1 p_2$$

(25′) $$J_3 = p_1 p_2 p_3 .$$

5. *Spannungsflächen:* Der Spannungsaffinor bestimmt ferner die vier in $\mathfrak{x}$ quadratischen Formen $\mathfrak{x} | \mathfrak{T}\mathfrak{x}$, $\mathfrak{x} | \mathfrak{T}^{-1}\mathfrak{x}$, $\mathfrak{T}\mathfrak{x} | \mathfrak{T}\mathfrak{x}$ und $\mathfrak{T}^{-1}\mathfrak{x} | \mathfrak{T}^{-1}\mathfrak{x}$. Deutet man, entsprechend zu § 36, Abs. 8, die $\mathfrak{x}$ als Ortsvektoren, so sind

(26) $\mathfrak{x} | \mathfrak{T}\mathfrak{x} = \text{const};$ $\qquad$ $\mathfrak{x} | \mathfrak{T}^{-1}\mathfrak{x} = \text{const}$ (27)

(28) $\mathfrak{T}\mathfrak{x} | \mathfrak{T}\mathfrak{x} = \text{const};$ $\qquad$ $\mathfrak{T}^{-1}\mathfrak{x} | \mathfrak{T}^{-1}\mathfrak{x} = \text{const}$ (29)

die Gleichungen der zugehörigen Mittelpunktsflächen zweiten Grads. Ihre Diskussion ist derjenigen der Flächen (33) bis (36) in § 36 analog und sei deshalb hier nur kurz skizziert:

a) Wie dort ergibt sich aus $\mathfrak{x} | \mathfrak{T}\mathfrak{x} = 2\lambda$ zuerst, daß $\mathfrak{T}\mathfrak{x} = \operatorname{grad} \lambda$ ist und die Richtung der Normalen der Tensorfläche $\mathfrak{x} | \mathfrak{T}\mathfrak{x} = 2\lambda$ im zugehörigen Flächenpunkt besitzt. Die Hauptdruckrichtungen in $\mathfrak{r}$ fallen demnach zusammen mit den Hauptachsenrichtungen dieser Tensorfläche, und ihre Koordinatengleichung, bezogen auf diese Hauptachsen, lautet für $\mathfrak{x} = \sum_1^3 x_i \mathfrak{a}_i$

(30) $$\mathfrak{x} | \mathfrak{T}\mathfrak{x} = p_1 x_1^2 + p_2 x_2^2 + p_3 x_3^2 = 2\lambda,$$

wobei die p_i wieder die Werte der Hauptspannungen sind. Man erkennt, daß die Tensorfläche $\mathfrak{x} | \mathfrak{T}\mathfrak{x} = 2\lambda$ zu einem Hyperboloid wird, wenn die Hauptspannungen p_i nicht alle dasselbe Vorzeichen besitzen. Damit auch in diesem Fall der Mittelpunkt ringsum von der Tensorfläche umhüllt werde, ist erforderlich, daß man die *beiden* Vorzeichen von λ benützt, also die Tensorfläche aus dem ein- und dem zweischaligen Hyperboloid zusammensetzt, während für nur positive oder nur negative p_i für reelle Tensorflächen auch λ nur positiv bzw. nur negativ zu wählen ist. Der Kegel $\mathfrak{x} | \mathfrak{T}\mathfrak{x} = 0$ definiert, falls er reell ist, die Normalenrichtungen $\mathfrak{x}$ aller Flächenelemente bei $\mathfrak{r}$, für welche die zugehörige Spannung senkrecht zu dieser Normalenrichtung, also eine reine *Schubspannung* ist.

b) Trägt man von $\mathfrak{r}$ aus die Spannungen $\mathfrak{x} = \mathfrak{p}_\mathfrak{n} = \mathfrak{T}\mathfrak{n}$ nach Größe und Richtung allseitig ab, so erfüllen auch ihre Endpunkte eine Fläche. Weil dabei umgekehrt $\mathfrak{n} = \mathfrak{T}^{-1}\mathfrak{x}$ wird, so lautet die Vektorgleichung dieser Fläche

(31) $$\mathfrak{T}^{-1}\mathfrak{x} | \mathfrak{T}^{-1}\mathfrak{x} = \mathfrak{n} | \mathfrak{n} = +1,$$

und wegen $\frac{\mathfrak{a}_i}{p_i} = \mathfrak{T}^{-1}\mathfrak{a}_i$ wird ihre auf die Hauptachsen bezogene Koordinatengleichung

(31′) $$\frac{x_1^2}{p_1^2} + \frac{x_2^2}{p_2^2} + \frac{x_3^2}{p_3^2} = +1 .$$

Es ist dies „*Lamés Ellipsoid*". Dasselbe ist also mit der Tensorfläche (26) koaxial.

c) Die zu Gl. (26) reziproke Tensorfläche

(27) $$\mathfrak{x} \,|\, \mathfrak{T}^{-1}\mathfrak{x} = 2\mu = \text{const}$$

wird oft auch „*Spannungsrichtfläche*" oder „2. *Druckfläche*" genannt. Deutet man den Ortsvektor $\mathfrak{x}$ als Richtung der Spannung $\mathfrak{k}_\mathfrak{n}$, so folgt aus der Symmetrie von $\mathfrak{y}\,|\,\mathfrak{T}^{-1}\mathfrak{x}$, daß $\mathfrak{T}^{-1}\mathfrak{x} = \text{grad}\,\mu$ parallel $\mathfrak{n}$ wird. Das Flächenelement, an welchem die Spannung angreift, ist also parallel zur Tangentialebene der Fläche (27) im Endpunkt von $\mathfrak{x}$, und ihre auf die Hauptdruckrichtungen bezogene Koordinatengleichung wird

(27′) $$\frac{x_1^2}{p_1} + \frac{x_2^2}{p_2} + \frac{x_3^2}{p_3} = \text{const} .$$

d) Endlich heißt

(32) $$\mathfrak{T}\mathfrak{x} \,|\, \mathfrak{T}\mathfrak{x} = +1$$

das *Cauchysche Spannungsellipsoid.* Wegen $\mathfrak{T}\mathfrak{n} = \mathfrak{k}_\mathfrak{n}$ ist für $\mathfrak{x} = r\mathfrak{n}$ auch $\mathfrak{T}\mathfrak{x} = r\mathfrak{k}_\mathfrak{n}$, also

$$\mathfrak{T}\mathfrak{x} \,|\, \mathfrak{T}\mathfrak{x} = r^2 \mathfrak{k}_\mathfrak{n} \,|\, \mathfrak{k}_\mathfrak{n} = +1 .$$

Daher ist der Betrag der Spannung $\mathfrak{k}_\mathfrak{n}$, die an einem Flächenelement angreift, umgekehrt proportional der Länge r desjenigen Ortsvektors $\mathfrak{x}$ des Cauchyschen Ellipsoids, der auf dem Flächenelement senkrecht steht. Auch hier folgt aus $\mathfrak{T}\mathfrak{a}_i = p_i \mathfrak{a}_i$ für $\mathfrak{x} = \sum_1^3 x_i \mathfrak{a}_i$ sofort die auf die Hauptrichtungen bezogene Koordinatengleichung der Fläche in der Form

(32′) $$\mathfrak{T}\mathfrak{x} \,|\, \mathfrak{T}\mathfrak{x} = p_1^2 x_1^2 + p_2^2 x_2^2 + p_3^2 x_3^2 = +1 .$$

§ 38. Zusammenhang zwischen Deformations- und Spannungsaffinor. Elastische Energie. Dynamische Grundgleichung

1. $\mathfrak{T}$ *als Funktion von* $\mathfrak{S}$: Der symmetrische Affinor der reinen Deformation sei wieder $\mathfrak{S}$, der ebenfalls symmetrische Spannungsaffinor $\mathfrak{T}$. In einem *isotropen* Medium fallen dann aus Gründen der Symmetrie die Haupt*dehnungs*richtungen zusammen mit den Haupt*spannungs*richtungen $\mathfrak{a}_i$. Eine Hauptspannung $\mathfrak{T}\mathfrak{a}_i = \mathfrak{s}_i = p_i \mathfrak{a}_i$ bringt nun nach *Hooke* („ut tensio, sic vis") eine (reduzierte) Dehnung $\frac{\mathfrak{s}_i}{E}$ hervor, wo der „*Elastizitätsmodul*" E eine von der

Dehnungsrichtung unabhängige Materialkonstante ist. Diese Dehnung ist begleitet von einer Querkontraktion (Dehnung umgekehrten Vorzeichens) in jeder zu $\mathfrak{a}_i$ senkrechten Richtung von der Größe $\frac{-\varkappa p_i}{E}$. Dabei ist $\varkappa$ die sogenannte *Konstante von Poisson.* Ein (infinitesimaler) Quader des Bereichs bei $\mathfrak{r}$ sei nun nach den Hauptrichtungen daselbst orientiert. Die drei Hauptspannungen $\mathfrak{s}_i$ bewirken dann in Richtung $\mathfrak{a}_1$ die Hauptdilatation

$$\varepsilon_1 = \frac{p_1 - \varkappa(p_2 + p_3)}{E} = \frac{(1+\varkappa)\,p_1}{E} - \frac{\varkappa}{E}(p_1 + p_2 + p_3), \tag{1}$$

und Entsprechendes gilt für ε_2 sowie ε_3. Auf die Hauptrichtungen bezogen, lautet also der Ausdruck für den Deformationsaffinor

$$\mathfrak{S} = \sum_1^3 \mathfrak{a}_i,\ \varepsilon_i \mathfrak{a}_i \tag{2}$$

und derjenige für den Spannungsaffinor

$$\mathfrak{T} = \sum_1^3 \mathfrak{a}_i,\ p_i \mathfrak{a}_i. \tag{3}$$

Für ihre „skalaren Spuren“ ergeben sich somit die Werte

$$\sum_1^3 \mathfrak{a}_i | \mathfrak{S}\mathfrak{a}_i = \sum_1^3 \varepsilon_i = S \tag{4}$$

und

$$\sum_1^3 \mathfrak{a}_i | \mathfrak{T}\mathfrak{a}_i = \sum_1^3 p_i = T. \tag{5}$$

Damit wird Gl. (1)

$$\varepsilon_i = \frac{(1+\varkappa)\,p_i}{E} - \frac{\varkappa}{E}\,T, \tag{1'}$$

und zwischen den Affinoren $\mathfrak{S}$ und $\mathfrak{T}$ besteht der Zusammenhang:

$$\mathfrak{S} = \frac{1+\varkappa}{E}\,\mathfrak{T} - \frac{\varkappa T}{E}\,\mathfrak{J}, \tag{6}$$

wobei $\mathfrak{J}$ der „Idemfaktor“, d. h. das Zeichen der identischen Transformation sein soll.

Damit ist *Hookes Gesetz* für isotrope Medien in extensiver Form und nunmehr auch unabhängig von den Hauptrichtungen in allgemeinster Fassung formuliert.

Aus Gl. (6) folgt weiter

$$\mathfrak{S}\mathfrak{a}_i = \frac{1+\varkappa}{E}\,\mathfrak{T}\mathfrak{a}_i - \frac{\varkappa T}{E}\,\mathfrak{a}_i,$$

also

$$\varepsilon_i = \mathfrak{a}_i | \mathfrak{S}\mathfrak{a}_i = \frac{1+\varkappa}{E}\,\underbrace{\mathfrak{a}_i | \mathfrak{T}\mathfrak{a}_i}_{= p_i} - \frac{\varkappa T}{E}$$

und

$$S = \sum_1^3 \varepsilon_i = \frac{1+\varkappa}{E} T - \frac{3\varkappa T}{E} = \frac{1-2\varkappa}{E} T. \tag{7}$$

Somit ist auch

$$T = \frac{E}{1-2\varkappa} S, \tag{7'}$$

und statt Gl. (6) gilt auch

$$\mathfrak{S} = \frac{1+\varkappa}{E}\mathfrak{T} - \frac{\varkappa S}{1-2\varkappa}\mathfrak{J} \tag{6'}$$

oder aufgelöst nach $\mathfrak{T}$

$$\mathfrak{T} = \frac{E}{1+\varkappa}\mathfrak{S} + \frac{\varkappa E S}{(1+\varkappa)(1-2\varkappa)}\mathfrak{J}. \tag{6''}$$

Setzt man mit *Lamé*

$$\frac{\varkappa E}{(1+\varkappa)(1-2\varkappa)} = \lambda \quad \text{und} \quad \frac{E}{2(1+\varkappa)} = \mu,$$

so ist auch

$$\mathfrak{T} = 2\mu\mathfrak{S} + \lambda S \mathfrak{J}. \tag{8}$$

2. *Elastische Energie:* Ein bereits unter Spannungen im Gleichgewicht stehendes deformiertes Medium erleide eine weitere infinitesimale Deformation $\mathfrak{w} = \mathfrak{w}(\mathfrak{r})$, also

$$d\mathfrak{w} = \mathfrak{W}\, d\mathfrak{r}; \quad \text{mit } \mathfrak{W} = \sum_1^3 \mathfrak{r}^i, \mathfrak{w}_i, \quad \text{für } \mathfrak{w}_i = \frac{\partial \mathfrak{w}}{\partial q_i}.$$

Die von den wirkenden räumlichen Kräften $\mathfrak{k}$ und den herrschenden Spannungen $\mathfrak{k}_n$ hierbei an den Elementen irgendeines endlichen Bereichs geleistete Arbeit ist offenbar

$$dA = \int \varrho(\mathfrak{k}\,|\,\mathfrak{w})\, d\tau + \int (\mathfrak{k}_n\,|\,\mathfrak{w})\, d\sigma, \tag{9}$$

wo wieder ϱ die Dichte, $d\tau$ das Volumelement und $d\sigma$ das Oberflächenelement des Bereiches sind. Wegen $\mathfrak{k}_n = \mathfrak{T}\mathfrak{n}$ läßt sich das Oberflächenintegral, für $\mathfrak{n}\, d\sigma = d\mathfrak{f}$ und im Blick auf die Symmetrie von $\mathfrak{T}$, auch schreiben

$$\Psi = \int \mathfrak{w}\,|\,\mathfrak{T}\mathfrak{n}\, d\sigma = \int \mathfrak{w}\,|\,\mathfrak{T} d\mathfrak{f} = \int d\mathfrak{f}\,|\,\mathfrak{T}\mathfrak{w}. \tag{10}$$

Nach dem Satz von Gauß ist deshalb

$$\Psi = \int d\tau\, \mathrm{div}(\mathfrak{T}\mathfrak{w}). \tag{11}$$

Nun ist (vgl. S. 57 unten)

$$\left\{\begin{aligned} \mathrm{div}(\mathfrak{T}\mathfrak{w}) &= \sum_1^3 \mathfrak{r}^i\,|\,(\mathfrak{T}\mathfrak{w})_i = \sum_1^3 \{\mathfrak{r}^i\,|\,\mathfrak{T}_i\mathfrak{w} + \mathfrak{r}^i\,|\,\mathfrak{T}\mathfrak{w}_i\} \\ &= \sum_1^3 \{\mathfrak{w}\,|\,\mathfrak{T}_i\mathfrak{r}^i + \mathfrak{w}_i\,|\,\mathfrak{T}\mathfrak{r}^i\} = \mathfrak{w}\,|\,\mathrm{div}\mathfrak{T} + \mathfrak{W}\,|\,\mathfrak{T}. \end{aligned}\right. \tag{12}$$

Denn die speziell kartesische Schreibweise $\mathfrak{T} = \sum_1^3 \mathfrak{e}_h, \mathfrak{k}_h = \sum_1^3 \mathfrak{k}_h, \mathfrak{e}_h$ gibt auch $\mathfrak{T}_i = \sum_h \mathfrak{e}_h, \frac{\partial \mathfrak{k}_h}{\partial q_i} = \sum_h \frac{\partial \mathfrak{k}_h}{\partial q_i}, \mathfrak{e}_h$ und zeigt damit, daß aus der Symmetrie von $\mathfrak{T}$ stets auch die Symmetrie von $\mathfrak{T}_i$ folgt, während $\sum_1^3 \mathfrak{w}_i|\mathfrak{T}\mathfrak{r}^i = \sum_1^3 \mathfrak{W}\mathfrak{r}_i|\mathfrak{T}\mathfrak{r}^i$ nach S. 38, Gl. (41), das innere Produkt der Affinoren $\mathfrak{W}$ und $\mathfrak{T}$ ergibt. Damit wird Gl. (11)

$$(11') \qquad \Psi = \int d\tau \{\mathfrak{w}|\operatorname{div}\mathfrak{T} + \mathfrak{W}|\mathfrak{T}\}.$$

Beim Einsetzen dieses Ausdrucks für $\Psi = \int (\mathfrak{k}_{\mathfrak{n}}|\mathfrak{w})\, d\sigma$ in Gl. (9) folgt zunächst

$$(9') \qquad dA = \int d\tau \{\varrho(\mathfrak{k}|\mathfrak{w}) + \mathfrak{w}|\operatorname{div}\mathfrak{T} + \mathfrak{W}|\mathfrak{T}\}.$$

Wegen des anfänglichen Gleichgewichts ist aber dabei nach S. 203 unten $\varrho\mathfrak{k} + \operatorname{div}\mathfrak{T} = 0$, und somit heben sich im Integranden der rechten Seite von Gl. (9′) die beiden ersten Summanden gegenseitig auf. Wir erhalten so

$$(13) \qquad dA = \int d\tau\, \mathfrak{W}|\mathfrak{T} = \int d\tau \sum_1^3 \mathfrak{W}\mathfrak{r}_i|\mathfrak{T}\mathfrak{r}^i$$

als einfachsten Ausdruck für die infinitesimale Arbeit bei der infinitesimalen Deformation $\mathfrak{w}$.

Für eine kartesische Basis wird insbesondere auch

$$(13') \qquad dA = \int d\tau \cdot \sum_1^3 \mathfrak{W}\mathfrak{e}_i|\mathfrak{T}\mathfrak{e}_i = \int d\tau \cdot \sum_1^3 \mathfrak{w}_i|\mathfrak{k}_i,$$

wofür wegen der Identität $\mathfrak{w}_i = \sum_h (\mathfrak{e}_h|\mathfrak{w}_i)\,\mathfrak{e}_h$ auch

$$(14) \qquad dA = \int d\tau \left\{\sum_{i,h} (\mathfrak{e}_h|\mathfrak{w}_i)(\mathfrak{e}_h|\mathfrak{k}_i)\right\} = \int d\tau \left\{\sum_{i,h} (\mathfrak{e}_h|\mathfrak{W}\mathfrak{e}_i)(\mathfrak{e}_h|\mathfrak{T}\mathfrak{e}_i)\right\}$$

geschrieben werden kann. In der geschweiften Klammer stehen als Faktoren der *symmetrischen* Spannungskoeffizienten $p_{hi} = \mathfrak{e}_h|\mathfrak{T}\mathfrak{e}_i$ für $h = i$ die zugehörigen Dilatationskoeffizienten $\varepsilon_i = \mathfrak{e}_i|\mathfrak{W}\mathfrak{e}_i$ und für $h \neq i$ die Ausweitungen $\gamma_{hi} = \mathfrak{e}_h|\mathfrak{W}\mathfrak{e}_i + \mathfrak{e}_i|\mathfrak{W}\mathfrak{e}_h$.

Sind $\mathfrak{V}$ und $\mathfrak{T}$ die Deformations- und Spannungsaffinoren einer kleinen Deformation im Gleichgewicht und denkt man sich diesen Endzustand als Folge infinitesimaler Deformationen vom undeformierten Zustand aus erreicht, so folgt aus dem nach Hookes Gesetz linearen Zusammenhang zwischen Deformation und Spannung leicht als Ausdruck für die aufgespeicherte elastische Energie

$$(15) \qquad A = \frac{1}{2}\int d\tau \sum_1^3 \mathfrak{V}\mathfrak{e}_h|\mathfrak{T}\mathfrak{e}_h = \frac{1}{2}\int d\tau \sum_{h,i} (\mathfrak{e}_i|\mathfrak{V}\mathfrak{e}_h)(\mathfrak{e}_i|\mathfrak{T}\mathfrak{e}_h).$$

Der Ausdruck unter dem Integral, der doppelte Betrag der elastischen Energie pro Volumeinheit, ist die speziell kartesische Schreibweise für die Invariante

$$(16)\qquad 2\Pi = \sum_1^3 \mathfrak{B}\mathfrak{r}_h|\mathfrak{T}\mathfrak{r}^h = \sum_{h,i}(\mathfrak{r}^i|\mathfrak{B}\mathfrak{r}_h)(\mathfrak{r}_i|\mathfrak{T}\mathfrak{r}^h) = \mathfrak{B}|\mathfrak{T}.$$

3. *Dynamische Grundgleichung:* Wir zeigen noch, wie man mit Hilfe der Gl. (8) unmittelbar die übliche Form der Grundgleichung für die Bewegung eines elastischen Mediums gewinnt: In Gl. (16) auf S. 204 erhielten wir bereits als erste Form dieser Grundgleichung

$$(17)\qquad \varrho\ddot{\mathfrak{r}} = \varrho\mathfrak{k} + \operatorname{div}\mathfrak{T},$$

wobei nach S. 209, Gl. (8), jetzt $\mathfrak{T} = 2\mu\mathfrak{S} + \lambda S\,\mathfrak{J}$ zu setzen ist. Es wird deshalb, infolge der Konstanz von λ und μ

$$(18)\qquad \operatorname{div}\mathfrak{T} = 2\mu\operatorname{div}\mathfrak{S} + \lambda\operatorname{div}(S\mathfrak{J}).$$

Dabei ist aber, bei Benützung einer kartesischen Basis,

$$\mathfrak{S} = \frac{1}{2}\sum_1^3(\mathfrak{e}_k,\mathfrak{v}_k + \mathfrak{v}_k,\mathfrak{e}_k),\quad \text{also}\quad \mathfrak{S}_i = \frac{1}{2}\sum_1^3(\mathfrak{e}_k,\mathfrak{v}_{ki} + \mathfrak{v}_{ki},\mathfrak{e}_k)$$

und demnach

$$(19)\qquad \operatorname{div}\mathfrak{S} = \sum_1^3 \mathfrak{S}_i\mathfrak{e}_i = \frac{1}{2}\left\{\sum_1^3 \mathfrak{v}_{ii} + \sum_{i,k}(\mathfrak{v}_{ki}|\mathfrak{e}_i)\mathfrak{e}_k\right\}$$

d. h. nach S. 53/54: $\qquad = \frac{1}{2}\{\varDelta\mathfrak{v} + \operatorname{grad}\operatorname{div}\mathfrak{v}\}$,

während, wegen $S = \operatorname{div}\mathfrak{v}$,

$$(20)\qquad \operatorname{div}(S\mathfrak{J}) = \sum_1^3 S_i\mathfrak{J}\mathfrak{e}_i = \sum_1^3 S_i\mathfrak{e}_i = \operatorname{grad}S = \operatorname{grad}\operatorname{div}\mathfrak{v}$$

wird. Wir erhalten somit

$$(21)\qquad \begin{cases} \varrho\ddot{\mathfrak{r}} = \varrho\mathfrak{k} + \mu\{\varDelta\mathfrak{v} + \operatorname{grad}\operatorname{div}\mathfrak{v}\} + \lambda\operatorname{grad}\operatorname{div}\mathfrak{v} \\ \quad\;\; = \varrho\mathfrak{k} + \mu\varDelta\mathfrak{v} + (\lambda+\mu)\operatorname{grad}\operatorname{div}\mathfrak{v} \end{cases}$$

als endgültige Form der dynamischen Grundgleichung für elastische Medien, an welche jede weitere Entwicklung anzuknüpfen pflegt.

B) FLÜSSIGE MEDIEN

§ 39. *Hydrostatik*

Nach § 37, Gl. (9′), ist die an einem Flächenelement eines deformierbaren Mediums angreifende Spannung eine lineare homogene Funktion des zugehörigen normierten Normalenvektors $\mathfrak{n}$:

(1) $$\mathfrak{k}_\mathfrak{n} = \mathfrak{T}\mathfrak{n}.$$

Die aus diesen Spannungen resultierende und auf die Volumeinheit reduzierte ponderomotorische Kraft ist dann nach Gl. (13) daselbst

(2) $$\mathfrak{p} = \operatorname{div}\mathfrak{T} = \sum_1^3 \mathfrak{T}_i \mathfrak{r}^i.$$

Nach *Pascals* grundlegender Feststellung ist nun für Flüssigkeiten im Gleichgewicht

(3) $$\mathfrak{k}_\mathfrak{n} = -p\,\mathfrak{n} = -\sum_1^3 (\mathfrak{r}^i \,|\, \mathfrak{n})\, p\, \mathfrak{r}_i,$$

d. h. der Spannungsaffinor reduziert sich in *diesem* Fall auf den reellen Skalar $-p$, mit der *positiven* Größe $p = p(\mathfrak{r})$ als Ortsfunktion. Demgemäß ist jetzt $\mathfrak{T}_i = -\frac{\partial p}{\partial q_i} = -p_i$, und Gl. (2) wird dann

(4) $$\mathfrak{p} = \operatorname{div}\mathfrak{T} = -\sum_1^3 p_i \mathfrak{r}^i = -\operatorname{grad} p.$$

Ist weiter ϱ die Dichte der Flüssigkeit und $\mathfrak{k}$ der Vektor der äußeren Kraft pro Masseneinheit am Ort des Flüssigkeitselements, so lautet nunmehr die *Gleichgewichtsbedingung*

(5) $$\varrho\mathfrak{k} - \operatorname{grad} p = 0,$$

und zu ihr gehört für jeden Ursprung O die *Momentengleichung*

(6) $$\varrho[\mathfrak{r}\mathfrak{k}] - [\mathfrak{r} \operatorname{grad} p] = 0.$$

Aus Gl. (5) und (6) ergibt sich dann sofort durch Integration über einen endlichen Bereich B

(7) $$\int \varrho\mathfrak{k}\, d\tau = \int \operatorname{grad} p\, d\tau$$

(8) $$\int \varrho[\mathfrak{r}\mathfrak{k}]\, d\tau = \int [\mathfrak{r} \operatorname{grad} p]\, d\tau.$$

Nun ist

nach S. 53, Gl. (3c): $\operatorname{rot}(p\mathfrak{r}) = p\underbrace{\operatorname{rot}\mathfrak{r}}_{=0} + [\operatorname{grad} p \cdot \mathfrak{r}]$,

also $[\mathfrak{r} \operatorname{grad} p] = -\operatorname{rot}(p\mathfrak{r})$,

nach S. 62, Gl. (4′): $\int \operatorname{grad} p\, d\tau = \int p\, d\mathfrak{f}$,

nach S. 63, Gl. (4‴): $-\int \operatorname{rot}(p\mathfrak{r})\, d\tau = \int p[\mathfrak{r}\, d\mathfrak{f}]$.

Die Anwendung auf die rechten Seiten der Gl. (7) und (8) ergibt somit

$$\int \varrho\mathfrak{k}\, d\tau = \int p\, d\mathfrak{f} \tag{9}$$

$$\int \varrho[\mathfrak{r}\mathfrak{k}]\, d\tau = \int p[\mathfrak{r}\, d\mathfrak{f}]. \tag{10}$$

Wird also die Flüssigkeit des Bereichs B durch einen eingetauchten Fremdkörper ersetzt, ohne sonstige Veränderung der Druckverhältnisse an den Grenzen des Bereichs, so sind die daselbst wirksamen Drucke nach Gl. (9) und (10) immer noch entgegengesetzt äquivalent dem System der Massenkräfte $\varrho\mathfrak{k}\, d\tau$ auf die verdrängte Flüssigkeit.

Im Falle der *Schwerkraft* ist nun $\mathfrak{k} = \mathfrak{g}$, und folglich ist

$$\mathfrak{G} = \int \varrho\, d\tau\, \mathfrak{g} = M\mathfrak{g} \tag{11}$$

gleich dem Vektor $\mathfrak{G}$ des Gesamtgewichts. Ebenso ist

$$\mathfrak{M} = \int \varrho\, d\tau[\mathfrak{r}\mathfrak{g}] = M[\mathfrak{s}\mathfrak{g}] = [\mathfrak{s}\mathfrak{G}] \tag{12}$$

gleich dem Moment des im Schwerpunkt angreifenden Gesamtgewichts.

Der „*Auftrieb*" ist daher äquivalent einer *Einzelkraft* durch den Schwerpunkt S der verdrängten Flüssigkeit von der Größe und Richtung $\mathfrak{G} = M\mathfrak{g}$ *(Archimedisches Prinzip)*.

Aus Gl. (5) folgt weiter allgemein, wieder nach S. 53, Gl. (3c)

$$0 = \operatorname{rot} \operatorname{grad} p = \operatorname{rot}(\varrho\mathfrak{k}) = \varrho \operatorname{rot}\mathfrak{k} + [\operatorname{grad}\varrho \cdot \mathfrak{k}] \tag{13}$$

und folglich

$$\mathfrak{k} | \operatorname{rot}\mathfrak{k} = 0. \tag{14}$$

Nach Gl. (5) ist *allgemein*

$$\varrho\mathfrak{k} | d\mathfrak{r} = \operatorname{grad} p | d\mathfrak{r} = dp. \tag{15}$$

Es ist somit

$$p_2 - p_1 = \int_{(1)}^{(2)} \varrho\mathfrak{k} | d\mathfrak{r}$$

stets berechenbar, falls $\mathfrak{k}$ und ϱ als Funktionen des Orts gegeben sind. Insbesondere ist beim Fehlen äußerer Kräfte stets überall $p = \text{const}$ *(Pascal)*.

Ist insbesondere die Dichte ϱ eine Funktion des Drucks p, d. h. ist $\varrho = \varrho(p)$, so zeigt die Beziehung

$$\mathfrak{k} | d\mathfrak{r} = \frac{\operatorname{grad} p | d\mathfrak{r}}{\varrho} = \frac{dp}{\varrho(p)} = -d\varphi, \tag{15'}$$

daß

$$\int \mathfrak{k} | d\mathfrak{r} = \int \frac{dp}{\varrho(p)} = -\varphi(p)$$

eine Funktion von p allein darstellt und somit

(16) $$\mathfrak{k} = -\operatorname{grad}\varphi \quad \text{bzw.} \quad \operatorname{rot}\mathfrak{k} = 0$$ (16′)

zu setzen ist.

Ist also die Dichte eine Funktion des Drucks, so kann Gleichgewicht nur bestehen, wenn die äußere (Massen-) Kraft ein Potential besitzt.

Ist umgekehrt $\mathfrak{k} = -\operatorname{grad}\varphi$, also nach Gl. (5)

(17) $$-\varrho \operatorname{grad}\varphi = \operatorname{grad} p,$$

so folgt

(18) $$-\varrho\, d\varphi = -\varrho \operatorname{grad}\varphi \,|\, d\mathfrak{r} = \operatorname{grad} p \,|\, d\mathfrak{r} = dp,$$

d. h. für $d\varphi = 0$ ist auch $dp = 0$, oder

„Für konservative äußere Kräfte sind die Flächen gleichen Potentials auch Flächen gleichen Drucks."

Nach Gl. (13) ist dann auch $[\operatorname{grad}\varrho \cdot \mathfrak{k}] = 0$, oder

(19) $$\operatorname{grad}\varrho = \lambda\mathfrak{k} = -\lambda \operatorname{grad}\varphi$$

also

(20) $$d\varrho = \operatorname{grad}\varrho \,|\, d\mathfrak{r} = -\lambda \operatorname{grad}\varphi \,|\, d\mathfrak{r} = -\lambda\, d\varphi.$$

Daher sind die Flächen gleichen Potentials auch Flächen gleicher Dichte ϱ.

§ 40. Die Bewegungsgleichungen der Hydrodynamik

1. Es sei $\mathfrak{v}$ das räumlich und zeitlich veränderliche *Geschwindigkeitsfeld* einer bewegten Flüssigkeit. Dann gilt, wenn wieder t die Zeit bedeutet und q_1, q_2, q_3 beliebige (krummlinige oder kartesische) Koordinaten des Ortsvektors $\mathfrak{r}$ der Flüssigkeitselemente sind,

(1) $$\mathfrak{v} = \mathfrak{v}(t, \mathfrak{r}) = \mathfrak{v}(t, q_1, q_2, q_3)$$

und

(2) $$d\mathfrak{v} = \frac{\partial \mathfrak{v}}{\partial t} dt + \sum_1^3 \mathfrak{v}_i\, dq_i = \frac{\partial \mathfrak{v}}{\partial t} dt + \mathfrak{V}\, d\mathfrak{r},$$

mit

(3) $$\mathfrak{V} = \sum_1^3 \mathfrak{r}^i, \mathfrak{v}_i \quad \text{und} \quad \frac{\partial \mathfrak{v}}{\partial q_i} = \mathfrak{v}_i.$$

Ist dabei $d\mathfrak{r}$ der wirkliche Weg des Flüssigkeitselements während der Zeit dt, so ist auch

(4) $$\ddot{\mathfrak{r}} = \dot{\mathfrak{v}} = \frac{\partial \mathfrak{v}}{\partial t} + \mathfrak{V}\mathfrak{v},$$

weil jetzt $\frac{d\mathfrak{r}}{dt} = \dot{\mathfrak{r}} = \mathfrak{v}$ wird. Wie schon in § 37 gezeigt, sind überall die auftretenden *Flächen*kräfte (Spannungen) lineare homogene Funktionen des zur Normalenrichtung des Flächenelements gehörigen Einheitsvektors $\mathfrak{n}$

(5) $$\mathfrak{k}_{\mathfrak{n}} = \mathfrak{T}\mathfrak{n},$$

und die aus ihnen resultierende ponderomotorische Kraft pro *Volum*einheit wird gleich der Affinordivergenz des Spannungsaffinors $\mathfrak{T}$

(6) $$\mathfrak{p} = \operatorname{div} \mathfrak{T} = \sum_1^3 \mathfrak{T}_i \mathfrak{r}^i,$$

wobei auch $\mathfrak{T}$ als Ortsfunktion zu betrachten ist.

Sowohl in *ruhenden* als auch in *bewegten idealen* Flüssigkeiten ist nun erfahrungsgemäß

(7) $$\mathfrak{k}_{\mathfrak{n}} = \mathfrak{T}\mathfrak{n} = -p\mathfrak{n} \quad \text{bzw.} \quad \mathfrak{T} = -p,$$

wo nun, wie im vorhergehenden Paragraphen, p den Druck bedeutet, und da jetzt $\mathfrak{T}_i = -p_i$ wird, hat man wie dort

(8) $$\mathfrak{p} = \operatorname{div} \mathfrak{T} = \sum_1^3 \mathfrak{T}_i \mathfrak{r}^i = -\sum_1^3 p_i \mathfrak{r}^i = -\operatorname{grad} p.$$

Ist wieder ϱ die Dichte der Flüssigkeit und $\mathfrak{k}$ der Vektor der äußeren Kraft pro *Masseneinheit*, so lautet die Bewegungsgleichung

(9) $$\varrho \ddot{\mathfrak{r}} = \varrho \dot{\mathfrak{v}} = \varrho \mathfrak{k} - \operatorname{grad} p,$$

d. h. nach Gl. (4)

(9′) $$\ddot{\mathfrak{r}} = \frac{d\mathfrak{v}}{dt} = \frac{\partial \mathfrak{v}}{\partial t} + \mathfrak{B}\mathfrak{v} = \mathfrak{k} - \frac{1}{\varrho} \operatorname{grad} p$$

oder auch

(9″) $$\ddot{\mathfrak{r}} = \frac{\partial \mathfrak{v}}{\partial t} + \sum_1^3 (\mathfrak{r}^i | \mathfrak{v})\, \mathfrak{v}_i = \mathfrak{k} - \operatorname{grad} \psi,$$

für $\psi = \int \frac{dp}{\varrho}$. Die Dichte ist dabei als eindeutige Funktion des Drucks p vorausgesetzt. Neben diese Gleichung (9′) bzw. (9″), welche bekanntlich *Eulers Grundgleichungen* vektoriell zusammenfaßt, tritt dann noch die *Kontinuitätsgleichung*

(10) $$\left\{ \begin{aligned} &\frac{\partial \varrho}{\partial t} + \operatorname{div}(\varrho \mathfrak{v}) = 0 && \text{oder} \\ &\frac{\partial \varrho}{\partial t} + (\mathfrak{v} \operatorname{grad}) \varrho + \varrho \operatorname{div} \mathfrak{v} = 0 && \text{bzw.} \\ &\frac{d\varrho}{dt} + \varrho \operatorname{div} \mathfrak{v} = 0. \end{aligned} \right.$$

Sie reduziert sich für inkompressible Flüssigkeiten auf

(10′) $$\operatorname{div} \mathfrak{v} = 0.$$

2. Ist insbesondere $\mathfrak{v}$ ein *Gradientenfeld*, d. h. existiert ein Geschwindigkeitspotential χ: $\mathfrak{v} = \operatorname{grad} \chi$, so ist, wie S. 54 gezeigt, der Affinor $\mathfrak{V}$ symmetrisch

$$(11) \qquad \mathfrak{V} = \sum_1^3 \mathfrak{r}^i, \mathfrak{v}_i = \sum_1^3 \mathfrak{v}_i, \mathfrak{r}^i = \overline{\mathfrak{V}}.$$

Es ist dann auch

$$\mathfrak{V}\mathfrak{v} = \sum_1^3 (\mathfrak{r}^i|\mathfrak{v})\,\mathfrak{v}_i = \sum_1^3 (\mathfrak{v}_i|\mathfrak{v})\,\mathfrak{r}^i = \operatorname{grad} \lambda,$$

wenn man $\frac{1}{2}\mathfrak{v}|\mathfrak{v}$, die Wucht pro Masseneinheit, gleich λ setzt, und die Gl. (9″) wird in diesem Fall

$$(12) \qquad \frac{\partial \mathfrak{v}}{\partial t} + \operatorname{grad} \lambda = \mathfrak{k} - \operatorname{grad} \psi.$$

Haben zudem die äußeren Kräfte ein Potential, d. h. ist $\mathfrak{k} = -\operatorname{grad} \varphi$, so lautet Gl. (12), da jetzt $\frac{\partial \mathfrak{v}}{\partial t} = \operatorname{grad} \frac{\partial \chi}{\partial t}$ wird,

$$(12') \qquad \operatorname{grad}\left\{\frac{\partial \chi}{\partial t} + \lambda + \varphi + \psi\right\} = 0.$$

Der hiernach *räumlich konstante* Ausdruck $T = \frac{\partial \chi}{\partial t} + \lambda + \varphi + \psi$ ist also nur noch eine Funktion der Zeit, und im Falle *stationärer* Strömung wird $\frac{\partial \chi}{\partial t} = 0$ und $T = \text{const}$, d. h.

$$(13) \qquad \frac{1}{2}\mathfrak{v}|\mathfrak{v} + \varphi + \int \frac{dp}{\varrho} = \text{const}$$

bzw.

$$(13') \qquad \frac{1}{2}\mathfrak{v}|\mathfrak{v} + \varphi + \frac{p}{\varrho} = \text{const}$$

bei konstanter Dichte ϱ. Wir erhalten so den bekannten Satz, der nach *Bernoulli* für stationäre Potentialbewegungen gilt.

Multipliziert man andrerseits Eulers Gleichung für *konservative* Kräfte, nämlich

$$\frac{d\mathfrak{v}}{dt} = -\operatorname{grad} \varphi - \operatorname{grad} \psi$$

innerlich mit $\mathfrak{v} = \frac{d\mathfrak{r}}{dt}$, so folgt, auch wenn *kein* Geschwindigkeitspotential existiert,

$$\mathfrak{v}\,\Big|\,\frac{d\mathfrak{v}}{dt} + \operatorname{grad} \varphi\,\Big|\,\frac{d\mathfrak{r}}{dt} + \operatorname{grad} \psi\,\Big|\,\frac{d\mathfrak{r}}{dt} = 0.$$

Da hiebei ausdrücklich $d\mathfrak{r}$ parallel zu $\mathfrak{v}$ gewählt wurde, so ergibt die Integration längs jeder *Stromlinie*, daß der Ausdruck $\frac{1}{2}\mathfrak{v}|\mathfrak{v} + \varphi + \int \frac{dp}{\varrho}$ zeitlich konstant bleibt für jedes bestimmte Flüssigkeitselement.

§ 41. Zirkulation und Wirbelsätze

Wir bilden die „*Zirkulation*" der Geschwindigkeit längs einer beliebigen geschlossenen Kurve mit dem Linienelement $\delta\mathfrak{r}$, welche jedoch dauernd durch dieselben materiellen Elemente gehen soll:

$$Z = \oint \dot{\mathfrak{r}} \,|\, \delta\mathfrak{r} \tag{1}$$

und bilden ihre Ableitung nach der Zeit

$$\frac{dZ}{dt} = \dot{Z} = \oint \ddot{\mathfrak{r}} \,|\, \delta\mathfrak{r} + \oint \dot{\mathfrak{r}} \,|\, \delta\dot{\mathfrak{r}}, \tag{2}$$

d. h. aber nach S. 215, Gl. (9'')

$$\frac{dZ}{dt} = \oint \mathfrak{k} \,|\, \delta\mathfrak{r} - \oint \operatorname{grad} \psi \,|\, \delta\mathfrak{r} + \frac{1}{2} \oint \delta(\dot{\mathfrak{r}} \,|\, \dot{\mathfrak{r}}). \tag{3}$$

Da nun in jedem Augenblick ψ und $\dot{\mathfrak{r}} \,|\, \dot{\mathfrak{r}}$ eindeutige Funktionen des Ortes sind, verschwinden die beiden letzten Integrale, und es bleibt

$$\frac{dZ}{dt} = \oint \mathfrak{k} \,|\, \delta\mathfrak{r}. \tag{4}$$

Diese Gleichung stellt *Thomsons Satz* für nicht-konservative Kräfte dar, der sich für konservative Kräfte auf $\frac{dZ}{dt} = 0$, also

$$Z = \oint \mathfrak{v} \,|\, \delta\mathfrak{r} = \text{const} \tag{4'}$$

reduziert.

Wir führen nun durch $\mathfrak{w} = \operatorname{rot} \mathfrak{v}$ den Wirbelvektor*) $\mathfrak{w}$ ein. Nach S. 53, Gl. (2'') ist dann

$$\frac{1}{2} \operatorname{grad} (\mathfrak{v} \,|\, \mathfrak{v}) = (\mathfrak{v} \operatorname{grad}) \mathfrak{v} + [\mathfrak{v} \mathfrak{w}],$$

und damit wird Eulers Gl. (9'') in § 40

$$\frac{\partial \mathfrak{v}}{\partial t} + \frac{1}{2} \operatorname{grad} (\mathfrak{v} \,|\, \mathfrak{v}) - [\mathfrak{v} \mathfrak{w}] = \mathfrak{k} - \operatorname{grad} \psi \tag{5}$$

oder für konservative Kräfte $\mathfrak{k} = -\operatorname{grad} \varphi$:

$$\frac{\partial \mathfrak{v}}{\partial t} - [\mathfrak{v} \mathfrak{w}] = -\operatorname{grad} \left\{ p + \psi + \frac{1}{2} \mathfrak{v} \,|\, \mathfrak{v} \right\} = -\operatorname{grad} \Omega. \tag{6}$$

Die Umformung von Eulers Gleichung in Gl. (6) heißt nach ihrem Entdecker auch die *Webersche Transformation*. Für stationäre Vorgänge, d. h. für $\frac{\partial \mathfrak{v}}{\partial t} = 0$, wird insbesondere

$$[\mathfrak{v} \mathfrak{w}] = \operatorname{grad} \Omega. \tag{6'}$$

*) Vielfach wird auch $\frac{1}{2} \operatorname{rot} \mathfrak{v}$ als Wirbelvektor bezeichnet.

$\mathfrak{v}$ und $\mathfrak{w}$ sind alsdann überall tangential zu den Flächen $\Omega = \text{const}$. Diese Flächen sind also bei stationärer Strömung von einem Netz von „*Stromlinien*" und „*Wirbellinien*" überzogen und längs jeder solchen Strom- oder Wirbellinie ist Ω konstant. Dieser Wert variiert aber im allgemeinen von Linie zu Linie und ist nur für solche Stromlinien gleich, die durch Wirbellinien verbunden sind und umgekehrt. Darin ist auch wieder der Satz von Bernoulli enthalten, daß bei stationärer Bewegung *längs jeder Stromlinie* $\Omega = \varphi + \psi + \frac{\mathfrak{v}|\mathfrak{v}}{2}$ unverändert bleibt.

Nach Zerlegungsformel (4c) auf S. 53 ist nun, wegen $\operatorname{div} \mathfrak{w} = \operatorname{div} \operatorname{rot} \mathfrak{v} = 0$:

$$\operatorname{rot}[\mathfrak{v}\mathfrak{w}] = (\mathfrak{w} \operatorname{grad})\mathfrak{v} - (\mathfrak{v} \operatorname{grad})\mathfrak{w} - \mathfrak{w} \operatorname{div} \mathfrak{v},$$

und damit folgt aus Gl. (5) durch beiderseitige Wirbelbildung

$$\text{(7)} \qquad \underbrace{\frac{\partial \mathfrak{w}}{\partial t} + (\mathfrak{v} \operatorname{grad})\mathfrak{w}}_{= \frac{d\mathfrak{w}}{dt}} - (\mathfrak{w} \operatorname{grad})\mathfrak{v} + \mathfrak{w} \operatorname{div} \mathfrak{v} = \operatorname{rot} \mathfrak{k}$$

oder im Blick auf S. 215, Gl. (10),

$$\text{(8)} \qquad \frac{d\mathfrak{w}}{dt} - \left(\frac{1}{\varrho}\frac{d\varrho}{dt}\right)\mathfrak{w} = (\mathfrak{w} \operatorname{grad})\mathfrak{v} + \operatorname{rot} \mathfrak{k}.$$

Wegen $\varrho \frac{d\left(\frac{\mathfrak{w}}{\varrho}\right)}{dt} = \frac{d\mathfrak{w}}{dt} - \frac{1}{\varrho}\frac{d\varrho}{dt}\mathfrak{w}$ ist also auch

$$\text{(8')} \qquad \varrho \frac{d\left(\frac{\mathfrak{w}}{\varrho}\right)}{dt} = (\mathfrak{w} \operatorname{grad})\mathfrak{v} + \operatorname{rot} \mathfrak{k},$$

und für inkompressible Flüssigkeiten ($\varrho = \text{const}$) wird insbesondere

$$\text{(9)} \qquad \frac{d\mathfrak{w}}{dt} = (\mathfrak{w} \operatorname{grad})\mathfrak{v} + \operatorname{rot} \mathfrak{k} = \sum_1^3 (\mathfrak{r}^i|\mathfrak{w})\mathfrak{v}_i + \operatorname{rot} \mathfrak{k}.$$

Diese Gleichung wurde bekanntlich (in Komponentenform) zuerst (1858) von *H. von Helmholtz* aufgestellt.

Aus $\mathfrak{w} = \sum_1^3 [\mathfrak{r}^i \mathfrak{v}_i]$ folgt übrigens auch

$$0 = [\mathfrak{w}\mathfrak{w}] = \sum_1^3 [[\mathfrak{r}^i \mathfrak{v}_i]\mathfrak{w}] = \sum_1^3 \{(\mathfrak{r}^i|\mathfrak{w})\mathfrak{v}_i - (\mathfrak{v}_i|\mathfrak{w})\mathfrak{r}^i\},$$

d. h. es ist

$$\mathfrak{B}\mathfrak{w} = \sum_1^3 (\mathfrak{r}^i|\mathfrak{w})\mathfrak{v}_i = \sum_1^3 (\mathfrak{v}_i|\mathfrak{w})\mathfrak{r}^i = \overline{\mathfrak{B}}\mathfrak{w},$$

obwohl der Affinor $\mathfrak{B}$ selbst nicht mit dem zu ihm konjugierten Affinor $\overline{\mathfrak{B}}$ identisch ist. Daher kann Gl. (8′) bzw. (9) auch geschrieben werden

$$(8'') \qquad \varrho \frac{d\left(\frac{\mathfrak{w}}{\varrho}\right)}{dt} = \operatorname{rot}\mathfrak{k} + \overline{\mathfrak{B}}\mathfrak{w} = \operatorname{rot}\mathfrak{k} + \sum_1^3 (\mathfrak{v}_i|\mathfrak{w})\mathfrak{r}^i$$

und

$$(9') \qquad \frac{d\mathfrak{w}}{dt} = \operatorname{rot}\mathfrak{k} + \overline{\mathfrak{B}}\mathfrak{w}.$$

Aus Gl. (8) bzw. (9) folgt als erstes Ergebnis der *Wirbelsatz I* (von *Lagrange*): *Haben die äußeren Kräfte ein Potential und ist für ein Element der idealen Flüssigkeit anfänglich* $\mathfrak{w} = 0$, *so ist auch* $\frac{d\mathfrak{w}}{dt}$ *und damit dauernd* $\mathfrak{w}$ *gleich Null.*

Nun ist nach Thomson (vgl. S. 217, Gl. (4)) $\frac{dZ}{dt} = \oint \mathfrak{k}|\delta\mathfrak{r}$, und dabei ist $Z = \oint \mathfrak{v}|\delta\mathfrak{r}$ die Zirkulation der Geschwindigkeit $\mathfrak{v}$ längs einer geschlossenen Kurve, welche stets durch dieselben materiellen Elemente geht. Nach Stokes ist dann aber auch (vgl. S. 62)

$$Z = \oint \mathfrak{v}|\delta\mathfrak{r} = \iint \mathfrak{w}|d\mathfrak{f}$$

und folglich

$$(10) \qquad \frac{d}{dt}\iint \mathfrak{w}|d\mathfrak{f} = \oint \mathfrak{k}|\delta\mathfrak{r}.$$

Diese Gleichung besagt u. a.: *Bei der Bewegung unter dem Einfluß konservativer Kräfte bleibt der „Wirbelfluß" einer stets durch dieselben materiellen Elemente gelegten Fläche zeitlich konstant* (*Wirbelsatz II*).

Für „*Wirbellinien*" ist überall das Linienelement $d\mathfrak{s} = \sigma\mathfrak{w}$, wobei σ einen infinitesimalen Proportionalitätsfaktor bedeutet, und für infinitesimale Wirbelröhren (Wirbel*fäden*) folgt aus div $\mathfrak{w} = 0$ mit dem Satz von Gauß in bekannter Weise

$$(11) \qquad \mathfrak{w}_1|d\mathfrak{f}_1 = \mathfrak{w}_2|d\mathfrak{f}_2.$$

Denn auf dem Mantel des Fadens verschwindet überall das innere Produkt $\mathfrak{w}|d\mathfrak{f}$, und $d\mathfrak{f}_1$ bzw. $d\mathfrak{f}_2$ sind in üblicher Definition die Normalenvektoren zweier infinitesimaler Querschnitte des Wirbelfadens. Die Gl. (11) besagt deshalb:

Für jeden Wirbelfaden ist (zur gleichen Zeit t) das Produkt aus Querschnitt (senkrecht zum Wirbelfaden) und Wirbelgeschwindigkeit (= mod $\mathfrak{w}$) *längs des Wirbelfadens konstant (Wirbelsatz III).*

Sind $\mathfrak{r}$ und $\mathfrak{r}_I$ die Ortsvektoren nach zwei unendlich benachbarten Elementen der Flüssigkeit sowie $\mathfrak{v}$ und $\mathfrak{v}_I$ die zugeordneten Geschwindigkeitsvektoren, so gehen $\mathfrak{r}$ und $\mathfrak{r}_I$ im Zeitelement dt über in $\mathfrak{r}' = \mathfrak{r} + \mathfrak{v}\,dt$ bzw. in $\mathfrak{r}_I' = \mathfrak{r}_I + \mathfrak{v}_I dt$, so daß $d\mathfrak{r}_1 - d\mathfrak{r} = d(\mathfrak{r}_1 - \mathfrak{r}) = (\mathfrak{v}_1 - \mathfrak{v})\,dt$ wird. Liegen nun die Endpunkte von $\mathfrak{r}$ und $\mathfrak{r}$ ursprünglich auf einer Wirbellinie, d. h. ist $\mathfrak{r}_1 - \mathfrak{r} = d\mathfrak{s} = \sigma\mathfrak{w}$, so wird

$$\mathfrak{v}_1 - \mathfrak{v} = (d\mathfrak{s}\ \mathrm{grad})\,\mathfrak{v} = \sigma(\mathfrak{w}\ \mathrm{grad})\,\mathfrak{v}.$$

Bei konservativen Kräften folgt hieraus mit Gl. (8′)

$$\mathfrak{v}_1 - \mathfrak{v} = \sigma(\mathfrak{w}\ \mathrm{grad})\,\mathfrak{v} = \sigma\varrho\frac{d\left(\frac{\mathfrak{w}}{\varrho}\right)}{dt}$$

oder

$$d(\mathfrak{r}_1 - \mathfrak{r}) = (\mathfrak{v}_1 - \mathfrak{v})\,dt = \sigma\varrho\, d\left(\frac{\mathfrak{w}}{\varrho}\right).$$

Da andrerseits nach Voraussetzung

$$\mathfrak{r}_1 - \mathfrak{r} = d\mathfrak{s} = \sigma\varrho\frac{\mathfrak{w}}{\varrho},$$

so ergibt die Addition dieser Gleichungen

$$\mathfrak{r}_1' - \mathfrak{r}' = d\mathfrak{s}' = \sigma\varrho\left\{\frac{\mathfrak{w}}{\varrho} + d\left(\frac{\mathfrak{w}}{\varrho}\right)\right\}. \tag{12}$$

Der Vektor $\frac{\mathfrak{w}}{\varrho} + d\left(\frac{\mathfrak{w}}{\varrho}\right)$, d. h. die neue Lage des Vektors $\frac{\mathfrak{w}}{\varrho}$ zur Zeit $t + dt$, hat aber dieselbe Richtung wie der Vektor $\mathfrak{w} + d\mathfrak{w}$. Es gilt deshalb:

Liegen zwei benachbarte Flüssigkeitselemente anfänglich auf einer Wirbellinie, so gilt dies bei konservativen Kräften auch noch im nächsten Zeitelement.

Daraus geht auch hervor, daß jede Wirbellinie dauernd durch *dieselben* Flüssigkeitselemente geht *(Wirbelsatz IV)*.

Nach Gl. (12) hat $\sigma\varrho$ dabei auch im nächsten Zeitelement denselben Wert wie zuvor, d. h. $\sigma\varrho$ bleibt konstant. Aus $\varrho\, d\mathfrak{s} = \sigma\varrho\mathfrak{w}$ folgt dann, daß *für jedes bestimmte materielle Element* eines Wirbelfadens $\mathfrak{w}$ *dauernd proportional ist zu* $\varrho\, d\mathfrak{s}$ *(Wirbelsatz V)*.

Endlich ergibt die Anwendung von Wirbelsatz II auf jeden Querschnitt eines Wirbelfadens, der sich mit demselben weiterbewegt, daß im Falle konservativer äußerer Kräfte die Wirbelstärke $\mathfrak{w}|d\mathfrak{f}$ nicht nur an allen Stellen des Fadens, sondern auch zu allen Zeiten dieselbe bleibt *(Wirbelsatz VI)*.

§ 42. *Zähe Flüssigkeiten*

In einer beliebigen ruhenden oder auch bewegten idealen Flüssigkeit galt nach S. 215, Gl. (7): $\mathfrak{k}_\mathfrak{n} = -p\mathfrak{n}$ und als resultierende ponderomotorische Kraft pro Volumeinheit ergab sich der Wert $\mathfrak{p} = -\mathrm{grad}\,p$. Bei der Bewegung *zäher* (reibender) Flüssigkeiten tritt hiezu eine Kraft, abhängig von der momentanen Geschwindigkeits*verteilung* um den Punkt $\mathfrak{r}$.

Ist wieder $\mathfrak{v} = \mathfrak{v}(\mathfrak{r})$ das Feld der Geschwindigkeit, so ist jeweils *momentan* in der Umgebung von $\mathfrak{r}$: $\delta\mathfrak{v} = \mathfrak{V}\delta\mathfrak{r}$. Wir zerlegen nun $\mathfrak{V} = \sum_1^3 \mathfrak{r}^i, \mathfrak{v}_i$ in den symmetrischen Teil $\mathfrak{S}$ und den antimetrischen Teil $\mathfrak{A}$:

(1) $$\mathfrak{S} = \frac{1}{2}\sum_1^3 (\mathfrak{r}^i, \mathfrak{v}_i + \mathfrak{v}_i, \mathfrak{r}^i); \qquad \mathfrak{A} = \frac{1}{2}\sum_1^3 (\mathfrak{r}^i, \mathfrak{v}_i - \mathfrak{v}_i, \mathfrak{r}^i). \qquad (2)$$

Der letztere bedingt eine momentane starre Rotation des Volumelements um $\mathfrak{r}$ und ruft deshalb weder eine Volumänderung noch innere Spannungen hervor. Durch

(3) $$\mathfrak{S} = g\mathfrak{J} + \mathfrak{U}, \quad \text{mit } g\mathfrak{J} = \sum_1^3 \mathfrak{r}^i, g\mathfrak{r}_i,$$

sondern wir mit Hilfe des Idemfaktors $\mathfrak{J}$ aus $\mathfrak{S}$ noch die volumtreue Bewegung $\mathfrak{U}$ ab, indem wir fordern $\sum_1^3 \mathfrak{r}^i | \mathfrak{U}\mathfrak{r}_i = 0$, und damit wird

$$\operatorname{div}\mathfrak{v} = \sum_1^3 \mathfrak{r}^i | \mathfrak{V}\mathfrak{r}_i = \sum_1^3 \mathfrak{r}^i | \mathfrak{S}\mathfrak{r}_i = \sum_1^3 \mathfrak{r}^i | g\mathfrak{r}_i = 3g,$$

d. h.

(4) $$g = \frac{1}{3}\operatorname{div}\mathfrak{v}.$$

Im Falle inkompressibler Flüssigkeiten wird natürlich, wegen $\operatorname{div}\mathfrak{v} = 0$, $\mathfrak{U} = \mathfrak{S}$. Da offenbar die Bewegung $\mathfrak{U}$ die „Scherungen" enthält und die Bewegung $g\mathfrak{J}$ die reine Volumdilatation, so machen wir für die ponderomotorische Wirkung der inneren Kräfte nunmehr den Ansatz

(5) $$\mathfrak{q} = -\operatorname{grad} p + 2\eta \operatorname{div}\mathfrak{U}$$

und *definieren* dabei η als „Reibungskoeffizient". Denn $\operatorname{div}\mathfrak{U}$ ist der einzige Vektor, der mit dieser Bewegung $\mathfrak{U}$ invariant verbunden ist. Damit tritt aber an Stelle von S. 215, Gl. (9), die Bewegungsgleichung

(6) $$\varrho\ddot{\mathfrak{r}} = \varrho\mathfrak{k} - \operatorname{grad} p + 2\eta \operatorname{div}\mathfrak{U}.$$

Nun ist nach Gl. (3) $\operatorname{div}\mathfrak{U} = \operatorname{div}\mathfrak{S} - \operatorname{div}(g\mathfrak{J})$, und wir erhalten zunächst mit Gl. (4)

$$\operatorname{div}(g\mathfrak{J}) = \sum_1^3 g_k \mathfrak{J}\mathfrak{r}^k = \sum_1^3 g_k \mathfrak{r}^k = \operatorname{grad} g = \frac{1}{3}\operatorname{grad}\operatorname{div}\mathfrak{v},$$

da ja hiebei der Idemfaktor $\mathfrak{J}$ als Konstante fungiert. Wie schon auf S. 211, Gl. (19), ergibt sich weiter der basisinvariante Wert von $\operatorname{div}\mathfrak{S}$ zu

$$\operatorname{div}\mathfrak{S} = \frac{1}{2}\{\Delta\mathfrak{v} + \operatorname{grad}\operatorname{div}\mathfrak{v}\},$$

und somit ist

(7) $$\operatorname{div} \mathfrak{U} = \frac{1}{2}\{\Delta \mathfrak{v} + \operatorname{grad} \operatorname{div} \mathfrak{v}\} - \frac{1}{3} \operatorname{grad} \operatorname{div} \mathfrak{v} = \frac{1}{2}\left\{\Delta \mathfrak{v} + \frac{1}{3} \operatorname{grad} \operatorname{div} \mathfrak{v}\right\},$$

und folglich wird aus Gl. (6)

(8) $$\varrho \ddot{\mathfrak{r}} = \varrho \dot{\mathfrak{v}} = \varrho \mathfrak{k} - \operatorname{grad} p + \eta\left\{\Delta \mathfrak{v} + \frac{1}{3} \operatorname{grad} \operatorname{div} \mathfrak{v}\right\}.$$

Damit ist ohne spezielle Hypothese über die Natur der Scherkräfte die *dynamische Grundgleichung für zähe Flüssigkeiten von Navier und Stokes* aufgestellt.

Ersetzt man in $\dot{\mathfrak{v}} = \frac{d\mathfrak{v}}{dt} = \frac{\partial \mathfrak{v}}{\partial t} + (\mathfrak{v} \operatorname{grad}) \mathfrak{v}$ wie bei der Weberschen Transformation auf S. 217 das Glied $(\mathfrak{v} \operatorname{grad}) \mathfrak{v}$ durch $\frac{1}{2} \operatorname{grad}(\mathfrak{v}|\mathfrak{v}) - [\mathfrak{v}\mathfrak{w}]$, so wird Gl. (8)

(8′) $$\dot{\mathfrak{v}} = \frac{\partial \mathfrak{v}}{\partial t} + \frac{1}{2} \operatorname{grad}(\mathfrak{v}|\mathfrak{v}) - [\mathfrak{v}\mathfrak{w}] = \mathfrak{k} - \underbrace{\frac{1}{\varrho} \operatorname{grad} p}_{= \operatorname{grad} \psi} + \frac{\eta}{\varrho}\left\{\Delta \mathfrak{v} + \frac{1}{3} \operatorname{grad} \operatorname{div} \mathfrak{v}\right\}$$

und hieraus folgt durch Wirbelbildung für *inkompressible* Flüssigkeiten, d. h. für $\frac{\eta}{\varrho} = \text{const}$,

(9) $$\frac{\partial \mathfrak{w}}{\partial t} - \operatorname{rot}[\mathfrak{v}\mathfrak{w}] = \operatorname{rot} \mathfrak{k} + \frac{\eta}{\varrho} \operatorname{rot}(\Delta \mathfrak{v}).$$

Für eine kartesische Basis wird aber

$$\operatorname{rot}(\Delta \mathfrak{v}) = \operatorname{rot}\left(\sum_1^3 \mathfrak{v}_{,i}\right) = \sum_{i,k} [\mathfrak{e}_k\, \mathfrak{v}_{,ik}] = \sum_i \left\{\sum_k [\mathfrak{e}_k\, \mathfrak{v}_k]\right\}_{,i} = \Delta \mathfrak{w}$$

und damit ergibt sich an Stelle von Gl. (9), mit S. 53 Gl. (4c) und wegen $\operatorname{div} \mathfrak{v} = \operatorname{div} \mathfrak{w} = 0$

$$\underbrace{\frac{\partial \mathfrak{w}}{\partial t} + (\mathfrak{v} \operatorname{grad}) \mathfrak{w}}_{= \frac{d\mathfrak{w}}{dt}} - (\mathfrak{w} \operatorname{grad}) \mathfrak{v} = \operatorname{rot} \mathfrak{k} + \frac{\eta}{\varrho} \Delta \mathfrak{w}$$

oder

(10) $$\frac{d\mathfrak{w}}{dt} = (\mathfrak{w} \operatorname{grad}) \mathfrak{v} + \operatorname{rot} \mathfrak{k} + \frac{\eta}{\varrho} \Delta \mathfrak{w},$$

als Grundlage zur Behandlung von Wirbelbewegungen in einer inkompressiblen zähen Flüssigkeit.

§ 43. Die hydrodynamischen Grundgleichungen von Lagrange

Wir betrachten von jetzt ab den bisher $\mathfrak{r}$ genannten Ortsvektor nach den Punkten des Mediums als Funktion der Zeit und der *Anfangslage* $\mathfrak{a} = \mathfrak{a}(a_1, a_2, a_3)$ *des zugehörigen Flüssigkeitselements* und bezeichnen ihn deshalb mit $\mathfrak{p}$*) statt mit $\mathfrak{r}$:

(1) $$\mathfrak{p} = \mathfrak{p}(t, \mathfrak{a}) = \mathfrak{p}(t, a_1, a_2, a_3).$$

*) Nicht zu verwechseln mit dem Vektor $\mathfrak{p}$ der Kraftdichte auf S. 215, Gl. (6).

Es ist dann wohl stets $\mathfrak{p} = \mathfrak{r}$, jedoch $\mathfrak{p}_i = \frac{\partial \mathfrak{p}}{\partial a_i} \neq \mathfrak{r}_i = \frac{\partial \mathfrak{r}}{\partial q_i}$, und folglich gilt auch für die zu den $\mathfrak{p}_i$ reziproke Basis $\mathfrak{p}^i \neq \mathfrak{r}^i$.

Aus Gl. (1) folgt zunächst

$$d\mathfrak{p} = \frac{\partial \mathfrak{p}}{\partial t} dt + \sum_1^3 \mathfrak{p}_i d a_i . \tag{2}$$

Dabei ist jetzt $\frac{\partial \mathfrak{p}}{\partial t}$ der Vektor der *tatsächlichen* Geschwindigkeit des Flüssigkeitselements. Wir schreiben deshalb auch

$$\dot{\mathfrak{p}} (= \dot{\mathfrak{r}}) \text{ für } \frac{\partial \mathfrak{p}}{\partial t} \quad \text{und} \quad \ddot{\mathfrak{p}} (= \ddot{\mathfrak{r}}) \text{ für } \frac{\partial^2 \mathfrak{p}}{\partial t^2}.$$

Der räumlichen Variation der Anfangslage $\mathfrak{a}$

$$\delta \mathfrak{a} = \sum_1^3 \frac{\partial \mathfrak{a}}{\partial a_i} \delta a_i = \sum_1^3 \mathfrak{a}_i \delta a_i \tag{3}$$

entspricht nunmehr als zugehörige Variation der Lage $\mathfrak{p}$ zur Zeit t

$$\delta \mathfrak{p} = \sum_1^3 \mathfrak{p}_i \delta a_i = \sum_1^3 (\mathfrak{a}^i | \delta \mathfrak{a}) \mathfrak{p}_i = \mathfrak{P} \delta \mathfrak{a}, \tag{4}$$

vermittelt durch den Affinor

$$\mathfrak{P} = \sum_1^3 \mathfrak{a}^i, \mathfrak{p}_i, \tag{5a}$$

wobei die $\mathfrak{a}^i$ die zu den $\mathfrak{a}_i$ reziproke Basis bilden, und der zu $\mathfrak{P}$ konjugierte Affinor $\overline{\mathfrak{P}}$ lautet dann

$$\overline{\mathfrak{P}} = \sum \mathfrak{p}_i, \mathfrak{a}^i. \tag{5b}$$

Schreiben wir entsprechend für den Flüssigkeitsdruck p

$$p = p(\mathfrak{p}) = p(t, \mathfrak{a}) = p(t, a_1, a_2, a_3), \tag{6}$$

so wird, bei festgehaltenem t

$$\operatorname{grad} p = \sum_1^3 \frac{\partial p}{\partial a_i} \mathfrak{p}^i = \sum_1^3 p_i \mathfrak{p}^i, \tag{7}$$

wobei jetzt $p_i = \frac{\partial p}{\partial a_i} \neq \frac{\partial p}{\partial q_i}$ ist. Es wird also für jedes $\delta \mathfrak{p}$

$$\operatorname{grad} p | \delta \mathfrak{p} = \left(\sum_i p_i \mathfrak{p}^i\right) \Big| \left(\sum_k \mathfrak{p}_k \delta a_k\right) = \sum_1^3 p_i \delta a_i = \delta p, \tag{8}$$

und Gl. (7) entspricht der üblichen Definition des Gradienten von p, bezogen auf die Basis der $\mathfrak{p}_i$, an der Stelle des Drucks p. Betrachtet man jedoch p direkt als Funktion von $\mathfrak{a}$, wieder bei festgehaltenem t, so definiert auch

$$\operatorname{grad}_{\mathfrak{a}} p = \sum_1^3 \frac{\partial p}{\partial a_i} \mathfrak{a}^i = \sum_1^3 p_i \mathfrak{a}^i \tag{9}$$

einen basisinvarianten Vektor, den Gradienten von p, bezogen auf die Basis der $\mathfrak{a}_i$, wobei entsprechend für jeden Wert von $\delta\mathfrak{a}$

$$\text{(10)} \qquad \operatorname{grad}_a p \,|\, \delta\mathfrak{a} = \Big(\sum_i p_i \mathfrak{a}^i\Big) \Big| \Big(\sum_k \mathfrak{a}_k \delta a_k\Big) = \sum_1^3 p_i \delta a_i = \delta p$$

wird. Wegen $\mathfrak{a}^i = \overline{\mathfrak{P}}\mathfrak{p}^i$ wird übrigens

$$\text{(11)} \qquad \operatorname{grad}_a p = \sum_1^3 p_i \overline{\mathfrak{P}}\mathfrak{p}^i = \overline{\mathfrak{P}}(\operatorname{grad} p).$$

Nach S. 215, Gl. (9), ist nun für ideale Flüssigkeiten

$$\ddot{\mathfrak{p}} - \mathfrak{k} + \frac{1}{\varrho}\operatorname{grad} p = 0,$$

also auch

$$(\ddot{\mathfrak{p}} - \mathfrak{k}) \,|\, \delta\mathfrak{p} + \frac{1}{\varrho}\operatorname{grad} p \,|\, \delta\mathfrak{p} = 0$$

für jedes beliebige $\delta\mathfrak{p}$, und somit wird nach Gl. (4) und Gl. (8)

$$\sum_1^3 \Big\{(\ddot{\mathfrak{p}} - \mathfrak{k}) \,|\, \mathfrak{p}_i + \frac{1}{\varrho} p_i\Big\} \delta a_i = 0$$

für beliebige δa_i, d. h. es ist

$$\text{(12)} \qquad (\ddot{\mathfrak{p}} - \mathfrak{k}) \,|\, \mathfrak{p}_i + \frac{1}{\varrho} p_i = 0, \quad \text{für } i = 1, 2, 3.$$

Damit ist die *zweite klassische Form der hydrodynamischen Grundgleichungen* vektoriell formuliert. Dieselben gehen ebenfalls auf *L. Euler* zurück, werden aber meist nach *Lagrange* benannt.

Man findet aus Gl. (12) rückwärts sofort

$$\sum_1^3 \{(\ddot{\mathfrak{p}} - \mathfrak{k}) \,|\, \mathfrak{p}_i\} \mathfrak{p}^i + \frac{1}{\varrho} \sum_1^3 p_i \mathfrak{p}^i = 0,$$

d. h., weil stets identisch $\sum_1^3 (\mathfrak{x} \,|\, \mathfrak{p}_i)\mathfrak{p}^i = \mathfrak{x}$,

$$\ddot{\mathfrak{p}} - \mathfrak{k} + \frac{1}{\varrho}\operatorname{grad} p = 0.$$

Andrerseits wird

$$\sum_1^3 \{(\ddot{\mathfrak{p}} - \mathfrak{k}) \,|\, \mathfrak{p}_i\} \mathfrak{a}^i + \frac{1}{\varrho} \sum_1^3 p_i \mathfrak{a}^i = 0,$$

wofür auch, im Blick auf Gl. (5 b)

$$\text{(13)} \qquad \overline{\mathfrak{P}}(\ddot{\mathfrak{p}} - \mathfrak{k}) + \frac{1}{\varrho}\operatorname{grad}_a p = 0$$

geschrieben werden kann. *Auch in dieser Gl. (13) sind die drei Lagrangeschen Gleichungen in einer extensiven Gleichung zusammengefaßt.*

Umgekehrt folgt jetzt aus Gl. (13) für jedes einzelne i

$$\mathfrak{a}_i | \overline{\mathfrak{P}}(\ddot{\mathfrak{p}} - \mathfrak{k}) + \frac{1}{\varrho} p_i \mathfrak{a}_i | \mathfrak{a}^i = 0$$

oder

$$(\ddot{\mathfrak{p}} - \mathfrak{k}) | \underbrace{\mathfrak{P} \mathfrak{a}_i}_{= \mathfrak{p}_i} + \frac{1}{\varrho} p_i = 0,$$

d. h. wiederum das System der Lagrangeschen Gleichungen in ihrer ursprünglichen Form.

Hat nun ein Flüssigkeitselement zu Beginn der Bewegung das Volum $d\tau_0 = (\mathfrak{a}_1 \mathfrak{a}_2 \mathfrak{a}_3)\, da_1\, da_2\, da_3$ und folglich die Masse $\varrho_0\, d\tau_0$, so ist zur Zeit t das Volum *desselben* Flüssigkeitselements $d\tau = (\mathfrak{p}_1 \mathfrak{p}_2 \mathfrak{p}_3)\, da_1\, da_2\, da_3$ und seine Masse $\varrho\, d\tau$. Man hat demnach

$$\varrho_0\, d\tau_0 = \varrho_0 (\mathfrak{a}_1 \mathfrak{a}_2 \mathfrak{a}_3)\, da_1\, da_2\, da_3 = \varrho (\mathfrak{p}_1 \mathfrak{p}_2 \mathfrak{p}_3)\, da_1\, da_2\, da_3 = \varrho\, d\tau$$

oder

(14) $$\varrho_0 = \varrho \frac{(\mathfrak{p}_1 \mathfrak{p}_2 \mathfrak{p}_3)}{(\mathfrak{a}_1 \mathfrak{a}_2 \mathfrak{a}_3)} = \varrho\, \mathfrak{P}^{III}.$$

Dabei ist, lt. S. 37, Gl. (39), $\mathfrak{P}^{III} = \frac{(\mathfrak{p}_1 \mathfrak{p}_2 \mathfrak{p}_3)}{(\mathfrak{a}_1 \mathfrak{a}_2 \mathfrak{a}_3)}$ die kubische Invariante des Affinors $\mathfrak{P}$, und durch Gl. (14) wird die zu den Lagrangeschen Gleichungen gehörige *Kontinuitätsgleichung* formuliert.

Haben die äußeren Kräfte ein Potential φ, so lauten die Gl. (12)

(12') $$(\ddot{\mathfrak{p}} + \operatorname{grad} \varphi) | \mathfrak{p}_i + \frac{1}{\varrho} p_i = 0.$$

Da jedoch $\operatorname{grad} \varphi = \sum_1^3 \varphi_i \mathfrak{p}^i$, also $\operatorname{grad} \varphi | \mathfrak{p}_i = \varphi_i$ wird, ist auch

(12'') $$\ddot{\mathfrak{p}} | \mathfrak{p}_i + \varphi_i + \frac{1}{\varrho} p_i = 0,$$

und hieraus folgt

$$\sum_1^3 (\ddot{\mathfrak{p}} | \mathfrak{p}_i) \mathfrak{a}^i + \sum_1^3 \varphi_i \mathfrak{a}^i + \frac{1}{\varrho} \sum_1^3 p_i \mathfrak{a}^i = 0,$$

d. h.

(13') $$\overline{\mathfrak{P}} \ddot{\mathfrak{p}} + \operatorname{grad}_{\mathfrak{a}} \Phi = 0,$$

für $\Phi = \varphi + \psi$ und $\psi = \int \frac{dp}{\varrho}$, also $\operatorname{grad}_{\mathfrak{a}} \psi = \frac{1}{\varrho} \operatorname{grad}_{\mathfrak{a}} p$.

§ 44. Die Gleichungen von Weber und Cauchy

Die Lagrangeschen Gleichungen für konservative Kräfte erhalten nach § 43, Gl. (12''), die Form

(1) $$\ddot{\mathfrak{p}} | \mathfrak{p}_i + \Phi_i = 0, \quad \text{für } \Phi_i = \frac{\partial \Phi}{\partial a_i},$$

wenn man wieder $\Phi = \varphi + \psi$ und $\psi = \int \frac{dp}{\varrho}$ setzt.

Nun ist

$$(2)\qquad \int_0^t \ddot{\mathfrak{p}}\,|\,\mathfrak{p}_i\,dt = \dot{\mathfrak{p}}\,|\,\mathfrak{p}_i\Big]_0^t - \int_0^t \dot{\mathfrak{p}}\,|\,\dot{\mathfrak{p}}_i\,dt = \dot{\mathfrak{p}}\,|\,\mathfrak{p}_i - \mathfrak{v}_0\,|\,\mathfrak{a}_i - \frac{\partial}{\partial a_i}\int_0^t \frac{1}{2}(\dot{\mathfrak{p}}\,|\,\dot{\mathfrak{p}})\,dt,$$

und damit erhält man

$$(3)\qquad \dot{\mathfrak{p}}\,|\,\mathfrak{p}_i - \mathfrak{v}_0\,|\,\mathfrak{a}_i - \frac{\partial}{\partial a_i}\int_0^t \frac{1}{2}(\dot{\mathfrak{p}}\,|\,\dot{\mathfrak{p}})\,dt = -\int_0^t \Phi_i\,dt = -\frac{\partial}{\partial a_i}\int_0^t \Phi\,dt.$$

Für $\int_0^t \left\{\frac{1}{2}\dot{\mathfrak{p}}\,|\,\dot{\mathfrak{p}} - \Phi\right\} dt = \omega$ ist also

$$(4)\qquad \dot{\mathfrak{p}}\,|\,\mathfrak{p}_i - \mathfrak{v}_0\,|\,\mathfrak{a}_i = \frac{\partial \omega}{\partial a_i} = \omega_i,$$

und folglich wird

$$\sum_1^3 (\dot{\mathfrak{p}}\,|\,\mathfrak{p}_i)\,\mathfrak{a}^i - \sum_1^3 (\mathfrak{v}_0\,|\,\mathfrak{a}_i)\,\mathfrak{a}^i = \sum_1^3 \omega_i\,\mathfrak{a}^i = \operatorname{grad}_{\mathfrak{a}} \omega,$$

bzw.

$$(5)\qquad \overline{\mathfrak{P}}\dot{\mathfrak{p}} = \overline{\mathfrak{P}}\mathfrak{v} = \mathfrak{v}_0 + \operatorname{grad}_{\mathfrak{a}} \omega.$$

Diese „*Webersche Gleichung*“ verbindet also die Geschwindigkeit $\mathfrak{v} = \dot{\mathfrak{p}}$ eines Flüssigkeitselements zur Zeit t mit dessen Geschwindigkeit $\mathfrak{v}_0$ zur Zeit $t = 0$. Aus Gl. (5) folgt ferner durch Wirbelbildung unmittelbar

$$(6)\qquad \operatorname{rot}_{\mathfrak{a}}(\overline{\mathfrak{P}}\mathfrak{v}) = \operatorname{rot}_{\mathfrak{a}} \mathfrak{v}_0,$$

wobei allgemein $\operatorname{rot}_{\mathfrak{a}} \mathfrak{x}$ entsprechend definiert ist durch

$$\operatorname{rot}_{\mathfrak{a}} \mathfrak{x} = \sum_1^3 \left[\mathfrak{a}^i \frac{\partial \mathfrak{x}}{\partial a_i}\right].$$

Weiter ist nach Gl. (5) für jede geschlossene Kurve mit den Linienelementen $\delta\mathfrak{a}$ (zur Zeit $t = 0$)

$$\oint \delta\mathfrak{a}\,|\,\overline{\mathfrak{P}}\mathfrak{v} = \oint \mathfrak{v}_0\,|\,\delta\mathfrak{a} + \underbrace{\oint \operatorname{grad}_{\mathfrak{a}} \omega\,|\,\delta\mathfrak{a}}_{=0},$$

also, wegen $\delta\mathfrak{a}\,|\,\overline{\mathfrak{P}}\mathfrak{v} = \mathfrak{v}\,|\,\mathfrak{P}\delta\mathfrak{a} = \mathfrak{v}\,|\,\delta\mathfrak{p}$,

$$(7)\qquad \oint \mathfrak{v}\,|\,\delta\mathfrak{p} = \oint \mathfrak{v}_0\,|\,\delta\mathfrak{a} = \text{const},$$

und dies ist wieder *Thomsons Satz über die Zirkulation der Geschwindigkeit*.

Nach Gl. (4) auf S. 223 ist $d\mathfrak{p} = \mathfrak{P}\,d\mathfrak{a}$, mit $\mathfrak{P} = \sum_1^3 \mathfrak{a}^i, \mathfrak{p}_i$. Dem Verbindungsvektor $d\mathfrak{a}$ infinitesimal benachbarter Flüssigkeitselemente der Anfangslage (für $t = 0$) entspricht dabei $d\mathfrak{p}$ als Verbindungsvektor *derselben* Elemente zur Zeit t. Die Zirkulation von $\mathfrak{v}_0$ um das beliebige materielle Flächenelement $d\mathfrak{a}\,\delta\mathfrak{a}$ bei $\mathfrak{a}$ (für $t = 0$) ist dann für konservative äußere Kräfte nach Thomson gleich der Zirkulation von $\mathfrak{v}$ um das zugehörige Flächenelement $d\mathfrak{p}\,\delta\mathfrak{p}$ bei $\mathfrak{p}$ (zur Zeit t). Für diese Zirkulation ergibt aber der Satz von Stokes, angewandt auf den Rand dieser Flächenelemente, sofort

$$Z_0 = [d\mathfrak{a}\,\delta\mathfrak{a}]\,|\operatorname{rot}\mathfrak{v}_0 \quad \text{bzw.} \quad Z = [d\mathfrak{p}\,\delta\mathfrak{p}]\,|\operatorname{rot}\mathfrak{v}.$$

Nach Thomson wird also

$$[d\mathfrak{p}\,\delta\mathfrak{p}]\,|\operatorname{rot}\mathfrak{v} = [d\mathfrak{a}\,\delta\mathfrak{a}]\,|\operatorname{rot}\mathfrak{v}_0$$

für *jede* Stellung zusammengehöriger Flächenelemente $d\mathfrak{p}\,\delta\mathfrak{p}$ und $d\mathfrak{a}\,\delta\mathfrak{a}$.

Notwendige und hinreichende Bedingung hiefür bilden aber die Zahlgleichungen

$$[\mathfrak{p}_2\mathfrak{p}_3]\,|\operatorname{rot}\mathfrak{v} = [\mathfrak{a}_2\mathfrak{a}_3]\,|\operatorname{rot}\mathfrak{v}_0 \quad \text{bzw.} \quad \triangle\cdot\mathfrak{p}^1|\operatorname{rot}\mathfrak{v} = \mathsf{A}\,\mathfrak{a}^1|\operatorname{rot}\mathfrak{v}_0,$$

nebst den zwei zyklischen Gleichungen, mit $\triangle = (\mathfrak{p}_1\mathfrak{p}_2\mathfrak{p}_3)$ und $\mathsf{A} = (\mathfrak{a}_1\mathfrak{a}_2\mathfrak{a}_3)$. Es ist daher

$$\triangle\cdot\mathfrak{p}^i|\operatorname{rot}\mathfrak{v} = \mathsf{A}\cdot\mathfrak{a}^i|\operatorname{rot}\mathfrak{v}_0 \tag{8}$$

für $i = 1, 2, 3$, und hieraus folgt sogleich

$$\frac{\triangle}{\mathsf{A}}\sum_1^3(\mathfrak{p}^i|\operatorname{rot}\mathfrak{v})\,\mathfrak{p}_i = \sum_1^3(\mathfrak{a}^i|\operatorname{rot}\mathfrak{v}_0)\,\mathfrak{p}_i$$

oder, wegen § 43, Gl. (14),

$$\mathfrak{P}^{III}\cdot\operatorname{rot}\mathfrak{v} = \mathfrak{P}(\operatorname{rot}\mathfrak{v}_0). \tag{9}$$

Man gewinnt übrigens diese Gl. (9) auch ohne Zuhilfenahme des Satzes von Thomson leicht unmittelbar aus Newtons Gl. (9) auf S. 215. Denn für $\mathfrak{k} = -\operatorname{grad}\varphi$ lautet die letztere in der jetzigen Schreibweise

$$\ddot{\mathfrak{p}} + \operatorname{grad}\varphi + \operatorname{grad}\psi = 0,$$

und hieraus folgt durch Wirbelbildung sofort

$$\operatorname{rot}\ddot{\mathfrak{p}} = \operatorname{rot}\dot{\mathfrak{v}} = \sum_1^3[\mathfrak{p}^i\,\dot{\mathfrak{v}}_i] = 0. \tag{10}$$

Notwendige und hinreichende Bedingung hiefür ist aber die Gültigkeit der drei Zahlgleichungen

$$\sum_i(\mathfrak{p}^k\mathfrak{p}^i\dot{\mathfrak{v}}_i) = 0, \quad \text{für } k = 1, 2 \text{ und } 3. \tag{11}$$

Mit

$$(\mathfrak{p}^1\mathfrak{p}^2\mathfrak{p}^3) = \varepsilon \neq 0, \quad \text{also} \quad \mathfrak{p}_1 = \frac{[\mathfrak{p}^2\mathfrak{p}^3]}{\varepsilon}, \quad \mathfrak{p}_2 = \frac{[\mathfrak{p}^3\mathfrak{p}^1]}{\varepsilon}, \quad \mathfrak{p}_3 = \frac{[\mathfrak{p}^1\mathfrak{p}^2]}{\varepsilon}$$

folgt hieraus, zunächst für $k = 1$,

$$\dot{\mathfrak{v}}_2|\mathfrak{p}_3 - \dot{\mathfrak{v}}_3|\mathfrak{p}_2 = 0, \tag{12}$$

wofür man wegen $\dot{\mathfrak{p}}_i = \mathfrak{v}_i$ auch schreiben kann

$$\frac{\partial}{\partial t}\{\mathfrak{v}_2|\mathfrak{p}_3 - \mathfrak{v}_3|\mathfrak{p}_2\} = 0. \tag{12'}$$

Demnach sind für jedes Flüssigkeitselement

$$\mathfrak{v}_2|\mathfrak{p}_3 - \mathfrak{v}_3|\mathfrak{p}_2 = \lambda_1; \quad \mathfrak{v}_3|\mathfrak{p}_1 - \mathfrak{v}_1|\mathfrak{p}_3 = \lambda_2; \quad \mathfrak{v}_1|\mathfrak{p}_2 - \mathfrak{v}_2|\mathfrak{p}_1 = \lambda_3 \tag{13}$$

zeitlich konstante Funktionen von $\mathfrak{a}$ allein. Nun ist aber bekanntlich, lt. S. 26, Gl. (18)

$$\triangle \cdot \mathfrak{p}^1|\mathrm{rot}\,\mathfrak{v} = \triangle \cdot \mathfrak{p}^1|\sum_1^3 [\mathfrak{p}^k \mathfrak{v}_k] = \triangle \cdot \sum_1^3 [\mathfrak{p}^1 \mathfrak{p}^k]|\mathfrak{v}_k = \mathfrak{p}_3|\mathfrak{v}_2 - \mathfrak{p}_2|\mathfrak{v}_3 = \lambda_1$$

und allgemein

$$\triangle \cdot \mathfrak{p}^i|\mathrm{rot}\,\mathfrak{v} = \lambda_i. \tag{14}$$

Also wird

$$\triangle \cdot \sum_1^3 (\mathfrak{p}^i|\mathrm{rot}\,\mathfrak{v})\,\mathfrak{p}_i = \triangle \cdot \mathrm{rot}\,\mathfrak{v} = \sum_1^3 \lambda_i \mathfrak{p}_i = \mathfrak{P}\left(\sum_1^3 \lambda_i \mathfrak{a}_i\right). \tag{15}$$

Wir ermitteln die von der Zeit unabhängige Bedeutung des Vektors $\sum\limits_1^3 \lambda_i \mathfrak{a}_i$ durch Auswertung der vorstehenden Gl. (15) für $t = 0$. Alsdann wird nämlich $\triangle = \mathsf{A}$, $\mathrm{rot}\,\mathfrak{v} = \mathrm{rot}\,\mathfrak{v}_0$, $\mathfrak{P} = 1$, und folglich ist $\mathsf{A}\,\mathrm{rot}\,\mathfrak{v}_0 = \sum\limits_1^3 \lambda_i \mathfrak{a}_i$.

Damit aber lautet Gl. (15) endgültig

$$\triangle \cdot \mathrm{rot}\,\mathfrak{v} = \mathsf{A}\,\mathfrak{P}\,\mathrm{rot}\,\mathfrak{v}_0, \tag{15'}$$

womit die Gl. (9) von neuem bewiesen ist.

In dieser extensiven Gleichung sind die bekannten *Cauchy-Helmholtzschen Gleichungen* zusammengefaßt. Man gewinnt aus ihnen vor allem wieder leicht die Wirbelsätze, von denen bereits in § 41 die Rede war.

KAPITEL V

ANWENDUNG AUF DAS ELEKTROMAGNETISCHE FELD

§ 45. *Elektrostatik*

Nach unsrer heutigen Erkenntnis ist das elektrische Feld, zunächst im Vakuum und praktisch auch in Luft, bestimmt durch Angabe des Vektors $\mathfrak{E}$ der *elektrischen Feldstärke* in jedem Punkt des Raums. Diese Feldstärke $\mathfrak{E}$ genügt dann den allgemeinen Bedingungen:

a) $\mathfrak{E}$ ist überall endlich, unstetig nur $(\mathfrak{E}|\mathfrak{n})$ an gewissen Flächen mit Normalenvektor $\mathfrak{n}$.

b) $\mathfrak{E}$ wird im Unendlichen klein von (mindestens) zweiter Ordnung, d. h. wie $\frac{1}{r^2}$.

c) Jedes Volumelement $d\tau$ des Feldes enthält (nach Thomson und Maxwell) elektrische Energie vom Betrag

$$dE = \frac{1}{8\pi}(\mathfrak{E}|\mathfrak{E})\,d\tau. \tag{1}$$

Mißt man die Energie in Erg und das Volum in ccm, so ist damit zugleich die elektrostatische Einheit der Feldstärke festgelegt*).

Im *statischen* Fall, d. h. in einem Feld, das zeitlich unverändert und ohne Energieumsatz besteht, ist *außerdem*

$$\oint \mathfrak{E}|d\mathfrak{r} = 0 \tag{2}$$

für jeden geschlossenen Weg. Es ist deshalb für zwei Punkte A und P

$$\int_A^P \mathfrak{E}|d\mathfrak{r} = -\varphi(P) + \varphi(A) \tag{3}$$

unabhängig vom Weg zwischen A und P, also bei festgehaltenem Punkt A eine eindeutige Funktion des Ortsvektors $\mathfrak{r}$ von P, falls der Wert $\varphi(A)$ gegeben ist. Für zwei Punkte A und B, die beide im Unendlichen liegen, wird infolge der Voraussetzung b) $\int \mathfrak{E}|d\mathfrak{r}$ klein von (mindestens) erster Ordnung. Daher ist *φ im Unendlichen konstant.* Wir verfügen nun über die noch willkürliche Integrationskonstante $\varphi(A)$, indem wir setzen

$$\varphi(A_\infty) = 0. \tag{4}$$

---

*) Der Faktor $\frac{1}{8\pi}$ ist durch die historisch motivierte Wahl der Einheit der Feldstärke bedingt.

Damit wird das *elektrostatische Potential* $\varphi = \varphi(\mathfrak{r})$ eine im ganzen Raum *eindeutige* und wegen der Voraussetzung a) auch *stetige* Funktion. In Gebieten, in denen φ auch differentiierbar ist, ist dann die Aussage der Gl. (2) gleichbedeutend mit

$$(5) \qquad \operatorname{rot} \mathfrak{E} = 0 \quad \text{bzw.} \quad \mathfrak{E} = -\operatorname{grad} \varphi.$$

In ihrem Verhalten zum elektrischen Feld zerfallen nun die materiellen Medien in zwei Gruppen:

1. In *Leitern* existiert im statischen Fall kein elektrisches Feld, d. h. es ist im Leiter überall $\mathfrak{E} = 0$ und folglich $\varphi = \text{const.}$

2. Im *Nichtleiter* oder *Dielektrikum* tritt *neben* die Feldstärke $\mathfrak{E}$ noch eine zusätzliche *dielektrische Erregung* oder *Polarisation* $4\pi\mathfrak{P}$*), so daß die elektrische Gesamterregung

$$(6) \qquad \mathfrak{D} = \mathfrak{E} + 4\pi\mathfrak{P}$$

wird. In *homogenen* Leitern ist im Falle des Gleichgewichts stets auch $\mathfrak{P} = 0$.

Nach Faraday und Maxwell bestimmen ferner nicht die „Ladungen" das Feld, wie in der alten Theorie, sondern umgekehrt. Mit Maxwell *definiert* man deshalb heute die *wahre* Ladung e innerhalb eines geschlossenen Bereichs durch den „Fluß" von $\mathfrak{D}$ über die Oberfläche des Bereichs

$$(7) \qquad 4\pi e^{*)} = \iint \mathfrak{D} | d\mathfrak{f},$$

wobei $d\mathfrak{f}$ stets die Richtung der äußeren Normale hat. Die *wahre räumliche Dichte* ϱ wird dann durch

$$(8) \qquad 4\pi\varrho = \operatorname{div} \mathfrak{D}$$

und die wahre *Flächendichte* η durch

$$(9) \qquad 4\pi\eta = \overline{\operatorname{div}}\, \mathfrak{D} = \mathfrak{D}_1 | \mathfrak{n}_1 + \mathfrak{D}_2 | \mathfrak{n}_2$$

bestimmt.

Die Anwendung der Integralsätze von Gauß und Green auf irgendein Vektorfeld $\mathfrak{v}$ setzt nun voraus, daß im Integrationsbereich überall $\operatorname{div} \mathfrak{v}$ bzw. $\operatorname{div}(\varphi\mathfrak{v})$ existiert. Beim Auftreten von Flächenladungen schließt man deshalb diese Flächen durch „*Sperrflächen*", welche sie unmittelbar umhüllen, aus. Die letzteren gehören dann zur Oberfläche des Integrationsbereichs und liefern zum Oberflächenintegral den Beitrag: $-\iint \overline{\operatorname{div}}\, \mathfrak{v} \cdot d\sigma$ bzw. $-\iint \overline{\operatorname{div}}\, (\varphi\mathfrak{v}) \cdot d\sigma$, weil dabei die äußere Normale des Bereichs auf beiden Seiten gegen die Unstetigkeitsfläche hin gerichtet ist. Daher erhalten die Sätze von Gauß und Green (im engeren Sinn) nach S. 67 Gl. (38) und (43) die Form

$$(10) \qquad \iint \mathfrak{v} | d\mathfrak{f} = \iiint \operatorname{div} \mathfrak{v}\, d\tau + \iint \overline{\operatorname{div}}\, \mathfrak{v} \cdot d\sigma$$

$$(11) \qquad \iint (\varphi\mathfrak{v}) | d\mathfrak{f} = \iiint d\tau \{\varphi \operatorname{div} \mathfrak{v} + \operatorname{grad} \varphi | \mathfrak{v}\} + \iint \overline{\operatorname{div}}\, (\varphi\mathfrak{v})\, d\sigma.$$

---

*) Der Faktor 4π rührt hiebei wieder von der historisch bedingten Wahl der Einheit her.

Angewandt auf das Feld des Vektors $\mathfrak{D}$ ergibt deshalb der Satz von Gauß

$$(7') \qquad 4\pi e = \iint \mathfrak{D} | d\mathfrak{f} = \iiint \operatorname{div} \mathfrak{D} \cdot d\tau + \iint \overline{\operatorname{div}}\, \mathfrak{D} \cdot d\sigma .$$

Auch im Dielektrikum behält $\mathfrak{E}$ neben $\mathfrak{P}$, bzw. $\mathfrak{D}$, seine selbständige Bedeutung bei. Insbesondere bleibt

$$\oint \mathfrak{E} | d\mathfrak{r} = 0 \quad \text{bzw.} \quad \operatorname{rot} \mathfrak{E} = 0$$

Bedingung des Gleichgewichts auch im Dielektrikum.

Neben den *wahren* Ladungen und Dichten werden nach *H. Hertz* durch

$$(12) \qquad 4\pi e' = \iint \mathfrak{E} | d\mathfrak{f}$$

$$(13) \qquad 4\pi \varrho' = \operatorname{div} \mathfrak{E}$$

$$(14) \qquad 4\pi \eta' = \overline{\operatorname{div}}\, \mathfrak{E} = \mathfrak{E}_1 | \mathfrak{n}_1 + \mathfrak{E}_2 | \mathfrak{n}_2$$

die „*freien*" Ladungen bzw. Dichten definiert, und auch für sie gilt dann

$$(15) \qquad 4\pi e' = \iint \mathfrak{E} | d\mathfrak{f} = \iiint \operatorname{div} \mathfrak{E} \cdot d\tau + \iint \overline{\operatorname{div}}\, \mathfrak{E} \cdot d\sigma .$$

In Gebieten, in welchen $\mathfrak{D}$ quellenfrei verläuft, lassen sich dann die e' deuten als „*Influenzladungen*", bedingt durch die Polarisation $4\pi\mathfrak{P}$ des Dielektrikums.

Dem Auftreten einer Polarisation im Dielektrikum entspricht erfahrungsgemäß eine *zusätzliche* Energiedichte

$$(16) \qquad \mathsf{P} = \frac{1}{2} \mathfrak{E} | \mathfrak{P} .$$

Daher wird nach Gl. (1) die *gesamte* Energiedichte

$$(17) \qquad \mathsf{E} = \frac{1}{8\pi} (\mathfrak{E} | \mathfrak{E}) + \frac{1}{2} (\mathfrak{E} | \mathfrak{P}) = \frac{1}{8\pi} \mathfrak{E} | (\mathfrak{E} + 4\pi \mathfrak{P}) = \frac{1}{8\pi} \mathfrak{E} | \mathfrak{D} .$$

In jedem, eventuell auch nicht homogenen, Medium ist also der Wert der elektrischen Energie irgendeines Bereichs

$$(18) \qquad U = \frac{1}{8\pi} \iiint \mathfrak{E} | \mathfrak{D} \cdot d\tau ,$$

und insbesondere für ein *statisches* Feld, also für $\mathfrak{E} = -\operatorname{grad} \varphi$, wird

$$(18') \qquad U = -\frac{1}{8\pi} \iiint \mathfrak{D} | \operatorname{grad} \varphi \cdot d\tau .$$

Schließt man Unstetigkeitsflächen, d. h. elektrisch geladene Flächen, wieder durch Sperrflächen aus, so liefert Gl. (18') mit Hilfe des Satzes von Green nach Gl. (11)

$$U = -\frac{1}{8\pi} \iiint \mathfrak{D} | \operatorname{grad} \varphi \cdot d\tau$$

$$= \frac{1}{8\pi} \iiint \varphi \operatorname{div} \mathfrak{D} \cdot d\tau - \frac{1}{8\pi} \iint \varphi \mathfrak{D} | d\mathfrak{f} + \frac{1}{8\pi} \iint \overline{\operatorname{div}} (\varphi \mathfrak{D})\, d\sigma ,$$

oder wegen $\operatorname{div} \mathfrak{D} = 4\pi\varrho$ und $\overline{\operatorname{div}}\, \mathfrak{D} = 4\pi\eta$ bzw. $\overline{\operatorname{div}} (\varphi \mathfrak{D}) = \varphi\, \overline{\operatorname{div}}\, \mathfrak{D}$

$$(19) \qquad U = \frac{1}{2} \iiint \varphi \varrho\, d\tau + \frac{1}{2} \iint \varphi \eta\, d\sigma - \frac{1}{8\pi} \iint \varphi \mathfrak{D} | d\mathfrak{f}$$

und einfacher bei Integration über den ganzen unendlichen Raum

$$(19') \qquad U = \frac{1}{2} \iiint \varphi \varrho \, d\tau + \frac{1}{2} \iint \varphi \eta \, d\sigma .$$

Denn dabei verschwindet in Gl. (19) das zweite Oberflächenintegral der rechten Seite, weil jetzt der Integrand unendlich klein von (mindestens) dritter Ordnung wird.

Im *isotropen* Dielektrikum ist ferner $\mathfrak{P} = \varkappa \mathfrak{E}$, und die „*elektrische Suszeptibilität*" $\varkappa$ erweist sich in weitem Umfang als konstant. Es wird damit

$$(20) \qquad \mathfrak{D} = \mathfrak{E} + 4\pi \mathfrak{P} = (1 + 4\pi\varkappa)\,\mathfrak{E} = \varepsilon\,\mathfrak{E},$$

und $\varepsilon = 1 + 4\pi\varkappa$ definiert die „*Dielektrizitätskonstante*" ε, die dielektrische *Permeabilität.*

Da in Leitern stets $\mathfrak{E} = 0$ und da an ihrer Oberfläche die Tangentialkomponente von $\mathfrak{E}$ stetig ist, also ebenfalls verschwindet, so ist an der Leiteroberfläche außen $\mathfrak{E}$ bzw. $\mathfrak{D}$ notwendig senkrecht zum Leiter, und aus Gl. (9) folgt dann

$$(21) \qquad \mathfrak{D} = 4\pi\eta\,\mathfrak{n}.$$

Ist die dielektrische Konstante ε auch *räumlich* konstant, ist also das Dielektrikum homogen, so wird im statischen Feld

$$\operatorname{rot} \mathfrak{D} = \operatorname{rot}(\varepsilon\,\mathfrak{E}) = \varepsilon \operatorname{rot} \mathfrak{E} = 0$$

bzw.

$$(22) \qquad \mathfrak{D} = -\operatorname{grad} \psi = -\varepsilon \operatorname{grad} \varphi .$$

Es wird somit

$$4\pi\varrho = \operatorname{div} \mathfrak{D} = -\operatorname{div} \operatorname{grad} \psi = -\Delta \psi$$

oder

$$(23) \qquad 4\pi\varrho + \Delta\psi = 0 \quad (\textit{Poisson})$$

und speziell im ladungsfreien Gebiet

$$(23') \qquad \Delta\psi = 0 \quad (\textit{Laplace}).$$

Der zweite Satz von Green gestattet nun auf einfache Weise die Aufstellung des allgemeinen Integrals der Gl. (23) von Poisson:

Nach S. 62, Gl. (6''b) war nämlich für ein reguläres Gebiet

$$(24) \qquad \iiint \{\varphi \cdot \Delta\psi - \psi \cdot \Delta\varphi\}\, d\tau = \iint \{\varphi \operatorname{grad} \psi - \psi \operatorname{grad} \varphi\} \,|\, d\mathfrak{f}.$$

Wir wählen $\varphi = \frac{1}{r}$, rechnen $\mathfrak{r}$ bzw. $r = \operatorname{mod} \mathfrak{r}$ von einem Punkt P_0 im Innern des Integrationsbereiches aus und trennen dann P_0 vom letzteren ab durch eine Kugel vom infinitesimalen Radius R. Alsdann wird Gl. (24)

$$(25) \qquad \iiint \left\{\frac{1}{r} \Delta\psi - \psi \Delta\left(\frac{1}{r}\right)\right\} d\tau = \iint \left\{\frac{1}{r} \operatorname{grad} \psi - \psi \operatorname{grad}\left(\frac{1}{r}\right)\right\} \Big|\, d\mathfrak{f},$$

und weil nach S. 51, Gl. (22 b) im verbleibenden regulären Gebiet $\Delta\left(\frac{1}{r}\right) = \operatorname{div} \mathfrak{g}$ verschwindet, so bleibt

$$\iiint \left(\frac{1}{r}\,\Delta\psi\right) d\tau = \iint \left\{\frac{1}{r}\operatorname{grad}\psi - \psi\operatorname{grad}\frac{1}{r}\right\}\Big|\, d\mathfrak{f}. \tag{26}$$

Nun ist $\operatorname{grad}\frac{1}{r} = -\frac{\mathfrak{r}}{r^3}$ sowie nach Poisson $\Delta\psi = -4\pi\varrho$. Ferner ist das Oberflächenintegral zu erstrecken über die äußere Hülle des Bereichs, über etwaige sonstige Sperrflächen und über die infinitesimale Sperrkugel um P_0. Für die letztere wird $d\mathfrak{f} = -\mathfrak{n}\, d\sigma = -R^2 d\omega\, \mathfrak{n}$, wobei $d\omega$ nach *F. Neumanns Deutung* der „körperliche Winkel" ist, unter welchem von P_0 aus das Flächenelement $d\sigma$ erscheint, und weil ψ auch in P_0 regulär bleibt, so ist ψ auf der infinitesimalen Kugel um P_0 praktisch konstant $= \psi_0$. Es wird also

$$\iint \frac{1}{R}\operatorname{grad}\psi\,|\,d\mathfrak{f} = -R\iint (\operatorname{grad}\psi\,|\,\mathfrak{n})\, d\omega \to 0, \quad \text{mit } R \to 0$$

und

$$-\iint \frac{\psi_0 \mathfrak{r}}{R^3}\,|\,d\mathfrak{f} = \psi_0 \iint \left(\frac{\mathfrak{r}\,|\,\mathfrak{n}}{R^3}\right) d\sigma = \frac{\psi_0}{R^2}\iint d\sigma = 4\pi\psi_0 .$$

Man erhält damit aus Gl. (26) und mit Gl. (23) als *allgemeines Integral der Poissonschen Gleichung*

$$4\pi\psi_0 = 4\pi\iiint \frac{\varrho}{r}\, d\tau + 4\pi\iint \frac{\eta}{r}\, d\sigma + \iint \left\{\psi\operatorname{grad}\frac{1}{r} - \frac{1}{r}\operatorname{grad}\psi\right\}\Big|\, d\mathfrak{f}. \tag{27}$$

Das *erste* Flächenintegral rechts ist zu erstrecken über die Unstetigkeitsflächen, welche durch das Auftreten von Flächenladungen mit der Flächendichte η hervorgerufen werden. Das *zweite* Flächenintegral rechts bezieht sich auf die äußere Hüllfläche des gewählten Bereichs und verschwindet, wenn diese Hüllfläche ins Unendliche rückt, weil dann wieder der Integrand klein von (mindestens) dritter Ordnung wird. In diesem Fall reduziert sich Gl. (27) auf

$$\psi_0 = \iiint \frac{\varrho}{r}\, d\tau + \iint \frac{\eta}{r}\, d\sigma \tag{27'}$$

als Verallgemeinerung von S. 68, Gl. (6).

Befinden sich alle Ladungen *innerhalb* eines geschlossenen Bereichs τ' und wendet man Gl. (27) an auf den ganzen ladungsfreien Raum *außerhalb* τ', d. h. auf das Gebiet τ zwischen τ' und einer äußeren Hüllfläche, die man wie bei Gl. (27') ins Unendliche rücken läßt, so wird

$$4\pi\psi_0 = \iint \left\{\psi\operatorname{grad}\frac{1}{r} - \frac{1}{r}\operatorname{grad}\psi\right\}\Big|\, d\mathfrak{f}.$$

Das Integral erstreckt sich dann nur noch über die Oberfläche von τ', wobei jedoch $d\mathfrak{f}$ zunächst ins *Innere* von τ' weist. Bei *Umkehr* der Richtung von $d\mathfrak{f}$ wird dann mit $d\mathfrak{f} = \mathfrak{n}\,d\sigma$ und $\operatorname{grad}\left(\frac{1}{r}\right) = \mathfrak{g}$:

$$4\pi\psi_0 = \iint \left\{\frac{1}{r}\mathfrak{n}\,|\operatorname{grad}\psi - \psi(\mathfrak{n}\,|\,\mathfrak{g})\right\} d\sigma. \tag{27''}$$

Wir haben damit bereits den berühmten *Äquivalenzsatz von Gauß*: „Das Potential ψ von Ladungen, welche sich im *Innern* eines geschlossenen Bereichs τ' befinden, ist im *äußeren* Raum überall äquivalent dem Potential einer *fingierten* Oberflächenladung auf der Oberfläche von τ' mit der Flächendichte $\eta = \frac{1}{4\pi}(\mathfrak{n}\,|\operatorname{grad}\psi)$ in Verbindung mit demjenigen einer Doppelschicht auf dieser Oberfläche mit dem „Vektor der Momentendichte" $-\frac{1}{4\pi}\psi\mathfrak{n}$, wie sich auf S. 238 aus Gl. (6) ergeben wird.

Die Anwesenheit eines elektrischen Felds bedingt nun das Auftreten von *ponderomotorischen Kräften* auf die Elemente eines dem Feld eingelagerten materiellen Mediums. Die auf das materielle Volumelement $d\tau$ dabei wirkende Kraft sei $\mathfrak{k}\,d\tau$, die bei einer (virtuellen) Verrückung $\delta\mathfrak{r}$ dieses Elements geleistete Arbeit ist dann $\delta A = (\mathfrak{k}\,|\,\delta\mathfrak{r})\,d\tau$. Die Verrückungen mögen so langsam erfolgen, daß hiebei das elektrische Feld in jedem Augenblick *statisch* bleibt. Die geleistete Arbeit erfolgt dann auf Kosten der elektrostatischen Energie U. Es ist also

$$\delta U = -\iiint (\mathfrak{k}\,|\,\delta\mathfrak{r})\,d\tau. \tag{28}$$

Sind nun $\mathfrak{E}$ und $\mathfrak{D}$ bzw. $\mathfrak{E}_1$ und $\mathfrak{D}_1$ die Werte von $\mathfrak{E}$ und $\mathfrak{D}$ am gleichen Ort vor und nach der virtuellen Änderung des Systems, so ist nach Gl. (18)

$$8\pi\delta U = \iiint d\tau\,\{\mathfrak{E}_1|\mathfrak{D}_1 - \mathfrak{E}\,|\,\mathfrak{D}\}. \tag{29}$$

Infolge der virtuellen Bewegung des materiellen Mediums ändern sich nun an jeder Stelle des Feldes auch ε und ϱ um $\delta\varepsilon$ und $\delta\varrho$, und bei der *infinitesimalen* Größe von $\delta\varepsilon$ und $\delta\varrho$ können wir δU betrachten als Summe der Änderungen $\delta_\varrho U$ und $\delta_\varepsilon U$, welche U bei alleiniger virtueller Änderung von ϱ *oder* ε erfährt:

$$\delta U = \delta_\varrho U + \delta_\varepsilon U. \tag{30}$$

a) Bei alleiniger (lokaler) Änderung von ϱ, also konstant bleibendem ε, ist aber $\mathfrak{E}\,|\,\mathfrak{D}_1 = \varepsilon\,\mathfrak{E}\,|\,\mathfrak{E}_1 = \mathfrak{D}\,|\,\mathfrak{E}_1$ und somit für $\mathfrak{D}_1 - \mathfrak{D} = \delta\mathfrak{D}$:

$$\begin{aligned} 8\pi\,\delta_\varrho U &= \iiint d\tau\,\{(\mathfrak{E}_1 + \mathfrak{E})\,|\,(\mathfrak{D}_1 - \mathfrak{D})\} \approx 2\iiint d\tau\,\mathfrak{E}\,|\,\delta\mathfrak{D} \\ &= -2\iiint d\tau\,\operatorname{grad}\varphi\,|\,\delta\mathfrak{D} = -2\iiint d\tau\,\{\operatorname{div}(\varphi\cdot\delta\mathfrak{D}) - \varphi\operatorname{div}\delta\mathfrak{D}\}. \end{aligned}$$

Zugleich gibt $\operatorname{div}\mathfrak{D} = 4\pi\varrho$: $\operatorname{div}\delta\mathfrak{D} = 4\pi\delta\varrho$, so daß

$$\delta_\varrho U = \iiint d\tau(\varphi\,\delta\varrho) - \frac{1}{4\pi}\iint \varphi\,\delta\mathfrak{D}\,|\,d\mathfrak{f}$$

oder noch einfacher

(31) $$\delta_\varrho U = \iiint (\varphi\,\delta\varrho)\,d\tau,$$

wenn man die Hüllfläche des Oberflächenintegrals ins Unendliche rücken läßt. Wenn nun dabei die elektrischen Ladungen an den materiellen Elementen haften, so ist, entsprechend der Kontinuitätsgleichung

(32) $$\delta\varrho + \operatorname{div}(\varrho\,\delta\mathfrak{r}) = 0,$$

und damit wird

$$\begin{aligned}\delta_\varrho U &= -\iiint \varphi \operatorname{div}(\varrho\,\delta\mathfrak{r})\,d\tau\\ &= -\iiint d\tau\,\{\operatorname{div}(\varphi\varrho\,\delta\mathfrak{r}) - \operatorname{grad}\varphi\,|\,\varrho\,d\mathfrak{r}\}\\ &= -\iint \varphi\varrho\,\delta\mathfrak{r}\,|\,d\mathfrak{f} - \iiint (\varrho\mathfrak{E}\,|\,\delta\mathfrak{r})\,d\tau,\end{aligned}$$

wobei das erste Integral wieder verschwindet, wenn die Hüllfläche ins Unendliche rückt. Es wird also

(33) $$\delta_\varrho U = -\iiint (\varrho\mathfrak{E}\,|\,\delta\mathfrak{r})\,d\tau,$$

bei Integration über den ganzen unendlichen Raum.

b) Bei alleiniger (lokaler) Änderung von ε, also konstant bleibendem ϱ, ist das Feld des Vektors $\delta\mathfrak{D} = \mathfrak{D}_1 - \mathfrak{D}$ offenbar *quellenfrei*, während $\mathfrak{E}$ und $\mathfrak{E}_1$ nach der statischen Grundbedingung *wirbelfrei* sind. Nach dem Satz (6″c) auf S. 63 ist aber bei Integration über den ganzen unendlichen Raum

$$\iiint (\mathfrak{E}\,|\,\delta\mathfrak{D})\,d\tau = \iiint (\mathfrak{E}_1\,|\,\delta\mathfrak{D})\,d\tau = 0 \quad \text{und folglich auch}$$

$$\iiint (\mathfrak{E}\,|\,\mathfrak{D})\,d\tau = \iiint (\mathfrak{E}\,|\,\mathfrak{D}_1)\,d\tau$$

und $$\iiint (\mathfrak{E}_1\,|\,\mathfrak{D})\,d\tau = \iiint (\mathfrak{E}_1\,|\,\mathfrak{D}_1)\,d\tau.$$

Damit wird aber Gl. (29) im jetzigen Fall:

(34) $$\begin{cases} 8\pi\,\delta_\varepsilon U = \iiint d\tau\,\{\mathfrak{E}_1\,|\,\mathfrak{D} - \mathfrak{E}\,|\,\mathfrak{D}_1\} = \iiint d\tau\,\{\varepsilon\,\mathfrak{E}_1\,|\,\mathfrak{E} - \varepsilon_1\,\mathfrak{E}\,|\,\mathfrak{E}_1\}\\ \qquad = -\iiint d\tau\,\delta\varepsilon\,(\mathfrak{E}\,|\,\mathfrak{E}_1) \approx -\iiint d\tau\cdot\delta\varepsilon\,(\mathfrak{E}\,|\,\mathfrak{E}).\end{cases}$$

Bleibt dabei ε für dasselbe materielle Element bei der Verrückung konstant, so ist

(35) $$0 = d\varepsilon = \delta\varepsilon + (\delta\mathfrak{r}\operatorname{grad})\,\varepsilon = \delta\varepsilon + \delta\mathfrak{r}\,|\operatorname{grad}\varepsilon,$$

wo laut Voraussetzung $\delta\varepsilon$ die virtuelle Änderung von ε *an Ort und Stelle* ist. Damit wird aber Gl. (34)

(36) $$8\pi\,\delta_\varepsilon U = \iiint d\tau\,(\mathfrak{E}\,|\,\mathfrak{E})\,(\operatorname{grad}\varepsilon\,|\,\delta\mathfrak{r}).$$

Nach Gl. (30) ist dann endlich

$$\delta U = \iiint d\tau\left\{-\varrho\mathfrak{E} + \frac{1}{8\pi}(\mathfrak{E}\,|\,\mathfrak{E})\operatorname{grad}\varepsilon\right\}\Big|\,\delta\mathfrak{r}$$

und nach Gl. (28)

(37) $$\iiint (\mathfrak{k}\,|\,\delta\mathfrak{r})\,d\tau = -\delta U = \iiint d\tau\left\{\varrho\mathfrak{E} - \frac{1}{8\pi}(\mathfrak{E}\,|\,\mathfrak{E})\operatorname{grad}\varepsilon\right\}\Big|\,\delta\mathfrak{r}.$$

Wir entnehmen dieser Gleichung als *zulässigen* Ausdruck für die „*Kraftdichte*" $\mathfrak{k}$:

$$\mathfrak{k} = \varrho \mathfrak{E} - \frac{1}{8\pi} (\mathfrak{E}|\mathfrak{E}) \operatorname{grad} \varepsilon, \tag{38}$$

welcher für statische Felder mit der Erfahrung in Übereinstimmung steht. Bei dieser Entwicklung wurde vorausgesetzt, daß ϱ und ε stetig im Raum variieren und insbesondere überall endlich sind. Im *homogenen* Medium hat dann $\mathfrak{E}$ nach Gl. (38) für $\varrho\, d\tau = +1$ zugleich die Bedeutung der ponderomotorischen Kraft auf die Ladung $+1$ an der Stelle von $\mathfrak{E}$.

§ 46. *Magnetostatik*

Analog zum elektrischen ist auch das *magnetische Feld* im Vakuum (oder in Luft) an jeder Stelle des Raums durch Angabe eines Vektors, der magnetischen Feldstärke $\mathfrak{H}$, eindeutig charakterisiert. Dieselbe genügt im *statischen* Fall der Forderung $\oint \mathfrak{H} | d\mathfrak{r} = 0$ und leitet sich demnach ebenfalls aus einem Potential ψ ab, das durchweg endlich und stetig ist und im Unendlichen gleich Null gesetzt werden kann. Auch bleibt an Unstetigkeitsflächen die Tangentialkomponente von $\mathfrak{H}$ stetig, während die Normalkomponente daselbst eine Sprungstelle besitzen kann.

Im materiellen Medium tritt *neben* $\mathfrak{H}$ noch eine magnetische *Polarisation* $4\pi\mathfrak{M}$, so daß die magnetische Gesamterregung, die „*magnetische Induktion*", $\mathfrak{B} = \mathfrak{H} + 4\pi\mathfrak{M}$ wird.

Im Unterschied zum elektrischen Feld gibt es jedoch *keine magnetischen Leiter* und *keine wahren Ladungen m* bzw. Dichten ϱ und η. Vielmehr ist überall $\operatorname{div} \mathfrak{B} = \overline{\operatorname{div}} \mathfrak{B} = 0$, bzw. $\iint \mathfrak{B} | d\mathfrak{f} = 0$, für jeden geschlossenen Bereich. Sodann gilt der zu $\mathfrak{P} = \varkappa \mathfrak{E}$ analoge Ansatz von *Poisson*: $\mathfrak{M} = \gamma \mathfrak{H}$, also $\mathfrak{B} = (1 + 4\pi\gamma)\mathfrak{H} = \mu \mathfrak{H}$, nur für para- und diamagnetische Körper, wobei für die letzteren die „*magnetische Suszeptibilität*" γ negativ wird, während in permanenten Magneten auch eine von $\mathfrak{H}$ praktisch unabhängige „*Magnetisierung*" $\mathfrak{M}$ bestehen kann. Ist dieselbe beliebig gegeben, so folgt aus

$$\operatorname{div} \mathfrak{B} = \operatorname{div}(\mathfrak{H} + 4\pi\mathfrak{M}) = 0; \quad \text{bzw.} \quad \overline{\operatorname{div}} \mathfrak{B} = \overline{\operatorname{div}}(\mathfrak{H} + 4\pi\mathfrak{M}) = 0 \tag{1}$$

auch

$$\operatorname{div} \mathfrak{H} = -4\pi \operatorname{div} \mathfrak{M}; \qquad \overline{\operatorname{div}} \mathfrak{H} = -4\pi\, \overline{\operatorname{div}} \mathfrak{M}. \tag{2}$$

Durch $\varrho' = -\operatorname{div} \mathfrak{M}$, bzw. $\eta' = -\overline{\operatorname{div}} \mathfrak{M}$, sind die Dichten des „*freien*" Magnetismus definiert, und nach Gl. (2) leitet sich dann das statische Feld $\mathfrak{H}$ infolge seiner Wirbelfreiheit eindeutig ab aus dem Potential

$$\psi = -\iiint \frac{\operatorname{div} \mathfrak{M}}{r} d\tau - \iint \frac{\overline{\operatorname{div}} \mathfrak{M}}{r} d\sigma, \tag{3}$$

integriert über das gesamte magnetische Gebiet.

Nun ist nach Green, unter Berücksichtigung der Sperrflächen,

$$\iint \left(\frac{1}{r}\mathfrak{M}\right) | d\mathfrak{f} - \iint \frac{\overline{\operatorname{div}\mathfrak{M}}}{r}\, d\sigma = \iiint \left\{\frac{1}{r}\operatorname{div}\mathfrak{M} + \mathfrak{M} \,|\, \operatorname{grad}\frac{1}{r}\right\} d\tau .$$

Wählt man als äußere Grenze des Integrationsbereichs eine Fläche außerhalb des magnetisierten Mediums, so verschwindet das erste Integral links, und man erhält statt Gl. (3) auch

$$\psi = \iiint \left(\mathfrak{M} \,|\, \operatorname{grad}\frac{1}{r}\right) d\tau = \iiint (\mathfrak{M} \,|\, \mathfrak{g})\, d\tau , \tag{3'}$$

integriert über das magnetisierte Gebiet.

Konzentrieren sich die freien Ladungen auf zwei infinitesimal benachbarte „*Pole*" an den Endpunkten eines Linienelements $d\mathfrak{r}$ mit den entgegengesetzt gleichen Ladungen m und $-m$, so wird das Potential eines solchen „*Dipols*" mit dem „*Dipolmoment*" $\mathfrak{m} = m\, d\mathfrak{r}$

$$\psi_0 = \frac{m}{r + dr} - \frac{m}{r} = -\frac{m\,dr}{r^2} = -\frac{m\,r\,dr}{r^3} = -\frac{m\,\mathfrak{r} \,|\, d\mathfrak{r}}{r^3} = \mathfrak{m} \,|\, \mathfrak{g} .$$

Daher läßt sich das *allgemeine* magnetostatische Feld nach Gl. (3′) deuten als Superposition (Resultante) der Felder von „*Molekularmagneten*" (Dipolen) mit den infinitesimalen *Dipolmomenten* $\mathfrak{m} = \mathfrak{M}\, d\tau$.

Für jede Hüllfläche *außerhalb* des magnetisierten Gebiets ist ferner nach Gauß identisch

$$0 = \iint \mathfrak{M} \,|\, d\mathfrak{f} = \iiint \operatorname{div}\mathfrak{M}\, d\tau + \iint \overline{\operatorname{div}\mathfrak{M}}\, d\sigma$$

oder

$$0 = \iiint \varrho'\, d\tau + \iint \eta'\, d\sigma . \tag{4}$$

D. h. aber: *Die algebraische Summe der freien magnetischen Ladungen ist für jeden Magneten gleich Null,* wie es der Erfahrung entspricht.

Aus Gl. (3′) erhält man sodann die Feldstärke $\mathfrak{H}$ in der Form

$$\mathfrak{H} = -\operatorname{grad}\psi = -\iiint d\tau \left\{\sum_1^3 (\mathfrak{M} \,|\, \mathfrak{g}_i)\, \mathfrak{e}_i\right\}, \tag{5}$$

wenn man eine kartesische Basis verwendet und beachtet, daß bei der Gradientenbildung $\mathfrak{M}$ als konstant zu betrachten ist. Weil jedoch der Ableitungsaffinor $\mathfrak{G} = \sum_1^3 \mathfrak{e}_i, \mathfrak{g}_i = \sum_1^3 \mathfrak{g}_i, \mathfrak{e}_i$ des Gradientenfelds $\mathfrak{g}$ *symmetrisch* ist, kann man Gl. (5) auch schreiben

$$\mathfrak{H} = -\operatorname{grad}\psi = -\iiint d\tau \left\{\sum_1^3 (\mathfrak{M} \,|\, \mathfrak{e}_i)\, \mathfrak{g}_i\right\} = -\iiint d\tau\, (\mathfrak{M}\operatorname{grad})\, \mathfrak{g} . \tag{5'}$$

Wird die Magnetisierung auf das Gebiet einer *dünnen Schale* beschränkt, derart, daß der Magnetisierungsvektor $\mathfrak{M}$ überall in Richtung der Flächennormale weist, so spricht man von einer *magnetischen Doppelschicht.* Gibt man dem Volumelement $d\tau$ dabei die Form $d\tau = d\sigma \cdot h$, wobei h die Dicke der Schale an der betrachteten Stelle ist, so wird nach Gl. (3') das Potential in diesem Fall

$$\psi = \iiint (\mathfrak{M} \,|\, \mathfrak{g})\, d\tau = \iint h (\mathfrak{M} \,|\, \mathfrak{g})\, d\sigma. \tag{6}$$

Der Betrag M des zu $\mathfrak{n}$ parallelen Vektors $h\mathfrak{M}$ heißt dann das *Moment* (pro Flächeneinheit) der Doppelschicht. Im Falle seiner *Konstanz* für alle Punkte der Schale wird

$$\left\{\begin{aligned} \psi &= M \iint (\mathfrak{n} \,|\, \mathfrak{g})\, d\sigma = M \iint \mathfrak{g} \,|\, d\mathfrak{f} = -M \iint \frac{\mathfrak{n} \,\Big|\, \left(\frac{\mathfrak{r}}{r}\right)}{r^2}\, d\sigma \\ &= -M \iint d\omega = -M\omega. \end{aligned}\right. \tag{7}$$

Denn der Integrand $d\omega = \frac{\mathfrak{n} \,\big|\, \left(\frac{\mathfrak{r}}{r}\right)}{r^2}\, d\sigma$ ist nach *F. Neumann* nichts anderes als der räumliche (oder körperliche) Winkel, unter dem das Flächenelement $d\sigma$ vom Feldpunkt aus erscheint, und das Minuszeichen in Gl. (7) rührt daher, daß dabei $\mathfrak{r}$ von $d\sigma$ gegen den Feldpunkt gerichtet ist. Es ist deshalb $\psi = -M\omega$ eine nur noch von M und der Randkurve der Doppelschicht abhängige Feldfunktion.

Durch Gradientenbildung findet man aus Gl. (7) noch als Feldstärke der Doppelschicht

$$\mathfrak{H} = -\operatorname{grad} \psi = -M \iint \sum_1^3 (d\mathfrak{f} \,|\, \mathfrak{g}_i)\, \mathfrak{e}_i \tag{8}$$

oder auch $\quad = -M \iint \sum_1^3 (\mathfrak{e}_i \,|\, d\mathfrak{f})\, \mathfrak{g}_i = -M \iint (d\mathfrak{f} \operatorname{grad})\, \mathfrak{g}$,

weil ja $d\mathfrak{f}$ an der Gradientenbildung unbeteiligt bleibt und der Ableitungsaffinor von $\mathfrak{g}$ wieder symmetrisch ist. Nun ist im ganzen Integrationsgebiet $\operatorname{div} \mathfrak{g} = 0$; denn der Feldpunkt P liegt voraussetzungsgemäß außerhalb der Doppelschicht. Daher ist nach der Gl. (3''') auf S. 63 unmittelbar auch

$$\mathfrak{H} = -M \iint \sum_1^3 (\mathfrak{g}_i \,|\, d\mathfrak{f})\, \mathfrak{e}_i = M \oint [\mathfrak{g}\, d\mathfrak{s}] = M \oint \frac{[d\mathfrak{s}\, \mathfrak{r}]}{r^3}, \tag{9}$$

wobei $d\mathfrak{s}$ das Linienelement der Randkurve in der Integrationsrichtung ist (d. h. im Uhrzeigersinn um Richtung $\mathfrak{n}$).

Für *permanente Magnete* betrachtet man meist als „verfügbare" potentielle Energie des Magneten den Wert

$$W = \frac{1}{8\pi} \iiint (\mathfrak{H} \,|\, \mathfrak{H})\, d\tau. \tag{10}$$

Derselbe ist, in Analogie zur Herleitung der Gl. (19′) auf S. 232, äquivalent mit

$$(10') \quad W = \frac{1}{2}\{\iiint \psi \varrho' d\tau + \iint \psi \eta' d\sigma\} = -\frac{1}{2}\{\iiint \psi \operatorname{div} \mathfrak{M} d\tau + \iint \psi \overline{\operatorname{div}} \mathfrak{M} d\sigma\}.$$

Da nun nach Green, wieder unter Berücksichtigung der Sperrflächen,

$$\iint \psi \mathfrak{M} | d\mathfrak{f} - \iint \psi \overline{\operatorname{div}} \mathfrak{M} d\sigma = \iiint d\tau \{\psi \operatorname{div} \mathfrak{M} + \mathfrak{M} | \operatorname{grad} \psi\},$$

so wird Gl. (10′), da für eine Hüllfläche außerhalb der Magnete das erste Integral links verschwindet,

$$(10'') \qquad W = \frac{1}{2}\iiint (\mathfrak{M} | \operatorname{grad} \psi) d\tau = -\frac{1}{2}\iiint (\mathfrak{M} | \mathfrak{H}) d\tau.$$

Aus den Gl. (10) und (10″) ergibt sich dann noch

$$\frac{1}{8\pi}\int \{\mathfrak{H} | \mathfrak{H} + 4\pi \mathfrak{H} | \mathfrak{M}\} d\tau = \frac{1}{8\pi}\int \mathfrak{H} | (\mathfrak{H} + 4\pi \mathfrak{M}) d\tau = \frac{1}{8\pi}\int \mathfrak{H} | \mathfrak{B} d\tau = 0,$$

und dieses Ergebnis folgt für stetige Felder unmittelbar auch aus S. 63, Gl. (6″ c), wegen $\operatorname{div} \mathfrak{B} = 0$ und $\mathfrak{H} = -\operatorname{grad} \psi$.

Wie im Falle der Elektrostatik haben auch die im magnetostatischen Feld auftretenden ponderomotorischen Kräfte ihren Ursprung in der zur Arbeitsleistung verfügbaren magnetischen Energie. Für para- und diamagnetische Körper, für welche $\mathfrak{B} = \mu \mathfrak{H}$ wird, gelangt man deshalb für stetige Felder zu dem der Gl. (38) des vorhergehenden Paragraphen entsprechenden Ansatz für die Kraftdichte

$$(11) \qquad \mathfrak{k} = \varrho \mathfrak{H} - \frac{1}{8\pi}(\mathfrak{H} | \mathfrak{H}) \operatorname{grad} \mu = -\frac{1}{8\pi} \mathfrak{H} | \mathfrak{H} \operatorname{grad} \mu,$$

weil dabei die *wahre Dichte* ϱ nach S. 236 den Wert *Null* hat.

Für *permanente* Magnete mit unveränderlicher Magnetisierung führt dagegen der Energieansatz (10) zur Kraftdichte (= Kraft pro *Volumen-* bzw. pro *Flächen-*Einheit)

$$(12) \qquad \mathfrak{k} = \varrho' \mathfrak{H}, \quad \text{bzw.} \quad \bar{\mathfrak{k}} = \eta' \mathfrak{H},$$

wobei $\varrho' = -\operatorname{div} \mathfrak{M} = \frac{1}{4\pi} \operatorname{div} \mathfrak{H}$ und $\eta' = -\overline{\operatorname{div}} \mathfrak{M} = \frac{1}{4\pi} \overline{\operatorname{div}} \mathfrak{H}$ zu setzen ist.

Ist nun $\mathfrak{H}$ lediglich das vom starren Magneten selbst im Vakuum (in der Luft) erzeugte Feld, so wird dasselbe bei allen „quasistatischen" virtuellen Bewegungen des Magneten vom letzteren mitgeführt. Der Energiewert $W = \frac{1}{8\pi}\iiint (\mathfrak{H} | \mathfrak{H}) d\tau$ bleibt dabei konstant, und folglich ist stets $\delta W = 0$. Daher verschwindet auch die virtuelle Arbeit bei jeder virtuellen Bewegung des Magneten im eigenen Feld, d. h. es ist

$$(13) \quad \delta A = \iiint (\mathfrak{k} | \delta \mathfrak{r}) d\tau + \iint (\bar{\mathfrak{k}} | \delta \mathfrak{r}) d\sigma = \iiint \varrho' (\mathfrak{H} | \delta \mathfrak{r}) d\tau + \iint \eta' (\mathfrak{H} | \delta \mathfrak{r}) d\sigma = 0.$$

Nach Kap. IV, § 32, heißt dies aber, daß für jeden Ursprung O auch

(14) $\iiint \varrho' \mathfrak{H}\, d\tau + \iint \eta' \mathfrak{H}\, d\sigma = 0$ und $\iiint \varrho' [\mathfrak{r}\mathfrak{H}]\, d\tau + \iint \eta' [\mathfrak{r}\mathfrak{H}]\, d\sigma = 0$

wird. Der starre Magnet befindet sich also in seinem *eigenen* Kraftfeld allein stets im Gleichgewicht.

Tritt jedoch zu diesem eigenen Feld des Magneten noch ein äußeres Feld $\mathfrak{H}_a$, so ist die resultierende Feldstärke $\mathfrak{H} + \mathfrak{H}_a$, und Gl. (12) wird

(12′) $$\mathfrak{k} = \varrho'(\mathfrak{H} + \mathfrak{H}_a), \quad \text{bzw.} \quad \bar{\mathfrak{k}} = \eta'(\mathfrak{H} + \mathfrak{H}_a).$$

Man erhält damit für die resultierende Gesamtkraft, wegen Gl. (14),

(15) $$\mathfrak{K} = \iiint \varrho'(\mathfrak{H} + \mathfrak{H}_a)\, d\tau + \iint \eta'(\mathfrak{H} + \mathfrak{H}_a)\, d\sigma = \iiint \varrho' \mathfrak{H}_a\, d\tau + \iint \eta' \mathfrak{H}_a\, d\sigma$$

und für das resultierende Drehmoment um den gewählten Ursprung

(16) $$\begin{cases} \mathfrak{N} = \iiint \varrho' [\mathfrak{r}(\mathfrak{H} + \mathfrak{H}_a)]\, d\tau + \iint \eta' [\mathfrak{r}(\mathfrak{H} + \mathfrak{H}_a)]\, d\sigma \\ \quad = \iiint \varrho' [\mathfrak{r}\mathfrak{H}_a]\, d\tau + \iint \eta' [\mathfrak{r}\mathfrak{H}_a]\, d\sigma. \end{cases}$$

Maßgebend für den ponderomotorischen Antrieb des starren Magneten sind also neben der Verteilung der Dichten ϱ' und η' im Magneten *allein* die magnetischen Kräfte des *äußeren* Felds. In dem wichtigen Sonderfall eines *homogenen* äußeren Felds ist $\mathfrak{H}_a$ räumlich konstant, und somit wird der translatorische Antrieb des Magneten, wegen Gl. (4),

(17) $$\mathfrak{T} = \iiint \varrho' \mathfrak{H}_a\, d\tau + \iint \eta' \mathfrak{H}_a\, d\sigma = \left(\iiint \varrho'\, d\tau + \iint \eta'\, d\sigma \cdot\right) \mathfrak{H}_a = 0,$$

während sich für das resultierende Drehmoment

(18) $$\mathfrak{N} = \iiint \varrho' [\mathfrak{r}\mathfrak{H}_a]\, d\tau + \iint \eta' [\mathfrak{r}\mathfrak{H}_a]\, d\sigma = \left[\left(\iiint \varrho' \mathfrak{r}\, d\tau + \iint \eta' \mathfrak{r}\, d\sigma\right) \mathfrak{H}_a\right] = [\mathfrak{C}\mathfrak{H}_a]$$

ergibt. Der hier auftretende Vektor

(19) $$\mathfrak{C} = \iiint \varrho' \mathfrak{r}\, d\tau + \iint \eta' \mathfrak{r}\, d\sigma$$

ist wegen $\iiint \varrho'\, d\tau + \iint \eta'\, d\sigma = 0$ *ursprungsinvariant* und heißt das *magnetische Moment* des Magneten.

Nach dem Gaußschen Satz für Affinoren auf S. 63, Gl. (4^{IV}), ist nun für $\mathfrak{B} = \mathfrak{M}, \mathfrak{r}$, also für

$$\operatorname{div} \mathfrak{B} = \sum \mathfrak{B}_i \mathfrak{r}^i = \sum_1^3 \{(\mathfrak{M}_i | \mathfrak{r}^i)\mathfrak{r} + (\mathfrak{M} | \mathfrak{r}^i)\mathfrak{r}_i\} = \operatorname{div} \mathfrak{M} \cdot \mathfrak{r} + \mathfrak{M},$$

(20) $$\iint (\mathfrak{M} | d\mathfrak{f})\mathfrak{r} = \iiint \operatorname{div} \mathfrak{B} \cdot d\tau = \iiint d\tau \{\underbrace{\operatorname{div} \mathfrak{M}}_{= -\varrho'} \cdot \mathfrak{r} + \mathfrak{M}\}.$$

Wird über den Bereich des Magneten integriert, so ist an seiner Oberfläche $\mathfrak{M} | d\mathfrak{f} = \eta' d\sigma$, und Gl. (20) wird

(21) $$\iint \eta' \mathfrak{r}\, d\sigma + \iiint \varrho' \mathfrak{r}\, d\tau = \mathfrak{C} = \iiint \mathfrak{M}\, d\tau.$$

Hienach hat $\mathfrak{M}$ auch die Bedeutung des *spezifischen magnetischen Moments.*

§ 47. Das magnetische Feld des elektrischen Stroms

1. Wird das elektrische Gleichgewicht eines vorher statischen Felds gestört, so kann auch in Leitern ein elektrisches Feld auftreten. Dasselbe hat zur Folge, daß im Leiter ein Vorgang entsteht, den man *elektrische Strömung* nennt. Dieselbe ist in jedem Punkt des Leiters durch einen Vektor, die Stromdichte $\mathfrak{i}$, charakterisiert, welche im isotropen Leiter mit der momentanen Feldstärke durch die Gleichung

$$\mathfrak{i} = \lambda \mathfrak{E} \tag{1}$$

verbunden ist. Es ist dies *Ohms Gesetz* in einfachster Form und die Materialkonstante λ heißt die *Leitfähigkeit* des Leiters in dem betreffenden Punkt. Auch dem Leiter kommt dann eine Dielektrizitätskonstante zu, und Ladungen in seinem Innern sind durch $4\pi e = \int\int \varepsilon \mathfrak{E} | d\mathfrak{f}$ definiert.

Eine *erste Erfahrungstatsache* über elektrische Strömung wird dann in der Gleichung

$$-\frac{\partial e}{\partial t} = -\frac{\partial}{\partial t} \iint \frac{\varepsilon}{4\pi} \mathfrak{E} | d\mathfrak{f} = \iint \mathfrak{i} | d\mathfrak{f} \tag{2}$$

bzw.

$$-\frac{\partial \varrho}{\partial t} = \operatorname{div} \mathfrak{i}; \quad -\frac{\partial \eta}{\partial t} = \overline{\operatorname{div}}\, \mathfrak{i} \tag{2'}$$

zusammengefaßt. D. h.: Der Stromfluß durch die *geschlossene* Oberfläche eines Bereichs im Innern eines Leiters ist gleich der Abnahme, welche die eingeschlossene Ladung pro Zeiteinheit erfährt. Für irgendein Flächenstück im Leiter läßt sich deshalb $\int\int \mathfrak{i} | d\mathfrak{f} \cdot dt$ deuten als die Ladung, welche die umrandete Fläche im Zeitelement dt in Richtung $d\mathfrak{f}$ durchflossen hat.

Eine *zweite Grundtatsache* bedeutet das Auftreten von nicht elektromagnetischer Energie — meist Wärme — im Stromgebiet. Ihr „Effekt", d. h. ihr Zuwachs pro Zeiteinheit, ist für irgendeinen Bereich gegeben durch

$$\mathsf{E} = \int\int\int (\mathfrak{i} | \mathfrak{E})\, d\tau = \int\int\int \lambda (\mathfrak{E} | \mathfrak{E})\, d\tau. \tag{3}$$

Bleibt nun das Stromfeld zeitlich unverändert, ist also auch der Effekt pro Volumeinheit, die „Effektdichte" $\mathfrak{i} | \mathfrak{E}$ überall konstant, so heißt das Feld *stationär*. Da für ein solches überall auch ϱ bzw. η unverändert bleiben, so ist notwendig auch

$$\int\int \mathfrak{i} | d\mathfrak{f} = 0 \quad \text{bzw.} \quad \operatorname{div} \mathfrak{i} = \overline{\operatorname{div}}\, \mathfrak{i} = 0. \tag{4}$$

An der Oberfläche eines Leiters ist deshalb überall die Normalkomponente der Stromdichte gleich Null, und für *lineare* Leiter ist überall die *Stromstärke*, d. h. der über irgendeinen *Querschnitt* desselben erstreckte Wert $J = \int\int \mathfrak{i} | d\mathfrak{f}$, konstant.

2. Neben diesen Vorgängen im Stromgebiet selbst entsteht nun im Stromfeld und in seiner Umgebung auch ein magnetisches Feld mit Feldstärke $\mathfrak{H}$, wie es zuerst *Örstedt* 1820 beobachtet hat.

Für ein *stationäres* Stromfeld ist dann nach unsrem heutigen Wissen das zugeordnete magnetische Feld (bis auf ein zusätzliches Gradienten- oder Potentialfeld) bestimmt durch

$$\text{rot}\,\mathfrak{H} = \frac{4\pi\mathfrak{i}}{c} = \frac{4\pi\lambda}{c}\mathfrak{E}, \tag{5}$$

und zwar auch im magnetisierbaren Medium. Es treten also im Stromgebiet *Wirbelstellen der magnetischen Feldstärke auf*, und die Naturkonstante c wurde später (*Kohlrausch* und *Weber* 1857) als identisch mit der Lichtgeschwindigkeit erkannt. Aus Gl. (5) folgt übrigens ebenfalls wieder als Grundbedingung stationärer Strömung

$$\text{div rot}\,\mathfrak{H} = \frac{4\pi}{c}\,\text{div}\,\mathfrak{i} = 0. \tag{4'}$$

Wir setzen *im folgenden zunächst* die *Abwesenheit magnetisierbarer Substanz* voraus. Das alsdann quellenfreie magnetische Feld ist dann nach S. 68, Gl. (9) und (10), bestimmt durch

$$\mathfrak{H} = \text{rot}\,\mathfrak{p}; \quad \text{mit } \mathfrak{p} = \frac{1}{c}\iiint \frac{\mathfrak{i}}{r}\,d\tau, \tag{6}$$

wobei sich das Volumintegral für das „*Vektorpotential*" $\mathfrak{p}$ über das ganze Stromgebiet erstreckt. Mit diesem Wert tritt auch nach S. 68, Gl. (7), an Stelle von Gl. (5) die äquivalente

$$\Delta\mathfrak{p} + \frac{4\pi}{c}\mathfrak{i} = 0. \tag{5'}$$

Aus Gl. (6) folgt noch mit S. 50, Gl. (19), allgemein:

$$\mathfrak{H} = \frac{1}{c}\iiint d\tau\,\text{rot}\,\frac{\mathfrak{i}}{r} = \frac{1}{c}\iiint [\mathfrak{g}\mathfrak{i}]\,d\tau. \tag{6'}$$

3. Für den wichtigen Sonderfall eines *geschlossenen linearen Stroms* wird dabei, wenn $d\mathfrak{s}$ das Linienelement der Stromkurve in der Stromrichtung und q der Leiterquerschnitt ist:

$$\mathfrak{p} = \frac{1}{c}\oint \frac{\mathfrak{i}\,q\,ds}{r} = \frac{J}{c}\oint \frac{d\mathfrak{s}}{r}, \tag{7}$$

und hieraus folgt

$$\mathfrak{H} = \text{rot}\,\mathfrak{p} = \frac{J}{c}\oint \text{rot}\left(\frac{d\mathfrak{s}}{r}\right). \tag{8}$$

Bei der Wirbelbildung im Felde $\mathfrak{p}$ ist aber nur r veränderlich, jedoch jedes einzelne $d\mathfrak{s}$ im Raum fest. Es ist daher

$$\text{rot}\left(\frac{d\mathfrak{s}}{r}\right) = \sum_1^3 \left[\mathfrak{r}^i \left(\frac{1}{r}\right)_i d\mathfrak{s}\right] = \left[\text{grad}\left(\frac{1}{r}\right) d\mathfrak{s}\right] = [\mathfrak{g}\,d\mathfrak{s}],$$

und damit wird aus Gl. (8)

$$(9)\qquad \mathfrak{H} = \frac{J}{c}\oint [\mathfrak{g}\, d\mathfrak{s}] = \frac{J}{c}\oint \frac{[d\mathfrak{s}\,\mathfrak{r}]}{r^3}\,.$$

Dabei geht $\mathfrak{r}$ vom Stromelement zum Feldpunkt P.

Nach S. 238, Gl. (9), ist demnach das Feld einer magnetischen Doppelschicht vom spezifischen Moment M außerhalb der Doppelschicht selbst identisch mit dem magnetischen Feld eines elektrischen Stroms in ihrer Randkurve von der Stärke $J = Mc$.

Eine mögliche Deutung der obigen Gl. (9) ist ferner diejenige von *Biot* und *Savart*: Jedes Stromelement $J\, d\mathfrak{s}$ liefert zum magnetischen Feld den Beitrag

$$(10)\qquad d\mathfrak{H} = \frac{J}{c}\,\frac{[d\mathfrak{s}\,\mathfrak{r}]}{r^3}\,.$$

4. Besteht am Ort elektrischer Strömung zugleich ein magnetisches Feld, so unterliegt der materielle Träger der Strömung einer *ponderomotorischen Kraft*. Auf das Volumelement $d\tau$ mit der Stromdichte $\mathfrak{i}$ am Ort der Feldstärke $\mathfrak{H}$ wirkt dann die Kraft

$$(11)\qquad d\mathfrak{K} = \mathfrak{k}\, d\tau = \frac{[\mathfrak{i}\,\mathfrak{H}]}{c}\, d\tau\,,$$

und für das Volumelement $d\tau = q \cdot ds$ eines *linearen* Leiters ergibt sich hieraus der Wert

$$(11')\qquad d\mathfrak{K} = \frac{J}{c}\,[d\mathfrak{s}\,\mathfrak{H}]\,.$$

Stammt nun das Feld $\mathfrak{H}$ von einem zweiten linearen Stromkreis mit Linienelement $\overline{d\mathfrak{s}}$ und Stromstärke $\bar{J}$, so liefert zum Felde $\mathfrak{H}$ nach der Deutung von Biot und Savart in Gl. (10) das Stromelement $\bar{J}\,\overline{d\mathfrak{s}}$ den Beitrag

$$d\mathfrak{H} = \frac{\bar{J}}{c}\,\frac{[\overline{d\mathfrak{s}}\,\mathfrak{r}]}{r^3}\,,$$

und dabei geht die Richtung von $\mathfrak{r}$ von $\overline{d\mathfrak{s}}$ gegen $d\mathfrak{s}$. Setzt man nun diesen Wert statt $\mathfrak{H}$ in Gl. (11′) ein, so ergibt sich

$$(12)\qquad d\mathfrak{K} = \frac{J\bar{J}}{c^2}\,\frac{[d\mathfrak{s}\,[\overline{d\mathfrak{s}}\,\mathfrak{r}]]}{r^3}$$

als Ausdruck für die *(fiktive)* ponderomotorische Wirkung des Stromelements $\bar{J}\,\overline{d\mathfrak{s}}$ auf das Stromelement $J\, d\mathfrak{s}$. Es ist dies nichts ande es als *H. Graßmanns elektrodynamisches Grundgesetz* von 1845 in heutiger vektorieller Form.

Beobachtbar ist jedoch nur die Wirkung des ganzen *geschlossenen* Stromes $\bar{J}$ auf das Stromelement $J\, d\mathfrak{s}$. Rechnet man jetzt $\mathfrak{r}$ vom festgehaltenen Element $d\mathfrak{s}$ gegen $\overline{d\mathfrak{s}}$, so wird $\overline{d\mathfrak{s}} = d\mathfrak{r}$, und man erhält durch Integration über den ganzen Stromkreis $\bar{J}$, für $\mathfrak{g} = \frac{-\mathfrak{r}}{r^3}$:

$$\mathfrak{K} = \oint d\mathfrak{K} = \frac{J\bar{J}}{c^2}\oint \frac{[d\mathfrak{s}[d\mathfrak{r}(-\mathfrak{r})]]}{r^3} = \frac{J\bar{J}}{c^2}\oint [d\mathfrak{s}[d\mathfrak{r}\,\mathfrak{g}]]$$

$$= \frac{J\bar{J}}{c^2}\oint\{(d\mathfrak{s}|\mathfrak{g})\,d\mathfrak{r} - (d\mathfrak{s}|d\mathfrak{r})\,\mathfrak{g}\}.$$

Bei *partieller Integration* über das erste Glied der Klammer rechts wird dann

(14) $$\mathfrak{K} = \frac{J\bar{J}}{c^2}\{(d\mathfrak{s}|\mathfrak{g})\underbrace{\oint d\mathfrak{r}}_{=0} - \oint(d\mathfrak{s}|d\mathfrak{g})\,\mathfrak{r} - \oint(d\mathfrak{s}|d\mathfrak{r})\,\mathfrak{g}\}.$$

Hieraus ergibt sich als zweites zulässiges Elementargesetz sofort der Ausdruck

(15) $$d\mathfrak{K} = -\frac{J\bar{J}}{c^2}\{(d\mathfrak{s}|\overline{d\mathfrak{s}})\,\mathfrak{g} + (d\mathfrak{s}|d\mathfrak{g})\,\mathfrak{r}\},$$

wenn man wieder $\overline{d\mathfrak{s}}$ für $d\mathfrak{r}$ schreibt. Wegen $\mathfrak{g} = \frac{-\mathfrak{r}}{r^3}$, also

$$d\mathfrak{g} = \frac{-d\mathfrak{r}}{r^3} + \frac{3\,\mathfrak{r}\,dr}{r^4} = \frac{-\overline{d\mathfrak{s}}}{r^3} + \frac{3\,\mathfrak{r}(\mathfrak{r}|\overline{d\mathfrak{s}})}{r^5}$$

und folglich

$$d\mathfrak{s}|d\mathfrak{g} = \frac{-d\mathfrak{s}|\overline{d\mathfrak{s}}}{r^3} + 3\,\frac{(d\mathfrak{s}|\mathfrak{r})(\overline{d\mathfrak{s}}|\mathfrak{r})}{r^5},$$

wird Gl. (15) auch

(15′) $$d\mathfrak{K} = \frac{-J\bar{J}}{c^2}\left\{2\,(d\mathfrak{s}|\overline{d\mathfrak{s}}) - 3\,\frac{(d\mathfrak{s}|\mathfrak{r})(\overline{d\mathfrak{s}}|\mathfrak{r})}{r^2}\right\}\mathfrak{g}.$$

Es ist dies *Ampères* berühmtes *elektrodynamisches Grundgesetz* von 1820 in vektorieller Form. Dasselbe liefert eine Elementarkraft zwischen zwei Stromelementen, welche dem Newtonschen Reaktionsgesetz gehorcht und in Richtung der Verbindungslinie der Stromelemente wirkt.

5. Befindet sich im Stromgebiet und seiner Umgebung noch ein magnetisierbares Medium, so tritt zu dem durch Gl. (5) bestimmten Feld mit der Feldstärke $\mathfrak{H} = \mathfrak{H}_1$ noch ein *zusätzliches* durch die Magnetisierung $\mathfrak{M}$ erzeugtes Gradientenfeld $\mathfrak{H}_2$, wie es bereits durch die Gl. (2) und ff. in § 46 beschrieben wird, so daß die resultierende Gesamtfeldstärke $\mathfrak{H} = \mathfrak{H}_1 + \mathfrak{H}_2$ wird. Nach § 46, Gl. (3), verschwindet übrigens das Zusatzfeld $\mathfrak{H}_2$ vollständig, wenn $\mathfrak{M}$ überall quellenfrei verläuft.

Betrachtet man andrerseits nunmehr das Feld der stets quellenfreien magnetischen Induktion $\mathfrak{B} = \mathfrak{H} + 4\pi\mathfrak{M}$, so gilt für dieselbe, neben $\operatorname{div}\mathfrak{B} = 0$, stets $\operatorname{rot}\mathfrak{B} = \operatorname{rot}\mathfrak{H} + 4\pi\operatorname{rot}\mathfrak{M}$, d. h. nach S. 242, Gl. (5),

(16) $$\operatorname{rot}\mathfrak{B} = \frac{4\pi}{c}\,\mathfrak{i} + 4\pi\operatorname{rot}\mathfrak{M} = \frac{4\pi}{c}(\mathfrak{i} + c\operatorname{rot}\mathfrak{M}) = \frac{4\pi}{c}\,\mathfrak{j}.$$

Ein Vergleich der Gl. (16) mit Gl. (5) erlaubt es, die magnetische Induktion $\mathfrak{B}$ auch zu deuten als „Feldstärke", lediglich hervorgerufen durch eine Stromverteilung mit der Gesamtdichte $\mathfrak{j} = \mathfrak{i} + c\operatorname{rot}\mathfrak{M}$. Das Feld der Magnetisierung $\mathfrak{M}$ wird also dabei in seiner Wirkung ersetzt durch ein System „*Ampèrescher Molekularströme*“ mit der (fingierten) Stromdichte $\mathfrak{i}' = c \operatorname{rot} \mathfrak{M}$.

Nach S. 68, Gl. (9) leitet sich dann das Feld $\mathfrak{B}$ durch Wirbelbildung ab aus einem Vektorpotential $\mathfrak{A}$:

$$\mathfrak{A} = \frac{1}{c} \iiint \frac{\mathfrak{i} + c \operatorname{rot} \mathfrak{M}}{r} \, d\tau, \tag{17}$$

welches zugleich der Nebenbedingung $\operatorname{div} \mathfrak{A} = 0$ genügt. Es ist dies nach S. 68 die allgemeine Lösung der Vektor-Differentialgleichung $\Delta \mathfrak{A} + \frac{4\pi}{c} \mathfrak{i} = 0$, welcher in Analogie zur allgemeinen Lösung (27) der Poissonschen Differentialgleichung auf S. 233 bei Beschränkung auf ein *endliches* Integrationsgebiet auch die Form

$$\mathfrak{A}_0 = \frac{1}{c} \iiint \frac{\mathfrak{i}}{r} d\tau + \frac{1}{4\pi} \iint \left\{ \mathfrak{A} \left(\operatorname{grad} \frac{1}{r} \,\middle|\, d\mathfrak{f} \right) - \frac{1}{r} (d\mathfrak{f} \operatorname{grad}) \mathfrak{A} \right\} \tag{17'}$$

gegeben werden kann. Wenn dabei, insbesondere an der Oberfläche von Magneten, infolge von Unstetigkeiten des Vektors $\mathfrak{M}$ auch *Flächenwirbel* der Magnetisierung auftreten, so lautet *der vom Feld der Magnetisierung herrührende Anteil am Vektorpotential* (17) allgemeiner

$$\mathfrak{A}_m = \iiint \frac{\operatorname{rot} \mathfrak{M}}{r} d\tau + \iint \frac{\overline{\operatorname{rot}} \mathfrak{M}}{r} d\sigma, \tag{17''}$$

oder nach S. 67, Gl. (44), für $\varphi = \frac{1}{r}$ und $\mathfrak{v} = \mathfrak{M}$, weil dabei $\varphi \overline{\operatorname{rot}} \mathfrak{v} = \overline{\operatorname{rot}} (\varphi \mathfrak{v})$:

$$\mathfrak{A}_m = \iiint \left[\mathfrak{M} \operatorname{grad} \frac{1}{r} \right] d\tau - \iint \frac{1}{r} [\mathfrak{M} \, d\mathfrak{f}]. \tag{17'''}$$

Das zweite Integral rechts verschwindet nun, wenn man die Hüllfläche außerhalb des magnetisierten Gebietes wählt. Es ist deshalb allgemein

$$\mathfrak{A}_m = \iiint \left[\mathfrak{M} \operatorname{grad} \frac{1}{r} \right] d\tau = \iiint [\mathfrak{M} \mathfrak{g}] \, d\tau, \tag{17^{IV}}$$

integriert über das ganze magnetisierte Gebiet, analog zum *skalaren* Potential der Magnetisierung: $\psi = \iiint (\mathfrak{M} \,|\, \mathfrak{g}) \, d\tau$, für welches $\mathfrak{H} = -\operatorname{grad} \psi$ wird.

6. Für para- (und dia-)magnetische Körper ist nach S. 236 $\mathfrak{M} = \gamma \mathfrak{H}$. Man bezieht deshalb die jetzt mit $\mathfrak{H}$ veränderliche Energiedichte der Magnetisierung, für welche in Analogie zu S. 231, Gl. (16), der Ansatz $\frac{1}{2} \mathfrak{M} \,|\, \mathfrak{H}$ gilt, in die Energiebilanz des magnetischen Felds ein und betrachtet infolgedessen den Wert

$$\mathsf{M} = \frac{1}{8\pi} \mathfrak{H} \,|\, \mathfrak{H} + \frac{1}{2} \mathfrak{H} \,|\, \mathfrak{M} = \frac{1}{8\pi} \mathfrak{H} \,|\, (\mathfrak{H} + 4\pi \mathfrak{M}) = \frac{1}{8\pi} \mathfrak{H} \,|\, \mathfrak{B} = \frac{\mu}{8\pi} \mathfrak{H} \,|\, \mathfrak{H} \tag{18}$$

als Dichte der gesamten verfügbaren magnetischen Energie.

In einem solchen para- oder diamagnetischen Medium tritt dann auch an Stelle von S. 243, Gl. (11) bzw. (11′), als Ausdruck für die ponderomotorische Kraft auf ein Stromelement der Wert

(11″) $$d\mathfrak{K} = \mathfrak{k}\,d\tau = \frac{[\mathfrak{i}\,\mathfrak{B}]}{c}\,d\tau = \frac{\mu}{c}[\mathfrak{i}\,\mathfrak{H}]\,d\tau$$

bzw.

(11‴) $$d\mathfrak{K} = \frac{J}{c}[d\mathfrak{s}\,\mathfrak{B}] = \frac{\mu J}{c}[d\mathfrak{s}\,\mathfrak{H}].$$

7. Nach *H. A. Lorentz* ist jeder elektrische Strom zu deuten als *Konvektionsstrom* bewegter Ladungen. Ist deren (positive oder negative) Dichte gleich ϱ, so sind Stromdichte und Kraftdichte

(19) $$\mathfrak{i} = \varrho\mathfrak{v}; \qquad \mathfrak{k} = \frac{\varrho}{c}[\mathfrak{v}\,\mathfrak{B}],$$ (20)

wo $\mathfrak{v}$ die Geschwindigkeit der Ladungsträger ist. Aus Gl. (20) folgt

(21) $$\mathfrak{k}\,|\,\mathfrak{v} = \frac{\varrho}{c}(\mathfrak{v}\,\mathfrak{B}\,\mathfrak{v}) = 0,$$

d. h. der *Arbeitseffekt* ist stets gleich *Null*, da $\mathfrak{k}$ immer zur Bewegungsrichtung $\mathfrak{v}$ senkrecht ist.

Zerlegt man aber im Falle *bewegter* Leiter $\mathfrak{v}$ in die Komponente $\mathfrak{v}'$ gleich der Geschwindigkeit des Leiterelements und die Komponente $\mathfrak{v}''$ gleich der Geschwindigkeit der Ladung relativ zum Leiter, so wird

(22) $$\mathfrak{k} = \frac{\varrho}{c}[\mathfrak{v}\,\mathfrak{B}] = \frac{\varrho}{c}[\mathfrak{v}'\,\mathfrak{B}] + \frac{\varrho}{c}[\mathfrak{v}''\,\mathfrak{B}].$$

Der *erste* Summand rechts bedeutet dann offenbar die infolge der Bewegung des Leiterelements in demselben „*induzierte*" elektromotorische Kraft $\varrho\,\mathfrak{E}'$ auf die *Volumeinheit* des Ladungsträgers, d. h. $\mathfrak{E}' = \frac{[\mathfrak{v}'\,\mathfrak{B}]}{c}$ ist die *induzierte elektrische Feldintensität.* Wir stoßen hier zuerst für den Fall bewegter Leiter auf die 1831 von Faraday entdeckten *Induktionsströme.* Der *zweite* Summand in Gl. (22) rechts, nämlich $\frac{\varrho}{c}[\mathfrak{v}''\,\mathfrak{B}]$, ist dagegen die ponderomotorische Kraft $\mathfrak{q}$ auf die Volumeinheit des Leiterelements. Denn $\varrho\mathfrak{v}''$ ist dabei die Stromdichte $\mathfrak{i}'$ im bewegten Leiterelement, und die „Effektgleichung" (21) wird nunmehr

$$\mathfrak{v}\,|\,\mathfrak{k} = \frac{\varrho}{c}(\mathfrak{v}\,\mathfrak{v}'\,\mathfrak{B}) + \frac{\varrho}{c}(\mathfrak{v}\,\mathfrak{v}''\,\mathfrak{B}) = 0$$

bzw. wegen $\mathfrak{v} = \mathfrak{v}' + \mathfrak{v}''$

(21′) $$\frac{\varrho}{c}(\mathfrak{v}''\,\mathfrak{v}'\,\mathfrak{B}) + \frac{\varrho}{c}(\mathfrak{v}'\,\mathfrak{v}''\,\mathfrak{B}) = 0$$

oder *gedeutet*

(21″) $$\varrho\mathfrak{v}''\,|\,\mathfrak{E}' + \mathfrak{v}'\,|\,\mathfrak{q} = 0.$$

Der Effekt der induzierten Spannung und der mechanische Effekt pro Volumeinheit kompensieren sich also in jedem Augenblick. Ohne die Lorentzsche Hypothese der Ladungsträger wird dies auch in der Form

$$\mathfrak{i}' \,|\, \mathfrak{E}' + \frac{\mathfrak{v}' \,|\, [\mathfrak{i}' \mathfrak{B}]}{c} = 0 \tag{23}$$

ausgedrückt.

8. Der vollständige Ansatz für die Dichte der ponderomotorischen Kraft in einem *stationären* elektrischen oder magnetischen Feld mit der Feldstärke $\mathfrak{H}$ wäre also nach S. 236, Gl. (38), und S. 246, Gl. (11''),

$$\mathfrak{k} = \varrho \mathfrak{H} - \frac{1}{8\pi} (\mathfrak{H} \,|\, \mathfrak{H}) \operatorname{grad} \mu + \frac{\mu}{c} [\mathfrak{i} \mathfrak{H}]. \tag{24}$$

Dabei verschwindet jedoch für ein magnetisches Feld das erste und für ein elektrisches Feld das dritte Glied, weil es keine wahren magnetischen Ladungen und keine magnetischen Ströme gibt.

Schon Faraday suchte bekanntlich diese *Volum*kräfte zu ersetzen durch „Spannungen" oder *Flächen*kräfte, die im elektrischen bzw. magnetischen Feld als *Nahkräfte* wirksam sind. Aber erst Maxwell gab dieser Vorstellung ihre präzise mathematische Form. Für jedes solche System von Spannungen existiert nun nach Kap. IV, S. 202ff., notwendig an jeder Stelle des Mediums ein symmetrischer Spannungsaffinor $\mathfrak{T}$ und nach S. 203, Gl. (13), ist die aus diesen Spannungen resultierende *Kraftdichte* gleich der *Affinordivergenz* dieses Spannungsaffinors $\mathfrak{T}$. Unter Verwendung einer kartesischen Basis wird aber für $\mathfrak{T} = \sum_1^3 \mathfrak{e}_h, \mathfrak{k}_h$:

$$\operatorname{div} \mathfrak{T} = \sum_1^3 \mathfrak{T}_i \mathfrak{e}_i = \sum_1^3 \frac{\partial \mathfrak{k}_i}{\partial x_i}. \tag{25}$$

Andrerseits wird Gl. (24), mit

$$4\pi\varrho = \operatorname{div} \mathfrak{B} = \sum_1^3 \mathfrak{e}_i \,|\, \mathfrak{B}_i; \quad \operatorname{grad} \mu = \sum_1^3 \mu_i \mathfrak{e}_i; \quad \frac{4\pi \mathfrak{i}}{c} = \operatorname{rot} \mathfrak{H} = \sum_1^3 [\mathfrak{e}_i \mathfrak{H}_i]$$

$$\left\{ \begin{aligned} 8\pi\mathfrak{k} &= \sum_1^3 \{2(\mathfrak{e}_i \,|\, \mathfrak{B}_i)\mathfrak{H} - (\mathfrak{H} \,|\, \mathfrak{H}) \mu_i \mathfrak{e}_i + 2\mu [[\mathfrak{e}_i \mathfrak{H}_i] \mathfrak{H}]\} \\ &= \sum_1^3 \{2(\mathfrak{e}_i \,|\, \mathfrak{B}_i)\mathfrak{H} - (\mathfrak{H} \,|\, \mathfrak{H}) \mu_i \mathfrak{e}_i + 2\mu (\mathfrak{e}_i \,|\, \mathfrak{H}) \mathfrak{H}_i - 2\mu (\mathfrak{H}_i \,|\, \mathfrak{H}) \mathfrak{e}_i\}, \end{aligned} \right. \tag{24'}$$

wofür man sogleich auch

$$8\pi\mathfrak{k} = \sum_1^3 \frac{\partial}{\partial x_i} \{2(\mathfrak{e}_i \,|\, \mathfrak{B})\mathfrak{H} - \mu (\mathfrak{H} \,|\, \mathfrak{H}) \mathfrak{e}_i\} \tag{24''}$$

schreiben kann. $\mathfrak{k}$ ist also die Divergenz des Affinors $\mathfrak{T} = \sum_1^3 \mathfrak{e}_i, \mathfrak{k}_i$, wenn man

$$\mathfrak{k}_i = \mathfrak{T}\mathfrak{e}_i = \frac{1}{8\pi}\{2(\mathfrak{e}_i|\mathfrak{B})\mathfrak{H} - (\mathfrak{B}|\mathfrak{H})\mathfrak{e}_i\}$$

setzt. Die Spannung selbst, als Funktion der normierten Flächennormale $\mathfrak{n}$, ist folglich

$$\mathfrak{k}_\mathfrak{n} = \mathfrak{T}\mathfrak{n} = \frac{1}{8\pi}\{2(\mathfrak{n}|\mathfrak{B})\mathfrak{H} - (\mathfrak{B}|\mathfrak{H})\mathfrak{n}\}, \tag{26}$$

und eben dies ist *Maxwells Resultat* in vektorieller Gestalt.

Die *Komponenten des* zugehörigen *Spannungstensors* $\mathfrak{y}|\mathfrak{T}\mathfrak{x}$ sind offenbar, mit $\mathfrak{B} = \mu\mathfrak{H}$,

$$T_{ki} = \mathfrak{e}_k|\mathfrak{T}\mathfrak{e}_i = \frac{\mu}{8\pi}\{2(\mathfrak{e}_i|\mathfrak{H})(\mathfrak{e}_k|\mathfrak{H}) - (\mathfrak{H}|\mathfrak{H})(\mathfrak{e}_k|\mathfrak{e}_i)\} = \mathfrak{e}_i|\mathfrak{T}\mathfrak{e}_k = T_{ik}, \tag{27}$$

und diese Gleichung zeigt auch, daß der Spannungstensor tatsächlich symmetrisch ist. Für $\mathfrak{H} = \sum_1^3 h_i\mathfrak{e}_i$ ergibt sich aus Gl. (27) das bekannte Schema dieser Spannungskomponenten:

$$\left\{\begin{array}{ccc} \frac{1}{2}\mu(h_1^2 - h_2^2 - h_3^2) & \mu h_1 h_2 & \mu h_1 h_3 \\ \mu h_2 h_1 & \frac{1}{2}\mu(h_2^2 - h_3^2 - h_1^2) & \mu h_2 h_3 \\ \mu h_3 h_1 & \mu h_3 h_2 & \frac{1}{2}\mu(h_3^2 - h_1^2 - h_2^2), \end{array}\right. \tag{27'}$$

mit dem in den üblichen Darstellungen gearbeitet wird.

Sodann liefert Gl. (26) für $\mathfrak{n}$ parallel zu $\mathfrak{H}$, also $\mathfrak{H} = H\mathfrak{n}$:

$$\mathfrak{T}\mathfrak{n} = \frac{1}{8\pi}\{2\mu H^2\mathfrak{n} - \mu H^2\mathfrak{n}\} = \frac{\mu}{8\pi}H^2\mathfrak{n}, \tag{28}$$

also eine *Zug*spannung parallel zu $\mathfrak{H}$ und vom Betrag $\frac{\mu}{8\pi}H^2$. Dagegen wird für $\mathfrak{n}$ senkrecht zu $\mathfrak{H}$, also $\mathfrak{B}|\mathfrak{n} = 0$:

$$\mathfrak{T}\mathfrak{n} = \frac{1}{8\pi}\{0 - \mu H^2\mathfrak{n}\} = -\frac{\mu}{8\pi}H^2\mathfrak{n} \tag{29}$$

d. h. eine ebenso große *Druck*spannung senkrecht zu $\mathfrak{H}$, ganz wie es Faradays Anschauungen entspricht.

Bei der Herleitung der Gl. (26) wurde als Ausgangspunkt die Gl. (24) benützt, welche die Stetigkeit von ϱ und μ voraussetzte und Unstetigkeitsflächen zunächst ausschloß. Da jedoch im Ergebnis der Gl. (26) Differentialquotienten dieser Größen nicht mehr vorkommen, betrachtet man die Werte dieser Spannungen auch da in Strenge für gültig, wo μ sich sprungweise ändert oder Flächendichten wirksam sind.

9. Für ein beliebiges, auch ortsveränderliches, aber von $\mathfrak{H}$ unabhängiges μ ist die magnetische Energie des stationären Felds wegen Gl. (17) stets

(30) $$U = \frac{1}{8\pi}\iiint \mathfrak{H}\,|\,\mathfrak{B}\,d\tau = \frac{1}{8\pi}\iiint \mathfrak{H}\,|\operatorname{rot}\mathfrak{A}\,d\tau$$

oder auch, wegen $\operatorname{div}[\mathfrak{A}\mathfrak{H}] = \mathfrak{H}\,|\operatorname{rot}\mathfrak{A} - \mathfrak{A}\,|\operatorname{rot}\mathfrak{H}$:

(31) $$U = \frac{1}{8\pi}\iiint\{\mathfrak{A}\,|\operatorname{rot}\mathfrak{H} + \operatorname{div}[\mathfrak{A}\mathfrak{H}]\}\,d\tau = \frac{1}{8\pi}\iiint(\mathfrak{A}\,|\operatorname{rot}\mathfrak{H})\,d\tau + \iint[\mathfrak{A}\mathfrak{H}]\,|\,d\mathfrak{f},$$

wobei das Oberflächenintegral wieder verschwindet, wenn die Hüllfläche ins Unendliche rückt. Nun ist im stationären Feld $\operatorname{rot}\mathfrak{H} = \frac{4\pi}{c}\mathfrak{i}$ und folglich auch

(32) $$U = \frac{1}{2c}\iiint(\mathfrak{A}\,|\,\mathfrak{i})\,d\tau,$$

integriert über das ganze stromführende Gebiet.

Für *lineare* Ströme wird somit, wegen $\mathfrak{i}\,d\tau = J\,d\mathfrak{s}$

(33) $$U = \frac{J}{2c}\oint\mathfrak{A}\,|\,d\mathfrak{s} = \frac{J}{2c}\iint\operatorname{rot}\mathfrak{A}\,|\,d\mathfrak{f} = \frac{J}{2c}\iint\mathfrak{B}\,|\,d\mathfrak{f}.$$

Wird ein solcher Stromkreis als starres Ganzes oder unter Deformation bewegt, so leistet die nach Gl. (11‴) auf S. 246 am Leiterelement $d\mathfrak{s}$ angreifende Kraft $d\mathfrak{K} = \frac{J}{c}[d\mathfrak{s}\,\mathfrak{B}]$ bei der Verrückung des Leiterelements $d\mathfrak{s}$ um den infinitesimalen Vektor $d\mathfrak{q}$ die Arbeit

$$d\mathfrak{K}\,|\,d\mathfrak{q} = \frac{J}{c}(d\mathfrak{s}\,\mathfrak{B}\,d\mathfrak{q}) = \frac{J}{c}\,\mathfrak{B}\,|\,[d\mathfrak{q}\,d\mathfrak{s}],$$

und die Gesamtarbeit der magnetischen Kräfte bei der infinitesimalen Bewegung des ganzen Stromkreises wird, für $[d\mathfrak{q}\,d\mathfrak{s}] = d\mathfrak{f}$,

(34) $$dA = \frac{J}{c}\oint\mathfrak{B}\,|\,[d\mathfrak{q}\,d\mathfrak{s}] = \frac{J}{c}\oint\mathfrak{B}\,|\,d\mathfrak{f} = \frac{J}{c}\,d\Phi.$$

Dabei ist $d\Phi$ der Zuwachs, welchen der „Induktionsfluß“ $\Phi = \iint\mathfrak{B}\,|\,d\mathfrak{f}$ durch eine vom Strom umrandete Fläche bei der infinitesimalen Verrückung des Stromkreises erfährt.

Im Falle *mehrerer* getrennter linearer Stromkreise J_k tritt an Stelle der Gl. (33) die entsprechende

(35) $$U = \sum_k \frac{J_k}{2c}\oint\mathfrak{A}\,|\,d\mathfrak{s}_k = \sum_k \frac{J_k}{2c}\iint\mathfrak{B}\,|\,d\mathfrak{f}_k = \frac{1}{2c}\sum_k J_k\Phi_k.$$

Weil dabei nach Voraussetzung die Permeabilität μ von $\mathfrak{H}$ nicht abhängen soll, so sind die Beiträge $\mathfrak{B}_h$ der einzelnen Ströme zum resultierenden Vektor $\mathfrak{B}$ den betreffenden Stromstärken J_h direkt proportional, und dementsprechend wird auch

(36) $$\frac{1}{c}\Phi_k = \sum_h\{\iint_{(k)}\mathfrak{B}_h\,|\,d\mathfrak{f}_k\} = \sum_h L_{kh}\,J_h.$$

Damit erhält aber Gl. (35) die Form

(37) $$U = \frac{1}{2} \sum_{h,k} J_k J_h L_{kh}.$$

Die Proportionalitätsfaktoren L_{hk} werden die „*Induktionskoeffizienten*" genannt. Insbesondere sind die L_{kk} die sogenannten Selbstinduktionskoeffizienten und die L_{kh} für $h \neq k$ die Koeffizienten der gegenseitigen Induktion. Insbesondere für *zwei* Stromkreise ist nach Gl. (36) $L_{21} J_1$ das $\frac{1}{c}$ fache des Induktionsflusses, welchen der Stromkreis I durch den Rand des Stromkreises II schickt: $L_{21} J_1 = \iint \mathfrak{B}_1 | d\mathfrak{f}_2 = \oint \mathfrak{A}_1 | d\mathfrak{s}_2$. Im *homogenen* Medium ist dabei $\mathfrak{A}_1 = \frac{\mu J_1}{c} \oint \frac{d\mathfrak{s}_1}{r}$, so daß

(38) $$L_{21} = \frac{\mu}{c^2} \oint \oint \frac{d\mathfrak{s}_2 | d\mathfrak{s}_1}{r_{12}} = L_{12}$$

wird (*F. Neumann* 1845).

§ 48. Die Maxwellschen Gleichungen und die elektrodynamischen Potentiale

1. Die Entstehung von Induktionsströmen in bewegten Leitern wurde bereits in § 47 bei der Deutung der Gl. (22) berührt. Wie Faraday 1831 entdeckte, entsteht ein solcher Induktionsstrom auch in *ruhenden* geschlossenen linearen Leitern, wenn der „Fluß" $\iint \mathfrak{B} | d\mathfrak{f}$ der magnetischen Induktion durch die Kurve des Leiters eine zeitliche Änderung erfährt. Sein Auftreten ist dadurch bedingt, daß alsdann die „*Randspannung*" $E = \oint \mathfrak{E} | d\mathfrak{s}$ längs der Kurve des geschlossenen Leiters von Null verschieden ist. Nach *F. Neumanns* Formulierung (1845) gilt nämlich für die im Leiter auftretende Randspannung die Beziehung

(1) $$-\frac{\partial}{\partial t} \iint \mathfrak{B} | d\mathfrak{f} = -\frac{\partial}{\partial t} \iint \mu \mathfrak{H} | d\mathfrak{f} = c \oint \mathfrak{E} | d\mathfrak{s},$$

und nach Maxwell gilt diese Gleichung auch außerhalb des Leiters für jede beliebige geschlossene Kurve des Felds. Nach Gl. (1) ist also in jedem Augenblick der „*magnetische Schwund*" gleich der auftretenden Randspannung, multipliziert mit der Lichtgeschwindigkeit c. Da aber für jeden Rand zugleich $\oint \mathfrak{E} | d\mathfrak{s} = \iint \operatorname{rot} \mathfrak{E} | d\mathfrak{f}$, so ist Gl. (1) gleichwertig mit

(1') $$-\frac{\partial \mathfrak{B}}{\partial t} = -\frac{\partial (\mu \mathfrak{H})}{\partial t} = c \operatorname{rot} \mathfrak{E}.$$

Das Feld ist also hiebei zeitlich veränderlich und folglich nicht mehr „stationär". Durch Gl. (1) bzw. (1') ist bereits die erste der beiden „*Hauptgleichungen*" der Elektrodynamik formuliert.

Praktisch wichtig ist der Sonderfall von zwei festliegenden linearen Stromkreisen I und II im *homogenen* Medium. Die Vorgänge seien *quasistationär,* d. h. relativ so langsam veränderlich, daß die Stromstärken J_1 und J_2 und ihre Magnetfelder nach den Gesetzen des § 47 bestimmbar sind. Dann ist $\mathfrak{B}_1$ gegeben durch

$$\mathfrak{B}_1 = \operatorname{rot} \mathfrak{A}_1, \quad \text{mit} \quad \mathfrak{A}_1 = \frac{\mu}{c} J_1 \oint \frac{d\mathfrak{s}_1}{r}.$$

Also „induziert" eine Änderung von J_1 im Leiterkreis II eine Randspannung (elektromotorische Kraft)

$$\text{(2)} \quad \begin{cases} E_2 = \oint \mathfrak{E}_2 | d\mathfrak{s}_2 = -\frac{1}{c} \frac{\partial}{\partial t} \iint \operatorname{rot} \mathfrak{A}_1 | d\mathfrak{f}_2 = -\frac{1}{c} \frac{\partial}{\partial t} \oint \mathfrak{A}_1 | d\mathfrak{s}_2 \\ = -\frac{\partial}{\partial t} \left\{ \frac{\mu J_1}{c^2} \oint \oint \frac{d\mathfrak{s}_1 | d\mathfrak{s}_2}{r_{12}} \right\} = -\frac{\partial J_1}{\partial t} \cdot L_{12}. \end{cases}$$

Entsprechend induziert eine Änderung von J_2 im Leiterkreis I eine elektromotorische Kraft $E_1 = -\frac{\partial J_2}{\partial t} L_{21}$, mit $L_{21} = L_{12}$.

Die auftretende induzierte Randspannung E wird also allein durch die Änderungsgeschwindigkeit der Stromstärke J und den schon in § 47, Gl. (38), auftretenden Koeffizienten $L_{12} = L_{21}$ der gegenseitigen Induktion bestimmt.

2. Neben der Gl. (1) bzw. (1') bildete die Gl. (5) des § 47, nämlich

$$\text{(3)} \qquad 4\pi \mathfrak{i} = c \operatorname{rot} \mathfrak{H}$$

oder in Integralform

$$\text{(3')} \qquad 4\pi \iint \mathfrak{i} | d\mathfrak{f} = c \iint \operatorname{rot} \mathfrak{H} | d\mathfrak{f} = c \oint \mathfrak{H} | d\mathfrak{s}$$

die andere Hauptgleichung der Vor-Maxwellschen Elektrodynamik.

Maxwell erkannte nun, daß in zeitlich rasch veränderlichen Feldern in Gl. (3) neben der Stromdichte $\mathfrak{i}$ noch ein weiteres Glied wirksam wird, nämlich die Dichte des „*Verschiebungsstromes*" $\frac{1}{4\pi} \frac{\partial \mathfrak{D}}{\partial t} = \frac{1}{4\pi} \frac{\partial (\varepsilon \mathfrak{E})}{\partial t}$, so daß an Stelle von Gl. (3) die *zweite Maxwellsche Hauptgleichung* tritt:

$$\text{(4)} \qquad \frac{\partial (\varepsilon \mathfrak{E})}{\partial t} + 4\pi\lambda \mathfrak{E} = c \operatorname{rot} \mathfrak{H}$$

bzw. in Integralform

$$\text{(4')} \qquad \frac{\partial}{\partial t} \iint \varepsilon \mathfrak{E} | d\mathfrak{f} + 4\pi \iint \lambda \mathfrak{E} | d\mathfrak{f} = c \oint \mathfrak{H} | d\mathfrak{s}.$$

Dieselbe reduziert sich für Nichtleiter (Isolatoren) auf

$$\text{(5)} \qquad \frac{\partial (\varepsilon \mathfrak{E})}{\partial t} = c \operatorname{rot} \mathfrak{H} \quad \text{bzw.} \quad \frac{\partial}{\partial t} \iint \varepsilon \mathfrak{E} | d\mathfrak{f} = c \oint \mathfrak{H} | d\mathfrak{s}. \qquad \text{(5')}$$

Die Gl. (1) sowie (4), bzw. (5), bilden die Grundlage der *Maxwellschen Theorie* (1873). Aus ihnen folgt direkt

$$\frac{\partial}{\partial t}(\operatorname{div}\mathfrak{B}) = -c\operatorname{div}\operatorname{rot}\mathfrak{E} = 0 \tag{6}$$

$$\frac{\partial}{\partial t}(\operatorname{div}\mathfrak{D}) + 4\pi\lambda\operatorname{div}\mathfrak{E} = c\operatorname{div}\operatorname{rot}\mathfrak{H} = 0. \tag{7}$$

Es ist also an jeder Stelle $\operatorname{div}\mathfrak{B} = \text{const}$, nämlich nach S. 236 $\operatorname{div}\mathfrak{B} = 0$, während für Isolatoren, d. h. für $\lambda = 0$, $\operatorname{div}\mathfrak{D} = 4\pi\varrho$ wohl räumlich variieren kann, aber zeitlich konstant bleiben muß (solange nicht in Gl. (4) ein Zusatzglied für konvektive Strömung aufgenommen wird).

3. Da nun elektromagnetische Teilfelder sich einfach superponieren, kann man die *allgemeine* Lösung der Gl. (1) und (4) in zwei Teile zerlegen, nämlich in ein *statisches* Feld, bestimmt durch die Verteilung der Werte ε und ϱ, sowie von μ und der permanenten Magnetisierung $\mathfrak{M}$, im ganzen Feld, und zweitens in ein in $\mathfrak{D}$ und $\mathfrak{B}$ überall *quellenfreies* Feld, für welches überall $\mathfrak{D} = \varepsilon\mathfrak{E}$ und $\mathfrak{B} = \mu\mathfrak{H}$ wird. Im *homogenen Isolator* ist dann allgemein

(8a) $\quad \operatorname{div}\mathfrak{D} = \varepsilon\operatorname{div}\mathfrak{E} = 0 \quad$ und $\quad \operatorname{div}\mathfrak{B} = \mu\operatorname{div}\mathfrak{H} = 0, \quad$ (8b)

und aus den Hauptgleichungen

(5′) $\quad \varepsilon\dfrac{\partial\mathfrak{E}}{\partial t} = c\operatorname{rot}\mathfrak{H}; \qquad \mu\dfrac{\partial\mathfrak{H}}{\partial t} = -c\operatorname{rot}\mathfrak{E} \quad$ (1″)

folgt unmittelbar durch Wirbelbildung

$$\varepsilon\frac{\partial(\operatorname{rot}\mathfrak{E})}{\partial t} = c\operatorname{rot}\operatorname{rot}\mathfrak{H}$$

und nach Einsetzen von $\operatorname{rot}\mathfrak{E}$ aus Gl. (1″) im Blick auf S. 54, Gl. (7c),

$$-\frac{\varepsilon\mu}{c^2}\frac{\partial^2\mathfrak{H}}{\partial t^2} = \operatorname{grad}\operatorname{div}\mathfrak{H} - \varDelta\mathfrak{H},$$

d. h. wegen Gl. (8b)

$$\frac{\varepsilon\mu}{c^2}\frac{\partial^2\mathfrak{H}}{\partial t^2} = \varDelta\mathfrak{H}. \tag{9}$$

Ganz ebenso erhält man

$$\frac{\varepsilon\mu}{c^2}\frac{\partial^2\mathfrak{E}}{\partial t^2} = \varDelta\mathfrak{E}. \tag{10}$$

Die Feldvektoren $\mathfrak{E}$ und $\mathfrak{H}$ genügen also im homogenen Isolator beide der altbekannten *Wellengleichung* $\frac{\partial^2\mathfrak{x}}{\partial t^2} = v^2\varDelta\mathfrak{x}$, und als Ausbreitungsgeschwindigkeit der Welle ergibt sich der Wert

$$v = \frac{c}{\sqrt{\varepsilon\mu}}, \tag{11}$$

insbesondere $v = c$ im Vakuum. Auf dieses Ergebnis begründete bekanntlich Maxwell seine *elektromagnetische Lichttheorie.*

Als Beispiel einer partikularen Lösung sei hier der Fall der *ebenen Welle* diskutiert. Wir setzen:

(12) $$\mathfrak{E} = \mathfrak{E}_0 f(z), \quad \mathfrak{H} = \mathfrak{H}_0 g(z),$$

wobei $f(z)$ und $g(z)$ zunächst noch völlig willkürliche Zahlfunktionen derselben Veränderlichen $z = t - \frac{\mathfrak{a}|\mathfrak{r}}{v}$ sein sollen. $\mathfrak{r}$ bedeute wieder den Ortsvektor nach dem Feldpunkt P; v die konstante Fortpflanzungsgeschwindigkeit der Welle und $\mathfrak{a}$ den Einheitsvektor in Richtung der Normalen zur Wellenebene. Man erhält dann für eine kartesische Basis mit $\mathfrak{r} = \sum_1^3 x_i \mathfrak{e}_i$ sofort:

(13) $$\frac{\partial \mathfrak{E}}{\partial t} = \mathfrak{E}_0 f'(z); \quad \frac{\partial \mathfrak{H}}{\partial t} = \mathfrak{H}_0 g'(z); \quad \frac{\partial^2 \mathfrak{E}}{\partial t^2} = \mathfrak{E}_0 f''(z); \quad \frac{\partial^2 \mathfrak{H}}{\partial t^2} = \mathfrak{H}_0 g''(z),$$

ferner

(14) $$\mathfrak{E}_i = \frac{\partial \mathfrak{E}}{\partial x_i} = -\mathfrak{E}_0 f'(z)\left(\frac{\mathfrak{a}|\mathfrak{r}_i}{v}\right); \quad \mathfrak{H}_i = \frac{\partial \mathfrak{H}}{\partial x_i} = -\mathfrak{H}_0 g'(z)\left(\frac{\mathfrak{a}|\mathfrak{r}_i}{v}\right)$$

und wegen $\mathfrak{r}_i = \mathfrak{e}_i = \text{const}$ weiter

(15) $$\mathfrak{E}_{ii} = \frac{\partial^2 \mathfrak{E}}{\partial x_i^2} = \mathfrak{E}_0 f''(z)\left(\frac{\mathfrak{a}|\mathfrak{e}_i}{v}\right)^2; \quad \mathfrak{H}_{ii} = \frac{\partial^2 \mathfrak{H}}{\partial x_i^2} = \mathfrak{H}_0 g''(z)\left(\frac{\mathfrak{a}|\mathfrak{e}_i}{v}\right)^2,$$

also

(15') $$\Delta \mathfrak{E} = \sum_1^3 \mathfrak{E}_{ii} = \frac{\mathfrak{E}_0 f''(z)}{v^2}; \quad \Delta \mathfrak{H} = \sum_1^3 \mathfrak{H}_{ii} = \frac{\mathfrak{H}_0 g''(z)}{v^2}.$$

Denn die $\mathfrak{a}|\mathfrak{e}_i$ sind die Richtungskosinusse von $\mathfrak{a}$, so daß $\sum_1^3 (\mathfrak{a}|\mathfrak{e}_i)^2 = +1$ wird. Mit diesen Werten folgt nun aus Gl. (9) bzw. Gl. (10) sogleich wieder die Gl. (11): $v^2 = \frac{c^2}{\varepsilon\mu}$. Daneben drücken die Nebenbedingungen

$$\operatorname{div} \mathfrak{E} = \sum_1^3 \mathfrak{e}_i | \mathfrak{E}_i = -f'(z) \sum_1^3 (\mathfrak{E}_0|\mathfrak{e}_i)(\mathfrak{a}|\mathfrak{e}_i) = -f'(z)(\mathfrak{E}_0|\mathfrak{a}) = 0$$

$$\operatorname{div} \mathfrak{H} = \sum_1^3 \mathfrak{e}_i | \mathfrak{H}_i = -g'(z) \sum_1^3 (\mathfrak{H}_0|\mathfrak{e}_i)(\mathfrak{a}|\mathfrak{e}_i) = -g'(z)(\mathfrak{H}_0|\mathfrak{a}) = 0$$

unmittelbar die *Transversalität* dieser Wellen aus. Dasselbe, sowie der *Zusammenhang* zwischen beiden Wellen, ergibt sich auch durch direkte Verwendung der Gl. (1) und (5):

$$\varepsilon \frac{\partial \mathfrak{E}}{\partial t} = c \operatorname{rot} \mathfrak{H}; \quad \mu \frac{\partial \mathfrak{H}}{\partial t} = -c \operatorname{rot} \mathfrak{E}.$$

Nach Gl. (14) ist dann nämlich

$$\operatorname{rot} \mathfrak{E} = \sum_1^3 [\mathfrak{e}_i \mathfrak{E}_i] = -\sum_1^3 [\mathfrak{e}_i \mathfrak{E}_0] \frac{(\mathfrak{a}|\mathfrak{e}_i)}{v} f'(z) = -\frac{f'(z)}{v} [\mathfrak{a}\mathfrak{E}_0]$$

und ebenso

$$\operatorname{rot} \mathfrak{H} = \sum_1^3 [\mathfrak{e}_i \mathfrak{H}_i] = -\frac{g'(z)}{v} [\mathfrak{a}\mathfrak{H}_0],$$

und somit wird nach Gl. (1) und (5)

(16) $$\varepsilon f'(z)\,\mathfrak{E}_0 = -\frac{c\,g'(z)}{v}[\mathfrak{a}\,\mathfrak{H}_0]; \quad \mu\,g'(z)\,\mathfrak{H}_0 = \frac{c\,f'(z)}{v}[\mathfrak{a}\,\mathfrak{E}_0]$$

für *jedes* z, bzw. t. Daher muß $f'(z) = \beta\,g'(z)$ sein. Läßt man den *konstanten* Faktor β in $\mathfrak{E}_0$ eingehen, so lautet Gl. (16)

(16) $$\varepsilon\,\mathfrak{E}_0 = -\frac{c}{v}[\mathfrak{a}\,\mathfrak{H}_0]; \quad \mu\,\mathfrak{H}_0 = \frac{c}{v}[\mathfrak{a}\,\mathfrak{E}_0],$$

und diese Gleichungen zeigen, daß $\mathfrak{E}_0$ und $\mathfrak{H}_0$ zu $\mathfrak{a}$ und aufeinander senkrecht sind. Zugleich gibt numerische Deutung, wegen

$$\text{mod}\,[\mathfrak{a}\,\mathfrak{H}_0] = \text{mod}\,\mathfrak{H}_0 \quad \text{und} \quad \text{mod}\,[\mathfrak{a}\,\mathfrak{E}_0] = \text{mod}\,\mathfrak{E}_0$$

$$\frac{\text{mod}\,\mathfrak{E}_0}{\text{mod}\,\mathfrak{H}_0} = \frac{c}{\varepsilon v}; \quad \frac{\text{mod}\,\mathfrak{H}_0}{\text{mod}\,\mathfrak{E}_0} = \frac{c}{\mu v},$$

woraus wieder $1 = \frac{c^2}{\varepsilon\mu v^2}$, also $v^2 = \frac{c^2}{\varepsilon\mu}$ und damit

(17) $$\frac{\text{mod}\,\mathfrak{E}_0}{\text{mod}\,\mathfrak{H}_0} = \frac{\sqrt{\mu}}{\sqrt{\varepsilon}}$$

folgt.

4. Für ruhende Medien ist nach Maxwell

(4) $$4\pi\mathfrak{i} + \varepsilon\dot{\mathfrak{E}} = c\,\text{rot}\,\mathfrak{H}$$

(1′) $$\mu\dot{\mathfrak{H}} = -c\,\text{rot}\,\mathfrak{E}.$$

Wir ziehen hieraus noch die *Energiebilanz* für ein beliebig veränderliches Feld. Es folgt

$$4\pi\mathfrak{i}\,|\,\mathfrak{E} + \varepsilon\dot{\mathfrak{E}}\,|\,\mathfrak{E} = c\,\text{rot}\,\mathfrak{H}\,|\,\mathfrak{E}$$

$$\mu\dot{\mathfrak{H}}\,|\,\mathfrak{H} = -c\,\text{rot}\,\mathfrak{E}\,|\,\mathfrak{H},$$

also addiert

$$\varepsilon\dot{\mathfrak{E}}\,|\,\mathfrak{E} + \mu\dot{\mathfrak{H}}\,|\,\mathfrak{H} + 4\pi\mathfrak{i}\,|\,\mathfrak{E} = c\,\{\mathfrak{E}\,|\,\text{rot}\,\mathfrak{H} - \mathfrak{H}\,|\,\text{rot}\,\mathfrak{E}\},$$

d. h. nach Gl. (4b) auf S. 53

(18) $$\frac{\partial}{\partial t}\left\{\frac{\varepsilon}{8\pi}\mathfrak{E}\,|\,\mathfrak{E} + \frac{\mu}{8\pi}\mathfrak{H}\,|\,\mathfrak{H}\right\} + \mathfrak{i}\,|\,\mathfrak{E} = \frac{c}{4\pi}\,\text{div}\,[\mathfrak{H}\,\mathfrak{E}].$$

Integriert man über einen beliebigen geschlossenen Bereich, so ist auch

(19) $$\begin{cases} \frac{\partial}{\partial t}\iiint d\tau \left\{\frac{\varepsilon}{8\pi}\mathfrak{E}\,|\,\mathfrak{E} + \frac{\mu}{8\pi}\mathfrak{H}\,|\,\mathfrak{H}\right\} + \iiint (\mathfrak{i}\,|\,\mathfrak{E})\,d\tau = \frac{c}{4\pi}\iiint \text{div}\,[\mathfrak{H}\,\mathfrak{E}]\,d\tau \\ \qquad = \frac{c}{4\pi}\iint [\mathfrak{H}\,\mathfrak{E}]\,|\,d\mathfrak{f} \end{cases}$$

oder

(19′) $$-\frac{\partial}{\partial t}\iiint d\tau \left\{\frac{\varepsilon}{8\pi}\mathfrak{E}\,|\,\mathfrak{E} + \frac{\mu}{8\pi}\mathfrak{H}\,|\,\mathfrak{H}\right\} = \iiint (\mathfrak{i}\,|\,\mathfrak{E})\,d\tau + \iint \frac{c}{4\pi}[\mathfrak{E}\,\mathfrak{H}]\,|\,d\mathfrak{f}.$$

Nach *Poynting* ist dabei

(20) $$\mathfrak{S} = \frac{c}{4\pi}[\mathfrak{E}\,\mathfrak{H}]$$

der Vektor der pro Zeit- und pro Flächeneinheit der Oberfläche des Bereichs *ausgestrahlten* Energie. Daher besagt Gl. (19'):

„Die Abnahme der elektromagnetischen Energie im Innern eines Bereichs ist jeweils gleich der in demselben auftretenden *nicht*elektromagnetischen Energie (z. B. Wärme) $\iiint d\tau\,(\mathfrak{i}\,|\,\mathfrak{E})\,d\tau$, vermehrt um die Ausstrahlung über die Oberfläche des Bereichs."

5. Den Grundgleichungen des veränderlichen elektromagnetischen Felds gab *H. A. Lorentz* noch eine andere Gestalt. Dabei seien ε und μ *konstant* im ganzen Gebiet. Es war

$$\varepsilon\dot{\mathfrak{E}} + 4\pi\mathfrak{i} = c\,\mathrm{rot}\,\mathfrak{H}; \quad (4) \qquad \mu\dot{\mathfrak{H}} = -c\,\mathrm{rot}\,\mathfrak{E} \quad (1')$$

$$\varepsilon\,\mathrm{div}\,\mathfrak{E} = 4\pi\varrho; \quad (8a') \qquad \mu\,\mathrm{div}\,\mathfrak{H} = 0. \quad (8b')$$

Dann ist auch $\varepsilon\,\mathrm{div}\,\dot{\mathfrak{E}} + 4\pi\,\mathrm{div}\,\mathfrak{i} = c\,\mathrm{div}\,\mathrm{rot}\,\mathfrak{H} = 0$ oder nach Gl. (8a)

$$\mathrm{div}\,\mathfrak{i} + \dot{\varrho} = 0. \tag{21}$$

Wir setzen weiter, im Blick auf Gl. (8b)

$$\mathfrak{H} = \mathrm{rot}\,\mathfrak{A} \tag{22}$$

und erhalten dann mit Gl. (1')

$$\mu\,\mathrm{rot}\,\dot{\mathfrak{A}} + c\,\mathrm{rot}\,\mathfrak{E} = \mathrm{rot}\,\{\mu\,\dot{\mathfrak{A}} + c\,\mathfrak{E}\} = 0.$$

Daher ist notwendig $\mathfrak{E} + \frac{\mu}{c}\,\dot{\mathfrak{A}}$ bzw. $\varepsilon\mathfrak{E} + \frac{\varepsilon\mu}{c}\,\dot{\mathfrak{A}}$, der Gradient eines Skalarfelds

$$\varepsilon\,\mathfrak{E} = -\frac{\varepsilon\mu}{c}\,\dot{\mathfrak{A}} - \mathrm{grad}\,\varphi. \tag{23}$$

Dann folgt aus Gl. (4) mit Gl. (23) und (22)

$$\varepsilon\dot{\mathfrak{E}} + 4\pi\mathfrak{i} = -\frac{\varepsilon\mu}{c}\,\ddot{\mathfrak{A}} - \mathrm{grad}\,\dot{\varphi} + 4\pi\mathfrak{i} = c\,\mathrm{rot}\,\mathrm{rot}\,\mathfrak{A} = c\,(\mathrm{grad}\,\mathrm{div}\,\mathfrak{A} - \Delta\mathfrak{A}) \tag{24}$$

und aus Gl. (8 a')

$$\varepsilon\,\mathrm{div}\,\mathfrak{E} = -\frac{\varepsilon\mu}{c}\,\mathrm{div}\,\dot{\mathfrak{A}} - \underbrace{\mathrm{div}\,\mathrm{grad}\,\varphi}_{=\Delta\varphi} = 4\pi\varrho. \tag{25}$$

Unterwirft man nun das durch Gl. (22) nur bis auf ein willkürliches Gradient nfeld bestimmte Vektorpotential $\mathfrak{A}$ noch der zulässigen sogenannten *„Lorentzbedingung"*

$$\mathrm{div}\,\mathfrak{A} + \frac{1}{c}\frac{\partial\varphi}{\partial t} = 0, \quad \text{also} \quad \mathrm{div}\,\dot{\mathfrak{A}} + \frac{1}{c}\frac{\partial^2\varphi}{\partial t^2} = 0, \tag{26}$$

so wird, für $\frac{\partial\varphi}{\partial t} = \dot{\varphi}$ und $\frac{\partial^2\varphi}{\partial t^2} = \ddot{\varphi}$, aus den Gl. (25) und (24)

$$\frac{\varepsilon\mu}{c^2}\,\ddot{\varphi} - \Delta\varphi = 4\pi\varrho \tag{27}$$

$$\frac{\varepsilon\mu}{c^2}\,\ddot{\mathfrak{A}} - \Delta\mathfrak{A} = \frac{4\pi\mathfrak{i}}{c}. \tag{28}$$

Es sind dies die Differentialgleichungen für die *elektrodynamischen Potentiale* φ und $\mathfrak{A}$ des veränderlichen Felds. Sie gehen für statische bzw. stationäre Felder über in

(27′) $$\Delta\varphi + 4\pi\varrho = 0 \text{ (Poisson), vgl. S. 232, Gl. (23)}$$

(28′) $$\Delta\mathfrak{A} + \frac{4\pi\mathfrak{i}}{c} = 0, \text{ vgl. S. 242, Gl. (5′),}$$

während die Lorentzbedingung in diesem Fall die Form erhält

(26′) $$\operatorname{div}\mathfrak{A} = 0.$$

Die Herleitung der allgemeinen Lösung der Gl. (27) und (28) überschreitet den Rahmen dieser Darstellung. Doch sei ihr Ergebnis hier noch angeführt. Es seien φ_0 und $\mathfrak{A}_0$ die Werte von φ und $\mathfrak{A}$ zur Zeit t in irgendeinem bestimmten Punkt P_0 im Innern eines einfach zusammenhängenden Bereichs. Dann ist

(29) $$\begin{cases} \varphi_0 = \iiint \frac{\overline{\varrho}}{r}\,d\tau + \frac{1}{4\pi}\iint\left\{\overline{\varphi}\left(\operatorname{grad}\frac{1}{r}\,\middle|\,d\mathfrak{f}\right) - \frac{1}{cr}\left(\overline{\frac{\partial\varphi}{\partial t}}\right)\operatorname{grad} r\,|\,d\mathfrak{f} \right.\\ \qquad\left. - \frac{1}{r}\overline{\operatorname{grad}\varphi}\,|\,d\mathfrak{f}\right\} \end{cases}$$

(30) $$\begin{cases} \mathfrak{A}_0 = \frac{1}{c}\iiint \frac{\overline{\mathfrak{i}}}{r}\,d\tau + \frac{1}{4\pi}\iint\left\{\overline{\mathfrak{A}}\left(\operatorname{grad}\frac{1}{r}\,\middle|\,d\mathfrak{f}\right) - \frac{1}{cr}\left(\overline{\frac{\partial\mathfrak{A}}{\partial t}}\right)(\operatorname{grad} r\,|\,d\mathfrak{f}) \right.\\ \qquad\left. - \frac{1}{r}\,(\overline{\operatorname{grad}\mathfrak{A}})\,d\mathfrak{f}\right\}. \end{cases}$$

Dabei bedeutet r die Entfernung der Volum- oder Oberflächenelemente des gewählten Bereichs vom Punkt P_0 und die überstrichenen Größen stellen stets deren Werte zur Zeit $\left(t - \frac{r}{c}\right)$ dar. Die Ausdrücke (29) und (30) werden deshalb auch „*retardierte*" (verzögerte) *Potentiale* genannt.

Ist überall ϱ bzw. $\mathfrak{i} = 0$ im *Innern* des Bereichs, so verschwindet rechts das Volumintegral und die Gleichung gibt eine Formulierung des *Huygensschen Prinzips*. Denn Gl. (30) ist dann zugleich das Integral der „Wellengleichung" $\frac{\partial^2\mathfrak{x}}{\partial t^2} = \frac{c^2}{\varepsilon\mu}\Delta\mathfrak{x}$, für $\mathfrak{A} = \mathfrak{x}$. Rückt dagegen die Hüllfläche des Bereichs ins Unendliche, so verschwindet unter den üblichen Voraussetzungen das Hüllenintegral, und man erhält

(29′) $$\varphi_0 = \iiint \frac{\overline{\varrho}}{r}\,d\tau; \qquad \mathfrak{A}_0 = \frac{1}{c}\iiint \frac{\overline{\mathfrak{i}}}{r}\,d\tau,$$ (30′)

wobei die Integration nunmehr über das ganze von Ladung und Strömung erfüllte Gebiet zu erstrecken ist.

ANHANG

§ 49. *Vierdimensionale Vektorrechnung*

Ohne den Aufbau im einzelnen hier durchzuführen, geben wir noch einen kurzen Ausblick auf die Vektorrechnung im *vierdimensionalen Gebiet* und ihre Anwendung auf die Elektrodynamik der speziellen Relativitätstheorie.

Nach Kap. I, S. 8, bilden die bisher betrachteten Vektoren des dreidimensionalen euklidischen Raums ein Gebiet dritter Stufe, d. h. eine Mannigfaltigkeit, deren Glieder man aus drei linear unabhängigen Einheiten in der Form

$$\mathfrak{x} = \sum_1^3 x_i \mathfrak{e}_i \tag{1}$$

ableiten kann. Wir betrachten nun diese Mannigfaltigkeit als einen *Ausschnitt* (ein *Teil*gebiet) aus einem „Hauptgebiet vierter Stufe", d. h. aus einer höheren, nicht mehr anschaulich vorstellbaren Mannigfaltigkeit von Vektoren oder *extensiven Größen erster Stufe*

$$\mathfrak{x} = \sum_1^4 x_i \mathfrak{a}_i, \tag{2}$$

zu deren Darstellung *vier* linear unabhängige Einheiten erforderlich sind.

Definiert man sodann die Addition solcher Größen

$$\mathfrak{x} = \sum_1^4 x_i \mathfrak{a}_i, \quad \mathfrak{y} = \sum_1^4 y_i \mathfrak{a}_i, \quad \cdots$$

durch

$$\mathfrak{x} + \mathfrak{y} + \cdots = \sum_1^4 (x_i + y_i + \cdots) \mathfrak{a}_i \tag{3}$$

sowie ihre *Multiplikation mit Zahlen* durch

$$p\mathfrak{x} = \sum_1^4 (p x_i) \mathfrak{a}_i, \tag{4}$$

so gelten für diese Operationen wieder dieselben Regeln, wie sie auch in der Arithmetik und in der *drei*dimensionalen Vektoralgebra gültig sind. Zwei Vektoren, die sich nur durch einen solchen Zahlfaktor p unterscheiden, seien *parallel* genannt.

Definiert man weiter die gegenseitige Multiplikation solcher extensiver Größen durch das distributive Gesetz

$$(5)\quad \left\{\begin{aligned} \mathfrak{x}\mathfrak{y} &= \left(\sum_1^4 x_i \mathfrak{a}_i\right)\left(\sum_1^4 y_k \mathfrak{a}_k\right) = \sum_{i,k} x_i y_k \mathfrak{a}_i \mathfrak{a}_k \\ \mathfrak{x}\mathfrak{y}\mathfrak{z} &= \left(\sum_1^4 x_i \mathfrak{a}_i\right)\left(\sum_1^4 y_k \mathfrak{a}_k\right)\left(\sum_1^4 z_h \mathfrak{a}_h\right) = \sum_{i,k,h} x_i y_k z_h \mathfrak{a}_i \mathfrak{a}_k \mathfrak{a}_h \end{aligned}\right.$$

usw.,

so existieren nach der Entdeckung *H. Graßmanns* auch im vier- (und mehr-) dimensionalen Fall Produktbildungen, welche in ihrer Bedeutung von der speziellen Wahl der vier Einheiten $\mathfrak{a}_i$ unabhängig sind. Es ist dies vor allem das *äußere Produkt* von zwei oder mehr Vektoren, definiert durch die Forderung, daß die Produkte der Einheiten dem *alternativen Gesetz* gehorchen, nach welchem die Vertauschung von irgend zwei Einheiten einfach einen Vorzeichenwechsel bewirkt. Dasselbe Gesetz gilt dann unmittelbar auch für die Vertauschung von je zwei Faktoren des äußeren Produkts selbst. Insbesondere sind demnach äußere Produkte mit zwei oder mehr gleichen oder parallelen Vektoren stets gleich Null, ebenso Produkte aus mehr als vier Faktoren, da mehr als vier Faktoren stets linear abhängig sind.

Bezeichnet man solche äußere Produkte durch einfaches Nebeneinanderschreiben ihrer Faktoren, so ist

$$(6\text{a})\quad \left\{\begin{aligned} \mathfrak{x}\mathfrak{y} = &\begin{vmatrix} x_1 & x_2 \\ y_1 & y_2 \end{vmatrix} \mathfrak{a}_1\mathfrak{a}_2 + \begin{vmatrix} x_1 & x_3 \\ y_1 & y_3 \end{vmatrix} \mathfrak{a}_1\mathfrak{a}_3 + \begin{vmatrix} x_1 & x_4 \\ y_1 & y_4 \end{vmatrix} \mathfrak{a}_1\mathfrak{a}_4 \\ &+ \begin{vmatrix} x_2 & x_3 \\ y_2 & y_3 \end{vmatrix} \mathfrak{a}_2\mathfrak{a}_3 + \begin{vmatrix} x_3 & x_4 \\ y_3 & y_4 \end{vmatrix} \mathfrak{a}_3\mathfrak{a}_4 + \begin{vmatrix} x_4 & x_2 \\ y_4 & y_2 \end{vmatrix} \mathfrak{a}_4\mathfrak{a}_2 \end{aligned}\right.$$

$$(6\text{b})\quad \left\{\begin{aligned} \mathfrak{x}\mathfrak{y}\mathfrak{z} = &\begin{vmatrix} x_2 & x_3 & x_4 \\ y_2 & y_3 & y_4 \\ z_2 & z_3 & z_4 \end{vmatrix} \mathfrak{a}_2\mathfrak{a}_3\mathfrak{a}_4 + \begin{vmatrix} x_3 & x_4 & x_1 \\ y_3 & y_4 & y_1 \\ z_3 & z_4 & z_1 \end{vmatrix} \mathfrak{a}_3\mathfrak{a}_4\mathfrak{a}_1 + \begin{vmatrix} x_4 & x_1 & x_2 \\ y_4 & y_1 & y_2 \\ z_4 & z_1 & z_2 \end{vmatrix} \mathfrak{a}_4\mathfrak{a}_1\mathfrak{a}_2 \\ &+ \begin{vmatrix} x_1 & x_2 & x_3 \\ y_1 & y_2 & y_3 \\ z_1 & z_2 & z_3 \end{vmatrix} \mathfrak{a}_1\mathfrak{a}_2\mathfrak{a}_3 \end{aligned}\right.$$

und endlich

$$(6\text{c})\quad \mathfrak{x}\mathfrak{y}\mathfrak{z}\mathfrak{u} = \begin{vmatrix} x_1 & x_2 & x_3 & x_4 \\ y_1 & y_2 & y_3 & y_4 \\ z_1 & z_2 & z_3 & z_4 \\ u_1 & u_2 & u_3 & u_4 \end{vmatrix} \mathfrak{a}_1\mathfrak{a}_2\mathfrak{a}_3\mathfrak{a}_4$$

als vierdimensionales Analogon zum Volumprodukt.

Äußere Produkte von *zwei* Vektoren sind dabei deutbar als *Plangrößen* oder *Bivektoren* (vgl. S. 17), charakterisiert durch ihre *Stellung* im (vierdimensionalen) Raum, ihren *Zahlwert* (Flächeninhalt) und ihren *Umlaufssinn;* ebenso Produkte aus *drei* Vektoren als *Spate* oder *Trivektoren*, charakterisiert durch ihre *Stellung* im (vierdimensionalen) Raum, ihre *Orientierung* und ihren *Zahlwert* (dreidimensionales Volum); ferner Produkte aus *vier* Faktoren als *Zahlgrößen mit* Vorzeichen, wenn man $\mathfrak{a}_1\mathfrak{a}_2\mathfrak{a}_3\mathfrak{a}_4$ als solche gelten läßt. Endlich sind äußere Produkte aus drei oder vier Vektoren definitionsgemäß *assoziativ*.

Während aber im dreidimensionalen Raum die Plangröße $\mathfrak{p}\mathfrak{q}$ sogleich durch den ihr eindeutig zugeordneten Vektor $[\mathfrak{p}\mathfrak{q}]$ ersetzbar war, ist dies im vierdimensionalen Gebiet nicht mehr der Fall. Vielmehr treten jetzt die äußeren Produkte von zwei oder drei Faktoren als Größen zweiter bzw. dritter *Stufe*, d. h. als geometrische Größen verschiedener Dimension (oder Stufe) auf. Auch ist die Summe von zwei Plangrößen nicht immer wieder eine solche, falls nämlich die zwei Paare ihrer Faktoren linear unabhängig sind. *Wir bezeichnen deshalb von jetzt ab:*

Skalare durch kleine lateinische oder große griechische Buchstaben,
Größen erster Stufe (Vektoren) durch deutsche Buchstaben,
Größen zweiter Stufe (Bivektor[summ]en) oder Größen beliebiger Stufe durch große lateinische Buchstaben,
Größen dritter Stufe (Trivektoren) durch kleine griechische Buchstaben,
Lineatoren durch große *fette* deutsche Buchstaben.

Für $\mathfrak{a}_i\mathfrak{a}_k = A_{ik}$; $\mathfrak{a}_2\mathfrak{a}_3\mathfrak{a}_4 = \alpha_1$; $\mathfrak{a}_3\mathfrak{a}_4\mathfrak{a}_1 = -\alpha_2$; $\mathfrak{a}_4\mathfrak{a}_1\mathfrak{a}_2 = \alpha_3$; $\mathfrak{a}_1\mathfrak{a}_2\mathfrak{a}_3 = -\alpha_4$ wird dann $\mathfrak{a}_i\alpha_i = \mathfrak{a}_1\mathfrak{a}_2\mathfrak{a}_3\mathfrak{a}_4 = \triangle$, sowie

$$(7)\quad \begin{cases} \mathfrak{x} = \sum\limits_1^4 x_i\mathfrak{a}_i \\ X = p_{14}A_{14} + p_{24}A_{24} + p_{34}A_{34} + p_{23}A_{23} + p_{31}A_{31} + p_{12}A_{12} \\ \xi = \sum\limits_1^4 u_i\alpha_i . \end{cases}$$

In Gl. (7) ist zugleich bereits die *Dualität* dieser geometrischen Größen angedeutet: Den Größen k-ter Stufe sind diejenigen $(4-k)$ter Stufe dual.

Dem entspricht eine zweite, ebenfalls von H. Graßmann eingeführte Art der äußeren Multiplikation, nämlich das *regressive* äußere Produkt, welchem das bisherige als *progressives* gegenübersteht. Definiert man nämlich das regressive Produkt von zwei, drei oder vier Trivektoren ebenfalls durch das alternative Gesetz: $\alpha_i\alpha_k = -\alpha_k\alpha_i$ usw., so läßt sich dasselbe deuten als das den Faktoren *gemeinsame* Gebiet, dual zum progressiven Produkt als dem die Faktoren *verbindenden* Gebiet. Auch ist dual zum progressiven Produkt von drei oder vier Vektoren das regressive Produkt von drei oder vier Spaten assoziativ.

Die für solche regressiven Produkte geltenden Regeln lassen sich zusammenfassen in den zwei Formeln der bekannten „*Regel des doppelten Faktors*"

(8) $$\mathfrak{a}\mathfrak{b} \cdot \mathfrak{b}\mathfrak{c}\mathfrak{d} = (\mathfrak{a}\mathfrak{b}\mathfrak{c}\mathfrak{d})\,\mathfrak{b}$$

und

(9) $$\mathfrak{a}\mathfrak{b}\mathfrak{c} \cdot \mathfrak{b}\mathfrak{c}\mathfrak{d} = (\mathfrak{a}\mathfrak{b}\mathfrak{c}\mathfrak{d})\,\mathfrak{b}\mathfrak{c},$$

wobei statt (8) und (9) auch etwas allgemeiner die „*Entwicklungssätze*"

(8') $$\mathfrak{a}\mathfrak{b} \cdot \varphi = (\mathfrak{a}\varphi)\,\mathfrak{b} - (\mathfrak{b}\varphi)\,\mathfrak{a}$$

und

(9') $$\mathfrak{a}\mathfrak{b}\mathfrak{c} \cdot \varphi = (\mathfrak{a}\varphi)\,\mathfrak{b}\mathfrak{c} + (\mathfrak{b}\varphi)\,\mathfrak{c}\mathfrak{a} + (\mathfrak{c}\varphi)\,\mathfrak{a}\mathfrak{b}$$

gelten. Daneben sind

(10) $$(A\,B)\,\mathfrak{c} = (A\,\mathfrak{c})\,B + (B\,\mathfrak{c})\,A$$

und

(11) $$(\mathfrak{a}\,\beta)\,C = \mathfrak{a}(C\beta) + (\mathfrak{a}C)\beta$$

zwei weitere, häufig benützte Zerlegungsformeln im vierdimensionalen Gebiet.

Zur *Einführung der Metrik* im Hauptgebiet vierter Stufe postuliert nun die vierdimensionale Vektoralgebra: Es existiert eine nicht ausgeartete (umkehrbare) homogene lineare Verwandtschaft, die sogenannte „*absolute Polarität*" oder „*Ergänzung*"

(12) $$\eta = \mathfrak{A}\mathfrak{x} = |\mathfrak{x},$$

welche jedem Vektor $\mathfrak{x}$ einen (nach Definition) dazu senkrechten Trivektor η zuordnet und welche der Symmetriebedingung $\mathfrak{y}|\mathfrak{x} = \mathfrak{x}|\mathfrak{y}$ genügt. Die zugehörige quadratische Form, der Skalar $\mathfrak{x}|\mathfrak{x}$, sei dabei für reelle $\mathfrak{x}$ als „positiv-definit" vorausgesetzt.

Infolge der Alternativität der äußeren Multiplikation gilt nun auch im R_4 der Fundamentalsatz der Vektoralgebra (vgl. § 3), und folglich sind die in $\mathfrak{x}$, $\mathfrak{y}$, $\mathfrak{z}$ homogenen, linearen und alternativen regressiven Produkte $Y = |\mathfrak{x} \cdot |\mathfrak{y}$ und $\mathfrak{p} = |\mathfrak{x} \cdot |\mathfrak{y} \cdot |\mathfrak{z}$ auch direkt lineare homogene Funktionen der progressiven Produkte $\mathfrak{x}\mathfrak{y}$ bzw. $\mathfrak{x}\mathfrak{y}\mathfrak{z}$. Wir schreiben deshalb unter Benützung des gleichen Zeichens

(13) $$Y = |\mathfrak{x} \cdot |\mathfrak{y} = |(\mathfrak{x}\mathfrak{y}); \quad \mathfrak{p} = |\mathfrak{x} \cdot |\mathfrak{y} \cdot |\mathfrak{z} = |(\mathfrak{x}\mathfrak{y}\mathfrak{z})$$

und nennen auch Y die Ergänzung von $X = \mathfrak{x}\mathfrak{y}$ bzw. $\mathfrak{p}$ die Ergänzung von $\xi = \mathfrak{x}\mathfrak{y}\mathfrak{z}$. Man findet ferner, bei geeigneter Normierung von Gl. (12) durch zweimalige Anwendung der Ergänzungsoperation

(14) $$||\mathfrak{x} = -\mathfrak{x}; \quad ||X = X; \quad ||\xi = -\xi.$$

Alsdann erweist sich das Ergänzungszeichen uneingeschränkt als distributiv, nicht nur zur Addition, sondern auch zur (progressiven und regressiven) äußeren Multiplikation.

Durch die Skalare $\mathfrak{x}\,|\,\mathfrak{y}$, $X\,|\,Y$ und $\xi\,|\,\eta$ werden zugleich die ebenfalls *kommutativen inneren Produkte* von Größen erster, zweiter und dritter Stufe *definiert* und die Metrik in bekannter Weise eingeführt. Insbesondere sind dann $\mathfrak{x}\,|\,\mathfrak{x}$, $X\,|\,X$ und $\xi\,|\,\xi$ stets positiv-definit, und durch

(15) $$\operatorname{mod}\mathfrak{x} = +\sqrt{\mathfrak{x}\,|\,\mathfrak{x}}\,,\quad \operatorname{mod}X = +\sqrt{X\,|\,X}\,,\quad \operatorname{mod}\xi = +\sqrt{\xi\,|\,\xi}$$

werden die Zahlwerte oder Beträge von $\mathfrak{x}$, X und ξ festgelegt.

Wir setzen wieder für die im ganzen Hauptgebiet einheitlich gewählte Basis

(16) $$\mathfrak{a}_1\mathfrak{a}_2\mathfrak{a}_3\mathfrak{a}_4 = \triangle$$

und führen durch

(17) $$\bar{\mathfrak{a}}_i = \frac{\mathfrak{a}_i}{\triangle}$$

die *duale*, bzw. durch

(18) $$|\,\mathfrak{a}^i = \bar{\mathfrak{a}}_i, \quad \text{d. h.}\quad \mathfrak{a}^i = -\,|\,\bar{\mathfrak{a}}_i$$

die *reziproke* Basis in unsrem Hauptgebiet vierter Stufe ein. Es gilt dann allgemein

(19) $$\mathfrak{a}_i\,\bar{\mathfrak{a}}_i = \mathfrak{a}_i\,|\,\mathfrak{a}^i = +1$$

und

(20) $$\mathfrak{a}_i\,\bar{\mathfrak{a}}_k = \mathfrak{a}_i\,|\,\mathfrak{a}^k = 0, \quad \text{für } i \neq k.$$

Entsprechend dem dreidimensionalen Fall gehört dann zu jeder in $\mathfrak{x}$ und $\mathfrak{y}$ homogenen Bilinearform $F(\mathfrak{x}, \mathfrak{y})$ als basisunabhängige Invariante die *Verjüngung*

(21) $$J = \sum_1^4 F(\mathfrak{a}_i, \mathfrak{a}^i),$$

aber auch zu jeder in $\mathfrak{x}$ und η homogenen Bilinearform $G(\mathfrak{x}, \eta)$ die Invariante

(22) $$J' = \sum_1^4 G(\mathfrak{a}_i, \bar{\mathfrak{a}}_i).$$

Im folgenden sei nun

(23) $$\mathfrak{r} = \sum_1^4 x_i\mathfrak{a}_i$$

der von einem beliebigen Ursprung aus gezogene Ortsvektor nach den Punkten des vierdimensionalen Raumes, so daß

(24) $$d\mathfrak{r} = \sum_1^4 \frac{\partial\mathfrak{r}}{\partial x_i}dx_i = \sum_1^4 \mathfrak{a}_i\,dx_i$$

wird. Wegen $d\mathfrak{r}\,|\,\mathfrak{a}^i = dx_i$ ist folglich auch wieder identisch

(25) $$d\mathfrak{r} = \sum_1^4 (d\mathfrak{r}\,|\,\mathfrak{a}^i)\,\mathfrak{a}_i.$$

Ist nun den Punkten dieses Raums irgendeine Größe Y beliebiger Stufe als differentierbare *Feldfunktion* zugeordnet:

(26) $$Y = Y(\mathfrak{r}) = Y(x_1, x_2, x_3, x_4),$$

so wird

(27) $$\begin{cases} dY = \sum_1^4 \frac{\partial Y}{\partial x_i} dx_i = \sum_1^4 (\mathfrak{a}^i|d\mathfrak{r})\, Y_i, \quad \text{für } Y_i = \frac{\partial Y}{\partial x_i}, \\ = \mathfrak{Y}\, d\mathfrak{r}. \end{cases}$$

Auch im vierdimensionalen Feld gilt somit der *Fundamentalsatz der Vektoranalysis:* „Das Differential der Feldfunktion Y ist eine lineare homogene Funktion der infinitesimalen Ortsveränderung $d\mathfrak{r}$“. Wir erhalten damit sofort als zugehörige *Differentialinvarianten*, analog zu S. 44:

(28) $$\mathfrak{Y} = \operatorname{grad} Y = \sum_1^4 \mathfrak{a}^i,\, Y_i$$

(29) $$D_1 = \sum_1^4 \mathfrak{a}^i \circ |\, Y_i$$

(30) $$D_2 = \sum_1^4 \mathfrak{a}^i \circ Y_i,$$

für jede zulässige Multiplikationsart „$\circ$“. Für Größen erster Stufe $\mathfrak{y}$ und bei Deutung von $\circ$ als äußerer Multiplikation liefern Gl. (29) und (30) die invarianten Differentialoperationen Divergenz und Rotation im vierdimensionalen Feld, die sogenannte „*Großdivergenz*“ und „*Großrotation*“

(29′) $$\operatorname{Div} \mathfrak{y} = \sum_1^4 \mathfrak{a}^i |\, \mathfrak{y}_i$$

(30′) $$\operatorname{Rot} \mathfrak{y} = \sum_1^4 \mathfrak{a}^i \mathfrak{y}_i.$$

Die erstere tritt dabei wieder als Skalar, die letztere jedoch als Größe zweiter Stufe (als „*Sechservektor*“) auf.

Unterwirft man noch die zunächst beliebigen Basiseinheiten $\mathfrak{a}_i$ den *Normierungsbedingungen*

(31) $$\mathfrak{a}_i | \mathfrak{a}_i = +1\,; \quad \mathfrak{a}_i | \mathfrak{a}_k = 0, \quad \text{für } i \neq k,$$

so wird damit auch im vierdimensionalen Gebiet eine *kartesische Basis* eingeführt, und der Übergang zu einer neuen solchen ist äquivalent einer *ortho-*

gonalen Substitution. Wir schreiben dabei wieder $\mathfrak{e}_i$ statt $\mathfrak{a}_i$, ε_i statt α_i, E_{ik} statt A_{ik} und erhalten

(32) $$\Delta = \mathfrak{e}_1\mathfrak{e}_2\mathfrak{e}_3\mathfrak{e}_4 = +1$$

$$\mathfrak{a}^i = \mathfrak{a}_i = \mathfrak{e}_i, \quad \alpha_i = \bar{\alpha}_i = \varepsilon_i; \quad A_{ik} = E_{ik}.$$

Der Lineator der absoluten Polarität (Ergänzung) lautet dann

(33) $$\mathfrak{A} = \sum_1^4 \mathfrak{a}^i, |\mathfrak{a}_i = \sum_1^4 \mathfrak{e}_i, \varepsilon_i,$$

und es wird

(34) $$\eta = |\mathfrak{x} = \mathfrak{A}\mathfrak{x} = \sum_1^4 (\mathfrak{a}^i|\mathfrak{x})\,|\mathfrak{a}_i = \sum_1^4 (\mathfrak{e}_i|\mathfrak{x})\varepsilon_i.$$

§ 50. Elektrodynamik der speziellen Relativitätstheorie

Die vierdimensionale Elektrodynamik geht am einfachsten aus von dem Postulat: Es existiert im Hauptgebiet vierter Stufe, der vierdimensionalen Mannigfaltigkeit der „*Welt*", eine Feldgröße zweiter Stufe, ein „*Sechservektor*" F, als Funktion des Ortsvektors $\mathfrak{r} = \sum_1^4 x_i \mathfrak{e}_i$,

(1) $$F = F(\mathfrak{r}) = F(x_1, x_2, x_3, x_4),$$

und damit ist zugleich auch ihre Ergänzung bestimmt durch

(2) $$\bar{F} = |F = \bar{F}(\mathfrak{r}) = \bar{F}(x_1, x_2, x_3, x_4)$$

Wir wenden nun auf diese Feldfunktionen die Invariantenbildungen der Gl. (29) und (30) des vorhergehenden Paragraphen an und finden unter Benützung einer kartesischen Basis, für $\frac{\partial F}{\partial x_i} = F_i$ und $\frac{\partial \bar{F}}{\partial x_i} = \bar{F}_i$,

(3a) $$\delta = \sum_1^4 \mathfrak{e}_i|F_i = \sum_1^4 \mathfrak{e}_i \bar{F}_i$$

(3b) $$\bar{\delta} = \sum_1^4 \mathfrak{e}_i F_i = \sum_1^4 \mathfrak{e}_i|\bar{F}_i.$$

Natürlich stellen dann ihre „Ergänzungen" ebenfalls Invarianten dar:

(4a) $$\mathfrak{d} = |\delta = \sum_1^4 |(\mathfrak{e}_i \bar{F}_i) = \sum_1^4 \varepsilon_i F_i$$

(4b) $$\mathfrak{d} = |\bar{\delta} = \sum_1^4 |(\mathfrak{e}_i F_i) = \sum_1^4 \varepsilon_i|F_i = \sum_1 \varepsilon_i \bar{F}_i.$$

Indem man sodann das Verschwinden dieser Invarianten als Naturgesetz postuliert, erhält man bereits die *Differentialgleichungen des elektromagnetischen Felds im Vakuum* in der Form

(5) $$\mathfrak{d} = \sum_1^4 \varepsilon_i F_i = 0$$

(6) $$\overline{\mathfrak{d}} = \sum_1^4 \varepsilon_i \overline{F}_i = 0.$$

Die spezielle Relativitätstheorie zeichnet nun weiter in der vierdimensionalen Welt unsres „Hauptgebiets" die zunächst beliebig wählbare Richtung $\mathfrak{e}_4$ im Gegensatz zu den als *raumartig* betrachteten Einheiten $\mathfrak{e}_i$, $\mathfrak{e}_2$, $\mathfrak{e}_3$ als *zeitartig* aus, indem sie die zugehörige Koordinate x_4 des Ortsvektors $\mathfrak{r}$ nachträglich deutet durch die Forderung, daß

(7) $$x_4 = i\,c\,t$$

sein soll, für $i = \sqrt{-1}$, $c =$ Lichtgeschwindigkeit und $t =$ Zeit. Setzt man dann für eine zweite solche kartesische Basis entsprechend $x_4' = i\,c\,t'$, so bedeutet der Übergang von der einen Basis zur anderen bereits eine *Lorentz-Transformation.*

Mit der Wahl von $\mathfrak{e}_4$ ist zugleich der Spat $\varepsilon_4 = |\mathfrak{e}_4 = -\mathfrak{e}_1\mathfrak{e}_2\mathfrak{e}_3$ mitbestimmt, unabhängig von der speziellen Wahl der einzelnen raumartigen Einheiten $\mathfrak{e}_1$, $\mathfrak{e}_2$, $\mathfrak{e}_3$. Schreibt man nun Gl. (1) in der Form

(1') $$\begin{cases} F = g_1\mathfrak{e}_1\mathfrak{e}_4 + g_2\mathfrak{e}_2\mathfrak{e}_4 + g_3\mathfrak{e}_3\mathfrak{e}_4 + h_1\mathfrak{e}_2\mathfrak{e}_3 + h_2\mathfrak{e}_3\mathfrak{e}_1 + h_3\mathfrak{e}_1\mathfrak{e}_2 \\ \quad = \left(\sum_1^3 g_i\mathfrak{e}_i\right)\mathfrak{e}_4 + \sum_1^3 h_i|(\mathfrak{e}_i\mathfrak{e}_4), \end{cases}$$

so wird für

(8) $$\mathfrak{G} = \sum_1^3 g_i\mathfrak{e}_i; \quad \mathfrak{H} = \sum_1^3 h_i\mathfrak{e}_i$$

auch

(9) $$F = \mathfrak{G}\mathfrak{e}_4 + |(\mathfrak{H}\mathfrak{e}_4)$$

sowie

(10) $$\overline{F} = |F = |(\mathfrak{G}\mathfrak{e}_4) + \mathfrak{H}\mathfrak{e}_4.$$

Dabei liegen offenbar die Vektoren $\mathfrak{G}$ und $\mathfrak{H}$ ganz im raumartigen Gebiet $\varepsilon_4 = -\mathfrak{e}_1\mathfrak{e}_2\mathfrak{e}_3$, und nach dem „Entwicklungssatz" in Gl. (8') auf S. 260 wird deshalb auch

(11) $$F\varepsilon_4 = -(\mathfrak{e}_4\varepsilon_4)\,\mathfrak{G} = -\mathfrak{G}; \quad \overline{F}\varepsilon_4 = -(\mathfrak{e}_4\varepsilon_4)\,\mathfrak{H} = -\mathfrak{H}$$

und somit

(12) $$F = \mathfrak{e}_4 \cdot F\varepsilon_4 + |(\mathfrak{e}_4 \cdot \overline{F}\varepsilon_4) = \mathfrak{e}_4 \cdot F\varepsilon_4 + \mathfrak{e}_4 F \cdot \varepsilon_4,$$

wie auch unmittelbar aus § 49, Gl. (11), mit $\mathfrak{e}_4\varepsilon_4 = +1$ folgt.

Aus den Gl. (9) und (10) folgt nun für $\frac{\partial \mathfrak{G}}{\partial x_i} = \mathfrak{G}_i$ und $\frac{\partial \mathfrak{H}}{\partial x_i} = \mathfrak{H}_i$:

(13) $$F_i = \frac{\partial F}{\partial x_i} = \mathfrak{G}_i e_4 + |(\mathfrak{H}_i e_4)$$

(14) $$\overline{F}_i = \frac{\partial \overline{F}}{\partial x_i} = \mathfrak{H}_i e_4 + |(\mathfrak{G}_i e_4),$$

wegen der Konstanz der e_i und weil dabei auch das Ergänzungszeichen als konstanter Faktor fungiert. Damit aber werden die Differentialgleichungen (5) und (6) des elektromagnetischen Felds, wegen $\varepsilon_i = |e_i$ und wegen der Distributivität des Ergänzungszeichens zur äußeren Multiplikation und mit Benützung des Entwicklungssatzes (8′) auf S. 260:

(15) $$\left\{\begin{aligned} \mathfrak{d} &= \sum_1^4 F_i \varepsilon_i = \sum_1^4 \{\mathfrak{G}_i e_4 \cdot \varepsilon_i + |(\mathfrak{H}_i e_4 e_i)\} \\ &= \sum_1^4 (\mathfrak{G}_i | e_i) e_4 - \sum_1^4 (e_4 | e_i) \mathfrak{G}_i + \sum_1^3 |(\mathfrak{H}_i e_4 e_i) \\ &= \underbrace{\sum_1^3 (\mathfrak{G}_i | e_i) e_4}_{= \operatorname{div} \mathfrak{G}} - \mathfrak{G}_4 - \operatorname{rot} \mathfrak{H} = 0 \end{aligned}\right.$$

und ebenso

(16) $$\overline{\mathfrak{d}} = \sum_1^4 \overline{F}_i \varepsilon_i = \operatorname{div} \mathfrak{H} \cdot e_4 - \mathfrak{H}_4 - \operatorname{rot} \mathfrak{G} = 0.$$

Denn offenbar ist $\sum_1^3 \mathfrak{G}_i | e_i$ die Divergenz des räumlichen Vektors $\mathfrak{G}$ im üblichen Sinn, und ebenso ist $\sum_1^3 (\mathfrak{H}_i e_4 e_i)$ nichts anderes als die vierdimensionale Schreibweise für $-\operatorname{rot} \mathfrak{H}$ im dreidimensionalen Gebiet, wie man leicht verifiziert.

Wir erhalten nun sofort die Maxwellschen Gleichungen für das Vakuum, wenn wir den Vektor $\mathfrak{G}$ deuten als die mit $-i = -\sqrt{-1}$ multiplizierte elektrische Feldstärke $\mathfrak{E}$ und den Vektor $\mathfrak{H}$ unmittelbar als die magnetische Feldstärke selbst. Denn mit

(17) $$\mathfrak{G} = -i\,\mathfrak{E}$$

und

$$\mathfrak{G}_4 = \frac{\partial \mathfrak{G}}{\partial x_4} = \frac{\partial(-i\mathfrak{E})}{\partial(ict)} = -\frac{1}{c}\frac{\partial \mathfrak{E}}{\partial t}; \quad \mathfrak{H}_4 = \frac{\partial \mathfrak{H}}{\partial x_4} = \frac{\partial \mathfrak{H}}{\partial(ict)} = -\frac{i}{c}\frac{\partial \mathfrak{H}}{\partial t}$$

wird, weil dabei die raumartigen und die zeitartigen Anteile je für sich verschwinden müssen,

(15′) $$\operatorname{div} \mathfrak{E} = 0; \quad \frac{\partial \mathfrak{E}}{\partial t} = c \operatorname{rot} \mathfrak{H}$$

(16′) $$\operatorname{div} \mathfrak{H} = 0; \quad \frac{\partial \mathfrak{H}}{\partial t} = -c \operatorname{rot} \mathfrak{E}.$$

Zu dem Ergebnis, daß $\bar{\mathfrak{d}}$ bzw. $\bar{\mathfrak{d}}$ verschwindet, führt übrigens auch die Forderung, daß F selbst wieder die *Großrotation* irgendeines vierdimensionalen Vektorfelds $\mathfrak{u} = \mathfrak{u}(\mathfrak{r})$ sein soll:

$$F = \operatorname{Rot} \mathfrak{u} = \sum_1^4 e_i \mathfrak{u}_i, \quad \text{für } \frac{\partial \mathfrak{u}}{\partial x_i} = \mathfrak{u}_i. \tag{18}$$

Denn aus Gl. (18) folgt

$$F_k = \sum_i^{1-4} e_i \mathfrak{u}_{ik},$$

also laut Gl. (3b)

$$\bar{\mathfrak{d}} = \sum_1^4 e_k F_k = \sum_{i,k} e_k e_i \mathfrak{u}_{ik} = 0, \tag{19}$$

wegen $e_k e_i = -e_i e_k$, aber $\mathfrak{u}_{ik} = \mathfrak{u}_{ki}$.

Treten jedoch im räumlichen Feld auch stetig verteilte Ladungen auf, mit der Dichte $q = \frac{1}{4\pi} \operatorname{div} \mathfrak{E}$ und der Geschwindigkeit $\mathfrak{v}$, so verlangt die *Kontinuitätsgleichung* (10) auf S. 215, daß

$$\frac{\partial q}{\partial t} + \operatorname{div}(q\mathfrak{v}) = 0 \tag{20}$$

wird. Für

$$\mathfrak{s} = q\left(\frac{\mathfrak{v}}{c} + i e_4\right) = \sum_1^4 s_i e_i \tag{21}$$

lautet aber, wegen $x_4 = i c t$, die Gl. (20) *vier*dimensional

$$\sum_1^4 \frac{\partial \mathfrak{s}}{\partial x_i} | e_i = \sum_1^4 \mathfrak{s}_i | e_i = \operatorname{Div} \mathfrak{s} = 0. \tag{22}$$

Die hienach verschwindende linke Seite dieser Gleichung läßt sich also deuten als Differentialinvariante (Großdivergenz) des „*Viererstroms*" $\mathfrak{s}$. Die Lorentzsche Theorie verlangt alsdann, daß in diesem Fall an die Stelle von S. 264, Gl. (5), d. h. $\mathfrak{d} = 0$, die andere tritt:

$$\mathfrak{d} + 4\pi \mathfrak{s} = 0, \tag{23}$$

d. h. nach Gl. (15)

$$-\operatorname{rot} \mathfrak{H} - \mathfrak{G}_4 + \underbrace{\operatorname{div} \mathfrak{G}}_{= -i \operatorname{div} \mathfrak{E}} \cdot e_4 + \operatorname{div} \mathfrak{E} \cdot \frac{\mathfrak{v}}{c} + i \operatorname{div} \mathfrak{E} \cdot e_4 = 0 \tag{23'}$$

oder

$$\frac{1}{c} \frac{\partial \mathfrak{E}}{\partial t} + \frac{4\pi q}{c} \mathfrak{v} = \operatorname{rot} \mathfrak{H}. \tag{24}$$

Dabei faßt Lorentz *jede* elektrische Strömung als Konvektionsstrom bewegter Ladungen auf.

Mit der nunmehr gewonnenen Deutung der Vektoren $\mathfrak{G}$ und $\mathfrak{H}$ lauten endlich die Gl. (9) und (10)

$$F = |(\mathfrak{H}\mathfrak{e}_4) - i(\mathfrak{E}\mathfrak{e}_4); \qquad \overline{F} = -i|(\mathfrak{E}\mathfrak{e}_4) + \mathfrak{H}\mathfrak{e}_4, \tag*{(9'), (10')}$$

und durch die beiden Forderungen

$$\overline{\mathfrak{d}} = \sum_1^4 \varepsilon_i \overline{F}_i = 0; \qquad \mathfrak{d} = \sum_1^4 \varepsilon_i F_i = -4\pi \tag*{(6), (23)}$$

ist demnach die vierdimensionale Elektrodynamik *grundsätzlich* festgelegt.

Beim weiteren Ausbau der Theorie im einzelnen spielen aber noch einige der Feldgröße F unmittelbar zugeordnete homogene Linearformen und *„Vierer-Vektoren"* eine Rolle, auf welche noch kurz hingewiesen sei:

Wir setzen zunächst

$$\mathfrak{F}\mathfrak{x} = |(F\mathfrak{x}); \quad \overline{\mathfrak{F}}\mathfrak{x} = |(\overline{F}\mathfrak{x}) \tag{25}$$

und bei wiederholter Anwendung

$$\mathfrak{B}\mathfrak{x} = \overline{F}\cdot F\mathfrak{x}; \quad \overline{\mathfrak{B}}\mathfrak{x} = F\cdot\overline{F}\mathfrak{x}. \tag{26}$$

Wir bilden hieraus weiter

$$\mathfrak{W}\mathfrak{x} = \frac{1}{2}(\mathfrak{B}\mathfrak{x} - \overline{\mathfrak{B}}\mathfrak{x}) = \frac{1}{2}\{\overline{F}\cdot F\mathfrak{x} - F\cdot\overline{F}\mathfrak{x}\}, \tag{27}$$

während in $\mathfrak{J}\mathfrak{x} = \frac{1}{2}(\mathfrak{B}\mathfrak{x} + \overline{\mathfrak{B}}\mathfrak{x}) = \frac{1}{2}\{\overline{F}\cdot F\mathfrak{x} + F\cdot\overline{F}\mathfrak{x}\}$ $\mathfrak{J}$ gleich dem mit $\frac{1}{2}F\overline{F}$ multiplizierten *Idemfaktor* wird. Zu diesen Affinoren gehören die homogenen Bilinearformen (Tensoren)

$$\Phi = \mathfrak{y}|\mathfrak{F}\mathfrak{x} = -\mathfrak{y}F\mathfrak{x} = \mathfrak{x}F\mathfrak{y} = -\mathfrak{x}|\mathfrak{F}\mathfrak{y} \tag{28}$$

$$\overline{\Phi} = \mathfrak{y}|\overline{\mathfrak{F}}\mathfrak{x} = -\mathfrak{y}\overline{F}\mathfrak{x} = \mathfrak{x}\overline{F}\mathfrak{y} = -\mathfrak{x}|\overline{\mathfrak{F}}\mathfrak{y} \tag{29}$$

$$\Psi = \mathfrak{y}|\mathfrak{B}\mathfrak{x} = \mathfrak{y}|\{\overline{F}\cdot F\mathfrak{x}\} = \mathfrak{y}F|F\mathfrak{x} = \mathfrak{x}F|F\mathfrak{y} = \mathfrak{x}|\mathfrak{B}\mathfrak{y} \tag{30}$$

$$\overline{\Psi} = \mathfrak{y}|\overline{\mathfrak{B}}\mathfrak{x} = \mathfrak{y}|\{F\cdot\overline{F}\mathfrak{x}\} = \mathfrak{y}\overline{F}|\overline{F}\mathfrak{x} = \mathfrak{x}\overline{F}|\overline{F}\mathfrak{y} = \mathfrak{x}|\overline{\mathfrak{B}}\mathfrak{y} \tag{31}$$

sowie

$$\mathrm{X} = \mathfrak{y}|\mathfrak{W}\mathfrak{x} = \frac{1}{2}\{\mathfrak{y}F|F\mathfrak{x} - \mathfrak{y}\overline{F}|\overline{F}\mathfrak{x}\} = \mathfrak{x}|\mathfrak{W}\mathfrak{y}. \tag{32}$$

Dabei sind Φ und $\overline{\Phi}$ die sogenannten *elektromagnetischen Feldtensoren*, während X als *„Welttensor"* oder *„Energie-Impulstensor"* eine Rolle spielt. Für ihre *„Komponenten"* $\Phi_{ik} = \mathfrak{e}_i F\mathfrak{e}_k$, $\overline{\Phi}_{ik} = \mathfrak{e}_i\overline{F}\mathfrak{e}_k$ und $\mathrm{X}_{ik} = \frac{1}{2}\{\mathfrak{e}_i F|F\mathfrak{e}_k - \mathfrak{e}_i\overline{F}|\overline{F}\mathfrak{e}_k\}$ erhält man beim Ausrechnen mit Gl. (9') und (10') sowie für $\mathfrak{E} = \sum_1^3 e_i\mathfrak{e}_i$ und $\mathfrak{H} = \sum_1^3 h_i\mathfrak{e}_i$ die bekannten Schemata der Φ_{ik}, $\overline{\Phi}_{ik}$ und X_{ik}:

$$(33)\quad \left\{\begin{matrix} 0 & -ie_3 & +ie_2 & h_1 \\ +ie_3 & 0 & -ie_1 & h_2 \\ -ie_2 & +ie_1 & 0 & h_3 \\ -h_1 & -h_2 & -h_3 & 0 \end{matrix}\qquad \begin{matrix} 0 & h_3 & -h_2 & -ie_1 \\ -h_3 & 0 & h_1 & -ie_2 \\ h_2 & -h_1 & 0 & -ie_3 \\ ie_1 & ie_2 & ie_3 & 0 \end{matrix}\right\}\quad (34)$$

$$(35)\quad \left\{\begin{matrix} \frac{1}{2}\begin{pmatrix} h_1^2-h_2^2-h_3^2 \\ +e_1^2-e_2^2-e_3^2 \end{pmatrix} & e_1e_2+h_1h_2 & e_3e_1+h_3h_1 & -i(e_2h_3-e_3h_2) \\ e_1e_2+h_1h_2 & \frac{1}{2}\begin{pmatrix} h_2^2-h_3^2-h_1^2 \\ +e_2^2-e_3^2-e_1^2 \end{pmatrix} & e_2e_3+h_2h_3 & -i(e_3h_1-e_1h_3) \\ e_3e_1+h_3h_1 & e_2e_3+h_2h_3 & \frac{1}{2}\begin{pmatrix} h_3^2-h_1^2-h_2^2 \\ +e_3^2-e_1^2-e_2^2 \end{pmatrix} & -i(e_1h_2-e_2h_1) \\ -i(e_2h_3-e_3h_2) & -i(e_3h_1-e_1h_3) & -i(e_1h_2-e_2h_1) & \frac{1}{2}(\mathfrak{H}|\mathfrak{H}+\mathfrak{E}|\mathfrak{E}) \end{matrix}\right.$$

Das letzte Schema läßt erkennen, daß die Verjüngung des Tensors $\mathfrak{y}|\mathfrak{W}\mathfrak{x}$, nämlich $\sum_1^4 \mathfrak{e}_i|\mathfrak{W}\mathfrak{e}_i = \sum_1^4 X_{ii}$, verschwindet, wie man auch leicht direkt beweist. Wir bilden noch die Ausdrücke

$$(36)\qquad \operatorname{Div}\mathfrak{F} = \sum_1^4 \mathfrak{F}_i\mathfrak{e}_i = \sum_1^4 \frac{\partial(\mathfrak{F}\mathfrak{e}_i)}{\partial x_i} = \Big|\sum_1^4 F_i\mathfrak{e}_i = \sum_1^4 \overline{F}_i\mathfrak{e}_i = \bar{\mathfrak{d}}$$

$$(37)\qquad \operatorname{Div}\overline{\mathfrak{F}} = \sum_1^4 \overline{\mathfrak{F}}_i\mathfrak{e}_i = \sum_1^4 \frac{\partial(\overline{\mathfrak{F}}\mathfrak{e}_i)}{\partial x_i} = \Big|\sum_1^4 \overline{F}_i\mathfrak{e}_i = \sum_1^4 F_i\mathfrak{e}_i = \mathfrak{d}.$$

Die elektrodynamischen Grundgleichungen erhalten damit auch die Form:

$$(6')\qquad \operatorname{Div}\mathfrak{F} = 0; \qquad \operatorname{Div}\overline{\mathfrak{F}} + 4\pi\mathfrak{s} = 0. \qquad (23'')$$

Der Grundgedanke der *Minkowski*schen Theorie, die Grundgesetze des zeitlichen Geschehens im dreidimensionalen Raum aufzufassen als Invarianten einer vierdimensionalen Mannigfaltigkeit, führte bereits bei der Betrachtung der Kontinuitätsgleichungen (20) auf S. 266 zu deren Schreibweise $\operatorname{Div}\mathfrak{s} = 0$, unter Einführung des *Viererstroms* $\mathfrak{s} = q\left(\frac{\mathfrak{v}}{c} + i\mathfrak{e}_4\right)$. Zur entsprechenden Deutung der *elektrodynamischen Potentiale* in Gl. (27) und (28) des § 48 bilden wir zunächst für einen beliebigen Vierervektor $\mathfrak{z} = \mathfrak{z}(\mathfrak{r})$

$$(38)\qquad \operatorname{Grad}\mathfrak{z} = \mathfrak{Z} = \sum_1^4 \mathfrak{e}_i, \mathfrak{z}_i; \quad \text{also} \quad \mathfrak{Z}_k = \sum_i \mathfrak{e}_i, \mathfrak{z}_{ik}$$

$$(39)\qquad \Box\mathfrak{z} = \operatorname{Div}\operatorname{Grad}\mathfrak{z} = \operatorname{Div}\mathfrak{Z} = \sum_1^4 \mathfrak{Z}_k\mathfrak{e}_k = \sum_{i,k} (\mathfrak{e}_i|\mathfrak{e}_k)\,\mathfrak{z}_{ik} = \sum_1^4 \mathfrak{z}_{ii},$$

und entsprechend findet man für jede skalare Feldfunktion φ

(40) $$\operatorname{Div}\operatorname{Grad}\varphi = \Box\varphi = \sum_1^4 \varphi_{ii}.$$

Für $\varepsilon = \mu = 1$, q statt ϱ, sowie $x_4 = i\,c\,t$, lassen sich dann die *Potentialgleichungen* (27) und (28) auf S. 255 auch schreiben

(41) $$\Box\varphi + 4\pi q = 0$$

(42) $$\Box\mathfrak{A} + \frac{4\pi\mathfrak{i}}{c} = 0.$$

Werden diese Gleichungen nach Multiplikation von (41) mit $i\,\mathfrak{e}_4$ addiert, so folgt

$$\Box(\mathfrak{A} + i\varphi\mathfrak{e}_4) + 4\pi\left(\frac{\mathfrak{i}}{c} + i\,q\,\mathfrak{e}_4\right) = 0, \quad \text{d. h.}$$

(43) $$\Box\,\mathfrak{u} + 4\pi\mathfrak{s} = 0,$$

wenn man mit H. A. Lorentz wieder $\mathfrak{i}$ als Konvektionsstrom deutet: $\mathfrak{i} = \frac{\varrho\mathfrak{v}}{c}$ und durch

(44) $$\mathfrak{u} = \mathfrak{A} + i\varphi\mathfrak{e}_4$$

das „*Viererpotential*" definiert. Mit diesem Wert von $\mathfrak{u}$ lautet dann die *Lorentzbedingung* (26) auf S. 255 in vierdimensionaler Form

(45) $$\operatorname{Div}\mathfrak{u} = \sum_1^4 \mathfrak{e}_i | \mathfrak{u}_i = 0.$$

Damit erhalten also die Grundgleichungen für das beliebig veränderliche Feld bei vierdimensionaler Schreibweise dieselbe Gestalt, wie die für das *stationäre* Feld gültigen Gesetze in dreidimensionaler Form [vgl. S. 256, Gl. (27′) und (28′)]. Aus dem Ansatz $\mathfrak{u} = \mathfrak{A} + i\varphi\mathfrak{e}_4$ folgt ferner als Seitenstück zur Lorentzbedingung $\operatorname{Div}\mathfrak{u} = 0$:

$$\operatorname{Rot}\mathfrak{u} = \sum_1^4 \mathfrak{e}_k\,\mathfrak{u}_k = \sum_1^4 \{\mathfrak{e}_k\,\mathfrak{A}_k + i\,\varphi_k\,\mathfrak{e}_k\,\mathfrak{e}_4\} = \sum_1^3 \mathfrak{e}_k\,\mathfrak{A}_k + \frac{1}{i\,c}\,\mathfrak{e}_4\,\frac{\partial\mathfrak{A}}{\partial t} + i\operatorname{grad}\varphi\cdot\mathfrak{e}_4$$

und hieraus durch weitere Entwicklung

(46) $$\operatorname{Rot}\mathfrak{u} = |(\operatorname{rot}\mathfrak{A}\cdot\mathfrak{e}_4) - i\,\mathfrak{E}\mathfrak{e}_4 = |(\mathfrak{H}\mathfrak{e}_4) - i\,\mathfrak{E}\mathfrak{e}_4 = F,$$

lt. S. 267, Gl. (9′). Durch Gl. (44) ist daher jetzt über den auf S. 266 in Gl. (18) noch nicht eindeutig bestimmten Vektor $\mathfrak{u}$ endgültig verfügt. Endlich lehrt ein Vergleich des Schemas der X_{ik} auf S. 268, Gl. (35), mit dem der T_{ik} auf S. 248, Gl. (27′), den Welttensor X aufzufassen als vierdimensionale Verallgemeinerung des Maxwellschen Spannungstensors T und somit auch den *Weltaffinor* $\mathfrak{W}$ als vierdimensionales Gegenstück des Spannungsaffinors $\mathfrak{T}$. Und wie man aus dem letzteren im homogenen Medium durch Bildung der Affinordivergenz nach S. 247 die Kraftdichte $\mathfrak{k} = q\,\mathfrak{E} + \frac{\mu}{c}[\mathfrak{i}\,\mathfrak{H}]$ erhält, so liefert die vierdimensionale Affinordivergenz von $\mathfrak{W}$ den invarianten Vektor der „*Viererkraft*(dichte)“

$$(47)\qquad \begin{cases} \mathfrak{p} = \operatorname{Div}\mathfrak{W} = \sum_1^4 \mathfrak{W}_i\,\mathfrak{e}_i = \sum_1^4 \frac{\partial(\mathfrak{W}\,\mathfrak{e}_i)}{\partial x_i} \\ = \frac{1}{2}\sum_1^4 \{\overline{F}_i\cdot F\mathfrak{e}_i + \overline{F}\cdot F_i\mathfrak{e}_i - F_i\cdot\overline{F}\mathfrak{e}_i - F\cdot\overline{F}_i\mathfrak{e}_i\} \end{cases}$$

oder wenn man rechts das erste und dritte Glied mit Hilfe der Zerlegungsformel (10) auf S. 260 zerlegt und dann die Gl. (4a) und (4b) auf S. 263 benützt:

$$(47')\qquad \mathfrak{p} = \operatorname{Div}\mathfrak{W} = F\,|\,\mathfrak{d} - \overline{F}\,|\,\overline{\mathfrak{d}} = -4\pi F\,|\,\mathfrak{s} = -4\pi\,\mathfrak{F}\mathfrak{s},$$

weil ja nach Gl. (6) $\overline{\mathfrak{d}}$ verschwindet und nach Gl. (23) $\mathfrak{d} = -4\pi\mathfrak{s}$ zu setzen ist. Mit $F = |(\mathfrak{H}\mathfrak{e}_4) - i\,\mathfrak{E}\mathfrak{e}_4$ und $\mathfrak{s} = q\left(\frac{\mathfrak{v}}{c} + i\,\mathfrak{e}_4\right)$ gibt schließlich Gl. (47′) den bekannten Wert

$$(48)\qquad \mathfrak{p} = 4\pi q\left\{\mathfrak{E} + \frac{[\mathfrak{v}\,\mathfrak{H}]}{c} + \frac{i(\mathfrak{E}\,|\,\mathfrak{v})}{c}\,\mathfrak{e}_4\right\}.$$

Nachträglicher Zusatz zu S. 114 als Schluß von § 23

Aus der Gleichung $\mathfrak{r}_{ikh} = \mathfrak{r}_{ihk}$ ergeben sich nämlich alle drei Fundamentalgleichungen auch auf folgendem Weg:

Die *Gauß*sche Gleichung (1′) auf S. 91

$$\mathfrak{r}_{ik} = \sum_\lambda \begin{Bmatrix} i\,k \\ \lambda \end{Bmatrix} \mathfrak{r}_\lambda + L_{ik}\,\mathfrak{n}, \quad \text{bzw.} \quad \mathfrak{r}_{\lambda h} = \sum_\varrho \begin{Bmatrix} \lambda\,h \\ \varrho \end{Bmatrix} \mathfrak{r}_\varrho + L_{\lambda h}\,\mathfrak{n},$$

ergibt beim partiellen Ableiten nach v_h:

$$\mathfrak{r}_{ikh} = \sum_\lambda \left(\begin{Bmatrix} i\,k \\ \lambda \end{Bmatrix}_h \mathfrak{r}_\lambda + \begin{Bmatrix} i\,k \\ \lambda \end{Bmatrix} \mathfrak{r}_{\lambda h}\right) + (L_{ik})_h\,\mathfrak{n} + L_{ik}\,\mathfrak{n}_h$$

oder mit *Weingartens* Gleichung $\mathfrak{n}_h = -\sum_\varrho L_h^\varrho \mathfrak{r}_\varrho$ auch

$$(12)\qquad \begin{cases} \mathfrak{r}_{ikh} = \sum_\lambda \left[\begin{Bmatrix} i\,k \\ \lambda \end{Bmatrix}_h \mathfrak{r}_\lambda + \begin{Bmatrix} i\,k \\ \lambda \end{Bmatrix}\left(\sum_\varrho \begin{Bmatrix} \lambda\,h \\ \varrho \end{Bmatrix}\mathfrak{r}_\varrho + L_{\lambda h}\,\mathfrak{n}\right)\right] + (L_{ik})_h\,\mathfrak{n} - L_{ik}\sum_\varrho L_h^\varrho \mathfrak{r}_\varrho \\ = \sum_\varrho \left[\begin{Bmatrix} i\,k \\ \varrho \end{Bmatrix}_h + \sum_\lambda \begin{Bmatrix} i\,k \\ \lambda \end{Bmatrix}\begin{Bmatrix} \lambda\,h \\ \varrho \end{Bmatrix} - L_{ik} L_h^\varrho\right]\mathfrak{r}_\varrho + \left[\sum_\lambda \begin{Bmatrix} i\,k \\ \lambda \end{Bmatrix} L_{\lambda h} + (L_{ik})_h\right]\mathfrak{n}. \end{cases}$$

Durch Vertauschung der Indizes h und k ergibt sich hieraus der entsprechende Ausdruck für $\mathfrak{r}_{ihk}$, und die Subtraktion dieser beiden Ausdrücke liefert

$$(13)\quad \left\{\begin{aligned} &\sum_\varrho\left[\left\{{i\,k \atop \varrho}\right\}_h-\left\{{i\,h \atop \varrho}\right\}_k+\sum_\lambda\left(\left\{{i\,k \atop \lambda}\right\}\left\{{\lambda\,h \atop \varrho}\right\}-\left\{{i\,h \atop \lambda}\right\}\left\{{\lambda\,k \atop \varrho}\right\}\right)-L_{ik}L_h^\varrho+L_{ih}L_k^\varrho\right]\mathfrak{r}_\varrho\\ &\qquad+\left[\sum_\lambda\left(\left\{{i\,k \atop \lambda}\right\}L_{\lambda h}-\left\{{i\,h \atop \lambda}\right\}L_{\lambda k}\right)+(L_{ik})_h-(L_{ih})_k\right]\mathfrak{n}=0.\end{aligned}\right.$$

Wegen der linearen Unabhängigkeit der $\mathfrak{r}_\varrho$ und $\mathfrak{n}$ müssen aber deren Koeffizienten *einzeln* verschwinden, so daß (vgl. S. 105, Gl. (17) und S. 108, Gl. (35))

$$(14)\quad R^\varrho_{ihk}=\left\{{i\,k \atop \varrho}\right\}_h-\left\{{i\,h \atop \varrho}\right\}_k+\sum_\lambda\left(\left\{{i\,k \atop \lambda}\right\}\left\{{\lambda\,h \atop \varrho}\right\}-\left\{{i\,h \atop \lambda}\right\}\left\{{\lambda\,k \atop \varrho}\right\}\right)=L_{ik}L_h^\varrho-L_{ih}L_k^\varrho$$

und

$$(15)\qquad (L_{ik})_h-(L_{ih})_k+\sum_\lambda\left(\left\{{i\,k \atop \lambda}\right\}L_{\lambda h}-\left\{{i\,h \atop \lambda}\right\}L_{\lambda k}\right)=0$$

wird. Es ist also auch, mit S. 91, Gl. (9),

$$(16)\quad R^\varrho_{ihk}=\begin{vmatrix}L_h^\varrho & L_k^\varrho\\ L_{ih} & L_{ik}\end{vmatrix}=\begin{vmatrix}\mathfrak{r}^\varrho|\mathfrak{n}_h & \mathfrak{r}^\varrho|\mathfrak{n}_k\\ \mathfrak{r}_i|\mathfrak{n}_h & \mathfrak{r}_i|\mathfrak{n}_k\end{vmatrix}=[\mathfrak{r}^\varrho\mathfrak{r}_i]\,|\,[\mathfrak{n}_h\mathfrak{n}_k]=[\mathfrak{r}^\varrho\mathfrak{r}_i]\,|\,[\mathfrak{K}\mathfrak{r}_h\,\mathfrak{K}\mathfrak{r}_k]$$

eine *außengeometrische* Form der (gemischten) Komponenten des *Krümmungstensors R*. Der letztere selbst reduziert sich daher für den Fall einer Fläche im euklidischen Raum auf die skalare Quadrilinearform

$$(17)\qquad R=[\mathfrak{u}\mathfrak{v}]\,|\,[\mathfrak{K}\mathfrak{x}\cdot\mathfrak{K}\mathfrak{y}],$$

wie schon auf S. 108 erwähnt.

Während nun die Gl. (15) bereits die *Gleichungen von Mainardi und Codazzi* enthält, umfaßt die Gl. (14) das *Theorema egregium von Gauß*. Denn wegen $\mathfrak{r}^\lambda=\sum\mathfrak{g}^{\lambda i}\,\mathfrak{r}_i$ ist auch

$$R^{\varrho\lambda}{}_{hk}=[\mathfrak{r}^\varrho\mathfrak{r}^\lambda]\,|\,[\mathfrak{n}_h\mathfrak{n}_k]=\sum_i g^{\lambda i}\cdot R^\varrho{}_{ihk}$$

biegungsinvariant. Nach S. 86, Gl. (19), ist aber insbesondere

$$R^{12}{}_{12}=[\mathfrak{r}^1\mathfrak{r}^2]\,|\,[\mathfrak{n}_1\mathfrak{n}_2]=\varkappa$$

nichts anderes als das Krümmungsmaß.

NAMEN- UND SACHREGISTER

K

L

M

N

O

P

Q

BERICHTIGUNGEN

S. 28, Zeile 8 lies: J, statt I

S. 61, Gl. (3) lies: $\iint \operatorname{rot} V \cdot d\mathfrak{f}$, statt nur $\operatorname{rot} V \cdot d\mathfrak{f}$

S. 67, 2 Zeilen vor § 14 lies: $\overline{\operatorname{div}}\,(\varphi\,\mathfrak{v})$, statt nur $\operatorname{div}\,(\varphi\,\mathfrak{v})$

S. 69, Zeile 12 am Schluß lies: $-\operatorname{div} \mathfrak{P}_1$, statt $-\operatorname{div} \mathfrak{P}_2$

S. 105, dritte Zeile nach Gl. (15) lies: v_i und v_k, statt i und k

S. 176, Zeile 4 und 7 von unten lies: Momentanzentrum, statt Momentenzentrum

S. 220, Beginn von Zeile 2 lies: $\mathfrak{r}$ und $\mathfrak{r}_I$, statt $\mathfrak{r}$ und $\mathfrak{r}$

S. 248, Zeile 11 ergänze nach Gl. (27): nach Multiplikation mit 4π

S. 260, Gl. (12): $\boldsymbol{\mathfrak{A}}\,\mathfrak{x}$, statt $\mathfrak{A}\,\mathfrak{x}$

S. 263, ganz unten in Gl. (4b) lies: $\bar{\mathfrak{b}}$ statt $\mathfrak{b}$

S. 265, zwei Zeilen nach Gl. (16) lies:

$$\Big|\sum_1 (\mathfrak{H}_i\, e_4\, e_i) \text{ statt nur } \sum_1^3 (\mathfrak{H}_i\, e_4\, e_i)$$

S. 267, oben in Gl. (23) lies: $-4\pi\mathfrak{z}$ statt nur -4π.

www.ingramcontent.com/pod-product-compliance
Lightning Source LLC
Chambersburg PA
CBHW030241230326
41458CB00093B/556
9783486777543